Lecture Notes in Mathematics

Springer
Berlin
Heidelberg
New York
Barcelona
Budapest
Hong Kong
London
Milan
Paris
Santa Clara
Singapore
Tokyo

J. Azéma M. Emery M. Yor (Eds.)

Séminaire de Probabilités XXX

Springer

Editors

Jacques Azéma
Marc Yor
Laboratoire de Probabilités
Université Pierre et Marie Curie
Tour 56, 3ème étage
4, Place Jussieu
F-75252 Paris, France

Michel Emery
Institut de Recherche Mathématique Avancée
Université Louis Pasteur
7, rue René Descartes
F-67084 Strasbourg, France

Cataloging-in-Publication Data applied for

Die Deutsche Bibliothek - CIP-Einheitsaufnahme

Séminaire de probabilités ... - Berlin ; Heidelberg ; New York ; ; Barcelona ; Budapest ; Hong Kong ; London ; Milan ; Paris ; Tokyo : Springer.
ISSN 0720-8766

30 (1996)
(Lecture notes in mathematics ; Vol. 1626)
ISBN 3-540-61336-6 (Berlin ...)
NE: GT

Mathematics Subject Classification (1991): 60GXX, 60HXX, 60JXX

ISSN 0075-8434
ISBN 3-540-61336-6 Springer-Verlag Berlin Heidelberg New York

Typesetting: Camera-ready TEX output by the authors
SPIN: 10479748 46/3142-543210 - Printed on acid-free paper

Le **"Séminaire"** a 30 ans, un âge où l'on se risque à dévoiler à un père, ou à un oncle bienveillant, un peu de l'admiration qu'on leur porte.

Au nom de tous leurs élèves, de cette "école française de probabilités" qu'ils ont créée et animée, nous dédions ce volume à

Paul-André MEYER et Jacques NEVEU.

La rédaction,

J. Azéma, M. Emery, M. Yor

SEMINAIRE DE PROBABILITES XXX

TABLE DES MATIERES

Remarques sur l'intégrale de Riemann généralisée

S.D. Chatterji

1. Introduction

Pour une fonction $f : [a, b] \to \mathbb{R}$ il est bien connu que l'intégrale de Riemann $\int_a^b f(x)\,dx$ est une limite, dans un sens approprié, des sommes de Riemann associées à f :

$$\sum_{i=1}^{n} f(t_i)(x_i - x_{i-1}).$$

Depuis les travaux de Henstock, Kurzweil et McShane, datant approximativement des années soixante, on s'est aperçu qu'en changeant le sens de la limite à prendre ci-dessus, l'on peut aboutir à des intégrales bien plus subtiles, comme celles dues à Lebesgue, Denjoy ou Perron. L'objectif de cet article est de décrire cette situation et d'indiquer quelques généralisations récentes obtenues dans le cas des fonctions f à valeurs vectorielles. En particulier, on esquisse une démonstration très simple du fait que l'intégrale de McShane coïncide avec l'intégrale usuelle de Lebesgue. L'article se termine par un rappel historique concernant ces différentes notions d'intégrale, ainsi que leurs relations avec la théorie de l'intégration stochastique.

2. Les définitions dans un cadre élémentaire

Soit $X = [a, b]$ un intervalle compact $(-\infty < a < b < \infty)$ de $\mathbb{R}$; par une *partition* de X nous entendrons un système

$$P = \{(A_1, t_1), \ldots, (A_n, t_n)\}$$

où les A_i sont des sous-intervalles compacts (toujours non dégénérés) de X tels que

$$A_1 \cup \ldots \cup A_n = X, \quad \mathring{A}_i \cap \mathring{A}_j = \varnothing \text{ si } i \neq j$$

et les points t_i sont n points quelconques de X, non nécessairement distincts et non nécessairement appartenant aux A_i correspondants; on dira que la partition P est *riemannienne* si $t_i \in A_i$, $1 \leq i \leq n$.

Soit $\delta : X \to]0, \infty[$; on dira que δ est une *fonction jauge*. Une partition P comme ci-dessus s'appellera *δ-fine* si

$$]t_i - \delta(t_i),\ t_i + \delta(t_i)[\ \supset A_i, \qquad\qquad 1 \leq i \leq n$$

Soit $f : X \to \mathbb{R}$; si P est une partition comme ci-dessus, on écrira

$$S(f; P) = \sum_{i=1}^{n} f(t_i)\, \lambda(A_i)$$

où $\lambda(A_i)$ est la longueur usuelle de l'intervalle A_i.

Nous dirons que f est *McShane-intégrable (M-intégrable)* où que $f \in \mathcal{M}$ s'il existe un nombre $c \in \mathbb{R}$ ayant la propriété suivante : pour tout $\varepsilon > 0$ il existe une fonction jauge δ telle que

$$|S(f; P) - c| < \varepsilon$$

dès que P est une partition de X qui est δ-fine; on écrira $c = (M) \int_a^b f(x)dx$ ou $(M) \int_a^b f$.

Nous dirons que f est *Henstock-Kurzweil-intégrable (HK-intégrable)* ou que $f \in \mathcal{HK}$ s'il existe un nombre $c \in \mathbb{R}$ ayant la propriété suivante : pour tout $\varepsilon > 0$ il existe une fonction jauge δ telle que

$$|S(f; P) - c| < \varepsilon$$

dès que P est une partition *riemannienne* de X qui est δ-fine; on écrira alors $c = (HK) \int_a^b f(x)dx$ ou $(HK) \int_a^b f$.

On voit que la *seule* différence entre la définition de M-intégrabilité et celle de HK-intégrabilité réside dans la qualification "riemannienne" pour les partitions utilisées dans la seconde définition; il est donc un peu surprenant de constater après coup que

$$\mathcal{HK} \supsetneq \mathcal{M} = \mathcal{L} \qquad\qquad (1)$$

où $\mathcal{L}$ représente la classe des fonctions $f : X \to \mathbb{R}$ Lebesgue-intégrables dans le sens usuel.

En fait, l'inclusion

$$\mathcal{HK} \supset \mathcal{M}$$

est une conséquence logique évidente à partir des définitions mêmes de ces deux classes; pour constater que l'inclusion est stricte il suffit d'établir l'égalité $\mathcal{M} = \mathcal{L}$ et la validité de la proposition suivante concernant la classe $\mathcal{HK}$: *soit* $F : X \to \mathbb{R}$ une fonction telle que $F'(x) = f(x) \in \mathbb{R}$ *existe pour tout* $x \in X$; *alors* $f : X \to \mathbb{R}$ *est dans* $\mathcal{HK}$ *et*

$$(HK)\int_a^b f = F(b) - F(a); \qquad (2)$$

autrement dit, une fonction dérivée f est toujours HK-intégrable et son HK-intégrale récupère sa primitive F. Or, il est bien connu qu'il existe des fonctions F dérivables, dont la dérivée n'est pas intégrable au sens de Lebesgue. Un exemple classique est le suivant : $F(x) = x^2 \sin x^{-2}$ pour $x \neq 0$, $F(0) = 0$. Dans ce cas, $F'(x)$ existe pour tout x, mais F' n'est pas intégrable (au sens de Lebesgue) dans un intervalle contenant l'origine. On voit donc que la seule chose à démontrer dans la relation (1) est l'égalité $\mathcal{M} = \mathcal{L}$.

En ce qui concerne la formule (2), on peut remarquer que ce résultat, même dans sa forme améliorée où l'on ne demande l'existence de $F'(x)$ qu'en dehors d'une partie dénombrable de X, est une conséquence directe de la définition même de l'intégrale HK (cf. [9], p. 43). Par contre, les démonstrations qu'on trouve couramment (même dans des ouvrages récents) à propos de la validité de la formule $\int_a^b f(x)dx = F(b) - F(a)$ sous l'hypothèse habituelle que la fonction $f = F'$ est intégrable au sens de Lebesgue sont assez subtiles. On voit donc que le seul fait de savoir que l'intégrale HK est un prolongement de l'intégrale de Lebesgue permet de banaliser un "résultat fin" de la théorie de Lebesgue.

La classe $\mathcal{HK}$ est en fait identique à une classe de fonctions intégrables dans le sens dit *restreint* de Denjoy, définie par une méthode complètement différente, dite de *totalisation*; elle peut être obtenue également par une autre méthode due à Perron, dite méthode des fonctions *majorantes* et *minorantes*; ces définitions de Denjoy et Perron sont présentées en grand détail dans le livre classique de Saks [15]. On peut donc dire brièvement que la classe $\mathcal{HK}$ est égale à la classe des fonctions intégrables au sens de Denjoy et de Perron.

Il est intéressant de remarquer que dans la définition des intégrales M ou HK ci-dessus, on ne mentionne nulle part la mesurabilité ou une autre propriété préalable quelconque de la fonction à intégrer; il se trouve qu'une fonction M ou HK intégrable est forcément mesurable (pour la M-intégrabilité, ce résultat est une conséquence de l'égalité $\mathcal{M} = \mathcal{L}$ démontrée ci-après; pour la HK-intégrabilité, il est démontré, sous une forme plus générale, dans [13], p. 112). La situation est en quelque sorte analogue à celle de l'intégrabilité de Riemann, où l'on part d'une fonction $f : X \to \mathbb{R}$ quelconque pour constater ensuite que f est Riemann-intégrable si et seulement si (i) f est bornée et (ii) f est continue p.p. Il est clair que si $f \in \mathcal{M}$ alors

$$(M)\int_a^b f = (HK)\int_a^b f.$$

De plus, si f est Riemann-intégrable (par exemple si f est continue) alors $f \in \mathcal{M}$ et

$$(M)\int_a^b f = \int_a^b f(x)\,dx \; ;$$

la fonction jauge pour une fonction Riemann-intégrable est simplement une fonction constante.

Les propriétés élémentaires des intégrales M ou HK s'obtiennent rapidement à partir du fait que pour toute fonction jauge δ il existe des partitions riemanniennes de X qui sont δ-fines; la démonstration simple de ce fait revient à celle de la compacité de X. (cf. [9], p. 16; [13], p. 6).

3. L'inclusion $\mathcal{L} \subset \mathcal{M}$

Une démonstration très simple de cette inclusion est contenue dans le théorème général suivant, dû à Davies et Schuss [2] :

Soient E *un espace topologique,* $\mathcal{E}$ *une tribu sur* E *contenant la tribu borélienne,* μ *une mesure positive bornée sur* $\mathcal{E}$, *telle que la mesure de tout élément* B *de* $\mathcal{E}$ *soit égale à la borne inférieure des mesures des ensembles ouverts contenant* B.

Si f *est une fonction réelle, intégrable (au sens usuel) par rapport à* μ, *son intégrale* $c = \int f\,d\mu$ *possède la propriété suivante : pour tout* $\varepsilon > 0$, *on peut trouver une application* $x \mapsto V(x)$, *qui à chaque élément* x *de* E *associe un voisinage ouvert* V(x) *de* x, *de telle manière que, pour toute suite* $\{(t_i, B_i)\}_{i\geq 1}$ *d'éléments de* $E \times \mathcal{E}$ *satisfaisant aux conditions*

$$(*) \qquad B_i \subset V(t_i), \quad \mu(B_i \cap B_j) = 0 \text{ pour } i \neq j, \quad \mu\Big(E \setminus \bigcup_{i=1}^{\infty} B_i\Big) = 0,$$

on ait

$$\sum_{i=1}^{\infty} |f(t_i)|\mu(B_i) < \infty, \quad \Big|\sum_{i=1}^{\infty} f(t_i)\mu(B_i) - c\Big| < \varepsilon.$$

La démonstration de ce théorème, telle qu'elle figure dans [2], est d'une grande simplicité. Nous l'esquissons ici très brièvement pour que l'on constate clairement qu'elle n'utilise nulle part la condition $t_i \in B_i$. Elle prouve donc l'inclusion $\mathcal{L} \subset \mathcal{M}$, et non seulement le résultat moins précis $\mathcal{L} \subset$ HK, qui était l'objectif de l'article [2].

On remarquera que, dans le cas où l'espace E est un intervalle [a, b] de $\mathbb{R}$, on peut choisir V(x) de la forme $[a, b] \cap]x-\delta(x), x + \delta(x)[$.

Et voilà l'idée de la démonstration. Sans diminuer la généralité, on pourra supposer $\mu(E) = 1$. Etant donnés la fonction intégrable f et le nombre $\varepsilon > 0$, choisissons tout d'abord un nombre $\eta > 0$ tel que, pour tout élément A de $\mathcal{E}$, la relation $\mu(A) < \eta$ entraîne $\int_A |f| d\mu < \varepsilon/3$.

Choisissons ensuite, pour tout élément n de $\mathbb{Z}$, un ensemble ouvert U_n contenant l'ensemble

$$E_n = \{(n-1)(\varepsilon/3) < f \leq n(\varepsilon/3)\},$$

de telle manière que l'on ait

$$\Sigma_{n\in\mathbb{Z}}\ \mu(U_n \setminus E_n) < \eta, \quad \Sigma_{n\in\mathbb{Z}}\ (|n| + 1)\ \mu(U_n \setminus E_n) < 1.$$

Posons enfin $V(x) = U_n$ pour $x \in E_n$.

Etant donnée une suite $\{(t_i, B_i)\}_{i\geq 1}$ d'éléments de $E \times \mathcal{E}$ satisfaisant aux conditions (*), il suffira de prouver que l'on a

$$\sum_i \int_{B_i} |f - f(t_i)| d\mu < \varepsilon.$$

A cet effet, considérons, pour tout indice i, l'élément $\nu(i)$ de $\mathbb{Z}$ caractérisé par la relation $t_i \in E_{\nu(i)}$. On a alors $B_i \subset V(t_i) = U_{\nu(i)}$. Il en résulte, pour tout élément n de $\mathbb{Z}$,

$$\sum_{i:\nu(i)=n} \mu(B_i \cap E_n^c) \leq \mu(U_n \setminus E_n).$$

L'inégalité à démontrer découle des trois inégalités suivantes :

$$\sum_i \int_{B_i\cap E_{\nu(i)}} |f - f(t_i)|\, d\mu < \varepsilon/3,$$

$$\sum_i \int_{B_i\cap E^c_{\nu(i)}} |f| d\mu < \varepsilon/3, \quad \sum_i \int_{B_i\cap E^c_{\nu(i)}} |f(t_i)|\, d\mu < \varepsilon/3.$$

La première de ces inégalités résulte du fait que, pour tout élément x de $E_{\nu(i)}$, on a $|f(x) - f(t_i)| < \varepsilon/3$. La deuxième résulte de la relation

$$\mu\big(\bigcup_i (B_i \cap E^c_{\nu(i)})\big) = \sum_{n\in\mathbb{Z}} \ \sum_{i:\nu(i)=n} \mu(B_i \cap E_n^c) \leq \sum_{n\in\mathbb{Z}} \mu(U_n \setminus E_n) < \eta.$$

Enfin, la troisième inégalité se démontre de manière analogue, en tenant compte de la majoration

$$|f(t_i)| < \{|v(i)| + 1) (\varepsilon/3).$$

Il est à noter que le raisonnement esquissé ci-dessus est applicable, à quelques modifications près, au cas vectoriel (par ex., au cas d'une fonction f, à valeurs dans un espace de Banach, qui soit intégrable au sens de Bochner). En outre, les définitions d'intégrale données ci-dessus peuvent être étendues à des fonctions définies sur un espace plus général qu'un intervalle de $\mathbb{R}$.

4. L'inclusion $\mathcal{M} \subset \mathcal{L}$

Afin d'établir cette inclusion, il est utile de rappeler quelques propriétés fondamentales de l'intégrale de McShane et de celle de Henstock et Kurzweil. Chacune de ces deux intégrales est une forme linéaire monotone sur un espace vectoriel de fonctions réelles : l'espace $\mathcal{M}$ pour la première, l'espace $\mathcal{HK}$ pour la deuxième. En outre, on a le résultat suivant :

(Théorème de convergence monotone) *Pour toute suite monotone* $\{f_n\}$ *d'éléments de* $\mathcal{HK}$, *telle que la suite* $\{(HK) \int_a^b f_n\}$ *soit bornée et que la fonction* $f = \lim_n f_n$ *soit partout finie, celle-ci appartient à la classe* $\mathcal{HK}$ *et vérifie la relation*

$$(HK) \int_a^b f = \lim_n (HK) \int_a^b f_n .$$

Enfin, pour tout élément f de $\mathcal{M}$, on a $|f| \in \mathcal{M}$; autrement dit, l'espace vectoriel $\mathcal{M}$ est un espace de Riesz. La différence principale entre les classes $\mathcal{M}$ et $\mathcal{HK}$ réside justement dans cette dernière propriété : une fonction f peut appartenir à $\mathcal{HK}$ sans que la fonction $|f|$ appartienne à $\mathcal{HK}$. En fait, si f et $|f|$ sont toutes deux dans $\mathcal{HK}$, alors f est dans $\mathcal{M}$ (cf. [13], p. 113).

De ce qui précède, il résulte que la formule

$$J(f) = (M) \int_a^b f$$

définit une forme linéaire monotone J sur l'espace de Riesz $\mathcal{M}$. De plus, $\mathcal{M}$ contient les constantes, et J possède la propriété de continuité séquentielle de Daniell. Par conséquent, si l'on considère la tribu $\mathcal{F}$ sur [a, b] constituée par les ensembles dont la fonction indicatrice appartient à $\mathcal{M}$, et si, pour tout élément A de cette tribu, on pose

$$\mu(A) = J(I_A),$$

on voit ([11], p. 57) que μ est une mesure sur $\mathcal{F}$, pour laquelle on a $\mathcal{L}^1(\mu) = \mathcal{M}$ et $J(f) = \int f\, d\mu$ pour tout élément f de $\mathcal{M}$. En outre, grâce au théorème de la section précédente, $\mathcal{F}$ contient la tribu $\mathcal{E}$ des ensembles mesurables au sens de Lebesgue, et μ coïncide, sur $\mathcal{E}$, avec la mesure de Lebesgue. Tout alors est réduit à prouver que les deux tribus $\mathcal{E}$, $\mathcal{F}$ sont, en fait, *identiques*.

Soit donc H un ensemble appartenant à $\mathcal{F}$, et prouvons qu'il est mesurable au sens de Lebesgue. Fixons $\varepsilon > 0$. Il existe alors une fonction jauge δ telle que, pour toute partition δ–fine $((t_i, A_i))_{1\le i\le n}$ de [a, b], on ait

$$\left|\sum_{i=1}^{n} [I_H(t_i)\mu(A_i) - \mu(H \cap A_i)]\right| < \varepsilon.$$

Posons

$$U = \bigcup_{x\in H} V(x), \quad \text{avec} \quad V(x) = [a, b] \cap]x - \delta(x), x + \delta(x)[.$$

Considérons un ensemble B de la forme $B = \bigcup_{i=1}^{k} A_i$, où $(A_i)_{1\le i\le k}$ est une suite finie d'intervalles disjoints, telle que, pour chaque i, on ait $A_i \subset V(t_i)$, avec $t_i \in H$. En appliquant à la fonction $f = I_H$ le Théorème 3.2 de [10(iii)], on trouve

$$\mu(B) - \mu(B \cap H) = \sum_{i=1}^{k}[\mu(A_i) - \mu(A_i \cap H)] \le 2\varepsilon.$$

D'autre part, on a $H \subset U$, et U est la réunion d'une suite croissante $\{B_n\}$ d'ensembles dont chacun est de la forme considérée ci-dessus. On a donc $\mu(U) - \mu(H) \le 2\varepsilon$, de sorte que $\mu(H)$ coïncide avec la mesure extérieure de H au sens de Lebesgue. En appliquant ce résultat à l'ensemble $[a, b] \setminus H$, on trouve que $\mu(H)$ coïncide aussi avec la mesure intérieure de H, ce qui achève la démonstration.

5. Quelques généralisation possibles

Les intégrales M et HK peuvent être généralisées immédiatement aux intégrales du type

$$\int_a^b f\, d\alpha$$

où f est une fonction vectorielle définie dans l'intervalle [a, b], et α est une fonction additive vectorielle définie dans la classe des sous-intervalles compacts de [a, b]. De façon plus précise, étant donnés trois espaces vectoriels topologiques E, F, G et une fonction bilinéaire B : E × F → G, on peut prendre la fonction f à valeurs dans E, la fonction d'intervalle α à valeurs dans F et interpréter l'écriture $f(x)\alpha(A)$ comme

$$f(x)\alpha(A) = B(f(x), \alpha(A)).$$

Une première étude de ces intégrales dans le cadre de Riemann-Lebesgue a été entreprise par Bartle [1]. Les propriétés détaillées de ce genre d'intégrales dans le cadre d'intégrales M et HK restent à étudier; les travaux récents de Gordon, Fremlin et Mendoza ([4], [5]) s'occupent du cas où E est un espace de Banach, $F = \mathbb{R}$, $G = E$ et B : $E \times \mathbb{R} \to E$ est donnée simplement par l'opération de multiplication d'un vecteur par un nombre réel et α est la longueur usuelle. Parmi les résultats principaux dans ce cadre on a les énoncés suivants :

(i) f est Bochner-intégrable ⇒ f est M-intégrable ([5])
(ii) f est M-intégrable ⇒ f est Pettis-intégrable ([4(i)])
(iii) f est Pettis-intégrable et fortement mesurable ⇒ f est M-intégrable ([5])
(iv) f est M-intégrable ⇔ f est HK-intégrable et Pettis-intégrable ([4(ii)]).

Les réciproques des énoncés (i), (ii), (iii) ne sont plus exactes (cf. [4], [5]). Comme indiqué à la fin du §3 le raisonnement de Davies et Schuss [2] donne également une preuve de l'énoncé (i) ci-dessus; on voit aussi de [2] comment on peut passer aux intégrales $\int_S f\, d\alpha$ étendues sur des espaces S plus généraux que [a, b].

Malheureusement, l'espoir d'obtenir une intégrale intéressante pour l'intégration stochastique, en prenant $E = F = L^0(\Omega, \mathcal{F}, \mathbb{P})$, espace de toutes les variables aléatoires réelles muni de la topologie de la convergence en probabilités, est mince; déjà, l'intégrale stochastique très simple

$$\int_0^1 B\, dB$$

où B est un mouvement Brownien n'existe pas, ni selon HK, ni selon M (cf. McShane [10(iv)]). C'est pour inclure ce genre d'intégrale que McShane a introduit les "Ito-belated integrals" où les points t_i d'une partition $P = \{(A_i, t_i)\}$ sont pris à gauche des intervalles A_i, en plus d'une autre petite modification qui permet que la réunion des A_i

n'épuise pas complètement l'intervalle [a, b]. Néanmoins la théorie moderne des intégrales stochastiques semble donner un développement beaucoup plus lisse et complet, tout au moins dans le cas de domaines d'intégration dans $\mathbb{R}$; la position du problème de l'intégration stochastique dans des domaines plus généraux (même dans le cas des domaines dans $\mathbb{R}^n$ – situation rencontrée dans la théorie des processus stochastiques multiparamétrés) est encore peu satisfaisante.

6. Quelques remarques historiques

Nous ne pouvons même pas esquisser la longue histoire des recherches qui avaient comme objectif la reconstruction de f à partir de f ' et qui ont abouti aux travaux de Denjoy, Perron, Khintchine, Lusin, Ward et bien d'autres; une excellente description est donnée dans le livre de Saks [15] (cf. aussi Pesin [12]); nous ne pouvons pas non plus retracer les efforts nombreux pour représenter l'intégrale de Lebesgue d'une fonction comme une limite des sommes de Riemann (cf. [12], p. 103). L'intégrale HK donne une solution simple et élégante aux deux problèmes ci-dessus; elle apparaît pour la première fois dans un article de Kurzweil de 1957 sur les équations différentielles ordinaires; cette théorie est redécouverte indépendamment par Henstock et développée en détail par ce dernier dès 1960 (cf. le récent livre de Henstock [6] qui contient de nombreuses références). Dans les travaux de Henstock et Kurzweil, les partitions utilisées sont toutes celles que nous avons appelées riemanniennes, c'est-à-dire si la partition est $\{(A_1, t_1), \ldots, (A_n, t_n)\}$ alors $t_i \in A_i$ pour tout i; l'idée de permettre les t_i en dehors des A_i apparaît pour la première fois dans un article de Botts et McShane de 1952 (cf. [10(i)]). Une théorie d'une très grande généralité est donnée dans l'article de McShane [10(ii)]; ici, l'on envisage les limites des sommes de type $\sum_{i=1}^{n} U(A_i, t_i)$ où $\{(A_i, t_i)\}$ est une partition d'un type général d'un espace S quelconque et U(A, t) prend ses valeurs dans un semi-groupe muni d'une notion de limite appropriée; U(A, t) n'es pas nécessairement de la forme $f(t)\mu(A)$ – ce qui permet la possibilité d'englober les intégrales "non additives" étudiées d'abord par Burkill (pour les besoins de la théorie de mesures superficielles cf. Saks [15] p. 165). McShane montre dans [10(ii)] que sa théorie englobe aussi bien plusieurs intégrales classiques (comme celles de HK, Pettis, Bochner etc.) que l'intégrale stochastique de Ito; il semble que l'étude de l'intégrale stochastique était une motivation forte pour McShane (cf. aussi son livre [10(iv)]). Malgré la grande généralité de la théorie donnée dans [10(ii)], elle ne semble pas avoir eu une très grande influence ni sur le développement de l'intégrale stochastique ni sur la théorie des autres intégrales. En fait les travaux de Bichteler, Dellacherie, Meyer, Letta et d'autres (dès 1979) ont montré que l'intégrale stochastique la plus générale (sur un intervalle linéaire) peut être englobée d'une manière élégante sous un théorème de représentation de Riesz stochastique (cf. Letta [7], Protter [14], Dellacherie-Meyer [3] p. 401, pour des exposés détaillés); de plus, ce genre d'intégrale stochastique $\int_0^1 H\, dX$ (où H est un processus prévisible et X est une semimartingale) peut aussi être étudiée comme une intégrale par rapport à une mesure "vectorielle" stochastique (comme montré dans les travaux antérieurs de Métivier et Pellaumail cf. leur ouvrage [8]). Ainsi, la théorie proposée par McShane dans [10(ii)] n'a pas eu de succès auprès des probabilistes, même si son utilisation future dans une intégration stochastique multiparamétrée n'est pas à exclure définitivement. L'intégrale M était proposée par McShane dans un article pédagogique [10(iii)] où il indique, mais ne démontre pas en détail, que l'intégrale M est équivalente à celle de Lebesgue; il pense que cette façon d'introduire l'intégrale de Lebesgue est très utile pour l'enseignement et il écrit un long ouvrage [10(v)] pour démontrer en détail les vertus de son procédé. Le livre récent de Pfeffer [13] présente la théorie des intégrales M et HK par rapport aux fonctions d'intervalles quelconques dans $\mathbb{R}^n$; cette exposition soigneuse n'utilise aucune connaissance préalable de la théorie d'intégration et arrive à montrer en détail que la théorie M est exactement équivalente à celle de Lebesgue-Carathéodory et que la théorie HK correspond à celle de Perron-Ward; elle montre en plus l'efficacité de la théorie HK pour les théorèmes de dérivation en général, spécialement pour les théorèmes de type divergence.

N.B. Je suis particulièrement reconnaissant envers un rapporteur anonyme qui a soigneusement amélioré ma rédaction initiale des sections 3 et 4; il a aussi contribué à la section 4, un argument supplémentaire permettant d'établir que la mesure μ donnée par la théorie de Daniell *coïncide* avec la mesure de Lebesgue, alors que dans ma rédaction originale on voyait seulement que μ prolongeait la mesure de Lebesgue.

Bibliographie

[1] R.-G. Bartle
"A general bilinear vector integral", Studia Math. 15, 337-352 (1956).

[2] R.O. Davies et Z. Schuss
"A proof that Henstock's integral includes Lebesgue's", J. London Math. Soc. (2) 2, 561-562 (1970).

[3] C. Dellacherie et P.-A. Meyer
"Probabilités et Potentiel" Chapitres V à VIII. Hermann, Paris (1980).

[4] D.H. Fremlin
(i) (with J. Mendoza) "On the integration of vector-valued functions", Illinois J. Math. 38, 127-147 (1994)
(ii) "The Henstock and McShane integrals of vector-valued functions", Illinois J. Math. 38, 471-479 (1994).

[5] R.A. Gordon
"The McShane integral of Banach-valued functions", Illinois J. Math. 34, 557-567 (1990).

[6] R. Henstock
"The general theory of integration". Clarendon Press, Oxford (1991).

[7] G. Letta
"Martingales et intégration stochastique". Scuola Normale Superiore, Pisa (1984).

[8] M. Métivier et J. Pellaumail
"Stochastic integration". Academic Press, New York (1980).

[9] R.M. McLeod
"The generalized Riemann integral". The Mathematical Association of America (1980).

[10] E.J. McShane
(i) (with T.A. Botts) "A modified Riemann-Stieltjes integral", Duke Math. J. 19, 293-302 (1952)
(ii) "A Riemann-type integral that includes Lebesgue-Stieltjes, Bochner and stochastic integrals", Memoirs of the Amer-Math. Soc. Nov. 88 (1969).
(iii) "A unified theory of integration", Amer. Math. Monthly 80, 349-359 (1973)
(iv) "Stochastic calculus and stochastic models". Academic Press, New York (1974)
(v) "Unified integration". Academic Press, New York (1983).

[11] J. Neveu
"Bases mathématiques du calcul des probabilités". Masson, Paris (1964).

[12] I.N. Pesin
"Classical and modern integration theories" (translated and edited by S. Kotz). Academic Press, New York (1970).

[13] W.F. Pfeffer
"The Riemann approach to integration". Cambridge University Press (1993).

[14] P. Protter
"Stochastic integration and differential equations". Springer-Verlag, Berlin (1990).

[15] S. Saks
"Theory of the integral". Dover, New York (1964)

Professeur S.D. Chatterji
Département de Mathématiques
Ecole Polytechnique Fédérale de Lausanne
CH-1015 Lausanne
Switzerland

Deux applications de la décomposition de Galtchouk-Kunita-Watanabe

Tahir Choulli et Christophe Stricker

Équipe de Mathématiques, URA CNRS 741
Université de Franche-Comté Route de Gray,
25030 Besançon cedex FRANCE

À P.A. Meyer, en témoignage d'amitié et de reconnaissance

Résumé. Dans ce travail nous donnons deux applications de la décomposition de Galtchouk-Kunita-Watanabe. La première application concerne l'étude des conditions de structure et la deuxième permet d'établir l'existence et la continuité de la décomposition de Föllmer-Schweizer généralisée.

0. INTRODUCTION.

Un marché financier viable ne doit pas présenter d'opportunités d'arbitrage. On sait que l'absence d'opportunités d'arbitrage est intimement liée à l'existence d'une loi de martingale pour le processus des prix actualisés (voir par exemple Stricker (1990) et Delbaen/Schachermayer (1994)). Lorsque le marché est complet, on sait évaluer le prix d'un actif contingent : c'est tout simplement l'espérance de cet actif sous la probabilité de risque neutre. En revanche si le marché n'est pas complet, il existe plusieurs lois de martingale, si bien que la méthode précédente ne s'applique plus. L'une des méthodes pour attaquer ce problème est la décomposition de Föllmer-Schweizer qui permet d'approcher une v.a. dans $\mathcal{L}^2$ par une intégrale stochastique. L'existence de la décomposition de Föllmer-Schweizer est étroitement liée aux conditions de structure. Nous dirons qu'une semimartingale X à valeurs dans $\mathbb{R}$ (pour simplifier) vérifie les conditions de structure si elle peut s'écrire : $X = M + \lambda \cdot \langle M \rangle$ avec $(\lambda^2 \cdot \langle M \rangle)_T < \infty$. Dans cette note nous allons d'abord fournir une démonstration très rapide d'un résultat de Schweizer (1994) qui caractérise d'une part toutes les densités de lois de martingale et qui précise d'autre part la décomposition canonique du processus des prix actualisés. L'outil essentiel est la décomposition de Galtchouk-Kunita-Watanabe qui nous permettra aussi de caractériser les semimartingales vérifiant les conditions de structure quand il existe une densité de martingale. Lorsque la semimartingale X est continue, nous montrons également que les conditions de structure restent invariantes par changement de loi équivalente et nous retrouvons ainsi un résultat de Delbaen/Shirakawa (1995) : dans le cas continu les conditions de structure restent invariantes par changement de numéraire. Enfin nous achevons cette première partie par l'étude des relations entre $\mathcal{K}_1 := \{(H \cdot X)_T : H \cdot X \geq -1\}$ est borné dans L^0 et les conditions de structure.

La deuxième partie du travail est consacrée à l'étude de la décomposition de Föllmer-Schweizer généralisée. Comme son nom l'indique, cette décomposition a été introduite par Föllmer/Schweizer (1991) et généralisée par Ansel/Stricker (1992). Quand le processus des prix actualisés est une martingale locale, la décomposition de Föllmer-Schweizer est tout simplement la décomposition de Galtchouk-Kunita-Watanabe. Rappelons que la décomposition de Galtchouk-Kunita-Watanabe a été obtenue dans des situations plus générales que le cas $\mathcal{L}^2$ par Ansel/Stricker (1994a). Dans un travail récent Schweizer (1994) a étendu le théorème 10 d'Ansel/Stricker (1992) au cas $d > 1$. La décomposition de Galtchouk-Kunita-Watanabe va nous permettre de simplifier un peu la démonstration de Schweizer (1994) et surtout de montrer que la décomposition de Föllmer-Schweizer généralisée est continue pour la convergence uniforme en probabilité.

Nous remercions vivement F. Delbaen pour des discussions très fructueuses sur les conditions de structure ainsi que l'Institut Isaac Newton de Cambridge où une partie importante de ce travail a été effectuée lors d'un séjour du deuxième auteur.

1. NOTATIONS ET PRÉLIMINAIRES.

Soient $T \in \mathbb{R}^{*+}$ et $(\Omega, \mathcal{F}, P, (\mathcal{F}_t)_{0 \leq t \leq T})$ un espace probabilisé filtré satisfaisant les conditions habituelles. Nous notons :

$Y_t^* = \sup_{0 \leq s \leq t} |Y_s|$, le processus Y étant càdlàg.

$\mathcal{S}^2_{loc}(P)$: l'ensemble des semimartingales Y telles que Y^* est localement de carré intégrable.

$\mathcal{M}_{loc}(P)$ (resp. $\mathcal{M}^2_{loc}(P)$) : l'espace des martingales locales (resp. localement de carré intégrable).

$\mathcal{M}(P)$: l'ensemble des martingales uniformément intégrables.

Soit Q une loi de probabilité sur l'espace filtré $(\Omega, \mathcal{F}, (\mathcal{F}_t)_{0 \leq t \leq T})$ et $M \in \mathcal{M}^2_{loc}(Q)$). Nous désignons par $\mathcal{L}^2_{loc}(M, Q)$ l'ensemble des processus prévisibles ξ, à valeur dans $\mathbb{R}^d$, tels que le processus croissant $\int_0^t \xi_s' d\langle M \rangle_s \xi_s$ est localement intégrable, ξ_s' étant le vecteur transposé de ξ_s.

Si $X = (X_t)_{0 \leq t \leq T}$ est une semimartingale à valeur dans $\mathbb{R}^d$, un processus prévisible ξ d-dimensionnel est dit X-intégrable si la suite des processus $(1_{\{|\xi| \leq n\}} \xi \cdot X)_{n \geq 1}$ converge pour la topologie des semimartingales (voir Chou/Meyer/Stricker (1980))

Pour toute semimartingale réelle U, nous désignons par $\mathcal{E}(U)$ la semimartingale solution de l'équation différentielle suivante:

$$dY = Y_- dU, \; Y_0 = 1.$$

Pour plus de détails et pour les notations non expliquées nous renvoyons le lecteur intéressé à Dellacherie/Meyer (1980) ou à Jacod (1979).

Définitions 1.1. *1) Un processus réel Z est appelé densité de martingale pour X si $Z, ZX \in \mathcal{M}_{loc}(P)$ et $Z_0 = 1$ $P-p.s.$ Si de plus Z est strictement positive, Z est appelée densité de martingale stricte pour X.*

2) Soit $X \in \mathcal{S}^2_{loc}(P)$ de décomposition canonique $X = X_0 + M + A$, B un processus *croissant prévisible tel que $\langle M^i\rangle \ll B$, $i = 1, ..., d$ et σ la matrice symetrique définie par $\sigma^{ij} = \dfrac{d\langle M^i, M^j\rangle}{dB}$. On dit que X satisfait les conditions de structures notées (SC) s'il existe $\lambda \in \mathcal{L}^2_{loc}(M)$ tel que $dA = \sigma\lambda dB$. Dans ce cas nous posons $\hat{Z} = \mathcal{E}(-\lambda \cdot M)$ et le processus $\hat{Z}$ sera appelé densité de martingale minimale pour X.*

3) Soit H une v.a. $\mathcal{F}_T$-mesurable. On dit que H admet une décomposition de Föllmer-Schweizer généralisée s'il existe une v.a. $H_0 \in L^1(\mathcal{F}_0)$, un processus prévisible X-intégrable ξ^H et $L^H \in \mathcal{M}_{loc}(P)$ fortement orthogonale à chaque M^i tels que :

$$H = H_0 + (\xi^H \cdot X)_T + L^H_T \qquad P-p.s.$$

et que $\hat{Z}\hat{V} \in \mathcal{M}(P)$ où

$$\hat{V} = H_0 + \xi^H \cdot X + L^H.$$

Remarque 1.2. On observera que les conditions de structure ne dépendent pas du processus B choisi pourvu que $\langle M^i\rangle \ll B$, $i = 1, ..., d$. En outre si les conditions de structure sont satisfaites, alors $A^i \ll \langle M^i\rangle$ pour $i = 1, ..., d$, si bien qu'il existe un processus prévisible α vérifiant $\alpha^i = \dfrac{dA^i}{d\langle M^i\rangle}$, $i = 1, ..., d$ et $dA = \gamma dB$ avec $\gamma^i = \sigma^{ii}\alpha^i$. Enfin lorsque X est une semimartingale continue vérifiant (SC), alors $\hat{Z}_T := \mathcal{E}(-\lambda \cdot M)_T$ est évidemment une densité de martingale stricte : c'est la densité de martingale stricte minimale.

Rappelons la proposition suivante due à Ansel/Stricker (1994a).

Proposition 1.3. *Si la décomposition de Föllmer-Schweizer généralisée existe et si $\hat{Z} > 0$, elle est unique.*

Remarque 1.4. Lorsque X n'admet pas une loi Q équivalente à P telle que $\frac{dQ}{dP} \in L^2(P)$ et que X soit une martingale locale sous Q, la décomposition de Föllmer-Schweizer au sens de Föllmer/Schweizer(1991) n'est pas unique en général, contrairement à la décomposition de Föllmer-Schweizer généralisée. Voici un exemple de cette situation. Prenons $T := 1$, $(\mathcal{F}_t)_{0\leq t\leq 1}$ la filtration naturelle d'un mouvement brownien standard réel $(B_t)_{0\leq t\leq 1}$, $S := \inf\{t \;:\; \mathcal{E}\left(\int_0^t \frac{dB_s}{1-s}\right) = \frac{1}{2}\}$, $M_t := \int_0^{t\wedge S} \frac{dB_s}{1-s}$, $H := 1$ et $X_t := B_{t\wedge S} + \ln(1 - t\wedge S)$. Alors $\hat{Z}_1 := \mathcal{E}(M)_1$ est l'unique densité de martingale stricte pour X. La décomposition de Föllmer-Schweizer généralisée de H est donnée par : $\dfrac{E[\hat{Z}_1 H \mid \mathcal{F}_t]}{\hat{Z}_t} = \dfrac{1}{2\hat{Z}_t} = \dfrac{1}{2}\mathcal{E}(-\tilde{X}_t) = \dfrac{1}{2}(1 - \int_0^t \frac{\mathcal{E}(-\tilde{X}_s)}{1-s} dX_s)$ où $d\tilde{X}_s = \dfrac{dX_s}{1-s}$. En revanche, lorsqu'on considère la définition classique de la décomposition de Föllmer-Schweizer, on peut prendre $H_0 = H = 1 = \hat{V}$. Quitte à changer la loi initiale P, on peut supposer que la semimartingale $\mathcal{E}(-\tilde{X}) \cdot \tilde{X}$ est dans $\mathcal{H}^2(P)$, c'est-à-dire qu'elle s'écrit comme la somme d'une martingale de carré intégrable et d'un processus à variation de carré intégrable. Ainsi il existe au moins deux décompositions de Föllmer-Schweizer au sens de Föllmer/Schweizer(1991). Le lecteur intéressé par ces problèmes d'unicité de la décomposition de Föllmer-Schweizer pourra se reporter au travail de

DMSSS(1995).

Définition 1.5. *Soient N une martingale locale réelle et M une martingale locale à valeurs dans $\mathbb{R}^d$. On appelle décomposition de Galtchouk-Kunita-Watanabe de N sur M une décomposition de la forme $N = N_0 + H \cdot M + L$ où $H \in \mathcal{L}^2_{loc}(M)$ et L est une martingale locale nulle en 0 et fortement orthogonale à M.*

Cette définition est légèrement différente de celle d'Ansel/Stricker(1994) qui exige seulement que $H \in \mathcal{L}^1_{loc}(M)$ (i.e H est M-intégrable et $H \cdot M \in \mathcal{M}_{loc}(P)$). Lorsque cette décomposition existe, elle est unique. On sait (voir Ansel/Stricker (1994a)) que cette décomposition existe en particulier si M et N sont dans $\mathcal{M}^2_{loc}(P)$ ou si M est continue et N quelconque.

2. QUELQUES RÉSULTATS SUR LES CONDITIONS DE STRUCTURE.

Le théorème suivant permet de caractériser les semimartingales vérifiant les conditions de structure quand il existe une densité de martingale stricte.

Théorème 2.1. *Supposons que X admette une densité de martingale stricte Z. Alors X satisfait les conditions de structure si et seulement si $X \in \mathcal{S}^2_{loc}(P)$ et Z admet une décomposition de Galtchouk-Kunita-Watanabe par rapport à M, M étant la partie martingale locale de la décomposition canonique de $X = X_0 + M + A$.*

Preuve : Supposons que la semimartingale X satisfait (SC) et que sa décomposition canonique s'écrit :

$$X = X_0 + M + A$$

Pour $i = 1, ..., d$ la formule d'Ito nous dit que

$$d(ZX^i) = X^i_- dZ + Z_- dM^i + Z_- dA^i + d[Z, M^i] + d[Z, A^i].$$

D'après un lemme de Yoeurp (voir Dellacherie/Meyer (1980)) $[Z, A^i]$ est une martingale locale, si bien que ZX^i est une martingale locale si et seulement si les deux conditions suivantes sont vérifiées :

i) $[Z, M^i]$ est à variation localement intégrable.

ii) $Z_- dA^i = -d\langle Z, M^i\rangle$.

Puisque Z est strictement positive et compte tenu de l'équivalence ci-dessus, nous concluons que

$$A^i = -\frac{1}{Z_-} \cdot \langle Z, M^i\rangle.$$

Comme $\frac{1}{Z_-}$ est localement borné, le processus $Y := \frac{1}{Z_-} \cdot Z$ est une martingale locale et $\langle M^i, Y\rangle$ existe. De plus $\langle M^i, Y\rangle = -A^i$.

La condition de structure implique que $A^i = \gamma^i \cdot B = (\sigma\lambda)^i \cdot B = \langle M^i, \lambda \cdot M\rangle$ pour tout $i = 1, ..., d$, si bien que $\langle M^i, \lambda \cdot M + Y\rangle = 0$. Donc $Y = -\lambda \cdot M + L$ où L est une martingale locale nulle en 0 et fortement orthogonale à M. Comme Z_- est localement borné, Z admet la décomposition de Galtchouk-Kunita-Watanabe $Z = 1 - (Z_-\lambda) \cdot M + Z_- \cdot L$, ce qui achève la démonstration de la première partie du théorème.

Réciproquement si Z satisfait les hypothèses du théorème, alors il existe $\lambda \in \mathcal{L}^2_{loc}(M)$ et une martingale locale L fortement orthogonale à chaque M^i tels que : $Y = \lambda \cdot M + L$. Donc selon les calculs précédents, on a $A^i = -\langle M^i, Y\rangle = -(\sigma\lambda)^i \cdot B$ et la démonstration du théorème est achevée.

Nous retrouvons alors très rapidement un résultat établi par Schweizer(1994).

Théorème 2.2. *Supposons que X admet une densité de martingale stricte Z et que :*

$$\begin{cases} (1)\ X \text{ est continue} \\ \text{ou} \\ (2) \begin{cases} X \in \mathcal{S}^2_{loc}(P) \\ \text{et} \\ Z \in \mathcal{M}^2_{loc}(P) \end{cases} \end{cases}$$

Alors, les assertions suivantes sont vérifiées :
(i) X satisfait les conditions de structure (SC).
(ii) Il existe une unique martingale locale $L \in \mathcal{M}_{loc}(P)$ fortement orthogonale à chaque $M^i, i = 1, ..., d$ telle que :

$$Z = \mathcal{E}(-\lambda \cdot M + L).$$

Preuve : Sous les conditions (1) ou (2) du théorème, la décomposition de Galtchouk-Kunita-Watanabe de Z par rapport à M existe (voir Ansel-Stricker (1994a)). Et par suite le théorème 2.2 est une conséquence immédiate du théorème 2.1.

Corollaire 2.3. *Sous les mêmes hypothèses que le théorème 2.2, nous avons :*
i) Pour tout $i = 1, ..., d$ $\alpha^i \in \mathcal{L}^2_{loc}(M)$.
ii) a) Si (1) est satisfaite, nous avons: $Z = \mathcal{E}(-\lambda \cdot M)\mathcal{E}(L)$.
b) Et si (2) a lieu nous avons $L \in \mathcal{M}^2_{loc}(P)$.

Preuve : i) En adaptant la démonstration des théorèmes 2.1 et 2.2 à chaque X^i séparément, nous obtenons que $Y = \varphi^i \cdot M^i + L^i$, où L^i est une martingale locale fortement orthogonale à M^i et φ^i est dans $\mathcal{L}^2_{loc}(M^i)$, si bien que $\varphi^i = -\alpha^i$. Donc $\alpha^i \in \mathcal{L}^2_{loc}(M^i)$.
ii) a) C'est une conséquence immédiate de l'expression de Z dans le théorème 2.2 et de la formule suivante de Yor:

$$\forall\, U, V \in \mathcal{S},\ \mathcal{E}(U)\mathcal{E}(V) = \mathcal{E}(U + V + [U, V]).$$

b) Si $Z \in \mathcal{M}^2_{loc}(P)$, alors Y et L sont dans $\mathcal{M}^2_{loc}(P)$.

Le corollaire suivant constitue une réciproque partielle du théorème 2.2.

Corollaire 2.4. *Soit $X \in \mathcal{S}^2_{loc}(P)$ de décomposition canonique $X = X_0 + M + A$ vérifiant les conditions de structure. Si M a la propriété de représentation prévisible et si X admet une densité de martingale stricte Z, alors $Z \in \mathcal{M}^2_{loc}(P)$. En outre*

$Z = \mathcal{E}(-\lambda \cdot M)$.

Preuve : Reprenons les notations de la démonstration du théorème 2.1. La martingale Z admet une décomposition de Galtchouk-Kunita-Watanabe $Z = 1-(Z_{-}\lambda)\cdot M + Z_{-}\cdot L$. Comme M possède la propriété de représentation prévisible, la martingale locale L est nulle, $Z \in \mathcal{M}^2_{loc}(P)$ et $Z = \mathcal{E}(-\lambda \cdot M)$.

Remarque 2.5. Dans Ansel/Stricker(1992) on donne un exemple où X vérifie les conditions de structure et admet une densité de martingale stricte mais où $\mathcal{E}(-\lambda \cdot M)$ n'est pas positive, si bien que la loi de martingale minimale n'existe pas. Il existe aussi des semimartingales vérifiant (SC) mais n'admettant pas de densité de martingale stricte, par exemple le processus de Poisson non compensé. Bien entendu une telle situation ne peut pas se produire lorsque X est continue.

Exemple 2.6. Comme nous l'indique le théorème 2.1, si nous supposons seulement que $X \in \mathcal{S}^2_{loc}(P)$ admet une densité de martingale stricte Z, X ne satisfait pas nécessairement les conditions de structure. Voici un tel exemple. Soit $f \in L^1([0,1])$ une fonction strictement positive qui n'est pas de carré intégrable, $\tilde{N}$ un processus de Poisson compensé, $M := \tilde{N}$ et $T = 1$. Considérons la v.a. strictement positive $Z_1 = c\left((f \cdot \tilde{N})_1 + \int_0^1 f(s)ds + 1\right)$ où c est une constante telle que $E(Z_1) = 1$. Puisque f n'est pas de carré intégrable, Z n'admet pas de décomposition de Galtchouk-Kunita-Watanabe (pour plus de détails on pourra se reporter à Ansel/Stricker (1994a)). Et par suite si $A_t = -\int_0^t \frac{cf(s)}{Z_{s-}}ds$, le théorème 2.1 nous dit que la semimartingale $X = M + A$ ne satisfait pas les conditions de stucture sous P. En revanche, comme X est localement bornée, X vérifie les conditions de structure sous la loi Q de densité $\frac{dQ}{dP} = Z_1$. Ainsi les conditions de structure ne restent pas invariantes par changement de loi, même si X est localement bornée. Toutefois lorsque X est continue on a la

Proposition 2.7. *Soit X une semimartingale continue vérifiant les conditions de structure sous P. Alors elle les vérifie sous toute loi Q équivalente à P.*

Preuve : Puisque X est continue et vérifie (SC) sous P, la remarque 1.2 nous dit que X admet une densité de martingale stricte minimale $\hat{Z}_T$. Grâce au théorème 2.1 et à l'existence de la décomposition de Galtchouk-Kunita-Watanabe dans le cas continu, X vérifie (SC) sous Q.

La proposition 2.7 que nous améliorerons un peu dans la remarque 2.10 en exigeant seulement $Q \ll P$, va nous permettre de démontrer aisément l'invariance de (SC) par changement de numéraire, résultat déjà établi par Delbaen et Shirakawa (1995) avec une méthode moins directe. La démonstration que nous allons fournir illustre le lien très étroit entre changement de loi et changement de numéraire. Enfin l'exemple 2.6 montre que l'hypothèse de continuité de X est essentielle pour le corollaire suivant.

Corollaire 2.8. *Supposons que la semimartingale X est continue et vérifie les conditions de structure. Si $\rho = c + H \cdot X > 0$ où c est un réel strictement positif et H est*

intégrable par rapport à X, alors $\frac{X}{\rho}$ satisfait aussi (SC).

Preuve : On observe d'abord qu'il suffit d'établir l'existence d'une suite croissante de t.a. (T_n) tendant stationnairement vers T telle que $(\frac{X}{\rho})^{T_n}$ satisfait (SC). Comme X est un processus continu, on peut construire une suite croissante de t.a. (T_n) tendant stationnairement vers T telle que les processus $\mathcal{E}(-\lambda \cdot M)^{T_n}$ et ρ^{T_n} soient bornés. Soit Q la loi équivalente à P, de densité $\frac{dQ}{dP} := \frac{\rho_{T_n}}{E(\rho_{T_n})}\mathcal{E}(-\lambda \cdot M)_{T_n}$. Sous cette loi, $(\frac{X}{\rho})^{T_n}$ est une martingale locale continue, donc vérifie certainement (SC). Il en sera de même sous P d'après la proposition 2.7.

Soit $\mathcal{K}_1 := \{(H \cdot X)_T \ : \ H$ est X-intégrable et $H \cdot X \geq -1\}$ et $\mathcal{K} := \{(H \cdot X)_T \ : \ H$ est X-intégrable et il existe un réel a tel que $H \cdot X \geq -a\}$. Un élément $f \in \mathcal{K}$ est dit maximal si pour tout $g \in \mathcal{K}$ $g \geq f \Rightarrow f = g$ p.s.. Rappelons la définition d'absence d'opportunités d'arbitrage : X satisfait NA si $\mathcal{K}_1 \cap L^0_+ = \{0\}$. Lorsque X est une semimartingale localement bornée, Delbaen/Schachermayer (1994) ont montré que les trois assertions suivantes sont équivalentes :
i) X admet une loi de martingale locale Q équivalente à P, c'est-à-dire X est une martingale locale sous la loi Q.
ii) Il existe une densité de martingale stricte pour X et X vérifie NA.
iii) $\mathcal{K}_1$ est borné dans L^0 et X vérifie NA.
Grâce à l'exemple 2.6 et au théorème 2.1 nous allons préciser les relations entre $\mathcal{K}_1$ borné dans L^0 et (SC) lorsque X est une semimartingale quelconque. La partie i) du théorème suivant a déjà été établie par Delbaen/Schachermayer (1995b) mais par souci de complétude nous allons en fournir une démonstration.

Théorème 2.9. *i) Si X admet une densité de martingale stricte, alors $\mathcal{K}_1$ est borné dans L^0.*
ii) Lorsque X est continu, $\mathcal{K}_1$ est borné dans L^0 $\Longleftrightarrow$ X vérifie (SC) $\Longleftrightarrow$ il existe une densité de martingale stricte.
iii) Soit $X \in \mathcal{S}^2_{loc}(P)$. X satisfait (SC) si et seulement si l'ensemble $\{(H \cdot X)_T : H$ prévisible borné et $\int_0^T H' d\langle M\rangle H \leq 1\}$ est borné dans L^0.

Preuve : i) Soit Z une densité de martingale stricte. Comme Z et ZX sont des martingales locales, il existe une suite croissante de t.a. (T_n) tendant stationnairement vers T, telle que Z^{T_n} et $(ZX)^{T_n}$ soient des martingales. Sous la loi Q^n de densité $\frac{dQ^n}{dP} := Z_{T_n}$, X^{T_n} est une martingale, si bien que $1+(H \cdot X)^{T_n}$ est une Q^n surmartingale positive. Il en résulte que

$$Q^n(|(H \cdot X)_{T_n}| > c-1) \leq Q^n(|(H \cdot X)_{T_n} + 1| > c) \leq \frac{1}{c}(E^{Q^n}((H \cdot X)_{T_n}) + 1) \leq \frac{1}{c}.$$

Pour voir que $\mathcal{K}_1$ est borné dans L^0, il suffit de remarquer que

$$P(|(H \cdot X)_T| > c-1) \leq P(T_n < T) + \int_{\{|(H \cdot X)_{T_n}| > c-1\}} Z_{T_n}^{-1} dQ^n$$

ii) Comme X est continue, le théorème 2.1 nous dit que l'existence d'une densité de martingale stricte implique (SC). Inversement (SC) entraîne l'existence de la densité de martingale minimale stricte. Enfin d'après i) l'existence d'une densité de martingale stricte implique que $\mathcal{K}_1$ est borné dans L^0. Il reste à établir que la bornitude de $\mathcal{K}_1$ dans L^0 entraîne (SC). Soit $X := M + A$ la décomposition canonique de la semimartingale continue X. Si A n'est pas absolument continu par rapport à $\langle M\rangle$, alors le théorème 2.3 de Delbaen/Schachermayer (1995a) nous dit qu'il existe un processus prévisible f à valeurs dans $\mathbb{R}^d$ tel que $\|f\|$ est à valeurs dans $\{0,1\}$ et que $d\langle M\rangle f = 0$ tandis que $f'dA$ n'est pas identiquement nul. Bien entendu nous pouvons choisir f tel que $f'dA = |f'dA|$. On pose $f^n := nf$, si bien que la suite $((nf)\cdot X)_T = n\int_0^T |f'dA| \geq 0$ n'est pas bornée dans L^0. A fortiori $\mathcal{K}_1$ n'est pas borné dans L^0, ce qui est absurde. Ainsi il existe un processus prévisible λ tel que $dA = \langle M\rangle\lambda$. Il reste à établir que $\int_0^T \lambda' d\langle M\rangle\lambda < \infty$. À cet effet nous allons adapter à notre situation la démonstration du théorème 7 d'Ansel/Stricker (1992). Raisonnons par l'absurde et supposons qu'il existe $\varepsilon > 0$ tel que $P\left(\int_0^T \lambda'_s d\langle M\rangle_s \lambda_s = \infty\right) > \varepsilon$ et considérons le processus borné $\lambda(n) := \lambda 1_{\{\|\lambda\|\leq n\}}$. Puisque la suite $\{\int_0^T \lambda'_s(n) d\langle M\rangle_s \lambda_s(n) > \theta\}$ tend en croissant vers $\{\int_0^T \lambda'_s d\langle M\rangle_s \lambda_s > \theta\}$ pour tout $\theta \in \mathbb{R}$, on peut choisir une suite croissante de réls positifs (θ_n) tendant vers $+\infty$ telle que $P\left(\int_0^T \lambda'_s(n) d\langle M\rangle_s \lambda_s > \theta_n\right) \geq \varepsilon$. On pose :

$$T_n := \inf\{t : \int_0^t \lambda'_s(n) d\langle M\rangle_s \lambda_s \geq \theta_n\} \text{ et } \alpha(n) := \theta_n^{-\frac{3}{4}} \lambda(n) 1_{[0,T_n]}.$$

Observons que par définition de T_n

$$\int_0^T \alpha'_s(n) d\langle M\rangle_s \alpha_s(n) \leq \theta_n^{-\frac{1}{2}},$$

si bien que $(\alpha(n)\cdot M)^*_T$ converge vers 0 dans L^2. Comme le processus $\alpha(n)$ n'est pas nécessairement admissible, on pose :

$$S_n := \inf\{t : (\alpha(n)\cdot M)_t \leq -1\} \text{ et } H(n) := \alpha(n) 1_{[0,S_n]}.$$

Le processus $H(n)$ est 1-admissible, c'est-à-dire $H(n)\cdot X \geq -1$. Comme $(\alpha(n)\cdot M)^*_T$ converge vers 0 dans L^2, $P(S_n \neq T_n)$ converge vers 0, si bien que pour n assez grand $P(\int_0^T H'_s(n) d\langle M\rangle_s \lambda_s \geq \theta_n^{\frac{1}{4}}) \geq \frac{\varepsilon}{2}$ et a fortiori $P((H(n)\cdot X)_T \geq \theta_n^{\frac{1}{4}} - 1) \geq \frac{\varepsilon}{2}$. Ainsi $\mathcal{K}_1$ n'est pas borné dans L^0, ce qui est absurde, et la deuxième partie du théorème est démontrée.

iii) Si X satisfait (SC) et si $\int_0^T H' d\langle M\rangle H \leq 1$, on a :

$$\int_0^T |H'dA| = \int_0^T |H'd\langle M\rangle\lambda| \leq (\int_0^T H'd\langle M\rangle H)^{\frac{1}{2}} (\int_0^T \lambda' d\langle M\rangle\lambda)^{\frac{1}{2}}$$

$$\leq (\int_0^T \lambda' d\langle M\rangle\lambda)^{\frac{1}{2}}.$$

On en déduit immédiatement que $\{(H\cdot X)_T : H$ prévisible borné et $\int_0^T H'd\langle M\rangle H \leq 1\}$ est borné dans L^0. Inversement, supposons que $\{(H\cdot X)_T : H$ prévisible borné et $\int_0^T H'd\langle M\rangle H \leq 1\}$ est borné dans L^0. Ceci est équivalent à : $\{(H\cdot A)_T : H$ prévisible borné et $\int_0^T H'd\langle M\rangle H \leq 1\}$ est borné dans L^0. En reprenant la démonstration du ii) on voit qu'il existe un processus prévisible λ tel que $dA = d\langle M\rangle\lambda$. Il reste à établir que $\int_0^T \lambda' d\langle M\rangle\lambda < \infty$. À cet effet nous allons reprendre la démonstration du théorème 7 d'Ansel/Stricker (1992) en l'adaptant au cas multidimensionnel. Raisonnons par l'absurde et supposons qu'il existe $\varepsilon > 0$ tel que $P\left(\int_0^T \lambda'_s d\langle M\rangle_s \lambda_s = \infty\right) > \varepsilon$ et considérons le processus borné $\lambda(n) := \lambda 1_{\{\|\lambda\| \leq n\}}$. Puisque la suite $\{\int_0^T \lambda'_s(n) d\langle M\rangle_s \lambda_s(n) > \theta\}$ tend en croissant vers $\{\int_0^T \lambda'_s d\langle M\rangle_s \lambda_s > \theta\}$ pour tout $\theta \in \mathbb{R}$, on peut choisir une suite croissante de réels positifs (θ_n) tendant vers $+\infty$ telle que $P\left(\int_0^T \lambda'_s(n) d\langle M\rangle_s \lambda_s > \theta_n\right) \geq \varepsilon$. On pose :

$$T_n := \inf\{t : \int_0^t \lambda'_s(n) d\langle M\rangle_s \lambda_s \geq \theta_n\}$$

$$\alpha(n) := \theta_n^{-\frac{1}{2}} \lambda(n) 1_{[0,T_n[} + \lambda_{T_n}(n)(\theta_n + \lambda'_{T_n}(n)\Delta\langle M\rangle_{T_n}\lambda_{T_n}(n))^{-\frac{1}{2}} 1_{[T_n]}.$$

Comme T_n est un t.a. d'arrêt prévisible, $\alpha(n)$ est prévisible. En outre

$$\int_0^T \alpha'(n) d\langle M\rangle \alpha(n)$$
$$\leq \theta_n^{-1} \int_{[0,T_n[} \lambda'(n) d\langle M\rangle \lambda(n) + \lambda'_{T_n}(n)\Delta\langle M\rangle_{T_n}\lambda_{T_n}(n)(\theta_n + \lambda'_{T_n}(n)\Delta\langle M\rangle_{T_n}\lambda_{T_n}(n))^{-1}.$$

Or

$$\int_{[0,T_n[} \lambda'(n) d\langle M\rangle \lambda(n) \leq \theta_n$$

par définition de T_n et la fonction $f(x) := x(x + \theta_n)^{-1} \leq 1$ pour $x \geq 0$ si bien que $\int_0^T \alpha'(n) d\langle M\rangle \alpha(n) \leq 2$. Mais :

$$\int_0^T \alpha'(n) d\langle M\rangle \lambda$$
$$= \theta_n^{-\frac{1}{2}} \int_{[0,T_n[} \lambda'(n) d\langle M\rangle \lambda(n) + \lambda'_{T_n}(n)\Delta\langle M\rangle_{T_n}\lambda_{T_n}(n)(\theta_n + \lambda'_{T_n}(n)\Delta\langle M\rangle_{T_n}\lambda_{T_n}(n))^{-\frac{1}{2}}$$
$$\geq \int_0^{T_n} \lambda'(n) d\langle M\rangle \lambda(n) (\theta_n + \int_0^{T_n} \lambda'(n) d\langle M\rangle \lambda(n))^{-\frac{1}{2}}.$$

Comme on a manifestement $x(\theta_n + x)^{-\frac{1}{2}} \geq 2^{-\frac{1}{2}}\theta_n^{\frac{1}{2}}$ pour $x \geq \theta_n$, on obtient

$$P(\int_0^T \alpha'(n) d\langle M\rangle \lambda \geq 2^{-\frac{1}{2}}\theta_n^{\frac{1}{2}}) \geq \varepsilon$$

compte tenu de l'hypothèse $P\left(\int_0^T \lambda'_s(n) d\langle M\rangle_s \lambda_s > \theta_n\right) \geq \varepsilon$. Ainsi la suite $(\alpha'(n) \cdot A)_T$ n'est pas bornée dans L^0, ce qui est absurde et iii) est démontré.

Remarque 2.10. L'exemple 2.6 montre que même si X est localement bornée, $\mathcal{K}_1$ peut être borné dans L^0 sans que X vérifie (SC) sous P. Toutefois un examen attentif de la démonstration ci-dessus montre que si X est dans $\mathcal{S}^2_{loc}(P)$ et si $\mathcal{K}_1$ est borné dans L^0, alors il existe un processus prévisible λ tel que $dA = d\langle M\rangle\lambda$. D'autre part si X est le processus de Poisson non compensé, on voit immédiatement que X vérifie (SC) mais $\mathcal{K}_1$ n'est pas borné dans L^0 car X est croissant. Cependant les équivalences de la partie ii) du théorème 2.9 restent vraies si X est une semimartingale spéciale dont la partie martingale locale est continue. Enfin la partie iii) du théorème précédent permet d'améliorer un peu la proposition 2.7. Si X est continue et vérifie (SC) sous la loi P, alors X vérifie aussi (SC) sous toute loi $Q \ll P$ car lorsque X est continue, $\langle M\rangle = \langle X\rangle = [X]$ (voir par exemple Jacod (1979) ou Dellacherie/Meyer (1980)).

Nous terminons ce paragraphe en donnant une réponse positive à une conjecture de Delbaen/Schachermayer (1995b). Nous désignons par $M^e(P)$ l'ensemble des lois Q

équivalentes à P telles que X soit une martingale locale sous P. Delbaen et Schachermayer ont établi le théorème suivant lorsque le numéraire V vérifie la condition V^{-1} localement borné.

Théorème 2.11. *Soit X une semimartingale localement bornée telle que $M^e(P) \neq \emptyset$. On suppose que H est admissible et que le processus $V := 1 + H \cdot X$ vérifie $V_1 > 0$. Alors les assertions suivantes sont équivalentes :*
i) $(H \cdot X)_1$ est maximal dans $\mathcal{K}$.
ii) Le processus $\tilde{X} = (\frac{X}{V}, \frac{1}{V})$ vérifie NA.
iii) Il existe $Q \in M^e(P)$ telle que $H \cdot X$ soit une Q-martingale.

Preuve : Observons d'abord que H étant admissible, $1 + H \cdot X$ est une surmartingale pour toute loi $R \in M^e(P)$. Comme $V_1 > 0$, il en résulte que $V > 0$, si bien que $\tilde{X}$ est parfaitement défini.
Le théorème 11 de Delbaen/Schachermayer (1995b) établit en toute généralité l'équivalence i) $\Leftrightarrow$ ii).
Montrons que iii) $\Rightarrow$ ii). Puisque $V_1 > 0$ et que $E(V_1) = 1$, on peut définir une nouvelle loi $\tilde{Q}$ équivalente à Q, de densité $d\tilde{Q} = V_1 dQ$. Dans ce cas $\tilde{X}$ est une martingale locale sous $\tilde{Q}$ et ii) est établi.
Montrons que ii) $\Rightarrow$ iii). Soit $V' := \frac{1}{2}(1 + V)$. Ce processus est défini à partir de $H/2$ à la place de H. Comme le soulignent Delbaen et Schachermayer, l'intérêt de ce processus est que $\frac{1}{V'}$ est borné et que $V' - 1$ est aussi maximal dans $\mathcal{K}$. Puisque les assertions i) et ii) sont équivalentes on en déduit que l'assertion ii) est aussi vérifiée en remplaçant V par V'. Or V' est une densité de martingale stricte pour $\tilde{X}' := (\frac{X}{V'}, \frac{1}{V'})$ et $\tilde{X}'$ vérifie NA. Donc il existe une loi $\tilde{Q}'$ équivalente à P telle que $\tilde{X}'$ soit une $\tilde{Q}'$ martingale locale. Comme $\frac{1}{V'}$ est borné, $\frac{1}{V'}$ est une $\tilde{Q}'$-martingale. Dans ce cas V' sera une martingale sous la loi $dQ := \frac{1}{V'} d\tilde{Q}'$ et de plus $Q \in M^e(P)$. Enfin il est clair que V est aussi une Q-martingale. Le théorème est démontré.

Remarque 2.12. Il serait intéressant de supprimer l'hypothèse que X est localement borné. Malheureusement nous ne sommes pas parvenus à établir l'implication i) $\Rightarrow$ iii) sans cette hypothèse. Enfin on observera que cette question est liée à la couverture des actifs contingents et le prix maximum (voir Ansel/Stricker (1994b)).

3. DÉCOMPOSITION DE FÖLLMER-SCHWEIZER GÉNÉRALISÉE.

Voici une deuxième application de la décomposition de Galtchouk-Kunita-Watanabe.

Théorème 3.1. *Supposons que X est un processus continu $((\mathcal{F}_t)_{0 \leq t \leq T})$-adapté, admettant une densité de martingale stricte et soit H une v.a. $\mathcal{F}_T$-mesurable. Alors les propriétés suivantes sont vérifiées :*
1) H admet une décomposition de Föllmer-Schweizer généralisée si et seulement si $H\hat{Z}_T$ est dans $\mathcal{L}^1(P)$.
2) La décomposition de Föllmer-Schweizer généralisée est continue pour la topologie de la convergence uniforme en probabilité : si (H^n) est une suite de v.a. $\mathcal{F}_T$-mesurables admettant la décomposition de Föllmer-Schweizer généralisée $H^n = H_0^n + L_T^n + (\xi^n : X)_T$ et si $H^n \hat{Z}_T$ converge vers $H\hat{Z}_T$ dans $\mathcal{L}^1(P)$, alors $\xi^n \cdot X$ (resp. L^n)

converge uniformément en probabilité vers $\xi \cdot X$ (resp. L).

Preuve : 1) Soit H une v.a. telle que $H\hat{Z}_T \in \mathcal{L}^1(P)$. Considérons le processus N défini par

$$N_t = \frac{E[\hat{Z}_T H|\mathcal{F}_t]}{\hat{Z}_t}.$$

Le processus $N\hat{Z}$ est une martingale sous P. Soit (T_m) une suite localisante pour la martingale locale $\hat{Z}$. Si $d\hat{P}^m = \hat{Z}_{T_m}dP$, alors $N^{T_m} \in \mathcal{M}(\hat{P}^m)$. De plus sous $\hat{P}^m$, nous avons la décomposition de Galtchouk-Kunita-Watanabe :

$$N^{T_m} = N_0 + \xi^m \cdot X^{T_m} + L^m \tag{1}$$

où $\xi^m \in \mathcal{L}^2{}_{loc}(X^{T_m}, \hat{P}^m)$ et $L^m \in \mathcal{M}_{loc}(\hat{P}^m)$ est fortement orthogonale à X^{T_m} sous $\hat{P}^m$, donc aussi à M car X est une processus continu et le processus L^m est constant à partir de T_m. Ainsi L^m est aussi dans $\mathcal{M}_{loc}(P)$.
Comme $Y \in \mathcal{M}(\hat{P}^m)$ si et seulement si $Y\hat{Z}^{T_m} \in \mathcal{M}(P)$ nous avons :

$$\forall \;\; Y \in \mathcal{M}(\hat{P}^{m+1}), \;\; Y^{T_m} \in \mathcal{M}(\hat{P}^m).$$

Et par suite, grâce à l'unicité de la décomposition (1) pour chaque N^{T_m}, nous concluons que $\xi^{m+1} \cdot X^{T_m}$ est indistinguable de $\xi^m \cdot X^{T_m}$; de même $(L^{m+1})^{T_m} = L^m$.
Considérons les processus ξ et L définis par :

$$\xi = \sum_{m \geq 1} \xi^m 1_{]T_{m-1}, T_m]} \;\; \text{et} \;\; L^{T_m} = L^m.$$

Sous P, L est une martingale locale orthogonale à M, de plus ξ est X-intégrable (voir Chou/Meyer/Stricker (1980)), si bien que

$$N = N_0 + L + \xi \cdot X.$$

Ceci achève la preuve de la première partie du théorème.

2) Nous passons maintenant à la démonstration de la continuité. Soit (H^n) une suite de v.a. $\mathcal{F}_T$-mesurables admettant la décomposition de Föllmer-Schweizer généralisée telle que $H^n\hat{Z}_T$ converge vers 0 dans $\mathcal{L}^1(P)$. Posons : $N^n_t = E[\hat{Z}_T H^n|\mathcal{F}_t]\hat{Z}_t^{-1}$. Comme le processus $\hat{Z}$ est continu et strictement positif, le lemme maximal nous dit que $(N^n)^*_T$ converge vers 0 en probabilité. Considérons comme en 1), une suite localisante (T_m) pour le processus $\hat{Z}$. Les temps d'arrêt $V_n = \inf\{t : |N^n{}_t| > 1\} \wedge T$ convergent stationnairement vers T en probabilité. Soient $\varepsilon > 0$ fixé et m un entier tels que $P(T_m = T) > 1 - \varepsilon$. Si $U \leq T_m$ est un temps d'arrêt, alors :

$$E^{\hat{P}^m}[|N^n_U|] = E[\hat{Z}_{T_m}|N^n_U|] = E(|E[\hat{Z}_T H^n|\mathcal{F}_U]|) \leq E(|\hat{Z}_T H^n|)$$

Comme $(N^n)^*_{T_m \wedge V_n -} \leq 1$ et que $(N^n)^*_T$ converge vers 0 en probabilité, on en déduit que $(N^n)^{T_m \wedge V_n}$ converge vers 0 dans $H^1(\hat{P}^m)$. Mais $[\xi^n \cdot X^{T_m}, \xi^n \cdot X^{T_m}]_{V_n} \leq [N^n, N^n]_{T_m \wedge V_n}$ si bien que $(\xi^n \cdot X)^*_{T_m}$ converge en probabilité vers 0. Par différence il en est alors de même pour $L^n{}^*_{T_m}$. Comme $P(T_m = T) > 1 - \varepsilon$, il en résulte que $(\xi^n \cdot X)^*_T$ (resp. $L^n{}^*_T$) converge vers 0 en probabilité et la démonstration du théorème est achevée.

RÉFÉRENCES.

J.P. Ansel et C. Stricker (1992) "Lois de martingale, densités et décomposition de Föllmer-Schweizer", Annales de l'Institut Henri Poincaré vol. 28, 375-392.

J.P. Ansel et C. Stricker (1994a) "Décomposition de Kunita-Watanabe", Séminaire de Probabilités XXVII, Lecture Notes in Mathematics 1557, 30-32, Springer.

J.P. Ansel et C. Stricker (1994b) "Couverture des actifs contingents et prix maximum", Annales de l'Institut Henri Poincaré vol. 30, n. 2, 303-315.

C.S. Chou, P.A. Meyer et C. Stricker (1980) "Sur les intégrales stochastiques de processus prévisibles non bornés", Séminaire de Probabilités XIV, Lecture Notes in Mathematics 784, 128-139, Springer.

F. Delbaen et W. Schachermayer (1994) "A General Version of the Fundamental Theorem of Asset pricing", Mathematische Annalen 300, 463-520.

F. Delbaen et W. Schachermayer (1995a) "The Existence of Absolutely Continuous Local Martingale Measures", à paraître.

F. Delbaen et W. Schachermayer (1995b) "The No-Arbitrage Property under a Change of Numéraire", à paraître.

F. Delbaen, P. Monat, W. Schachermayer, M. Schweizer et C. Stricker (1995) "Weighted Norm Inequalities and Closedness of a Space of Stochastic Integrals", à paraître.

F. Delbaen et H. Shirakawa (1995) " A Note on the No Arbitrage Condition for International Financial Markets", à paraître.

C. Dellacherie et P.A. Meyer (1980) "Probabilités et Potentiel", chapitre V à VIII, Hermann.

H. Föllmer et M. Schweizer (1991) "Hedging of Contingent Claims under Incomplete Information", Applied Stochastic Analysis, Stochastics Monographs 5, 389-414.

J. Jacod (1979) "Calcul Stochastique et Problèmes de Martingales", Lecture Notes in Mathematics 714, Springer.

D. Revuz et M. Yor (1991) "Continuous Martingales and Brownian Motion", Springer.

M. Schweizer (1995) "On the Minimal Martingale Measure and the Föllmer-Schweizer decomposition", Stochastic Analysis and Applications 13, 573-599.

C. Stricker (1990) "Arbitrage et lois de martingale", Ann. Inst. Henri Poincaré, vol. 26, 451-460.

Comparaison des lois stationnaire et quasi-stationnaire d'un processus de Markov et application à la fiabilité

C. Cocozza-Thivent et **M. Roussignol**

Université de Marne la Vallée,
Equipe d'Analyse et de Mathématiques Appliquées
2 rue de la Butte Verte
93166 Noisy le Grand Cedex, France

Résumé : En utilisant une technique de couplage, nous obtenons une majoration de la distance entre la loi quasi-stationnaire et la loi stationnaire renormalisée d'un processus de Markov modélisant l'évolution d'un système mécanique. Ce système est formé de composants qui tombent en panne soit indépendamment soit sous l'effet d'un mode commun et qui sont réparés indépendamment les uns des autres.
Cette majoration permet de montrer que le taux de défaillance asymptotique de Vésely est une bonne approximation du taux de défaillance asymptotique réel du système lorsque celui-ci est fiable.

Mots clés : fiabilité, taux de défaillance, taux de défaillance de Vésely, loi stationnaire, loi quasi-stationnaire, couplage.

Abstract : Using coupling techniques, we obtain an upper bound for the distance between the quasi-stationnary law and the normalized stationnary law of a Markov process which modelizes the evolution of a mechanical system. This system is made up of components which drop down either independently from each other or by the effect of a common failure and which are repared independently form each other.
This upper bound allows us to prove that the asymptotic Vesely failure rate is a good approximation of the asymptotic failure rate when the system is reliable.

Key words : reliability, failure rate, Vesely failure rate, stationnary law, quasi-stationnary law, coupling.

I. Introduction

Considérons un processus de Markov $(\eta_t)_{t \geqslant 0}$ à valeurs dans un ensemble fini E et soit $(\mathcal{M}, \mathcal{P})$ une partition de E. Le processus représente l'évolution au cours du temps d'un système mécanique, l'ensemble $\mathcal{M}$ (resp. $\mathcal{P}$) est l'ensemble des états de marche (resp. de panne) du système. Nous cherchons à calculer numériquement la fiabilité de ce système, la fiabilité à l'instant t étant définie par : $R(t) = \mathbb{P}(\eta_s \in \mathcal{M}, \forall s \leqslant t)$.
Lorsque le cardinal de E est élevé, ce qui est le cas dès que le système étudié est formé par exemple de plus d'une dizaine de composants, il n'est pas possible d'utiliser les formules classiques (exponentielle de matrice ou résolution de système différentiel).

La fiabilité à l'instant t peut s'écrire :

$$R(t) = \exp\left(- \int_0^t \lambda(s)\, ds \right)$$

où λ est le taux de défaillance du système. Le taux de défaillance à l'instant t possède l'interprétation suivante :

$$\lambda(t) = \lim_{\Delta \to 0+} \frac{1}{\Delta} \mathbb{P}(\eta_{t+\Delta} \in \mathcal{P} / \eta_s \in \mathcal{M}, \ \forall s \in [0, t])$$

Vésely a proposé d'effectuer les calculs de fiabilité en remplaçant $\lambda(t)$ par :

$$\lambda_V(t) = \lim_{\Delta \to 0+} \frac{1}{\Delta} \mathbb{P}(\eta_{t+\Delta} \in \mathcal{P} / \eta_t \in \mathcal{M})$$

Le taux λ_V est appelé taux de Vésely ou taux des états de marche critique. Ce taux est facile à calculer à partir d'une modélisation par arbre de défaillance, modélisation la plus utilisée par les ingénieurs pour des systèmes complexes.

L'expérience montre que pour des "systèmes fiables", le taux de Vésely est une bonne approximation du taux de défaillance, mais aucune démonstration mathématique n'en a été donnée jusqu'à présent. Dans [PG] Pagès et Gondran justifient empiriquement l'approximation pour des t petits (ce qui se conçoit bien intuitivement) et pour t tendant vers l'infini ce qui est beaucoup plus surprenant.
La motivation du travail présenté ici a été de chercher une justification au fait que $\lambda_V(\infty) = \lim_{t \to +\infty} \lambda_V(t)$ soit proche de $\lambda(\infty) = \lim_{t \to +\infty} \lambda(t)$ pour des "systèmes fiables" et de préciser ce faisant ce qu'est un "système fiable".
Cela nous a amené à nous intéresser à la comparaison entre la loi stationnaire et la loi quasi-stationnaire (relativement à $\mathcal{M}$) du processus $(\eta_t)_{t \geq 0}$. Nous obtenons des résultats lorsque le générateur du processus de Markov $(\eta_t)_{t \geq 0}$ a une forme particulière correspondant à un système formé de composants fonctionnant indépendamment hormis la présence d'un mode commun de défaillance.

Le système que nous allons étudier est formé d'un ensemble C de composants, chaque composant pouvant se trouver en marche (état noté 1) ou en panne (état noté 0). L'ensemble des états du système est donc $E = \{0, 1\}^C$. Pour η dans E et c dans C, $\eta(c) = 1$ (resp. $\eta(c) = 0$) si le composant c est en marche (resp. en panne) dans la configuration η, et η s'identifie à un sous ensemble de C par $\eta = \{c \in C, \eta(c) = 1\}$.
Pour η dans E, A un sous-ensemble de C et j dans $\{0, 1\}$, nous notons $\eta^{A,j}$ la configuration définie par :

$$\eta^{A,j}(c') = \begin{cases} \eta(c') & \text{si } c' \notin A \\ j & \text{si } c' \in A \end{cases}$$

Nous supposons que le générateur du processus de Markov $(\eta_t)_{t \geq 0}$ définissant l'évolution de ce système s'écrit :

$$(1) \qquad Af(\eta) = \sum_{c \in \eta} \lambda(c) \, [\, f(\eta^{c,0}) - f(\eta) \,] + \sum_{c \notin \eta} \mu(c) \, [\, f(\eta^{c,1}) - f(\eta) \,]$$

$$+ \Lambda \sum_{A \subset \eta} \prod_{c \in A} p(c) \prod_{c \notin A,\, c \in \eta} (\, 1 - p(c)\,) \, [\, f(\eta^{A,0}) - f(\eta) \,]$$

où les $\lambda(c)$, $\mu(c)$ et Λ sont des réels positifs et les $p(c)$ des réels compris entre 0 et 1. L'interprétation est la suivante : chaque composant c a un taux de défaillance "intrinsèque" $\lambda(c)$ et un taux de réparation $\mu(c)$; en outre un mode commun (c'est-à-dire un événement qui peut affecter simultanément plusieurs composants) survient avec un taux Λ. Lorsque ce mode commun survient, indépendamment chaque composant c en marche est mis en panne avec la probabilité $p(c)$ et n'est pas affecté avec la probabilité $1 - p(c)$.

Dans le paragraphe II, nous construisons un processus de Markov dont la loi stationnaire est égale sur $\mathcal{M}$, à une renormalisation près, à la loi quasi-stationnaire du processus initial (lemme II.1). La comparaison entre les lois stationnaire et quasi-stationnaire du processus initial est donc ramenée à la comparaison des lois stationnaires de deux processus. Par une méthode de couplage, nous obtenons, pour le processus dont le générateur est donné par (1), une majoration de la distance (sur $\mathcal{M}$) entre ces deux lois (proposition II.4).

Dans le paragraphe III, nous remarquons que les taux de défaillance et de Vésely asymptotiques s'expriment respectivement à l'aide des lois stationnaire et quasi-stationnaire (proposition III.1), ce qui nous permet d'obtenir un majorant de l'erreur relative entre taux de Vésely et taux de défaillance asymptotiques (proposition III.2).

Dans cette majoration interviennent le terme $\max_{\eta \in \mathcal{M}} \sum_{\xi \in \mathcal{P}} A(\eta, \xi)$ et le quotient "indisponibilité asymptotique sur taux de défaillance asymptotique". Le fait que le premier terme tende vers 0 exprimera pour nous le fait que le système devient "de plus en plus fiable". D'autre part il nous faudra montrer que le deuxième terme reste borné lorsque le système devient "de plus en plus fiable". C'est ce que nous établissons dans le lemme III.5 pour des systèmes très généraux. Finalement nous obtenons le résultat suivant (proposition III.7) :

Proposition

Plaçons-nous dans le cas du système dont le générateur est donné par (1) et supposons ce système cohérent. Lorsque les taux de défaillance des composants critiques et le taux de défaillance de mode commun tendent vers 0, les autres taux de défaillance restant bornés supérieurement et les taux de réparation bornés inférieurement par des quantités strictement positives, alors l'erreur relative entre le taux de défaillance asymptotique et le taux de Vésely asymptotique tend vers 0.

Nous terminons par quelques commentaires (paragraphe IV).

II. Comparaison entre loi stationnaire et loi quasi-stationnaire

Pour l'instant, nous ne faisons pas d'hypothèse sur la forme du générateur de notre processus $(\eta_t)_{t \geqslant 0}$ et nous étudions sa loi stationnaire relativement à l'ensemble $\mathcal{M}$, c'est-à-dire que nous nous intéressons à la loi de probabilité $\tilde{\pi}$ sur $\mathcal{M}$ donnée par :

$$\tilde{\pi}(\eta) = \lim_{t \to +\infty} \mathbb{P}(\eta_t = \eta \,/\, \eta_s \in \mathcal{M} \;\; \forall s \leqslant t)$$

Notons A la matrice des taux de transition du système et $A_{\mathcal{M}}$ sa restriction à $\mathcal{M} \times \mathcal{M}$ D'après le théorème de Péron-Frobénius [Sen], si $A_{\mathcal{M}}$ est irréductible et si $\mathcal{M}$ n'est pas absorbant, c'est-à-dire si le temps de sortie de $\mathcal{M}$ est fini presque-sûrement, alors $A_{\mathcal{M}}$ possède une valeur propre s (appelée valeur propre de Péron-Frobénius) simple réelle et strictement négative, les autres valeurs propres de $A_{\mathcal{M}}$ étant de partie réelle inférieure à s et $\tilde{\pi}$ est un vecteur propre à gauche de $A_{\mathcal{M}}$ associé à s : $\tilde{\pi} A_{\mathcal{M}} = s \, \tilde{\pi}$. En outre $\lambda(\infty) = -s$.

Supposons que le processus $(\eta_t)_{t \geqslant 0}$ possède une unique loi stationnaire notée π. Nous souhaitons comparer les lois de probabilité $\tilde{\pi}$ et $\frac{\pi}{\pi(\mathcal{M})}$ sur $\mathcal{M}$. Pour cela, grâce au lemme suivant, nous allons nous ramener à la comparaison des lois stationnaires de deux processus markoviens.

Lemme II.1 *: Soit $0 < K < 1$ et Δ un point n'appartenant pas à l'ensemble $\mathcal{M}$. Notons $\widetilde{A}$ la matrice génératrice définie sur $\mathcal{M} \cup \{\Delta\}$ par :*

$$\widetilde{A}(\eta, \xi) = A(\eta, \xi) \quad \text{pour } \eta \in \mathcal{M} \text{ et } \xi \in \mathcal{M}$$

$$\widetilde{A}(\eta, \Delta) = - \sum_{\xi \in \mathcal{M}} A(\eta, \xi) = \sum_{\xi \in \mathcal{P}} A(\eta, \xi)$$

$$\widetilde{A}(\Delta, \xi) = \frac{|s| K}{1 - K} \tilde{\pi}(\xi)$$

$$\widetilde{A}(\Delta, \Delta) = \frac{s K}{1 - K}$$

où s est la valeur propre de Péron-Frobénius de $A_{\mathcal{M}}$.

Alors la loi $\tilde{\mu}$ donnée par :

$$\tilde{\mu}(\eta) = K \tilde{\pi}(\eta) \quad \text{pour } \eta \in \mathcal{M}$$

$$\tilde{\mu}(\Delta) = 1 - K$$

est invariante pour $\widetilde{A}$.

Démonstration : C'est une simple vérification de la formule $\tilde{\mu}\,\tilde{A} = 0$. Ce lemme est général et ne suppose aucune forme particulière pour la matrice A. ▬

Notons $D(\infty) = \lim_{t \to +\infty} \mathbb{P}(\eta_t \in \mathcal{M})$ et choisissons $K = \pi(\mathcal{M}) = D(\infty)$, alors $\tilde{\mu}(\mathcal{M}) = K = \pi(\mathcal{M})$ et la comparaison de $\tilde{\pi} = \frac{\tilde{\mu}}{\pi(\mathcal{M})}$ et $\frac{\pi}{\pi(\mathcal{M})}$ sur $\mathcal{M}$ se ramène à la comparaison de $\tilde{\mu}$ et π sur $\mathcal{M}$.

Afin de comparer les lois stationnaires associées à A et $\tilde{A}$, nous allons définir un couplage, c'est-à-dire que nous allons définir un processus markovien de saut sur $E\times(\mathcal{M} \cup \Delta)$ que nous notons (par abus) $(\eta_t, \tilde{\eta}_t)_{t \geqslant 0}$ tel que $(\eta_t)_{t \geqslant 0}$ soit un processus de Markov de matrice génératrice A et $(\tilde{\eta}_t)_{t \geqslant 0}$ un processus de Markov de matrice génératrice $\tilde{A}$.

Nous supposons maintenant que le générateur de $(\eta_t)_{t \geqslant 0}$ est de la forme (1). Lorsque η est dans $\mathcal{M}$, nous notons $\mathcal{C}(\eta)$ l'ensemble des composants qui sont critiques pour η, c'est-à-dire les composants tels que leur défaillance entraine la défaillance du système :

$$\mathcal{C}(\eta) = \{c;\, \eta(c) = 1,\, \eta^{c,0} \in \mathcal{P}\}$$

Nous définissons le couplage de telle sorte que les processus $(\eta_t)_{t \geqslant 0}$ et $(\tilde{\eta}_t)_{t \geqslant 0}$ se comportent le plus possible de la même manière. Plus précisément si $\tilde{\eta}_t$ appartient à $\mathcal{M}$, et si c est en marche pour les configurations $\eta(t)$ et $\tilde{\eta}(t)$, il aura tendance à tomber en panne simultanément pour $\eta(t)$ et $\tilde{\eta}(t)$, si c est en panne dans les configurations $\eta(t)$ et $\tilde{\eta}(t)$, il aura tendance à être réparé simultanément pour $\eta(t)$ et $\tilde{\eta}(t)$. Lorsque $\tilde{\eta}(t) = \Delta$, les deux processus se comportent indépendamment.

Nous définissons donc le générateur $\underline{A}$ du processus couplé de la manière suivante.
Lorsque $\tilde{\eta}$ appartient à $\mathcal{M}$,

$$\underline{A}f(\eta, \tilde{\eta}) =$$

$$\sum_c \lambda(c)\, 1_{\{c \in \eta \cap \tilde{\eta},\, c \notin \mathcal{C}(\tilde{\eta})\}} [\, f(\eta^{c,0}, \tilde{\eta}^{c,0}) - f(\eta, \tilde{\eta})\,]$$

$$+ \sum_c \lambda(c)\, 1_{\{c \in \eta \cap \tilde{\eta},\, c \in \mathcal{C}(\tilde{\eta})\}} [\, f(\eta^{c,0}, \Delta) - f(\eta, \tilde{\eta})\,]$$

$$+ \sum_c \lambda(c)\, 1_{\{c \in \eta,\, c \notin \tilde{\eta}\}} [\, f(\eta^{c,0}, \tilde{\eta}) - f(\eta, \tilde{\eta})\,]$$

$$+ \sum_c \lambda(c)\, 1_{\{c \notin \eta,\, c \in \tilde{\eta},\, c \notin \mathcal{C}(\tilde{\eta})\}} [\, f(\eta, \tilde{\eta}^{c,0}) - f(\eta, \tilde{\eta})\,]$$

$$+ \sum_c \lambda(c)\, 1_{\{c \notin \eta,\, c \in \tilde{\eta},\, c \in \mathcal{C}(\tilde{\eta})\}} [\, f(\eta, \Delta) - f(\eta, \tilde{\eta})\,]$$

$$+ \sum_c \mu(c)\, 1_{\{ c \notin \eta,\, c \notin \tilde\eta \}} [f(\eta^{c,1}, \tilde\eta^{c,1}) - f(\eta, \tilde\eta)]$$

$$+ \sum_c \mu(c)\, 1_{\{ c \notin \eta,\, c \in \tilde\eta \}} [f(\eta^{c,1}, \tilde\eta) - f(\eta, \tilde\eta)]$$

$$+ \sum_c \mu(c)\, 1_{\{ c \in \eta,\, c \notin \tilde\eta \}} [f(\eta, \tilde\eta^{c,1}) - f(\eta, \tilde\eta)]$$

$$+ \Lambda \sum_{A \subset \eta \cup \tilde\eta} \prod_{c \in A} p(c) \prod_{c \in \eta \cup \tilde\eta, c \notin A} (1 - p(c))\, 1_{\{\tilde\eta^{A,0} \in \mathcal{M}\}} [f(\eta^{A,0}, \tilde\eta^{A,0}) - f(\eta, \tilde\eta)]$$

$$+ \Lambda \sum_{A \subset \eta \cup \tilde\eta} \prod_{c \in A} p(c) \prod_{c \in \eta \cup \tilde\eta, c \notin A} (1 - p(c))\, 1_{\{\tilde\eta^{A,0} \in \mathcal{P}\}} [f(\eta^{A,0}, \Delta) - f(\eta, \tilde\eta)]$$

Lorsque $\tilde\eta = \Delta$:

$$\underline{A}f(\eta, \Delta) =$$

$$\sum_{c \in \eta} \lambda(c) [f(\eta^{c,0}, \Delta) - f(\eta, \Delta)] \quad + \sum_{c \notin \eta} \mu(c) [f(\eta^{c,1}, \Delta) - f(\eta, \Delta)]$$

$$+ \Lambda \sum_{A \subset \eta} \prod_{c \in A} p(c) \prod_{c \in \eta, c \notin A} (1 - p(c)) [f(\eta^{A,0}, \Delta) - f(\eta, \Delta)]$$

$$+ \sum_{\zeta \in \mathcal{M}} \frac{|s|\, D(\infty)}{1 - D(\infty)}\, \tilde\pi(\zeta)\, [f(\eta, \zeta) - f(\eta, \Delta)]$$

Pour vérifier que le générateur ci-dessus constitue bien un couplage entre A et $\tilde{A}$, il suffit de vérifier que si $f(\eta, \tilde\eta) = g(\eta)$ (resp. $f(\eta, \tilde\eta) = h(\tilde\eta)$), alors $\underline{A}f(\eta, \tilde\eta) = Ag(\eta)$ (resp. $\underline{A}f(\eta, \tilde\eta) = \tilde{A}h(\tilde\eta)$), ce qui se fait sans difficulté.

Pour évaluer la ressemblance des deux processus lorsqu'ils appartiennent tous deux à $\mathcal{M}$, nous considérons la "fonction-test" suivante :

$$f(\eta, \tilde\eta) = | d(\eta, \tilde\eta) |\, 1_{\eta \in \mathcal{M},\, \tilde\eta \in \mathcal{M}}$$

où $d(\eta, \tilde\eta)$ est la différence symétrique entre η et $\tilde\eta$:

$$d(\eta, \tilde\eta) = \{c;\ \eta(c) = 1, \tilde\eta(c) = 0\} \cup \{c;\ \eta(c) = 0, \tilde\eta(c) = 1\}$$

et $| d(\eta, \tilde\eta) |$ le cardinal de $d(\eta, \tilde\eta)$.

Lemme II.2 *: Soit f la fonction-test définie ci-dessus. Alors :*

a) pour $\eta \in \mathcal{M}$ et $\tilde\eta \in \mathcal{M}$:

$$\underline{A}f(\eta, \tilde\eta) \leqslant - \sum_{c \in d(\eta, \tilde\eta)} [\lambda(c) + \mu(c) + \Lambda\, p(c)]$$

b) pour $\tilde{\eta} = \Delta$:

$$\underline{A}f(\eta, \Delta) = \sum_{\zeta \in \mathcal{M}} \frac{|s|\, D(\infty)}{\bar{\bar{D}}(\infty)} \; \tilde{\pi}(\zeta)\, |d(\eta, \zeta)|\, 1_{\eta \in \mathcal{M}}$$

c) pour $\eta \in \mathcal{P}$, $\tilde{\eta} \in \mathcal{M}$:

$$\underline{A}f(\eta, \tilde{\eta}) = \sum_c \mu(c)\, 1_{\{c \notin \eta,\, c \notin \tilde{\eta},\, \eta^{c,1} \in \mathcal{M}\}} |d(\eta, \tilde{\eta})|$$

$$+ \sum_c \mu(c)\, 1_{\{c \notin \eta,\, c \in \tilde{\eta},\, \eta^{c,1} \in \mathcal{M}\}} [\, |d(\eta, \tilde{\eta})| - 1\,]$$

Démonstration : a) Supposons η et $\tilde{\eta}$ dans $\mathcal{M}$. Pour $f(\eta, \tilde{\eta}) = |d(\eta, \tilde{\eta})|\, 1_{\eta \in \mathcal{M},\, \tilde{\eta} \in \mathcal{M}}$, nous obtenons :

$$\underline{A}f(\eta, \tilde{\eta}) = - \sum_c \lambda(c)\, 1_{\{c \in \eta \cap \tilde{\eta},\, c \notin \mathcal{B}(\tilde{\eta}),\, c \in \mathcal{B}(\eta)\}} |d(\eta, \tilde{\eta})|$$

$$- \sum_c \lambda(c)\, 1_{\{c \in \eta \cap \tilde{\eta},\, c \in \mathcal{B}(\tilde{\eta})\}} |d(\eta, \tilde{\eta})| - \sum_c \lambda(c)\, 1_{\{c \in \eta,\, c \notin \tilde{\eta},\, c \notin \mathcal{B}(\eta)\}}$$

$$- \sum_c \lambda(c)\, 1_{\{c \in \eta,\, c \notin \tilde{\eta},\, c \in \mathcal{B}(\eta)\}} |d(\eta, \tilde{\eta})| - \sum_c \lambda(c)\, 1_{\{c \notin \eta,\, c \in \tilde{\eta},\, c \notin \mathcal{B}(\tilde{\eta})\}}$$

$$- \sum_c \lambda(c)\, 1_{\{c \notin \eta,\, c \in \tilde{\eta},\, c \in \mathcal{B}(\tilde{\eta})\}} |d(\eta, \tilde{\eta})| - \sum_c \mu(c)\, 1_{\{c \notin \eta,\, c \in \tilde{\eta}\}}$$

$$- \sum_c \mu(c)\, 1_{\{c \in \eta,\, c \notin \tilde{\eta}\}}$$

$$- \Lambda \sum_{A \subset \eta \cup \tilde{\eta}} \prod_{c \in A} p(c) \prod_{c \in \eta \cup \tilde{\eta},\, c \notin A} (1 - p(c))\, 1_{\{\eta^{A,0} \in \mathcal{P}\} \cup \{\tilde{\eta}^{A,0} \in \mathcal{P}\}} |d(\eta, \tilde{\eta})|$$

$$- \Lambda \sum_{A \subset \eta \cup \tilde{\eta}} \prod_{c \in A} p(c) \prod_{c \in \eta \cup \tilde{\eta},\, c \notin A} (1 - p(c))\, 1_{\{\eta^{A,0} \in \mathcal{M},\, \tilde{\eta}^{A,0} \in \mathcal{M}\}} |A \cap d(\eta, \tilde{\eta})|.$$

En majorant les deux premiers termes par 0, en majorant $-|d(\eta, \tilde{\eta})|$ par -1 dans les quatre termes suivants et par $-|A \cap d(\eta, \tilde{\eta})|$ dans l'avant dernier terme, nous obtenons :

$$\underline{A}f(\eta, \tilde{\eta}) \leqslant - \sum_{c \in d(\eta, \tilde{\eta})} [\, \lambda(c) + \mu(c)\,]$$

$$- \sum_{A \subset \eta \cup \tilde{\eta}} \Lambda \prod_{c \in A} p(c) \prod_{c \in \eta \cup \tilde{\eta},\, c \notin A} (1 - p(c))\, |A \cap d(\eta, \tilde{\eta})|$$

Or, nous avons :

$$\sum_{A \subset \eta \cup \tilde{\eta}} \prod_{c \in A} p(c) \prod_{c \in \eta \cup \tilde{\eta}, c \notin A} (1 - p(c)) \, |A \cap d(\eta, \tilde{\eta})| =$$

$$\sum_{A_1 \subset \eta \cap \tilde{\eta}^c} \prod_{c \in A_1} p(c) \prod_{c \in \eta \cap \tilde{\eta}^c, c \notin A_1} (1 - p(c)) \, |A_1|$$

$$+ \sum_{A_2 \subset \eta^c \cap \tilde{\eta}} \prod_{c \in A_2} p(c) \prod_{c \in \eta^c \cap \tilde{\eta}, c \notin A_2} (1 - p(c)) \, |A_2|$$

Etant donnés deux ensembles A et B, $A \subset B$, nous pouvons écrire :

$$\sum_{A \subset B} \prod_{c \in A} p(c) \prod_{c \in B, c \notin A} (1 - p(c)) \, |A| = \mathbb{E}\Big(\sum_{c \in B} Y_c \Big)$$

les variables aléatoires Y_c étant indépendantes, de loi de Bernouilli de paramètres respectifs p(c) : $\mathbb{P}(Y_c = 1) = p(c)$, $\mathbb{P}(Y_c = 0) = 1 - p(c)$.

Nous en déduisons :

$$\sum_{A \subset B} \prod_{c \in A} p(c) \prod_{c \in B, c \notin A} (1 - p(c)) \, |A| = \sum_{c \in B} p(c),$$

et finalement :

$$\underline{A} f(\eta, \tilde{\eta}) \leqslant - \sum_{c \in d(\eta, \tilde{\eta})} [\, \lambda(c) + \mu(c) + \Lambda\, p(c) \,]$$

Dans les cas b) et c), les calculs ne présentent pas de difficulté. ▬

Soit $\underline{m}$ la loi stationnaire du processus couplé, ses marginales sont π et $\tilde{\mu}$.

Lemme II.3 : *Notons N = | C | le nombre de composants du système et posons :*

$\underline{\lambda} = \min_c \lambda(c)$, $\underline{\mu} = \min_c \mu(c)$, $\bar{\mu} = \max_c \mu(c)$, $\underline{p} = \min_c p(c)$

Alors :

$$\sum_{\eta, \tilde{\eta}} \underline{m}(\eta, \tilde{\eta}) \, | d(\eta, \tilde{\eta}) | \, 1_{\{ \eta \in \mathcal{M}, \tilde{\eta} \in \mathcal{M} \}}$$
$$\leqslant \frac{N}{\underline{\lambda} + \underline{\mu} + \Lambda \underline{p}} \, [\, \lambda(\infty) D(\infty) + \bar{\mu} \, N \, \bar{D}(\infty) \,]$$

Démonstration : En écrivant que $\underline{m}\ \underline{A}\ f = 0$, et en utilisant le lemme II.2, nous obtenons :

$$\sum_{\eta \in \mathcal{M}, \tilde{\eta} \in \mathcal{M}} \underline{m}(\eta, \tilde{\eta}) \sum_{c \in d(\eta, \tilde{\eta})} [\, \lambda(c) + \mu(c) + \Lambda\, p(c) \,]$$

$$\leqslant \sum_{\eta \in \mathcal{M}} \underline{m}(\eta, \Delta) \sum_{\xi \in \mathcal{M}} \frac{|s| \, D(\infty)}{\bar{D}(\infty)} \tilde{\pi}(\xi) \, | d(\eta, \xi) | + \sum_{\eta \in \mathcal{P}, \tilde{\eta} \in \mathcal{M}} \underline{m}(\eta, \tilde{\eta}) \times$$

$$\Big\{ \sum_c \mu(c) \, 1_{\{ c \notin \eta, c \notin \tilde{\eta}, \eta^{c,1} \in \mathcal{M} \}} \, | d(\eta, \tilde{\eta}) | + \sum_c \mu(c) \, 1_{\{ c \notin \eta, c \in \tilde{\eta} \}} \, [\, | d(\eta, \tilde{\eta}) | - 1 \,] \Big\}$$

Une majoration grossière nous donne :

$$\sum_{\eta,\tilde{\eta}} \underline{m}(\eta,\tilde{\eta})\,|\,d(\eta,\tilde{\eta})\,|\,1_{\{\eta\in\mathcal{M},\tilde{\eta}\in\mathcal{M}\}}$$
$$\leqslant \frac{N}{\underline{\lambda}+\underline{\mu}+\Lambda\,\underline{p}} \left\{ \lambda(\infty)\,D(\infty) + \bar{\mu}\ N\,\overline{D}(\infty) \right\}. \blacksquare$$

Nous sommes maintenant en mesure de comparer les mesures π et $\tilde{\mu}$ sur $\mathcal{M}$.

Proposition II.4

Posons $\overline{D}(\infty) = 1 - D(\infty) = \pi(\mathcal{P})$ Alors, pour un processus dont le générateur est donné par (1), nous avons :

$$\sum_{\eta\in\mathcal{M}} |\,\pi(\eta) - \tilde{\mu}(\eta)\,| \leqslant \frac{2\,N\,D(\infty)}{\underline{\lambda}+\underline{\mu}+\Lambda\,\underline{p}}\,\lambda(\infty) + 2\,\overline{D}(\infty)\left\{\frac{\bar{\mu}N^2}{\underline{\lambda}+\underline{\mu}+\Lambda\,\underline{p}} + 1\right\}$$

Démonstration : Nous avons :

$$\begin{aligned}
\sum_{\eta\in\mathcal{M}} |\,\pi(\eta) - \tilde{\mu}(\eta)\,| &\leqslant \sum_{\eta\in\mathcal{M}} \mathbb{E}_{\underline{m}}\left(\,|\,1_{\eta(t)=\eta} - 1_{\tilde{\eta}(t)=\eta}\,|\,\right)\\
&\leqslant \underline{m}(\eta\neq\tilde{\eta},\eta\in\mathcal{M}) + \underline{m}(\eta\neq\tilde{\eta},\tilde{\eta}\in\mathcal{M})\\
&\leqslant 2\,\underline{m}(\eta\neq\tilde{\eta},\eta\in\mathcal{M},\tilde{\eta}\in\mathcal{M}) + \pi(\mathcal{P}) + \tilde{\mu}(\mathcal{P})\\
&\leqslant 2\,\underline{m}(\eta\neq\tilde{\eta},\eta\in\mathcal{M},\tilde{\eta}\in\mathcal{M}) + 2\,[\,1 - D(\infty)\,]\\
&\leqslant 2\sum_{\eta,\tilde{\eta}} \underline{m}(\eta,\tilde{\eta})\,|\,d(\eta,\tilde{\eta})\,|\,1_{\{\eta\in\mathcal{M},\tilde{\eta}\in\mathcal{M}\}} + 2\,\overline{D}(\infty)
\end{aligned}$$

La proposition II.4 découle alors du lemme II.3. $\blacksquare$

III. Approximation de Vésely

Nous souhaitons obtenir une majoration de l'erreur relative entre le taux de défaillance asymptotique du système, $\lambda(\infty)$, et le taux de Vésely asymptotique, $\lambda_V(\infty)$. Pour cela, nous commençons par exprimer ces taux à l'aide des lois stationnaire et quasi-stationnaires.

Proposition III.1

$$\lambda_V(\infty) = \sum_{\eta\in\mathcal{M}} \sum_{\xi\in\mathcal{P}} \frac{\pi(\eta)}{\sum_{\zeta\in\mathcal{M}} \pi(\zeta)}\,A(\eta,\xi)$$

$$\lambda(\infty) = \sum_{\eta\in\mathcal{M}} \sum_{\xi\in\mathcal{P}} \tilde{\pi}(\eta)\,A(\eta,\xi)$$

Démonstration : Les taux λ_v et λ peuvent s'écrire :

$$\lambda_v(t) = \sum_{\eta \in \mathcal{M}} \sum_{\xi \in \mathcal{P}} \mathbb{P}(\eta_t = \eta \;/\; \eta_t \in \mathcal{M}) \; A(\eta, \xi)$$

et
$$\lambda(t) = \sum_{\eta \in \mathcal{M}} \sum_{\xi \in \mathcal{P}} \mathbb{P}(\eta_t = \eta \;/\; \eta_s \in \mathcal{M} \;\; \forall s \leqslant t) \; A(\eta, \xi)$$

La proposition en découle immédiatement. ▬

La proposition suivante est une conséquence des propositions II.4 et III.1.

Proposition III.2

Pour un processus dont le générateur est donné par (1), nous avons :

$$\frac{|\lambda(\infty) - \lambda_v(\infty)|}{\lambda(\infty)} \leqslant 2 \max_{\eta \in \mathcal{M}} \sum_{\xi \in \mathcal{P}} A(\eta, \xi) \times$$

$$\left\{ \frac{N}{\underline{\lambda} + \underline{\mu} + \Lambda \underline{p}} + \frac{\overline{D}(\infty)}{\lambda(\infty)} \frac{1}{D(\infty)} \left[\frac{\bar{\mu} N^2}{\underline{\lambda} + \underline{\mu} + \Lambda \underline{p}} + 1 \right] \right\}$$

Cette proposition va nous permettre de justifier l'approximation de Vésely pour les temps grands.

Lorsque le système considéré devient "de plus en plus fiable", les taux défaillance et de Vésely tendent vers 0, il est donc important, pour se convaincre que l'approximation de Vésely est bonne, de montrer que l'erreur relative entre les taux tend vers 0.
Nous pouvons penser que si nous donnons une définition correcte de ce que signifie qu'un système devient "de plus en plus fiable", nous aurons $\max_{\eta \in \mathcal{M}} \sum_{\xi \in \mathcal{P}} A(\eta, \xi)$ qui tend vers 0. La proposition III.2 montrera donc que l'erreur relative tend vers 0 si nous savons prouver que le quotient $\frac{\overline{D}(\infty)}{\lambda(\infty)}$ reste borné.

Pour $A \subset E$, notons $\tau_A = \inf(t \,;\, \eta_t \in A)$ le premier temps d'entrée dans A.

Pour η dans $\mathcal{M}$, soit $MTTF(\eta) = \mathbb{E}(\tau_{\mathcal{P}} / \eta_0 = \eta) = \mathbb{E}_\eta(\tau_{\mathcal{P}})$ le "MTTF" (Mean Time To Failure) ou temps moyen de première défaillance du système, lorsque l'état initial est η.
Le résultat suivant est un résultat général relatif aux processus markoviens irréductibles.

Proposition III.3

$$\frac{1}{\lambda(\infty)} = \sum_{\eta \in \mathcal{M}} \tilde{\pi}(\eta) \, MTTF(\eta)$$

Démonstration : On montre ([PG]) que, dans le cas irréductible, $A_{\mathcal{M}}$ est inversible et que :

$$\mathrm{MTTF}(\eta) = - \sum_{\xi \in \mathcal{M}} A_{\mathcal{M}}^{-1}(\eta, \xi)$$

Par conséquent :

$$\sum_{\eta \in \mathcal{M}} \tilde{\pi}(\eta)\, \mathrm{MTTF}(\eta) = - \sum_{\xi \in \mathcal{M}} \tilde{\pi} A_{\mathcal{M}}^{-1}(\xi)$$

Or $\tilde{\pi}$ est un vecteur propre à gauche de $A_{\mathcal{M}}$ associé à la valeur propre s : $\tilde{\pi}A_{\mathcal{M}} = s\,\tilde{\pi}$, donc :

$$\tilde{\pi} A_{\mathcal{M}}^{-1} = \frac{1}{s}\tilde{\pi}$$

Nous en déduisons :

$$\sum_{\eta \in \mathcal{M}} \tilde{\pi}(\eta)\, \mathrm{MTTF}(\eta) = - \frac{1}{s} \sum_{\xi \in \mathcal{M}} \tilde{\pi}(\xi) = \frac{1}{|s|} = \frac{1}{\lambda(\infty)} . \blacksquare$$

Dans un premier temps, supposons que les composants fonctionnent indépendamment et sans mode commun. Supposons qu'il existe un élément η de $\mathcal{P}$ pour lequel k composants sont en panne ($\sum_c 1_{\{\eta(c)=0\}} = k$) et que tout état correspondant à au plus k-1 composants en panne soit un état de marche ($\{\eta \,;\, \sum_c 1_{\{\eta(c)=0\}} = k-1\} \subset \mathcal{M}$), en termes "fiabilistes" k est l'ordre de la plus petite coupe. On vérifie facilement que si les taux de défaillance sont d'ordre ε par rapport aux taux de réparation, alors $\overline{D}(\infty)$ est d'ordre ε^k, car , pour tout η dans E, $\pi(\eta) = \prod_{c \in \eta} \frac{\mu(c)}{\lambda(c)+\mu(c)} \prod_{c \notin \eta} \frac{\lambda(c)}{\lambda(c)+\mu(c)}$. D'autre part, le corollaire 6.3 de [CR] et la proposition II.3 ci-dessus permettent de voir que $\frac{1}{\lambda(\infty)}$ est d'ordre $\frac{1}{\varepsilon^k}$. Nous voyons donc que dans ce cas, le quotient $\frac{\overline{D}(\infty)}{\lambda(\infty)}$ reste borné lorsque ε tend vers 0.

Plaçons-nous maintenant dans le cas général d'un processus markovien irréductible. Le temps moyen de réparation ou "MTTR" (Mean Time To Repair) est défini de la même manière que le MTTF en échangeant les ensembles $\mathcal{M}$ et $\mathcal{P}$:

$$\mathrm{MTTR}(\eta) = \mathbb{E}(\tau_{\mathcal{M}} \,/\, \eta_0 = \eta) = \mathbb{E}_\eta(\tau_{\mathcal{P}}).$$

En fiabilité, on définit également le MUT (Mean Up Time) et le MDT (Mean Down Time) qui sont respectivement les durées moyennes de bon fonctionnement et de réparation à l'asymptotique et on montre que ([PG]) :

$$\overline{D}(\infty) = \frac{\mathrm{MDT}}{\mathrm{MUT} + \mathrm{MDT}}$$

avec :

$$\mathrm{MDT} = \sum_{\eta \in \mathcal{P}} \mu_1(\eta)\, \mathrm{MTTR}(\eta)$$

$$\mathrm{MUT} = \sum_{\eta \in \mathcal{M}} \mu_2(\eta)\, \mathrm{MTTF}(\eta)$$

où μ_1 et μ_2 sont des probabilités portées respectivement par $\mathcal{P}$ et $\mathcal{M}$.

Nous obtenons finalement :

$$(2) \qquad \frac{\overline{D}(\infty)}{\lambda(\infty)} = \frac{\mathrm{MDT}}{\sum_{\eta \in \mathcal{M}} \mu_2(\eta)\, \mathrm{MTTF}(\eta) + \mathrm{MDT}} \times \sum_{\eta \in \mathcal{M}} \tilde{\pi}(\eta)\, \mathrm{MTTF}(\eta)$$

$$\leqslant \frac{\mathrm{MDT} \sum_{\eta \in \mathcal{M}} \tilde{\pi}(\eta)\, \mathrm{MTTF}(\eta)}{\sum_{\eta \in \mathcal{M}} \mu_2(\eta)\, \mathrm{MTTF}(\eta)}$$

Un système est dit cohérent si pour tous η_1 et η_2 vérifiant $\eta_1 \subset \eta_2$, alors :

- $\eta_1 \in \mathcal{M} \Rightarrow \eta_2 \in \mathcal{M}$
- $\eta_2 \in \mathcal{P} \Rightarrow \eta_1 \in \mathcal{P}$

Nous avons montré dans [CR] que s'il existe un couplage croissant pour le processus considéré (au sens de la définition 3.1 de [CR]) et si le système est cohérent, alors MTTF(η) est une fonction croissante de η, et on vérifie de même que MTTR(η) est une fonction décroissante de η. Des conditions (bien naturelles !) pour l'existence d'un couplage croissant sont données dans la proposition 5.3 de [CR], elles sont trivialement vérifiées dans le cas du processus dont le générateur est donné par (1).

Lemme III.4 *: Soit η_{mp} l'état de marche parfaite ($\eta_{mp}(c) = 1$, $\forall c$) et η_{pt} l'état de panne totale ($\eta_{pt}(c) = 0$, $\forall c$). Dans le cas d'un système cohérent pour lequel il existe un couplage croissant, nous avons :*

$$\frac{\overline{D}(\infty)}{\lambda(\infty)} \leqslant \frac{\mathrm{MTTR}(\eta_{pt})}{\sum_{\eta \in \mathcal{M}} \mu_2(\eta)\, \mathbb{P}_\eta(\tau_{\eta_{mp}} < \tau_{\mathcal{P}})}$$

Démonstration : D'après les propriétés de monotonie en η de MTTR(η) et MTTF(η), nous avons :

$$\mathrm{MDT} \leqslant \mathrm{MTTR}(\eta_{pt}) \quad \text{et} \quad \sum_{\eta \in \mathcal{M}} \tilde{\pi}(\eta)\, \mathrm{MTTF}(\eta) \leqslant \mathrm{MTTF}(\eta_{mp})$$

D'autre part :

$$\mathrm{MTTF}(\eta) = \mathbb{E}_\eta(\tau_{\mathcal{P}})$$
$$\geqslant \mathbb{E}_\eta(\tau_{\mathcal{P}}\, 1_{\{\tau_{\eta_{mp}} < \tau_{\mathcal{P}}\}})$$

$$\geq \mathbb{P}_{\eta}(\tau_{\eta_{mp}} < \tau_{\mathcal{P}})\, \mathbb{E}_{\eta_{mp}}(\tau_{\mathcal{P}})$$
$$= \mathbb{P}_{\eta}(\tau_{\eta_{mp}} < \tau_{\mathcal{P}})\, \mathrm{MTTF}(\eta_{mp})$$

donc : $$\sum_{\eta \in \mathcal{M}} \mu_2(\eta)\, \mathrm{MTTF}(\eta) \geq \sum_{\eta \in \mathcal{M}} \mu_2(\eta)\, \mathbb{P}_{\eta}(\tau_{\eta_{mp}} < \tau_{\mathcal{P}})\, \mathrm{MTTF}(\eta_{mp})$$

En reportant ces inégalités dans la formule (2) , on obtient le résultat énoncé. ∎

Nous dirons que le système considéré est classique si le processus associé est irréductible et si le système se comporte selon la description ci-dessous (déjà donnée dans [CR], paragraphe 2) :
le système se compose de plusieurs types de composants : composants doublés par des composants de secours en redondance passive et composants "simples" c'est-à-dire non doublés. Lorsque la configuration du système vaut η, chaque composant c a un taux de défaillance égal à $\lambda(c, \eta)$ et un taux de réparation égal à $\mu(c, \eta)$. Le fait que le taux de défaillance de c puisse dépendre de la configuration η du système permet de tenir compte du fait que le composant c peut être plus ou moins sollicité suivant l'état des autres composants. La dépendance (éventuelle) en η du taux de réparation permet par exemple de tenir compte d'un nombre de réparateurs limité et d'une priorité que l'on s'est donnée dans l'ordre des réparations. Un composant de secours c refuse de démarrer à la sollicitation avec la probabilité $\gamma(c)$. Des défaillances de mode commun peuvent apparaître : lorsque la configuration du système vaut η, un événement arrive avec un taux $\Lambda(\eta)$ et entraîne la défaillance de chaque composant c en bon état avec une probabilité $m(c, \eta)$ et ceci indépendamment des autres composants.

Le système décrit par le générateur (1) est classique dès qu'il est irréductible, c'est-à-dire dès que les taux de défaillance $\lambda(c)$ et les taux de réparation $\mu(c)$ sont strictement positifs.

Lemme III.5 *: Supposons que le système soit cohérent et classique. Lorsque les taux de défaillance du système restent bornés supérieurement et les taux de réparation bornés inférieurement par des quantités strictement positives alors le quotient* $\dfrac{D(\infty)}{\lambda(\infty)}$ *reste borné.*

Démonstration : Si les taux de défaillance restent bornés supérieurement et les taux de réparation bornés inférieurement par des quantités strictement positives et si le système est classique, la proposition 5.3 de [CR] permet de construire une réalisation d'un système minorant le système initial, au sens où si, à l'instant t = 0, la configuration de ce nouveau système est inférieure à celle du système initial alors cela reste vrai pour tout instant t. Lorsque nous considérerons les quantités relatives au système minorant, nous les indexerons par "min". Si le système est de plus cohérent, nous obtenons ([CR]) :

$$\mathrm{MTTR}(\eta_{pt}) \leqslant \mathrm{MTTR}_{min}(\eta_{pt})$$
$$\mathbb{P}_{\eta}(\tau_{\eta_{mp}} < \tau_{\mathcal{P}}) \geqslant \mathbb{P}_{\eta,\min}(\tau_{\eta_{mp}} < \tau_{\mathcal{P}}).$$

Et le lemme III.4 donne :

$$\frac{\overline{D}(\infty)}{\lambda(\infty)} \leqslant \frac{\mathrm{MTTR}_{min}(\eta_{pt})}{\min_{\eta \in \mathcal{M}} \mathbb{P}_{\eta,\min}(\tau_{\eta_{mp}} < \tau_{\mathcal{P}})} < +\infty \; . \; ∎$$

Définition III.6 *: Un composant c est critique s'il existe un état η de $\mathcal{M}$ tel que $\eta^{c,0}$ appartienne à $\mathcal{P}$.*

Proposition III.7

Plaçons-nous dans le cas du système dont le générateur est donné par (1) et supposons ce système cohérent. Lorsque les taux de défaillance des composants critiques et le taux de défaillance de mode commun tendent vers 0, les autres taux de défaillance restant bornés supérieurement et les taux de réparation bornés inférieurement par des quantités strictement positives, alors l'erreur relative entre le taux de défaillance asymptotique et le taux de Vésely asymptotique tend vers 0.

Démonstration : Pour le système dont le générateur est donné par (1), lorsque les taux de défaillance des composants critiques et le taux de défaillance de mode commun tendent vers 0, la quantité $\max_{\eta \in \mathcal{M}} \sum_{\xi \in \mathcal{P}} A(\eta, \xi)$ tend vers 0. La proposition III.7 est donc une conséquence immédiate de la proposition III.2 et du lemme III.5. ∎

IV. Commentaires

Nous avons justifié l'utilisation du taux de Vésely asymptotique (facile à calculer) à la place du taux de défaillance asymptotique beaucoup plus difficile (voire impossible) à obtenir pour des systèmes de grande taille dans le cas de systèmes formés de composants fonctionnant intrinsèquement indépendamment et soumis de plus à des défaillances de type mode commun. Nous pensons que le résultat reste vrai pour des systèmes plus généraux, du type système classique au sens de la définition III.5. Le point d'achoppement actuel est la proposition II.4 (et elle seule) que nous ne savons pas généraliser. Néanmoins, nous pensons qu'un résultat analogue reste vrai et que l'asymptotique dans laquelle il faut se placer est celle des systèmes qui deviennent "parfaitement fiables" au sens suivant :

un système devient parfaitement fiable si la quantité $\max_{\eta \in \mathcal{M}} \sum_{\xi \in \mathcal{P}} A(\eta, \xi)$ tend vers 0, les taux de défaillance du système restant bornés supérieurement et les taux de réparation bornés inférieurement par des quantités strictement positives.

Nous n'avons établi de résultat que pour les taux asymptotiques. Nous nous dédouanons de ce peu par le résultat suivant qui justifie l'utilisation du taux asymptotique.

Proposition IV.1

Considérons un système classique qui vérifie les hypothèses suivantes :

- le taux de réparation $\mu(c, \eta)$ du composant c lorsque le système est dans la configuration η est une fonction croissante de η,

- le taux de défaillance $\lambda(c, \eta)$ du composant c lorsque le système est dans la configuration η est une fonction décroissante de η,

- la probabilité $m(c, \eta)$ pour que le composant c soit affecté lors d'un mode commun survenant lorsque le système est dans la configuration η, est une fonction décroissante de η,

- le taux $\Lambda(\eta)$ d'arrivée du mode commun est une fonction décroissante de η.

Notons R(t) la fiabilité du système au temps t <u>lorsque l'état initial est l'état de marche parfaite</u>. Alors :

$$R(t+s) \leqslant R(t)\,R(s)$$

c'est-à-dire que le système (partant de l'état de marche parfaite) est NBU et :

$$R(t) \geqslant e^{-\lambda(\infty)t}$$

Démonstration : La propriété de Markov permet d'écrire :

$$R(t+s) = \mathbb{P}(\eta_u \in \mathcal{M},\ \forall u \leqslant t+s \,/\, \eta_0 = \eta_{mp})$$

$$= \sum_{\eta \in \mathcal{M}} \mathbb{P}(\eta_u \in \mathcal{M}\ \forall u \leqslant s,\ \eta_s = \eta \,/\, \eta_0 = \eta_{mp})\ \mathbb{P}(\eta_u \in \mathcal{M}\ \forall u \leqslant t \,/\, \eta_0 = \eta)$$

Or, d'après [CR], sous les hypothèses de la proposition IV.1, la fiabilité à l'instant t, $\mathbb{P}(\eta_u \in \mathcal{M}\ \forall u \leqslant t \,/\, \eta_0 = \eta)$ est une fonction croissante de l'état initial η, donc :

$$\mathbb{P}(\eta_u \in \mathcal{M}\ \forall u \leqslant t \,/\, \eta_0 = \eta) \leqslant \mathbb{P}(\eta_u \in \mathcal{M}\ \forall u \leqslant t \,/\, \eta_0 = \eta_{mp}) = R(t),$$

et nous obtenons :

$$R(t+s) \leqslant \sum_{\eta \in \mathcal{M}} \mathbb{P}(\eta_u \in \mathcal{M}\ \forall u \leqslant s,\ \eta_s = \eta \,/\, \eta_0 = \eta_{mp})\ R(t) = R(s)\,R(t).$$

Nous en déduisons que, pour tout s :

$$R(t) = \exp(-\int_0^t \lambda(u)\,du) \geq \exp(-\int_s^{s+t} \lambda(u)\,du) = \exp(-\int_0^t \lambda(s+u)\,du)$$

et en faisant tendre s vers l'infini, nous avons :

$$R(t) \geq e^{-\lambda(\infty)t}. \blacksquare$$

Cette proposition montre donc que, pour les systèmes usuels, le calcul de $e^{-\lambda(\infty)t}$ fournit une valeur pessimiste de la fiabilité. Donc, si lors d'une étude de fiabilité prévisionnelle l'ingénieur montre que les objectifs sont atteints en calculant la fiabilité par la formule $e^{-\lambda(\infty)t}$, il ne commet pas d'erreur sur la conclusion. Le travail que nous avons mené justifie asymptotiquement l'approximation de $e^{-\lambda(\infty)t}$ par $e^{-\lambda_v(\infty)t}$, donc on peut penser que pour des systèmes "très fiables", $e^{-\lambda_v(\infty)t}$ fournit une approximation "raisonnable" de la fiabilité.

Bibliographie

[CR] C. Cocozza-Thivent, M. Roussignol : *Techniques de couplage en fiabilité,* Ann. I.H.P., 31 n°1, 119-141,1995.

[PG] A. Pages, M. Gondran : *Fiabilité des systèmes,* Collection de la Direction des Etudes et Recherches d'Electricité de France, Eyrolles, 1980.

[Sen] E. Seneta : *Non-negative Matrices and Markov Chains,* Springer Series in Statistics, Springer-Verlag, 1981.

The Asymptotic Composition of Supercritical, Multi-Type Branching Populations

Peter Jagers and Olle Nerman*
Department of Mathematics
Chalmers University of Technology and Gothenburg University
S-412 96 Göteborg, Sweden

Abstract

The life, past and future are described of a typical individual in an old, non-extinct branching population, where individuals may give birth as a point process and have types in an abstract type space. The type, age and birth-rank distributions of the typical individual are explicitly given, as well as the Markov renewal type process that describes her history. The convergence of expected and actual compositions towards stable, asymptotic compositions is proved.

1 Introduction

If a proper, branching population does not die out, then its size grows indefinitely (*cf.* Jagers 1992, *e.g.*), and by some sort of law of large numbers its composition will stabilize. One aspect of this, the *stable age distribution* of demography has been known for a long time. Indeed, its roots can be traced back more than two centuries, to Euler, 1760. In such a grand perspective, the complete picture of the asymptotic composition of one-type general, supercritical branching populations is certainly recent (Jagers and Nerman and vice versa, 1984). The multi-type case was then investigated and presented by Nerman at the 16th Conference on Stochastic Processes and their Applications (1984). His results were, however, never published. A first account, informal and incomplete, appears in Jagers (1991 and, somewhat more extensively, 1992). A quite pertinent recent paper, from a different, graph and computer algorithm oriented, tradition is Aldous (1991).

The purpose of the present exposition is to give the strict description, that is lacking up to now, of the asymptotic composition of general super-critical

*This work has been supported by a grant from the Swedish Natural Science Research Council

branching populations in abstract type spaces. It uses Markov renewal theory in Shurenkov's (1989) comprehensive formulation. The branching process framework and real time dynamics are from Jagers (1989).

2 The Population Space

Consider a typical individual of an old population. Call her *Ego* or, for short but less suggestively, 0; think of her as sampled at random from among all those born into the population, since its inception, long ago. She will have children, grandchildren *etc.*, whom we shall refer to in the classical Ulam-Harris manner, $x = (x_1, x_2, \ldots x_n)$ is the x_nth child of the ... of the x_1:th child of 0, the set of 0 and all her possible descendants being denoted by I,

$$I := \bigcup_{n \geq 0} N^n, \ N^0 := \{0\}, N := \{1, 2, \ldots\}.$$

But 0 also has a mother, to be called -1, a grandmother, -2, and so forth. We concatenate vectors by writing them together, so that $xy, x, y \in I$, has first x's components, then y's, and we make the convention $0x = x0 = x$. Then, all the possible progeny of -1, *except* 0 and her descendents, constitutes the set $(-1)I = \{(-1)x; x \in I\}$, and with $Z_- := \{0, -1, -2, \ldots\}$, all the possible individuals of the whole population can be written

$$J := Z_- \times I.$$

A new-born individual is allotted (or chooses, depending upon your philosophy) a *life path* or life (career) from the *life space* $(\Omega, \mathcal{A})$. This should be thought of as abstract, with a countably generated σ-algebra, and rich enough to carry those functions that are of interest for the particular study. On Ω there is a sequence $0 \leq \tau(1) \leq \tau(2) \ldots \leq \infty$ of random variables giving the successive ages at child-bearing. If $\tau(j)(\omega) = \infty$, then the interpretation is that the life career ω involves fewer than j children.

At birth the new-born child inherits a *type* from a space $(S, \mathcal{S})$, again with a countably generated σ-algebra. In other words, there are also measurable functions $\sigma(j) : \Omega \to S$, giving the type of the j:th child. The *reproduction* point *process* ξ on $S \times R_+$ is defined by

$$\xi(A \times B) := \#\{i \in N; \sigma(i) \in A, \tau(i) \in B\}.$$

In order to define the basic probability space for the whole population, the *population space*, we need the life space for each possible individual but also something that ties the individuals in Z_- to their mothers, information about their *birth ranks*. These are natural numbers, and we make the interpretation that if $-j+1$ has rank r then $-ji$ is $-j$'s i:th child for $i = 1, \ldots r-1$ and it is the $i+1$:th child for $i \geq r$. Finally, to anchor the population in real time, we need information about Ego's age at sampling. Thus the population space is defined to be

$$\Omega := R_+ \times N^\infty \times \Omega^J$$

with the obvious product σ-algebra to be denoted by $\mathcal{C}$. This space can be restricted to a tree-type space of the kind advocated by Neveu (1986) and Chauvin (1986). For the interpretation in terms of random trees (Aldous, 1991) that might indeed be an advantage.

Recall that a branching process started from a newborn 0-individual is suitably defined on $S \times \Omega^I$, the first coordinate being the ancestor's starting type. When referring to such a process, we shall write σ_x for the type of $x \in I$ and τ_x for her birth-time, defined recursively from $\tau_0 = 0$ and the successive ages at child bearing in the line leading to x, *cf.* Jagers, 1989, though notation is slightly different there.

3 The Life Kernel and its Stable Population Law

The probability structure of the process is determined by a *life kernel* P_s on $(\Omega, \mathcal{A})$, the probability measure according to which the choice of life-career of an s-type is performed. In Jagers (1989) it is shown how such a kernel determines a unique Markov branching probability measure over $(\Omega^I, \mathcal{A}^I)$, once Ego's type has been fixed. We denote this measure, as well, by P_s, $s \in S$ being this starting type. More generally, if Ego's type is chosen according to a probability measure π on $(S, \mathcal{S})$, then P_π is the corresponding measure, $P_\pi = \int_S P_s \pi(ds)$. The expectations are E_s and E_π, respectively.

The crucial rôle for the development of a population is played by the *reproduction kernel* μ, defined as the expected number of births of children of various types and at various ages:

$$\mu(r, ds \times dt) := E_r[\xi(ds \times dt)].$$

The population is supposed to be *Malthusian* and *supercritical*, this meaning that there is a number $\alpha > 0$, the Malthusian parameter, such that the kernel $\hat{\mu}(\alpha)$,

$$\hat{\mu}(r, ds; \alpha) := \int_0^\infty e^{-\alpha t} \mu(r, ds \times dt)$$

has Perron root one and is what Shurenkov (1989) calls *conservative*. (This corresponds to irreducibility and α-recurrence in the terminology of Niemi and Nummelin (1986).) By the abstract Perron-Frobenius theorem (Shurenkov, 1989, p. 43, or Nummelin, 1984, p. 70), there is then a σ-finite measure π on the type space $(S, \mathcal{S})$, and strictly positive a.e. $[\pi]$ finite measurable function h on the same space, such that

$$\int_S \hat{\mu}(r, ds; \alpha) \pi(dr) = \pi(ds),$$

$$\int_S h(s)\hat{\mu}(r, ds; \alpha) = h(r).$$

Further we require strong or positive α-recurrence in the sense that $h \in L^1[\pi]$ and

$$0 < \beta = \int_{S\times S\times R_+} te^{-\alpha t}h(s)\mu(r, ds \times dt)\pi(dr) < \infty.$$

(In population dynamics this entity might be interpreted as the stable age at childbearing, though some care has to be exercised about this in the multi-type case, as we shall see.) Then we can (and shall) norm to

$$\int_S h d\pi = 1.$$

Throughout we also make the homogeneity assumption that $\inf h > 0$. Then π is finite and can (and will) also be normed to a probability measure. These are the conditions (on μ alone) for the general Markov renewal theorem of Shurenkov (1989), p. 107. Finally, we assume that the reproduction kernel is non-lattice and satisfies the natural condition

$$\sup_s \mu(s, S \times [0, \epsilon]) < 1$$

for some $\epsilon > 0$. Note that we assume only non-latticeness, rather than spread-outness of the kernel. We shall summarize all these conditions by referring to the population as non-lattice *strictly Malthusian*. (Clearly there is a lattice analog of our results, relying upon the lattice Markov renewal theorem, *cf.* Shurenkov (1989), p. 122. There you will also find the concept of latticeness developed in a multitype context, with the meaning that there is a stepping time unit, independent of starting and ending position in the type space, but a phase which may depend on both: for some $d > 0$ and $c : S \to [0, d)$, and $L_{dc}(s) := \{(r,t); r \in S, t \in R_+, t = c(r) - c(s) + nd, \text{ for some } n = 0, 1, \ldots\}$

$$\pi(\{s; \mu(s, S \times R_+) > \mu(s, L_{dc}(s))\}) = 0).$$

In order, finally, to give a presentation of the stable population measure on $(\Omega, \mathcal{A})$ we need notation for some random elements on this space: T_0 will denote Ego's age at sampling, S_0 her type, and R_0 her rank, *i.e.* ordinal number in her sibship. T_1 is Ego's mother's age, when she gave birth to Ego, S_1 her type, and R_1 her rank. And so on backwards. Similarly we let $U_0, U_1, \ldots$ denote the whole lives of Ego, Ego's mother, ... , and Z^0 the population initiated by Ego. $Z^1, Z^2, \ldots$ can be used to denote Ego's mother's life and daughter process *except Ego*, grandmother's daughter process, except mother and her progeny *etc.* Thus, Z^j is the coordinate projection $\Omega \to \Omega^{-jI}$. Similarly, T_0 is the projection of the population space onto its first coordinate R_+ and the sequence of ranks is the projection onto N^∞, *cf.* the figure. Also recall that σ_i, τ_i are the type and

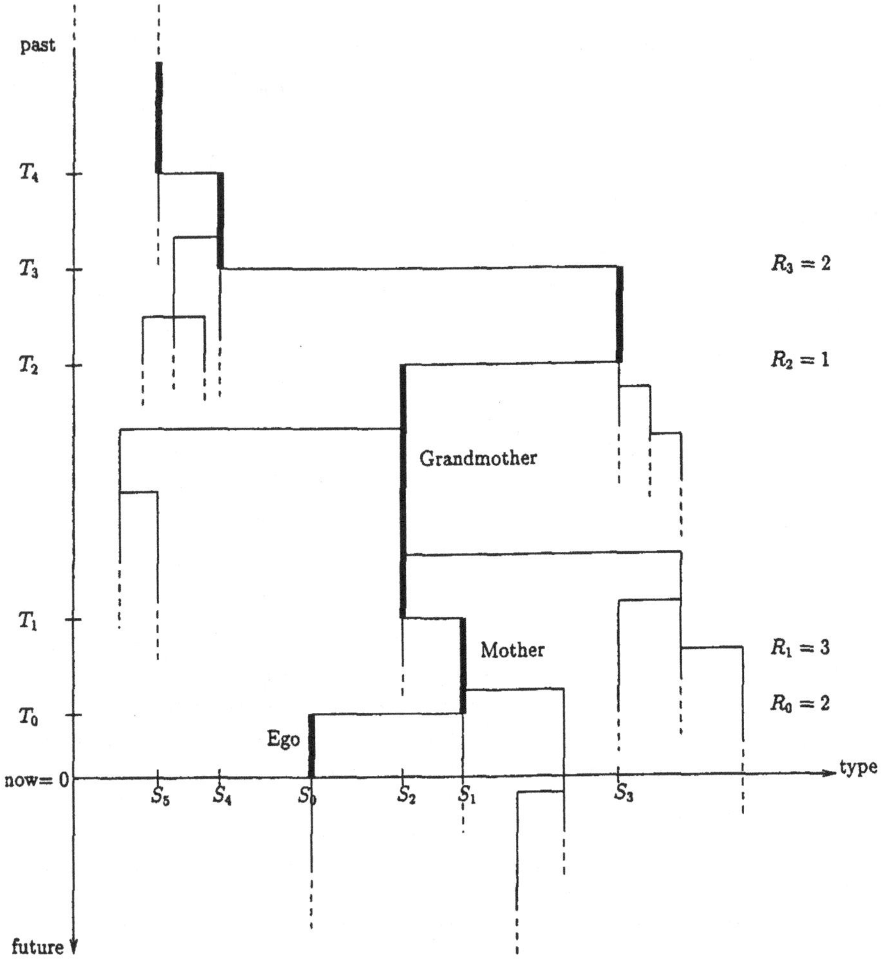

Figure. The doubly infinite population space.

birth times in a branching process of the ancestor's i:th child (the latter equalling infinity, if no i:th child is ever born). In the following definition we shall interpret assertions '$Z^j \in A_j$' also as assertions about a traditional branching process ($-j$ being its ancestor). Then we must supplement it by information about which of the ancestor's children, who has been withdrawn from the process in order to play the rôle of $-j+1$. Indeed, the very careful reader should interpret $A_j, j = 1, 2, \ldots$ on the right hand side beneath as the set

$$\{(\omega_{kx}; k \in Z_+, x \in I) \in \Omega^I; (\omega_{(k+1_{\{k \geq i_{j-1}\}})x}; k \in Z_+, x \in I) \in A_j\}.$$

Such subtleties are due to the convention we made about birth ranks in Section 2, where the concatenated vector kx was also defined.

Definition 1 *The stable population measure* $\mathbf{P}$ *on* $(\Omega, \mathcal{A})$ *is determined by*

$$\mathbf{P}(Z^0 \in A_0, T_0 \in dt_0, S_0 \in ds_0, R_0 = i_0; Z^1 \in A_1, T_1 \in dt_1, S_1 \in ds_1, R_1 = i_1;$$

$$\ldots; Z^n \in A_n, T_n \in dt_n, S_n \in ds_n, R_n = i_n) =$$

$$E_\pi[e^{-\alpha\tau_{i_n}} : \sigma_{i_n} \in ds_n] E_{s_n}[e^{-\alpha t_n}; A_n \cap \{\sigma_{i_{n-1}} \in ds_{n-1}, \tau_{i_{n-1}} \in dt_n\}] \ldots$$

$$\ldots E_{s_1}[e^{-\alpha t_1}; A_1 \cap \{\sigma_{i_0} \in ds_0, \tau_{i_0} \in dt_1\}] P_{s_0}(A_0) \alpha e^{-\alpha t_0} dt_0$$

for all $n \in N, A_j \in \mathcal{A}^I, t_j \in R_+, s_j \in S, i_j \in N, j = 0, 1 \ldots n$.

By the eigenmeasure and eigenfunction properties of π and h it can be checked that changes in n yield a projective system defining $\mathbf{P}$, and in the next section we shall see how the stable population appears as a limit of growing branching processes. Here we shall try to understand its substance, by formulating some consequences of the definition. In them we write $\hat{\mu}(r, ds)$ as an abbreviation for $\hat{\mu}(r, ds; \alpha) = \int_0^\infty e^{-\alpha t} \mu(r, ds \times dt)$. Powers $\hat{\mu}^n$ are iterated kernels and $\mu_\alpha(r, ds \times dt) := e^{-\alpha t} \mu(r, ds \times dt)$.

Proposition 1 *The sequence of types backwards from Ego,* $\{S_n\}_0^\infty$, *is a Markov chain with transition probabilities*

$$\mathbf{P}(S_{n+1} \in ds \mid S_n = r) = \pi(ds) \frac{\hat{\mu}(s, dr)}{\pi(dr)}.$$

The distribution of S_0 *is* π, *whereas* $S_n \sim \hat{\mu}^n(s, S)\pi(ds) \to h(s)\pi(ds)$, *as* $n \to \infty$, *the latter limit also being the stationary distribution of the chain.*

Proof Integrating and summing in the theorem yields

$$\mathbf{P}(S_0 \in ds_0, \ldots S_n \in ds_n) =$$

$$= E_\pi[\sum_{i_n} e^{-\alpha\tau(i_n)}; \sigma(i_n) \in ds_n] E_{s_n}[\sum_{i_{n-1}} e^{-\alpha\tau(i_{n-1})}; \sigma(i_{n-1}) \in ds_{n-1}] \ldots$$

$$\ldots E_{s_1}[\sum_{i_0} e^{-\alpha\tau(i_1)}; \sigma(i_0) \in ds_0] =$$

$$= E_\pi[\hat{\xi}(ds_n;\alpha)]E_{s_n}[\hat{\xi}(ds_{n-1};\alpha)]\ldots E_1[\hat{\xi}(ds_0;\alpha)]$$

$$=$$

$$\pi(ds_n)\hat{\mu}(s_n, ds_{n-1})\ldots\hat{\mu}(s_1, ds_0),$$

where

$$\hat{\xi}(A;\alpha) := \int_0^\infty e^{-\alpha t}\xi(A\times dt),$$

we have used the eigenmeasure property $\int \hat{\mu}(s, ds_n)\pi(ds) = \pi(ds_n)$, and written $\sigma(i), \tau(i)$ instead of σ_i, τ_i, since the P_{s_i} reduce to measures over the life space here. The asserted form of transition and marginal probabilities follow from this joint distribution of types. The convergence $\hat{\mu}^n(s, S) \to h(s)$ follows directly from the lattice Markov renewal theorem (Shurenkov, 1989, p. 122). Of course, it can also be brought back to a limit theorem for Markov chains by the trick of norming $\hat{\mu}$ to a kernel with mass one, $h(r)\hat{\mu}(s, dr)/h(s)$. The stationarity can be checked directly.

□

Without spelling this out as another proposition, let us state that the sequence $\{(R_n, S_n)\}$ of ranks and types also constitutes a Markov chain. Indeed, given the sequence of types, the ranks even become conditionally independent. The rank marginals are given by $\mathbf{P}(R_0 = i) = E_\pi[e^{-\alpha\tau(i)}]$, and

$$\mathbf{P}(R_n = i) = \int_S \hat{\mu}^n(s, S)E_\pi[e^{-\alpha\tau(i)}; \sigma(i) \in ds] \to \int_S h(s)E_\pi[e^{-\alpha\tau(i)}; \sigma(i) \in ds],$$

as $n \to \infty$. Though the distribution of, at least, R_0 is important for birth rank studies, the joint behaviour of types and times between births seems of greater import both mathematically, and in tracing populations backwards, *e.g.* in evolutionary genetics.

Proposition 2 *The sequence of types and interbirth times backwards from Ego, $\{S_n, T_n\}_0^\infty$ define a Markov renewal process. They have the transition kernel*

$$\mathbf{P}(S_{n+1} \in ds, T_{n+1} \in dt \mid S_n = r) = \pi(ds)\frac{\mu_\alpha(s, dr\times dt)}{\pi(dr)}.$$

The distribution of S_0 is π, T_0 is exponentially distributed with the Malthusian parameter, and independent of the rest.

$$(S_n, T_n) \sim \int_S \hat{\mu}^{n-1}(r, S)\mu_\alpha(s, dr\times dt)\pi(ds) \to \int_S h(r)\mu_\alpha(s, dr\times dt)\pi(ds),$$

as $n \to \infty$.

Proof The proof follows the pattern of the preceding one, and is left out.

□

Among other things, this shows that the expected age of the mother at the birth of a random child is

$$\mathbf{E}[T_1] = \int_{S\times R_+} te^{-\alpha t}\mu(\pi, ds \times dt),$$

whereas the expectation of the asymptotic distribution of $T_n, n \to \infty$ is

$$\beta = \int_{S\times R_+} te^{-\alpha t}h(s)\mu(\pi, ds \times dt).$$

Here, of course, $\mu(\pi, ds \times dt) = \int_S \mu(r, ds \times dt)\pi(dr)$

In analogy with Proposition 2, the sequence $\{R_n, S_n, T_n\}$ constitutes a Markov renewal process, with a transition kernel that is easily determined from Definition 1. Actually, more generally:

Proposition 3 *The sequence of ranks, types, and lives backwards from Ego has the Markov property*

$$\mathbf{P}(R_{n+1} = j, S_{n+1} \in ds, U_{n+1} \in A \mid R_n = i, S_n = r, U_n, R_{n-1}, S_{n-1} \ldots) =$$

$$= E_\pi[e^{-\alpha\tau(j)}; \sigma(j) \in ds)]\frac{E_s[e^{-\alpha\tau(i)}; A \cap \{\sigma(i) \in dr\}]}{E_\pi[e^{-\alpha\tau(i)}; \sigma(i) \in dr]}.$$

The distribution of (R_0, S_0, U_0) *is* $E_\pi[e^{-\alpha\tau(i)}; \sigma(i) \in ds]P_s(A), i \in N, s \in S, A \in \mathcal{A}$, *whereas in the notation*

$$\hat{\mu}_A(s, B) := E_s[\hat{\xi}(B; \alpha); A],$$

$$\mathbf{P}(R_n = i, S_n \in ds, U_n \in A) =$$

$$= E_\pi[e^{-\alpha\tau(i)}; \sigma(i) \in ds] \int_S \hat{\mu}^{n-2}(r, S)\hat{\mu}_A(s, dr) \to$$

$$\to E_\pi[e^{-\alpha\tau(i)}; \sigma(i) \in ds] \int_S h(r)\hat{\mu}_A(s, dr),$$

as $n \to \infty$.

Proof The proof is again (rather complicated but) not hard by insertion.

□

The stable population measure $\mathbf{P}$ describes a typical individual, her background and future when *sampling from among all those born*, dead or alive. Though this is artificial from, say, a biological viewpoint, it is not only mathematically convenient but also conceptually the fundamental situation. Being alive or not is a property of your age and your life career. Therefore the stable measure when *sampling in the live population* is obtained by conditioning in $\mathbf{P}$ on Ego being alive, and correspondingly for sampling from other subsets of individuals.

To express this more formally, assume a *life span*, $\lambda : \Omega \to [0, \infty]$, defined and let L_0 denote Ego's life span. Then, $L_0 > T_0$ means that Ego is alive.

Proposition 4 *The probability law describing a typical individual, sampled from among those alive is* $\mathbf{P}(\cdot \mid L_0 > T_0)$.

Corollary 1 *The probability that a typical, live individual is of rank* i*, has type in* ds *and a life career in a set* $A \in \mathcal{A}$ *is*

$$E_\pi[e^{-\alpha\tau(i)}; \sigma(i) \in ds] \int_0^\infty P_s(A, \lambda > t)\alpha e^{-\alpha t}dt / \int_0^\infty P_s(\lambda > t)\alpha e^{-\alpha t}dt.$$

The probability of having just the property A *is*

$$\frac{\int_0^\infty P_\pi(A, \lambda > t)e^{-\alpha t}dt}{\int_0^\infty P_\pi(\lambda > t)e^{-\alpha t}dt}.$$

In the next section we shall see that this is, indeed, the limit of the probability measure describing the properties of an individual sampled from among all those alive.

4 Convergence towards Stable Population Composition

Let J_n denote the class of individuals stemming from $-n$, *i.e.* $\{-n, \ldots -1, 0\} \times I$. Recall that by convention $0 \in I, 0x = x$, and $-j0 = (-j, 0) = -j$. Therefore $-jI = \{-j\} \times I$ denotes $-j$ and all her possible descendants except $-j+1$ and her progeny. Observe that if $-n$ is mapped to 0, all her progeny being mapped onto I so as to preserve all family relations, then $(\Omega^{J_n}, \mathcal{A}^{J_n})$ is mapped to $(\Omega^I, \mathcal{A}^I)$, and the two spaces can be thus identified. Fix n, $\imath = (i_{n-1} \ldots i_0) \in N^n, A \in \mathcal{A}^{J_n}$ and $a \in R_+$, and consider the subset $E \in \mathcal{C}$,

$$E := [0, a] \times (i_0 \ldots i_{n-1}) \times N^\infty \times A \times \Omega^{J \setminus J_n}.$$

Define Π_x as the projection mapping $(s, \{\omega_y; y \in I\})$ to $(\sigma_x, \{\omega_{xy}; y \in I\})$, the *daughter process* of $x \in I$, *cf.* Jagers, 1989. In an obvious sense $y \in I$ has the property E at time t if and only if

- $y = x\imath$ for some $x\imath \in I$,
- $0 \le t - \tau_{x\imath} \le a$, and
- $\Pi_x \in S \times A$.

Now, note that $\tau_{x\imath} = \tau_x + \tau_\imath \circ \Pi_x$, so that defining a *random characteristic* on $(S \times \Omega^I, S \times \mathcal{A}^I)$ (*cf.* Jagers, 1989)

$$\chi^E(t) := 1_A 1_{[0,a]}(t - \tau_\imath),$$

(A thus viewed as a subset of Ω^I), the number of individuals having the property E at time t in a branching population started at time 0 from a newborn ancestor will be

$$z_t^{\chi_E} := \sum_{x \in I} \chi^E(t) \circ \Pi_x = \sum_{x \in I} 1_{\{\Pi_x \in S \times A\}} 1_{\{0 \le t - \tau_{x\imath} \le a\}}.$$

But adapting the convergence theorem for means of supercritical general branching populations (*cf. op. cit.*) to the Markov renewal theorems of Shurenkov (1989, *pp.* 107, 127, 134) we have:

Theorem 1 *Consider a non-lattice, strictly Malthusian, supercritical branching population, counted with a bounded characteristic* χ *such that the function* $e^{-\alpha t} E_s[\chi(t)]$ *is directly Riemann integrable* (π). *Then, for* π*-almost all* s,

$$\lim_{t \to \infty} e^{-\alpha t} E_s[z_t^\chi] = h(s) \int_{S \times R} e^{-\alpha t} E_r[\chi(t)] \pi(dr) dt / \beta := h(s) E_\pi[\hat{\chi}(\alpha)] / \alpha\beta,$$

in the obvious notation for Laplace transform.

If the population is as above and some convolution power of the reproduction kernel is, further, non-singular (cf. beneath), then for π*-almost all* $s \in S$

$$\lim_{t \to \infty} e^{-\alpha t} E_s[z_t^\chi] = h(s) E_\pi[\hat{\chi}(\alpha)] / \alpha\beta,$$

uniformly in all χ *with* $E_s[\chi(t)] \le 1$ *(without any Riemann integrability requirement).*

The notion of direct Riemann integrability used is that of Shurenkov (1989) *pp.* 80 *ff.*: A measurable function $g : S \times R_+ \to R$ is directly Riemann integrable (π) if for any $\epsilon > 0$ we can find $\delta > 0$ and functions g^- and g^+ both in $L^1[\pi \times dt]$ such that for π-almost all s, $g^-(s, \cdot) \le g(s, \cdot) \le g^+(s, \cdot)$, $g^\pm(s, t) = g^\pm(s, n\delta)$ for $n\delta \le t < (n+1)\delta$, and the $L^1[\pi \times dt]$-distance between g^+ and g^- is less than ϵ. Convolution means convolution in time combined with transition in type. Non-singularity is Shurenkov's term (1989, *p.* 127) for spread-outness: For fixed $r \in S$ and a Borel set B, the reproduction kernel $\mu(r, \cdot \times B)$ is absolutely continuous with respect to $\hat{\mu}(r, \cdot)$. It is possible to choose a regular version of the Radon-Nikodym derivative, $F(r, s, dt)$, which is a measure on R_+ in its last coordinate. Non-singularity means that for almost all r, s with respect to $\pi(dr)\hat{\mu}(r, ds)$ this measure is non-singular with respect to Lesbegue measure.

Thanks to this strong Markov renewal theory, the proof is rather straightforward, *cf.* Jagers (1992), by use of the regularity condition $\sup_s \mu(s, S\times[0,\epsilon]) < 1$ for some $\epsilon > 0$, in order to guarantee boundedness of $e^{-\alpha t}E_s[y_t]$, where

$$y_t = \#\{x \in I; \tau_x \leq t\} = \sum_{x\in I} 1_{R_+}(t - \tau_x) = z_t^{1_{R_+}}$$

is the *total population* at time t of a branching process started at time 0. Of course, there is also a lattice variant of this result, *cf.* Shurenkov (1989, p. 122 and 134).

For sets E as above, we call

$$P^e_{s,t}(E) := E_s[z_t^{\chi^E}]/E_s[y_t],$$

the *composition in expectation* of a branching population at time t, started at time 0 from an ancestor of type $s \in S$. By summation over various $\imath \in N^n$ and replacing the interval $[0, a]$ by Borel sets B, this can obviously be extended to a probability measure over the measurable subsets of $R_+ \times N^\infty \times \Omega^J$ which depend only upon $n \in N$ steps backwards, *i.e.* belong to the σ-algebra generated by sets of the form $E = B \times M \times N^\infty \times A \times \Omega^{J\setminus J_n}, B \in \mathcal{B}(R_+), M \subset N^n, A \in \mathcal{A}^{J_n}$ for fixed, but arbitrary $n \in N$. We denote the latter by $\mathcal{C}_n$ and write $\mathcal{C}_n(B)$ for the sub-σ-algebra, where the first coordinate is fixed to be B.

Corollary 2 *Under the assumptions of Theorem 1, consider a $B \in \mathcal{B}(R_+), n \in N$, and any $E \in \mathcal{C}_n(B)$ such that $R_j = i_j, j = 0, \ldots n-1$ Write $\imath = (i_{n-1}, \ldots i_0)$ and assume that $e^{-\alpha t}P_s(t - \tau_\imath \in B)$ is directly Riemann integrable. Then, the composition in expectation of a non-lattice, strictly Malthusian, and supercritical branching population at time t, started at time 0 from an ancestor of π-almost any type $s \in S$, satisfies*

$$P^e_{s,t}(E) = E_s[z_t^{\chi^E}]/E_s[y_t] \to \int_B \alpha e^{-\alpha t} dt E_\pi[e^{-\alpha\tau_\imath}; A] = \mathbf{P}(E),$$

as $t \to \infty$.

Proof This is only checking the direct Riemann integrability. Note that $\imath$ is fixed, and of course matters in the coordinate projection singling out A from E, *cf.* the discussion preceding Definition 1.

□

Corollary 3 *If reproduction (i.e. some convolution power of the reproduction kernel) is non-singular,, besides the conditions of Theorem 1, then for π-almost all s $P^e_{s,t} \to \mathbf{P}$ in total variation, as $t \to \infty$.*

Proof By Theorem 1, the convergence is uniform over sets $E \in \mathcal{C}_n$ for n fixed, at least if they are of the form $E = B \times M \times N^\infty \times A \times \Omega^{J \setminus J_n}$, $B \in \mathcal{B}(R_+)$, $M \subset N^n$, $A \in \mathcal{A}^{J_n}$ But these sets, $n \in N$ constitute an algebra that generates $\mathcal{C} = \bigvee_n^\infty \mathcal{C}_n$. The rest follows by approximation.

□

Leaving composition in expectation, we turn to the *actual* composition,

$$P_{\sigma_0,t}(E) := z_t^{\chi_E}/y_t.$$

As for classical cases, convergence here requires the famed $x \log x$-condition. It has the following general form: Write

$$\bar{\xi} := \int_{S \times R_+} e^{-\alpha t} h(s) \xi(ds \times dt).$$

Then the condition is

$$E_\pi[\bar{\xi} \log^+ \bar{\xi}] < \infty.$$

From Jagers (1989) we have:

Theorem 2 *Add the $x \log x$-condition and finiteness of $\xi(S \times R_+)$ to the assumptions of Theorem 1. Further assume that, for fixed t, y_t is uniformly integrable over its starting type $\sigma_0 = s \in S$. Then, as $t \to \infty$,*

$$e^{-\alpha t} z_t^\chi \to w E_\pi[\hat{\chi}(\alpha)]/\alpha\beta$$

in $L^1[P_s]$, for π-almost all $s \in S$. Here w is a non-negative random variable with $E_s[w] = h(s)$.

Note that we have w with $E_s[w] = h(s)$, rather than expectation one as asserted in *op. cit.*. It is the unnormed random variable w that is the limit of the intrinsic martingale

$$w_L = \sum_{x \in L} e^{-\alpha \tau_x} h(\sigma_x)$$

(a.s. if only sequences of lines L are considered, in L^1 otherwise, *c.f. op. cit.*).

From its definition (and Theorem 2) it is clear that $w > 0 \Rightarrow y_t \to \infty$. The converse of this is needed to show that for bounded characteristics χ

$$z_t^\chi / y_t \to E_\pi[\hat{\chi}(\alpha)]$$

if only $y_t \to \infty$.

Lemma 1 *For a strictly Malthusian process, assume that* $\inf_{s \in S} P_s(w > 0) > 0$. *Then, $w > 0 \Leftrightarrow y_t \to \infty$ a. s. $P_s, s \in S$.*

Proof Enumerate individuals in the order they are born into the population: $X_0 = 0 \in I, 0 = \tau_{X_0} \leq \tau_{X_1} \leq \tau_{X_2} \leq \ldots$ by some rule that guarantees that mothers precede their daughters (if individuals happen to appear simultaneously). Then

$$y_t = \sup\{n; \tau_{X_n} \leq t\}.$$

If $y_t \to \infty$, then the sequence $\{X_n\}$ is already well defined. Otherwise, just continue somehow, respecting the rule that mothers must precede daughters. The assumption of strict Malthusianness prevents explosion in finite time. Hence $\tau_{X_n} \to \infty$ whether $y_t \to \infty$ or not.

But for any $n \in N$

$$w \circ S_{X_n} > 0 \Rightarrow w > 0 \text{ or } y_t \not\to \infty.$$

(As the reader has noted we are far from finical about spelling out a.s.-qualifications.) If $\mathcal{A}_n$ denotes the σ-algebra generated by the ancestor's type σ_0 and the lives $\omega_{X_0}, \omega_{X_1} \ldots \omega_{X_n}$, then Lévy's theorem yields that

$$0 < \inf_r P_r(w > 0) \leq P_{\sigma_{X_n}}(w \circ S_{X_n} > 0) =$$

$$= P_s(w \circ S_{X_n} > 0 \mid \mathcal{A}_{n-1}) \leq P_s(w > 0 \text{ or } y_t \not\to \infty \mid \mathcal{A}_{n-1}) \to 1_{\{w>0 \text{ or } y_t \not\to \infty\}},$$

as $n \to \infty$. Hence, a.s. $y_t \to \infty \Rightarrow w > 0$, the converse implication being already noted.

□

Note that under the conditions of Theorem 2, $E_s[w] = h(s) > 0$. Hence, for all $s \in S$, $P_s(w > 0) > 0$ and suitable compactness assumptions yield the same for the infimum.

Corollary 4 *Let the assumptions of Theorem 2 hold and add that* $\inf_s P_s(w > 0) > 0$. *Then, for any E as in Corollary 2, the* actual composition *converges to the stable composition on the set of non-extinction:*

$$P_{s,t}(E) \to \mathbf{P}(E)$$

in P_s-probability on $\{y_t \to \infty\}$ for π-almost any $s \in S$, as $t \to \infty$.

By invoking Aldous's paper (1991) we could have made the argument marginally simpler, proving Corollary 2 just in the setting where E depends only upon Ego's and her progeny's lives. That yields the convergence of his fringe tree, which is Ego's daughter process in our terminology. Realizations of our stable population process $(\Omega, \mathcal{A}, \mathbf{P})$ are "sin-trees" in Aldous's parlance: they have a single infinite path. Thus the convergence of the extended fringe follows from Aldous's Proposition 11. Unfortunately, his main theorem on extremality of invariant laws, and the ensuing convergence in probability of the fringe distribution, is of little avail here, since we have this type of convergence from the beginning and it is not easier to prove convergence in distribution.

Finally, note that in order to obtain average χ-values among those *alive* we should just consider ratios z_t^χ/z_t rather than z_t^χ/y_t, $z_t = z_t^{1_{[0,\lambda)}}$ denoting the number of individuals alive at time t. (This interpretation presumes that χ counts only living individuals, *i. e.* that it vanishes outside the interval $[0, \lambda)$.)

5 References

1. Aldous, D. (1991). Asymptotic fringe distributions for general families of random trees. *Ann. Appl. Prob.* **1** 228-266.

2. Chauvin, B. (1986). Arbres et processus de Bellman-Harris. *Ann. Inst. H. Poincaré* 22, 199-207.

3. Cohn, H. and Jagers, P. (1994) General branching processes in varying environment. *Ann. Appl. Prob.* **4** 184-193.

4. Euler, L. *Recherches génerales sur la mortalité et la multiplication du genre humain.* In: Histoire de l'Académie Royale des Sciences et Belles-Lettres 1760 (Berlin 1767), 144-164.

5. Jagers, P. (1975) *Branching Processes with Biological Applications.* J. Wiley & Sons, Chichester etc..

6. Jagers, P. (1989) General branching processes as Markov fields. *Stoch. Proc. Appl.* **32** 183-242.

7. Jagers, P. (1991) The growth and stabilization of populations. *Statist. Sci.* **6** 269-283.

8. Jagers, P. (1992) Stabilities and instabilities in population dynamics. *J. Appl. Prob.* **29**.

9. Jagers, P. and Nerman, O. (1984) The growth and composition of branching populations. *Adv. Appl. Prob.* **16** 221-259.

10. Nerman, O. (1984) *The Growth and Composition of Supercritical Branching Populations on General Type Spaces.* Dep. Mathematics, Chalmers U. Tech. and Gothenburg U. 1984-4.

11. Nerman, O. and Jagers, P. (1984) The stable doubly infinite pedigree process of supercritical branching populations. *Z. Wahrscheinlichkeitstheorie verw. Gebiete* **64** 445-460.

12. Neveu, J. (1986) Arbres et processus de Galton-Watson. *Ann. Inst. H. Poincaré* **22** 199-207.

13. Niemi, S. and Nummelin, E. (1986) On non-singular renewal kernels with an application to a semigroup of transition kernels. *Stoch. Proc. Appl.* **22** 177-202.

14. Nummelin, E. (1984) *General Ireducible Markov Chains and Non-negative Operators*. Cambridge University Press, Cambridge.

15. Shurenkov, V. M. (1984) On the theory of Markov renewal. *Theory Prob. Appl.* **29** 247-265.

16. Shurenkov, V. M. (1989) *Ergodicheskie protsessy Markova*. Nauka, Moscow.

UN LIEN ENTRE RÉSEAUX DE NEURONES ET SYSTÈMES DE PARTICULES: UN MODELE DE RÉTINOTOPIE

C. KIPNIS†, E. SAADA[1]

Résumé

Nous étudions un modèle stochastique de rétinotopie introduit par M. Cottrell et J.C. Fort. Nous faisons une nouvelle démonstration qui généralise leurs résultats sur la convergence de ce processus, grâce à des techniques de systèmes de particules. Celles-ci fournissent également une méthode de simulation de la loi limite.

1. Introduction

L'algorithme de Kohonen (écrit en 1982, voir [10],[11]) modèle un processus d'auto-organisation des liens neuronaux, la rétinotopie. Il s'agit de l'établissement d'une bijection bicontinue entre des cellules de la rétine (représentée par $\{0,\ldots,n+1\}^2$) et du cortex (représenté par $[0,1]^2$). Chaque cellule rétinienne est reliée à plusieurs cellules corticales, les liens sont renforcés proportionnellement au produit de l'intensité des stimuli reçus par la rétine, et de l'excitation des cellules corticales (principe de Hebb). Les cellules corticales images de cellules rétiniennes voisines deviennent elles-mêmes voisines dans $[0,1]^2$ (auto-organisation).

Toutefois, une étude rigoureuse de ce modèle historique est délicate en dimension supérieure à 1 (voir [1],[4],[9]). Nous nous intéressons donc ici à un algorithme modifié proposé en 1986 par M. Cottrell et J.C. Fort ([3]), qui est à bords fixés, et qui localise l'interaction (le prix en est malheureusement une perte du réalisme biologique). Dans [3], ce modèle est complètement analysé en dimension 1, et certains résultats étendus en dimension 2.

Nous souhaitons illustrer par cet article l'intérêt de l'utilisation des techniques de *systèmes de particules* (ici la *dualité*) pour l'analyse de réseaux à interaction locale: dans la section 2, nous décrivons le modèle de Cottrell et Fort, puis nous l'interprétons comme un système de particules, le *processus de lissage*. Celui-ci est *dual* d'un *processus de marches aléatoires couplées*. Cette dualité fournit une nouvelle démonstration de la convergence du processus initial, via le calcul des moments de la variable limite, et permet une simulation plus rapide de cette dernière (section 3).

---

[1] C.N.R.S., U.R.A. 1378, L.A.M.S. de l'Université de Rouen, U.F.R. de Sciences, mathématiques, 76821 Mont-Saint-Aignan cédex.

2. Le modèle et son interprétation comme système de particules.

Le processus de Markov (ω_t) étudié dans [3] a pour espace d'états $([0,1]^d)^S$, avec $S = \{0,\ldots,n+1\}^d$, $d \in \mathbb{N}^*$; il est élément de $D(\mathbb{R}_+, ([0,1]^d)^S)$, l'espace des fonctions càdlàg à valeurs dans $([0,1]^d)^S$, muni de la filtration canonique $(\mathcal{F}_s, s \geq 0)$. L'ensemble S est muni de la distance $d(x,y) = \sum_{j=1}^d |x_j - y_j|$, où $x = (x_1, \ldots x_d)$, $y = (y_1, \ldots, y_d)$, et nous notons ∂S son bord. Les points voisins de $x \in S$ situés sur ∂S (resp. sur $S \backslash \partial S$) forment l'ensemble $\mathcal{V}_2(x)$ (resp. $\mathcal{V}_1(x)$):

$$\begin{aligned} \mathcal{V}(x) &= \{y \in S : d(y,x) = 1\} \\ \mathcal{V}_1(x) &= \mathcal{V}(x) \cap (S \backslash \partial S) \\ \mathcal{V}_2(x) &= \mathcal{V}(x) \cap \partial S. \end{aligned}$$

Pour l'évolution, chaque point $x \in S \backslash \partial S$ est muni d'une horloge exponentielle de paramètre $q(x) > 0$, toutes les horloges étant indépendantes. Etant donné un paramètre réel ε, $0 < \varepsilon < 1/2d$, lorsque l'horloge sonne en $x \notin \partial S$ à l'instant t, ω_t devient ω_t^x tel que

$$\begin{aligned} \omega_t^x(x) &= (1 - 2d\varepsilon)\,\omega_t(x) + \varepsilon \sum_{y \in \mathcal{V}(x)} \omega_t(y) \\ \omega_t^x(y) &= (1 - 2d\varepsilon)\,\omega_t(y) + \varepsilon\,\omega_t(x) + \varepsilon \sum_{\substack{z \in \mathcal{V}(x) \\ z \neq y}} \omega_t(z) \qquad \text{pour } y \in \mathcal{V}_1(x) \\ \omega_t^x(u) &= \omega_t(u) \qquad \text{sinon.} \end{aligned} \tag{1}$$

Les valeurs au bord restent fixes: si $x \in \partial S$, $\omega_t(x) = \omega_0(x)$ pour tout $t \geq 0$.

Il s'agit donc d'un algorithme à pas constant ε, où q représente la loi des stimuli sur S. Lorsque cette loi est uniforme (i.e. $q(x) = 1$ pour tout $x \in S \backslash \partial S$), la convergence de l'algorithme (p.s. si le pas est décroissant, en loi s'il est constant) avec calcul des moyennes limites si $d \leq 2$ et l'auto-organisation si $d = 1$ sont prouvés dans [3]. Dans [15], ces résultats sont étendus si q est quelconque. Enfin, la convergence p.s. à pas décroissant est démontrée dans [5] pour tout d. Nous proposons ici unc nouvelle démonstration du

Théorème 1. *Pour toute configuration initiale* $\omega_0 \in ([0,1]^d)^S$, (ω_t) *converge en loi quand* t *tend vers l'infini, vers une v.a.* ω_∞ *indépendante de* $\{\omega_0(x),\ x \notin \partial S\}$ *et de* ε.

Les *systèmes de particules* sont des processus de Markov à interaction locale, pour lesquels sont mis en œuvre des outils spécifiques (cf. [12],[7]). L'un d'eux est la *dualité*:

Définition ([12]). *Soient* (η_t) *et* (ζ_t) *deux processus de Markov d'espaces d'états respectifs* X *et* Y, *et soit* $H(\eta,\zeta)$ *une fonction mesurable bornée sur* $X \times Y$. *Les processus* (η_t) *et* (ζ_t) *sont duaux l'un de l'autre par rapport à* H *si,* E^η *(resp.* E^ζ*) désignant la loi du processus* η_t *(resp.* ζ_t*) d'état initial* η *(resp.* ζ*)*

$$E^\eta H(\eta_t, \zeta) = E^\zeta H(\eta, \zeta_t) \qquad \textit{pour tous } \eta \in X,\ \zeta \in Y.$$

Ainsi, l'analyse de (η_t) se ramène à celle du processus auxiliaire (ζ_t).

Quel est le lien avec la rétinotopie? Il se trouve que l'évolution décrite ci-dessus correspond à un système de particules introduit dans [14] (puis approfondi dans [13],[12]), le *processus de lissage* . Ce dernier, que nous notons bien sûr (ω_t), est défini par son générateur infinitésimal

$$G^\omega f(\omega_t) = \sum_{x\in S} q(x)[f(A_x\omega_t) - f(\omega_t)] \tag{2}$$

pour $t \geq 0$, f mesurable par rapport au processus, avec la convention $q(x) = 1$ si $x \in \partial S$, et où $\{A_x(u,v), u, v \in S\}$ est une famille de matrices positives sur S, et

$$(A_x\omega)^i(u) = (\omega^x)^i(u) = \sum_{v\in S} A_x(u,v)\omega^i(v) \qquad (u \in S,\, 1 \leq i \leq d). \tag{3}$$

Ici, par les équations (1), ces matrices sont:

Pour $x \in \partial S$, A_x est la matrice identité, et pour $x \in S\backslash\partial S$,

$$\begin{cases} A_x(x,x) = 1 - 2d\varepsilon & \\ A_x(x,y) = \varepsilon & \text{si } d(x,y) = 1 \\ A_x(y,y) = 1 - 2d\varepsilon & \text{si } d(x,y) = 1,\ y \notin \partial S \\ A_x(y,x) = \varepsilon & \text{si } d(x,y) = 1,\ y \notin \partial S \\ A_x(y,z) = \varepsilon & \text{si } d(x,y) = d(z,x) = 1,\ y \notin \partial S,\ z \neq y \\ A_x(u,u) = 1 & \text{sinon.} \end{cases} \tag{4}$$

Nous introduisons le processus auxiliaire (ν_t), dit *processus de marches aléatoires couplées* (voir là aussi [12],[13],[14]). C'est un processus de Markov de sauts d'espace d'états $(\mathbb{N}^d)^S$, où pour $x \in S$, $1 \leq i \leq d$, $\nu_t^i(x)$ est le nombre de particules au site x à l'instant t pour la coordonnée i. Il a pour générateur infinitésimal

$$G^\nu f(\nu_t) = \sum_{x\in S} q(x)[\hat{E}f(\nu_t^x) - f(\nu_t)] \tag{5}$$

pour $t \geq 0$, f mesurable par rapport au processus et

$$(\nu^x)^i(y) = \sum_{v\in S}\sum_{k=1}^{\nu^i(v)} \varphi_k(x,y,v) \qquad (1 \leq i \leq d,\ x, y \in S) \tag{6}$$

où les $\varphi_k(x,y,v)\,(1 \leq k \leq \nu^i(v),\quad v \in S)$ sont indépendantes; chaque $\varphi_k(x,y,v)$ vaut 1 avec probabilité $A_x(v,y)$ et 0 sinon, $\hat{E}$ est l'espérance par rapport aux φ_k.

Ce processus décrit donc l'évolution de particules qui se déplacent sur S: quand l'horloge sonne en $x \in S\backslash\partial S$ (à l'instant t), de façon simultanée et indépendante, les particules $\nu_t^1(u), \ldots, \nu_t^d(u)$ présentes au site u sautent au site v avec la probabilité $A_x(u,v)$. C'est-à-dire ici que chacune des particules $\nu_t^i(x)$ $(i \in \{1,\ldots,d\})$ reste en x avec probabilité $1 - 2d\varepsilon$ ou saute en $y \in \mathcal{V}(x)$ avec probabilité ε; pour $y \in \mathcal{V}_1(x)$, chacune des particules $\nu_t^i(y)$ reste en y avec probabilité $1 - 2d\varepsilon$, saute en x avec probabilité ε ou saute en $z \in \mathcal{V}(x)$, $z \neq y$ avec probabilité ε. Le bord ∂S est absorbant: lorsqu'une particule l'atteint, elle ne bouge plus. De plus, le nombre total de particules dans le système reste constant.

Ce processus va nous permettre d'étudier (ω_t):

Proposition 2. *Les processus (ω_t) et (ν_t) sont en dualité: ils sont liés par la relation*

$$E^{\omega_0}\prod_{y\in S}\prod_{i=1}^{d}[1+\alpha\omega_t^i(y)]^{\nu_0^i(y)} = E^{\nu_0}\prod_{y\in S}\prod_{i=1}^{d}[1+\alpha\omega_0^i(y)]^{\nu_t^i(y)} \tag{7}$$

pour tous $t\geq 0$, $\alpha\in\mathbb{R}$, $\omega_0\in([0,1]^d)^S$, $\nu_0\in(\mathbb{N}^d)^S$, où $\omega=(\omega^1,\ldots,\omega^d)$, $\nu=(\nu^1,\ldots,\nu^d)$, E^{ω_0} (resp. E^{ν_0}) est la loi du processus (ω_t) (resp. (ν_t)) de configuration initiale ω_0 (resp. ν_0).

Démonstration.

Soient $\omega\in([0,1]^d)^S$, $\nu\in(\mathbb{N}^d)^S$, et H la *fonction de dualité* définie par

$$H(\omega,\nu)=\prod_{y\in S}\prod_{i=1}^{d}[1+\alpha\omega^i(y)]^{\nu^i(y)} \qquad (\alpha\in\mathbb{R}).$$

Alors, pour tout $x\in S\backslash\partial S$,

$$\begin{aligned}
\hat{E}[H(\omega,\nu^x)] &= \hat{E}[\prod_{y\in S}\prod_{i=1}^{d}(1+\alpha\omega^i(y))^{(\nu^x)^i(y)}]\\
&= \hat{E}[\prod_{v\in S}\prod_{i=1}^{d}\prod_{k=1}^{\nu^i(v)}\exp(\sum_{y\in S}\varphi_k(x,y,v)\ln(1+\alpha\omega^i(y)))] && \text{par (6)}\\
&= \prod_{v\in S}\prod_{i=1}^{d}\prod_{k=1}^{\nu^i(v)}(\sum_{y\in S}A_x(v,y)(1+\alpha\omega^i(y)))\\
&= \prod_{v\in S}\prod_{i=1}^{d}(1+\alpha(\omega^x)^i(v))^{\nu^i(v)} && \text{par (3), et car } \sum_{y\in S}A_x(v,y)=1\\
&= H(A_x\omega,\nu).
\end{aligned}$$

Par conséquent d'après (2) et (5),

$$G^\nu H(\omega,\nu)=G^\omega H(\omega,\nu)$$

et (7) s'obtient en intégrant, par passage du générateur au semi-groupe. □

Proposition 3. *Pour toute configuration initiale ν_0, (ν_t) converge presque sûrement vers ν_∞, qui est indépendant de ε.*

Démonstration.

Soit $t\geq 0$ fixé. Pour $x\in S$, $y\in S\backslash\partial S$, $v\in S$, $v\neq x$, $1\leq i\leq d$, nous notons $J_y^{i,v,x}(t)$ le nombre de sauts de particules de v vers x sur la i-ème coordonnée lorsque l'horloge sonne en y, entre 0 et t. Pour simplifier l'écriture, nous supposons $q(y)=1$ (sinon il suffit de remplacer $A_y(.,.)$ par $q(y)A_y(.,.)$). Alors,

$$\nu_t^i(x)-\nu_0^i(x)=\sum_{\substack{y\in S\backslash\partial S\\ v\neq x}}[J_y^{i,v,x}(t)-J_y^{i,x,v}(t)] \tag{8}$$

d'où la martingale centrée (par rapport à $\mathcal{F}_t$)

$$\tilde{\nu}_t^i(x) = \nu_t^i(x) - \nu_0^i(x) - \sum_{\substack{y\in S\setminus\partial S\\ v\neq x}} \int_0^t [A_y(v,x)\nu_s^i(v) - A_y(x,v)\nu_s^i(x)]ds \tag{9}$$

de processus croissant

$$< \tilde{\nu}^i(x) >_t = \sum_{\substack{y\in S\setminus\partial S\\ v\neq x}} \int_0^t [A_y(v,x)\nu_s^i(v) + A_y(x,v)\nu_s^i(x)]ds$$

(voir [2] pour les détails de calcul).

Si $x \in \partial S$, (8) et (9) se simplifient en

$$\nu_t^i(x) = \nu_0^i(x) + \sum_{\substack{y\in \mathcal{V}_1(x)\\ v\in S\setminus\partial S, v\neq x}} J_y^{i,v,x}(t) \tag{10}$$

$$0 = E^{\nu_0}(\tilde{\nu}_t^i(x)) = E^{\nu_0}[\nu_t^i(x)] - \nu_0^i(x) - \sum_{y\in\mathcal{V}_1(x)} \sum_{\substack{v=y\\ v\in\mathcal{V}_1(y), v\neq x}} \varepsilon E^{\nu_0}[\int_0^t \nu_s^i(v)ds]. \tag{11}$$

Par (10), $\nu_t^i(x)$ est croissant et majoré, donc converge p.s. Par (11) il en va de même pour $E^{\nu_0}[\int_0^t \nu_s^i(z)ds]$ si $z = y \in \mathcal{V}_1(x)$ ou $z = v \in \mathcal{V}_1(y), v \neq x$.

Ensuite, lorsque $x \in S\setminus\partial S$, comme $\nu_t^i(x)$ est borné, les convergences de $E^{\nu_0}[\int_0^t \nu_s^i(x)ds]$ et de $E^{\nu_0}[\nu_t^i(x)]$ se démontrent par récurrence sur $n = d(x, \partial S)$, en passant aux espérances dans (9). La limite p.s. de $\nu_t^i(x)$ est nulle car pour tout $z \in S\setminus\partial S$, $E^{\nu_0}[\int_0^{+\infty} \nu_s^i(z)ds]$ est fini.

Toutes les particules effectuent des marches aléatoires absorbées en ∂S, et la loi de ν_∞ est indépendante de ε, puisque ce paramètre n'apparaît que dans la vitesse de déplacement des particules (cf. (8) et (9)). La loi de ν_∞ découle de la résolution du problème des moments (voir par exemple [6]): en prenant les espérances et en passant à la limite dans les équations (9) pour tous les $x \in S$, on obtient un système d'équations linéaires en les $E^{\nu_0}[\int_0^{+\infty} \nu_s^i(z)ds]$, $z \in S\setminus\partial S$. Il faut résoudre le sous-système (de Cramer, cf. [8] p. 403) réduit aux $x \in S\setminus\partial S$, puis substituer les solutions dans les équations où $x \in \partial S$ pour obtenir les premiers moments de ν_∞. On procède de même pour les moments d'ordre supérieur, en appliquant la formule d'Itô pour écrire les équations adéquates. Par exemple pour les seconds moments, pour $t \geq 0$, $1 \leq i \leq d$, $x \neq y \in S$, on calcule les martingales centrées

$$\begin{aligned}\tilde{\nu}_t^i(x,x) = \; & (\nu_t^i(x))^2 - (\nu_0^i(x))^2 - 2 \sum_{\substack{z\in S\setminus\partial S\\ v\in S\setminus\partial S, v\neq x}} \int_0^t A_z(v,x)\nu_s^i(x)\nu_s^i(v)ds \\ & + \mathbb{1}_{\{x\in S\setminus\partial S\}} 2 \sum_{\substack{z\in S\setminus\partial S\\ v\neq x}} \int_0^t A_z(x,v)(\nu_s^i(x))^2 ds - \sum_{\substack{z\in S\setminus\partial S\\ v\in S\setminus\partial S, v\neq x}} \int_0^t A_z(v,x)\nu_s^i(v)ds\end{aligned}$$

$$- \mathbb{1}_{\{x\in S\setminus\partial S\}} \sum_{\substack{z\in S\setminus\partial S\\ v\neq x}} \int_0^t A_z(x,v)\nu_s^i(x)ds \tag{12}$$

$$\begin{aligned}
\tilde{\nu}_t^i(x,y) = \quad & \nu_t^i(x)\nu_t^i(y) - \nu_0^i(x)\nu_0^i(y) - \sum_{\substack{z\in S\setminus\partial S\\ v\in S\setminus\partial S, v\neq y}} \int_0^t A_z(v,y)\nu_s^i(x)\nu_s^i(v)ds \\
& + \mathbb{1}_{\{y\in S\setminus\partial S\}} \sum_{\substack{z\in S\setminus\partial S\\ v\neq y}} \int_0^t A_z(y,v)\nu_s^i(x)\nu_s^i(y)ds \\
& - \sum_{\substack{z\in S\setminus\partial S\\ v\in S\setminus\partial S, v\neq x}} \int_0^t A_z(v,x)\nu_s^i(y)\nu_s^i(v)ds \\
& + \mathbb{1}_{\{x\in S\setminus\partial S\}} \sum_{\substack{z\in S\setminus\partial S\\ v\neq x}} \int_0^t A_z(x,v)\nu_s^i(x)\nu_s^i(y)ds \\
& + \mathbb{1}_{\{y\in S\setminus\partial S\}} \sum_{z\in S\setminus\partial S} \int_0^t A_z(y,x)\nu_s^i(y)ds \\
& + \mathbb{1}_{\{x\in S\setminus\partial S\}} \sum_{z\in S\setminus\partial S} \int_0^t A_z(x,y)\nu_s^i(x)ds.
\end{aligned} \tag{13}$$

□

Démonstration du théorème 1.

Il se déduit des propositions 2 et 3. La relation (7) permet de calculer les moments de ω_∞, d'où la loi limite. □

3. Applications: calcul de moments et simulations.

1. Nous explicitons tout d'abord comment les premiers et seconds moments de ω_∞ découlent de la relation de dualité (7). Pour une configuration initiale ω_0 et un site $x_0 \in S\setminus\partial S$, si ν_0 ne comporte qu'une seule particule en x_0 sur la composante i, un passage à la limite de (7) où $\alpha = 1$ donne

$$E^{\omega_0}[\omega_\infty^i(x_0)] = E^{\nu_0} \prod_{y\in\partial S} [1+\omega_0^i(y)]^{\nu_\infty^i(y)} - 1. \tag{14}$$

Nous prendrons $d = 2$ pour les simulations, mais pour les calculs nous nous restreignons à $d = 1$ (pour simplifier l'écriture). Ainsi, (14) devient (puisque $\omega_0(0) = 0$, $\omega_0(n+1) = 1$)

$$\begin{aligned}
E^{\omega_0}[\omega_\infty(x_0)+1] &= P^{x_0}\{\nu_\infty(0)=1\}[1+\omega_0(0)] + P^{x_0}\{\nu_\infty(n+1)=1\}[1+\omega_0(n+1)] \\
&= 1 + E^{x_0}[\nu_\infty(n+1)]
\end{aligned} \tag{15}$$

où E^{x_0}, P^{x_0} signifient que ν_0 n'a qu'une particule, en x_0.

Pour les seconds moments, nous prenons ν_0 composée de deux particules, et nous passons à la limite dans (7) avec $\alpha = 1$:

* si $x \in S\backslash\partial S$,

$$E^{\omega_0}[(1+\omega_\infty(x))^2] = P^{x,x}\{\nu_\infty(0)=2\} + 4P^{x,x}\{\nu_\infty(n+1)=2\} + 2P^{x,x}\{\nu_\infty(0)=\nu_\infty(n+1)=1\}$$

et puisque

$$P^{x,x}\{\nu_\infty(0)=2\} + P^{x,x}\{\nu_\infty(n+1)=2\} + P^{x,x}\{\nu_\infty(0)=\nu_\infty(n+1)=1\} = 1,$$

$$E^{\omega_0}[(\omega_\infty(x))^2] = 3P^{x,x}\{\nu_\infty(n+1)=2\} + P^{x,x}\{\nu_\infty(0)=\nu_\infty(n+1)=1\} - 2E^{\omega_0}[\omega_\infty(x)] \qquad (16)$$

* si $x \neq y \in S\backslash\partial S$,

$$E^{\omega_0}[(1+\omega_\infty(x))(1+\omega_\infty(y))] = P^{x,y}\{\nu_\infty(0)=2\} + 4P^{x,y}\{\nu_\infty(n+1)=2\} + 2P^{x,y}\{\nu_\infty(0)=\nu_\infty(n+1)=1\}$$

$$E^{\omega_0}[\omega_\infty(x)\omega_\infty(y)] = 3P^{x,y}\{\nu_\infty(n+1)=2\} + P^{x,y}\{\nu_\infty(0)=\nu_\infty(n+1)=1\} - E^{\omega_0}[\omega_\infty(x)] - E^{\omega_0}[\omega_\infty(y)] \qquad (17)$$

comme

$$\begin{cases} P^{x,y}\{\nu_\infty(0)=\nu_\infty(n+1)=1\} = E^{x,y}[\nu_\infty(0)\nu_\infty(n+1)] \\ P^{x,y}\{\nu_\infty(n+1)=2\} = \frac{1}{4}\{E^{x,y}[(\nu_\infty(n+1))^2] - E^{x,y}[\nu_\infty(0)\nu_\infty(n+1)]\} \end{cases} \qquad (18)$$

on conclut par le calcul des moments de ν_∞ (expliqué dans la démonstration de la proposition 3).

Un exemple.

Nous traitons le cas (simple) $d=1$, $n=2$.
Les termes $A_1(1,0), A_1(1,2), A_1(2,1), A_1(2,0), A_2(2,1), A_2(2,3), A_2(1,2), A_2(1,3)$ valent ε, les autres sont nuls (cf. (4)). Nous notons $\varphi(i) = E^{\nu_0}[\int_0^{+\infty}\nu_s(i)ds]$, $\varphi(j,k) = E^{\nu_0}[\int_0^{+\infty}\nu_s(j)\nu_s(k)ds]$ où $i \in \{1,2\}, 0 \leq j,k \leq 3$. Pour les premiers moments, le système linéaire déduit des équations (9) à résoudre est

$$\begin{pmatrix} -4 & 2 \\ 2 & -4 \end{pmatrix}\begin{pmatrix} \varepsilon\varphi(1) \\ \varepsilon\varphi(2) \end{pmatrix} = \begin{pmatrix} -\nu_0(1) \\ -\nu_0(2) \end{pmatrix}$$

et il reste à substituer les solutions dans

$$\begin{cases} E^{\nu_0}[\nu_\infty(0)] = \nu_0(0) + \varepsilon\varphi(1) + \varepsilon\varphi(2) \\ E^{\nu_0}[\nu_\infty(3)] = \nu_0(3) + \varepsilon\varphi(1) + \varepsilon\varphi(2) \end{cases}$$

d'où

$$\begin{cases} E^{\nu_0}[\nu_\infty(0)] = \nu_0(0) + \dfrac{1}{2}[\nu_0(1) + \nu_0(2)] \\ E^{\nu_0}[\nu_\infty(3)] = \nu_0(3) + \dfrac{1}{2}[\nu_0(1) + \nu_0(2)] \end{cases}$$

Pour les seconds moments, la résolution (cf (12),(13)) du système linéaire

$$\begin{pmatrix} -4 & 2 & 1 & 1 & 0 & 0 & 0 \\ 2 & -4 & 0 & 1 & 1 & 0 & 0 \\ 0 & 0 & -8 & 4 & 0 & 0 & 0 \\ 0 & 0 & 2 & -8 & 2 & 0 & 0 \\ 0 & 0 & 0 & 4 & -8 & 0 & 0 \\ 0 & 0 & 1 & 1 & 0 & -4 & 2 \\ 0 & 0 & 0 & 1 & 1 & 2 & -4 \end{pmatrix} \begin{pmatrix} \varepsilon\varphi(0,1) \\ \varepsilon\varphi(0,2) \\ \varepsilon\varphi(1,1) \\ \varepsilon\varphi(1,2) \\ \varepsilon\varphi(2,2) \\ \varepsilon\varphi(1,3) \\ \varepsilon\varphi(2,3) \end{pmatrix}$$

$$= \begin{pmatrix} -\nu_0(0)\nu_0(1) + \varepsilon\varphi(1) \\ -\nu_0(0)\nu_0(2) + \varepsilon\varphi(2) \\ -(\nu_0(1))^2 - 2\varepsilon[2\varphi(1) + \varphi(2)] \\ -\nu_0(1)\nu_0(2) + 2\varepsilon[\varphi(1) + \varphi(2)] \\ -(\nu_0(2))^2 - 2\varepsilon[\varphi(1) + 2\varphi(2)] \\ -\nu_0(1)\nu_0(3) + \varepsilon\varphi(1) \\ -\nu_0(2)\nu_0(3) + \varepsilon\varphi(2) \end{pmatrix}$$

permet la substitution dans

$$\begin{aligned} E^{\nu_0}[(\nu_\infty(0))^2] &= (\nu_0(0))^2 + \varepsilon\varphi(1) + \varepsilon\varphi(2) + 2\varepsilon\varphi(0,1) + 2\varepsilon\varphi(0,2) \\ E^{\nu_0}[(\nu_\infty(3))^2] &= (\nu_0(3))^2 + \varepsilon\varphi(1) + \varepsilon\varphi(2) + 2\varepsilon\varphi(1,3) + 2\varepsilon\varphi(2,3) \\ E^{\nu_0}[\nu_\infty(0)\nu_\infty(3)] &= \nu_0(0)\nu_0(3) + \varepsilon\varphi(0,1) + \varepsilon\varphi(0,2) + \varepsilon\varphi(1,3) + \varepsilon\varphi(2,3) \end{aligned}$$

d'où

$$\begin{aligned} E^{\nu_0}[(\nu_\infty(0))^2] = {} & (\nu_0(0))^2 + \frac{1}{4}[(\nu_0(1))^2 + (\nu_0(2))^2 + \nu_0(1) + \nu_0(2)] \\ & + \nu_0(0)\nu_0(1) + \nu_0(0)\nu_0(2) + \frac{1}{2}[\nu_0(1)\nu_0(2)] \\ E^{\nu_0}[(\nu_\infty(3))^2] = {} & (\nu_0(3))^2 + \frac{1}{4}[(\nu_0(1))^2 + (\nu_0(2))^2 + \nu_0(1) + \nu_0(2)] \\ & + \nu_0(2)\nu_0(3) + \nu_0(1)\nu_0(3) + \frac{1}{2}[\nu_0(1)\nu_0(2)] \\ E^{\nu_0}[\nu_\infty(0)\nu_\infty(3)] = {} & \nu_0(0)\nu_0(3) + \frac{1}{4}[(\nu_0(1))^2 + (\nu_0(2))^2 - \nu_0(1) - \nu_0(2)] \\ & + \frac{1}{2}[\nu_0(0)\nu_0(1) + \nu_0(0)\nu_0(2) + \nu_0(1)\nu_0(2) \\ & + \nu_0(1)\nu_0(3) + \nu_0(2)\nu_0(3)] \end{aligned}$$

Finalement, en utilisant (15)-(18),

$$E^{\omega_0}[\omega_\infty(1)] = E^{\omega_0}[\omega_\infty(2)] = 1/2$$

$$E^{\omega_0}[(\omega_\infty(1))^2] = E^{\omega_0}[(\omega_\infty(2))^2] = E^{\omega_0}[\omega_\infty(1)\omega_\infty(2)] = 1/4.$$

2. Remarques.

* Dans [3], le calcul des premiers moments de la loi limite (effectué pour $d = 1$ et $d = 2$) se ramène à la résolution du même système linéaire qu'au dessus.

* Contrairement à ce que peut laisser croire l'exemple, ω_∞ n'est pas déterministe (sauf dans le cas trivial $n = 1$). En effet, si ν_0 comporte N particules dont

$X_t^1, \cdots, X_t^N$ sont les positions respectives à l'instant $t \geq 0$, il est facile de voir que la v.a. ω_∞ est déterministe si et seulement si $X_\infty^1, \cdots, X_\infty^N$ sont indépendantes. Ceci est faux à cause du fort couplage des marches: Par exemple, lorsque l'horloge sonne en $x \in S \backslash \partial S$, deux particules situées en $v_1 \neq v_2 \in \mathcal{V}_1(x)$ peuvent bouger simultanément, ce qui empêche l'indépendance.

3. Simulations.

Par la relation (14), il suffit de laisser évoluer (ν_t) lorsque ν_0 est réduite à une seule particule située en $x_0 \in S$ sur la coordonnée $1 \leq i \leq 2$ pour simuler les premiers moments de ω_∞ (pour $d = 2$). D'après (5),(6), cette particule effectue une marche aléatoire $\mathcal{R}$ absorbée au bord: lorsqu'elle est en $x \notin \partial S$,

* Elle saute avec probabilité 2ε en $y \in \mathcal{V}_1(x)$ (ce qui correspond à la probabilité ε si l'horloge sonne en x, plus ε si l'horloge sonne en y).

* Elle saute avec probabilité ε en $y \in \mathcal{V}_2(x)$ (si l'horloge sonne en x).

* Elle saute avec probabilité ε en $z \in S$ voisin d'un seul élément l de $\mathcal{V}_1(x)$ (si l'horloge sonne en l).

* Elle saute avec probabilité 2ε en $z \in S \backslash \partial S$ voisin d'exactement deux éléments l et m de $\mathcal{V}_1(x)$ (ε si l'horloge sonne en l, plus ε si l'horloge sonne en m).

* Elle saute avec probabilité ε en $z \in \partial S$ voisin d'exactement deux éléments de $\mathcal{V}(x)$, $l \in \mathcal{V}_1(x)$, $m \in \mathcal{V}_2(x)$ (si l'horloge sonne en l).

* Elle reste en x avec la probabilité complémentaire.

Pour la simulation, comme la loi de ω_∞ est indépendante de ε, on choisit ε pour que la probabilité qu'une particule située en $y \notin \partial S$ y reste soit aussi petite que possible (soit $\varepsilon = 1/20$).

Pour $n = 10$, à partir de la configuration initiale ω_0 (fig.1), nous avons effectué $mi = 7000$ simulations de (ν_t) pour calculer l'espérance dans (14) (fig.2). Cette méthode est donc plus rapide que la méthode directe utilisée dans [3]: 20000 itérations étaient nécessaires dans ce cas, comme le montrent les figures 3 et 4, reproduites avec l'autorisation de Biological Cybernetics (Springer-Verlag).

Enfin, dans les démonstrations de la section précédente, nous n'avons utilisé ni que l'espace d'états de (ω_t) était $([0,1]^d)^S$, avec $S = \{0, \ldots, n+1\}^d$, ni un type spécifique de voisinages dans S. Un espace $W^{S'}$, où W est un compact de $\mathbb{R}^d$ et S' un réseau convexe de $\mathbb{R}^d$ convient. Par conséquent, dans la simulation suivante nous prenons $W = \mathcal{D}(0,1)$ (le disque centré à l'origine de rayon 1 de $\mathbb{R}^2$), et

$$S' = \{k \exp(\frac{il\pi}{2(nt+1)}), k \in \{0, \ldots, nr+1\}, l \in \{1, \ldots, nt\}\}.$$

Dans ce cas, $\mathcal{V}(0)$ a nt éléments, en utilisant la distance naturelle sur S' i.e.

$$d(x,y) = \mid k_x - k_y \mid + \mid l_x - l_y \mid \quad \text{où } x = k_x \exp(\frac{il_x\pi}{2(nt+1)}), y = k_y \exp(\frac{il_y\pi}{2(nt+1)}),$$

ce qui modifie les probabilités de transition de $\mathcal{R}$ autour de l'origine (cf. (4)). Pour $nr = 6$, $nt = 9$, à partir de la configuration initiale ω_0 (fig.5), nous avons effectué $mi = 9000$ simulations de (ν_t) pour obtenir les premiers moments de ω_∞ (fig.6).

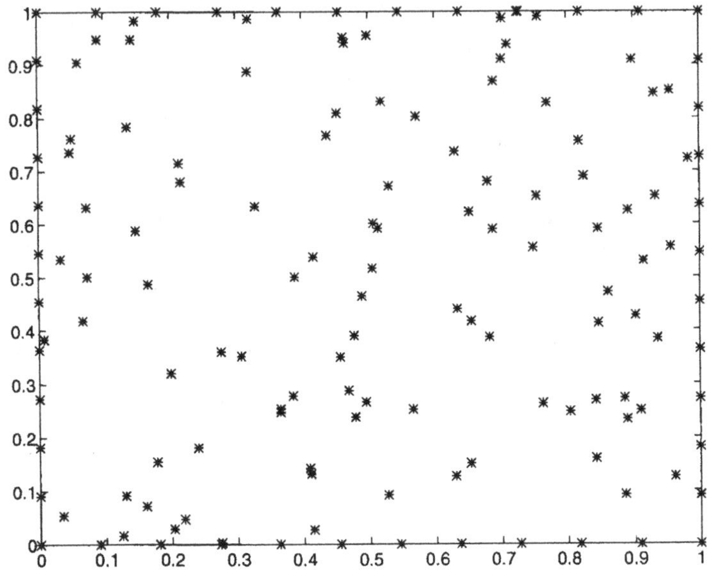

FIGURE 1 : Espace d'états $([0,1]^2)^S$, $n = 10$, configuration initiale.

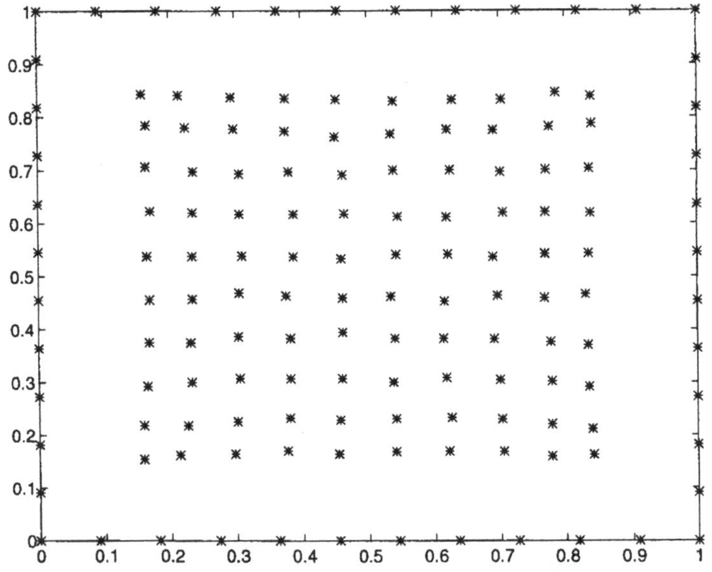

FIGURE 2: Espace d'états $([0,1]^2)^S$, $n = 10$, configuration limite moyenne.

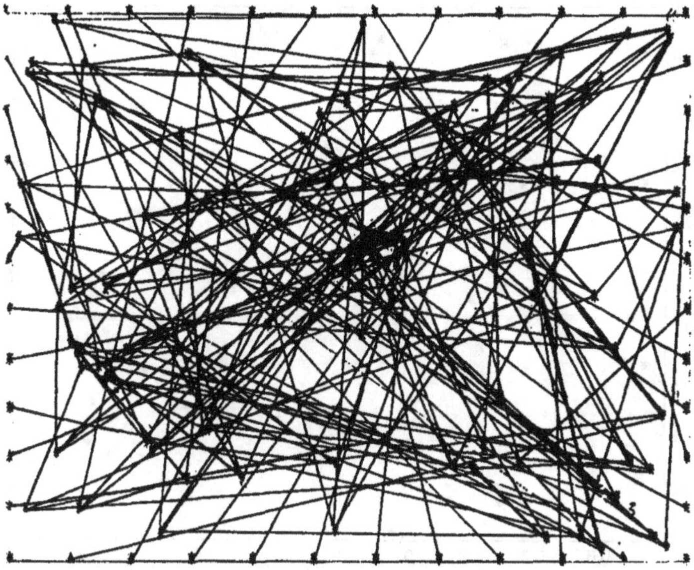

FIGURE 3: Espace d'états $([0,1]^2)^S$, $n = 10$, configuration initiale ([3]).

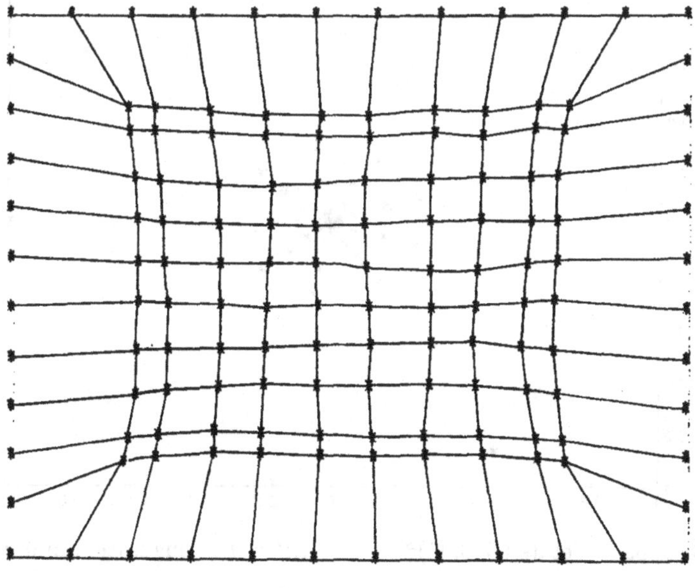

FIGURE 4: Espace d'états $([0,1]^2)^S$, $n = 10$, configuration limite moyenne ([3]).

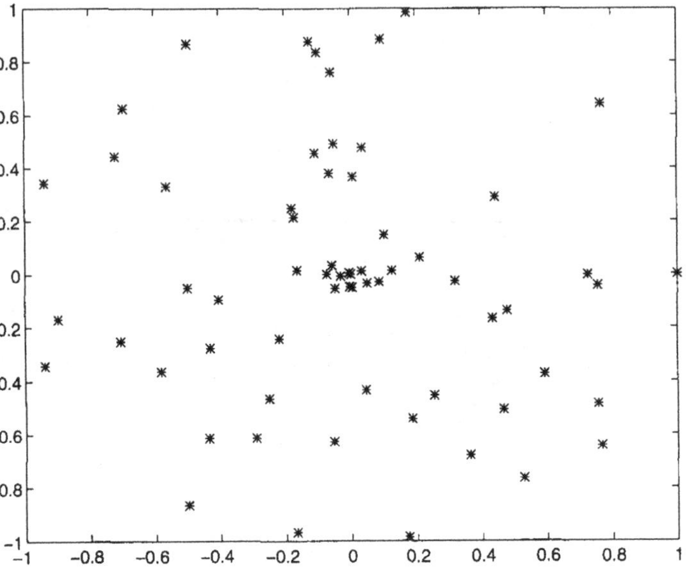

FIGURE 5: Espace d'états $(\mathcal{D}(0,1))^{S'}$, $nr = 6, nt = 9$, configuration initiale.

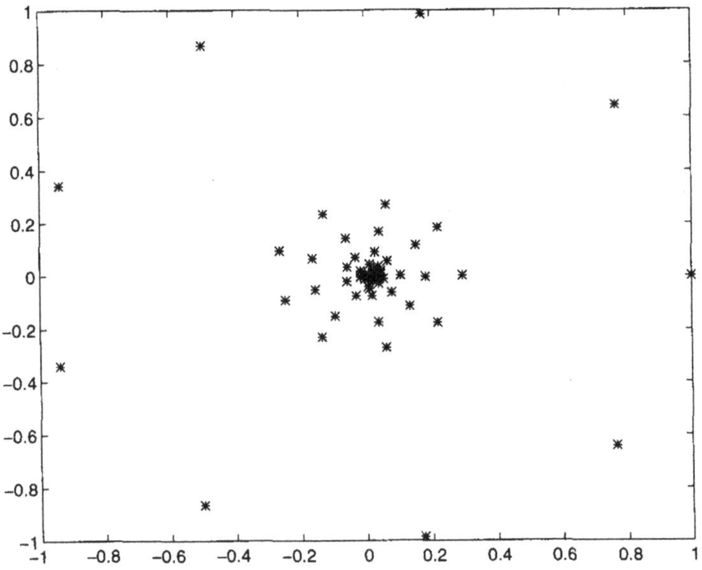

FIGURE 6: Espace d'états $(\mathcal{D}(0,1))^{S'}$, $nr = 6, nt = 9$, configuration limite moyenne.

Remerciements

Merci à Claude, avec qui j'avais commencé ce travail, pour tout ce qu'il m'a appris. Il nous manque.

Merci à Jacques Neveu qui, par son enseignement hors pair, m'a donné le goût des probabilités, et m'a initiée aux systèmes de particules en me faisant lire l'article [13].

E.S.

Références

[1] BOUTON, C. et G. PAGES (1993). Self-organization and convergence of the one-dimensional Kohonen algorithm with non uniformly distributed stimuli. *Stoch. Proc. and Appl.*, **47**, 249-274.
[2] COCOZZA, C. et C. KIPNIS (1977). Existence de processus Markoviens pour des systèmes infinis de particules. *Ann. Inst. Henri Poincaré, sect. B*, **13**, 239-257.
[3] COTTRELL, M. et J.C. FORT (1986). A stochastic model of retinotopy: a self-organizing process. *Biol. Cybern.*, **53**, 405-411.
[4] COTTRELL, M. et J.C. FORT (1987). Etude d'un processus d'auto-organisation. *Ann. Inst. Henri Poincaré, sect. B*, **23**, 1-20.
[5] DUFLO, M. (1994). *Algorithmes stochastiques.* Poly. de DEA, univ. de Marne-la-Vallée.
[6] DURRETT, R. (1991). *Probability: Theory and examples.* Wadsworth & Brooks /Cole.
[7] DURRETT, R. (1993). *Ten Lectures on Particle Systems.* Notes du cours d'été de Saint-Flour.
[8] FELLER, W. (1968). *An introduction to probability theory and its applications, vol 1, 3rd edition.* Wiley, New York.
[9] FORT, J.C. et G. PAGES (1994). About the a.s. convergence of the Kohonen algorithm with a generalized neighbourhood function. Preprint.
[10] KOHONEN, T. (1982). Self-organized formation of topogically correct feature maps. *Biol. Cybern.*, **43**, 59-69.
[11] KOHONEN, T. (1984). *Self-organization and associative memory.* Springer-Verlag, New York.
[12] LIGGETT, T.M. (1985). *Interacting particle systems.* Springer-Verlag, New-York.
[13] LIGGETT, T.M. et F. SPITZER (1981). Ergodic theorems for coupled random walks and other systems with locally interacting components. *Z. Warsch. Verw. Gebiete*, **56**, 443-448.
[14] SPITZER, F. (1981). Infinite systems with locally interacting components. *Ann. Probab.*, **9**, 349-364.
[15] YANG H. et T.S. DILLON (1992). Convergence of self-organizing neural algorithms. *Neural Networks*, **5**, 485-493.

COHOMOLOGIE DE BISMUT-NUALART-PARDOUX ET COHOMOLOGIE DE HOCHSCHILD ENTIERE

R. Léandre

INTRODUCTION

Considérons une variété compacte orientable M. Supposons qu'elle soit munie d'un groupe périodique de difféomorphismes. L'exemple typique est la sphère lorsqu'on la fait tourner le long d'un de ses axes. On dit alors qu'on a une action du cercle sur la variété. On peut toujours supposer qu'il s'agit d'une action par isométries : en effet, le cercle est compact, et on peut moyenner la métrique pour qu'elle soit invariante par l'action du cercle.

Dans le cas de la sphère, on voit apparaître deux points distingués : le pôle nord et le pôle sud. Ils sont invariants sous l'action du cercle. On dit que ce sont les points fixes sous l'action du cercle. On nomme champ de Killing le champ de vecteurs qui engendre cette action du cercle S_1. L'ensemble des points fixes coïncide avec l'ensemble des points où le champ de vecteurs s'annule. Il y a une relation profonde entre l'ensemble des points fixes et la structure globale de la variété.

Introduisons à cette fin l'ensemble des formes S_1 invariantes sur la variété. Infinitésimalement, cela se traduit si X dénote le champ de Killing par le fait que la dérivée de Lie $L_X\mu$ est nulle pour une forme S_1 invariante :

$$L_X\mu = (d + i_X)^2\mu = 0$$

Sur l'ensemble des formes invariantes, on a un complexe, $d + i_X$, et sa cohomologie s'appelle la cohomologie S_1 équivariante. Quelle est la grande différence avec la cohomologie ordinaire? Si on considère une forme S_1 équivariante fermée, $(d+i_X)\mu = 0$, μ ne peut être en général de degré fixe, car d ajoute un degré à la forme et i_X soustrait un degré à la forme. La cohomologie S_1 équivariante est donc par nature reliée aux sommes de formes de degrés arbitraires. On ne peut parler que de groupes de cohomologie paire et impaire.

De plus la cohomologie S_1 équivariante est reliée à la cohomologie des points fixes ([J.P]). On peut voir ceci par le biais des formules de localisations de Berline-Vergne ([Bi_2], [Bi_3] [B.V]) : elles expriment qu'une certaine intégrale sur la variété totale est égale à une certaine intégrale sur la variété des points fixes.

Considérons en effet une forme S_1 équivariante fermée μ. On remarque que ([Bi_3]) :

$$\int_M \mu = \int_M \mu_{top} = \int exp[-t(d+i_X)X] \wedge \mu = ch_t(\mu)$$

Le champ de vecteurs par dualité est égal à une forme; dX est une 2 forme et $i_X X$ est le scalaire $|X|^2$.

$$exp[-tdX] = \sum (-1)^n \frac{t^n}{n!} dX^{\wedge n}$$

est une somme finie. Par le théorème des croissances comparées, quant $t \to \infty$, $ch_t(\mu)$ se localise sur les points fixes de X; l'ensemble des points fixes est bien une variété, car le groupe périodique de difféomorphismes est un groupe d'isométries. L'exemple typique de forme S_1 équivariante fermée est le suivant : on considère un fibré qui est compatible avec l'action du cercle. On définit une classe caractéristique équivariante qui lui est associée ([B.V]). Sur l'espace des points fixes, il se restreint au caractère de Chern sur le fibré restreint.

L'objectif de ce travail est de passer à la dimension infinie, ou du moins d'essayer de donner un sens analytique à un certain nombre de travaux entrepris sur ce domaine ([At], [Bi_2], [Bi_3], [G.J.P]). On considère l'espace des lacets libres sur la variété, c'est à dire l'espace des applications C^∞ γ_s de S_1 sur M. Il possède une action du cercle en faisant tourner le lacet. Les points fixes sous l'action du cercle sont les lacets constants. On récupère ainsi à partir de cet espace de dimension infinie la variété ambiante.

Une forme S_1 équivariante fermée est par nature une série infinie de formes de degré fini. La parenté avec l'espace de Fock supersymétrique apparaît, puisque l'on considère aussi dans ce cas des sommes infinies de formes de degré fini qui dépendent d'un paramètre. Mais il n'y a pas de mesure et on ne sait pas ce que signifie une série convergente. Dans ce cadre formel, il a été démontré par [J.P] que la cohomologie S_1 équivariante de l'espace des lacets est égale à la cohomologie de la variété.

Un des outils fondamentaux est le caractère de Chern de Bismut $ch\xi_\infty$: introduisons un fibré complexe auxiliaire ξ sur la variété. On en déduit un fibré ξ_∞ sur l'espace des lacets en prenant les sections ξ_s C^∞ au dessus du lacet. Il est clair que ce fibré de dimension infinie est compatible avec l'action du cercle. Bismut introduit une classe caractéristique équivariante, donc par nature une série de formes de degré fini, qui se restreint sur l'ensemble des lacets constants en le caractère de Chern du fibré ξ sur la variété de base M. Il est relié plus ou moins à la solution d'équations différentielles sur l'espace des lacets. Soit e_t l'application évaluation $\gamma_. \to \gamma_t$ et soit σ une forme sur M. $e_t^*\sigma$ est une forme sur T_γ. Elle est définie ainsi : un vecteur tangent est une section périodique X_t au dessus de γ_t; $e_t^*\sigma(X_1,..,X_n) = \sigma(\gamma_t)(X_{1,t},..,X_{n,t})$. On considère alors la solution de l'équation différentielle :

$$dH_t = H_t \wedge e_t^*\sigma(d\gamma_t,.)$$

qui se résout formellement par la méthode de Picard :

$$H_1 = \sum \int_{0<s_1<\ldots<s_n<1} \sigma(d\gamma_{s_1}, .) \wedge .. \wedge \sigma(d\gamma_{s_n}, .)$$

La remarque fondamentale de [G.J.P] est la suivante : l'intégrale itérée de Chen ([Ch])

$$H^n = \int_{0<s_1<\ldots<s_n<1} \sigma(d\gamma_{s_1}, .) \wedge .. \wedge \sigma(d\gamma_{s_n}, .)$$

peut être vue comme un élément de $\Omega_.(M)^{\otimes n}$, $\Omega_.(M)$ désignant l'ensemble des formes de degré strictement positif sur M.

C'est le biais qu'utilise [G.J.P] pour essayer de localiser les intégrales de chemin sur l'espace des lacets. En effet Atiyah-Witten ([At]) ont remarqué que formellement en dimension infinie modulo des constantes infinies convenablement choisies

$$ch_t(1) = IndD_+$$

si D_+ désigne l'opérateur de Dirac sur la variété (on suppose que M est spinorielle). Bismut remarque que par localisation

$$ch_t(ch\xi_\infty) = IndD_{+,\xi}$$

où $D_{+,\xi}$ est l'opérateur de Dirac tensorisé par le fibré auxiliaire complexe ξ. Le fait que M est spinorielle se traduit par le fait que l'espace des lacets est orientable ([At]).

Bismut donne des interprétations probabilistes de $ch_t(ch\xi_\infty)$ au niveau de la théorie de la mesure, qui évitent d'utiliser les constantes infinies d'Atiyah-Witten, mais elles n'ont pas été justifiées par des théorèmes limites convenables. L'idée de [G.J.P] et de [Ge_2] est de définir ce courant sur les formes de Chen, en utilisant la formule de Duhamel. L'intégrale de Chen permet de transplanter sur l'espace des lacets des calculs algébriques sur la cohomologie cyclique des formes apparentés à ceux de la géométrie différentielle non commutative ([Ge_2]). La remarque fondamentale est la suivante : la dérivée extérieure sur l'espace des lacets correspond au cobord de Hochschild sur l'espace algébrique associé. Le bord de Connes en cohomologie cyclique correspond au produit intérieur par l'action infinitésimale du cercle sur l'espace des lacets.

L'objectif de ce travail part des constatations suivantes :

-) Les séries de formes sur l'espace des lacets considérées dans [G.J.P] sont des séries formelles.

-) Le courant ch_t est défini sur un espace de formes relativement petit.

Pour définir analytiquement ce courant, on part du même principe qui a été utilisé par le calcul de Hida pour définir l'intégrale de Feynmann. On introduit une mesure, mais malheureusement la mesure de Riemann n'existe pas; c'est pourquoi on considère la mesure B.H.K du pont brownien ([H.K]). L'espoir est de définir sur l'espace des lacets des espaces de Sobolev et un courant défini sur ceux-ci satisfaisant les propriétés suivantes :

-) La dérivée extérieure et la dérivée extérieure S_1 équivariante sont continues.

-) Le caractère de Chern de Bismut appartient à tous les espaces de Sobolev, ou plus généralement toutes les formes de Chen introduites par [G.J.P] et [Ge_2] appartiennent à ces espaces de Sobolev.

-) On peut définir un courant ch_t avec son domaine sur ces espaces de Sobolev satisfaisant à :

$$\frac{\partial}{\partial t} ch_t(\mu) = 0$$

si $(d + i_X)\mu = 0$ et à

$$ch_t(d + i_X)\mu = 0$$

La première relation permet de localiser ce courant sur la variété.

-) La cohomologie S_1 équivariante stochastique est reliée à la cohomologie de la variété.

Le premier travail dans cette direction est [$\mathrm{J.L}_1$] : rappelons que les lacets considérés sont continus. Un espace de Hilbert tangent y est introduit, qui s'est avéré ultérieurement ([F.M], [L_2]) être celui introduit par Bismut dans [Bi_1] pour le cas du mouvement brownien d'une variété. Ceci permet puisqu'il y a une mesure d'effectuer une théorie L^p des formes sur l'espace des lacets, pour que les formes de Chen satisfaisant à des critères de convergences à la manière de [Co] appartiennent à tous les L^p. En particulier, le caractère de Chern de Bismut appartient à tous les L^p. La partie scalaire du courant de Witten ch_t est étendue à toutes les fonctionnelles scalaires dans [L_2]. Il n'y a pas d'opérations différentielles dans [$\mathrm{J.L}_1$], car il n'y avait pas encore d'intégrations par parties. Elles sont effectuées dans [L_2] : l'outil principal est constitué des formules d'intégration par parties de [Bi_1] et d'estimation en temps petit de densité (le lecteur peut consulter les articles de revue [L_1], [K_2], [Wa]). Ceci permet de définir un opérateur d'Ornstein Uhlenbeck invariant par rotation sur l'espace des lacets dans [L_3]. Dans [L_3], une relation entre l'homologie de Hochschild de la variété et la cohomologie stochastique de l'espace des lacets est mise en évidence, mais aucune analyse fonctionnelle satisfaisante n'est effectuée.

Ce n'est pas le cas pour [$\mathrm{J.L}_2$], [L.R], [L_5] : on étudie des opérateurs non scalaires, leur adjoint est calculé, et après avoir utilisé une procédure limite, leur indice est calculé. En particulier, il est possible dans [$\mathrm{J.L}_2$] et dans [L.R] de travailler avec l'adjoint d'une version régularisée de la dérivée extérieure sur l'espace des lacets libres. Le prix à payer est le suivant : nous avons considéré à cette fin un opérateur qui est homotopiquement équivalent à la dérivée extérieure sur l'espace des lacets C^∞, et nous n'avons pas un complexe.

Le propos de cet article est de définir une version non régularisée de la dérivée extérieure stochastique.

La remarque fondamentale est la suivante :

-) Dans la définition de la dérivée extérieure, des crochets de Lie de champs de vecteurs apparaissent, et par suite la dérivée covariante du processus holonomie sur un lacet qui n'est pas à variation finie. La formule exacte de cette dérivée covariante est donnée par Bismut dans [Bi_1] : mais c'est une semi-martingale. Cela montre que la définition de la dérivée est reliée à la notion d'intégrale stochastique anticipante. (Et pas seulement pour son adjoint comme cela est le cas pour le calcul différentiel habituellement utilisé dans le cas plat ([Ar.Mi] [Sh])).

-) Si nous calculons l'adjoint de la dérivée de l'holonomie, un bruit fermionique non intégrable apparaît. Cela montre qu'il semble difficile de donner une clôture de la dérivée extérieure en utilisant des formules d'intégration par parties. On peut comprendre ce fait par un autre moyen : les intégrales stochastiques qui apparaissent dans la définition de la dérivée extérieure ne sont pas des intégrales de Skorohod mais des intégrales de Stratonovitch. Nous devons supposer que leurs noyaux possèdent une certaine régularité pour qu'elles convergent, comme cela a été mis en évidence par Nualart et Pardoux dans [N.P] dans le cas plat pour l'intégrale de Stratonovitch anticipante. L'outil principal de cet article est le suivant ([L_3]) : soit un champ de vecteurs sur l'espace des chemins dont les dérivées covariantes successives satisfont en dehors des diagonales au critère de Kolmogorov. Il existe alors une intégrale de Skorohod. De plus, on peut la décomposer en une partie d'Itô et une partie de dérivation.

Ceci nous permet de définir sur l'espace des chemins une intersection d'espaces de Banach de sections de formes, qui est stable par produit extérieur et par produit intérieur , pour des séries de formes. De plus, la dérivée extérieure est une application continue pour cette famille d'espaces de Banach. Nous comparons la structure des r formes pour la famille des mouvements browniens plats en utilisant l'application d'Itô, et nous voyons que l'espace limite est inclus dans le premier en utilisant le théorème de base de [L_3]. La cohomologie entière du modèle limite est égale à la cohomologie de la variété, ce qui se prouve en utilisant le lemme de Clark-Poincaré : la formule scalaire correspondante est usuellement appelée formule de Clark-Ocone ([Nu]).

Dans la deuxième partie de ce travail, nous établissons un diagramme commutatif qui est le point de départ de la preuve de [G.J.P] de l'égalité entre la cohomologie de Hochschild et la cohomologie de l'espace des lacets libres, et qui est une généralisation cohomologique des opérations menées en analyse quasi-sûre ([Ar.M], [Ge_1]). Les applications horizontales sont des opérations de restriction. Les applications verticales sont les intégrales de Chen stochastiques. Ceci nous permet d'obtenir une application entre la cohomologie de Hochschild entière et la cohomologie stochastique de l'espace des lacets.

Essayons d'expliquer l'introduction de ce diagramme commutatif : l'objectif est en effet de démontrer que la cohomologie de Hochschild est égale à la cohomologie stochastique de l'espace des lacets. Pour les lacets C^∞, la dernière preuve de ce résultat est due à [G.J.P], et ce résultat est dû initialement à Chen pour les lacets libres et à Adams pour les lacets pointés. [G.J.P] introduisent à cette fin trois espaces de Hochschild associés à l'espace des chemins, qui joue dans cette théorie le rôle de l'espace plat de Wiener, puisqu'il se rétracte sur la variété, celui des lacets libres et celui de l'espace des lacets basés. Ces deux derniers ne se rétractent pas sur la variété; on peut mesurer certaines obstructions par le Π_1. Les applications intégrales itérées de Chen appliquent ces espaces algébriques sur les formes sur l'espace des chemins, sur l'espace des lacets libres et sur l'espace des lacets basés. L'égalité entre les cohomologies étudiées résultent alors de l'utilisation de suites spectrales et de l'égalité des groupes de cohomologies considérés comme triviaux dans ce formalisme, à savoir l'espace de Hochschild de l'espace des chemins et l'espace des chemins. C'est à cette dernière fin que nous introduisons dans le cadre stochastique la famille de mouvements browniens plats dans l'espace tangent de la variété : nous disposons en effet de la formule de Clark-Ocone qui permet de mener les calculs cohomologiques de rétraction du modèle plat sur la variété initiale.

Le lecteur peut consulter [T] ou [Sm.W] pour l'analyse en dimension infinie dépendant d'un paramètre.

COHOMOLOGIE DE BISMUT-NUALART-PARDOUX DE L'ESPACE DES CHEMINS

Soit M une variété compacte riemannienne de dimension d. Soit Δ l'opérateur de Laplace-Beltrami. Soit $p_t(x,y)$ le noyau de la chaleur associé. Soit $P_{1,x}$ la loi du pont brownien issu de x et revenant au point de départ au temps 1. Le temps est [0,1]. Soit P_1^x la loi du mouvement brownien issu de x.

Nous considérons trois espaces de dimension infinie :

-) L'espace des chemins $P(M)$: c'est l'espace des fonctions continues γ_t de [0,1] dans M muni de la mesure $dx \otimes dP_1^x = d\nu$.

-) L'espace des lacets libres L(M) : c'est l'espace des fonctions continues γ_t du cercle S_1 dans M muni de la mesure $p_1(x,x)dx \otimes dP_{1,x} = d\mu$.

-) L'espace des lacets pointés $L_x(M)$: c'est l'espace des fonctions continues γ_t de S_1 dans M telles que $\gamma_0 = \gamma_t = x$ muni de la mesure $dP_{1,x} = d\mu_x$.

Soit τ_t l'holonomie de γ_0 à γ_t. Ces trois espaces de dimension infinie sont munis d'espaces tangents différents :

-) Pour l'espace des chemins, un vecteur tangent est de la forme $X_t = \tau_t H_t$ où H_t est d'énergie finie. Comme structure d'espace de Hilbert, nous prenons :

$$\| X \|^2 = \| X_0 \|^2 + \int_0^1 \| H'_s \|^2 ds \tag{1.1}$$

En effet, il n'y a pas d'action du cercle pour cet espace.

-) Pour l'espace des lacets libres, ce sont les vecteurs de la forme $X_t = \tau_t H_t$ tels que $X_1 = X_0$. Nous prenons comme structure d'espace de Hilbert ([J.L$_1$]) :

$$\| X \|^2 = \int_0^1 < X_s, X_s > ds + \int_0^1 \| H'_s \|^2 ds \tag{1.2}$$

qui est invariante sous l'action d'une rotation du lacet.

-) Pour l'espace des lacets basés, nous avons $X_1 = X_0 = 0$ ([Dr.R]). Nous utilisons comme structure d'espace de Hilbert :

$$\| X \|^2 = \int_0^1 \| H'_s \|^2 ds \tag{1.3}$$

L'objectif de cette partie est de définir un ensemble fonctionnel de formes sur l'espace des lacets qui est stable par produit extérieur et par produit intérieur, tel que l'on puisse définir une dérivée extérieure qui opère continument sur lui. Les opérateurs de restriction seront définis plus tard. Sur l'espace des chemins, on peut définir une connection ∇. Pour $X_t = \tau_t H_t$

$$(\nabla X)_t = \tau_t \nabla H_t. \tag{1.4}$$

∇ est le ramené en arrière par l'application évaluation $e_0 : \gamma_t \to \gamma_0$ de la connection de Levi-Civita sur $T_{\gamma_0}(M)$ (On peut consulter [L2],[L3]) pour plus de détails). Précisons néanmoins comment ∇ est définie. Localement $H_t = \sum H_t^i X_i(\gamma_0)$ où les H_t^i sont des fonctionnelles scalaires et où les champs de vecteurs sur la variété de dimension finie ne dépendent que du point de départ γ_0. Soit Y un champ de vecteurs sur l'espace des chemins. On a :

$$\nabla_Y H_t = \sum < dH_t^i, Y > X_i(\gamma_0) + \sum H_t^i \nabla_{Y_0} X_i(\gamma_0) \tag{1.5}$$

$\nabla_{Y_0} X_i(\gamma_0)$ est la dérivée covariante du champ de vecteurs sur M $X_i(\gamma_0)$ suivant le champ de vecteur Y_0.

Une application C^∞ possède des dérivées par rapport à la connection $d_\nabla^r F$. Elles possèdent des noyaux :

$$d_\nabla^r F = \sum_{J \subseteq \{1,..,r\}} k_J(s_1, ..., s_l) \tag{1.6}$$

dF est la H-dérivée ([Gr]) relativement à l'espace tangent choisi. $d_\nabla^2 F$ est la dérivée covariante du cotenseur dF :

$$d_\nabla^2 F(X, Y) = < d < dF, X >, Y > - < dF, \nabla_Y X > \tag{1.7}$$

et $d_\nabla^k F$ est la dérivéée covariante du $k-1$ cotenseur $d_\nabla^{k-1} F$:

$$\begin{aligned} d_\nabla^k F(X_1, .., X_k) &= < d < d_\nabla^{k-1} F, X_1, .., X_{k-1} >, X_k > \\ &- \sum < d_\nabla^{k-1} F, X_1, .., \nabla_{X_k} X_i, .., X_{k-1} > \end{aligned} \tag{1.8}$$

$k_J(s_1, ., s_l)$ est un $\mid J \mid$ tenseur en $H'_{i_1}(s_1), ., H'_{i_l}(s_l)$, $\{i_1, ., i_l\} = J$ et un $r- \mid J \mid$ tenseur en $X_{j_1}(0), .., X_{j_l}(0)$, $\{j_1, .., j_l\} = J^c$.

Soit σ une r forme. Elle s'écrit comme :

$$\sigma = \sum_{J \subseteq \{1,..,r\}} \sigma_J(s_1, ..., s_l) \tag{1.9}$$

σ est un tenseur antisymétrique. Cela veut dire que :

$$\begin{aligned} \sigma(X_1, .., X_r) &= \frac{1}{r!} \sum_J \sum_{s \in S_r} (-1)^{sign(s)} \int_{[0,1]^{|J|}} \\ &< \sigma_J(s_1, .., s_l), H'_{s(i_1)}(s_1), ..., H'_{s(i_l)}(s_l), X_{s(j_1)}(0), ..., X_{s(j_{r-l})}(0) > ds_1 ... ds_l \end{aligned} \tag{1.10}$$

où $\{i_1, ..., i_l\} = J$, $\{j_1, ..., j_l\} = J^c$. s dans (1.10) décrit l'espace des permutations de $\{1, ..., r\}$. $sign(s)$ désigne la signature de la permutation s. Nous pouvons utiliser la structure de fibration au dessus de M de l'espace des chemins au moyen de l'application évaluation $e_0 : \gamma_t \to \gamma_0$ pour décrire les formes sur l'espace des chemins.

Soit $dx_1, .., dx_d$ une base orthogonale locale de T^*M. Nous en déduisons une base locale orthogonale de $\Lambda(T^*M)$. Localement, on peut décomposer une forme de la manière suivante :

$$\sigma = \sum_{|J|\leq r} \sum_{|J'|=r-|J|} \sigma_J \wedge dx_{J'} \tag{1.11}$$

Les formes σ_J sont des pures formes sur l'espace tangent de l'espace des chemins pointés : la longueur de leurs noyaux coïncide avec leur ordre. Les dx_J sont des formes pures en l'espace des paramètres M.

Soit σ une pure forme dans l'espace des chemins pointés. Nous avons :

$$\begin{aligned} &\sigma(X_1, ..., X_r) = \\ &\frac{1}{r!} \sum_{s \in S_r} \int_{[0,1]^r} (-1)^{sign(s)} < \sigma(s_1, .., s_r), H'_{s(1)}(s_1), .., H'_{s(r)}(s_r) > ds_1..ds_r \end{aligned} \tag{1.12}$$

De plus le noyau $\sigma(s_1, .., s_n)$ de la pure forme sur l'espace des chemins pointés σ est égal à $\sum_{s\in S_r} \frac{1}{r!}(-1)^{sign(s)}\sigma(s_{s(1)}, .., s_{s(r)})$. Soit $\nabla^k \sigma'$ la dérivée covariante de la pure forme sur l'espace tangent de l'espace des chemins pointés. Elle s'écrit ([L$_3$]) comme :

$$\nabla^k \sigma' = \sum_{J \subseteq \{1,..,k\}} \sigma'_J(s_1, .., s_r; t_1, ..., t_l) \tag{1.13}$$

Précisons ce qu'on entend par $\nabla^k \sigma'$. $\nabla \sigma'$ est défini ainsi :

$$\nabla_Y \sigma'(X_1, .., X_r) =< d\sigma'(X_1, .., X_r), Y > - \sum \sigma'(X_1, .., \nabla_Y X_i, .., X_r) \tag{1.14}$$

On prend pour $\nabla^k \sigma'$ la dérivée covariante du cotenseur $\nabla^{k-1}\sigma'$ de la même manière que précédemment, en itérant. Il y a deux parties dans les dérivées de σ' : les dérivations en l'espace des chemins pointés qui donnent lieu à des noyaux, et les dérivations en l'espace des paramètres qui donnent lieu à des cotenseurs sur TM.

Nous pouvons maintenant définir les espaces de Nualart-Pardoux de formes. Soit σ une forme. Localement $\sigma = \sum \sigma'_J dx_J$. Nous supposons qu'en dehors des diagonales en s et t inclus :

$$\begin{aligned} &\| \sigma'_J(s_1, .., s_n; t_1, ..., t_l) - \sigma'_J(s'_1, .., s'_n; t'_1, ..., t'_l) \|_{L^p} \leq \\ &C_{p,r}(\sigma'_J) \sum \sqrt{| s_i - s'_i |} + \sqrt{| t_j - t'_j |} \end{aligned} \tag{1.15}$$

$$\| \sigma'_J(s_1, .., s_r; t_1, .., t_l) \|_{L^p} \leq C'_{p,r}(\sigma'_J) < \infty \tag{1.16}$$

Dans (1.15), $l \leq r$, parce que nous prenons l'espace de toutes les dérivées de σ'_J, et il y a les dérivées en l'espace des chemins pointés et les dérivées en l'espace de départ. $C_{p,r}, C'_{p,r}$ sont appelées les constantes de Kolmogorov de σ'_J ([L$_3$]) (ou de Nualart-Pardoux). Nous prenons dans (1.15) et (1.16) la norme Hilbert-Schmidt du cotenseur de dimension finie $\sigma'_J(s_1, .., s_n; t_1, .., t_l) - \sigma'_J(s'_1, .., s'_n; t'_1, .., t'_l)$, mais on pourrait aussi bien prendre une norme supremum dans une base orthonormée quelconque, parce qu'elle est équivalente à la première avec un module d'équivalence en C^n, ce qui n'est pas relevant vu le 2^{np} qui apparaît dans (1.17).

Pour une n forme, nous définissons ses normes de Sobolev au sens de Nualart-Pardoux de la manière suivante :

$$\| \sigma' \|_{p,r} = \frac{2^{np}}{(n-p)!n!} \sum_O \sum_J \sum_{l \leq r} C_{p,l}(\sigma'_J) + C'_{p,l}(\sigma'_J) \tag{1.17}$$

O est l'ensemble des ouverts constituant la partition de l'unité utilisée pour utiliser des sections locales de l'espace tangent. Ces normes sont équivalentes si on change de partition de l'unité, et de systèmes de bases locales dépendant du point de départ uniquement. Pour une collection $\sigma = \sum_n \sigma_n$ de n formes, nous disons que σ appartient à tous les espaces de Nualart-Pardoux $(N.P)_{p,r}(P)$ si $\sum_n \| \sigma_n \|_{p,r}$ est fini.

DEFINITION I.1. : Nous dirons que σ est C^∞ au sens de Nualart-Pardoux si σ appartient à tous les espaces de Nualart-Pardoux $(N.P)_{p,r}(P)$.

REMARQUE : Si $p_1 \geq p_2$, $r_1 \geq r_2$

$$(N.P)_{p_1,r_1}(P) \subset (N.P)_{p_2,r_2}(P) \tag{1.18}$$

Nous obtenons un théorème qui est un analogue différentiel du théorème correspondant dans L^p de [J.L$_1$].

THEOREME I.2. :

-) Soit σ et σ' deux formes qui sont C^∞ au sens de Nualart-Pardoux . $\sigma \wedge \sigma'$ est C^∞ au sens de Nualart-Pardoux.

-) Soit X un champ de vecteurs C^∞ au sens de Nualart-Pardoux (considéré comme une 1-forme, il est C^∞ au sens de Nualart-Pardoux). $i_X\sigma$ est C^∞ au sens de Nualart-Pardoux.

PREUVE : Ecrivons localement

$$\sigma = \sum_{r,J} \sigma_{r,J} \wedge dx_J \tag{1.19}$$

$$\sigma' = \sum_{r,J} \sigma'_{r,J} \wedge dx_J \tag{1.20}$$

Nous avons :

$$\sigma \wedge \sigma' = \sum_{n,J} (\sum_{l+l'=n \; K\cap K'=\emptyset \; K\cup K'=J} (-1)^{sign} \sigma_{l,K} \wedge \sigma'_{l',K'}) \wedge dx_J \tag{1.21}$$

Le noyau de $\sigma_{l,K} \wedge \sigma'_{l',K'}$ est somme de $\frac{(l+l')!}{l!l'!} \sigma_{l,K}(s_1, ..., s_l) \otimes \sigma'_{l',K'}(s'_1, ..., s'_l)$ du fait de l'antisymétrisation. En effet un produit extérieur est un produit tensoriel antisymétrisé. Les constantes de Kolmogorov de $\sigma_l \otimes \sigma'_l$ satisfont à :

$$\sum_{k \ll r} C_{p,k} \ll C(r) (\sum_{k \ll r} C_{2p,k}(\sigma_{l,K})) (\sum_{k \ll r} C_{2p,k}(\sigma'_{l',K'})) \tag{1.22}$$

De plus :

$$(1.23)\qquad \sum_{k\leq r} C_{p,k}(\sigma_{l,K}\wedge\sigma'_{l',K'}) \leq C(r)\frac{(l+l')!}{l!l'!}(\sum_{k\leq r} C_{2p,k}(\sigma_{l,K}))(\sum_{k\leq r} C_{2p,k}(\sigma'_{l',K'}))$$

Dans la présente formule, les deux types de constantes de Kolmogorov sont mélangés. Si nous écrivons localement,

$$(1.24)\qquad \sigma\wedge\sigma' = \sum_{n,J}(\sigma\wedge\sigma')_{n,J}\wedge dx_J$$

nous déduisons de (1.23) que :

$$(1.25)\qquad \begin{aligned} \| (\sigma\wedge\sigma')_{n,J} \|_{p,r} &\leq C(p,r)\frac{1}{(n-p)!n!} \\ &\sum 2^{lp}2^{l'p'}\frac{(l+l')!}{l!l'!}(\sum_{k\leq r} C_{2p,k}(\sigma_{l,K}))(\sum_{k\leq r} C_{2p,k}(\sigma'_{l',K'})) \end{aligned}$$

la somme étant prise sur l'ensemble $\{l+l'=n, K\cup K'=J, K\cap K'=\emptyset\}$. De plus,

$$(1.26)\qquad \frac{(l+l')!}{l!l'!}\frac{1}{(n-p)!n!} \leq \frac{C(p)}{l!(l-2p)!(l'-2p)!l'!}$$

De (1.25) et de (1.26), nous déduisons que :

$$(1.27)\qquad \| (\sigma\wedge\sigma')_{n,J} \|_{p,r} \leq C(r,p) \sum_{l+l'=n,K,K'} \| \sigma_{l,K} \|_{2p,r} \| \sigma'_{l',K'} \|_{2p,r}$$

Nous mettons ainsi en évidence une inégalité de Hölder :

$$(1.28)\qquad \| (\sigma\wedge\sigma') \|_{p,r} \leq C(r,p) \| \sigma \|_{2p,r} \| \sigma' \|_{2p,r}$$

Démontrons maintenant la seconde assertion. Soit σ une n forme pure sur l'espace des chemins. Soit $\sigma(s_1,..,s_n)$ son noyau. Soit $X_t = \tau_t(X_0+\int_0^t k(s_1)ds_1)$ un champ de vecteurs qui est C^∞ au sens de Nualart-Pardoux. Nous devons estimer les constantes de Kolmogorov de :

$$(1.29)\qquad A(s_1,...,s_{n-1}) = \int \sigma(s,s_1,..,s_{n-1})k(s)ds$$

Utilisons un principe qui sera utilisé souvent par la suite. Soit une intégrale de la fonction $A(s,s_1,..,s_n)$ qui satisfait aux conditions de Nualart-Pardoux. Nous décomposons l'intervalle d'intégration en petits intervalles $[s_i,s_{i+1}]$. Nous effectuons de même pour $\int_0^1 A(s,s'_1,..,s'_n)ds$ (nous avons supposé pour simplifier que $s_1 < s_2 < .. < s_n$ et que $s'_1 < s'_2.. < s'_n$). Nous étudions la différence des intégrales $\int_{s_i}^{s_{i+1}} - \int_{s'_i}^{s'_{i+1}}$, et nous distinguons si nous sommes sur l'intersection de $[s_i,s_{i+1}]$ et de $[s'_i,s'_{i+1}]$ ou non. Si nous sommes sur l'intersection, on peut appliquer les hypothèses de Nualart-Pardoux. Sinon, la mesure de l'espace d'intégration est bornée par $| s'_i - s_i | + | s'_{i+1} - s_{i+1} |$ et nous utilisons les constantes de Nualart-Pardoux (1.16) de seconde espèce.

Appliquons maintenant ce principe général à la dérivée de $A(s_1, .., s_{n-1})$ d'ordre r qui est une somme de $C(r)$ expressions du type

$$B(s_1, .., s_{n-1}; t_1, ..t_l) = \int \sigma(s, s_1, .., s_{n-1}; t_1, .., t_{l_1}) k(s; t_{l_1+1}, .., t_l) ds \tag{1.30}$$

Nous n'avons pas écrit les dérivations au point de départ. La seconde condition découle de l'inégalité de Hölder et du critère de Kolmogorov qui permet de remplacer (1.16) par

$$\sup_{s_2, .., s_n; t_1, .., t_l} \| \sup_{s_1} \| \sigma(s_1, .., s_n; t_1, .., t_l) \| \|_{L^p} < \infty \tag{1.31}$$

Les constantes sont des expressions en les constantes de Kolmogorov dans (1.15) et dans (1.16) et le second supremum est pris sur la collection de petits intervalles dont l'union est égale à l'intervalle d'intégration dans (1.30). Nous estimons $\| B(s_1, .., s_{n-1}; t_1, .., t_l) - B(s'_1, .., s'_{n-1}; t'_1, .., t'_l) \|_{L^p}$. Nous découpons l'intervalle d'intégration en une union finie d'intervalles : sur chaque petit intervalle, nous pouvons appliquer (1.15) ou (1.16). Nous déduisons que :

$$\begin{aligned} &\| B(s_1, .., s_{n-1}; t_1, .., t_l) - B((s'_1, .., s'_{n-1}; t'_1, .., t'_l \|_{L^p} \leq \\ &\leq (n+r) C(p, r) (\sum_{k \leq r} C_{2p,k}(\sigma)) (\sum_{k \leq r} C_{2p,k}(\sigma')) . \sqrt{increment} \end{aligned} \tag{1.32}$$

où nous opérons en dehors des diagonales et où nous prenons les deux types de constantes dans l'expression de droite. De plus :

$$\| i_X \sigma \|_{p,r} \leq C(p, r) \| X \|_{2p,r} \| \sigma \|_{2p,r} \tag{1.33}$$

car

$$(n+r) \frac{2^{(n-1)p}}{(n-p)!} \leq C(p, r) \frac{2^{n2p}}{(n-2p)!} \tag{1.34}$$

◊

Rappelons la formule de Bismut ([B1],[L3]) :

$$\nabla_X \tau_t = \tau_t \int_0^t \tau_s^{-1} R(d\gamma_s, X_s) \tau_s \tag{1.35}$$

où R est le tenseur de courbure.De plus, la connection de Lévi-Civita est sans torsion. Soit $X_t = \tau_t H_t$ and $X'_t = \tau_t H'_t$ deux champs de vecteurs. Nous avons :

$$[X, X']_t = \tau_t (\nabla_{X'} H_t) + \tau_t \int_0^t \tau_s^{-1} R(d\gamma_s, X'_s) \tau_s H_t + antisymetrie. \tag{1.36}$$

De plus, l'espace tangent n'est pas stable par crochets de Lie. Rappelons que si σ est une n forme, la dérivée extérieure est définie par :

$$\begin{aligned} & d\sigma(X_1,..,X_{n+1}) = \\ (1.37) \quad & = \sum(-1)^{i-1} < d(\sigma(X_1,..,X_{i-1},X_{i+1},..,X_n)),X_i > + \\ & + \sum_{i<j}(-1)^{i+j}\sigma([X_i,X_j],X_1,..,X_{i-1},X_{i+1},..,X_{j-1},X_{j+1},..,X_n) \end{aligned}$$

Cela montre que le problème de définir une dérivée extérieure stochastique est lié au problème de définir une intégrale de Stratonovitch anticipante. Ce problème est traité dans la dernière partie de [L3]. Nous obtenons :

THEOREME I.3 : La dérivée extérieure stochastique est définie sur l'espace des formes C^∞ et est continue pour la famille de normes définissant cet espace.

PREUVE : Soit σ_n une n forme pure sur l'espace des chemins. Soit $\sigma(s_1,..,s_n)$ son noyau. Si $X_i = \tau_t(X_{o,i} + \int_0^t h_i(s)ds) = \tau_t H_i(t)$, nous avons :

$$\begin{aligned} & d\sigma_n(X_1,..,X_{n+1}) = \\ & = \sum(-1)^{i-1}\int_{[0,1]^{r+1}} \sigma(s_1,..,s_n;t_{n+1}) \\ & h_1(s_1)..\hat{h}_i(s_i),,..h_{n+1}(s_n)h_i(t_{n+1})ds_1..ds_n dt_{n+1} + \\ (1.38) \quad & + \sum(-1)^i \int_{[0,1]^n} \nabla_{X_{0,i}}\sigma(s_1,..,s_n)h_1(s_1)..,\hat{h}_i(s_i),..,h_{n+1}(s_n)ds_1..ds_n + \\ & + \sum_{i<j}(-1)^{i+j}\int_{[0,1]^n} \sigma(s_1,..,s_n). \\ & (\tau_{s_1}^{-1}R(d\gamma_{s_1},\tau_{s_1}H_j(s_1))\tau_{s_1}H_{i,s_1} - \tau_{s_1}^{-1}R(d\gamma_{s_1},\tau_{s_1}H_i(s_1))\tau_{s_1}H_{j,s_1}), \\ & h_1(s_2),...,h_{i-1}(s_i),h_{i+1}(s_{i+1})..h_{j-1}(s_{j-1}),h_{j+1}(s_j),..,h_{n+1}(s_n)ds_2...ds_n. \end{aligned}$$

$\hat{}$ désigne l'opérateur omission.

Nous prenons une intégrale de Stratonovitch associée à $\int_0^t \tau_s^{-1}R(d\gamma_s,\tau_s.)\tau_s$ qui prend ses valeurs dans les matrices au-dessus de $T_{\gamma_0}(M)$. En ce qui concerne les propriétés de cette intégrale de Stratonovitch anticipante, nous nous référerons toujours à l'appendice. Nous pouvons décomposer la dérivée extérieure en 5 morceaux; ils résultent de la distinction entre dérivée suivant l'espace des paramètres (vecteurs $\tau_t H_0$) ou suivant l'espace tangent de l'espace des chemins basés (vecteurs $\tau_t \int_0^t H'_s ds$) et du fait que l'on peut dériver les noyaux associés à la forme ou le transport parallèle :

1) Le premier d_1 est associé à la somme d'éléments du type $k(s_1,..,s_n;t_{n+1})$.

2) Le second d_2 est associé à la somme de noyaux du type $\nabla_X k(s_1,..,s_n)$.

3) Le troisième terme d_3 est naturellement associé à la somme de noyaux de la forme $\int_{s_1\vee s_2}^1 \sigma(s,s_3,..,s_r).(\tau_s^{-1}R(d\gamma_s,\tau_s.)\tau_s.)$. C'est un tenseur pur sur l'espace des chemins.

4) Le quatrième terme d_4 est naturellement associé à la somme de noyaux du type $\int_{s_1}^1 \sigma(s,s_2,..,s_r).(\tau_s^{-1}R(d\gamma_s,\tau_s.)\tau_s.)$. Il possède une partie en X_0 .

5) Le cinquième d_5 est associé au même type d'intégrales, mais il y deux contributions en le point de départ. L'intégrale est prise entre 0 et 1.

De plus, les constantes de Kolmogorov $\sum_{k\leq r} C(p,k)$ des noyaux des trois derniers termes peuvent être exprimées en fonction de $\sum_{k\leq r+p} C(p^2,k)$ du premier noyau. $r+p$ provient du fait que l'on doit effectuer p intégrations par parties pour estimer la norme L^p d'une intégrale de Stratonovitch, lorsque p est un entier. p^2 provient, d'après l'appendice, du fait que l'on doit estimer la norme d'un polynôme d'ordre p en les dérivées de σ. De plus, toujours d'après l'appendice, il y a un nombre fini de contractions entre les temps du noyau de σ et ceux de ses dérivées qui apparaissent dans ces polynômes; on peut appliquer alors le lemme de Kolmogorov, ce qui explique l'introduction des constantes de Nualart- Pardoux de première espèce (1.15), et ce avec un nombre borné de paramètres, puisque le nombre de contractions est bornée par p. Il y a de plus Cn^2 quantités qui apparaissent dans la somme définissant $d\sigma$. D'autre part, nous avons si $p>2$

$$\frac{2^{(n+1)p}n^2}{(n+1-p)!} \leq \frac{2^{np^2}}{(n-p^2)!} \tag{1.39}$$

En particulier d est continue pour la famille de normes définissant l'espace de Nualart-Pardoux.

◇

D'autre part, $d^2=0$ immédiatement, puisque nous utilisons (1.37).

Nous pouvons poser :

DEFINITION I. 4. : Le groupe de cohomologie de Nualart-Pardoux entier sur l'espace des chemins est $\operatorname{Ker} d/\operatorname{Im} d = H^\infty(P)$ restreint aux formes C^∞ au sens de Nualart-Pardoux. Le groupe de cohomologie de Bismut-Nualart-Pardoux d'ordre p est $\operatorname{Ker} d/\operatorname{Im} d = H^p(P)$. Im d est l'image des formes C^∞ au sens de Nualart-Pardoux d'ordre $p-1$ et Ker d est le noyau de d appliquée aux formes C^∞ au sens de Nualart-Pardoux d'ordre p.

Introduisons un autre espace fonctionnel : sur T_xM, nous considérons le mouvement brownien issu de 0 $\gamma_{x,flat}$ de loi $P_{x,flat}$. Sur la famille de tous les mouvements plats, nous choisissons la mesure $dx \otimes dP_{x,flat}$. Nous avons un calcul différentiel : l'espace tangent d'un chemin plat issu de γ_0 est l'espace des chemins $H_t = H_0 + \int_0^t h_s ds$ dans $T_{\gamma_0}(M)$ d'énergie finie. La norme hilbertienne est

$$\| H \|^2_{flat} = \| H_0 \|^2 + \int_0^t \| h_s \|^2 ds \tag{1.40}$$

Il y a une notion de dérivée dans la direction H. C'est la traditionnelle H dérivée pour les chaos dans l'espace de Fock et la dérivation en l'espace des paramètres en H_0 : nous prenons la dérivée en l'espace des paramètres des chaos, et nous pouvons calculer de manière aisée l'adjoint de la dérivation en l'espace des paramètres. L'opération de dérivation est donc fermable.

Nous pouvons répéter les précédentes considérations, et ce sur l'espace limite. Une forme σ peut être écrite localement comme $\sum \sigma_J \wedge dx_J$ où σ_J est une forme pure en l'espace des chemins browniens plats. Supposons que σ_J est de degré n en le chemin brownien. Nous avons :

$$\sigma(H_1,..,H_n) = \int_{[0,1]^n} \sigma(s_1,..,s_n) h_1(s_1)..h_n(s_n) ds_1...ds_n \tag{1.41}$$

Soient $\sigma(s_1,..,s_n;t_1,..,t_r)$ les noyaux de σ. Les constantes de Kolmogorov (ou de Nualart-Pardoux) de σ sont définies de la manière suivante :

$$\begin{aligned}(1.42)\qquad &\| \sigma(s_1,..,s_n;t_1..,t_l) - \sigma(s'_1,..,s'_n;t'_1..,t'_l) \|_{L^p} \\ &\leq C_{p,r}(flat) \sum \sqrt{| s_i - s'_i |} + \sqrt{| t_i - t'_i |}\end{aligned}$$

si $s_1,..,s_n,t_1,..t_l$ sont dans la même composante connexe du complémentaire des diagonales que $s'_1,.,s'_n,t'_1,.t'_l$ ($\sigma(s_1,..,s_n;t_1,..,t_l)$ est l'un des noyaux de $\nabla^r(s_1,..,s_n)$ où $l \leq r$ car nous devons prendre des dérivées en le point de départ). De plus :

$$(1.43)\qquad \sup \| \sigma(s_1,..,s_n;t_1,..,t_l) \|_{L^p} = C'_{p,r}(flat)$$

Nous posons pour une n forme :

$$(1.44)\qquad \| \sigma \|_{p,r} (flat) = \frac{2^{np}}{(n-p)!n!} \sum_O \sum_J \sum_{l \leq r} (C_{p,l}(\sigma_J)(flat) + C'_{p,l}(\sigma_J)(flat))$$

où la première somme est prise sur l'ensemble de la partition de l'unité de la variété qui permet de décrire en coordonnées locales l'espace tangent. Quand la partition de l'unité et le système de coordonnées locales changent, les normes sont équivalentes. Pour une collection de formes σ_n de degré n, l'espace de Nualart-Pardoux $N.P_{p,r}(flat)$ est défini par la norme :

$$(1.45)\qquad \| \sigma \|_{p,r} (flat) = \sum \| \sigma_n \|_{p,r} (flat)$$

Une forme est dite C^∞ au sens de Nualart-Pardoux si elle est un élément de tous les espaces $N.P_{p,r}(flat)$. De plus, si $p_1 > p_2, r_1 > r_2$

$$(1.46)\qquad N.P_{p_1,r_1}(flat) \subset N.P_{p_2,r_2}(flat)$$

Comme dans le cas du mouvement brownien courbe, l'espace des formes C^∞ est stable par produit extérieur et par produit intérieur avec un champ de vecteurs C^∞ au sens de Nualart-Pardoux. De plus l'espace des champs de vecteurs est stable par crochets de Lie.

THEOREME I. 5 : La dérivée extérieure pour le modèle limite d est continue pour la famille de normes définissant l'ensemble des formes C^∞ au sens de Nualart-Pardoux.

PREUVE : C'est la même que celle du théorème I.3. De plus, il y a une simplification . Il n'y a pas en effet d'intégrales stochastiques qui apparaissent.

DEFINITION I.6 : $H^\infty(flat)$ est $\operatorname{Ker} d / \operatorname{Im} d$, d étant définie sur l'espace des formes C^∞ au sens de Nualart-Pardoux sur le modèle limite.

L'intérêt du modèle limite est que l'on peut intégrer les formes fermées, ou du moins leur partie de dimension infinie. Rappelons en effet que la dérivée de Lie suivant un champ de vecteurs est $di_X + i_X d$, et permet d'étudier comment une forme se comporte sous l'action d'un flot. La linéarité du mouvement brownien plat permet de généraliser en un certain sens cette dérivée de Lie quand l'analogue de l'action du flot est donnée en terme d'espérance conditionnelle par rapport au passé.

Ainsi si dF est la H-dérivée d'une fonctionnelle par rapport au mouvement Brownien, elle est fermée, et on peut l'intégrer par la formule de Clark-Ocone. La linéarité du mouvement brownien plat permet d'étendre cette formule au cas des formes et de montrer que :

THEOREME I.7. (Clark-Poincaré) : $H^\infty(flat) = H(M)$.

PREUVE : Soit σ_N une forme sur le modèle limite qui est seulement fonction de γ_0 et de $\gamma_{t_k,flat} - \gamma_{t_{k-1},flat}, 0 < t_1 < .. < t_N = 1$. Ses noyaux sont constants sur $[t_{k-1}, t_k]$. Considérons la partie $[t_{N-1}, t_N]$ de la forme σ_N. Utilisons la formule de Clark ([Nu]) et la formule d'Ito appliquée à $x_t = E_{F_t}\sigma_N(H_t^1 - H_{t_{N-1}}^1, .., H_t^j - H_{t_{N-1}}^j)$, si F_t est la σ algèbre engendrée par le mouvement brownien plat avant t. x_t peut être décomposée en deux termes : le premier est issu de la différentiation de l'un des H_t^i et est égal à

$$\sum \int_{t_{N_1}}^t E_{F_s}\sigma_N(H_s^1 - H_{t_{N-1}}^1, .., h_s^i, .., H_s^j - H_{t_{N-1}}^j)ds \tag{1.47}$$

Le second provient de la formule de Clark-Ocone et est égal à

$$\int_{t_{N-1}}^t E_s \nabla_{\delta\gamma_{s,flat}} \sigma_N(H_s^1 - H_{t_{N-1}}^1, .., H_s^j - H_{t_{N-1}}^j) \tag{1.48}$$

Nous ajoutons et soustrayons le même terme

$$\begin{aligned} &\sum(-1)^{i-1} \int_{t_{N-1}}^t E_{F_s} \nabla_{H_s^i - H_{t_{N-1}}^i} \sigma_N(\delta\gamma_{s,flat}, \\ &H_s^1 - H_{t_{N-1}}^1, .., H_s^{i-1} - H_{t_{N-1}}^{i-1}, H_s^{i+1} - H_{t_{N-1}}^{i+1}, .., H_s^j - H_{t_{N-1}}^j) \end{aligned} \tag{1.49}$$

Nous effectuons cette opération dans la formule précédente afin qu'une dérivée extérieure apparaisse si nous travaillons en coordonnées locales. Nous prenons l'intégrale d'Itô $\delta\gamma_{s,flat}$ car nous utilisons la formule de Clark-Ocone. Si nous considérons une forme dépendant de $\gamma_{t_N,flat} - \gamma_{t_{N-1},flat}$ mais qui ne contient pas de termes différentiels en $\gamma_{t_N,flat} - \gamma_{t_{N-1},flat}$, nous avons une formule analogue, mais nous n'avons pas à étudier la dépendance dans le temps t de H_t^j.

Introduisons l'opérateur suivant : si σ est une forme de noyau $\sigma(s_1, .., s_n)$:

$$E_{F_t}\sigma = E_{F_t}\sigma(s_1, .., s_n)1_{s_1 \le t}..1_{s_n \le t} \tag{1.50}$$

Nous déduisons le fait suivant : si σ est une forme qui dépend d'un nombre fini de coordonnées, nous avons la formule d'homotopie suivante pour $s < t$:

$$E_{F_t}\sigma - E_{F_s}\sigma = d\int_s^t E_{F_u}\sigma(\delta\gamma_{u,flat}, .) + \int_s^t E_{F_u} d\sigma(\delta\gamma_{u,flat}, .) \tag{1.51}$$

Par densité, cette formule d'homotopie est valide pour toute forme C^∞. En particulier, si $d\sigma = 0$

$$\sigma - E_{F_0}\sigma = d\int_0^1 E_{F_u}\sigma(\delta\gamma_{u,flat}, .) = d\sigma' \tag{1.52}$$

Montrons maintenant que si σ est une forme C^∞ au sens de Nualart-Pardoux, σ' est encore C^∞ au sens de Nualart-Pardoux. (1.48) montre dans ce cas que

$H^\infty(flat) = H(M)$. Si $\sigma(s_1,..,s_n)$ est un noyau de σ, le noyau correspondant de σ' est :

$$\begin{aligned}
&\sigma'(s_1,..,s_{n-1}) = \\
(1.53) \qquad &= \int_0^1 E_{F_s} < \sigma(s, s_1,..,s_{n-1}), \delta\gamma_{s,flat},. > 1_{s_1 \le s}..1_{s_n \le s} = \\
&= \int_{\sup s_i}^1 E_{F_s} < \sigma(s, s_1,..,s_{n-1}), \delta\gamma_{s,flat}. >
\end{aligned}$$

Les noyaux de $\nabla^r E_{F_s}\sigma(s, s_1,..,s_{n_1})$ sont $E_{F_s}\sigma(s, s_1,..,s_{n-1}; t_1,..,t_l)$ avec $t_1,..,t_l \le s$. Cela se voit sur des formes qui ne dépendent que des accroissements $\gamma_{t_{i+1},flat} - \gamma_{t_i,flat}$ du mouvement Brownien. On peut même prendre des polynômes en ces accroissements par utilisation du théorème de Stone-Weierstrass. De plus :

$$\begin{aligned}
(1.54) \qquad &\| E_{F_s}\sigma(s, s_1,..,s_{n-1}; t_1,..,t_l) - E_{F_s}\sigma(s, s'_1,..,s'_{n-1}; t'_1,..,t'_l) \|_{L^p}^p \le \\
&\le C_p \| \sigma(s, s_1,..,s_{n-1}; t_1,..,t_l) - \sigma(s, s'_1,..,s'_{n-1}; t'_1,..,t'_l) \|_{L^p}^p
\end{aligned}$$

De plus :

$$(1.55) \qquad | (\sqrt{\sup s_i} - \sqrt{\sup s'_i} | \le \sum \sqrt{| s_i - s'_i |}$$

La partie la plus difficile est après usage de l'inégalité de Burkholder d'estimer la quantité suivante quand $s_1,..,s_{n-1}, t_1,..,t_l$ est dans la même composante connexe du complémentaire des diagonales que $s'_1,..,s'_{n-1}, t'_1,..,t'_l$:

$$\begin{aligned}
&E[(\int_0^1 \| E_{F_s}\sigma(s, s_1,..,s_{n-1}; t_1,..,t_l) - \\
(1.56) \qquad &E_{F_s}\sigma(s, s'_1,..,s'_{n-1}; t'_1,..,t'_l \|^2 ds)^{p/2}] \le \\
&\le E[\int_0^1 \| E_{F_s}(\sigma(s, s_1,..,s_{n-1}; t_1,..,t_l) - \\
&E_{F_s}(\sigma(s, s'_1,..,s'_{n-1}; t'_1,..,t'_l)) \|^p ds]
\end{aligned}$$

pour $p > 2$. $[0,1]$ peut être décomposé en deux familles de $n + l$ petits intervalles déterminés par $(s_1,..,s_{n-1}; t_1,..,t_l)$ et par $(s'_1,..,s'_{n-1}; t'_1,..,t'_l)$. Supposons pour simplifier que $s_1 < s_2 < .. < s_n < t_1 < .. < t_l$. Nous décomposons l'intégrale sur $[0,1]$ en intégrales sur des intervalles déterminés par les temps de la subdivision. Nous obtenons , en appliquant le principe général donné dans le théorème I.2 :

$$\begin{aligned}
&\| \int_0^1 E_{F_s} < \sigma(s, s_1,..,s_n; t_1,..,t_l), \delta\gamma_{s,flat}. > - \\
&E_{F_s} < \sigma(s, s'_1,..,s'_n; t'_1,..,t'_l), \delta\gamma_{s,flat}. > \|_{L^p} \le \\
(1.57) \qquad &\le \sum \| \int_{s_i}^{s_{i+1}} E_{F_s} < \sigma(s, s_1,..,s_{n-1}; t_1,..,t_l), \delta\gamma_{s,flat},. > - \\
&- \int_{s'_i}^{s'_{i+1}} E_{F_s} < \sigma(s, s'_1,..,s'_{n-1}; t'_1,..,t'_l), \delta\gamma_{s,flat}. > \|_{L^p} + termes
\end{aligned}$$

Si dans une intégrale $[s_i, s_{i+1}] \cap [s'_i, s'_{i+1}] = \emptyset$, nous avons une borne supérieure en $C'_{2p,r}(\sqrt{s_{i+1} - s_i} + \sqrt{s'_{i+1} - s'_i}$ qui est plus petite que la quantité$C'_{2p,r}(\sqrt{| s_i - s'_i |} + \sqrt{| s_{i+1} - s'_{i+1} |}$. Si l'intersection de $[s_i, s_{i+1}]$ et de $[s'_i, s'_{i+1}]$ n'est pas vide, nous avons une estimation du terme correspondant en $(C_{2p,r} + C'_{2p,r})(\sqrt{| s_{i+1} - s'_{i+1} |} + \sqrt{| s_i - s'_i |})$. Nous déduisons une borne des constantes de Kolmogorov de σ' en $Cn(C'_{2p,r}(\sigma) + C_{2p,r}(\sigma)$ et par suite le résultat.
$\diamond$

REMARQUE : On peut voir la formule à la base du théorème dans R^2. On considère la 1 forme σ $f(\gamma_{t,flat})H^1_t$. Son noyau est $\sigma(t) = 1_{[0,t]} f(\gamma_{t,flat})e_1$ ((e_1, e_2) désigne la base canonique de R^2). On applique la formule de Clark-Ocone et la formule d'Itô :

$$f(\gamma_{t,flat})H^1_t = \int_0^t E[f'(\gamma_{t,flat}) | F_s]\delta\gamma_{s,flat}H^1_s + \int_0^t E[f(\gamma_{t,flat} | F_s]dH^1_s$$

$$(1.58) \qquad = \int_0^t E[f'(\gamma_{t,flat}) | F_s]\delta\gamma_{s,flat}H^1_s - \int_0^t E[f'(\gamma_{t,flat}) | F_s]H_s\delta\gamma^1_{s,flat}$$
$$+ \int_0^t E[f'(\gamma_{t,flat}) | F_s]H_s\delta\gamma^1_{s,flat} + \int_0^t E[f(\gamma_{t,flat}) | F_s]dH^1_s$$

On reconnaît dans la somme des deux premiers termes $\int_0^t \int_0^s E[d\sigma(s,u) | F_s]\delta\gamma_s dH^1_u$ et dans la somme des deux dernières la H -dérivée de $\int_0^t E[\sigma(s) | F_s]\delta\gamma_{s,flat}$.

COHOMOLOGIE DE BISMUT-NUALART-PARDOUX DE L'ESPACE DES LACETS ET COHOMOLOGIE DE HOCHSCHILD

Considérons une fonction F sur l'espace des chemins, qui est C^∞. Nous pouvons la restreindre sur l'espace des lacets et sur l'espace des lacets pointés ([L$_3$]. Théorème III.10]). Rappelons comment on procède. Nous considérons une suite F_N de fonctions cylindriques qui tend dans tous les espaces de Sobolev sur l'espace des chemins vers F. Nous considérons si p est un entier pair la mesure m sur $M \times M$:

$$(2.1) \qquad f \to E_{Path}[| F_N - F_M |^p f(\gamma_0, \gamma_1)]$$

La densité de cette mesure moyennée sur la diagonale est $E_{Loop}[| F_N - F_M |^p]$ et en (x, x), c'est $p_1(x,x)E_{L_x(M)}[| F_N - F_M |^p]$. Pour obtenir des estimations de cette densité quand $N, M \to \infty$, nous prenons le champ de vecteurs sur l'espace des chemins $\tau_t(X_0(\gamma_0)(1-t) + t\tau^{-1}X_1(\gamma_1))$ où τ_1 est l'holonomie entre γ_0 et γ_1. Nous déduisons une formule d'intégration par partie :

$$(2.2) \qquad \nu[< df, X_0(\gamma_0), X_1(\gamma_1) >| F_N - F_m |^p] \leq \| f \|_\infty \| F_N - F_M \|_{W_{q,1}(\nu)}$$

où $W_{q,r}(\nu)$ est la norme de Sobolev sur l'espace des chemins de [L$_3$]. Nous prenons une norme L^p avec r derivées; cela signifie que nous choisissons la norme Hilbert-Schmidt de d^r_∇, et nous intégrons dans L^p cette norme Hilbert-Schmidt aléatoire. Il est possible d'appliquer ceci aux fonctionnelles cylindriques car τ_t appartient à tous les espaces de Sobolev (Voir [L$_3$]).

En itérant, nous déduisons que :

$$\nu[X_0^n(\gamma_0)X_1^m(\gamma_1)f \mid F_N - F_M \mid^p] \leq \| f \|_\infty \| F_N - F_M \|_{W_{q,n+m}(\nu)} \tag{2.3}$$

où X_0^n est l'itération de n champs de vecteurs au point de départ et X_1^m est l'itération de m champs de vecteurs au point d'arrivée. q dépend seulement de p et de $n+m$. Ainsi F_N sur l'espace des lacets est une suite de Cauchy dans tous les $L^p(\mu)$ et dans tous les $L^p(\mu_x)$.

Nous pouvons effectuer une analyse des normes L^p d'un noyau $k(s_1,..,s_n)$ en utilisant la connection ∇ : $\nabla\tau_t H_t = \tau_t \nabla H_t$. Nous déduisons que :

$$\| k(s_1,..,s_n) \|_{L^p(\mu)} \leq \| k(s_1,..,s_n) \|_{W_{q,r}(\nu)} \tag{2.4}$$

$$\| k(s_1,..,s_n) \|_{L^p(\mu_x)} \leq \| k(s_1,..,s_n) \|_{W_{q',r'}(\nu)} \tag{2.4'}$$

avec q, r, q', r' dépendant seulement de p.

Rappelons que si σ est une p-forme sur $L(M)$, nous pouvons définir sa norme $L^2_\gamma(norm) = \| \sigma \|^2_\gamma$ pour la structure d'espace de Hilbert (1.2) et sa norme $L^p(\mu)$ égale à $E_{path}[\| \sigma_\gamma \|^p]^{1/p}$. Les espaces de Hilbert (1.1) et (1.2) sont les mêmes, et nous pouvons prendre pour l'espace des chemins muni de la structure riemannienne (1.2) la base orthonormée formée de $\frac{\cos ns}{\sqrt{Cn^2+1}}, \frac{\sin ns}{\sqrt{Cn^2+1}}$ et d'un nombre fini d'orthogonaux ([J.L$_1$]). Nous avons lorsque σ est issue d'une forme pure sur l'espace des chemins avec la structure Hilbertienne (1.1) :

$$\| \sigma \|^2_\gamma \leq \frac{C^n}{n!} \int_{[0,1]^n} \| \sigma(s_1,..,s_n) \|^2 \, ds_1..ds_n \tag{2.5}$$

En effet, $\|\sigma\|^2_\gamma$ est égal à sa norme Hilbert-Schmidt divisé par $n!$ pour la norme (1.2) du fait de l'antisymétrie. D'autre part, les dérivées de $\frac{\cos ns}{\sqrt{Cn^2+1}}$ et de $\frac{\sin ns}{\sqrt{Cn^2+1}}$ sont constituées d'un multiple de $\sin ns$ ou de $\cos ns$ par une quantité bornée. Dans le même esprit que [J.L$_1$], nous définissons la norme L_p d'une collection de n formes par :

$$\| \sigma \|_p = \sum \frac{2^{np}}{(n-p)!} \| \sigma_n \|_{L^p(\mu)} \tag{2.6}$$

De plus, par (1.12), (2.4) et (2.6) :

$$\| \sigma_n \|_{L^p(\mu)} \leq K(n+1)^{r(p,q)} \| \sigma_n \|_{N,P,q,r,} \tag{2.7}$$

où K dépend seulement de p, q, r pour $q > p, r$ indépendant de n. C ne dépend pas de p, q, r et dépend seulement de C dans (2.5). Nous avons pris les normes de Nualart-Pardoux sur l'espace des chemins. Nous déduisons une estimation des normes L^p d'une forme sur l'espace des lacets à partir de ses normes de Nualart-Pardoux sur l'espace des chemins. En effet :

$$\| \sigma \|_p \leq C \| \sigma \|_{N,P,q,r} \tag{2.8}$$

car $C^n 2^{np}(n+1)^{r(p,q)} \leq C2^{nq}$ si $q > p$.

De plus l'image par restriction des formes qui sont C^∞ au sens de Nualart-Pardoux sur l'espace des chemins est une algèbre de formes $\Lambda_{rest,L}$ ou Λ_{rest_x} pour l'espace des lacets pointés, incluse dans tous les espaces L^p de formes.

Puisque $d\sigma$ est un tenseur et puisque les normes de Nualart-Pardoux de $d\sigma$ peuvent être estimées à partir des normes de Nualart-Pardoux de σ sur l'espace des chemins, nous pouvons définir d dans l'espace Λ_{rest,L_x} et dans l'espace $\Lambda_{rest,L}$. $d^2 = 0$ sur ces espaces et d applique ces espaces sur eux-mêmes.

Soit $\tilde{\omega}_n = \omega_0 \otimes \omega_1 \otimes .. \otimes \omega_n \otimes \omega_{n+1}$ un élément de $\Omega(M) \otimes \Omega_.(M)^{\otimes n} \otimes \Omega(M)$. $\Omega_.(M)$ est l'espace des formes sur M de degré non nul. Nous posons :

$$(2.9) \qquad \sigma(\tilde{\omega}) = \omega_0(\gamma_0) \wedge \int_{0<s_1<..s_n<1} \omega_1(d\gamma_{s_1}, .) \wedge .. \wedge \omega_n(d\gamma_{s_n}, .) \wedge \omega_{n+1}(\gamma_1)$$

Rappelons que ([J.L$_1$]) que $\sigma(\tilde{\omega})$ est de degré $\deg \omega_0 + \deg \omega_{n+1} + \sum_{i=1}^n (\deg \omega_i - 1)$. Montrons sur un exemple comment fonctionne $\sigma(\tilde{\omega})$ quand $\omega_0 = 1$, $\omega_{n+1} = 1$ et quand ω_1 est de degré 2 ainsi que ω_2.

$$(2.10) \quad \sigma(\tilde{\omega}) = \int_{0<s<t<1} \omega_1(d\gamma_s, X_s)\omega_2(d\gamma_t, Y_t) - \int_{0<s<t1} \omega_1(d\gamma_s, Y_s)\omega_2(d\gamma_t, X_t)$$

Du fait de l'antisymétrie, il y a de plus en plus de sommes qui apparaissent quand la longueur de l'intégrale itérée croît et que le degré croît. De plus comme $X_s = \tau_s H_s$ et que H_s est à variation finie, ces intégrales ne sont qu'en apparence anticipatives et on peut calculer en particulier le noyau de $\sigma(\tilde{\omega})$.

Une forme de Chen n'est pas une forme cylindrique. Soit e_t l'application évaluation $\gamma \to \gamma_t$. Soient $\sigma_1, .., \sigma_n$ n formes sur la variété. Une forme cylindrique est égale par définition à $e_{t_1}^* \sigma_1 \wedge ... \wedge e_{t_n}^* \sigma_n$, et ne contient pas d'intégrales stochastiques.

Sur $\Omega(M) \otimes \Omega_.(M)^{\otimes n} \otimes \Omega(M)$, nous introduisons la norme de Sobolev $C_{2,k}$ associée à l'opérateur $(dd^* + d^*d + 2)^k$. Si l'ensemble des ω_j constitue une base de vecteurs propres associée à $(dd^* + d^*d + 2)$, nous obtenons une base de l'espace de Hilbert $C_{2,k}$ en posant si $\tilde{\omega} = \sum \alpha_{i_0, i_1, .., i_{n+1}} \omega_{i_0} \otimes \omega_{i_1} ... \otimes \omega_{i_{n+1}}$

$$(2.11) \qquad \| \tilde{\omega} \|_{2,k}^2 = \sum \alpha_{i_0, .., i_{n+1}}^2 \lambda_{i_0}^{2k} ... \lambda_{i_{n+1}}^{2k}$$

(λ_i est la valeur propre associée à la forme propre ω_i). Rappelons l'inégalité de Garding pour $\Omega(M)$:

$$(2.12) \qquad \| \omega \|_{k,\infty} \leq \| \omega \|_{2,k'}$$

pour un certain $k' > k$ ([Gi]).

THEOREME II. 1. : Soit $\tilde{\omega}_n$ une suite de $\Omega(M) \otimes \Omega_.(M)^{\otimes n} \otimes \Omega(M)$. $\tilde{\omega}_n$ n'est pas forcément un produit. Si pour tout k la série entiere :

$$(2.13) \qquad \phi_{k,\tilde{\omega}}(z) = \sum z^n \frac{\| \tilde{\omega}_n \|_{2,k}}{\sqrt{n!}}$$

possède un rayon de convergence infini, la forme correspondante $\sum \sigma(\tilde{\omega}_n)$ est C^∞ au sens de Nualart-Pardoux sur l'espace des chemins.

PREUVE : Supposons que $\tilde{\omega}_n = \omega_1 \otimes .. \otimes \omega_n$ n'a pas de partie initiale et finale. Ecrivons que $\tau_t H_t = \tau_t(H_0 + \int_0^t h_s ds)$. Nous omettrons de décrire la contribution du terme H_0 : il y a au plus Cn^d éléments dans cette dernière et ils sont tous du même type que la contribution des termes obtenus, quand on considère seulement la contribution des termes en h, avec seulement quelques modifications mineures. Après avoir fait ce choix, le noyau de $\sigma(\tilde{\omega}_n)$ est la somme d'au plus $(\deg \omega_1 + .. + \deg \omega_n - n)! n^C$ noyaux du type $\int_{0<u_1..<u_n<1, u_1>\sup s^1,..,u_n>\sup s^n} \omega_1(d\gamma_{u_1}, \tau_{u_1}, .)...\omega_n(d\gamma_{u_n}, \tau_{u_n}.) = I_n(s)$. $(\deg \omega_1 + ... + \deg \omega_n - n)!$ est issu de l'antisymétrie d'une forme après avoir distribué les différents termes qui apparaissent dans un produit extérieur. Rappelons en effet que $\sigma \wedge \sigma'(X_1, .., X_r, X_{r+1}, .., X_{r+r'})$ est somme d'au plus $(r+r')!$ produits de σ, une r forme, appliquée à r vecteurs choisis de maniere ordonnée au hasard dans $(X_1, .., X_r, X_{r+1}, ..X_{r+r'})$ et de σ' appliquée aux r' vecteurs restants, modulo des signes qui sont sans importance quand on veut faire des estimations. Cela nous conduit à considérer s^i, l'ensemble des h^j où ω_i est prise. Il ne reste plus qu'à écrire $\omega_1(d\gamma_s, \tau_s \int_0^s h_u^1 du, .., \tau_s \int_0^s h_u^k du) = \int_{[o,s]^k} \omega(d\gamma_s, \tau_s h_{u_1}^1, .., \tau_s h_{u_k}^k) du_1..du_k)$ pour en déduire la formule précédente. Si nous ordonnons les s^i, il subsiste au moins $n!$ termes $I_n(s)$ mais cela est sans conséquence pour le calcul des normes de Nualart-Pardoux.

Les noyaux de $\nabla^k I_n(s)$ sont des intégrales itérées $I_n(s,t)$ où nous introduisons un nombre fini d'intégrales stochastiques auxiliaires entre $\sup s^i$ et $\sup s^{i+1}$. Pour montrer cela, nous utilisons que les dérivées covariantes du transport parallèle sont des intégrales stochastiques itérées avec des temps gelés, et que le produit de deux intégrales de Stratonovitch itérées avec des temps gelés est une somme d'intégrales itérées de Stratonovitch. Si on prend la dérivée d'ordre k d'une intégrale itérée de longueur n, nous obtenons au plus n^C intégrales itérées de Stratonovitch avec des termes gelés. On peut en effet appliquer la règle de Leibniz et le fait qu'un produit d'une intégrale itérée de longueur n par une intégrale itérée de longueur C est au plus la somme de $n^{C'}$ intégrales itérées de longueur $n + C$. Il y a au plus n^k termes qui apparaissent quand on dérive k fois. Quand nous intégrons dans $I_n(s,t)$, les quantités intégrées sont des polynômes en les dérivées covariantes des formes ω_i, en les dérivées covariantes du tenseur de courbure R, de l'holonomie et de son inverse (Cf [L₃] , theorème IV. 5 et theorème IV. 7). Après avoir effectué toutes ces opérations, nous obtenons un polynôme homogène en les ω_i (modulo leurs dérivées covariantes). Nous appliquons le théorème IV.5 de [L₃] et le théorème IV.7. Nous classons les s_i, t_i et les u_i et nous décomposons chaque $I_n(t,s)$ en une somme d'au plus $C^{n+1} n^{\deg \omega_1 + .. + \deg \omega_n - n}$ intégrales itérées avec des termes gelés en $\sup s^i$ et t^{s^i}. Utilisons la formule de Stirling : $n^{\deg \omega_1 + .. + \deg \omega_n - n} < C^{n+1}(\deg \omega_1 + .. + \deg \omega_n - n - p)!$. Pour cela, nous estimons $exp[(Log n - Log K)K]$ en étudiant l'extremum de $K \to (Log n - Log K)K$ et nous montrons qu'il est borné par $exp[Cn]$.

$$
\begin{aligned}
(2.14)\quad & \frac{1}{(\deg \omega_1 + .. + \deg \omega_n - n - p)!} \parallel I_n(t,s) - I_n(t',s') \parallel_{L^p} \\
& \leq C(p) C^n \frac{\prod \parallel \omega_i \parallel_{k,\infty}}{\sqrt{n!}} \left(\sum \sqrt{|\sup s^i - \sup s'^i|} + \sum \sqrt{|t_i - t'_i|}\right)
\end{aligned}
$$

Rappelons brièvement comment on montre cette dernière propriété. On écrit :

$$I_n(t) = \Pi I_i(t_i, t_{i+1}) \tag{2.15}$$

après avoir décidé que tous les termes gelés sont écrits t_i et satisfont à $t_i \leq t_{i+1}$, ce qui est sans incidence pour calculer les constantes de Nualart- Pardoux. On utilise pour cela le fait que l'on manipule des intégrales itérées de produits. I_i est de longueur n_i et $\sum n_i \in [n - C, n + C]$. Par la formule de Stirling, $\Pi \frac{1}{n_i!} \leq \frac{C^n}{n!}$. Il suffit puisqu'on a un produit de I_i de montrer que $\|I_i(t_i, t_{i+1}) - I_i(t'_i, t'_{i+1})\|_{L^p} \leq \frac{C^{n_i+1}}{\sqrt{n_i!}} \Pi \|\omega\|_{k,\infty}$ où les ω dans le produit sont ceux qui figurent dans l'intégrale itérée. On utilise encore une fois que I_i est une intégrale itérée de produits pour conclure, en se ramenant soit au cas $t_i = t'_i$ soit au cas $t'_{i+1} = t_{i+1}$, et en classant les temps d'intégration qui sont dans l'intervalle $[t_i, t_{i+1}] \cap [t_i, t'_{i+1}]$ ou non. La conclusion découle du lemme de Schwartz ([J.L$_1$]) et de la formule de Stirling ([L$_3$]). Si il n'y a pas d'intégrales entre t_i et t_{i+1}, on utilise le fait qu'on a un polynôme de semimartingales en t_i et en t_{i+1}. Mais d'un autre côté :

$$\sqrt{| \sup s^i - \sup s'^i |} \leq 2 \sum_{j \in s^i} \sqrt{| s_j - s'_j |} \tag{2.16}$$

ce qui achève de prouver (2.14).

De plus :

$$\sup_{s,t} \| I_n(s,t) \|_{L^p} \leq C^n(p) \frac{\prod \| \omega_i \|_{k,\infty}}{\sqrt{n!}} \tag{2.17}$$

Nous déduisons que :

$$\begin{aligned} \| \sigma(\tilde{\omega}) \|_{N,p,r} &\leq n^d C(p)^n \frac{\prod \| \omega_i \|_{k,\infty}}{\sqrt{n!}} \leq \\ &\leq C(p)^n \frac{\prod \| \omega_i \|_{k,\infty}}{\sqrt{n!}} \leq C(p)^n \frac{\| \tilde{\omega} \|_{2,k'}}{\sqrt{n!}} \end{aligned} \tag{2.18}$$

Si nous prenons $\tilde{\omega}_n = \sum \alpha_{i_0,\ldots,i_{n+1}} \omega_0 \otimes .. \otimes \omega_{n+1}$, nous avons alors :

$$\begin{aligned} \| \sigma \tilde{\omega}_n \|_{N,P,p,r} &\leq \\ &\leq \frac{C(p)^n}{\sqrt{n!}} \sum | \alpha_{i_0,\ldots,i_{n+1}} | \lambda_{i_0}^k .. \lambda_{i_{n+1}}^k \leq \\ &\leq \frac{C(p)^n}{\sqrt{n!}} \sum | \alpha_{i_0,\ldots,i_{n+1}} | \lambda_{i_0}^{k+K_1} \ldots \lambda_{i_{n+1}}^{k+K_1} \lambda_{i_0}^{-K_1} .. \lambda_{i_{n+1}}^{-K_1} \leq \\ &\leq \frac{C(p)^n}{\sqrt{n!}} \| \tilde{\omega}_n \|_{2,k+K_1} \left(\sum \lambda_{i_0}^{-2K_1} \ldots \lambda_{i_{n+1}}^{-2K_1}\right)^{1/2} \leq \\ &\leq \frac{C(p)^n (\sum \lambda_i^{-2K_1})^{n/2}}{\sqrt{n!}} \| \tilde{\omega}_n \|_{2,k+K_1} \end{aligned} \tag{2.19}$$

En utilisant les propriétés des opérateurs elliptiques, on peut choisir K_1 tel que $\sum \lambda_i^{-2K_1} < \infty$. Le théorème en découle.

◇

REMARQUE : Nous avons démontré que l'application intégrale itérée est continue de l'espace fonctionnel donné par la famille de normes (2.13) sur l'espace des formes C^∞ au sens de Nualart-Pardoux donné par la famille de normes (1.17).

Nous avons le même théorème pour l'espace des lacets libres. Nous prenons $\tilde{\omega}_n \in \Omega(M) \otimes \Omega_.(M)^{\otimes n}$. Si $\tilde{\omega}_n$ est un produit, la seule différence est que nous avons pris des dérivées en le point final dans ω_i dans (2.18).

Nous prenons ici si $\tilde{\omega}$ est un produit :

$$\sigma(\tilde{\omega}) = \omega_0(\gamma_0) \wedge \int_{0<s_1<..<s_n<1} \omega_1(d\gamma_{s_1},.) \wedge ... \wedge \omega_n(d\gamma_{s_n},.) \tag{2.20}$$

Nous avons :

THEOREME II. 2 : Considérons une suite $\tilde{\omega}_n$ d'éléments de $\Omega(M) \otimes \Omega_.(M)^{\otimes n}$. Si pour tout k, la série entière

$$\phi_{k,\tilde{\omega}}(z) = \sum z^n \frac{\| \tilde{\omega}_n \|_{2,k}}{\sqrt{n!}} \tag{2.21}$$

possède un rayon de convergence infini, l'intégrale de Chen correspondante est un élément de $\Lambda_{rest,L}$. De plus l'application intégrale itérée est continue de l'espace défini par la famille de normes (2.19) sur l'espace des formes L^p sur l'espace des lacets libres.

Si $\tilde{\omega}_n$ est un élément de $\Omega_.(M)^{\otimes n}$ (Il n'y a pas de forme en le point de départ), nous pouvons obtenir le même théorème pour l'espace des lacets pointés. Nous posons

$$\sigma(\tilde{\omega}_n) = \int_{0<s_1...<s_n<1} \omega_1(d\gamma_{s_1},.) \wedge ... \wedge \omega_n(d\gamma_{s_n},.) \tag{2.22}$$

THEOREME II.3 : Considérons une suite $\tilde{\omega}_n$ d'éléments de $\Omega_.(M)^{\otimes n}$. Si pour tout k la série entiere :

$$\phi_{k,\tilde{\omega}}(z) = \sum z^n \frac{\| \tilde{\omega}_n \|_{2,k}}{\sqrt{n!}} \tag{2.23}$$

possède un rayon de convergence infini, la somme correspondante d'intégrales itérées est un élément de Λ_{rest,L_x}. De plus l'application intégrale itérée est continue de l'espace défini par la famille de normes (2.23) sur l'espace des formes qui sont dans tous les L^p.

Introduisons un élément $\tilde{\omega} = \omega_0 \otimes \omega_1 \otimes \otimes .. \otimes \omega_n \otimes \omega_{n+1}$ de $\Omega(M) \otimes \Omega_.(M)^{\otimes n} \otimes \Omega(M)$. Le bord de Hochschild b_p est défini par :

$$b_p\tilde{\omega} : b_{0,p}\tilde{\omega} + b_{1,p}\tilde{\omega} \tag{2.24}$$

avec

$$\begin{aligned} b_{0,p}\tilde{\omega} =& d\omega_0 \otimes \omega_1 ... \otimes \omega_n \otimes \omega_{n+1} - \\ & - \sum_{1 \le j \le n+1} (-1)^{\epsilon_i - 1} \omega_0 \otimes \omega_1 .. \otimes d\omega_i \otimes .. \otimes \omega_{n+1} \end{aligned} \tag{2.25}$$

où $\epsilon_i = \deg \omega_0 + \sum_{1\leq j<i} \deg \omega_j - 1$. $b_{1,p}$ prend ses valeurs dans $\Omega \otimes \Omega_.(M)^{\otimes n} \otimes \Omega(M)$:

$$
\begin{aligned}
b_{1,p}\tilde{\omega} &= \omega_0 \wedge \omega_1 \otimes \omega_2 .... \otimes \omega_n \otimes \omega_{n+1} - \\
&- \sum_{1\leq i\leq n} (-1)^{\epsilon_i} \omega_0 \otimes \omega_1 ... \otimes \omega_i \wedge \omega_{i+1} .. \otimes \omega_n \otimes \omega_{n+1}
\end{aligned}
\tag{2.26}
$$

Soit la famille de normes $\sum z^n \frac{\|\tilde{\omega}_n\|_{2,k}}{\sqrt{n!}}$.

THEOREME II.4. : $b_{0,p}$ et $b_{1,p}$ sont continus pour les normes précédentes.

PREUVE : Soit $\tilde{\omega}_n = \sum \alpha_{j_0,..,j_{n+1}} \omega_{j_0} \otimes .. \otimes \omega_{j_{n+1}}$. d commute avec $dd^* + d^*d$. De plus $d\omega_j$ est un vecteur propre associé à $dd^* + d^*d + 2$ avec la valeur propre λ_j. Mais un vecteur propre n'est pas forcément unique. Aussi écrivons-nous :

$$
d\omega_{j_i} = \sum \gamma_{j_i,k} \omega_k \tag{2.27}
$$

De plus $\| d\omega_{j_i} \|_{K,\infty} \leq C \| \omega_{j_i} \|_{K+1,\infty} \leq C\lambda_{j_i}^r$ pour r dependant seulement de K par l'inégalité de Garding. D'un autre côté, nous avons clairement :

$$
\| d\omega_{j_i} \|_{2,K/2} \leq C \| d\omega_{j_i} \|_{K,\infty} \tag{2.28}
$$

Nous déduisons de plus :

$$
\sum \gamma_{j_i,k}^2 \lambda_k^K \leq \lambda_{j_i}^r \tag{2.29}
$$

pour C ne dépendant que de K et pour $r \to \infty$ quand $K \to \infty$. D'un autre côté :

$$
\begin{aligned}
b_{0,p}\tilde{\omega}_n &= \sum \alpha_{j_0,..,j_{n+1}} \\
&\sum_i (sign)\, \omega_{j_0} \otimes .. \otimes \omega_{j_{i-1}} \otimes (\sum_k \gamma_{j_i,k}\omega_k) \otimes \omega_{j_{i+1}} ... \otimes \omega_{jn+1}
\end{aligned}
\tag{2.30}
$$

Nous distribuons et nous déduisons que :

$$
b_{0,p}\tilde{\omega}_n = \sum \omega_{i_0} \otimes .. \otimes \omega_{i_j} \otimes .. \otimes \omega_{in+1} \sum_{l,j_l} (sign)\, \alpha_{i_0,..,i_{l-1},j_l,i_{l+1},..,i_{n+1}} \gamma_{j_l,i_l} \tag{2.31}
$$

De plus :

$$
\begin{aligned}
&\| b_{0,p}\tilde{\omega}_n \|_{2,K}^2 = \\
&= \sum \lambda_{i_0}^{2K} ... \lambda_{i_{n+1}}{}^{2K} (\sum_{l,j_l} (sign)\, \alpha_{i_0,..,i_{l-1},j_l,i_{l+1},..,i_{n+1}} \gamma_{j_l,i_l})^2 \\
&\leq \sum \lambda_{i_0}^{2K} .. \lambda_{i_{n+1}}{}^{2K} (n+1) \sum_l (\sum_{j_l} (sign)\, \alpha_{i_0,..i_{l-1},j_l,i_{l+1},..i_{n+1}} \gamma_{j_l,i_l})^2 \\
&\leq \sum \lambda_{i_0}^{2K} .. \lambda_{i_{n+1}}^{2K} (n+1) \sum_l (\sum_{j_l} \alpha_{i_0,..,i_{l-1},j_l,i_{l+1},..,i_{n+1}}^2 \lambda_{j_l}^{K_1})(\sum_{j_l} \gamma_{j_l,i_l}^2 \lambda_{j_l}^{-K_1}) \\
&\leq C \sum \alpha_{i_0,..,i_{n+1}} \lambda_{i_0}^{K_2} .... \lambda_{i_{n+1}}^{K_2} \sum_l (\sum_{j_l,k} \gamma_{j_l,k}^2 \lambda_{j_l}^{-K_1} \lambda_k^{2K})
\end{aligned}
\tag{2.32}
$$

pour $K_2 > K_1$ car $1 \leq \lambda_i$. Nous utilisons (2.29) et nous choisissons K_1 assez grand pour que $\sum_j \lambda_j^{r-K_1} < \infty$. Nous déduisons que :

$$\| b_{0,p}\tilde{\omega}_n \|_{2,K}^2 \leq C \| \tilde{\omega}_n \|_{2,K_2}^2 \tag{2.33}$$

pour K_2 assez grand indépendant de n.

Etudions la seconde opération. Posons :

$$\omega_1 \wedge \omega_j = \sum \gamma_{i,j,k}\omega_k \tag{2.34}$$

La norme $\| \,.\, \|_{K,\infty}$ de $\omega_i \wedge \omega_j$ peut être estimée par la norme $\| \,.\, \|_{K,\infty}$ de chaque terme. Nous en déduisons après avoir utilisé l'inégalité de Garding ([Gi]) :

$$\sum_k \gamma_{i,j,k}^2 \lambda_k^K \leq C\lambda_i^r \lambda_j^r \tag{2.35}$$

pour C independant de i, j et pour $r \to \infty$ quand $K \to \infty$. D'un autre côté, nous avons :

$$\begin{aligned} b_{1,p}\tilde{\omega}_n &= \sum \alpha_{j_0,\dots,j_{n+1}} \\ &\sum_i (sign)\,\omega_{j_0} \otimes \dots \otimes \omega_{j-1} \otimes (\sum_k \gamma_{j_i,j_{i+1},k}\omega_k \otimes \omega_{j+2} .. \otimes \omega_{n+1}) \\ &= \sum \omega_{i_0} \otimes \dots \otimes \omega_{i_n} \sum_{l,l',j} (sign)\,\alpha_{i_0,\dots,i_{j-1},l,l',i_{j+2},\dots,i_{n+1}} \gamma_{l,l',i_j} \end{aligned} \tag{2.36}$$

De plus :

$$\begin{aligned} &\| b_{1,p}\tilde{\omega}_n \|_{2,K}^2 \leq \\ &\sum \lambda_{i_0}^{2K} \lambda_{i_1}^{2K} .. \lambda_{i_{n+1}}^{2K} n \sum_j (\sum_{l,l'} \alpha_{i_0,\dots,i_{j-1},l,l',i_{j+2},\dots,i_{n+1}} \gamma_{l,l',i_j})^2 \\ &\leq C \sum \lambda_{i_0}^{2K} \lambda_{i_1}^{2K} .. \lambda_{i_{n+1}}^{2K} n \sum_j (\sum_{l,l'} \alpha_{i_0,\dots,i_{j-1},l,l',i_{j+2},\dots i_{n+1}}^2 \lambda_l^{K_1} \lambda_{l'}^{K_1}) \\ &\quad (\sum_{l,l'} \gamma_{l,l',i_j}^2 \lambda_l^{-K_1} \lambda_{l'}^{-K_1}) \end{aligned} \tag{2.37}$$

par l'inégalité de Cauchy-Schwarz car $1 < \lambda_i$. Nous déduisons que :

$$\begin{aligned} &\| b_{1,p}\tilde{\omega}_n \|_{2,K}^2 \leq \\ &\leq \sum \lambda_{i_0}^{K_2} \lambda_{i_1}^{K_2} .. \lambda_{i_{n+1}}^{K_2} \alpha_{i_0,\dots,i_{n+1}}^2 \sum_{i,j,k} \gamma_{i,j,k}^2 \lambda_k^{2K} \lambda_i^{-K_1} \lambda_j^{-K_1} \\ &\leq C \| \tilde{\omega}_n \|_{2,K_2}^2 \end{aligned} \tag{2.38}$$

pour C et K_2 choisis assez grand indépendamment de n.

◇

Si nous prenons seulement $\Omega(M) \otimes \Omega_{.}(M)^{\otimes n}$,$b_{0,p}$ n'est pas modifié mais $b_{1,p}$ est transformé. Il n'y a pas de ω_{n+1} dans (2.24) et le dernier terme est transformé en $(-1)^{(\deg \omega_n - 1)\epsilon_{n-1}}(\omega_n \wedge \omega_0 \otimes \omega_1 \otimes .. \otimes \omega_{n-1})$. Nous prenons la même famille de normes qu'avant. Les opérateurs différentiels modifiés sont appellés b_0 et b_1. Nous obtenons le théorème suivant dont la preuve est la même que celle du précédent :

THEOREME II.5 : b_0 et b_1 sont continus pour la famille de normes (2.19).

Nous pouvons faire la même chose pour $\Omega_.(M)^{\otimes n}$. Nous ne prenons pas de dérivées dans la première composante et dans b_1 le terme en $\omega_n \wedge \omega_0 \otimes \omega_1 .. \otimes \omega_{n-1}$. Nous obtenons deux opérateurs differentiels $b_{0,x}$ et $b_{1,x}$. Nous considérons le même ensemble de normes que précédemment.

THEOREME II.6 : $b_{0,x}$ et $b_{1,x}$ sont continus pour la famille de normes (2.21).

Considérons une fonction C^∞ f . Soit $S_i(f)$ l'opérateur défini de la manière suivante : entre ω_i et ω_{i+1}, nous introduisons f dans un produit $\tilde{\omega}_n$. Le noyau algébrique de l'application intégrale de Chen itérée est constitué des combinaisons linéaires finies de $[b, S_i(f)]\tilde{\omega}_n$, b étant le bord de Hochschild associé à chaque espace algébrique ([G.J.P]). D_{ent} est la clôture de cet espace défini algébriquement pour la famille de normes utilisée dans chacun des trois cas. Nous notons suivant les indications de [Co] $N_{ent}(\Omega(M), \Omega(M), \Omega(M))$ le quotient du premier espace par D_{ent}. $N_{ent}(\Omega(M))$ désigne le quotient du second espace par D_{ent}. Dans le troisième cas, nous obtenons $N_{ent}(R, \Omega, (M), R)$. Dans tous les cas, nous prenons la topologie quotient.

Nous avons :

THEOREME II.7 : le diagramme de complexes suivant est commutatif :

$$\begin{array}{ccccc} N_{ent}(\Omega(M), \Omega(M), \Omega(M)) & \rightarrow & N_{ent}(\Omega(M)) & \rightarrow & N_{ent}(R, \Omega(M), R) \\ \downarrow & & \downarrow & & \downarrow \\ \cap N_{p,r}(P) & \rightarrow & \Lambda_{rest,L} & \rightarrow & \Lambda_{rest,L_x} \end{array}$$

Chaque application le définissant est continue, exceptée pour l'application restriction entre $\Lambda_{rest,L}$ et Λ_{rest,L_x}. Les applications verticales sont constituées des intégrales de Chen itérées stochastiques.

PREUVE : La seule chose à prouver est que c'est un diagramme de complexes. Il est suffisant de montrer cette propriété pour des sommes finies. Dans le cas des lacets C^∞, c'est un résultat de [G.J.P]. Il reste à appliquer le théorème de positivité de [B.L] (Le lecteur peut trouver dans [L_3] une preuve stochastique directe). Rappelons que l'application restriction entre $N_{ent}(\Omega(M), \Omega(M), \Omega(M))$ et $N_{ent}(\Omega(M))$ est définie par :

$$(2.39) \quad \omega_0 \otimes \omega_1 \otimes .. \otimes \omega_{n+1} \rightarrow (-1)^{\deg \omega_{n+1}(\deg \omega_0 + .. + \deg \omega_n - n)} \omega_{n+1} \wedge \omega_0 \otimes \omega_1 \otimes .. \otimes \omega_n$$

◊

Si la cohomologie stochastique de l'espace des chemins est $H(M)$, le théorème suivant montrerait que la premiere application verticale dans le théorème II.7 est un isomorphisme :

THEOREME II.8. : Le groupe de cohomologie de $N_{ent}(\Omega(M), \Omega(M), \Omega(M))$ est égal au groupe de cohomologie $H(M)$ de M.

PREUVE : Définissons $\alpha : \Omega(M) \rightarrow N_{ent}(\Omega(M), \omega(M), \Omega(M))$ par la formule $\alpha\omega = \omega \otimes 1$. $\sigma\alpha = \beta$ où β associe à la forme ω sur M la forme $\omega(\gamma_0)$ sur l'espace des chemins de M. La preuve est très proche de celle de [G.J.P] avec une argumentation analytique en plus. Nous utilisons l'application contraction de $\Omega(M) \otimes \Omega_.(M)^{\otimes n} \otimes \Omega(M)$ sur $\Omega(M) \otimes \Omega_.(M)^{\otimes(n+1)} \otimes \Omega(M)$: $s(\omega_0 \otimes \omega_1 .. \otimes \omega_{n+1}) = \omega_0 \otimes \omega_1 \otimes .. \otimes \omega_{n+1} \otimes 1$. Si ω_{n+1} est une 0 forme, $s(\omega_0 \otimes \otimes .. \otimes \omega_{n+1}) = 0$. s est compatible avec les noyaux définissant $N(\Omega(M),\Omega(M),\Omega(M))$ et est clairement continu pour la famille de normes définissant $N(\Omega(M),\Omega(M),\Omega(M))$. De plus :

$$\begin{aligned} b_{0,p}s(\tilde{\omega}) &= b_{0,p}(\omega_0 \otimes \omega_1 \otimes .. \otimes \omega_{n+1} \otimes 1) = \\ &= \sum_{0\le i\le n+1} (sign)\,\omega_0 \otimes .. \otimes \omega_{i-1} \otimes d\omega_i \otimes \omega_{i+1}..\omega_{n+1} \otimes 1 = sb_{o,p}\tilde{\omega} \end{aligned} \tag{2.40}$$

où $\tilde{\omega} = \omega_0 \otimes \omega_1 \otimes .. \otimes \omega_{n+1}$. D'un autre côté,

$$\begin{aligned} b_{1,p}s(\tilde{\omega}) &= b_{1,p}(\omega_0 \otimes \omega_1 \otimes .. \otimes \omega_{n+1} \otimes 1) = \\ &= \sum_{1\le n} (sign)\omega_0 \otimes .. \otimes \omega_{i_1} \otimes \omega_i \wedge \omega_{i+1} \otimes \omega_{i+2} \otimes \omega_{n+1} \otimes 1 + \\ &+ (sign)\,\omega_0 \otimes .. \otimes \omega_n \otimes \omega_{n+1} = sb_{1,p}(\tilde{\omega}) + (sign)\tilde{\omega} \end{aligned} \tag{2.41}$$

quand $n > 0$.

Quand $n = 0$,

$$\begin{aligned} b_{1,p}s(\omega_0 \otimes \omega_1) &= b_{1,p}(\omega_0 \otimes \omega_1 \otimes 1) = \\ &= \omega_0 \wedge \omega_1 \otimes 1 + (sign)\omega_0 \otimes \omega_1 = \\ &= sb_{1,p}(\omega_0 \otimes \omega_1) + (sign)\,\tilde{\omega} + (sign)\,\alpha\eta(\omega_0 \otimes \omega_1) \end{aligned} \tag{2.42}$$

où $\eta(\omega_0 \otimes \omega_1) = \omega_0 \wedge \omega_1$

Dans (2.42), nous introduisons le signe qui apparaît dans (2.41) dans s. De manière plus précise, $\tilde{s}(\tilde{\omega}) = (-1)^{\deg \omega_0 + \sum_{1\le i\le n} (\deg \omega_i - 1)} s(\tilde{\omega})$. Nous obtenons :

$$b_{0,p}\tilde{s} + \tilde{s}b_{0,p} = 0 \tag{2.43}$$

$$b_{1,p}\tilde{s} + \tilde{s}b_{1,p} = 1 + \alpha\tilde{\eta} \tag{2.44}$$

where $\tilde{\eta}(\omega_0 \otimes \omega_1) = (-1)^{deg\omega_0}\omega_0 \wedge \omega_1 \otimes 1$.

Considérons $\tilde{\omega}_\infty$ un élément de $N_{ent}(\Omega(M),\Omega(M),\Omega(M))$ tel que $b\tilde{\omega}_\infty = 0$. $\tilde{s}\tilde{\omega}_\infty$ est un élément de $N_{ent}(\Omega(M),\Omega(M),\Omega(M))$ et

$$\tilde{\omega}_\infty = b\tilde{s}\tilde{\omega}_\infty + \alpha\tilde{\eta}\tilde{\omega}_\infty \tag{2.45}$$

De plus $\tilde{\omega}_\infty$ et $\alpha\tilde{\eta}\tilde{\omega}_\infty$ sont dans la même classe de cohomologie, ce qui prouve le résultat car $\alpha\tilde{\eta} = (sign)$ sur $\Omega(M)$.

APPENDICE

THEOREME A.1. : Soit F une fonctionnelle sur le modèle limite qui est C^∞ au sens de Nualart-Pardoux. Elle est C^∞ au sens de Nualart-Pardoux sur l'espace des chemins.

PREUVE : Soit $\sigma_n = \sigma(\gamma_{u_1,flat},..,\gamma_{u_n,flat}), 0 \le u_1,..,< u_n = 1$ pour une subdivision dyadique de longueur 2^k. Soit $F_n = E[F \mid \sigma_n]$. C'est une fonctionnelle qui dépend seulement d'un nombre fini de variables. De plus les noyaux de F_n

sont $\frac{1}{\prod(u_{k_i+1}-u_{k_i})}\int_{\prod[u_{k_i},u_{k_i+1}]} E[k(t_1,..,t_r) \mid \sigma_n]dt_1..dt_n$ où s_i est un élément de $[u_{k_i}, u_{k_i+1}]$ (k désigne l'un des noyaux de F) . Soit $F_n = F_n(\gamma_0, \gamma_{u_{i+1},flat} - \gamma_{u_i,flat}) = F_n(\gamma_0, \int_{u_i}^{u_{i+1}} \tau_s^{-1} d\gamma_s) = G_n(\gamma)$. G_n et F_n ne sont pas C^∞ au sens de Nualart-Pardoux. Mais G_n est C^∞ au sens de [L3] : $G_n \to F$. Pour montrer que G_n est une suite de Cauchy sur l'espace des chemins, nous allons considérer le cas le plus compliqué : dans la dérivée d'ordre r de G_n, nous ne prenons que les dérivées covariantes de τ_s^{-1}. Nous trouvons une somme d'expressions algébriques en les noyaux de F_n dans le cas plat et en les dérivées de $\int_{u_i}^{u_{i+1}} \tau_s^{-1} d\gamma_s$. Nous savons par [L3] comment se comportent les dérivées de l'holonomie au temps s : ce sont des intégrales itérées avec des temps d'intégration gelés plus petits que s. Entre deux temps gelés, nous intégrons des expressions algébriques en τ,τ^{-1} et en les dérivées covariantes du tenseur de courbure. Ce sont des intégrales de Stratonovitch non anticipatives. Un produit d'intégrales itérées de Stratonovitch est une somme d'intégrales itérées de Stratonovitch. Ainsi les noyaux considérés associés à G_n sont des intégrales de Stratonovitch : entre deux temps gelés, nous intégrons des expressions universelles en τ, τ^{-1} et en les dérivées covariantes du tenseur de courbure, qui ne sont pas anticipatives, et une expression linéaire dans les noyaux de F_n, terme anticipatif mais constant par morceaux. Soit H_n cette expression. Soit $H_{n'}$ la même expression quand le pas de la subdivision décroit. Soit $(H_n - H_{n'})(t_1,..,t_k)$ la différence de tels noyaux. $E[(H_n - H_{n'})(t_1,..,t_k)^p]$ pour un entier pair est la somme d'espérance d'intégrales itérées avec les mêmes temps gelés : les termes anticipatifs sont des polynômes de degré r en les noyaux de $F_n - F_{n'}$, qui sont anticipatifs mais constants par morceaux. Les termes non anticipatifs sont des polynômes en τ,τ^{-1} et les dérivée covariantes du tenseur de courbure ([L3]). Nous convertissons les intégrales de Stratonovitch en intégrales d'Itô. Si il y a r_j temps à intégrer entre $[t_j, t_{j+1}]$ dans $(H_n - H_{n'})$, il reste après cette conversion au moins $r_j p/2$ intégrales à manipuler entre t_j et t_{j+1} dans l'espérance. Nous intégrons par partie en $\delta\gamma_u$ pour le dernier temps u où une intégrale d'Itô apparaît. Modulo les termes anticipatifs, c'est presque une divergence, mais il y a une contribution du tenseur de Ricci qui apparaît dans les formules d'intégrations par parties de Bismut ([L3]).

Pour surmonter cette difficulté, nous écrivons l'espace tangent sous la forme de Bismut. Nous notons par D l'opération de différentiation covariante d'un champ de vecteurs le long d'un chemin courbe. Un vecteur le long d'un chemin sous la forme de Bismut est solution de :

$$DX_s = -1/2 S_{X_s} ds + \tau_s h_s ds \tag{a.1}$$

où S est le tenseur de Ricci. De plus $X_t = \tau_t^B(H_0 + \int_0^t \tau_s^{B-1} \tau_s h_s ds)$ et $\tau_t^B = \tau_t O_t$ où

$$dO_t = -1/2 \tau_t^{-1} S_{\tau_t O_t} dt \tag{a.2}$$

Cela nous montre qu'il y a une relation entre les champs de vecteurs écrits dans la forme de Bismut et ceux écrits dans la forme de [J.L1] ([L3]) : si F est une fonction C^∞ sur l'espace des chemins courbes, les noyaux de F écrits pour l'espace tangent dans la forme de [J.L1] et dans la forme de Bismut sont reliés : si les premiers satisfont aux conditions de Nualart-Pardoux, les seconds aussi et réciproquement. Leurs familles de normes au sens de Nualart-Pardoux sont équivalentes. Cela provient du fait que les noyaux d'une solution d'équation différentielle stochastique satisfont aux conditions de Nualart-Pardoux puisqu'ils sont donnés par des intégrales itérées. Ceci se justifie de la manière suivante : soit $d^r_{\nabla,B}F$ la dérivée d'ordre r au sens de Bismut. Supposons par récurrence que ses dérivées covariantes au sens de [J.L₁] satisfont aux conditions de Nualart-Pardoux, le temps de la dérivée de Bismut inclus, et que ses normes de Nualart-Pardoux soient estimées par les normes de Nualart-Pardoux au sens de cet article. Utilisons la relation algébrique existante entre $\nabla d^r_{\nabla,B}F$ et $d^{r+1}_{\nabla,B}F$ donnée par (a.1) et (a.2). Cela permet de conclure par induction.

Après avoir effectué au plus rp integrations par parties puisqu'il y a au plus des produits de rp termes anticipatifs, nous trouvons que notre espérance est égale à l'espérance d'intégrales itérées sans termes d'Itô anticipatifs et en les noyaux de $F_n - F_{n'}$ avec des contractions possibles pour les termes qui sont issus des formules d'intégrations par parties : les deux genres de noyaux apparaissent. Nous augmentons le nombre de dérivées par rp. Dans les intégrales itérées, il y a des termes non anticipatifs en τ_t, τ_t^{-1},O_t, O_t^{-1}, les dérivées covariantes du tenseur de Ricci et du tenseur de courbure.

Il reste à passer à la limite : nous voyons que des demi-limites sur les diagonales apparaissent quand nous passons à la limite. Pour passer à la limite, il y a deux procédures dans l'intégrale approximée au lieu d'une comme dans [L₃] : π_n est la procédure d'espérance conditionnelle du noyau de F et χ_n est la procédure de moyennisation. Soit Ker F un noyau de F. Le noyau associé de F_n est $\pi_n\chi_n$ Ker F. Nous avons :

$$(a.3) \qquad \pi_n\chi_n \mathrm{Ker}\, F - \pi_{n'}\chi_{n'}\mathrm{Ker}\, F = \pi_n(\chi_n - \chi_{n'})\mathrm{Ker}\, F + (\pi_n - \pi_{n'})\chi_{n'}\mathrm{Ker}\, F$$

π_nKer F satisfait aux conditions de Nualart-Pardoux avec de meilleures constantes que l'original Ker F. Nous pouvons appliquer le lemme de Kolmogorov. Notons par U le produit de deux fois la même composante connexe du complémentaire des diagonales dans le cube constitué par les paramètres. Nous avons :

$$(a.4) \qquad \| \sup_U \frac{| E[k(t_1,..,t_k) \mid \sigma_n] - E[k(t'_1,..,t'_k) \mid \sigma_n] |}{\sum(| t_i - t'_i |)^\alpha} \|_{L^p} < \infty$$

pour un certain $\alpha > 0$.

Les normes L^p précédentes sont plus petites que les normes L^p obtenues quand nous ne prenons pas l'espérance conditionnelle. Nous avions obtenu une expression polynomiale en les noyaux de $F_n - F'_n$; nous la décomposons en une expression polynomiale en $(\pi_n - \pi_{n'})\chi_n$Ker F et en $(\chi_n - \chi_{n'})\pi_n$Ker F. Le premier type de termes tend vers zero uniformément dans tous les L^p par utilisation du lemme de Kolmogorov et de $(a.4)$ quand $n \to \infty$ et $n' \to \infty$. Cela est aussi vrai pour le second terme. Cela nous montre que nous avons une suite de Cauchy dans les espaces de Sobolev à la manière de [L₃].

Si nous prenons la procédure de moyennisation, les expressions précédentes convergent vers les intégrales de Stratonovitch obtenues quand nous faisons formellement le changement d'espace tangent dû à la formule de Bismut ([Bi₁]) :

$$(a.5) \qquad d\tilde{h}_s = \int_0^s \tau_u^{-1} R(d\gamma_u, X_u)\tau_u.d\gamma_{s,flat} + h_s ds$$

qui découle du fait que $\nabla d\gamma_{s,flat} = (\nabla\tau_s^{-1})d\gamma_s + \tau_s^{-1}\nabla d\gamma_s$ et que $\nabla_X d\gamma_s = \tau_s H'_s ds$ si $X_s = \tau_s H_s$. Mais $E[k(s_1,..,s_r) \mid \sigma_n] - k(s_1,..,s_r)$ tend uniformément vers 0 dans tous les L^p, par application du lemme de Kolmogorov. Ainsi les expressions limites sont les intégrales de Stratonovitch obtenues quand nous prenons des sommes de Riemann sans conditionner.
◊

Le lemme suivant permet de démontrer complètement le théorème.

LEMME A.2. : Soit $F(s,t,u,\tilde{s})$ une variable aléatoire qui vérifie les conditions de Nualart-Pardoux, les paramètres inclus. Alors l'intégrale de Stratonovitch $\int_s^t < \tau_u F(s,t,u,\tilde{s}), d\gamma_u >$ satisfait aux conditions de Nualart-Pardoux.

PREUVE : Puisque $F(s,t,u,\tilde{s})$ vérifie les conditions de Nualart- Pardoux, nous pouvons appliquer la règle de dérivation suivant un paramètre. Ainsi il suffit pour montrer notre propriété de prouver que les intégrales de Stratonovitch satisfont aux conditions de Nualart-Pardoux sans avoir à considérer leurs dérivées. Ecrivons après avoir appliqué le principe général du théorème I.2 :

$$\int_s^t < \tau_u F(s,t,u,\tilde{s}), d\gamma_u > - \int_{s'}^{t'} < \tau_u F(s',t',u,\tilde{s}'), d\gamma_u >=$$

$$(a.6) \qquad = \sum_i \int_{\tilde{s}_i}^{\tilde{s}_{i+1}} < \tau_u F(s,t,u,\tilde{s}), d\gamma_u > - \int_{\tilde{s}'_i}^{\tilde{s}'_{i+1}} < \tau_u F(s,t,u,\tilde{s}), d\gamma_u >$$

$$= \sum_i A_i$$

Nous avons divisé les intervalles d'intégration $[s,t]$ et $[s',t']$ en petits intervalles d'intégration comme dans (1.53), les $\tilde{s}_i$ et les $\tilde{s}'_i$ étant les éléments de $\tilde{s}$ intérieurs à $[s,t]$ (respectivement à $[s',t']$) et nous avons supposé qu'ils étaient rangés par ordre croissant pour simplifier.

Il y a deux cas, comme dans ce qui suit (1.53), pour estimer la norme L^p de A_i. Le premier est quand $[\tilde{s}_i, \tilde{s}_{i+1}] \cap [\tilde{s}'_i, \tilde{s}'_{i+1}] = \emptyset$. Nous intégrons par parties et nous obtenons pour calculer $E[A_i^p]$ des intégrales de polynômes de degré p en les noyaux de Bismut de $F(s,t,u,\tilde{s})$ et de $F(s',t',u,\tilde{s})$, et la longueur de chacune de ces intégrales est au moins $p/2$. Les mêmes contributions auxiliaires en le tenseur de courbure, le tenseur de Ricci et le transport parallèle apparaissent. Nous obtenons dans ce cas une estimation de la norme L^p de A_i en les termes des constantes de Nualart-Pardoux de F de seconde espèce (1.12) et en les termes de $\sqrt{\mid \tilde{s}_{i+1} - \tilde{s}_i \mid} + \sqrt{\mid \tilde{s}'_{i+1} - \tilde{s}'_i \mid}$ qui est plus petite que $\sqrt{\mid \tilde{s}'_{i+1} - \tilde{s}_{i+1} \mid} + \sqrt{\mid \tilde{s}'_i - \tilde{s}_i \mid}$.

Le deuxieme cas est quand l'intersection de $[\tilde{s}_i, \tilde{s}_{i+1}]$ et de $[\tilde{s}'_i, \tilde{s}'_{i+1}]$ est non vide. Si nous intégrons la différence des noyaux sur l'intersection des deux intervalles, les conditions de Nualart-Pardoux en $(s,t,u,\tilde{s})$ et en $(s',t',u,\tilde{s}')$ sont globalement vérifiées. Nous obtenons après l'usage de formules d'intégrations par parties adéquates une estimation de la norme L^p de la différence d'intégrales considérée en $\sum_j \sqrt{\mid \tilde{s}_j - \tilde{s}_{j+1} \mid} + \sqrt{\mid t - t' \mid} + \sqrt{\mid s - s' \mid}$ fois les constantes de Nualart-Pardoux de F de la première espèce (1.11). Si nous intégrons en dehors de l'intersection de ces deux intervalles, nous obtenons une borne en les termes de

$\sqrt{|\tilde{s}'_{i+1}-\tilde{s}_{i+1}|}+\sqrt{|\tilde{s}'_i-\tilde{s}_i|}$ et des constantes de Nualart-Pardoux de la deuxième espèce (1.12) de F.

◇

Le lemme A.2 permet de démontrer le théorème suivant après utilisation de la formule de changement de variable de Bismut (a.5) :

THEOREME A.3 : Soit une forme de degré fini sur le modèle limite qui satisfait aux conditions de Nualart-Pardoux. Alors elle satisfait aux conditions de Nualart-Pardoux sur le modèle courbe.

PREUVE : En effet ses noyaux courbes sont donnés en suivant les considérations de la premiere partie par des intégrales de Stratonovitch itérées en ses noyaux plats.

◇

BIBLIOGRAPHIE

[Ar.M] Airault H., Malliavin P : Quasi sure analysis. Publication Université Paris VI.

[Ar.Mi] Arai A., Mitoma I. : De Rham-Hodge-Kodaira decomposition in infinite dimension. Math. Ann. 291 (1991), 51-73.

[At] Atiyah M. : Circular symmetry and stationary phase approximation. pp. 43-59. Colloque en l'honneur de L.Schwartz. Astérisque 131 (1985).

[B.L] Ben Arous G., Léandre : Décroissance exponentielle du noyau de la chaleur sur la diagonale (II) : P.T.R.F. 90 (1991), 377-402.

[B.V] Berline N., Vergne M. : Zéros d'un champ de vecteurs et classes caractéristiques équivariantes. Duke Math. Jour. 50 (1983), 539-548.

[Bi_1] Bismut J.M. : Large deviations and the Malliavin Calculus. Progress in Math. 45. Birkhaüser. (1984).

[Bi_2] Bismut J.M. : Index theorem and equivariant cohomology on the loop space. C.M.P. 98 (1985), 213-237.

[Bi_3] Bismut J.M. : Localisation formulas, superconnections and the index theorem for families. C.M.P. 103 (1986), 127-166.

[Ch] Chen K.T. : Iterated path integrals of differential forms and loop space homology. Ann. Math. 97 (1983), 213-237.

[Co] Connes A. : Entire cyclic cohomology of Banach algebras and characters of Θ-summable Fredholm modules. K-theory 1 (1988), 519-548.

[Dr.R] Driver B., Röckner M. : Construction of diffusion on path and loop spaces of compact riemannian manifold. C.R.A.S. 315. Série I. (1992),603 -608.

[El_1] Elworthy K.D. : Stochastic differential equations on manifolds. L.M.S. Lectures Notes Serie 20. Cambridge University Press (1982).

[El_2] Elworthy K.D. : Geometric Aspects of diffusions on manifolds. pp 277-427. In Ecole d'été de Saint-Flour 1987. P.L. Hennequin édit. Lecture Notes in Math. 1362. Springer (1989).

[E.L] Emery M., Léandre R. : Sur une formule de Bismut. pp 448-452. Séminaire de Probabilités XXIV. Lecture Notes in Maths. 1426. Springer (1990).

[F.M] Fang S., Malliavin P. : Stochastic Calculus on Riemannian manifold. Preprint.

[Ge_1] Getzler E. : Dirichlet form on a loop space. Bull. Sciences. Math. 2. 113 (1989), 157-174.

[Ge_2] Getzler E. : Cyclic homology and the path integral of the Dirac operator. Preprint.
[G.J.P] Getzler E., Jones J.D.S. Petrack S. : Differential forms on a loop space and the cyclic bar complex. Topology 30 (1991), 339-373.
[Gi] Gilkey P.B. : Invariance theory, the heat-equation and the Atiyah-Singer theorem. Math. Lect. Series. 11. Publish and Perish.
[Gr] Gross L. : Potential theory on Hilbert space. J.F.A. 1 (1967), 123-181.
[H.K] Hoegh-Krohn R. : Relativistic quantum statistical mechanics in 2 dimensional space time. C.M.P. 38 (1974), 195-224.
[I.W_1] Ikeda N., Watanabe S. : Stochastic differential equations and diffusion processes. North-Holland (1981).
[J.L_1] Jones J., Léandre R. : L^p Chen forms over loop spaces. pp 104-162. In Stochastic Analysis. M.Barlow. N.Bingham edit. Cambridge University Press (1991).
[J.L_2] Jones J., Léandre R. : A stochastic approach to the Dirac operator over the free loop space. In preparation.
[J.P] Jones J., Petrack S. : The fixed point theorem in equivariant cohomology. Preprint.
[K_1] Kusuoka S. : De Rham cohomology of Wiener-Riemannian manifolds. Preprint.
[K_2] Kusuoka S. : More recent theory of Malliavin Calculus. Sugaku.5.2. (1992), 155-173.
[L_1] Léandre R. : Applications quantitatives et qualitatives du calcul de Malliavin. pp 109-133. Proc. Col. Franco-Japonais. M. Métivier. S. Watanabe édit. Lectures Note Math. 1322. Springer. (1988). English translation. pp 173-197. Geometry of Random motion. R. Durrett. M. Pinsky edit. Contemporary Math. 73. (1988).
[L_2] Léandre R. : Integration by parts formulas and rotationally invariant Sobolev Calculus on free loop spaces. In infinite dimensional problems in physics. XXVIII winter school of theoretical physics. Gielerak R. Borowiec A. edit. Journal of Geometry and Physics. 11 (1993), 517-528.
[L_3] Léandre R. : Invariant Sobolev Calculus on the free loop space. Preprint.
[L_4] Léandre R. : Loop space of a developable orbifold. To be published in the proceedings of the symposium over the brownian sheet. E.Merzbach. J.P.Fouque edts.
[L_5] Léandre R. : Brownian motion over a Kähler manifold and elliptic genera of level N. To be published in Stochastic analysis and Applications in Physics. L.Streit edt.
[L.R]Léandre R., Roan S.S. : A stochastic approach to the Euler-Poincaré number of the loop space of a developable orbifold. To be published In Journal of Geometry and Physics.
[Nu] Nualart D. : Non causal stochastic integral and calculus. p80-129. In stochastic Analysis. A. Korezlioglu. S. Ustunel edits. Lectures Notes. Math 1316. (1988).
[N.P] Nualart D., Pardoux.E : Stochastics calculus with anticipating integrands. Pro. The. Rela. Fields. 78 (1988), 535-581.
[Ra] Ramer R. : On the de Rham complex of finite codimensional forms on infinite dimensional manifolds. Thesis. Warwick University. 1974.
[Sh] Shigekawa I. : De Rham-Hodge-Kodaira's decomposition on an abstract Wiener space. J. Math. Kyoto. Uni. 26 (1986), 191-202.

[Sm] Smolyanov O.G. : De Rham currents and Stoke's formula in a Hilbert space. Soviet Math. Dok. 33. 3 (1986), 140-144.
[Sm.W] Smolyanov O.G., v.Weizsäcker H. : Differentiable families of measures. Jour. Funct.Ana.118.2. (1993),454-474.
[T] Taubes C. : S^1 actions and elliptic genera. C.M.P. 122 (1989), 455-526.
[Ug] Uglanov Y : Surface integrals and differential equations on an infinite dimensional space. Sov. Math. Dok. 20.4. (1979), 917-920.
[Wa] Watanabe S. : Stochastic analysis and its application. Sugaku.5.1 (1992),51-71.

Léandre Rémi
I.R.M.A. Département de mathématiques
Université Louis Pasteur
Rue Descartes. 67084. Strasbourg
FRANCE

Un contre-exemple touchant à l'indépendance

par J. DE SAM LAZARO

Laboratoire AMS, URA CNRS 1378
Université de Rouen
76821 Mont Saint Aignan Cedex

1 Dans la préparation d'un travail déjà ancien que nous publiâmes en collaboration avec M. YOR (L.N. in Math. n°649, pp.302-306, 1977) nous fûmes amenés à nous poser la question suivante

Soient $(\Omega, \mathcal{A}, P)$ un espace probabilisé, $\mathcal{B}_1$ et $\mathcal{B}_2$ deux sous-tribus de $\mathcal{A}$, H_1 et H_2 des sous-ensembles denses de $L^1(\mathcal{B}_1)$ et $L^1(\mathcal{B}_2)$ respectivement. On suppose que pour tous $h_1 \in H_1$, $h_2 \in H_2$ le produit $h_1 h_2$ est intégrable et $E[h_1 h_2] = E[h_1]E[h_2]$. Pouvons nous affirmer que les tribus $\mathcal{B}_1$ et $\mathcal{B}_2$ sont indépendantes ?

L'objet de cette note est de répondre (par la négative) à cette question.

Remarque. Si H_1 et H_2 étaient denses dans $L^2(\mathcal{B}_1)$ et $L^2(\mathcal{B}_2)$ respectivement, alors les tribus $\mathcal{B}_1$ et $\mathcal{B}_2$ seraient indépendantes, ceci grâce à la continuité, pour tout $g \in L^2$, de l'application $h \mapsto E[gh]$ de L^2 dans $\mathbb{C}$.

2 Considérons l'espace probabilisé $(\Omega, \mathcal{A}, P)$ où Ω est l'intervalle $[0, 1]$, $\mathcal{A}$ sa tribu borélienne, P la mesure de Lebesgue. Nous allons démontrer le résultat suivant

Proposition. *Il existe deux sous-ensembles dénombrables $\mathcal{F}$ et $\mathcal{G}$ de $L^1(\Omega)$, denses dans $L^1(\Omega)$, tels que $fg \in L^1(\Omega)$ et $E[fg] = E[f]E[g]$ pour tout $f \in \mathcal{F}$ et tout $g \in \mathcal{G}$.*

Pour démontrer cette proposition nous nous donnons une suite $\{e_1, e_2, \ldots\}$ d'éléments de $L^\infty_{\mathbb{R}}(\Omega)$ dense dans $L^1_{\mathbb{R}}(\Omega)$, et deux suites $(\varepsilon_n), (\varepsilon'_n)$ de réels > 0 décroissantes vers 0. Nous montrons alors qu'il existe deux suites $\mathcal{F} = \{f_1, f_2, \ldots\}$, $\mathcal{G} = \{g_1, g_2, \ldots\}$ dans $L^1_{\mathbb{R}}(\Omega)$ telles que

(α) Pour tout $n \in \mathbb{N}$, $||f_n - e_n|| < \varepsilon_n$, $||g_n - e_n|| < \varepsilon'_n$

(β) Pour tous $m, n \in \mathbb{N}$, le produit $f_n g_m \in L^1$ et $E[f_n g_n] = E[f_n]E[g_m]$

Il s'ensuivra que les familles $\mathcal{F}$ et $\mathcal{G}$ sont denses dans $L^1_{\mathbb{R}}(\Omega)$ et que pour tout $f \in \mathcal{F}$, $g \in \mathcal{G}$, on a $fg \in L^1_{\mathbb{R}}$ et $E[fg] = E[f]E[g]$. L'extension au cas complexe est alors immédiate.

La démonstration de la proposition sera basée sur le lemme suivant

Lemme. *On se donne une famille finie $\{f_1, ..., f_n\}$ d'éléments de $L^1_{\mathbb{R}}(\Omega)$, un élément e de $L^\infty_{\mathbb{R}}(\Omega)$ et un réel $\varepsilon > 0$. On suppose que*

(a) pour tout i, $1 \le i \le n$, $f_i \notin L^2(\Omega)$

(b) les lois de probabilité des f_i et de e sont diffuses en dehors de 0

(c) Pour tout i, $1 \le i \le n$, il existe un ensemble $C_i \in \mathcal{A}$ tel que $\displaystyle\int_{C_i} f_i^2 \, dP = \infty$

et tel que pour tout $j \neq i$, f_j est bornée sur C_i.

Il existe alors $g \in L^1_{\mathbb{R}}(\Omega) \backslash L^2_{\mathbb{R}}(\Omega)$ tel que

(α) $||g - e||_1 < \varepsilon$

(β) pour tout $i \in \{1, 2, ..., n\}$, le produit $g f_i \in L^1$ et $E[f_i g] = E[f_i]E[g]$

(γ) il existe $B_0, B_1, ..., B_n \in \mathcal{A}$ tels que $\int_{B_0} |g|^2 \, dP = \infty$, g soit bornée sur $\cup_1^n B_i$, et pour tout $i \in \{1, 2, ..., n\}$ $\int_{B_i} f_i^2 \, dP = \infty$ et f_i soit bornée sur $\cup_{i \neq j} B_j$.

(δ) *la loi de probabilité de g soit diffuse en dehors de 0.*

Démonstration du lemme. L'hypothèse (c) implique qu'il existe n éléments disjoints $C_1, ..., C_n$ de $\mathcal{A}$ vérifiant : pour tout i, $\int_{C_i} f_i^2 \, dP = \infty$, f_i conserve le même signe sur C_i, les f_j sont bornées sur C_i pour $j \neq i$. De plus nous choisirons les C_i de façon que $\int_{C_i} |f_i| \, dP < \frac{\varepsilon}{2n+1}$, $\int_{C_i} |e| \, dP < \frac{\varepsilon}{2n+1}$ et $P(\bigcup_1^n C_i) < 1$ Finalement $\mathcal{A}$ étant non-atomique nous pouvons supposer que pour tout i, $C_i = A_i \cup B_i, A_i \cap B_i = \emptyset$, $\int_{A_i} f_i^2 \, dP = \int_{B_i} f_i^2 \, dP = \infty$.

Nous allons procéder à la construction de g. Quitte à remplacer f_i par $f_i - E[f_i]$ nous supposerons que $E[f_i] = 0$.

Fixons un ensemble $B_0 \subseteq (\bigcup_1^n C_i)^c$ de mesure > 0 tel que les f_i soient bornées sur B_0 et définissons g sur B_0 de sorte que

$$\int_{B_0} |g| \, dP < \infty, \quad \int_{B_0} |g|^2 \, dP = \infty, \quad \int_{B_0} |g - e| \, dP < \frac{\varepsilon}{2n+1}$$

et que g soit diffuse sur B_0, ce qui est possible, l'espace étant non-atomique. Sur le reste de $(\bigcup_1^n C_i)^c$, posons $g = e$. Il s'agit maintenant de définir g sur chaque ensemble C_i. Disons tout de suite que, pour tout i, $|g|$ sera égale à $|f_i|$ sur une partie de A_i et à 0 sur ce qui reste de A_i et sur B_i de sorte que

$$\|g-e\|_1 = \int_{B_0} |g-e| \, dP + \sum_{i=1}^{n} \int_{C_i} |g-e| \, dP < \frac{\varepsilon}{2n+1} + \sum_i \left(\int_{C_i} |f_i| \, dP + \int_{C_i} |e| \, dP \right) < \varepsilon.$$

Donnons nous une série convergente $\sum a_n$ avec $a_n > 0$ pour tout n et soit $0 < b_1 < b_2 < ...$ une suite de réels vérifiant pour tout m

$$(1) \qquad \sum_{j \neq i} \int_{A_j \cap \{|f_j| > b_m\}} |f_i f_j| \, dP < a_m \text{ pour } i \in \{1, ..., n\}.$$

Posons $J_i^{(1)} = \int_{(\bigcup_1^n C_j)^c} g f_i \, dP$ pour $i \in \{1, ...n\}$ et commençons par définir, pour chaque i, g sur une partie de A_i de la façon suivante : supposons par exemple qu'on ait $J_1^{(1)} \leq 0$ et $f_1 \leq 0$ sur A_1. Soient $c_1^{(1)}, d_1^{(1)}$ des réels tels que

$$b_1 < c_1^{(1)} < d_1^{(1)} \text{ et } \int_{A_1 \cap \{-d_1^{(1)} < f_1 < -c_1^{(1)}\}} f_1^2 \, dP = -J_1^{(1)}.$$

De tels réels $c_1^{(1)}$ et $d_1^{(1)}$ existent du fait que la loi de f_1 est diffuse et que $\int_{A_1} f_1^2 \, dP = \infty$. Posons

$$A_1^{(1)} = A_1 \cap \{-d_1^{(1)} < f_1 < -c_1^{(1)}\} \text{ et } g = f_1 \text{ sur } A_1^{(1)}.$$

On définit de même les paires $(c_1^{(2)}, d_1^{(2)}), ..., (c_1^{(n)}, d_1^{(n)})$, les parties $A_2^{(1)}, ..., A_n^{(1)}$ de $A_2, ..., A_n$, et g sur chaque $A_i^{(1)}$: g vaudra f_i si $J_i^{(1)} \leq 0$, $-f_i$ si $J_i^{(1)} \geq 0$. On aura pour $i \in \{1, ...n\}$, grâce à l'inégalité (1) ci-dessus,

$$\left| \int_{(\bigcup C_j)^c \cup (\bigcup_j A_j^{(1)})} g f_i \, dP \right| < a_1.$$

Ensuite posons $J_i^{(2)} = \int_{(\bigcup_j C_j)^c \cup (\bigcup_j A_j^{(1)})} g f_i \, dP$ et définissons des paires de réels $(c_2^{(1)}, d_2^{(1)}), ..., (c_2^{(n)}, d_2^{(n)})$ vérifiant

$$d_1^{(j)} \vee b_2 < c_2^{(j)} < d_2^{(j)} \quad \text{et} \quad \int_{A_j \cap \{c_2^{(j)} < |f_j| < d_2^{(j)}\}} f_j^2 = |J_j^{(2)}|.$$

Posons $A_j^{(2)} = A_j \cap \{c_2^{(j)} < |f_j| < d_2^{(j)}\}$ et définissons g sur $A_j^{(2)}$ par $g = f_j$ si $J_j^{(2)} \leq 0$, $-f_j$ si $J_j^{(2)} \geq 0$ pour $j = 1, 2, ...n$. Toujours en vertu de l'inégalité (1) on a

$$|\int_{(\bigcup C_j)^c \cup (\bigcup A_j^{(1)}) \cup (\bigcup A_j^{(2)})} g f_i \, dP| < a_2,$$

$$\int_{(\bigcup C_j)^c \cup (\bigcup A_j^{(1)}) \cup (\bigcup A_j^{(2)})} |g f_i| \, dP < a_1 + a_2.$$

Et ainsi de suite. À la $m^{\text{ième}}$ étape nous aurons construit, pour tout i, m parties disjointes $A_i^{(1)}, ..., A_i^{(m)}$ de A_i vérifiant

$$|\int_{(\bigcup C_j)^c \cup (\bigcup_{i=1,k=1}^{n,m} A_j^{(k)})} g f_i \, dP| < a_m,$$

$$(2) \qquad \int_{(\bigcup C_j)^c \cup (\bigcup_{i=1,k=1}^{n,m} A_j^{(k)})} |g f_i| \, dP < a_1 + ... + a_m.$$

Posons enfin $g = 0$ sur $A_i \backslash \bigcup A_i^{(k)}$ pour $i = 1, 2, ..., n$. D'après (2), $g f_i$ est intégrable car la série $\sum a_m$ est convergente, et la première de ces inégalités implique que $E[g f_i] = 0$ car $\lim_{m \to \infty} a_m = 0$. □

Passons à la démonstration de la proposition. Soit $\{e_n\}$ une famille dénombrable d'éléments de $L_{\mathbb{R}}^\infty(\Omega)$, dense dans $L_{\mathbb{R}}^1(\Omega)$, telle que chaque e_n ait une loi diffuse en dehors de 0 (il est facile de voir qu'une telle famille existe). Donnons nous deux suites $(\varepsilon_n), (\varepsilon'_n)$ de réels > 0 décroissant vers 0. Il existe $f_1 \in L_{\mathbb{R}}^1 \backslash L_{\mathbb{R}}^2$ de loi diffuse en dehors de 0 telle que $\|f_1 - e_1\|_1 < \varepsilon_1$. D'après le lemme, il existe $g_1 \in L_{\mathbb{R}}^1 \backslash L_{\mathbb{R}}^2$ de loi diffuse en dehors de 0 telle que

$$\|g_1 - e_1\|_1 < \varepsilon'_1, \ g_1 f_1 \in L^1, \ E[g_1 f_1] = E[f_1] E[g_1]$$

et deux parties disjointes A_1, B_1 de $[0,1]$ vérifiant $\int_{A_1} f_1^2 \, dP = \int_{B_1} g_1^2 \, dP = \infty$, g_1 est bornée sur A_1 f_1 est bornée sur B_1.

Ensuite il existe $f_2 \in L_{\mathbb{R}}^1 \backslash L_{\mathbb{R}}^2$ diffuse en dehors de 0 vérifiant

$$f_1 f_2, g_1 f_2 \in L_{\mathbb{R}}^1, \ E[f_1 f_2] = E[f_1] E[f_2], \ E[g_1 f_2] = E[g_1] E[f_2], \ \|f_2 - e_2\|_1 < \varepsilon_2.$$

De plus il existe $A, B, C \subseteq [0,1]$ disjoints tels que

$$\int_A f_1^2 \, dP = \int_B g_1^2 \, dP = \int_C f_2^2 \, dP = \infty,$$

f_1 bornée sur $B \cup C$, g_1 bornée sur $A \cup C$, f_2 bornée sur $A \cup B$. Puis il existe $g_2 \in L^1_{\mathbb{R}} \backslash L^2_{\mathbb{R}}$ diffuse en dehors de 0 telle que

$$g_2 g_1, g_2 f_1, g_2 f_2 \in L^1_{\mathbb{R}}, \ E[g_1 g_2] = E[g_1]E[g_2], \ E[g_2 f_i] = E[g_2]E[f_i]$$

pour $i = 1, 2$, $\|g_2 - e_2\|_1 < e'_2$, g_i^2 et f_i^2 étant d'intégrales infinies sur des ensembles disjoints sur lesquels les autres fonctions sont bornées. Et ainsi de suite... □

Je remercie Jean-Paul THOUVENOT de son aide.

An Asymptotic Evaluation of Heat Kernel for Short Time[1]

In Honor of P.A. Meyer and J. Neveu

J.A. Yan

Consider the following heat equation

$$\frac{\partial u}{\partial t} = (\frac{\Delta}{2} + V)u, \tag{1}$$

where Δ is the Laplacian operator on $\mathbb{R}^d$ and V is a continuous function on $\mathbb{R}^d$. Under mild assumptions on V the fundamental solution of equation (1) exists and can be expressed by the Feynman-Kac formula (cf.[2]). This fundamental solution is called the heat kernel.

The purpose of this paper is to prove the following theorem, which gives an asymptotic evaluation of the heat kernel for short time.

Theorem. Let V be a continuous function on $\mathbb{R}^d$. Assume there exist positive constants C, C_1 and C_2 such that

$$V(x)^+ \leq C(1 + |x|^2), \tag{2}$$

$$V(x)^- \leq C_1 e^{C_2|x|^2}. \tag{3}$$

Let $q(t, x, y)$ be the fundamental solution of the heat equation (1). Then we have

$$\lim_{t \downarrow 0} \frac{1}{t} \log \frac{q(t, x, y)}{p(t, x, y)} = \int_0^1 V((1-s)x + sy)\, ds, \tag{4}$$

where $p(t, x, y)$ is the transition density of a standard Brownian motion.

The main tool for proving this theorem is the Feynman-Kac formula. We recall it for the reader's convenience.

Let $\Omega = C\left([0, \infty), \mathbb{R}^d\right)$ be the collection of all continuous functions from $[0, \infty)$ to $\mathbb{R}^d$. For $\omega \in \Omega$, let $X_t(\omega) = \omega(t)$. Let $\mathcal{F}_t = \sigma\{X_s, s \leq t\}, \mathcal{F} = \sigma\{X_s, s < \infty\}$. We denote by $(\mathbb{P}_x, x \in \mathbb{R}^d)$ the unique family of probability measures on $(\Omega, \mathcal{F})$ such that $(\Omega, \mathcal{F}, \mathcal{F}_t, X_t, \mathbb{P}_x)$ is a standard Brownian motion. Let $y \in \mathbb{R}^d$ and $t > 0$. Put

[1] **Work supported by the National Natural Science Foundation of China.**

$$Y_s(\omega) = X_s(\omega) - \frac{s \wedge t}{t}(X_t(\omega) - y)\ ,\ s \geq 0.$$

Then under $\mathbb{P}_x$ the process $(Y_s, 0 \leq s \leq t)$ is a *Brownian bridge from x to y on* $[0,t]$ and $(Y_s, t \leq s < \infty)$ is a Brownian motion with $Y_t = y$. Moreover, under $\mathbb{P}_x$ these two processes are independent. We denote by $\mathbb{P}_{x,y,t}$ the distribution of the process $(Y_s, s \geq 0)$ on $(\Omega, \mathcal{F})$ under $\mathbb{P}_x$. We call $\mathbb{P}_{x,y,t}$ the $(0, x; t, y)-$*Brownian bridge measure.* Under mild asumptions on V it was shown that the heat kernel for (1) can be expressed by the following Feynman-Kac formula(cf.[2,Theorem 3.2]) :

$$\begin{aligned} q(t,x,y) &= p(t,x,y)\mathbb{E}_{x,y,t}[e^{\int_0^t V(X_s)\,ds}] \\ &= p(t,x,y)\mathbb{E}_0[e^{\int_0^t V(x+\frac{s}{t}(y-x)+X_s-\frac{s}{t}X_t)\,ds}] \\ &= p(t,x,y)\mathbb{E}_0[e^{t\int_0^1 V(x+s(y-x)+\sqrt{t}(X_s-sX_1))\,ds}], \end{aligned} \tag{5}$$

where

$$p(t,x,y) = (2\pi t)^{-\frac{d}{2}} exp\{-\frac{|x-y|^2}{2t}\}.$$

We are going to prove the theorem. To begin with we prepare a lemma.

Lemma. Let $\{\xi(\varepsilon), \varepsilon > 0\}$ be a family of integrable random variables such that $\lim_{\varepsilon \downarrow 0} \mathbb{E}[\xi(\varepsilon)]$ exists and is finite. If

$$\lim_{\varepsilon \downarrow 0} \mathbb{E}[\xi(\varepsilon)(e^{\varepsilon\xi(\varepsilon)} - 1)] = 0, \tag{6}$$

then we have

$$\lim_{\varepsilon \downarrow 0} \frac{1}{\varepsilon} \log \mathbb{E}[e^{\varepsilon\xi(\varepsilon)}] = \lim_{\varepsilon \downarrow 0} \mathbb{E}[\xi(\varepsilon)]. \tag{7}$$

Proof. Since $1 + x \leq e^x \leq 1 + x + x(e^x - 1)$, we have

$$\xi(\varepsilon) \leq \frac{1}{\varepsilon}[e^{\varepsilon\xi(\varepsilon)} - 1] \leq \xi(\varepsilon) + \xi(\varepsilon)[e^{\varepsilon\xi(\varepsilon)} - 1].$$

This together with (6) imply

$$\lim_{\varepsilon \downarrow 0} \frac{1}{\varepsilon}(\mathbb{E}[e^{\varepsilon\xi(\varepsilon)}] - 1) = \lim_{\varepsilon \downarrow 0} \mathbb{E}[\xi(\varepsilon)], \tag{8}$$

which is equivalent to (7). ∎

Corollary 1. If instead of (6) we assume

$$\lim_{\varepsilon \downarrow 0} \varepsilon \mathbb{E}[\xi(\varepsilon)^2(e^{\varepsilon\xi(\varepsilon)} + 1)] = 0, \tag{9}$$

then (7) holds.

Proof. Immediate from the fact that $x(e^x - 1) \leq x^2(e^x + 1)$. We leave the proof of this fact to the reader. ∎

Corollary 2. Let $\{\xi(\varepsilon), \varepsilon > 0\}$ be a family of integrable random variables such that $\lim_{\varepsilon \downarrow 0} \mathbb{E}[\xi(\varepsilon)]$ exists and is finite. If there exists an $\varepsilon_0 > 0$ such that $\{\xi(\varepsilon), 0 < \varepsilon \leq \varepsilon_0\}$ is uniformly integrable (u.i. for short) and $\mathbb{E}[e^{\delta \sup_{0<\varepsilon\leq\varepsilon_0} \xi(\varepsilon)^+}] < \infty$ for some $\delta > 0$, then (6) is satisfied. In particular, we have (7).

Proof. For any $c > 0$, we have

$$\xi(\varepsilon)^+ e^{\varepsilon\xi(\varepsilon)^+} \leq \frac{1}{c} e^{(\varepsilon+c)\xi(\varepsilon)^+}.$$

Thus, by assumption we can find an $\varepsilon_1 > 0$ with $\varepsilon_1 \leq \varepsilon_0$ such that $\{\xi(\varepsilon)^+ e^{\varepsilon\xi(\varepsilon)^+}, 0 < \varepsilon \leq \varepsilon_1\}$ is u.i.. On the other hand, we have

$$|\xi(\varepsilon)| e^{\varepsilon\xi(\varepsilon)} \leq \xi(\varepsilon)^+ e^{\varepsilon\xi(\varepsilon)^+} + |\xi(\varepsilon)|.$$

Consequently, $\{\xi(\varepsilon)[e^{\varepsilon\xi(\varepsilon)} - 1], \varepsilon_1 \geq \varepsilon > 0\}$ is u.i.. Therefore, (6) holds, because $\varepsilon\xi(\varepsilon)$ tends to 0 in probability as ε tends to 0. ∎

Now we are in a position to prove our theorem. Put

$$\xi(\varepsilon) = \int_0^1 V(x + s(y - x) + \sqrt{\varepsilon}(X_s - sX_1))\, ds. \tag{10}$$

We may assume $C_1 \geq C, C_2 \geq 1$. Then by (2) and (3) we get

$$\begin{aligned} \sup_{0\leq\varepsilon\leq\varepsilon_0} |\xi(\varepsilon)| &\leq C_1 \int_0^1 e^{C_2 \sup_{0\leq\varepsilon\leq\varepsilon_0} |x+s(y-x)+\sqrt{\varepsilon}(X_s - sX_1)|^2}\, ds \\ &\leq C_1 \int_0^1 e^{2C_2|x+s(y-x)|^2}\, ds\, e^{4C_2\varepsilon_0 \sup_{0\leq s\leq 1} |X_s|^2}. \end{aligned}$$

Thus by Fernique's theorem ([1]) for sufficiently small $\varepsilon_0 > 0, \{\xi(\varepsilon), 0 < \varepsilon \leq \varepsilon_0\}$ is u.i. and we have

$$\lim_{\varepsilon\downarrow 0} \mathbb{E}[\xi(\varepsilon)] = \int_0^1 V(x + s(y - x))\, ds.$$

On the other hand, by (10) and (2) we have

$$\begin{aligned} & e^{\sup_{0\leq\varepsilon\leq\varepsilon_0} \xi(\varepsilon)^+} \\ \leq\ & e^{\int_0^1 \sup_{0\leq\varepsilon\leq\varepsilon_0} C(1+|x+s(y-x)+\sqrt{\varepsilon}(X_s - sX_1)|^2)\, ds} \\ \leq\ & e^{\int_0^1 C(1+2|x+s(y-x)|^2)\, ds}\, e^{4C\varepsilon_0 \sup_{0\leq s\leq 1} |X_s|^2}. \end{aligned}$$

Thus, once again by Fernique's theorem, for sufficiently small ε_0, $\mathbb{E}[e^{\sup_{0\leq\varepsilon\leq\varepsilon_0} \xi(\varepsilon)^+}] < \infty$. Consequently, in view of (5) and (10) we can apply Corollary 2 to conclude the theorem.

Refrences

[1] X. Fernique, Intégrabilité des vecteurs Gaussiens, C.R.A.S. Paris 270, Series A(1970), 1698-1699.

[2] J.A. Yan, From Feynman-Kac formula to Feynman integrals via analytic continuation. *Stoch. Processes and their Applications*, 54 (1994), 215 - 232.

J.A. Yan
Institute of Applied Mathematics
Academia Sinica
P.O. Box 2734
Beijing 100080, P.C. China
Email: jayan@bepc2.ihep.ac.cn

Meyer's Topology and Brownian motion in a composite medium

Weian Zheng
Department of mathematics
University of California, Irvine, CA 92717, USA

Résumé— On associe au problème de propagation de la chaleur dans un milieu composite un processus de diffusion qui est une semimartingale. On étudie surtout le problème de Stefan.

1 Introduction

Let's first consider one dimensional case. When we consider heat transfer on an infinite rod, we use real line $(-\infty, \infty)$ to replace the rod. Suppose that $-\infty = x_0 < x_1 < ... x_n < x_{n+1} = \infty$ are $n+2$ points such that each interval $I_i = (x_i, x_{i+1})$ is made of one material. Then the temperature $u(t,x)$ satisfies the equation (see [12] [17])

$$a_i \frac{\partial^2}{\partial x^2} u(t,x) = 2\frac{\partial}{\partial t} u(t,x) \qquad x_i < x < x_{i+1}$$

subjected to the boundary condition

$$k_{i-1} \frac{\partial}{\partial x_-} u(t,x_i) = k_i \frac{\partial}{\partial x_+} u(t,x_i) \qquad i = 1, ..., n,$$

and the initial condition

$$u(x,0) = \xi_i(x), \qquad x_i < x < x_{i+1}$$

[1]1991 Mathematical Subject Classification: Primary 60J65; secondary 60J60, 60J35, 58G32, 58G11.

[2]Research supported by N.S.F. grant DMS-9204038.

where we use $\frac{\partial}{\partial x_-}$ ($\frac{\partial}{\partial x_+}$) to denote the left (resp. right) derivative. k_i is the thermal conductivity and a_i is the thermal diffusivity of the material of which I_i is made. To compare with the engineering literature ([12] [17]), we put a constant factor 2 in (1) and thereafter for the convenience of probabilists. In fact, the standard Gaussian density satisfies (1) when $a_i \equiv 1$.

The above boundary problem may be formulated in terms of Dirichlet forms (see [11], [1], [2] for examples). Let $\{A_i\}_i$ be a collection of disjoint simply connected open sets (made of different materials) in R^d and $\{\overline{A}_i\}_i$ are their closures respectively. Suppose $\bigcup_i \overline{A}_i = R^d$. Let a_i and k_i be the termal diffusivity and the thermal conductivity of the material of which A_i is made. Denote

$$a(x) = \sum_{i=0}^{n} a_i I_{A_i}(x), \qquad b(x) = \sum_{i=0}^{n} \frac{k_i}{a_i} I_{A_i}(x). \tag{1}$$

We call $b_i = k_i a_i^{-1}$ the intrinsic thermal conductivity. Then the temperature $u(x,t)$ satisfies the heat equation

$$\frac{\partial}{\partial t} u = \frac{1}{2} \sum_j b^{-1}(x) \frac{\partial}{\partial x_j} [a(x) b(x) \frac{\partial}{\partial x_j} u].$$

It is well known that there is a symmetric diffusion process $\{X_t\}_t$ with generator (see [6])

$$\mathcal{L} f = \frac{1}{2} b^{-1}(x) \sum_{j=1}^{d} \frac{\partial}{\partial x_j} [b(x) a(x) \frac{\partial}{\partial x_j} f(x)] \tag{2}$$

such that X_t has $u(x,t)$ as its density function with respect to $b(x)dx$. Generally speaking $\{X_t\}_t$ is just a Dirichlet process. However we will prove in Section 2 that $\{X_t\}_t$ is a semimartingale when the complements $\{(A_i)^c\}$ have locally finite lower Minkowski contents [21] [3]. More precisely the following Skorohod type of decomposition holds:

$$X_t = \int_0^t \sqrt{a(X_s)} dB_s + L_t \tag{3}$$

where B_t is a standard Brownian motion and L_t is a process of bounded variation supported only on the boundaries $\bigcup_i \partial A_i$. A difference between the ordinary reflecting Brownian motion and the process constructed here is the latter may cross the boundaries $\bigcup_i \partial A_i$.

Then we show in Section 4 that there is a martingale process associated to Stefan's moving boundary problem. The moving boundary is the set of all the discontinuous points of the clock of that martingale and the density function of that martingale is related to the enthalpy. We hope that further studies will enable us to get more information about the free boundary.

Meyer's pseudo-path topology for weak convergence is the major tool for proving the above diffusion process is a semimartingale in Section 2. Let's recall the latter here for the readers' convenience. Given a sequence of semimartingales

$$X_t^{(n)} = X_0^{(n)} + M_t^{(n)} + A_t^{(n)}, \qquad t \in [0,T]$$

where $\{\{M_t^{(n)}\}_t\}_n$ are martingales with 0-initial values and $\{\{A_t^{(n)}\}_t\}_n$ are processes of bounded variation such that

$$\sup_n E\{|X_0^{(n)}| + |M_T^{(n)}| + Var_{[0,T]}[A^{(n)}]\} < \infty. \tag{4}$$

Then their laws are tight on $D[0,T]$ under pseudo-path topology. Moreover, any of their weak limit is still a semimartingale [16] [10].

2 In a fixed composite medium

In [21], we introduced a condition (C.1) to the boundary of a domain, under which we proved reflecting Brownian motion in that domain is a semimartingale. Z.Chen [3] independently proved the same result under the condition that the domain has finite lower Minkowski content. It is easy to see that if we allow to take any subsequence instead of the special sequence in (C.1), then the finite lower Minkowski condition is equivalent to (C.1). So let us recall the definition of Minkowski content here. Let $m(.)$ be the Lebesgue measure. Denote for each bounded set F,

$$F_r = \{x \in R^d,\ 0 < dis(x,F) \le r\}.$$

We say that a set F has locally finite lower Minkowski content if

$$\liminf_{r\to 0} \frac{m(F_r \bigcap \{x,\ |x| < n\})}{r} < \infty \tag{5}$$

for each fixed n.

Theorem 1 *If each bounded set only intersects a finite number of $\{A_i\}_i$ and if all $(A_i)^c$ has finite lower Minkowski content, then X_t with generator (2) is a semimartingale with the decomposition*

$$X_t = \int_0^t \sqrt{a(X_s)}dB_s + L_t$$

where L_t is a process of bounded variation. Moreover, L_t is supported only on $\bigcup_i \partial A_i$.

Proof. Without losing generality, we assume that each A_i is bounded and $r = \{\frac{1}{m}\}_m$ gives the lim inf in (5). Let $\phi_n(x)$ be a sequence of C^1 functions such that

1) $\phi_n(x) = 1$ when $|x| < n$ and $\phi_n(x) = 0$ when $|x| > n+1$;
2) $0 \le \phi_n(x) \le 1$ and $\sup_n |\frac{\partial}{\partial x}\phi_n(x)| \le 2$.

Denote by $\delta_i(x)$ the Stein's regularized distance function to A_i (see Lemma 2.1 of [21]). Take a decreasing function $f_m(r) \in C^\infty$ for each integer m such that

$$f_m(0) = 1, \qquad f_m(s) = 0 \quad (\forall s \ge \frac{1}{m}).$$

Let

$$\tilde{a}_{m,n}(x) = (1 - \phi_{n-1}(x)) + \phi_n(x) \sum_i a_i f_m(\delta_i(x))$$

and

$$\tilde{b}_{m,n}(x) = (1 - \phi_{n-1}(x)) + \phi_n(x) \sum_i \frac{k_i}{a_i} f_m(\delta_i(x)).$$

Then $\tilde{a}_{m,n}(x)$ and $\tilde{b}_{m,n}(x)$ are differentiable. Denote by $X_s^{(m,n)}$ the diffusion process associated to the Dirichlet form

$$\mathcal{E}_{m,n}(f,g) = \frac{1}{2}\int (\frac{\partial}{\partial x}f)\tilde{a}_{m,n}(x)\tilde{b}_{m,n}(x)\frac{\partial}{\partial x}g(x)dx$$

on $L_2(R^d, \tilde{b}_{m,n}(x)dx)$. By [13], we know that $\{\{X_s^{(m,n)}\}\}_m$ converge weakly to the diffusion $\{X_s^{(n)}\}$ associated to the Dirichlet form

$$\begin{aligned}&\mathcal{E}_n(f,g)\\ = &\frac{1}{2}\int (\frac{\partial}{\partial x}f)(1 - \phi_{n-1}(x) + \phi_n(x)a(x))(1 - \phi_{n-1}(x) + \phi_n(x)b(x))\frac{\partial}{\partial x}g(x)dx.\end{aligned}$$

on $L_2(R^d, (1 - \phi_{n-1}(x) + \phi_n(x)b(x))dx)$. On the other hand,

$$dX_t^{(m,n)} = dM_t^{m,n} + \frac{1}{2}\tilde{b}_{m,n}^{-1}(X_t^{(m,n)})\frac{\partial}{\partial x}[\tilde{a}_{m,n}(X_t^{(m,n)})\tilde{b}_{m,n}(X_t^{(m,n)})]dt$$

where $\{M^{m,n}\}$ are martingales with bounded quadratic variations and the drift parts satisfy the inequality:

$$\begin{aligned}&E\{\int_0^T |\frac{1}{2}b_{m,n}^{-1}(X_s^{(m,n)})\frac{\partial}{\partial x}[\tilde{a}_{m,n}^{-1}(X_t^{(m,n)})b_{m,n}(X_s^{(m,n)})]|ds\}\\ \le\ &C_{1,n}T\{\int |b_{m,n}^{-1}(x)\frac{\partial}{\partial x}b_{m,n}(x)|dx + \int |\frac{\partial}{\partial x}a_{m,n}(x)|dx\}\\ \le\ &C_{2,n}T \qquad (6)\end{aligned}$$

where $C_{1,n}$ and $C_{2,n}$ are constants independent of m and T. The last inequality is from Lemma 2.2 of [21] and the remark we gave before the description of this theorem. Therefore from (4) we know the laws of $\{\{X_t^{(m,n)}\}_t\}_m$ form a tight sequence under Meyer's pseudo-path topology on $D[0,T]$ and any limit process is still a semimartingale. Thus $\{X_t^{(n)}\}_t$ is a continuous semimartingale. Since $X_t^{(n)} = X_t^{(n+1)}$ before they hit the ball $\{x,\ |x| < n\}$, we get (3) when $n \to \infty$. As $\{X_t\}_t$ is just ordinary Brownian motion while it stays away from $\bigcup_i \partial A_i$, we get the last conclusion of the theorem. ∎

3 Regularizing enthalpy

Let's consider the case where some phase transitions are involved. Suppose there are $n+1$ possible phases with their thermal diffusivities $\{a_i\}_{i=0,\ldots,n}$ and intrinsic thermal conductivities $\{b_i\}_{i=0,\ldots,n}$ respectively. Suppose $\{u_i\}_{i=1,\ldots,n}$ are the fusion temperatures between the $(i-1)$-th state and the i-th state and suppose $u_1 = 0$. Denote

$$b(u) = b_0 I_{\{u=0\}} + \sum_{i=1}^{n-1} b_i I_{(u_i,\ u_{i+1}]}(u) + b_n I_{(u_n,\ \infty)}(u)$$

and

$$a(u) = a_0 I_{\{u=0\}} + \sum_{i=1}^{n-1} a_i I_{(u_i,\ u_{i+1}]}(u) + a_n I_{(u_n,\ \infty)}(u).$$

Let $L_i > 0$ be the latent heat of fusion at temperature u_i. Then an enthalpy function is defined by

$$H(u) = \int_0^u b(v)dv + \sum_{\{i,\ u_i<u\}} L_i, \tag{7}$$

and the temperature $u(x,t)$ satisfies the following equation in the weak sense:

$$\frac{\partial}{\partial t} H(u(x,t)) = \frac{1}{2}\sum_j \frac{\partial}{\partial x_j}[b(u(x,t))a(u(x,t))\frac{\partial}{\partial x_j}u(x,t)] \tag{8}$$

with the initial condition $u(x,0) = u_0(x)$ (see [5], [9], for example).

Withou losing generality, we will assume $a(u)b(u) \equiv 1$. In fact, we may always realize that assumption by changing the variable u to

$$v(x,t) = \int_0^{u(x,t)} a(\xi)b(\xi)d\xi.$$

See (p.497, [11]) for details. Thus (8) becomes

$$\frac{\partial}{\partial t}H(u(x,t)) = \frac{1}{2}\sum_j \frac{\partial^2}{\partial x_j^2}u(x,t). \tag{9}$$

Since $H(.)$ is a function with jumps, (9) should be understood in the sense of distribution. Now let us regularize it. Denote by $J_{m,v}(u)$ the regularizing sequence of the δ-function at $v+\frac{1}{2m}$ such that $J_{m,v}(u) \in C_0^\infty[v, v+\frac{1}{m}]$ and $\int J_{m,v}(u)du = 1$. Let

$$b_m(u) = b_0 + \sum_{i=1}^n (b_i - b_{i-1}) \int_0^u J_{m,u_i}(v)dv.$$

Denote $L_m(u) = \sum_{i=1}^n L_i J_{m,u_i}(u)$ and $H_m(u) = \int_0^u (b_m(v) + L_m(v))dv$. Then $b_m(u)$ and $H_m(u)$ are smooth functions tending to $b(u)$ and $H(u)$ respectively on their continuous points. Thus (8) is regularized to

$$(b_m(u(x,t)) + L_m(u(x,t)))\frac{\partial}{\partial t}u(x,t) = \frac{1}{2}\sum_j \frac{\partial^2}{\partial x_j^2}u(x,t)\ . \tag{10}$$

Denote $p_m(u) = u^{-1}H_m(u)$ and $\bar{a}_m(u) = p_m^{-1}(u)$. Then the above equation becomes Fokker-Planck equation (see Lemma 1 of [23]):

$$u\frac{\partial}{\partial t}p_m(u) + p_m(u)\frac{\partial}{\partial t}u = \frac{1}{2}\sum_j \frac{\partial^2}{\partial x_j^2}u. \tag{11}$$

We also give a restriction on the initial value $u^{(0)}(x)$ through the following assumption. We assume that there is a sequence of functions $u_m^{(0)}(x) \to u^{(0)}(x)$, *a.e.* such that 1) $\int u_m^{(0)}(x)p_m(u_m^{(0)}(x))dx = 1$; 2) $u_m^{(0)}(x)p_m(u_m^{(0)}(x))$ are uniformly bounded in m.

Let $u_m(x,t)$ be the solution to (11) with the initial condition $u_m(x,0) = u_m^{(0)}(x)$. Then it is not difficult to see that for each fixed m, $u_m(x,t)p_m(u_m(x,t))$ is the density function with respect to Lebesgue measure of a Markov diffusion process with the following decomposition:

$$X_{m,t} - X_{m,0} = \int_0^t \sqrt{\bar{a}_m(u_m(X_{m,s},s))}dW_{m,s} \tag{12}$$

where $\{W_{m,s}\}_s$ is a d-dimensional Brownian motion (see [8]). Since $\bar{a}_m$ is bounded, the laws of $\{X_m\}$ are tight and any limit process is still a continuous martingale ([22])

4 Towards Stefan's problem

Now let us consider in more details the limit process. By (12) and Ito's formula,

$$
\begin{aligned}
& E[u_m(X_{m,t},t)p_m(u_m(X_{m,t},t))] - E[u_m(X_{m,0},0)p_m(u_m(X_{m,0},0))] \\
= & \int_0^t E\{\frac{\partial}{\partial s}(u_m(X_{m,s},s)p_m(u_m(X_{m,s},s)))\}ds \\
+ & \sum_j \int_0^t E\{\frac{1}{2\,p_m(u_m(X_{m,s}))}\frac{\partial^2}{\partial x_j^2}[u_m(X_{m,s},s)p_m(u(X_{m,s},s))]\}ds.
\end{aligned}
$$

That is,

$$
\begin{aligned}
& E[u_m(X_{m,t},t)p_m(u_m(X_{m,t},t))] - E[u_m(X_{m,0},0)p_m(u_m(X_{m,0},0))] \\
= & \frac{1}{2}\sum_j \int_0^t \int u_m \frac{\partial^2}{\partial x_j^2}[u_m p_m(u_m)]dxds \\
+ & \int_0^t \int u_m p_m(u_m)\frac{\partial}{\partial s}(u_m p_m(u_m))dxds \\
= & \frac{1}{2}\sum_j \int_0^t \int u_m \frac{\partial^2}{\partial x_j^2}[u_m p_m(u_m)]dxds \\
+ & \frac{1}{2}\sum_j \int_0^t \int u_m p_m(u_m)\frac{\partial^2}{\partial x_j^2}u_m dxds \\
= & -\sum_j \int_0^t \int (b_m(u_m) + L(u_m))\frac{\partial}{\partial x_j}u_m \frac{\partial}{\partial x_j}u_m dxds.
\end{aligned}
$$

Since $E[u_m(X_{m,t},t)p_m(u_m(X_{m,t},t))] \geq 0$, $b(u_m) > 0$ and $L(u_m) \geq 0$, we deduce

$$
\sup_m\{\sum_j \int_0^t \int |\frac{\partial}{\partial x_j}u_m|^2 dxds\} \leq \sup_{m,x}\{u_m^{(0)}(x)p_m(u_m^{(0)}(x))\} < \infty. \tag{13}
$$

Define on $[0,T] \times R^d$ a Hilbert space $\mathcal{H}$ with the norm

$$
\| f \| = \sqrt{\sum_{j=1}^d \int \int_0^T |\frac{\partial}{\partial x_j}f(x,s)|^2 ds\,dx + \int \int_0^T |f(x,s)|^2 ds\,dx.}
$$

Then from (13), $u_m(.,.)$ is contained in a bounded ball in $\mathcal{H}$. Since $\mathcal{H}$ is reflexive, the bounded ball in $\mathcal{H}$ is weakly compact. So we can find a weakly convergent subsequece still denoted as $u_m(x,t)$ such that u_m converge weakly to some $u \in \mathcal{H}$. Furthermore, it is standard to find an almosl everywhere convergent subsequenceon of $\{u_m\}_m$ in the space-time (see [7] and [23] for details) and denote by $u(x,t)$ their limit. Thus we conclude our discussion with the following

Theorem 2 *There is a martingale diffusion process*

$$X_t = X_0 + \int_0^t \sqrt{uH^{-1}(u(X_s, s))}dW_s$$

with the enthalpy $H(x,t)$ as its density function with respect to Lebesgue measure. In the above formula, W_t is a standard d-dimensional Brownian motion. The generator of X_t may be formally written as

$$\frac{1}{2}uH^{-1}(u(x,t))\sum_{j=1}^{d}\frac{\partial^2}{\partial x_j^2}.$$

References

[1] M.Biroli and U.Mosco, "Dirichlet forms and structural estimates in discontinuous media,", C.R.Acad.Sci.Paris, t. 313, Sery I, (1991);

[2] M.Biroli and U.Mosco, "Discontinuous media and Dirichlet forms of diffusion type", Developments in Partial Differential Equations and Applications to Math. Physics, Plenum Press, New York, (1992);

[3] Z.Chen, "On reflecting diffusion processes and Skorohod decompositions", Prob. Theory and Related Fields, Vol.94, No.3, (1993), 281-315;

[4] Z.Chen, P.Fitzsimmons and R.Williams, "Reflecting Brownian motions: quasimartingales and strong caccioppoli sets", Potential Analysis 2 (1993), p.219-243;

[5] C.M.Elliott and H.R.Ockendon, Weak and Variational Methods for Moving Boundary Problems, Pitman Publishing Inc. (1982);

[6] M.Fukushima, Dirichlet forms and Markov Processes, North-Holland, (1985);

[7] L.C.Evans and R.F.Gariepy, Measure Theory and Fine Properties of Functions, CRC Press, (1992);

[8] T.Funaki, "A certain class of diffusion processes associated with nonlinear parabolic equations,"Z.Wahrsch. verw. Gebiete, 67, (1984);

[9] J.M.Hill and J.N.Dewynne, Heat Conduction, Blackwell Scientific Publications, (1987);

[10] T.G.Kurtz, "Random time changes and convergence in distribution under the Meyer-Zheng conditions", the Annals of Prob., (1991), V19, No.3, 1010-1034;

[11] O.A.Ladyzenskaya, V.A.Solonnikov and N.N.Uralceva, Linear and Quasilinear Equations of Parabolic Type, AMS, (1968);

[12] A.V.Luikov, Analytical Heat Diffusion Theory, Academic Press, (1968);

[13] T.Lyons and T.S.Zhang, "Note on convergence of Dirichlet processes", Bull. London Math. Soc. 25 (1993), 353-356;

[14] T.Lyons and W.Zheng, "A Crossing estimate for the canonical process on a Dirichlet space and a tightness result", Colloque Paul Levy sur les Processus Stochastiques, Asterisque 157-158 (1988), 249-271;

[15] T.Lyons and W.Zheng, "Diffusion Processes with Non-smooth Diffusion Coefficients and Their Density Functions", the Proceedings of Edinburgh Mathematical Society, (1990), 231-242;

[16] P.A.Meyer and W.Zheng, "Tightness criteria for laws of semimartingales," Ann. Inst. Henri Poincaré. 20 (1984), No. 4, 357-372;

[17] M.N,Özişik, Heat Conduction, 2nd ed., John Wiley & Sons, Inc. (1993);

[18] J.Nash, "Continuity of solutions of parabolic and elliptic equations", Amer. J. Math., (1958), 80, 931-954;

[19] M.Takeda, "Tightness property for symmetric diffusion processes" Proc. Japan Acad. Ser.A, Math. Sci. , (1988), 64;

[20] T.Uemura, "On weak convergence of diffusion processes generated by energy forms", Preprint, 1994;

[21] R.J.Williams and W.A.Zheng, "On reflecting Brownian motion – a weak convergence approach," A. Inst. H. Poincare, (1990), 26, No.3, p.461-488;

[22] W.Zheng, "Tightness results for laws of diffusion processes application to stochastic machanics," A. Inst. H. Poincare, (1985), 21;

[23] W.Zheng, "Conditional propagation of chaos and a class of quasi-linear PDE", Annals of Probobability, (1965), Vol.23, No.3, 1389-1413.

CONTINUOUS MAASSEN KERNELS AND THE INVERSE OSCILLATOR

Wilhelm von Waldenfels
Institut für Angewandte Mathematik
Universität Heidelberg
Im Neuenheimer Feld 294
D-69120 Heidelberg

Dedicated to P.A. Meyer to his 60th birthday

Summary: The quantum stochastic differential equation of the inverse oscillator in a heat bath of oscillators is solved by the means of a calculus of continuous and differentiable Maassen kernels. It is shown that the time development operator does not only map the Hilbert space of the problem into itself, but also vectors with finite moments into vectors with finite moments. The vacuum expectation of the occupancy numbers coincides for pyramidally ordered times with a classical Markovian birth process showing the avalanche character of the quantum process.

§ 0. Introduction

The quantum mechanical oscillator has the Hamiltonian $\omega_0 b^+b$, where b and b^+ are the usual annihilation and creation operators. The inverse oscillator has the Hamiltonian $-\omega_0 b^+b$. Coupled to a heat bath the inverse oscillator has the Hamiltonian

$$-\omega_0 b^+b + \sum_{\lambda\in\Lambda} (\omega_0+\omega_\lambda)\, a_\lambda^+ a_\lambda + \sum_{\lambda\in\Lambda} (g_\lambda a_\lambda b+\overline{g_\lambda}\, a_\lambda^+ b^+).$$

As this Hamiltonian is not bounded below it cannot describe a real physical system; it can be used, however, to approximate the initial behavior of real physical systems, e.g. in the case of superradiance, at it is shown in § II.1 [2], [3], [11].

Using the interaction representation and singular coupling limit we arrive to the quantum stochastic differential equation for the time development operator

(1) $$dU_{t,s} = (-ib\,da_t - ib^+da_t^+ - \frac{1}{2}\, bb^+dt)U_{t,s}.$$

This is a well-known equation, already mentioned in one of the early papers of Hudson and Parthasarathy [5].

The mathematical problem is that the coefficients b and b^+ are unbounded operators. We treat it in considering the matrix elements

(2) $$\langle m|U_{t,s}|n\rangle$$

as Maassen kernels. Here again a problem arises as the kernels are not bounded in the Maassen sense. Due to the simple algebraic structure, however, all convolutions of these kernels are allowed.

In chapter I we reconstruct the theory of Maassen kernels without the exponential bond used by Maassen. We introduce continuity and differentiability in a slightly different way and obtain an elementary theory which uses only calculus and Lebesgue integrations. We regain Maassen's theorem connecting differentiation and integration similar to the fundamental theorem of calculus and Maassen's and Robinson's general Itô-formula [7], [8], [9], [10], [12]. From there one can obtain several Itô tables for adapted processes. We have the usual Itô table for forward adapted processes

(3)

	da	da_t^+
da	0	dt
da_t^+	0	0

For backward adapted processes we obtain

(4)

	da	da_t^+
da	0	$-dt$
da_t^+	0	0

and if one of the processes is forward adapted and the other backward adapted we have

(5)

	da_t	da_t^+
da	0	0
da_t^+	0	0.

In chapter II we investigate the special structure of the inverse oscillator in a bath. Due to the quadratic Hamiltonian the Heisenberg equations are linear and can be solved easily. In II.2 we calculate the Heisenberg equations going back to the finite heat bath and performing the singular coupling limit. We obtain

$$b_{t,s}^+ = U_{t,s}^+ b^+ U_{t,s} = e^{(t-s)/2}\, b^+ + i\int_s^t e^{(t-t')/2}\, da_{t'}. \tag{6}$$

We see that for $t \to \infty$

$$e^{-t/2}\, b_{t,0}^+ \to b^+ + i\int_0^t e^{-t'/2}\, da_{t'} = B^+. \tag{7}$$

As B and B^+ commute we can interpret them as classical quantities which might be understood as the macroscopic quantities after amplification [2]. Assume for $t = 0$ as statistical operator the vacuum for the bath and the density matrix ρ for the b and b^+, then B and B^+ are distributed with respect to the classical probability law given by a smeared out Wigner transform of ρ.

It is easy to solve the stochastic equation (1) by Maassen kernels. We obtain a uniquely determined matrix

$$\langle m|u_{t,s}|n\rangle(\sigma,\tau))_{m,n\,=\,0,1,2,\ldots}$$

and are left with the problem to show that this is the matrix of a unitary operator $U_{t,s}$. By assumption

$$t \rightarrow \langle m|u_{t,s}|n\rangle$$

is forward adapted. From the explicit formula one concludes that

$$s \rightarrow \langle m|u_{t,s}|n\rangle$$

is backward adapted. Using the differentiation calculus and (3), (4) and (5) we conclude that in matrix form

$$u_{t,s} * u_{s,r} = u_{t,r}$$

for $r < s < t$ (Proposition 2 of § II.4). Let $p = p(b, b^+)$ be a polynomial in b and b^+, then by differentiating with respect to t we obtain

(8) $$u^+_{t,s} * p(b,b^+)\,\delta_{\emptyset,\emptyset} * u_{t,s} = p(b_{t,s}, b^+_{t,s})$$

where $b_{t,s}$ is given by (6) and by differentiating with respect to s

(9) $$u_{t,s} * p(b,b^+)\,\delta_{\emptyset,\emptyset} * u^+_{t,s} = p(b_{s,t}, b^+_{s,t})$$

with

$$b^+_{s,t} = e^{(t-s)/2}\, b^+\delta_{\emptyset,\emptyset} - i\int_s^t e^{(t-t')/2} da_{t'}.$$

The equations (8) and (9) hold for $|t-s| < 1$. Choosing $p = 1$, one can deduce the unitarity of $U_{t,s}$. But there is more. Call Λ the operator of the total number of particles in the Fock space

$$(\Lambda\xi)(\omega) = \#\omega\xi(\omega),$$

then there exist constants C_k, Γ_k such as

$$U^+_{t,s}\,(\Lambda + bb^+)^k U_{t,s}$$

and

$$U_{t,s}\,(\Lambda + bb^+)^k U^+_{t,s}$$

are

(10) $$\leq C_k\, e^{\Gamma_k|t-s|}(\Lambda + bb^+)^k.$$

From there we establish a unitary evolution $U_{t,s}$ for all t and s; furthermore $U_{t,s}$ maps the space

$$\mathcal{D}_k = \{\xi : \|(\Lambda + bb^+)^{k/2}\,\xi\| < \infty\}$$

onto itself (Theorem II.5). The Heisenberg equations can now be established in a rigorous way.

Call $X(t)$ the classical Markov process on $\mathbf{N}$ which is able to make only jumps of $+1$ and has the transition probabilities

$$\mathbf{P}(X(t+dt) = n+1 \mid X(t) = n) = (n+1)dt$$
$$\mathbf{P}(X(t+dt) = n \mid X(t) = n) = 1-(n+1)dt,$$

then $X(t)$ and

$$N(t) = U^+_{t,0}\, b^+b\, U_{t,0}$$

have the same marginal distributions and moments for pyramidally ordered times. For non pyramidally ordered times there are differences. To establish this result was one of the major difficulties of the paper. We had to use (10) heavily.

I. Continuous Maassen kernels

§ I.1. Measurable kernels

We follow Maassen's original notation [9]. Let $I \subset \mathbf{R}$ be an interval. Denote by Ω (I) the set of all finite subsets of I.

$$\Omega(I) = \bigcup_{n=0}^{\infty} \Omega_n(I),$$

$$\Omega_0(I) = \{\emptyset\};\ \ \Omega_n(I) = \{\omega \in \Omega(I) : \#\omega = n\}$$

where $\#\omega$ denotes the cardinality. $\Omega_n(I)$ can be identified with the subset $\{(t_1, \ldots, t_n) \in I^n : t_1 < \ldots < t_n\}$ and inherits the structure of a measure space from I^n. Let $d\omega$ denote the measure on $\Omega(I)$ which has $\emptyset$ as an atom of measure 1 and which equals the Lebesgue measure on $\Omega_n(I)$ for $n = 1, 2, \ldots$. So

$$\int f(\omega)d\omega = f(\emptyset) + \sum_{n=1}^{\infty} \int_{t_1<\ldots<t_n}\!\!\int dt_1 \ldots dt_n\, f(\{t_1, \ldots, t_n\}).$$

A kernel is a measurable function

$$x : \Omega(I) \times \Omega(I) \rightarrow \mathbf{C}.$$

Two kernels x and y are called multipliable if

$$\sum_{\alpha\subset\sigma}\sum_{\beta\subset\tau}\int_{\Omega(I)} d\gamma \, |(x(\alpha, \beta+\gamma)| \, |y((\sigma\backslash\alpha)+\gamma, \tau\backslash\beta)| < \infty$$

for almost all $\sigma, \tau \in \Omega(I)$. The sum $\omega + \omega'$ of two finite subsets of I is equal to $\omega \cup \omega'$ if $\omega \cap \omega' = \emptyset$ and is not defined if $\omega \cap \omega' \neq \emptyset$. So the integrand is defined almost everywhere.

If two kernels are multipliable their product $x * y$ is defined by

$$(x * y)(\sigma, \tau) = \sum_{\alpha\subset\sigma}\sum_{\beta\subset\tau}\int_{\Omega(I)} d\gamma \, (x(\alpha, \beta+\gamma) \, y((\sigma\setminus\alpha)+\gamma, \tau\setminus\beta).$$

For n factors we have the formula

$$(x_1 * \ldots * x_n)(\sigma, \tau) = \sum_{\substack{a_1+\ldots+\alpha_n=\sigma \\ \beta_1+\ldots+\beta_n=\tau}} \int \cdots \int d\gamma_{12}\, d\gamma_{13} \ldots d\gamma_{1n}\, d\gamma_{23} \ldots d\gamma_{2n} \ldots d\gamma_{n-1,n}$$

$$x_1(\alpha_1; \beta_1+\gamma_{12}+ \ldots + \gamma_{1,n})$$
$$x_2(\alpha_2+\gamma_{1,2}; \beta_2+\gamma_{23}+ \ldots + \gamma_{2,n})$$
$$\vdots$$
$$x_{n-1}(\alpha_{n-1}+\gamma_{1,n-1}+ \ldots \gamma_{n-2,n-1}; \beta_{n-1}+\gamma_{n-1,n})$$
$$x_n(\alpha_n+\gamma_{1,n}+ \ldots + \gamma_{n-1,n}; \beta_n$$

$$= \sum_{\substack{a_1+\ldots+\alpha_n=\sigma \\ \beta_1+\ldots+\beta_n=\tau}} \int \cdots \int \prod_{1\leq i<j\leq n} d\gamma_{ij} \prod_{i=1}^{n} x_i(\alpha_i+\gamma_{1,i}+\ldots+\gamma_{i-1,i}; \beta_i+\gamma_{i,i+1}+\ldots+\gamma_{i,n}).$$

So the product $x_1 * \ldots * x_n$ exists if the product $|x_1| * \ldots * |x_n|$ given by the formula above is finite a.e. and if that is the case the product is given by the formula.
It is easy to prove that e.g.

$$(x_1 * \ldots * x_n) * x_{n+1} = x_1 * \ldots * x_n * x_{n+1}$$

using the $\Sigma\int$-Lemma [6]:

$$\int d\sigma \sum_{\alpha_1+\ldots+\alpha_d=\sigma} f(\alpha_{1,\ldots}\ \alpha_d) = \int \ldots \int d\sigma_1 \ldots d\sigma_d\, f(\sigma_1, \ldots, \sigma_d).$$

A vector ξ is a measurable function $\Omega(I) \to \mathbf{C}$. The application of a kernel to a vector is given by

$$(x * \xi)(\omega) = \sum_{\sigma \subset \omega} \int d\tau\, x(\sigma, \tau)\, \xi((\omega \setminus \sigma) + \tau)$$

if this expression exists.
Define

$$\widehat{\xi}(\sigma, \tau) = \xi(\sigma)\delta_{\emptyset}(\tau).$$

Then

$$(x * \widehat{\xi})(\omega, \emptyset) = (x * \xi)(\omega).$$

This reduces the multiplication $x * \xi$ to the multiplication of kernels. Denote

$$x^T(\sigma, \tau) = x(\tau, \sigma).$$

Let ξ be a vector, define

$$(\xi^T * x)(\omega) = \sum_{\tau \subset \omega} \int d\sigma\, \xi((\omega \setminus \tau) + \sigma)\, x(\sigma, \tau) = (\check{\xi} * x)(\emptyset, \omega)$$

with $\check{\xi}(\sigma, \tau) = \delta_{\emptyset}(\sigma)\xi(\tau)$.

Let η be another vector, define

$$\xi^T * \eta = \int \xi(\omega)\eta(\omega)d\omega = (\check{\xi} * \widehat{\eta})(\emptyset, \emptyset).$$

One has the usual rules

$$(x * y)^T = y^T * x^T$$
$$(x * \xi)^T = \xi^T * x^T.$$

Define as usual

$$x^+ = \overline{x}^T, \quad \xi^+ = \overline{\xi}^T,$$

where $\overline{x}$ is the complex conjugate.

§ 2. Introducing continuity

At first some notations. Let S be a set, $A \subset S$ and $B \subset S^d$, then

$$A(\times)B = \{(a,b) : a \in A,\ b = (b_1, \ldots, b_d) \in B : a \neq b_1, \ldots, a \neq b_d\}.$$

So

$$A^{(d)} = A(\times) \dots (\times)A = \{(a_1, \dots, a_d) \in A^d : a_1 \neq a_j \text{ for } i \neq j\}.$$

If $A \subset \mathbf{P}(S)$, $B \subset \mathbf{P}(S)^d$, where $\mathbf{P}(S)$ is the set of all subsets of S, then

$$A(\times)B = \{(\alpha, \beta) : \alpha \in A, \beta = (\beta_1, \dots, \beta_d) \in B : \alpha \cap (\beta_1 \cup \dots \cup \beta_d) = \emptyset\}$$

and

$$A^{(d)} = A(\times) \dots (\times) A = \{\alpha_1, \dots, \alpha_d) \in A^d : \alpha_i \cap \alpha_j = \emptyset \text{ for } i \neq j\}.$$

If $A \subset S$ and $B \subset \mathbf{P}(S)^d$, then

$$A(\times)B = \{(a, \beta) : a \in A, \beta = (\beta_1, \dots, \beta_d) \in B : a \notin \beta_1 \cup \dots \cup \beta_d\}.$$

We introduce in $\Omega_n(I) = \{(t_1, \dots, t_n) \in I^n : t_1 < \dots < t_n\}$ the usual topology and define so a topology on $\Omega(I)$. We denote by $\mathcal{C}(I)$ the set of continuous functions $\Omega(I) \to \mathbf{C}$ such that for $\xi \in \mathcal{C}(I)$ and all p

$$\|\xi\|_p = \sup_{\#\omega=p} |\xi(\omega)| < \infty.$$

$\Omega(I)^{(2)}$ inherits its topology from $\Omega(I)^2$. A continuous kernel x is a continuous function on $\Omega(I)^{(2)}$, such that

$$\|x\|_{p,q} = \sup_{(\sigma,\tau)\in\Omega_p(I)(\times)\Omega_q(I)} |x(\sigma, \tau)| < \infty.$$

Denote by $\mathcal{C}_0(I)$ the subspace of $\mathcal{C}(I)$ of all ξ such that $\xi(\omega) = 0$ for all ω with $\#\omega$ bigger than some bound depending on ξ.

Remark 1: The assumptions $\|\xi\|_p < \infty$ and $\|x\|_{p,q} < \infty$ are essentially integrability conditions and can be replaced by much weaker ones.

Proposition 1: Let I be a finite interval of length L. Let x be a continuous kernel in $\Omega(I)^{(2)}$. Then for $\xi \in \mathcal{C}_0(I)$ the product $x * \xi$ is defined and

$$\xi \to x * \xi$$

is a mapping from $\mathcal{C}_0(I) \to \mathcal{C}(I)$ such that

$$\|x * \xi\|_p \leq \sum_{q=0}^{p} \sum_{r=0}^{\infty} \binom{p}{q} \frac{L^r}{r!} \|x\|_{q,r} \|\xi\|_{p-q+r}.$$

The sum is finite as $\|\xi\|_{p-q+r}$ vanishes for r sufficiently big.

Proof: Recall

$$(x * \xi)(\omega) = \sum_{\alpha+\beta=\omega} \int d\tau\, x(\alpha,\tau)\xi(\beta+\tau)$$

and put $\omega = \{\omega_1, \dots, \omega_p\}$. Choose $A, B \subset \{1, \dots, p\}$ with $A+B = \{1, \dots, p\}$ and $\alpha = \omega_A = \{\omega_j : j \in A\}$ and $\beta = \omega_B$. Then with $\tau = \{t_1, \dots, t_r\}$

$$(x * \xi)(\omega) = \sum_{A+B=\{1,\ldots,p\}} \sum_{r=0}^{R} \int_{t_1<\ldots<t_r} \int x(\omega_A; \{t_1, \ldots, t_r\}) \xi(\omega_B + \{t_1, \ldots, t_r\})\, dt_1 \ldots dt_r$$

where $R < \infty$ is some integer. Call

$$\eta(\tau; \omega, A, B) = x(\omega_A; \tau)\, \xi(\omega_B + \tau)$$

with $\tau = \{t_1, \ldots, t_r\}$. The function

$$\tau \in \Omega_r(I) \to \eta(\tau; \omega, A, B)$$

is continuous for $\tau \cap \omega = \emptyset$, hence measurable and bounded by $\|x\|_{\#A,r} \|\xi\|_{\#B+r}$.

For $\omega^{(n)} \to \omega$ the sets $\omega_A^{(n)} \to \omega_A$ and $\omega_B^{(n)} \to \omega_B$. So

$$\eta(\tau; \omega^{(n)}, A, B) \to \eta(\tau; \omega, A, B)$$

for $\tau \cap \omega = \emptyset$, that means a.e. By Lebesgue's theorem

$$\int \eta(\tau; \omega^{(n)}, A, B)\, d\tau \to \int \eta(\tau; \omega, A, B).$$

From there one gets the result immediately.

Definition: We say a pair (x,y) of kernels has the finite product property (FP) if

$$x(\alpha_1, \beta_1 + \gamma)\, y(\alpha_2 + \gamma, \beta_2)$$

vanishes for $\#\gamma$ sufficiently big for fixed $\#\alpha_1, \#\beta_1, \#\alpha_2, \#\beta_2$.

Proposition 2: Let I be a finite interval of length L. Let x and y be continuous kernels on I with the finite product property (FP). Then $x * y$ is a continuous kernel on I.

Proof: Assume $(\sigma, \tau) \in \Omega_p(\times)\Omega_q$. Then

$$(x * y)(\sigma, \tau) = \sum_{\substack{A_1+A_2=\{1,\ldots,p\} \\ B_1+B_2=\{1,\ldots,q\}}} \sum_{r=0}^{\infty} \int_{\#\omega=r} d\omega\, z_r(\omega; \sigma, \tau, A_1, A_2, B_1, B_2)$$

with

$$z_r(\omega; \sigma, \tau, A_1, A_2, B_1, B_2) = x(\sigma_{A_1}, \tau_{B_1} + \omega) y(\sigma_{A_2} + \omega, \tau_{B_2}).$$

If $\sigma = \{s_1, \ldots, s_p\}$, then $\sigma_{A_1} = \{s_i : i \in A_1\}$ etc. Now $\omega \to z_r(\omega)$ is continuous for $\omega \cap (\sigma \cup \tau) = \emptyset$, hence it is measurable. Moreover it is bounded. Let $\sigma^{(n)} \to \sigma$ and $\tau^{(n)} \to \tau$, then $\sigma_{A_1}^{(n)} \to \sigma_{A_1}$, etc. and

$$z_r(\omega; \sigma^{(n)}, \tau^{(n)}, A_1, A_2, B_1, B_2) \to z_r(\omega; \sigma, \tau, A_1, A_2, B_1, B_2)$$

for $\omega \cap (\sigma \cup \tau) = \emptyset$. As the integrand stays bounded, we have continuity of the integral and hence of the sums.

Remark 2: Assume instead of (FP) that

$$C_{p',p'';q',q''} = \sum_{r=0}^{\infty} \frac{L^r}{r!} \|x\|_{p',q'+r} \|y\|_{p''+r,q''} < \infty$$

for all p', p'', q', q''. Then $x * y$ exists, is continuous and

$$\|x * y\|_{p,q} \leq \sum_{\substack{p'+p''=p \\ q'+q''=q}} \frac{p!q!}{p'!p''!q'!q''!} C_{p',p'';q',q''}.$$

Remark 3: We say that a kernel x has Maassen's property if

$$\|x\|_{p,q} \leq c\, M^{p+q}$$

where c and M are some constants. If x and y are continuous kernels on a finite interval and have Maassen's property, then $x * y$ is a continuous kernel on I and has Maassen's property. For then

$$C_{p',p'';q',q''} \leq c^2 e^{L+M^2} M^{p'+p''+q'+q''}$$

and

$$\|x * y\|_{p,q} \leq c^2 e^{L+M^2} 2^{2(p+q)} M^{p+q}.$$

§ I.3. Continuous processes and their integrals

Definition 1: A continuous kernel process is a continuous mapping

$$x : I(\times)\ \Omega(I)^{(2)} \to \mathbf{C}$$

such that

$$\|x\|_{p,q} = \sup \{|x_t(\sigma, \tau)| : t \in I, \#\sigma = p, \#\tau = q\} < \infty$$

for all p, q.

If $f : I \to \mathbf{C}$ is measurable define the measurable kernels

$$a(f)(\sigma, \tau) = \begin{cases} \bar{f}(t) & \text{if } \sigma = \emptyset, \tau = \{t\} \\ 0 & \text{otherwise} \end{cases}$$

$$a^+(f)(\sigma, \tau) = \begin{cases} f(s) & \text{if } \sigma = \{s\}, \tau = \emptyset \\ 0 & \text{otherwise} \end{cases}.$$

Then a_t and a_t^+ are examples of continuous kernel processes where

$$a_t(\sigma, \tau) = a(\mathbf{1}_{I \cap]-\infty,t]})(\sigma, \tau) = \begin{cases} 1 & \text{if } \sigma = \emptyset, \tau = \{t'\}, t'<t \\ 0 & \text{otherwise} \end{cases}$$

the case $t = t'$ is not defined and similar

$$a_t^+(\sigma, \tau) = a^+(\mathbf{1}_{I \cap]-\infty, t]})(\sigma, \tau) = \begin{cases} 1 & \text{if } \tau = \emptyset, \sigma = \{s\}, s < t \\ 0 & \text{otherwise} \end{cases}.$$

The following proposition shows that the stochastic integral is a Riemann integral.

Proposition 1: Let x be a continuous process on I. Let $[t_0, t_1] \subset I$ and $(\sigma, \tau) \in \Omega^{(2)}$. Let $t_0 = t^{(0)} < t^{(1)} < \ldots < t^{(n)} = t_1$ and $\delta = \max_{i=1,\ldots,n} (t^{(i)} - t^{(i-1)})$. Assume $t^{(i-1)} \leq u_i \leq t^{(i)}$ and $u_i \notin \sigma \cup \tau$. Then for $\delta \to 0$

$$\sum (x_{u_i} * (a_{t^{(i-1)}} - a_{t^{(i-1)}}))(\sigma, \tau) \to \sum_{t^+ \in [t_0, t_1] \cap \tau} x_s(\sigma, \tau \setminus \{t\}).$$

and $$\sum \left(a_{t^{(i)}}^+ - a_{t^{(i-1)}}^+\right) * x_{u_i} \to x_s(\sigma \setminus \{s\}, \tau).$$

The right-hand side is well defined as

$$t \notin \sigma \cup (\tau \setminus \{t\}) \text{ and } s \notin (\sigma \setminus \{s\}) \cup \tau.$$

Proof: Call $\Delta_1 = [t^{(0)}, t^{(1)}]$, $\Delta_2 =]t^{(1)}, t^{(2)}]$, ..., $\Delta_n =]t^{(n-1)}, t^{(n)}]$.
Then

$$\sum_i (x_{u_i} * (a_{t^{(i)}} - a_{t^{(i-1)}}))(\sigma, \tau) = \sum_i (x_{u_i} * a(1_{\Delta_i}))(\sigma, \tau)$$
$$= \sum_{i=1}^{k} \sum_{t \in \tau} x_{u_i}(\sigma, \tau \setminus \{t\}) \mathbf{1}_{\Delta_i}(t).$$

If δ is sufficiently small there is at most one element of τ in Δ_i. We continue, the last expression equals

$$\sum_{i: \exists t \in \tau \cap \Delta_i} x_{u_i}(\sigma, \tau \setminus \{t\}) \to \sum_{t \in \tau \cap [t_0, t_1]} x_t(\sigma, \tau \setminus \{t\}).$$

Definition 2 [1], [6], [10]: Assume $A \subset I$

$$\left(\int_A x_t * da_t\right)(\sigma, \tau) = \sum_{t \in \tau \cap A} x_t(\sigma, \tau \setminus \{t\})$$

$$\left(\int_A da_t^+ * x_t\right)(\sigma, \tau) = \sum_{s \in \sigma \cap A} x_s(\sigma \setminus \{s\}, \tau).$$

Definition 3: Let $x : I(\times)\Omega(I)^{(2)}$ be a continuous process. Then x is called continuous differentiable ($\mathbf{C}^1$) if

$$\frac{d}{dt} x_t(\sigma, \tau) \text{ for } (t \notin \sigma \cup \tau)$$
$$(R_+^e)_t(\sigma, \tau) = x_{t+0}(\sigma \cup \{t\}, \tau)$$
$$(R_-^e)_t(\sigma, \tau) = x_{t-0}(\sigma \cup \{t\}, \tau)$$
$$(R_+^r)_t(\sigma, \tau) = x_{t+0}(\sigma, \tau \cup \{t\})$$
$$(R_-^r)_t(\sigma, \tau) = x_{t-0}(\sigma, \tau \cup \{t\})$$

exist and form continuous processes.

Remark 1: Let x be a continuous differentiable process. Then

$$x_{t\pm 0}(\sigma, \tau) \text{ exist for all } t \in I.$$

The following theorem goes back to H. Maassen [9].

Theorem 1: Let x be $\mathcal{C}^1$ then for $t_0 < t$ in I

$$x_{t_1-0} - x_{t_0+0} = \int_{]t_0,t_1[} da_t^+ * f_t + \int_{]t_0,t_1[} g_t * da_t + \int_{t_0}^{t_1} h_t dt.$$

with

$$f_t = R_+^{\ell} x - R_-^{\ell} x$$
$$g_t = R_+^{r} x - R_-^{r} x$$
$$h_t = \frac{d}{dt} x_t.$$

We write for short

$$d_t x_t = da_t^+ * f + g_t * da_t + h_t dt.$$

Proof: Call

$$t^{(0)} = t_0 < t^{(1)} < \ldots < t^{(n)} < t^{(n+1)} = t_1$$

and $\{t^{(1)}, \ldots, t^{(n)}\} = (\sigma \cup \tau) \cap]t_0, t_1[$.

Then

$$x_{t_1-0}(\sigma, \tau) - x_{t_0+0}(\sigma, \tau)$$

$$= \sum_{i=1}^{n+1} (x_{t^{(i)}-0}(\sigma, \tau) - x_{t^{(i-1)}+0}(\sigma, \tau)) + \sum_{i=1}^{n} (x_{t^{(i)}+0}(\sigma, \tau) - x_{t^{(i)}-0}(\sigma, \tau))$$

$$= \sum_{i=1}^{n+1} \int_{t^{(i-1)}}^{t^{(i)}} dt\, h_t(\sigma, \tau) + \sum_{i=1}^{n} \begin{cases} f_{t^{(i)}}\left(\sigma \setminus \{t^{(i)}\}, \tau\right), \text{ if } t^{(i)} \in \sigma \\ g_{t^{(i)}}\left(\sigma, \tau \setminus \{t^{(i)}\}\right), \text{ if } t^{(i)} \in \tau \end{cases}.$$

Now h_t is locally integrable w.r.t. This gives the theorem.

Proposition 2: Let $x^{(n)}$ be a sequence of $\mathcal{C}^1$ processes such that $\|x^{(n)}-x\|_{p,q}$ and $\|\dot{x}^{(n)}-\dot{x}\|_{p,q}$ converge to zero for all p, q. Then the $R_\pm^{\ell} x^{(n)}$ and $R_\pm^{r} x^{(n)}$ converge to $R_\pm^{\ell} x$ and $R_\pm^{r} x$ and hence the $f_t^{(n)}, g_t^{(n)}, h_t^{(n)}$ of the last theorem converge to f_t, g_t, h_t.

Lemma 1 [9]: Fix $\omega_0 \in \Omega(I)$. Assume a function

$$z: I(\times)\Omega(I) \to \mathbf{C}$$

to be continuous and bounded for $(\{t\} \cup \omega) \cap \omega_0 = \emptyset$ and that

$$\frac{d}{dt} z_t(\omega) = \dot{z}_t(\omega)$$
$$(R_\pm z)_t(\omega) = z_{t\pm 0}(\omega + \{t\})$$

are defined and continuous and bounded for $(\{t\} \cup \omega) \cap \omega_0 = \emptyset$. Assume furthermore that $z(\omega)$ vanishes for $\#\omega$ sufficiently big. Then $t \to \int z_t(\omega)\, d\omega$ is continuous differentiable for $t \notin \omega_0$ and

$$\frac{d}{dt} \int z_t(\omega) d\omega = \int \dot{z}_t(\omega) d\omega + \int d\omega\, (R_+ z - R_- z)(\omega)$$

Proof: Choose $t \notin \omega_0$ and $\varepsilon > 0$ such that $I_\varepsilon = [t-\varepsilon, t+\varepsilon]$ does not meet ω_0.

$$\frac{1}{2\varepsilon}\int (z_{t+\varepsilon}(\omega) - z_{t-\varepsilon}(\omega))d\omega = \int_{\Omega(I\setminus I_\varepsilon)} d\omega \int_{\Omega(I_\varepsilon)} d\gamma \frac{1}{2\varepsilon} (t_{t+\varepsilon}(\omega+\gamma) - z_{t-\varepsilon}(\omega+\gamma))$$

$$= \int_{\Omega(I\setminus I_\varepsilon)} d\omega \frac{1}{2\varepsilon} (z_{t+\varepsilon}(\omega) - z_{t-\varepsilon}(\omega) + \int_{\Omega(I\setminus I_\varepsilon)} d\omega \frac{1}{2\varepsilon} \int_{t-\varepsilon}^{t+\varepsilon} (z_{t+\varepsilon}(\omega + \{s\} - z_{t-\varepsilon}(\omega + \{s\})ds$$

$$+ \int_{\Omega(I\setminus I_\varepsilon)} d\omega \frac{1}{2\varepsilon} \int_{\#\gamma\geq 2} d\gamma\, (z_{t+\varepsilon}(\omega+\gamma) - z_{t-\varepsilon}(\omega+\gamma))$$

$$= I + II + III.$$

Now

$$I = \frac{1}{2}\int_{\Omega(I\setminus I_\varepsilon)}\int_{-1}^{+1} ds\, \dot{z}_{t+\varepsilon s}(\omega)$$

and $\dot{z}_{t+\varepsilon s}(\omega) \to \dot{z}_t(\omega)$ for $t \notin \omega$, that means a.e. As the integral is bounded
$I \to \int d\omega\, \dot{z}_t(\omega)$.

We have

$$\frac{1}{2\varepsilon}\int_{t-\varepsilon}^{t+\varepsilon} ds\, z_{t+\varepsilon}(\omega+\{s\}) = \frac{1}{2}\int_{-1}^{+1} ds\, z_{t+\varepsilon}(\omega+\{t+\varepsilon s\}) \to z_{t+0}(\omega+\{t\})$$

as

$$z_{t+\varepsilon}(\omega+\{t+\varepsilon s\}) = \int_{t+\varepsilon s}^{t+\varepsilon} \dot{z}_{t'}(\omega+\{t+\varepsilon s\})dt' + z_{(t+\varepsilon s)+0}(\omega+\{t+\varepsilon s\}) \to z_{t+0}(\omega+\{t\})$$

by the continuity of R_+z and by the boundedness of $\dot{z}$. So $II \to \int d\omega((R_+z)_t(\omega) - (R_-z)_t(\omega))$.
It is easy to see that $III \to 0$. That $\frac{d}{dt}\int z_t(\omega)d\omega$ is continuous for $t \notin \omega_0$ can be shown in the usual way.

The following theorem is a generalized Itô-product formula and can be found without proof in [12].

Definition 4 (cf. Def. 1 of I.2): We say that the processes x_t and y_t have the finite product property (FP) if for fixed $\#\alpha_1, \#\alpha_2, \#\beta_1, \#\beta_2$ there exists a constant R such that

(PF) $\qquad x_t(\alpha_1, \beta_1 + \gamma)y_t(\alpha_2 + \gamma, \beta_2) = 0$ for $\#\gamma > R$ and all $t \notin I$.

Theorem 2: Assume that the process x_t and y_t are $\mathcal{C}^1$ and that they have the finite product property (FP). Then $x * y$ exists and is $\mathcal{C}^1$ and

$$R_\mp^\ell(x * y) = (R_\mp^\ell x) * y + x * (R_\mp^\ell y)$$

and similar for R_-^{ℓ} and $R_{\pm}^{r}$ and

$$\frac{d}{dt}(x * y)_t = \dot{x}_t * y_t + x_t * \dot{y}_t + (R_+^r x)_t * (R_+^{\ell} y)_t - (R_- x)_t * (R_-^r y)_t.$$

Proof: We have

$$(x * y)_s(\sigma+\{t\}, \tau) = \sum_{\substack{\alpha_1+\alpha_2=\sigma \\ \beta_1+\beta_2=\tau}} \int d\gamma(x_s(\alpha_1+\{t\}, \beta_1+\gamma)y_s(\alpha_2+\gamma,\beta_2) + x_s(\alpha_1,\beta_1+\gamma)y_s\{\alpha_2+\{t\}+\gamma,\beta_2)).$$

For $s \downarrow t$ the integrand stays bounded and converges. So

$$R_+^{\ell}(x * y) = (R_+^{\ell} x) * y + x * (R_+^{\ell} y);$$

these are continuous processes by proposition 1 of I.2 and its proof.
We have for $t \notin \sigma \cup \tau$

$$(x * y)_t(\sigma,\tau) = \sum_{\substack{\alpha_1+\alpha_2=\sigma \\ \beta_1+\beta_2=\tau}} \int d\gamma x_t(\alpha_1,\beta_1+\gamma)y_t(\alpha_2+\gamma,\beta_2)$$

Apply the previous lemma for

$$z_t(\omega) = x_t(\alpha_1,\beta_1+\omega)y_t(\alpha_2+\omega,\beta_2)$$

and $\omega_0 = \sigma \cup \tau$. Then we obtain the wished result as

$$\begin{aligned}(R_+z)_t(\omega) = \dot{z}_{t+0}(\omega+\{t\}) &= x_{t+0}(\alpha_1, \beta_1 + \omega + \{t\})y_{t+0}(\alpha_2 + \omega + \{t\}, \beta_2) \\ &= (R_+^r x)_t (\alpha_1, \beta_1 + \omega) (R_+^{\ell} y)_t(\alpha_2 + \omega, \beta_2).\end{aligned}$$

§ I.4. Adapted processes

Definition: Let $x: I(\times)\Omega(I)^{(2)} \to \mathbf{C}$ be a continuous process. x is called forward adapted if

$$x_t(\sigma,\tau) = 0 \text{ for } t < \max(\sigma \cup \tau)$$

and x is called backward adapted if

$$x_t(\sigma,\tau) = 0 \text{ for } t > \min(\sigma \cup \tau).$$

Remark 1: Assume $A \subset I$ measurable and x,y two measurable kernels on I such that

$$x(\sigma,\tau) = 0 \text{ for } \sigma \cup \tau \not\subset A$$
$$y(\sigma,\tau) = 0 \text{ for } \sigma \cup \tau \not\subset A^c.$$

Then $x * y = y * x$ and

$$(x * y)(\sigma,\tau) = x(\sigma \cap A, \tau \cap A)y(\sigma \cap A^c, \sigma \cap A^c).$$

From this remark one deduces

Proposition 1: Let x be a forward adapted continuous process. Then using the terminology of proposition 1 of I.2, the Itô sum

$$\sum x_{t(i-1)} * (a_{t(i)} - a_{t(i-1)})$$
$$=\sum (a_{t(i)} - a_{t(i-1)}) * x_{t(i-1)} \to \int x_t * da_t.$$

Similarly, let x be a backward adapted process, then the "backward-Itô" sum

$$\sum x_{t(i)} * (a_{t(i)} - a_{t(i-1)}) = \sum (a_{t(i)} - a_{t(i-1)}) * x_{t(i)} \to \int x_t * da_t.$$

Similar assertions hold for a^+.

Hence we will use the notations

$$\int da_t * x_t = \int x_t * da_t$$
$$\int da_t^+ * x_t = \int x_t * da_t^+$$

for forward or backward adapted processes.

Proposition 2: Let x be forward adapted, then

$$\int_A x_t * da_t = \begin{cases} x_{\max\tau}(\sigma, \tau \setminus \{\max\tau\}) & \text{if } \max\sigma < \max\tau \text{ and } \max\tau \in A \\ 0 & \text{otherwise} \end{cases}$$

$$\int_A x_t * da_t^+ = \begin{cases} x_{\max\sigma}(\sigma \setminus \{\max\sigma\}, \tau) & \text{if } \max\tau < \max\sigma \text{ and } \max\sigma \in A \\ 0 & \text{otherwise} \end{cases}$$

Similarly, if x is backward adapted

$$\int_A x_t * da_t = \begin{cases} x_{\min\tau}(\sigma, \tau \setminus \{\min\tau\}) & \text{if } \min\sigma > \min\tau \text{ and } \min\tau \in A \\ 0 & \text{otherwise} \end{cases}$$

$$\int_A x_t * da_t^+ = \begin{cases} x_{\min\sigma}(\sigma \setminus \{\min\sigma\}, \tau) & \text{if } \min\tau > \min\sigma \text{ and } \min\sigma \in A \\ 0 & \text{otherwise} \end{cases}$$

Proposition 3: Let x be forward adapted and $\mathcal{C}^1$; then

$$\left(R_+^{\ell} x\right)_t(\sigma, \tau) = x_{t+0}(\sigma + \{t\}, \tau)$$

may be different from zero only if $t > \max(\sigma \cup \tau)$, the case $t = \max(\sigma \cup \tau)$ being not defined. R_-^{ℓ} is always $= 0$. One has similar results for $R_\pm^r x$.

Let x be a backward adapted process and $\mathcal{C}^1$, then $R_+^{\ell} x$ and $R_+^r x$ are zero and R_-^{ℓ} and $R_-^r x$ are $\neq 0$ only if $t < \min(\sigma \cup \tau)$.

From these results we draw the corollary used again and again.

Corollary: Let x be a forward adapted $\mathcal{C}^1$-process and assume

$$dx_t = f_t * da_t^+ + g_t * da_t + h_t dt.$$

Then $t \to x_t(\emptyset, \emptyset)$ has no jump and is C^1, so

$$x_t(\emptyset, \emptyset) = x_{t_0}(\emptyset, \emptyset) + \int_{t_0}^{t} h_{t'}(\emptyset, \emptyset)dt'.$$

Assume $\sigma \cup \tau \neq \emptyset$. Then there exists $t_{max} = \max(\sigma \cup \tau)$.

For $t < t_{max}$ we have $x_t(\sigma,\tau) = 0$, for $t > t_{max}$ the function $t \to x_t(\sigma,\tau)$ has no jump and is C^1, and we have that

$$x_{t_{max}+0}(\sigma,\tau) = \begin{cases} f_{t_{max}}(\sigma \setminus \{t_{max}\},\tau) & \text{for } t_{max} \in \sigma \\ g_{t_{max}}(\sigma,\tau \setminus \{t_{max}\}) & \text{for } t_{max} \in \tau \end{cases}.$$

So finally

$$x_t(\sigma,\tau) = \begin{cases} 0 & \text{for } \quad t < t_{max} \\ x_{t_{max}+0}(\sigma,\tau) + \int_{t_{max}}^{t} h_{t'}(\sigma,\tau)dt' & \text{for } t > t_{max}. \end{cases}$$

Similarly, if x is a backward adapted process we have

$$x_t(\emptyset,\emptyset) = x_{t_0}(\emptyset,\emptyset) + \int_{t_0}^{t} h_{t'(\emptyset,\emptyset)}dt'$$

for all $t \in I$ and for $\sigma \cup \tau \neq \emptyset$ and $t_{min} = \min(\sigma \cup \tau)$,

$$x_t(\sigma,\tau) = \begin{cases} 0 & t > t_{min} \\ x_{t_{min}-0}(\sigma,\tau) - \int_{t}^{t_{min}} h_{t'}(\sigma,\tau)dt' & \text{for } t < t_{min} \end{cases}$$

and

$$x_{t_{min}-0}(\sigma,\tau) = \begin{cases} -f_{min\ t}(\tau \setminus \{t_{min}\}, \sigma) & \text{if } t_{min} \in \sigma \\ -g_{min\ t}(\tau,\sigma \setminus \{t_{min}\}) & \text{if } t_{min} \in \tau \end{cases}.$$

Proposition 4: Let $x^{(1)}$ and $x^{(2)}$ be forward adapted processes and $\mathcal{C}^1$ such that having the finite product property PF of definition 4 of I.3.
If

$$dx_t^{(i)} = f_t^{(i)} * da_t^{\dagger} + g_t^{(i)} * da_t + h_t^{(i)}dt \quad (i = 1, 2).$$

Then

$$\begin{aligned} d_t(x^{(1)} * x^{(2)})_t &= \left(f_t^{(1)} * x_t^{(2)} + x_t^{(1)} * f_t^{(2)}\right) * da_t \\ &+ \left(g_t^{(1)} * x_t^{(2)} + x_t^{(1)} * g_t^{(2)}\right) * da_t \\ &+ \left(h_t^{(1)} * x_t^{(2)} + x_t^{(1)} * h_t^{(2)} + g_t^{(1)} * f_t^{(2)}\right)dt. \end{aligned}$$

If $x^{(1)}$ and $x^{(2)}$ are $\mathcal{C}^1$ and backward adapted, the "Itô term" $+ g_t^{(1)} * f_t^{(2)}$ has to be replaced by $-g_t^{(1)} * f_t^{(2)}$. So we have the usual Itô table for forward adapted processes

	da_t	da_t^+
da_t	0	dt
da_t^+	0	0

and the slightly different Itô table for backward adapted processes

	da_t	da_t^+
da_t	0	$-dt$
da_t^+	0	0

This result is an easy consequence of proposition 3 and theorem 2 of § I.3.

Proposition 5: Let x be forward adapted and y be backward adapted, then

$$(x_t * y_t)(\sigma,\tau) = x_t(\sigma\cap]-\infty,t],\tau\cap]-\infty,t])y_t(\sigma\cap[t,\infty[,\tau\cap[t,\infty[)$$

and

$$x_t * y_t = y_t * x_t.$$

Assume x and y to be $\mathcal{C}^1$, then $x * y$ is $\mathcal{C}^1$ and one has the classical rules of differentiation without any Itô term. So the Itô table is

	da_t	da_t^+
da_t	0	0
da_t^+	0	0 .

Proof: See Remark 1. As the integral term in $x*y$ does not appear, the calculations are much simpler than those of theorem 2, § I.3 and we do not need the property (PF).

§ I.5. The number operator and the splitting of the Fock space

The number process has been introduced by Meyer into the framework of Maassen kernels. We will not follow him, but will consider it only as an operator on $\mathcal{C}(I)$.

Definition: Let $\xi \in \mathcal{C}(I)$, so we define

$$\Lambda\xi \in \mathcal{C}(I) \text{ by } \Lambda\xi(\omega) = (\#\omega)\xi(\omega).$$

The operator Λ is called <u>number</u> operator. We could introduce Λ into the framework of Maassen kernels defining

$$\lambda(\sigma,\tau) = \begin{cases} \delta(s-t) & \text{if } \sigma = \{s\}, \tau = \{t\} \\ 0 & \text{otherwise} \end{cases}.$$

We will not persue this line of ideas. Instead we want to investigate the operator $\Lambda - a^+(f)a(f)$, where $f \in I \to \mathbf{C}$, $\int |f|^2 dt = 1$.

Let $I \subset \mathbf{R}$ be an interval and $f : I \to \mathbf{C}$ continuous and bounded and such that $\int |f(t)|^2 dt = 1$. Define the operator

$$\Phi_0 : \mathcal{C}_0(I) \to \mathcal{C}_0(I)$$

(1)

$$\Phi_0 = \sum_{m=0}^{\infty} \frac{(-1)^m}{m!} a^+(f)^m a(f)^m$$

where $a^\#(f)$ is the operator $\xi \to a^\#(f) * \xi$. In $\Phi_0\xi$, where $\xi \in \mathbf{C}_0(I)$, there are only

finitely many terms in the sum.
By direct calculation using the commutation relations we obtain

(2) $$a(f)\Phi_0 = \Phi_0 a^+(f) = 0.$$

From there one obtains immediately $\Phi_0^2 = \Phi_0$.
Call

(3) $$\Phi_k = \frac{1}{k!} a^+(f)^k \Phi_0 a(f)^k.$$

Then

(4) $$\Phi_k \Phi_\ell = \delta_{k\ell} \Phi_k.$$

Furthermore

(5) $$\sum_{k=0}^{\infty} \Phi_k = 1.$$

We shall prove as an example the last equation.

$$\sum_{k=0}^{\infty} \Phi_k = \sum \frac{(-1)^\ell}{k!\,\ell!} a^{+(k+\ell)} a^{(k+\ell)} = \sum \frac{c_p}{p!} a^{+p} a^p$$

with $$c_p = \sum_{\ell=0}^{p} (-1)^\ell \binom{p}{\ell} = \begin{cases} 1 & p = 0 \\ 0 & p \neq 0 \end{cases}.$$

Call $\mathcal{C}^{(n)}(I)$ the set of bounded continuous functions $\Omega_n(I) \to \mathbf{C}$, then $\mathcal{C}_0(I) = \mathcal{C}^{(0)}(I) \oplus \mathcal{C}^{(1)}(I) \oplus \ldots$

Call $\mathcal{K} = \{\xi \in \mathcal{C}_0(I) : a(f)\xi = 0\}$.
Then

$$\mathcal{K} = \mathcal{K}_0 \oplus \mathcal{K}_1 \oplus \mathcal{K}_2$$

with

$$\mathcal{K}_i = \mathcal{K} \cap \mathcal{C}^{(i)}(I).$$

Proposition 1: Φ_0 maps $\mathcal{C}_0(I)$ onto $\mathcal{K}$.
Proof: Immediate.
Proposition 2: Any $\xi \in \mathcal{C}^{(n)}(I)$ can be expressed in a unique way in the form

$$\xi = \sum_{k=0}^{n} \frac{a(f)^{+k}}{\sqrt{k!}} \xi_k$$

with

$$\xi_k \in \mathcal{K}_{n-k}.$$

Proof: We split

$$\xi = \sum_{k=0}^{n} \Phi_k \xi = \sum_{k=0}^{n} \frac{a(f)^{+k}}{\sqrt{k!}} \Phi_0 \frac{a(f)^k}{\sqrt{k!}} \xi.$$

Then $\frac{a(f)^k}{\sqrt{k!}} \xi \in \mathcal{C}^{(n-k)}$, by the properties of $a(f)$, hence $\Phi_0 \frac{a(f)^k}{\sqrt{k!}} \in \mathcal{K}^{(n-k)}$. The uniqueness follows out of eq. (4).

Corollary: Call ϕ_k the k-th vector of the standard basis of $\ell^2(\mathbf{N})$:

$$\sum_{k=0}^{\infty} \frac{a(f)^k}{\sqrt{k!}} \xi_k \to \sum_{k=0}^{\infty} \phi_k \otimes \xi_k$$

is an isomorphism from $\mathcal{C}_0(I)$ onto $\mathcal{L}_0(N) \otimes \mathcal{K}$ which preserves the scalar product. Here $\mathcal{L}_0(N)$ is the set of finite linear combinations of the ϕ_ℓ.
We split the number operator accordingly

$$\Lambda = (\Lambda - a^+(f)a(f)) + a^+(f)a(f) = \Lambda_0 + a^+(f)a(f).$$

We have on $\mathcal{K}$:

$$\xi \in \mathcal{K}: \Lambda f = \Lambda_0 f.$$

If $\xi \in C^{(n)}$, then in the decomposition of proposition 2

$$\Lambda_0 \xi_k = \Lambda \xi_k = (n-k)\xi_k.$$

II. The quantum stochastic differential equation of the inverse oscillator

§ II.1. The physical model

The quantum oscillator has the Hamiltonian $\omega_0 b^+b$, where ω_0 is the frequency and b and b^+ the usual annihilator and creation operators. The inverse oscillator has the Hamiltonian $-\omega_0 b^+b^+$. Coupled to a heat bath of oscillators $(a_\lambda^\#)_{\lambda\in\Lambda}$ the total Hamiltonian is given by

$$H_0 = -\omega_0 b^+b + \Sigma(\omega_0+\omega_\lambda)a_\lambda^+a_\lambda + \sum_{\lambda\in\Lambda} (g_\lambda a_\lambda b + \bar{g}_\lambda a_\lambda^+ b^+) \tag{1}$$

where we have used rotating wave approximation. This Hamiltonian, however, is not bounded below, so it cannot describe a real physical system. Nevertheless, it is able to give the initial behavior of superradiance and can be used as a model of an amplifier. We give a sketch of these ideas.
The physical model of superradiance can be found in [2] and more explicitly in [11]. We use the normalization of [4]. Consider a system of N two level atoms contained in a region of space smaller than the wave length c/ω_0, where ω_0 is the transition frequency of the atoms. We assume the atoms coupled to a heat bath of harmonic oscillators and obtain in rotating wave approximation the Dicke Hamiltonian

$$H_{\text{Dicke}} = S_3\omega_0 + \Sigma(\omega_0+\omega_\lambda)a_\lambda^+a_\lambda + \sum_{\lambda\in\Lambda} \left(\frac{g_\lambda}{\sqrt{N}} S_+ a_\lambda + \frac{\overline{g_\lambda}}{\sqrt{N}} S_- a_\lambda^+\right).$$

The Hilbert space of the atoms is $(\mathbf{C}^2)^{\otimes N}$. The operators S_i are defined by

$$S_i = \sigma_i \otimes 1 \otimes \ldots \otimes 1 + \ldots + 1 \otimes \ldots \otimes 1 \otimes \sigma_i$$

with

$$\sigma_i = \frac{1}{2}\begin{pmatrix} 0 & 1 \\ 1 & 0 \end{pmatrix}, \sigma_2 = \frac{1}{2}\begin{pmatrix} 0 & i \\ -i & 0 \end{pmatrix}, \sigma_3 = \frac{1}{2}\begin{pmatrix} -1 & 0 \\ 0 & 1 \end{pmatrix}, \sigma_+ = \begin{pmatrix} 0 & 0 \\ 1 & 0 \end{pmatrix}, \sigma_- = \begin{pmatrix} 0 & 1 \\ 0 & 0 \end{pmatrix}.$$

The operators S_i obey the spin commutation relations. So $(\mathbf{C}^2)^{\otimes N}$ can be considered as a spin-representation space. Any irreducible representation is invariant under the application of H_{Dicke}.

In the case of superradiance at $t = 0$ all atoms are in the upper state. Then, due to spontaneous emission, one atom emits a photon, the radiation increases the probability of the emission of a second photon, so an avalanche is created which is dying out when the majority of atoms is in the lower state.

At $t = 0$ the state of the atomic system is $\begin{pmatrix} 0 \\ 1 \end{pmatrix}^{\otimes N} = \psi_{N/2}$. This vector is the vector of highest weight of the representation space and application of the S_i generates an invariant irreducible subspace spanned by ψ_m, $m = -N/2, -N/2+1, \ldots, +N/2$. One has

$$S_3\psi_m = m\psi_m$$
$$S_\pm\psi_m = (\tfrac{N}{2}(\tfrac{N}{2}+1)-m(m\pm1))^{1/2}\psi_{m\pm1}.$$

Put

$$\phi_k = \psi_{N/2-k},$$

then

$$\frac{1}{\sqrt{N}}\, S_+\phi_k = N^{-1/2}(Nk-k^2+k)^{1/2}\phi_{k-1} \rightarrow \sqrt{k}\;\phi_{k-1}$$

$$\frac{1}{\sqrt{N}}\, S_-\phi_k = N^{-1/2}(N(k+1)-k^2-k)\phi_{k+1} \rightarrow \sqrt{k+1}\;\phi_{k+1}.$$

For $N \rightarrow \infty$ the operators $N^{-1/2}S_\pm$ become b and b^+ resp., and shifting the total energy by $N/2$ we arrive at the expression of H_0.

By the considerations above it is clear that the Hamiltonian H_0 describes only the initial behavior of superradiance before saturation has to be considered. We calculate in II.6 the occupation numbers of the oscillator state when there is no influx of photons. The probabilities that the oscillator is in state $|k\rangle\langle k|$ are described by a classical Markov process $X(t)$, which can jump by $+1$ and where the jumping rate is proportional to $k+1$, if $X(t) = k$.

By the way, if we started here by $\psi_{-N/2} = \begin{pmatrix} 1 \\ 0 \end{pmatrix}^{\otimes N/2}$, all atoms are in the lower state, we would have arrived at the equation for the non-inversed oscillator.

We split H_0 (eq. (1)) into two commuting operators $H_0 = H+H'$:

(2) $$H = \Sigma\omega_\lambda a_\lambda^+ a_\lambda + \Sigma(g_\lambda a_\lambda b + \overline{g}_\lambda a_\lambda^+ b^+)$$

(3) $$H' = \omega_0(-b^+b + \Sigma a_\lambda^+ a_\lambda).$$

The time dependence due to H' is trivial, it describes a fast oscillation, modulated by H. We consider H alone and introduce the interaction picture with respect to $\Sigma\omega_\lambda a_\lambda^+ a_\lambda$ and obtain for the time development operator.

$$\frac{d}{dt}\, U_{t,s} = -iH(t)U_{t,s} = (-i(\Sigma g_\lambda a_\lambda e^{-i\omega_\lambda t})b - i(\Sigma g_\lambda a_\lambda^+ e^{i\omega_\lambda t})b^+)U_{t,s}.$$

Now interpret

(4) $F(t) = \sum g_\lambda a_\lambda e^{-i\omega_\lambda t}$

as quantum noise

(5) $[F(t), F^+(s)] = k(t-s) = \sum |g_\lambda|^2 e^{-i\omega_\lambda(\tau-\sigma)}$

and perform the so-called singular coupling limit where you replace $k(t-s)$ by $\delta(t-s)$. Calling $F(t)dt = da_t$ we arrive to the quantum stochastic differential equation

(6) $\frac{d}{dt} U_{t,s} = (-ida_t b - ida_t^+ b^+ - \frac{1}{2} bb^+ dt)U_{t,s}$,

where correction $-\frac{1}{2}bb^+dt$ is the so-called Itô creation term.

II. 2. The Heisenberg equation

As the Hamiltonian is quadratic, the Heisenberg equations are linear. We shall establish them in a non-rigorous way and discuss them. They will later in II.5 come out of the exact theory in a rigorous way.

We return to equation II.1(2) and calculate the Heisenberg operators

$$b^+(t) = e^{iHt} b^+ e^{-iHt}$$
$$a_\lambda(t) = e^{iHt} a_\lambda e^{iHt}.$$

We have

$$\frac{d}{dt} b^+(t) = i \sum g_\lambda \, a_\lambda(t)$$
$$\frac{d}{dt} a_\lambda(t) \quad = i\, \omega_\lambda a_\lambda(t) - i\, \overline{g_\lambda}\, b^+(t).$$

Solve the second equation

$$a_\lambda(t) = e^{-i\omega_\lambda t} a_\lambda - i\, \overline{g_\lambda} \int_0^t e^{-i\omega_\lambda(t-\tau)} b^+(\tau) d\tau$$

and insert into the first one

$$\frac{d}{dt} b^+(t) = i \sum g_\lambda \, a_\lambda \, e^{-i\omega_\lambda t} + \int_0^t k(t-\tau) b^+(\tau) d\tau$$

with

$$k(t) = \sum |g_\lambda|^2 e^{-i\omega_\lambda t}$$

as in II.1(5). Using II.1(4) we write

$$\frac{d}{dt} b^+(t) = iF(t) + \int_0^t k(t-\tau) b^+(\tau) d\tau).$$

Performing the singular coupling limit we obtain

$$d_t b^+(t) = i\, da_t + \frac{1}{2} b^+(t) dt.$$

Remark that we have to go with $k(t)$ to $\delta(t)$ in a symmetric way. We integrate and arrive at

$$b^+(t) = e^{t/2}b^+ + i\int_0^t e^{(t-t')/2}\, da_{t'}.$$

Multiplying with $e^{-t/2}$ we see that

$$e^{-t/2}\, b^+(t) \to b^+ + i\int_0^\infty e^{-t'/2}\, da_t = B^+$$

for $t \to \infty$. So $e^{-t/2}\, b^+(t)$ does not converge to zero, but to some quantity which can be interpreted as a classical quantity as

$$[B, B^+] = 0.$$

One may get the idea that the inverse oscillator acts as some photon multiplier where after amplification a classical quantity comes out [2].

Let us investigate the stochastical behavior of B and B^+, when the initial density matrix ρ of the oscillator and the bath is given. We calculate

$$\Phi(z) = \mathrm{Tr}\, \rho\, e^{i(zB+\bar{z}B^+)}.$$

By Bochner's theorem $\Phi(z)$ is the Fourier transform of a probility measure on $\mathbf{C}^2$.

$$\Phi(z) = \int p(d\xi)\, e^{i(\xi z+\bar{\xi}\bar{z})},$$

so $p(d\xi)$ describes the statistical behavior after amplification.

Assume $\rho = \rho_0 \otimes |\emptyset\rangle\langle\emptyset|$, where ρ_0 is the initial density matrix for the oscillator and $|\emptyset\rangle\langle\emptyset|$ is the vacuum of the heat bath. Then

$$\Phi(z) = e^{-|z|^2/2}\, \mathrm{Tr}\, \rho_0\, e^{i(zb+\bar{z}b^+)}.$$

Now $\mathrm{Tr}\, \rho_0\, e^{i(zb+\bar{z}b^+)}$ is the Fourier-Weyl transform of ρ_0, its Fourier transform is the Wigner transform of ρ_0, we call it $W(\rho_0,\xi)$. Then

$$p(d\xi) = \frac{2}{\pi}\int W(\rho_0, \eta)\exp(-2(\xi-\eta)^2)d\eta d\xi;$$

so $p(d\xi)$ is the Wigner transform of ρ_0 smeared out by a Gaussian distribution.

Assume $\rho_0 = |0\rangle\langle 0|$, the ground state of the oscillator, which is here the state of highest energy, then

$$p(d\xi) = \frac{1}{\pi}\, e^{-|\xi|^2/2}d\xi.$$

Assume a coherent state

$$\psi = e^{-|\beta|^2/2}\, e^{\beta b^+}\,|\, 0\, \rangle,$$

and $\rho_0 = |\psi\rangle\langle\psi|$, then

$$p(d\xi) = \frac{1}{\pi}\, \exp(-|\xi-\beta|^2)d\xi.$$

So we recover the value β with an additional incertainty.

II. § 3. An inequality for two oscillators

We will derive an inequality for the space of two oscillators crucial for the treatment of the inverse oscillator in a heat bath. We do not attempt to derive the inequality in its strongest form, but only in the special case needed below.

Assume the Hilbert space $\ell^2(\mathbf{N}^2)$, the subspace $\ell_0(\mathbf{N}^2) = \ell_0$ of linear combinations of the standard basis vectors $|\ell, m>$, $\ell, m = 0,1,\ldots$, and define the usual creation and annihilation operators a, a^+, b, b^+ with

(1) $$[a, a^+] = [b, b^+] = 1, \quad [a, a] = [a, b] = [b, b] = 0$$

and

(2) $$\begin{aligned} a(\ell, m> &= \sqrt{\ell}\, |\ell-1, m> \\ a^+(\ell, m> &= \sqrt{\ell+1}\, |\ell+1, m> \\ b|\ell, m> &= \sqrt{m}\, |\ell, m-1> \\ b^+|\ell, m> &= \sqrt{m+1}\, |\ell, m+1>. \end{aligned}$$

Define the quadratic operators

(3) $$\begin{aligned} A &= a^+a + bb^+ \\ B &= ab + a^+b^+ \\ C &= ab - a^+b^+. \end{aligned}$$

Theorem: Assume $\alpha, \beta \in \mathbf{R}$, $\alpha \geq 0$ and $\alpha^2 - \beta^2 = 1$. Then there exist constants $\gamma_0 = 0 \leq \gamma_1 \leq \gamma_2 \leq \ldots$, such that for all $\xi \in \ell_0(\mathbf{N}^2)$

$$\left\langle \xi, (\alpha A + \beta B)^k \xi \right\rangle \leq e^{\gamma_k t} \left\langle \xi, A^k \xi \right\rangle$$

with $t = \frac{1}{2} \log(\alpha+\beta)$.

The proof will be the result of several lemmata. We will use the fact that the operators A,B,C have the same commutation relations as the traceless 2×2 matrices, $\begin{pmatrix} 0 & 1 \\ 1 & 0 \end{pmatrix}$, $\begin{pmatrix} 0 & 1 \\ -1 & 0 \end{pmatrix}$, $\begin{pmatrix} 1 & 0 \\ 0 & -1 \end{pmatrix}$. One has

$$[B,A] = 2C, \quad [C,A] = 2B, \quad [C,B] = 2A.$$

Define $\ell^{(m)} = \ell^{(m)}(\mathbf{N}^2)$ to be the set of linear combinations of $|\ell,n>$ with $\ell+n \leq n$. Then

$$C : \ell^{(m)} \to \ell^{(m+1)}$$
$$\|C\xi\| \leq 2(m+1)\|\xi\|$$

for $\xi \in \ell^{(m)}$. Define

$$\ell_1 = \{\xi \in \ell^2 : \left\langle \xi, A^k \xi \right\rangle < \infty \text{ for } k = 0, 1, 2, \ldots\}.$$

Lemma 1: The sum $\sum \frac{t^m}{m!} C^m \xi = e^{Ct}$ converges in norm to a vector in ℓ_T for $\xi \in \ell_0$ for $|t| < \frac{1}{2}$. More precisely,

$$\sum_{m=0}^{\infty} \|A^{k/2} \frac{C^m}{m!} t^m \xi\| \leq \sum_{m=0}^{\infty} (n+m)^{k/2}\, 2^m |t|^m \frac{(n+1)\ldots(n+m)}{m!} \|\xi\| < \infty$$

for $\xi \in \ell^{(n)}$ and $k = 0,1,2,\ldots$.

Proof: Apply the quotient criterion.

The algebra $\mathcal{W} = \mathcal{W}(a^\#, b^\#)$ generated by $a^\#$ and $b^\#$ can be described as the algebra generated by four indeterminates with the commutation relations (1). More precise: Define the free algebra $\mathbf{C}\langle x_1, x_1^+, x_2, x_2^+\rangle$, divide by the ideal J generated by

$$x_i x_j - x_j x_i$$
$$x_i^+ x_j^+ - x_j^+ x_i^+$$
$$x_i x_j^+ - x_j^+ x_i - \delta_{ij}$$

and call

$$x_1^\# + J = a^\#$$
$$x_2^\# + J = b^\#.$$

Define

$$a_t = (\cosh t)a + (\sinh t)b^+$$
$$b_t^+ = (\cosh t)b^+ + (\sinh t)a$$
$$a_t^+ = (\cosh t)a^+ + (\sinh t)b$$
$$b_t = (\cosh t)b + (\sinh t)a^+.$$

As the $a_t^\#$ and $b_t^\#$ have the same commutation relations as the $a^\#$ and $b^\#$, replacing in a polynomial in $\mathcal{W}(a^\#,b^\#)$ the $a^\#$ and $b^\#$ by the $a_t^\#$ and $b_t^\#$ defines an isomorphism $\eta_t : \mathcal{W} \to \mathcal{W}$.

The polynomials $p \in \mathcal{W}$ can be defined as operators on ℓ_T. The mapping $a \to a^+$, $a^+ \to a$, $b \to b^+$, $b^+ \to b$ defines an involution in $\mathcal{W}$. One has

$$\langle \xi, p\zeta\rangle = \langle p^+\xi, \zeta\rangle$$

for $\xi, \zeta \in \ell_T$.

Lemma 2: Assume $p \in \mathcal{W}(a^\#,b^\#)$ and $|t| < 1/2$, $\xi, \zeta \in \ell_0$. Then

$$(*) \qquad \langle e^{-Ct}\xi, p\, e^{-Ct}\zeta\rangle = \langle \xi, (\eta_t p)\zeta\rangle.$$

Proof: The inequality in Lemma 1 shows that e^{Ct} is differentiable. As $C^+ = -C$, one obtains

$$\frac{d}{dt}\langle e^{-Ct}\xi, p\, e^{-Ct}\xi\rangle = \langle e^{-Ct}, [C,p]\, e^{-Ct}\zeta\rangle.$$

On the other hand

$$\frac{d}{dt} a_t = \eta_t([C,a]), \ \ldots, \ \frac{d}{dt} b_t^+ = \eta_t([C,b^+]).$$

Hence

$$\frac{d}{dt} \eta_t(p) = \eta_t([C,p]).$$

The mapping $p \to [C,p]$ has the property that it maps the subspace $\mathcal{W}_n$ spanned by the monomials of degree $\leq n$ into itself. Let $p_1, \ldots, p_N$ be a basis of $\mathcal{W}_n$, then

$$[C,p_i] = \sum_{k-1}^{N} c_{ik} p_k, \ c_{ik} \in \mathbf{C};$$

hence

$$\frac{d}{dt} \left\langle e^{-Ct}\xi, \, p_i \, e^{-Ct}\zeta \right\rangle = \sum c_{ik} \left\langle e^{-Ct}\xi, \, p_k \, e^{-Ct}\zeta \right\rangle;$$

on the other hand

$$\frac{d}{dt} \left\langle \xi, \eta_t(p_i)\zeta \right\rangle = \sum c_{ik} \left\langle \xi, \eta_t(p_k)\zeta \right\rangle.$$

So both sides of (*) obey the same system of differential linear equations. As they coincide for $t = 0$ they must be equal.

Lemma 3: $\alpha A + \beta B = \eta_t A$ with $t = \frac{1}{2} \log(\alpha+\beta)$.

Proof by direct calculation.

We define a polynomial $p \in \mathcal{W}$ to be positive $p \geq 0$, if

$$\left\langle \xi, p \, \xi \right\rangle \geq 0$$

for all $\xi \in \mathcal{L}_f$. We shall use the following inequality again and again:

For $p,q \in \mathcal{W}$

$$p^+q + q^+p \leq p^+p + q^+q.$$

That is a direct consequence of

$$p^+p + q^+q - p^+q - q^+p = (p-q)^+(p-q) \geq 0.$$

Lemma 4: There exist constants $\gamma_0 = 0 \leq \gamma_1 \leq \gamma_2 \leq \ldots$, such that

$$[C,A^k] \leq \gamma_k A^k.$$

Proof: We prove the lemma in the following way. Call E_k and E_k' the assertions (E_k). There exists κ_k such that

$$BA^k + A^kB \leq \kappa_k A^{k+1}.$$

(E_k') There exist γ_k such that

$$[C,A^k] \leq \gamma_k A^k.$$

Now

(E_0): $$B = ab + a^+b^+ \leq a^+a + bb^+ = A.$$

By the inequality above

$$BA + AB \leq A^2 + B^2$$

and

$$\begin{aligned} B^2 &= a^2b^2 + a^{+2}b^{+2} + aa^+bb^+ + a^+ab^+b \\ &\leq a^{+2}a^2 + b^2b^{+2} + aa^+bb^+ + a^+ab^+b \\ &= a^+aa^+a + bb^+bb^+ + 2a^+abb^+ - 2a^+a + 2bb^+ \\ &\leq A^2 + 2A \leq 3A^2 \end{aligned}$$

as $A \leq A^2$. Finally

(E_1) $$BA + AB \leq 4A^2.$$

(E_0') is trivial. Now

$$\begin{aligned} BA^k + A^kB &= ABA^{k-1} + A^{k-1}BA + [B,A]A^{k-1} + A^{k-1}[A,B] \\ &= A(BA^{k-2} + A^{k-2}B)A + 2[C,A^{k-1}] \\ &\leq \kappa_{k-2}A^{k+1} + 2\gamma_{k-1}A^{k-1} \\ &\leq (\kappa_{k-2} + 2\gamma_{k-1})A^{k+1} \end{aligned}$$

as $A^{k-1} \leq A^{k+1}$. This proves (E_k) out of (E_{k-2}) and (E_{k-1}'). On the other hand

$$\begin{aligned} [C,A^k] &= 2\sum_{i=0}^{k-1} A^iBA^{k-1-i} = 2((BA^{k-1} + A^{k-1}B) + A(BA^{k-2} + A^{k-2}B)A + \ldots) \\ &\leq 2(\kappa_{k-1} + \kappa_{k-2} + \ldots)A^k. \end{aligned}$$

This proves (E_k') out of $(E_k), (E_{k-1}), \ldots$.

Let us collect facts. We have already proven (E_0), (E_1) and (E_0'). Then (E_0) implies (E_1'), and (E_0) and (E_1') imply (E_2), and E_0 and E_1 imply (E_2'), and (E_1) and (E_2') imply (E_3), (E_0) implies (E_1'), (E_0) and (E_1') imply (E_2), (E_0) and (E_1) imply (E_2'), (E_1) and (E_2') imply (E_3), (E_0), (E_1), (E_2) imply (E_3') and so on.

Lemma 5: For $\xi \in \ell_0$ and $|t| < \frac{1}{2}$ one has

$$\left\langle e^{-Ct}\xi, A^k e^{-Ct}\xi \right\rangle \leq e^{\gamma_k|t|}\left\langle \xi, A^k\xi \right\rangle.$$

Proof: We differentiate the left-hand side and obtain

$$\left\langle e^{-Ct}\xi, [C,A^k]\, e^{-Ct}\xi \right\rangle \leq \gamma_k\left\langle e^{-Ct}\xi, A^k e^{-Ct}\xi \right\rangle.$$

Integrating this differential inequality yields the result for $t > 0$. Negative t means

replacing C by $-C$, or b by a and a by b. So we have the same result.
Corollary: The mapping $|t| < \frac{1}{2} \to e^{-Ct}$ can be extended to a unitary group of operators on $\mathbf{R}$. These operators map the subspace $\mathcal{L}_{\Gamma}^{(k)}$ of vectors with the property $\langle \xi, A^k \xi \rangle < \infty$ into itself and one has

$$\langle e^{-Ct}\xi, A^k e^{-Ct}\xi \rangle \le e^{\gamma_k |t|} \langle \xi, A^k \xi \rangle$$

for all t.
Proof: Unitarity follows from Lemma 2 for $p = 1$ for small t. From there extension to all t by iterated application of lemma 4, as do the other statements. The theorem is the direct consequence of the corollary and lemma 3.

§ II. 4. The kernel solution of the stochastic differential equation

The equation

$$d_t u_{t,s} = (-ibda_t - ib^+da_t^+ - \frac{1}{2} bb^+ \delta_{\emptyset,\emptyset} dt) * u_{t,s}$$

can be interpreted as an equation for matrix elements, which we write

$$\langle m|u_{t,s}|n\rangle \qquad m, n \in \mathbf{N}.$$

So $\langle m|u_{t,s}|n\rangle$ is a kernel with values in $\mathbf{C}$, the vectors $|m>, n>$ are the eigenstates of the inverse oscillator in the usual Dirac notation. Then the equation becomes

$$(1) \qquad d_t\langle m|u_{t,s}|n\rangle = \sum_{\ell} \left(-i \langle m|b|\ell\rangle da_t - i \langle m|b^+|\ell\rangle da_t^+ - \frac{1}{2}\langle m|bb^+|\ell\rangle \delta_{\emptyset,\emptyset} dt\right) * \langle \ell|u_{t,s}|u\rangle.$$

Remark that the sum over ℓ is finite due to the special character of $b^{\#}$.
Proposition 1: There exists exactly one family of solutions

$$\langle m|u_{t,s}|n\rangle, \quad m, n \in \mathbf{N}, \quad t > s$$

of (1), which is $\mathcal{C}^1$ and foward adapted and obeys the condition

$$\langle m|u_{s,s}|n\rangle = \delta_{mn}\, \delta_{\emptyset,\emptyset}$$

and it is given by

$$\langle m|u_{t,s}|n\rangle (\sigma,\tau) = (-i)^{\#\sigma+\#\tau} \langle m| e^{-(t-t_k)bb^+/2} b^{\varepsilon_k} e^{-(t_k-t_{k-1})bb^+/2} b^{\varepsilon_{k-1}} \dots b^{\varepsilon_2} e^{-(t_2-t_1)bb^+/2} b^{\varepsilon_1} e^{-(t_1-s)bb^+} |n\rangle$$

for $\tau \cup \sigma \subset [s,t]$ and 0 otherwise, where

$$\#\tau + \#\sigma = k \text{ and } \tau \cup \sigma = \{t_1, \dots, t_k\} \text{ with } t_1 < \dots < t_k$$

and

$$b^{\varepsilon} = \begin{cases} b & \text{if } \varepsilon = 0 \\ b^+ & \text{if } \varepsilon = 1 \end{cases}$$

and

$$\varepsilon_i = \begin{cases} 0 & \text{if } t_i \in \tau \\ 1 & \text{if } t_i \in \sigma \end{cases}.$$

Proof: Assume at first $\tau = \sigma = \emptyset$. Then $\langle m|u_{t,s}|n\rangle\,(\emptyset,\emptyset)$ does not have any jumps. As $t \to \langle m|u_{t,s}|n\rangle\,(\emptyset,\emptyset)$ is $\mathbf{C}^1$ we have the differential equation

$$\frac{d}{dt}\langle m|u_{t,s}|n\rangle\,(\emptyset,\emptyset) = -\frac{1}{2}\langle m|bb^+|m\rangle\,\langle m|u_{t,s}|n\rangle\,(\emptyset,\emptyset)$$

and

$$\langle m|u_{t,s}|n\rangle\,(\emptyset,\emptyset) = \langle m|e^{-(t-s)bb^+/2}|m\rangle\,\delta_{m,n}.$$

Assume now

$$\tau \cup \sigma \neq \emptyset \text{ and } t > \max(\sigma \cup \tau) = t'.$$

Then

$$\frac{d}{dt}\langle m|u_{t,s}|n\rangle\,(\sigma,\tau) = -\frac{1}{2}\langle m|bb^+|m\rangle\,\langle m|u_{t,s}|n\rangle(\sigma,\tau).$$

Assume e.g. $t' \in \sigma$, then

$$\langle m|u_{t'+0,s}|n\rangle\;(\sigma,\tau) = -i\,\langle m|b^+|m-1\rangle\,\langle m-1|u_{t',s}|n\rangle\,(\sigma\backslash\{t'\},\tau)$$

and $\langle m|u_{t'-0,s}|m\rangle\,(\sigma,\tau) = 0$ because of the forward adaptedness. So

$$\langle m|u_{t,s}|n\rangle\,(\sigma,\tau) = -i\langle m|e^{-(t-t')bb^+/2}|m\rangle\,\langle m|b^+|m-1\rangle\,\langle m-1|u_{t',s}|n\rangle\,(\sigma\backslash\{t'\},\tau)$$

$$= (-i)\,\langle m|e^{-(t-t')bb^+/2}b^+|m-1\rangle\,\langle m-1|u_{t',s}|u\rangle\,(\sigma\backslash\{t'\},\tau).$$

This shows that an induction is possible with respect to $\#\sigma + \#\tau$.
Inspection of the solution and the theorem 1 of I.3 show

Proposition 2: The processes $s \to \langle m|u_{t,s}|n\rangle$ are backward adapted and $\mathbf{C}^1$ and

$$d_s u_{t,s} = u_{t,s} * (ib\,da_s + ib^+\,da_s^+ + \frac{1}{2}bb^+ds\;\delta_{\emptyset,\emptyset})$$

or more precise

$$d_s\,\langle m|u_{t,s}|n\rangle = \sum_{\ell}\langle m|u_{t,s}|\ell\rangle * \left\langle \ell|ibda_s+ib^+da_s^+ + \frac{1}{2}bb^+ds\;\delta_{\emptyset,\emptyset}|n\right\rangle.$$

Remark 1: The matrix element $\langle m|u_{t,s}|n\rangle\,(\sigma,\tau)$ are $\neq 0$ only if $m + \#\tau = n + \#\sigma$.

Proposition 3: Let $r < s < t$. Then

$$u_{t,s} * u_{s,r} = u_{t,r}$$

or

$$\Big(\sum_{\ell}\langle m|u_{t,s}|\ell\rangle * \langle \ell|u_{s,r}|n\rangle\Big)(\sigma,\tau) = \langle m|u_{t,r}|n\rangle(\sigma,\tau).$$

For fixed σ,τ the sum consists out of at most one term.

Proof: By proposition 5 of I.4

$$\Big(\sum_{\ell} \langle m|u_{t,s}|\ell\rangle * \langle \ell|u_{s,r}|n\rangle\Big)(\sigma,\tau)$$

$$= \sum_{\ell} \langle m|u_{t,s}|\ell\rangle (\sigma \cap [s,\infty[, \tau \cap [s,\infty[) \langle \ell(u_{s,r}|n\rangle (\sigma \cap]-\infty,s], \tau \cap]-\infty,s]).$$

So by the remark 1 there is at most one term in the sum over ℓ.
Differentiate the left-hand side of the last equation with respect to s and apply proposition 5 of I.4, then

$$\sum_{\ell} \frac{d}{ds} \langle m|u_{t,s}|\ell\rangle * \langle \ell|u_{s,r}|n\rangle = 0,$$

that means that that expression is independent of s, so

$$\sum_{\ell} \langle m|u_{t,s}|\ell\rangle * \langle \ell|u_{s,r}|n\rangle = \langle m|u_{t,r}|n\rangle .$$

Define the kernel valued matrix $u^{+}_{t,s}$

$$\langle \ell|u^{+}_{t,s}|m\rangle = \langle m|u_{t,s}|\,\ell\rangle^{+}, \quad \text{or}$$
$$\langle \ell|u^{+}_{t,s}|m\rangle\,(\sigma,\tau) = \langle m|u_{t,s}|\,n\rangle^{-}\,(\tau,\sigma).$$

Lemma 1: We have the estimate

$$e^{-(t-s)/2(\ell+p+1)} \frac{(\ell+p)!}{\sqrt{\ell!}\,\sqrt{m!}} \leq \left\|\langle \ell\,|\,u^{\#}_{t,s}\,|\,m\rangle\right\|_{p,q} \leq \frac{(\ell+p)!}{\sqrt{\ell!}\,\sqrt{m!}}$$

if $\ell+p = m+q$. If $\ell+p \neq m+q$, then

$$\langle \ell\,|\,u^{\#}_{t,s}\,|\,m\rangle\,(\sigma,\tau) = 0$$

for $\#\sigma = p$ and $\#\tau = q$.

Proof: We have by proposition 1

$$|\langle \ell\,|\,u^{\#}_{t,s}\,|\,m\rangle| = \langle \ell\,|\,e^{-(t-t_k)bb^{+}/2}\, b^{\varepsilon_k} \ldots b^{\varepsilon_1 (t_1-s)bb^{+}/2}\,|m\rangle \leq \langle \ell\,|\,b^{\varepsilon_k} \ldots b^{\varepsilon_1}|m\rangle \leq \langle \ell\,|\,b^{q}\; b^{+p}|m\rangle$$

From there one gets immediately the second part of the inequality. The first one follows by a similar reasoning.

Lemma 1 shows that $\langle \ell\,|\,u^{\#}_{t,s}\,|\,m\rangle$ does not satisfy Maassen's condition (cf. I.2, Remark 3). But the pairs $\langle \ell\,|\,u^{\varepsilon}_{t,s}\,|\,m\rangle$ and $\langle \ell'\,|\,u^{\varepsilon'}_{t,s}\,|\,m'\rangle$ where $\varepsilon = 0,1$ and $u^0 = u$, $u^1 = u^+$ have the finite product property as

$$\| \langle \ell | u^{\varepsilon}_{t,s} | m \rangle \|_{p,q+r} = 0$$

and

$$\| \langle \ell | u^{\varepsilon}_{t,s} | m \rangle \|_{p+r,q} = 0$$

for sufficiently big r by lemma 1.

Lemma 2: The sum

$$\sum_{\ell=0}^{\infty} \int d\gamma\, \ell^k \langle \ell | u^{\varepsilon}_{t,s} | m \rangle (\alpha'+\gamma,\beta') \langle \ell+j | u^{\varepsilon'}_{t,s} | n \rangle (\alpha''+\gamma,\beta'')$$

converges uniformly for all α', α'', β', β'' with fixed $\#\alpha' = p'$, $\#\alpha'' = p''$, $\#\beta' = q'$ and $\#\beta'' = q''$ for fixed j and k and $0 < t-s < 1$.

Proof: Assume $\#\gamma = r$, $\#\alpha' = p'$, $\#\alpha'' = p''$, $\#\beta' = q'$, $\#\beta'' = q''$. This means

$$m + p' + r = \ell + q'$$
$$n + p'' + r = \ell + j + q''.$$

So $r = \ell + c$ for some constant c, or $r = 0$. So the terms in the sum can be estimated by

$$\sum_{\ell=0}^{\infty} \frac{(t-s)^{(\ell+c)}}{(\ell+c)!} \ell^k \frac{(\ell+q')!\,(\ell+j+q'')!}{\sqrt{\ell!}\,\sqrt{(\ell+j)!}\,\sqrt{m!}\,\sqrt{n!}} < \infty$$

using the quotient criterion.

Lemma 3: Let **C**<x,y> be the free algebra over **C** generated by x and y and define the mapping

$$\Delta: \mathbf{C}\langle x,y\rangle \rightarrow \mathbf{C}\langle x,y\rangle$$
$$P \rightarrow xyP - 2xPy + Pxy.$$

Then for two elements $P, Q \in \mathbf{C}\langle x,y\rangle$

$$\Delta PQ = (\Delta P)Q + P(\Delta Q) + 2[x,P][y,Q]$$

and for n elements $P_1, \ldots, P_n$

$$\Delta(P_1 \ldots P_n) =$$
$$(\Delta P_1)P_2 \ldots P_n + P_1(\Delta P_2)P_3 \ldots P_n + \ldots + P_1 \ldots P_{n-1}\Delta P_n$$
$$+ 2 \sum_{1 \le i < j \le n} P_1 \ldots P_{i-1} [x,P_i] P_{i+1} \ldots P_{j-1} [y,P_j] P_{j+1} \ldots P_n.$$

Proof: By direct calculation

$$\Delta(PQ) - (\Delta P)Q - P(\Delta Q) = 2\,[x,P][y,Q].$$

From there proceed by induction.

Denote for $s \le t$

$$b_{t,s} = b\, e^{(t-s)/2}\, \delta_{\emptyset,\emptyset} - \int_s^t e^{(t-t')/2} da^+_{t'}$$

(1)

$$b^+_{t,s} = b^+ e^{(t-s)/2} \delta_{\emptyset,\emptyset} + i \int_s^t e^{(t-t')/2} da_{t'}$$

and

(2) $$b_{s,t} = b\, e^{(t-s)/2} \delta_{\emptyset,\emptyset} + i \int_s^t e^{(t-t')/2} da^+_{t'}$$

$$b^+_{s,t} = b^+ e^{(t-s)/2} \delta_{\emptyset,\emptyset} - i \int_s^t e^{(t-t')/2} da_{t'}.$$

Call as in § II.3 $\mathcal{W}(b,b^+)$ the algebra generated by b and b^+ with the defining relation $[b,b^+]= 1$. As $[b_{t,s}, b^+_{t,s}] = 1$ and $[b_{s,t}, b^+_{s,t}] = 1$, replacing in a polynomial p in b, b^+ the elements b, b^+ by $b_{t,s}$ and $b^+_{t,s}$ (resp. $b_{s,t}$ and $b^+_{s,t}$) defines an isomorphism $\eta_{t,s}$ (resp. $\eta_{s,t}$) from $\mathcal{W}$ into the algebra of kernels. Multiplication of these kernels is not a problem as in the integral term $\int d\gamma$ only finitely many $\#\gamma$ occur.

Proposition 4: Assume $p \in \mathcal{W}(b, b^+)$ and $0 \leq t\text{-}s < 1$.
Then

$$\sum_{\ell,\ell'=0}^{\infty} \left(\langle m|u^+_{t,s}|\ell\rangle * \langle \ell|p|\ell'\rangle \delta_{\emptyset,\emptyset} * \langle \ell'|u_{t,s}|n\rangle \right)(\sigma,\tau) = \langle m|\eta_{t,s}p|n\rangle(\sigma,\tau)$$

and

$$\sum_{\ell,\ell'=0}^{\infty} \left(\langle m|u_{t,s}|\ell\rangle * \langle \ell|p|\ell'\rangle \delta_{\emptyset,\emptyset} * \langle \ell'|u^+_{t,s}|n\rangle \right)(\sigma,\tau) = \langle m|\eta_{s,t}p|n\rangle(\sigma,\tau).$$

The sums converge uniformly for fixed $\#\sigma$ and $\#\tau$.

Proof: Due to the structure of $b^\#$ we have that

$$\langle \ell|p|\ell'\rangle = 0 \text{ for } |\ell\text{-}\ell'| \geq c$$

where c is some constant dependent on p and for fixed ℓ

$$|\langle \ell|p|\ell'\rangle| \leq \sum_{k=0}^{K} a_k \ell^k$$

for all ℓ' and with fixed constants a_k. So using lemma 2 we show that the sum as well as its derivative with respect to t converge uniformly for fixed $\#\sigma$ and $\#\tau$.
Using the fact that $\left(\langle m|u^+_{t,s}|\ell\rangle, \langle \ell'|u_{t,s}|m\rangle\right)$ have the property (FP) of definition 4 of I.3, we can apply proposition 4 of I.4 and justify the following calculations in matrix form.

One has

$$d_t u^+_{t,s} = u^+_{t,s} * (ib\, da_t + ib^+ da^+_t - \tfrac{1}{2} bb^+ dt)$$

and

$$d_t u^+_{t,s} * p\delta_{\emptyset,\emptyset} * u_{t,s} = u^+_{t,s} * (i[b,p]da_t + i[b^+,p]da^+_t - \frac{1}{2}\Delta p\ \delta_{\emptyset,\emptyset}dt) * u_{t,s}$$

with

$$\Delta p = bb^+p - 2bpb^+ + pbb^+.$$

Now

$$d_t b_{t,s} = \frac{1}{2} b_{t,s}dt - ida^+_t$$
$$d_t b^+_{t,s} = \frac{1}{2} b^+_{t,s}dt + ida_t.$$

As the pair $(b^{\#}_{t,s}, b^{\#}_{t,s})$ has the property (FP) we can apply this theorem repeatedly and obtain

$$d_t(b^{\varepsilon_1}_{t,s} * \dots * b^{\varepsilon_n}_{t,s}) = \frac{n}{2} b^{\varepsilon_1}_{t,s} * \dots * b^{\varepsilon_n}_{t,s}dt$$

$$+ i \sum_{1 \le j \le n} b^{\varepsilon_1}_{t,s} * \dots * \widehat{b^{\varepsilon_j}_{t,s}} * \dots * b^{\varepsilon_u}_{t,s} * (c_{\varepsilon_j}\, da_t + c'_{\varepsilon_j}\, da^+_t)$$

$$+ \sum_{1 \le j < k \le n} c_{\varepsilon_j\varepsilon_k}\, b^{\varepsilon_1}_{t,s} * \dots * \widehat{b^{\varepsilon_j}_{t,s}} * \dots * \widehat{b^{\varepsilon_n}_{t,s}} * \dots * b^{\varepsilon_n}_{t,s}\ dt.$$

The ^ signifies that this factor has to be deleted $\varepsilon_i = \pm 1$, and $b^{(+1)} = b^+$, $b^{(-1)} = b$. $c_1 = 1$, $c_{-1} = 0$; $c'_1 = 0$, c'_{-1} and $c_{1,1} = c_{-1,-1} = c_{-1,1} = 0$ and $c_{+1,-1} = 1$.
Now

$$[b,b^{\varepsilon_i}] = c_{\varepsilon_i}$$
$$[b^+,b^{\varepsilon_i}] = c'_{\varepsilon_i}$$
$$\Delta b = -b$$
$$\Delta b^+ = -b^+.$$

So

$$d_t b^{\varepsilon_1}_{t,s} * \dots * b^{\varepsilon_n}_{t,s} = d_t\eta_{t,s}(b^{\varepsilon_i} \dots b^{\varepsilon_n}) =$$

$$i\eta_{t,s}([b,b^{\varepsilon_i} \dots b^{\varepsilon_n}]) * da_t + i\eta_{t,s}([b^+,b^{\varepsilon_i} \dots b^{\varepsilon_n}]) * da^+_t - \frac{1}{2}\eta_{t,s}(\Delta(b^{\varepsilon_i} \dots b^{\varepsilon_n}))dt.$$

So for all $p \in \mathcal{W}(b,b^+)$

$$(*)\quad d_t(\eta_{t,s}p) = i\,\eta_{t,s}([b,p]) * da_t + i\,\eta_{t,s}([b^+,p]) * da^+_t - \frac{1}{2}\eta_{t,s}(\Delta p)dt.$$

For $p = 1$ we have

$$d_t(\eta_{t,s}1) = 0.$$

So $\eta_{t,s}1 = \eta_{s,s}1 = 1$.

Let $\mathcal{W}_n(b,b^+)$ be the span of all polynomials in $b^{\#}$ of degree $\le n$. Then $p \to [b^{\#},p]$ is a mapping from $\mathcal{W}_n$ onto $\mathcal{W}_{n-1}$ and $p \to \Delta p$ is a mapping from $\mathcal{W}_n$ into itself. We assume $\eta_{t,s}p$ to be calculated for $p \in \mathcal{W}_{n-1}$. Find a basis $p_1, \ldots, p_N$ of $\mathcal{W}_n$, then $\Delta p_i = \sum D_{ik}p_k$ and for $\sigma = \tau = \emptyset$ the function $t \to \eta_{t,s}p(\emptyset,\emptyset)$ is differentiable and

$$\frac{d}{dt}\eta_{t,s}p_i(\emptyset,\emptyset) = \frac{1}{2}\sum D_{ik}\eta_{t,s}p_k(\emptyset,\emptyset).$$

So it is uniquely determined by $\eta_{s,s}p_k(\emptyset,\emptyset) = p_k$. Explicitly

$$(\eta_{t,s}p_i)(\emptyset,\emptyset) = \sum_k (e^{-1/2(t-s)D})_{ik}p_k.$$

Assume $\tau \cup \sigma \neq \emptyset$, and e.g. $\max(\tau \cup \sigma) = t' \in \sigma$. Then for $t > t'$:

$$t \to \eta_{t,s}(p)(\tau, \sigma)$$

is C^1 and

$$\frac{d}{dt}\eta_{t,s}p_i(\tau,\sigma) = \frac{1}{2}\sum D_{ik}\eta_{t,s}p_k(\tau,\sigma).$$

For $t < t'$ one has $\eta_{t,s}p_i(\tau,\sigma) = 0$ and for $\eta_{t'+0,s}p_i(\tau,\sigma) = i\eta_{t,s}([b^+,p])(\tau\backslash\{t'\},\sigma)$.
So $\eta_{t,s}p$ is uniquely defined by the differential equation (*) and the initial conditions. As the

$$u^+_{t,s} * p\delta_{\emptyset,\emptyset} * u_{t,s},\; p \in \mathcal{W}_n$$

obey to the same differential equation and to the same initial conditions they coincide.

A similar reasoning applies to the second half of the proposition. Differentiate now with respect to s!

§ II. 5. The solution as unitary operator

We introduce

$$\mathcal{C} = \mathcal{C}(\Omega(I) \times \mathbf{N})$$

the space of all functions $\xi : \Omega(I) \times \mathbf{N} \to \mathbb{C}$; $(\omega,\ell) \to \xi(\omega,\ell)$, such that

$$\sup_{\#\omega+\ell=p} |\xi(\omega,\ell)| = \|\xi\|_p < \infty.$$

We denote by

$$\mathcal{C}_0 = \mathcal{C}_0(\Omega(I) \times \mathbf{N})$$

the subspace of these ξ such that $\xi(\omega,\ell) = 0$ for $\#\omega+\ell$ sufficiently big.

Let $\xi \in \mathcal{C}_0$, we define $\xi_m(\omega) = \xi(\omega,m)$. Let $u_{t,s}$ and $u^+_{t,s}$ be the kernel valued matrices of the last chapter.
Define

$$(U_{t,s}\xi)(\omega,\ell) = \Big(\sum_m \langle \ell|u_{t,s}|m\rangle * \xi_m\Big)(\omega)$$

or

$$(U(t,s)\xi)(\omega,\ell) = \sum_m \sum_{\sigma\subset\omega} \int d\tau \,\langle \ell|u_{t,s}|m\rangle(\sigma,\tau)\xi((\omega\backslash\sigma)+\tau, m).$$

Similar

$$(U^+_{t,s}\xi)(\omega,\ell) = \sum_m \left(\langle \ell | u^+_{t,s} | m\rangle * \xi_m\right)(\omega).$$

So $U_{t,s}$ and $U^+_{t,s}$ are operators $\mathcal{C}_0 \to \mathcal{C}$ by proposition 1 of I.2. They are adjoint in the sense that

$$\langle U^+_{t,s}\xi, \zeta\rangle = \langle \xi, U_{t,s}\zeta\rangle \text{ for } \xi, \zeta \in \mathcal{C}_0.$$

Define the operators $N = b^+b$ and Λ as in § I.5, so

$$(N\xi)(\omega,\ell) = \ell\xi(\omega,\ell)$$
$$\Lambda\xi(\omega,\ell) = (\#\omega)\xi(\omega,\ell).$$

Proposition 1: We have

$$(N-\Lambda)U_{t,s} = U_{t,s}(N-\Lambda)$$
$$(N-\Lambda)U^+_{t,s} = U^+_{t,s}(N-\Lambda).$$

Proof: We have

$$\langle \ell | u_{t,s} | m\rangle (\sigma,\tau)(N-\Lambda)\xi((\omega\backslash\sigma) + \tau, m)$$
$$= (m - \#\tau - \#\omega + \#\sigma) \langle \ell | u_{t,s} | m\rangle (\sigma,\tau)\xi((\omega\backslash\sigma) + \tau,m)$$
$$= (\ell - \#\omega) \langle \ell | u_{t,s} | m\rangle (\sigma,\tau)\xi((\omega\backslash\sigma) + \tau,m),$$

as $\langle \ell | u_{t,s} | m\rangle(\sigma,\tau)$ vanishes unless $\ell + \#\tau = m + \#\sigma$ (see II. 4, Remark 1). Denote by $\mathcal{C}_r(\Omega(I) \times \mathbf{N}) = \mathcal{C}_r$ the subset of $\mathcal{C}$ given by

$$\left\langle \xi,(N+\Lambda)^k\xi\right\rangle = \sum_{r,\ell=0}^{\infty} (\ell+r)^k \int_{u_1<\dots<u_r}\int |\xi(u_1, \dots, u_r\}, \ell)|^2 du_1 \dots du_r < \infty$$

for all $k = 0,1,2, \dots$.

Proposition 2: The operators $U^{\#}_{t,s}$ for $0 \leq t\text{-}s < 1$ map $\mathcal{C}_0$ into $\mathcal{C}_r$.

Proof: Assume $\xi \in \mathcal{C}_0$, then

$$\left\langle U_{t,s}\xi, N^k U(t,s)\xi\right\rangle$$

$$= \sum_{\ell,m_1,m_2} \xi^+_{m_1} * \langle m_1 | u^+_{t,s} | \ell\rangle * \ell^k \delta_{\emptyset,\emptyset} * \langle \ell | u_{t,s} | m_2\rangle * \xi_{m_2}.$$

Following the discussions of § I.1 we obtain

$$= \sum_{\ell,m_1,m_2} \iiint d\gamma_{12}\, d\gamma_{13}\, d\gamma_{23}\, \overline{\xi_{m_1}}(\gamma_{12} + \gamma_{13})$$

$$\left(\langle m_1 | u^+_{t,s} | \ell\rangle * \ell^k \langle \ell | u_{t,s} | m_2\rangle\right) (\gamma_{12}, \gamma_{23})\xi_{m_2}(\gamma_{13} + \gamma_{23}).$$

By lemma 2 of II.4 the sum

$$\Big(\sum_{\ell}\langle m|u^{+}_{t,s}|\ell\rangle * \ell^{k}\langle \ell|u_{t,s}|m_2\rangle\Big)\ (\gamma_{12},\gamma_{23})$$

converges uniformly for all γ_{12}, γ_{23} with fixed $\#\gamma_{12}$ and $\#\gamma_{13}$ to some bounded function. As $\#\gamma_{12}$ and $\#\gamma_{13}$ stay bounded, we have finally that

$$\left\langle U_{t,s}\xi, N^k U_{t,s}\xi\right\rangle < \infty$$

for all $\xi \in \mathcal{C}_0$ and all k. Now

$$\left\langle U_{t,s}\xi,\ (N+\Lambda)^k U_{t,s}\xi\right\rangle = \left\langle U_{t,s}\xi,\ (2N+(N-\Lambda))^k U_{t,s}\xi\right\rangle$$

$$= \sum_{j=0}^{k} \binom{k}{j} 2^j \left\langle U_{t,s}\xi,\ N^j\ U_{t,s}(N-\Lambda)^{k-j}\xi\right\rangle < \infty$$

using Schwarz's inequality.

b and b^+ can be defined as operators on $\mathcal{C}_r$ and are mutually adjoint.

Proposition 3: Let $\xi, \zeta \in \mathcal{C}_0$, $0 \le t - s < 1$ and $p \in \mathcal{W}(b,b^+)$. Then

$$\left\langle U_{t,s}\xi, pU_{t,s}\zeta\right\rangle = \left\langle \xi, \eta_{t,s}(p)\zeta\right\rangle$$

$$\left\langle U^{+}_{t,s}\xi, pU^{+}_{t,s}\zeta\right\rangle = \left\langle \xi, \eta_{t,s}(p)\zeta\right\rangle$$

interpreting $b^{\#}_{t,s}$ and $b^{\#}_{s,t}$ as operators on $\mathcal{C}_0$.

Proof: We have

$$\left\langle U_{t,s}\xi, pU_{t,s}\zeta\right\rangle = \sum_{\ell,\ell',m_1,m_2} \xi^{+}_{m_1} * \langle m_1|u^{+}_{t,s}|\ell\rangle * \langle \ell|p|\ell'\rangle\delta_{\emptyset,\emptyset} * \langle \ell'|u_{t,s}|m_2\rangle * \zeta_{m_1}.$$

We use again lemma 2 of II.4 in order to ensure the convergence of the sums and apply then proposition 4 of II.4. The last expression becomes

$$= \sum_{m_1,m_2} \xi^{+}_{m_1} * \langle m_1|\eta_{t,s}p|m_2\rangle * \zeta_{m_2} = \left\langle \xi, (\eta_{t,s}p)\zeta\right\rangle.$$

Proposition 4: Let $0 \le s\text{-}r<1$ and $0 \le t\text{-}s<1$, then for $\xi,\zeta \in \mathcal{C}_0$

$$\left\langle U^{+}_{t,s}\xi, U_{s,r}\zeta\right\rangle = \left\langle \xi, U_{t,r}\zeta\right\rangle.$$

Proof: The convergence of the sum

$$\sum_{\ell,m_1,m_2} \xi^+_{m_1} * \langle m_1|U_{t,s}|\ell\rangle * \langle \ell|U_{s,r}|m_2\rangle * \zeta_{m_2}$$

follows from lemma 2 of II.4. Apply proposition 3 and proposition 4 of II.4 for $p = 1$.

Proposition 5: Let $\xi,\zeta \in \mathcal{C}_0$. For fixed s and $t \downarrow s$

$$\left\langle (U^\varepsilon_{t,s}\xi-\xi),\ (\Lambda+N)^k(U^\varepsilon_{t,s}\xi-\xi)\right\rangle \to 0$$

where $\varepsilon = \pm 1$ and $U^{-1} = U^+$, $U^{-1} = U$.

Proof: By proposition 2 it is sufficient to show that

$$\left\langle U^\varepsilon_{t,s}\xi-\xi,\ N^k(U^\varepsilon_{t,s}\xi-\xi)\right\rangle \to 0.$$

The left side is equal to

$$\sum_{m_1,m_2,\ell} \xi^+_{m_1} * \left(\langle m_1|u^\varepsilon_{t,s}|\ell\rangle - \delta_{\ell m_1}\delta_{\emptyset,\emptyset}\right) * \ell^k(\langle \ell|u^\varepsilon_{t,s}|m_2\rangle - \delta_{\ell m_2}\delta_{\emptyset,\emptyset}) * \xi_{m_1}.$$

Now

$$z_{t,s}(\ell,\gamma,\alpha_1,\alpha_2,\beta_1,\beta_2) = \left(\langle m|u^\varepsilon_{t,s}|\ell\rangle - \delta_{\ell m}\delta_{\emptyset,\emptyset}\right)(\alpha_1,\beta_1+\gamma)\ell^k(\langle \ell|u^\varepsilon_{t,s}|m_2\rangle - \delta_{\ell m_2}\delta_{\emptyset,\emptyset})(\alpha_2+\gamma,\beta_2)$$

has the property that for $\gamma \neq \emptyset$

$$|z_{t,s}(\ell,\gamma)| \leq \left\langle m_1|b^{\#(\beta_1)+\#\gamma}(b^+)^{\#\alpha_1}|\ell\right\rangle \ell^k\left\langle \ell|b^{\#(\beta_2)}(b^+)^{\#\alpha_2+\|\#\gamma\|}|m_2\right\rangle \mathbf{1}(\gamma \subset]s,t[) =$$
$$= C(\ell,\gamma)\mathbf{1}(\gamma\subset]s,t[).$$

So if $s < t \leq t_0$ and $t_0 - s < 1$,

$$|z_{t,s}(\ell, g)| \leq C(\ell,\gamma)\,\mathbf{1}(\gamma \subset]s,t_0[)$$

and by the reasoning applied in lemma 2 of II.4, we have that

$$\int d\gamma \sum_{\ell} C(\ell,\gamma)\,\mathbf{1}(\gamma \subset]s,t_0[) < \infty.$$

On the other hand, all $z_{t,s}(\ell,\gamma) \to 0$ for $t \downarrow s$. Apply the theorem of Lebesgue.

Proposition 6: There exist constants $\gamma_0 = 0 \leq \gamma_1 \leq \gamma_2 \leq \ldots$ such that for $0 \leq t\text{-}s < 1$, $\varepsilon = \pm 1$

$$\left\langle U^\varepsilon_{t,s}\xi,\ (\Lambda+N+1)^k U^\varepsilon_{t,s}\xi\right\rangle \leq \exp\left(\gamma_k\rho(t\text{-}s)\right)\left\langle \xi,(\Lambda+N+1)^k\xi\right\rangle$$

with

$$\rho(t) = \frac{1}{2}(t + \log(1 + \sqrt{1-e^{-t}})) \le \frac{1}{2}(t + \log 2).$$

Proof: We have by (1) of II.4

$$b_{t,s} = e^{(t-s)/2}b + \sqrt{e^{t-s}-1}\ a^+(f_{t,s})$$
$$b^+_{t,s} = e^{(t-s)}b^+ + \sqrt{e^{t-s}-1}\ a(f_{t,s})$$

where $$f_{t,s}(t') = \frac{i}{\sqrt{e^{t-s}-1}} 1_{[s,t]}(t')\ e^{(t-t')/2}$$

has been chosen such that

$$\int f_{t,s}(t')^2 dt' = 1.$$

Then

$$b_{t,s}b^+_{t,s} = e^{t-s}bb^+ + e^{(t-s)/2}\sqrt{e^{t-s}-1}\ (b^+a^+(f_{t,s}) + ba(f_{t,s})) + (e^{t-s}-1)a^+(f_{t,s})a(f_{t,s}).$$

We have

$$[N-\Lambda,\ b_{t,s}b^+_{t,s}] = 0$$

and recall

$$bb^+ = N+1.$$

Use proposition 1

$$\left\langle U_{t,s}\xi,\ (\Lambda+N+1)^k U_{t,s}\xi\right\rangle = \left\langle U_{t,s}\xi,\ (2(N+1) + (\Lambda-N))^k U_{t,s}\xi\right\rangle$$

$$= \sum_{j=0}^{k}\binom{k}{j}\left\langle U_{t,s}\xi,\ (2(N+1) + (\Lambda-N))^j U_{t,s}\xi\right\rangle = \sum_{j=0}^{k}\binom{k}{j}\left\langle \xi,\ 2(\eta_{t,s}bb^+)^j(\Lambda-N)^{k-j}\xi\right\rangle$$

$$= \left\langle \xi,\ (2b_{t,s}b^+_{t,s} + \Lambda-N)^k\xi\right\rangle = \left\langle \xi,\ (\Lambda_0 + M_{t,s})^k\xi\right\rangle$$

with

$$\Lambda_0 = \Lambda - a^+(f_{t,s})a(f_{t,s})$$
$$M_{t,s} = 2b_{t,s}b^+_{t,s} - bb^+ + a^+(f_{t,s})a(f_{t,s}).$$

So

$$M_{t,s} = (2e^{t-s} - 1)bb^+ + 2e^{(t-s)/2}\sqrt{e^{t-s}-1}\ (b^+a^+(f_{t,s}) + ba(f_{t,s})) + (2e^{t-s} - 1)a^+(f_{t,s})a(f_{t,s}).$$

Let $\xi \in \mathcal{C}_0$, we can write it in the form

$$\xi = \sum \frac{b^{+\ell}}{\sqrt{\ell!}} |0> \otimes \xi_\ell = \sum |\ell> \otimes \xi_\ell$$

with $\xi_\ell \in \mathcal{C}_0(\Omega(I))$. Apply the results of I.5. We obtain

$$\xi = \sum_{\ell,m} \frac{b^{+\ell}}{\sqrt{\ell!}} |0> \otimes \frac{a^+(f_{t,s})}{\sqrt{m!}}\, \xi_{\ell,m}$$

with $a(f_{t,s})\xi_{\ell,m} = 0$.

We establish so an isomorphism between $\mathcal{C}_0$ and $\mathcal{L}_0(\mathbf{N}^2) \otimes \mathcal{K}$

$$\xi \rightarrow \sum_{\ell,m} \frac{b^{+\ell}a^{+m}}{\sqrt{\ell!}\sqrt{m!}} |0> \otimes \xi_{\ell,m} = \sum_{\ell,m} |\ell,m> \otimes \xi_{\ell,m}.$$

The operator $M_{t,s}$ works only on the first factor, whereas Λ_0 is the number operator on the second factor.

So $M_{t,s}$ can be represented as a polynomial in $a^{\#}$ and $b^{\#}$. Recalling the notations of II.3 we obtain

$$M_{t,s} = \alpha A + \beta B$$

with $\alpha = 2e^{(t-s)} - 1$, $\beta = 2e^{(t-s)/2}\sqrt{e^{t-s}-1}$. We obtain

$$\left\langle \xi,(\Lambda_0+M_{t,s})^k\xi\right\rangle = \sum_{\substack{\ell,m \\ \ell',m'}} \binom{k}{j} \left\langle \ell, m|M^j_{t,s}|\ell',m'\right\rangle \left\langle \xi_{\ell,m}, \Lambda_0^{k-j}\xi_{\ell',m'}\right\rangle,$$

as $\alpha^2-\beta^2 = 1$ we apply the theorem of II.3 and use the fact that both ℓ,m-matrices are positive definite

$$\leq \sum_{j=0}^{k} \binom{k}{j} \left\langle \ell, m|A^j|\ell',m'\right\rangle \left\langle \xi_{\ell,m}, \Lambda_0^{k-j}\xi_{\ell',m'}\right\rangle e^{\gamma_k u}$$

$$= \sum_{j=0}^{k} \binom{k}{j} \left\langle \xi, A^j\Lambda_0^{k-j}\xi\right\rangle = \left\langle \xi, (A+\Lambda_0)^k\xi\right\rangle e^{\gamma_k u} = \left\langle \xi, (1+\Lambda+N)^k\xi\right\rangle e^{\gamma_k u}$$

where

$$e^{2u} = \alpha+\beta = (e^{(t-s)/2} - \sqrt{e^{t-s}-1})^2$$

or

$$u = \frac{1}{2}(t-s) + \frac{1}{2}\log\sqrt{1-e^{-(t-s)}}.$$

For U^+ we have nearly the same developments changing $f_{t,s}$ by $f_{s,t} = -f_{t,s}$.

Theorem: There exists a unique family $\tilde{U}_{t,s}$ of unitary operators on $L^2(\Omega(I)\times\mathbf{N})$ for $t,s\in\mathbf{R}$ with the properties

$$\tilde{U}_{t,t} = 1$$
$$\tilde{U}^+_{t,s} = U_{s,t}$$
$$\tilde{U}_{t,s}\tilde{U}_{s,r} = \tilde{U}_{t,r}$$

for $s, t, r \in \mathcal{R}$ such that

$$\tilde{U}_{t,s}\xi = U_{t,s}\xi$$
$$\tilde{U}_{s,t}\xi = U^+_{t,s}\xi$$

for $\xi \in \mathcal{C}_0$.

Denote by $\mathcal{D}_k$ the subspace of all $\xi \in L^2(\Omega(I) \times \mathbf{N})$ such that

$$\left\langle \xi, (\Lambda+N+1)^k \xi \right\rangle = \|\xi\|_k^2 < \infty.$$

Then

$$\tilde{U}t,s : \mathcal{D}_k \to \mathcal{D}_k$$

and

$$\|\tilde{U}_{t,s}\xi\|_k \leq C_k e^{\Gamma_k|t-s|}$$

for some constants C_k and Γ_k. Furthermore

$$\left\langle \tilde{U}_{t,s}\xi,\ p\ \tilde{U}_{t,s}\xi \right\rangle = \left\langle \xi,\ \eta_{t,s} p \xi \right\rangle$$

for all $p \in \mathcal{W}(b, b^+)$ and $\xi \in \mathcal{D}_k$ with $k \geq$ the degree of p. The function $t,s \to U_{t,s}\xi$ is continuous in $\mathcal{D}_k$-norm for $\xi \in \mathcal{D}_k$.

Proof: In order to establish unitarity apply proposition 3 for $p = 1$ and obtain

$$\left\langle U_{t,s}\xi,\ U_{t,s}\xi \right\rangle = \left\langle \xi, \zeta \right\rangle$$

$$\left\langle U_{t,s}^+\xi,\ U_{t,s}^+\xi \right\rangle = \left\langle \xi, \zeta \right\rangle.$$

As $U_{t,s}$ and $U_{t,s}^+$ are formally adjoint, we conclude that they are restrictions of unitary operators on $\mathcal{C}_0$. In order to obtain the other results apply the propositions 4, 5 and 6. In future we shall delete the ~ and write $U_{t,s}$ instead of $\tilde{U}_{t,s}$.

§ II.6. The classical Markov process of the occupation numbers

We want to investigate the time behavior of the occupation states

$$\Phi_m = |m\rangle\langle m|, \quad m = 0, 1, 2, \ldots$$

of the inverse oscillator under the assumption that at initial time the heat bath is in the vacuum state. Denote by $\Phi_m(t,s) = U_{t,s}^+ \Phi_m U(t,s)$. We are interested e.g. in

$$\mathrm{Tr}((|\emptyset\rangle\langle\emptyset| \otimes \rho_0)\, \Phi_m(t,s) = \mathrm{Tr}\rho_0 P_\emptyset \Phi_m(t,s) P_\emptyset,$$

where $|\emptyset\rangle\langle\emptyset|$ is the vacuum state of the Fock space, ρ_0 is some initial density matrix of the oscillator and $P_\emptyset$ is the projector

$$\begin{aligned} P_\emptyset : L^2(\Omega(\mathbf{R}) \times \mathbf{N}) &\to L^2(\mathbf{N}) \\ \sum \xi_m |m\rangle &\to \sum \xi_m(\emptyset)\, |m\rangle. \end{aligned}$$

Definition: Let $X(t)$ be the classical Markov process on $\mathbf{N} = \{0, 1, 2, \ldots\}$ with possible jumps by $+1$ and the transition rates given by

$$\mathbf{P}(X(t+dt) = n+1 \mid X(t) = n) = (n+1)dt$$
$$\mathbf{P}(X(t+dt) = n \mid X(t) = n) = 1 - (n+1)dt.$$

Denote by

$$p_{mn}(t) = \mathbf{P}(X(t) = m \mid X(0) = n)$$

the transition probability coming from n to m during the time t.

Lemma 1: For $s < t$

$$P_\emptyset U^+_{t,s}\, \Phi_m\, U(t,s) P_\emptyset = \sum_{\ell=0}^{m} p_{m,\ell}(t-s)\, \Phi_\ell.$$

Proof: Using kernels

$$\langle \ell \,|P_\emptyset U^+_{t,s} \Phi_m U_{t,s} P_\emptyset| \ell' \rangle = \left(\langle \ell \,| u^+_{t,s} \,|\, m \rangle * \langle m \,|\, u_{t,s} | \ell' \rangle \right) (\emptyset,\emptyset)$$

$$= \int d\gamma \langle \ell \,| u^+_{t,s} \,|\, m \rangle (\emptyset,\gamma)\ \langle m \,|\, u_{t,s} | \ell' \rangle (\gamma,\emptyset)$$

$$= \delta_{\ell\ell'} \Big(\delta_{m\ell} + \sum_{k=1}^{\infty} \int_{s \le t_1 < \ldots < t_n \le t} \!\!\int \left| \langle m | e^{-(t-t_n)bb^+/2}\, b^+ e \ldots b^+\, e^{-(t_1-s)bb^+/2} | \ell \rangle \right|^2 dt_1 \ldots dt_k =$$

$$d_{\ell\ell'} \Big(\delta_{m\ell} + \sum_{k=1}^{\infty} \delta_{m-k,\ell} \int_{s \le t_1 < \ldots < t_k \le t} \!\!\int e^{-(t-t_k)m} . m\, e^{-(t_k-t_{k-1})(m-1)} (m-1) \ldots (\ell+1) e^{-(t_1-s)(\ell+1)} dt_1 \ldots dt_k \Big)$$

and the integral equals $p_{m,\ell}(t-s)$.

Theorem 1: Call

$$\Phi_m(t) = \Phi_m(t,0) = U^+_{t,0}\, \Phi_m\, U_{t,0},$$

then

$$\mathrm{Tr}(\rho_0 \otimes |\emptyset\rangle\langle\emptyset| \,)\, \Phi_{m_1} \ldots \Phi_{m_p}(t_p)) = \mathbf{P}_\pi (X(t_1) = m_1, \ldots, X(t_p) = m_p)$$

provided that $t_1, \ldots, t_p$ are pyramidally ordered, i.e. there exists a q with $1 \le q \le p$ such that

$$t_1 < \ldots < t_{q-1} < t_q > t_{q+1} > \ldots > t_p.$$

Here π is the initial distribution of the Markov process

$$\pi(n) = \mathbf{P}(X(0) = n) = \langle n\, |\rho_0|\, n \rangle.$$

Proof: We shall show that

$$(*) \qquad P_\emptyset \Phi_{m_1}(t_1) \ldots \Phi_{m_p}(t_p)\, P_\emptyset = \sum \Phi_\ell\, \mathbf{P}_\ell\, (X(t_1) = m_1, \ldots, X(t_p) = m_p)$$

where $\mathbf{P}_\ell$ is the probability distribution of Markov process $X(t)$ starting with $X(0) = \ell$. For $p = 1$ this is a direct consequence of lemma 1. Assume now $p \ge 1$ and call

$$s = \max(t_{q-1}, t_{q+1}).$$

Then the left-hand side of (*) equals

$$P_\emptyset U_{0,t_1} \Phi_{m_1} U_{t_1,t_2} \Phi_{m_2} \dots U_{t_{p-1}t_p} \Phi_{m_p} U_{t_p,c} P_\emptyset$$

$$= (P_\emptyset U_{0,t_1} \Phi_{m_1} \dots \Phi_{m_{q-1}} U_{t_{q-1},s}) \, (U_{s,t_q} \Phi_{m_q} U_{t_q,s}) \, (U_{s,t_{q+1}} \Phi_{m_p} U_{t_p,c} P_\emptyset).$$

Using I.1 and remark 1 of I.4 we write the $\mathcal{L},\mathcal{L}'$-matrix element of this expression in the form of kernels

$$\sum_{j,j'} \Big(\langle \mathcal{L} | u_{0,t_1} | m_1\rangle * \dots * \langle m_{q-1} | u_{t_{q-1},s} | j\rangle * \langle j | u_{s,t_q} | u_q\rangle * \langle m_q | U_{t_q,s} | j'\rangle *$$

$$\langle j' | u_{t_q t_{q+1}} | m_{q+1}\rangle * \dots * \langle m_p | u_{t_p,0} | \mathcal{L}'\rangle\Big) (\emptyset, \emptyset)$$

$$= \sum_{j,j'} \int d\gamma \, \langle \mathcal{L} | u_{0,t_1} | m_1\rangle (\emptyset, \gamma \cap [0,t_1]) \dots \langle m_{q-1} | u_{t_{q-1},s} | j\rangle (\emptyset, \gamma \cap [t_{q-1,s}])$$

$$\langle j | u_{s,t_q} | m_q\rangle \; (\emptyset, \gamma \cap [\, s,t_q]) \, \langle m_q | u_{t_q,s} | j'\rangle (\gamma \cap [s, t_q], \emptyset)$$

$$\langle j' | u_{s,t_{q+1}} | m_{q+1}\rangle (\gamma \cap [t_{q+1}, t_q], \emptyset) \dots \langle m_p | u_{t_p,0} | \mathcal{L}'\rangle (\gamma \cap [0, t_p], \emptyset).$$

Split the integral

$$\int d\gamma \dots = \int d\gamma_1 \int d\gamma_2 \dots$$

with $\gamma_1 = \gamma \cap [0,s]$ and $\gamma_2 = \gamma \cap [s,t_q]$, and perform the integral over γ_2

$$\int d\gamma_2 \, \langle j | u_{s,t_q} | m_q\rangle \, (\emptyset, \gamma_2) \, \langle m_q | u_{t_q,s} | j'\rangle (\gamma_2, \emptyset) = \delta_{jj'} \, p_{mq,j}(t_q - s).$$

Assume now that $t_{q-1} = s$, then

$$\langle m_{q-1} | u_{t_{q-1},s} | j\rangle = \delta_{m_{q-1},j} \, \delta_{\emptyset,\emptyset}$$

and the matrix element becomes

$$\int d\gamma \, \langle \mathcal{L} | u_{0,t_1} | m_1\rangle (\emptyset, \gamma \cap [0, t_1]) \dots \langle m_{q-2} | u_{t_{q-2},t_{q-1}} | m_{q-1}\rangle (\emptyset, \gamma \cap [t_{q-2}, t_{q-1}])$$

$$\langle m_{q-1} | u_{t_{q-1},t_{q+1}} | m_{q+1}\rangle (\gamma \cap [t_{q+1}, t_{q-1}], \emptyset) \, \langle m_p | u_{t_p,0} | \mathcal{L}'\rangle (\gamma \cap [0, t_p], \emptyset) \, p_{m_q, m_{q-1}}(t_q - t_{q-1})$$

$$= \langle \mathcal{L} \,|\, P_\emptyset U_{0,t_1} \Phi_{m_1} \cdots \Phi_{q-2} U_{t_{q-2}, t_{q-1}} \Phi_{m_{q-1}} U_{t_{q-1},t_{q+1}} \Phi_{m_{q+1}} \dots \Phi_{m_{t_p}} U_{t_p,0} | \mathcal{L}'\rangle \, p_{m_q,m_{q-1}}(t_q - t_{q-1})$$

$$= \left\langle \ell \mid P_\emptyset\, \Phi_{m_1}(t_q) \ldots \Phi_{m_{q-1}}(t_{q-1})\, \Phi_{m_{q+1}}(t_{q+1}) \cdots \Phi_{m_{t_p}} P_\emptyset | \ell' \right\rangle p_{m_q, m_{q-1}}(t_q - t_{q-1}).$$

If $(*)$ is true for $p' = p-1$, the last expression equals

$$\delta_{\ell\ell'}\, \mathbf{P}_\ell(X(t_1) = m_1, \ldots, X_{t_{q-1}} = m_{q-1}, X_{t_{q+1}} = m_{q+1}, \ldots, X_{t_q} = m_q)\, p_{m_q, m_{q-1}}(t_q - t_{q-1})$$

$$= \delta_{\ell\ell'}\, \mathbf{P}_\ell(X(t_1) = m_1, \ldots, X_{t_p} = m_p)$$

using the Markov property.
If $t_{q+1} = s$, we have a similar argument.

Theorem 2: Assume a density matrix ρ_0 with $\mathrm{Tr}\, \rho_0 N^k < \infty$ for all k, where $N = b^+ b$. Call

$$N(t) = U_{t,0}^+ N^k U_{t,0}.$$

Then

$$\mathrm{Tr}(\rho_0 \otimes |0\rangle\langle 0|)\, N(t_1)^{k_1} \ldots N(t_{t_p})^{k_p} = \mathbf{E}_\pi\, X(t_1)^{k_1} \ldots X(t_p)^{k_p}$$

provided that $t_1, \ldots, t_p$ are pyramidally ordered where $k_1 \geq 0, \ldots, k_p \geq 0$ are some integers.

Proof: Recall

$$\mathcal{D}_k = \{\xi \in L^2(\Omega(I) \times \mathbf{N}) : \|\xi\|_k^2 = \left\langle \xi, (1+\Lambda+N)^k \xi \right\rangle < \infty\}.$$

Then

$$\|N^k \xi\|_\ell^2 = \left\langle N^k \xi, (1+N+\Lambda)^\ell N^k \xi \right\rangle \leq \|\xi\|_{2k+\ell}.$$

Denoting by

$$\|X\|_{k,\ell} = \sup\{\|X\xi\|_k : \|\xi\|_\ell \leq 1\}$$

we have

$$\|N^k\|_{2k+\ell,\ell} \leq 1.$$

Denoting by

$$N_M = \sum_{m=0}^{M} m\, \Phi_m = \sum_{m=0}^{M} m|m\rangle\langle m|$$

we have for $M \to \infty$

$$N_M^k\, \xi \to N^k\, \xi$$

in ℓ-norm for all $\xi \in \mathcal{D}_{2k+\ell}$.
The $U_{s,t}$ are bounded operators in $\mathcal{D}_k$ for all k. Write

$$N(t_1)^{k_1} \ldots N(t_p)^{k_p} = U_{0,t_1} N^{k_1} U_{t_1,t_2} N^{k_p} U_{t_p,0}.$$

So for $\xi \in \mathcal{D}_{2(k_1 + \ldots + k_p)}$ we have

$$\left\langle \xi,\ N(t_1)^{k_1}\cdots N(t_p)^{k_p}\xi\right\rangle \le C\,\|\xi\|^2_{2(k_1+\cdots+k_p)} = C\left\langle \xi,\ (1+N+\Lambda)^{2(k_1+\cdots+k_p)}\,\xi\right\rangle$$

and

$$\left\langle \xi,\ N_M(t_1)^{k_1}\cdots N_M(t_p)^{k}\,\xi\right\rangle \to \left\langle \xi,\ N(t_1)^{k_1}\cdots N(t_p)^{k}\,\xi\right\rangle \text{ for } M\to\infty.$$

Write

$$\rho_0 = \sum_{r=0}^{\infty} \vartheta_r\, |\phi_r\rangle\langle\phi_r|$$

where ϑ_r are the eigenvalues >0 of ρ_0 and ϕ_r are the eigenvectors, then

$$T_r\,\rho_0\,N^k = \sum \vartheta_r \left\langle \phi_r\, |N^k|\, \phi_r\right\rangle.$$

So $|\phi_r\rangle \otimes |\emptyset\rangle$ are in $\mathcal{D}_k$ for all k and r.
We calculate

$$\sum \left(\rho_0 \otimes |\emptyset\rangle\langle\emptyset\right)\left(N(t_1)^{k_1}\cdots N(t_p)^{k_p}\right)$$

$$= \sum \vartheta_r \left\langle \phi_r,\ \emptyset|N(t_1)^{k_1}\cdots N(t_p)^{k_p}|\phi_r,\ \emptyset\right\rangle$$

$$\le \sum_r \vartheta_r\left\langle \phi_r,\ \emptyset|(1+\Lambda+N)^{2(k_1+\cdots+k_p)}|\ \phi_r,\emptyset\right\rangle$$

$$= \sum_r \vartheta_r\left\langle \phi_r|(1+N)^{2(k_1+\cdots+k_p)}|\phi_r\right\rangle$$

$$= \mathrm{Tr}\,\rho_0\,(1+N)^{2(k_1+\cdots k_p)} < \infty$$

and

$$\mathrm{Tr}\,(\rho_0 \otimes |\emptyset\rangle\langle\emptyset|)\left(N_M(t_1)^{k_1}\cdots N_M(t_p)^{k_p}\right) \to \mathrm{Tr}\,(\rho_0 \otimes |\emptyset\rangle\langle\emptyset|)\left(N(t_1)^{k_1}\cdots N(t_p)^{k_p}\right).$$

Call

$$X_M(t) = X(t)\,\mathbf{1}\,\{X(t) \le M\},$$

then

$$X_M(t) \uparrow X(t)$$

for $M \to \infty$ and

$$\mathbf{E}_\pi\left(X_M(t_1)^{k_1}\cdots X_M(t_p)^{k_p}\right) \uparrow \mathbf{E}_\pi(X|t_1)^{k_1}\cdots X(t_p)^{k_p}).$$

On the other side by theorem 1

$$\mathbf{E}_\pi\left(X_M(t_1)^{k_1}\cdots X_M(t_p)^{k_p}\right)$$

$$= \sum_{m_1,\ldots,m_p=0}^{M} m_1^{k_1}\ldots m_p^{k_p}\,\mathbf{P}_\pi\,(X(t_1)=m_1,\ \ldots,\ X(t_p)=m_p)$$

$$= \sum_{m_1,\ldots,m_p=0}^{M} m_1^{k_1}\ldots m_p^{k_p}\,\mathrm{Tr}\,(\rho\otimes|\emptyset\rangle\langle\emptyset|)\left(\phi_{m_1}(t_1)\cdots\phi_{m_p}(t_p)\right)$$

$$= \mathrm{Tr}\left(\rho_0 \otimes |\emptyset\rangle\langle\emptyset|\right)\left(N_M(t_1)^{k_1} \cdots N_M(t_p)^{k_p}\right).$$

Giving on both sides with $M \to \infty$ we obtain the theorem.

Lemma 2: One has

$$\mathbf{E}_{\ell}((X(t) + k)(X(t) + k\text{-}1) \ldots (X(t) + 1))$$

$$= \mathrm{Tr}(|\ell\rangle\langle\ell| \otimes |\emptyset\rangle\langle\emptyset|)\,(N(t)+k)\,(N(t)+(k\text{-}1)) \ldots (N(t)+1)$$

$$= e^{kt}(\ell+k) \ldots (\ell+1).$$

Proof: Differentiate

$$\frac{d}{dt}\sum_m (m+k)\,(m+k\text{-}1) \ldots (m+1)\, p_{m,\ell}(t)$$

$$= \sum_m (-(m+k) \ldots (m+1)\,(m+1)\, p_{m,\ell}(t)$$

$$+ \sum_m (m+k) \ldots (m+1)m\, p_{m-1,\ell}(t)$$

$$= k \sum_m (m+k) \ldots (m+1)\, p_{m,\ell}(t).$$

Lemma 2 gives the possibility of a check $b^k b^{+k} = (N+1) \ldots (N+k)$ so using equation (1) of II.4

$$\mathrm{Tr}(|\ell\rangle\langle\ell| \otimes |\emptyset\rangle\langle\emptyset|)\,(N(t_1)+k) \ldots (N(t_1)+1)$$

$$= \langle \ell, \emptyset|\, b^k_{t,0}\left(b^+_{t,0}\right)^k |\ell, \emptyset\rangle$$

$$= e^{kt}\left\langle \ell\, |b^k b^{+k}| \ell\right\rangle$$

$$= e^{kt}\,(\ell+1) \ldots (\ell+k).$$

Remark: If r, s, t are not pyramidally ordered, then in general

$$\mathrm{Tr}(|0\rangle\langle 0| \otimes |\emptyset\rangle\langle\emptyset|)\, N(r)N(s)N(t) \neq \mathbf{E}_0\, X(r)X(s)X(t).$$

Proof: Using again equation (1) of II.4 we have

$$\langle 0, \emptyset|(N(r)+1)\,(N(s)+1)\,(N(t)+1)|0, \emptyset\rangle = \langle 0, \emptyset| b_{r,0}b^+_{r,0}b_{s,0}b^+_{s,0}b_{t,0}b^+_{t,0}|0, \emptyset\rangle.$$

Now

$$b_{t,0} = e^{t/2}\,(b + a^+(f_t))$$

with

$$f_t(t') = -i\, 1_{[0,t]}(t')\, e^{-t'/2}$$

Then we obtain

$$\langle 0, \emptyset | (N(r)+1)\,(N(s)+1)\,(N(t)+1) | 0, \emptyset \rangle$$

$$= e^{r+s+t}\left(6-2e^{-r\cap s} - 2e^{-r\cap t} - e^{-s\cap t} + e^{-r\cap s - r\cap t}\right)$$

where

$$s\cap t = \min(s,t).$$

For r, s, t pyramidally ordered, we have for the last expression

$$e^{t_1+t_2+t_3}\left(6-4e^{-t_1} - 2e^{-t_2} + e^{-t_1-t_2}\right)$$

with

$$\{r,s,t\} = \{t_1, t_2, t_3\},\ t_1 < t_2 < t_3.$$

If r, s, t are not pyramidally ordered, e.g. $r > s$ and $t > s$, then we have

$$e^{t_1+t_2+t_3}\left(6-4e^{-t_1} - 2e^{-t_2} + e^{-2t_1}\right)$$

which is different. So it is

$$\neq \mathbf{E}_0\, X(r)X(s)X(t).$$

Literature

[1] Belavkin, V.P.: A quantum non adapted Ito formula and non stationary evolution in Fock scale. Quantum probability and applications. VI, p. 137-180. World Scientific (Singapore) (1992)

[2] Glauber, R.J.: Amplifiers, Attenuators and the Quantum Theory of Measurement. In Frontiers in Quantum Optics, ed. by E.R. Pike and S. Sarkar, Vol. X of Malveru Physics Theories (Adam Hilger), Bristol, 1986.

[3] Haake, F., Walls, D.F.: Overdamped and Amplifying Meters in the Quantum Theory of Measurement. Phys. Rev. A. **36** (1987), p. 730-739.

[4] Hepp, K., Lieb, E.H.: Phase Transitions in Reservoirdriven Open Systems with Applications to Lasers and Superconductors. Helv. Phys. Acta. **46** (1973), p. 573-603.

[5] Hudson, R.L., Parthasarathy, K.R.: Construction of Quantum Diffusions. Lecture Notes in Mathematics **1055**, Springer (1984), p. 173-205.

[6] Lindsay, J.M.: Quantum and non-causal stochastic calculus. Prob. Theory Relat. Fields **97**, (1993), p. 65-80.

[7] Lindsay, J.M., Maassen, H.: The Stochastic Calculus of Bose Noise. Preprint, Nijmwegen (1988).

[8] Lindsay, M., Maassen, H.: An Integral Kernel Approach to Noise. Lecture Notes in Mathematics **1303**, Springer (1988), p. 192-208.

[9] Maassen, H.: Quantum Markov Processes on Fock Space Described by Integral Kernels. Lecture Notes in Mathematics **1136**, Springer (1985), p. 361-374.

[10] Meyer, P.A.: Quantum Probability for Probabilists. Lecture Notes in Mathematics

1538, Springer (1993).

[11] Palma, G.M., Vaglica, A., Leonardi, C., De Oliveira, F.A.M., Knight, P.L.: Effects of Broadband Squeezing on the Quantum Onset of Superradiance. Optics Communications, **79** (1990), p. 377-380.

[12] Robinson, P., Maassen, H.: Quantum Stochastic Calculus and the Dynamical Stark Effect. Reports an Math. Phys. Vol. 30 (1991).

[13] Waldenfels, W.v.: Spontaneous Light Emission Described by a Quantum Stochastic Differential Equation. Lecture Notes in Mathematics **1136**, Springer (1985), p. 515-534.

[14] Waldenfels, W.v.: The Inverse Oscillator in a Heat Bath as a Quantum Stochastic Process. Preprint 630. 1991. SFB 123 (Heidelberg).

Sur Le Modèle D'Heisenberg

Mireille Echerbault

Laboratoire de Statistique et Probabilités, Université Paul Sabatier,
31062 Toulouse cedex

A la mémoire d'Etienne Laroche.

1 Introduction

Sur un système de spins à valeurs dans M (variété compacte) sur le réseau $\mathbb{Z}^\nu$, la donnée d'un potentiel d'interaction permet de définir d'une part un ensemble de mesures de Gibbs, d'autre part une classe de semi-groupes markoviens $(P_t)_{t\geq 0}$ et leurs générateurs L sur les fonctions continues de $M^{\mathbb{Z}^\nu}$ dans $\mathbb{R}$.
μ étant une mesure de Gibbs, on peut aussi considérer ces semi-groupes comme des opérateurs contractants de $L^2(\mu)$; leurs générateurs se prolongeant en des opérateurs auto-adjoints sur $L^2(\mu)$.

Carlen et Stroock ont montré que dans le cas d'une variété riemanienne compacte, on obtient une inégalité de Sobolev logarithmique pour des interactions assez petites. De plus, l'existence d'une telle inégalité permet de montrer l'unicité de la mesure de Gibbs ([L], reprenant les travaux de [SZ], vient de montrer qu'en fait il suffit de contrôler les trous spectraux).

Le but de ce papier est d'expliciter ces résultats dans le cadre du modèle d'Heisenberg pour obtenir ainsi une borne inférieure explicite des températures pour lesquelles il y a hypercontractivité, donc en particulier unicité de la mesure de Gibbs.

Dans une première partie, nous introduirons les notations et rappellerons les principaux résultats cités ci-dessus. Ensuite, nous passerons au cas du modèle d'Heisenberg et au calcul explicite de la température critique.

2 Définitions et notations générales

Nous commençons par décrire un système de spins : il est défini par la donnée d'une fibre (espace où les spins prennent leurs valeurs) et d'un ensemble de sites S (ensemble des points où se situent les spins; ici $S = \mathbb{Z}^\nu$).

système de spins

- la fibre:

  M est une variété riemanienne de classe C^∞, compacte, connexe, de dimension d. Nous notons g_{kl} le tenseur métrique, ∇ la connexion de Lévi-Civita associée, Δ l'opérateur de Laplace Beltrami ($\Delta f = g^{kl}\nabla_k\nabla_l f$). Ric est l'opérateur de Ricci de cette structure et λ une mesure de probabilité sur M. En un point x de M , T_x désigne l'espace tangent au dessus de x et $T(M)$ la variété tangente.

- les configurations:

  $\mathbb{M} = M^{\mathbb{Z}^\nu}$ est l'ensemble des configurations d'un système de spins sur le réseau $\mathbb{Z}^\nu$ à valeurs dans M. $x := (x^i, i \in \mathbb{Z}^\nu)$ est une configuration.
  $\mathbb{M}$ est muni de la topologie produit et de sa tribu borélienne notée $\mathcal{B}_{\mathbb{M}}$.
  L'ensemble des parties finies de $\mathbb{Z}^\nu$ est noté $\mathcal{F}$.

  Pour Λdans $\mathcal{F}$, nous notons $\mathcal{B}_\Lambda = \sigma(x_k, k \in \Lambda)$ la sous-tribu des évènements qui

  ne dépendent que des spins dans Λ et Π_Λ la projection $\begin{array}{lll} \mathbb{M} & \to M^\Lambda & \\ x & \mapsto x^\Lambda = (x^i)_{i \in \Lambda}. \end{array}$

  Remarque: On considèrera souvent les ensembles $\Lambda = \{k\}$ pour $k \in \mathbb{Z}^\nu$et Π_k sera la projection de $\mathbb{M}$ sur la variété M se trouvant au site k. Cette kième composante de $\mathbb{M}$ sera toujours notée M^k.

- Notons maintenant $\mathcal{D}_\Lambda$ l'ensemble des fonctions ne dépendant que des coordonnées dans $\Lambda \in \mathcal{F}$ c'est-à-dire $\mathcal{D}_\Lambda = \{f \circ \Pi_\Lambda, f \in \mathcal{C}^\infty(M^\Lambda)\}$.

  Nous notons $\mathcal{D} = \bigcup_{\Lambda \in \mathcal{F}} \mathcal{D}_\Lambda$.

- Appelons d_k la différentielle dans la coordonnée du site k et notons $\|d_k f\| = \sup_{x \in \mathbb{M}} |d_k f|(x)$ pour $f \in \mathcal{D}$, $|d_k f|$ étant la longueur de la forme calculée dans la métrique de M^k (c'est-à-dire de M).

Potentiel et mesures de Gibbs.

- Un potentiel sur $\mathbb{M}$ est une famille $\mathcal{J} = \{J_\Lambda, \Lambda \in \mathcal{F}\}$ de fonctions telles que $\forall \Lambda \in \mathcal{F}, J_\Lambda \in \mathcal{D}_\Lambda$.

  On s'intéresse dans la suite aux potentiels qui vérifient les deux propriétés suivantes :

  1. $\mathcal{J}$ est de rang fini R i.e. $J_\Lambda = 0$ pour tout Λ tel que

  $$\max\{\|k - \ell\| \,;\, k, \ell \in \Lambda\} \geq R.$$

  2. $\mathcal{J}$ est un potentiel d'interaction sommable i.e.

  $$\forall k \in \mathbb{Z}^\nu, \sum_{\Lambda \ni k} \|d_k J_\Lambda\| \leq \infty.$$

  Remarque: les J_Λ ne sont définis qu'à une constante additive près et donc l'hypothèse précédente permet de choisir J_Λ tel que

  $$\forall k, \sum_{\Lambda \ni k} J_\Lambda < \infty.$$

  Exemple: Dans le modèle d'Heisenberg, $J_\Lambda(x^i, i \in \Lambda)$ représente l'énergie d'interaction produite par les spins x^i aux sites i de Λ. Nous nous restreindrons dans la suite à l'étude des potentiels d'interaction de paires, c'est-à-dire aux potentiels qui ne prennent en compte que l'énergie produite par des couples de spins: $J_\Lambda = 0$ si $|\Lambda| > 2$.

- Le potentiel $\mathcal{J}$ permet de définir un hamitonien sur $\mathbb{M}$ par la donnée d'une famille d'applications $(H_k)_{k\in\mathbb{Z}^\nu}$ de $\mathbb{M}$ dans $\mathbb{R}$: $H_k = \sum_{\Lambda\ni k} J_\Lambda$. Or, les problèmes qui nous intéressent en mécanique statistique concernent l'étude de la sensibilité de différentes grandeurs macroscopiques aux conditions extérieures.
Pour cela, Λ étant fixé dans $\mathcal{F}$, il est nécessaire d'introduire des hamiltoniens sur M^Λ lorsque la valeur des spins est fixée à l'extérieur de Λ ; celà se fait de la façon suivante:
Pour $\Lambda \in \mathcal{F}, x \in \mathbb{M}, y \in \mathbb{M}$, on définit une nouvelle configuration

$$x_\Lambda y \in \mathbb{M} \text{ par } \begin{aligned}(x_\Lambda y)^k &= x^k \text{ si } k \in \Lambda \\ &= y^k \text{ si } k \in \Lambda^c.\end{aligned}$$

Un hamiltonien sur $\mathbb{M}$ s'écrit alors

$$\begin{aligned} H_\Lambda^y \ : \ \mathbb{M} &\to \mathbb{R} \qquad \textit{avec} \quad H_\Lambda(x|y) = \sum_{A\cap\Lambda\neq\emptyset} J_A \circ (x_\Lambda y) \\ x &\mapsto H_\Lambda(x|y) \end{aligned} \tag{1}$$

(y fixée joue le rôle de la configuration extérieure à Λ).

Remarque: Selon le contexte, on considèrera H_Λ^y défini sur $\mathbb{M}$ ou sur M^Λ.

- Nous pouvons maintenant introduire une famille de mesures de probabilités $(\mu_\Lambda(.|y))_{\substack{\Lambda\in\mathcal{F}\\ y\in\mathbb{M}}}$ sur les configurations de M^Λ avec y fixée à l'extérieur de Λ:

$$\mu_\Lambda^\beta(dx|y) = \frac{1}{Z_\Lambda} \exp \beta H_\Lambda(x|y) d\lambda_\Lambda(x) \tag{2}$$

où β représente l'inverse de la température
λ_Λ est la mesure produit (induite par la mesure uniforme λ) sur M^Λ
et Z_Λ la constante de normalisation.

Dans le formalisme introduit par Gibbs [G], μ_Λ représente la mesure d'équilibre du système de spins dans Λ, à température $T = \frac{1}{\beta}$, la configuration étant fixée égale à y à l'extérieur de Λ. $\mu_\Lambda(.|y)$ est appelée mesure de Gibbs en volume fini Λ avec condition extérieure y.
Dans la suite, nous prendrons $\beta = 1$ quitte à faire rentrer cette constante dans la définition de J_Λ. Définissont une mesure sur $\mathbb{M}$ tout entier en posant $\pi_\Lambda^y = \mu_\Lambda(.|y) \otimes \delta_{y_{\Lambda^c}}$ où $\delta_{y_{\Lambda^c}}$ est une mesure sur Λ^c désignant la masse de Dirac en y.

- Formalisme DLR :

On dit que la mesure de probabilité μ sur $\mathbb{M}$ est une mesure de Gibbs, et on note $\mu \in \mathcal{G}$, si $\forall\Lambda \in \mathcal{F}, \pi_\Lambda^y$ est une version de la loi conditionnelle de μ sachant $\mathcal{B}_{\Lambda^c}$.

Notons que $\mathcal{G}$ est non vide, convexe et compact; $\mathcal{G}$ est donc l'enveloppe convexe fermée de ses points extrémaux (d'après le théorème de Choquet).

En fait, le problème qui nous intéresse est de savoir s'il y a une seule mesure de Gibbs. Plus généralement, à l'étude des transitions de phase correspond l'étude du changement de la structure de $\mathcal{G}$ lorsque les différents paramètres intervenant

dans la définition de J_Λ varient. Nous verrons en particulier qu'en dessous d'une certaine température $T_c(= 1/\beta_c)$ il n' y a qu'une mesure d'équilibre.
Avant d'introduire les processus de diffusions markoviens associés au potentiel $\mathcal{J}$, nous allons définir un peu plus précisément le gradient et la hessienne associés à la variété produit $\mathbb{M}$.

- Gradient au site k :
  Soient $k \in \mathbb{Z}^\nu, x \in \mathbb{M}, y \in \mathbb{M}$ et $f : \mathbb{M} \to \mathbb{R}$. Si l'application $f \circ (x_{\{k\}}y) : M^k \to \mathbb{R}$ est différentiable en x^k , nous notons $\nabla_{(k)} f(x)$ son gradient en x^k.

- Hessienne :
  Soient $f \in \mathcal{D}, k \neq l \in \mathbb{Z}^\nu, x \in \mathbb{M}, y \in \mathbb{M}$ et posons $f^y_{\{k,l\}} := f \circ (x_{\{k,l\}}y) : M^{\{k,l\}} \to \mathbb{R}$.
  Nous notons $\left[\nabla_{(k)}\nabla_{(l)} f(x)\right]$ le bloc (k,l) de la hessienne de $f^y_{\{k,l\}}$ en (x^k, x^l) : c'est une forme bilinéaire sur $T_{x^k} \times T_{x^l}$.
  De même $[\nabla_{(k)}\nabla_{(k)} f(x)]$ est le bloc (k,k): c'est une forme quadratique sur T_{x^k}.
  $[[\nabla\nabla f(x)]]_{(k,l)}$ représente dans la suite la forme quadratique $\left([\nabla_{(i)}\nabla_{(j)} f(x)]\right)_{\left(\substack{i \in \{k,l\} \\ j \in \{k,l\}}\right)}$ qui agit sur $(T_{x^k} \times T_{x^l}, T_{x^k} \times T_{x^l})$.

Diffusions sur les systèmes de spins. Dynamique de Glauber.

Etant donnés un potentiel J et son hamiltonien associé H^y_Λ, $\Lambda \in \mathcal{F}$ et $y \in \mathbb{M}$ fixés, on définit l'opérateur différentiel L^y_Λ sur $\mathcal{D}_\Lambda$ par :

$$\mathrm{L}^y_\Lambda f = \sum_{k \in \Lambda} (\Delta_{(k)} f + \nabla_{(k)} H^y_\Lambda . \nabla_{(k)} f).$$

Par construction, l'ensemble des mesures réversibles de $(L^y_\Lambda)_{\Lambda \in \mathcal{F}}$ est l'ensemble $(\mu_\Lambda(dx|y))_{\Lambda \in \mathcal{F}}$ défini précédement.

Sur Λ et à y fixée, on peut également construire le semi-groupe de Markov $P^y_{t,\Lambda}$ de mesure réversible $\mu_\Lambda(dx|y)$. C'est le semi-groupe de générateur L^y_Λ sur $\mathcal{D}_\Lambda$ et on l'appelle dynamique de Glauber en volume fini Λ avec condition extérieure y.

Inégalité de Sobolev logarithmique et trou spectral.

Définition 1 *: On dit que $\mu_\Lambda(.|y)$ vérifie une inégalité de Sobolev logarithmique de constante $\alpha_\Lambda(y)$ si, $\forall f \in \mathcal{D}_\Lambda$, $\alpha_\Lambda(y) > 0$ optimise l'inégalité suivante :*
$(Slog(\alpha_\Lambda, y)$:

$$\int f^2 \log f^2 d\mu_\Lambda(.|y) - \|f\|^2_{L^2(\mu_\Lambda(.|y))} \log \|f\|^2_{L^2(\mu_\Lambda(.|y))} \leq \frac{1}{\alpha_\Lambda(y)} \int -f L^y_\Lambda f d\mu_\Lambda(.|y)$$

-lien avec les mesures de Gibbs:

Théorème 1 *[SZ]*
Si $\inf_{(\Lambda \in \mathcal{F}, y \in E)} \alpha_\Lambda(y) > 0$ (i.e. il y a contrôle de la constante de Sobolev logarithmique)
Alors la mesure de Gibbs est unique.

Remarques:

1. influence de la structure riemannienne:
   seul le choix de la mesure riemannienne intervient dans tout ce qui précède. En effet, elle seule apparait dans le formalisme DLR. Quand à l'hypothèse d'interaction sommable faite sur le potentiel (qui fait intervenir la métrique), elle n'est que technique et invariante par choix de la structure riemannienne (tant que la variété est compacte).

2. La construction de l'opérateur différentiel et du semi-groupe de Markov, ainsi que la définition des inégalités de Sobolev logarithmiques auraient pu être conçues sur $\mathbb{Z}^\nu$ plutôt que sur Λ mais cela aurait été inutile dans la suite.

Définition 2 *: On dit que $\mu_\Lambda(.|y)$ vérifie une inégalité de trou spectral de constante $\lambda_\Lambda(y)$ si, $\forall f \in \mathcal{D}_\Lambda, \lambda_\Lambda(y) > 0$ optimise l'inégalité*

$$(TS(\lambda_\Lambda, y)) \ : \|f - \int f d\mu_\Lambda(.|y)\|^2_{L^2(\mu_\Lambda(\cdot|y))} \leq \frac{1}{\lambda_\Lambda(y)} \int -f L^y_\Lambda f d\mu_\Lambda(.|y).$$

Remarques:

1. Cette inégalité est équivalente à l'inégalité suivante:
   $\forall t \geq 0, \ \forall f \in \mathcal{D}_\Lambda,$

$$\|P^y_{t,\Lambda} f - \int f d\mu_\Lambda(.|y)\|^2_{L^2(\mu_\Lambda(\cdot|y))} \leq e^{-\lambda_\Lambda(y)t} \|f - \int f d\mu_\Lambda(.|y)\|^2_{L^2(\mu_\Lambda(\cdot|y))}$$

2. Ici encore, on aurait pu définir l'inégalité du trou spectral sur $\mathbb{Z}^\nu$ tout entier à partir de P_t et de L construit sur $\mathcal{D}$.

- lien avec les inégalités de Sobolev logarithmiques et les mesures de Gibbs:

  - Pour toute mesure de probabilité, on peut montrer ([B_1]) que $Slog(\alpha_\Lambda) \Rightarrow TS(2\alpha_\Lambda)$.

  - Les articles [SZ] (dans le cas d'interaction de rang fini) et [L] nous montrent qu'en fait il suffit de contrôler le trou spectral (i.e. $\inf_{(\Lambda \in \mathcal{F}, y \in E)} \lambda_\Lambda(y) > 0$) pour obtenir l'unicité de la mesure de Gibbs.

Ayant en vue l'utilisation du critère Γ_2, il ne sera pas plus facile, dans notre cas, de contrôler le trou spectral que de contrôler la constante de Sobolev logarithmique.

- Critère Γ_2

Carlen et Stroock [CS] puis Holley et Stroock [HS] ont montré que dans le cas d'un produit infini de variétés compactes, le critère Γ_2 permet, avec des hypothèses supplémentaires, d'obtenir une inégalité de Sobolev logarithmique pour la mesure de Gibbs sur l'espace produit.
Donnons tout d'abord l'énoncé de ce critère:

Théorème 2 *[BE] Soit (M, g) une variété riemanienne de classe C^∞, compacte de dimension d. λ une mesure de probabilité sur M.*

Notons $\nabla\nabla\phi$ la hessienne d'une fonction ϕ de M, C^∞ et Ric le tenseur de Ricci de (M,g).
Si, en tant que forme quadratique, $Ric - \nabla\nabla\phi \geq ag$ avec $a > 0$, alors la mesure $m(dx) = \frac{exp\phi(x)}{\int exp\phi(x)\lambda(dx)}\lambda(dx)$ vérifie une inégalité de Sobolev logarithmique de constante $a/4$ (et donc $TS(a/2)$) pour toute fonction de $L^2(m)$.

Citons également le théorème de Holley-Stroock :

Théorème 3 *[HS] Soit (M,g) une variété riemannienne compacte et Ric le tenseur de Ricci associé. Supposons que $Ric \geq bg$ (en tant que forme quadratique) avec $0 < b < \infty$. Considérons $\mathbb{M} = M^{\mathbb{Z}^\nu}$, J un potentiel d'interaction, H_Λ^y et μ_Λ associés à J et définis par les expressions (1) et (2). Supposons de plus qu'il existe $\gamma : \mathbb{Z}^\nu \to [0,\infty)$ et $\varepsilon \in]O,1[$ tels que*

1. $\sum_{k\in\mathbb{Z}^\nu} \gamma(k) \leq (1-\varepsilon)b$
2. $\sum_{A\supseteq\{i,j\}} |\, [[\nabla\nabla J_A]]_{(i,j)}(t,t)| \leq \gamma(i-j)\|t^i\|\ \|t^j\|$ *pour tout* $(i,j) \in \mathbb{Z}^\nu \times \mathbb{Z}^\nu$ et $t = (t^i, t^j) \in T(M^{\{i,j\}})$.

Alors $\mathcal{G}$ contient un unique élément μ.

Remarques:

1. Si on définit le générateur L par extension sur $\mathbb{Z}^\nu$ alors ce théorème nous dit aussi que cette unique mesure μ vérifie l'inégalité suivante:

$$\int f^2 \log f^2 d\mu - \|f\|^2_{L^2(\mu)} \log \|f\|^2_{L^2(\mu)} \leq \frac{4}{\varepsilon b}\int -fLfd\mu.$$

   Et en particulier $\|f - \int f d\mu\|^2_{L^2(\mu)} \leq \frac{2}{\varepsilon b}\int -fLfd\mu.$

2. Dans la suite nous nous intéressons uniquement aux potentiels d'intéraction de paires c'est-à-dire aux $J_A = J_{\{k,l\}}$. Par conséquent, $\nabla\nabla J_A$ peut être considérée comme une forme quadratique sur $T(M^{\{k,l\}}) \times T(M^{\{k,l\}})$ (Tous les blocs (i,j) pour (i,j) $\notin \{k,l\}^2$ de cette matrice sont nuls).

3 Le modèle d'Heisenberg généralisé.

Notations:

On se place sur $\mathbb{Z}^\nu$. Chaque noeud du réseau $\mathbb{Z}^\nu$ est occupé par un spin qui prend ses valeurs sur la sphère unité de dimension $d(>0)$ notée S^d.

$\mathbb{M} := (S^d)^{\mathbb{Z}^\nu}$. Les sphères sont plongées de façon canonique dans $\mathbb{R}^{d+1}$ et nous notons $x = (x^i, x^i \in S^d \subset \mathbb{R}^{d+1})_{i\in\mathbb{Z}^\nu}$ une configuration sur $\mathbb{Z}^\nu$.

Le potentiel qui représente la force d'intéraction entre sphères est dans la suite supposé borné, de rang fini R.

On prend, pour tout couple (i,j) de $(\mathbb{Z}^\nu)^2$ tel que $\|i-j\| < R$,
" $J_{\{i,j\}}(x) = J_{ij}F(x^i.x^j)$ " où $J_{ij} \in [O, M]$ avec $O < M < \infty$, "."représente le produit scalaire usuel de $\mathbb{R}^{d+1}$ (il représentera indifféremment tous les produits scalaires canoniques dans $\mathbb{R}, \mathbb{R}^d$ ou $\mathbb{R}^{d+1}$)
et $F \in \mathcal{C} = \{f : [-1,1] \to [-1,1]$, croissante , $\mathcal{C}^2(]-1,1[)$ et telle que f(1)=1, f(-1)=-1 $\}$.
Remarque: Si $F = Id$, on retrouve le modèle d'Heisenberg "classique".

Nous supposerons de plus que J est invariant par translation c'est-à-dire $\forall k \in \mathbb{Z}^\nu, J_{i+k,j+k} = J_{ij}$ et que $\forall (i,j) \in (\mathbb{Z}^\nu)^2$ tel que $\|i-j\| = \ell < R$, $J_{ij} = Cte := \beta J_\ell$ où β représente l'inverse de la température.

Nous posons $J_0 = \sum_{l=1}^{R-1} J_l$.

Avec un tel potentiel, l'énergie d'une configuration x sur Λ connaissant la configuration y sur le complémentaire de Λ est définie, au signe près, par la fonction

$$\begin{aligned} H_\Lambda(x|y) &= \sum_{(i,j)\cap\Lambda\neq\emptyset} J_{\{i,j\}} \circ (x_\Lambda y) \\ &= \sum_{(i,j)\in A_\Lambda} J_{ij}F(x^i.x^j) + \sum_{(i,j)\in A^c_\Lambda} J_{ij}F(x^i.y^j) := H^F_\Lambda(x|y). \end{aligned}$$

où $A_\Lambda = \{(i,j) \in \Lambda \times \Lambda$ tels que $i < j$ et $\|i-j\| < R\}$ et
$A^c_\Lambda = \{(i,j) \in \Lambda \times \Lambda^c$ tels que$\|i-j\| < R\}$.

La mesure qui servira de référence ici est la mesure du produit des sphères induite par la mesure de Lebesgue sur une sphère (i.e. la mesure d'équilibre du système à température infinie).
Notons ${}_{(i)}g$ la métrique associée à M^i (sphère au site i) et ${}_\Lambda g$ la métrique induite sur $M^\Lambda = (S^d)^\Lambda$.

Commentaires: Contrairement au modèle d'Ising (d=0, F=Id)), le modèle d'Heisenberg ne possède pas d'inégalités de corrélations de type FKG [FKG]. Ces inégalités qui s'appuient sur l'ordre de l'espace des configurations et font intervenir des fonctions monotones, permettent de montrer la convergence ou l'unicité des mesures de Gibbs. Elles n'ont pas d'équivalent sur le modèle d'Heisenberg, celui-ci étant non ordonné. Par conséquent, afin d'obtenir un critère d'unicité des mesures de Gibbs, nous utilisons des techniques plus sophistiquées ce qui justifie l'introduction de la structure riemannienne de la sphère.

Structure riemannienne et calculs en coordonnées

$\nabla_{(i)}$ représente la connexion de Levi-Civita de $(M^i, {}_{(i)}g)$ et $\nabla = (\nabla_{(i)})_{i\in\Lambda}$ la connexion de $(M^\Lambda, {}_\Lambda g)$.

L'opérateur de Laplace-Beltrami sur M^Λ est défini partir des laplaciens des sphères $(\Delta_{(i)} = trace_{(i)}g.\nabla_{(i)}\nabla_{(i)})$ et on a $\Delta_\Lambda = \sum_{i\in\Lambda} \Delta_{(i)}$.

L'opérateur de Ricci de la métrique sur une sphère (i) vérifiant la relation suivante : $Ric_{(i)} = (d-1)_{(i)}g$, notre problème est donc de trouver $\gamma : \mathbb{Z}^\nu \to [0,\infty)$ et $\varepsilon \in]0,1[$ avec $\sum_{i\in\mathbb{Z}^\nu} \gamma(i) \leq (1-\varepsilon)(d-1)$ tels que

$\forall \Lambda \in \mathcal{F}, \forall \{k,l\} \in (\mathbb{Z}^{\nu})^2$ tel que $\{k,l\} \cap \Lambda \neq \emptyset, \forall t \in T(M^{\{k,l\}})$,

$$[[\nabla\nabla(J_{\{k,l\}} \circ (x_\Lambda y))]]_{(k,l)}(t,t) \leq \gamma(k-l)\|t^k\|\|t^l\|. \tag{3}$$

La définition du potentiel $J_{\{k,l\}}$ nous permet d'écrire:

$$\begin{aligned}[[\nabla\nabla(J_{\{k,l\}} \circ (x_\Lambda y))]]_{(k,l)} &= \mathbb{1}_{(k,l)\in A_\Lambda} J_{kl}[[\nabla\nabla F(x^k.x^l)]]_{(k,l)} \\ &+ \mathbb{1}_{(k,l)\in A^c_\Lambda} J_{kl}[[\nabla\nabla F(x^k.y^l)]]_{(k,l)}\end{aligned}$$

Nous regarderons donc dans la suite la hessienne de F sur le produit de deux sphères.

Remarque:

Les propriétés des connexions agissant sur la composition de fonctions permettent de simplifier l'écriture de la hessienne de F de la manière suivante:

$$\begin{aligned}[\nabla_{(i)}\nabla_{(j)}F(x^k.x^l)] &= F''(x^k.x^l)[\nabla_{(i)}(x^k.x^l) \otimes \nabla_{(j)}(x^k.x^l)] \\ &+ F'(x^k.x^l)[\nabla_{(i)}\nabla_{(j)}(x^k.x^l)]\end{aligned}$$

Avant d'énoncer le lemme 1, donnons encore quelques notations: tout d'abord, nous identifions dans la suite le couple (x^k, x^l) de $M^k \times M^l$ pour $(k,l) \in A_\Lambda$, avec les points x^k et x^l de S^d (par exemple, S^d représente la sphère au site 0). Nous allons maintenant décrire une base de l'espace tangent $T_{x^k} \times T_{x^l}$.

Considérons sur S^d la géodésique passant par x^k et x^l et notons $e^{x_k x_l}$ le vecteur unitaire sur cette géodésique partant de x^k et pointé vers x^l. Soit F_{kl} le plan engendré par les vecteurs x^k et x^l de S^d(x^k et x^l étant considérés comme des vecteurs de $\mathbb{R}^{d+1}$). $(x^k, e^{x_k x_l})$ forme une base de F_{kl}. De plus, $\mathbb{R}^{d+1}$ se décompose à l'aide de F_{kl} et de l'orthogonal de F_{kl} noté $F_{kl}^{\perp}$.

$\mathbb{R}^{d+1} = F_{kl} \oplus F_{kl}^{\perp}$. Notons que $F_{kl}^{\perp}$ est contenu dans l'intersection des espaces tangents T_{x^k} et T_{x^l}. On notera $e^{\perp}$ une base orthonormale de $F_{kl}^{\perp}$ $(e^{\perp} = (e_1^{\perp}, ..., e_{d-1}^{\perp}))$. Avec ces notations, $(e^{x_k x_l}, e^{\perp})$ et $(e^{x_l x_k}, e^{\perp})$ représentent respectivement des bases orthonormales de T_{x^k} et de T_{x^l}.

Remarques:

1. L'ambiguité de la définition de $e^{x_k x_l}$ lorsque $x^k = x^l$ (pas de géodésique) ou lorsque $x^k = -x^l$ (plusieurs géodésiques) n'est pas gênante dans la suite car l'ensemble de tels couples est de mesure nulle dans M^Λ.

2. Lorsque $(k,l) \in A^c_\Lambda$, nous nous intéressons aux points x^k et y^l de S^d (avec y fixé) et nous introduisons les vecteurs unitaires $e^{x_k y_l}, (e_m^{\perp})_{m=1}^{d-1}$ et les espaces $F_{kl}, F_{kl}^{\perp}$ de la même manière que précédement.

3. Lorsque $(k,l) \in A^c_\Lambda$, $\nabla\nabla F(x^k.y^l)$ sera considéré comme une forme quadratique opérant sur T_{x^k} puisque pour y fixé sur Λ^c , si i ou j est différent de k, la forme bilinéaire $[\nabla_{(i)}\nabla_{(j)}F(x^k.y^l)]$ est identiquement nulle.

Lemme 1 *1. Soient (k,l) fixé dans* A_Λ, $x \in I\!M$ *tel que* $x^k.x^l \neq \pm 1$ *et* $t = (t^k, t^l) \in T_{x^k} \times T_{x^l}$ *alors :*

$$[[\nabla(x^k.x^l) \otimes \nabla(x^k.x^l)]]_{(k,l)}((t^k,t^l),(t^k,t^l)) =$$

$$(1-(x^k.x^l)^2)(t^k.e^{x_kx_l} + t^l.e^{x_lx_k})^2$$

$$[[\nabla\nabla(x^k.x^l)]]_{(k,l)}((t^k,t^l),(t^k,t^l)) =$$

$$-x^k.x^l((t^k.e^{x_kx_l})^2 + (t^l.e^{x_lx_k})^2 + 2(t^k.e^{x_kx_l})(t^l.e^{x_lx_k}))$$

$$+\textstyle\sum_{m=1}^{d-1}(-x^k.x^l((t^k.e_m^\perp)^2 + (t^l.e_m^\perp)^2) + 2(t^k.e_m^\perp)(t^l.e_m^\perp))$$

2. Soient (k,l) fixé dans A_Λ^c, $x_\Lambda y \in I\!M$ *tel que* $x^k.y^l \neq \pm 1$ *et* $t^k \in T_{x^k}$ *alors:*

$$[\nabla_{(k)}(x^k.y^l) \otimes \nabla_{(k)}(x^k.y^l)](t^k,t^k) = (1-(x^k.y^l)^2)(t^k.e^{x_ky_l})^2$$

$$[\nabla_{(k)}\nabla_{(k)}(x^k.y^l)](t^k,t^k) = -x^k.y^l(t^k.e^{x_ky_l})^2 - x^ky^l\sum_{m=1}^{d-1}(t^k.e_m^\perp)^2$$

Démonstration:

Nous allons choisir un système de coordonnées qui ramène les calculs sur la boule unité de $\mathbb{R}^d$. La sphère M^0 étant plongée dans l'espace euclidien $\mathbb{R}^{d+1}$, appelons p la projection de M^0 sur le sous-espace E^d de dimension d orthogonal au vecteur unitaire $e_{d+1} = (0,...,0,1)$(e_{d+1} sera considéré indifféremment comme un vecteur de $\mathbb{R}^{d+1}$ ou comme un point de la boule), et passant par le centre de S^d. Toutes les sphères du réseau sont projettées sur E^d; nous notons $p(x^i) = \bar{x}^i \in E^d \subset \mathbb{R}^d$ et par abus de notation $p(x) = \bar{x} \in (\mathbb{R}^d)^{\mathbb{Z}^r}$.

Les coordonnées d'un point x^i de M^i s'écrivent dans $\mathbb{R}^{d+1}$ $x^i = (\bar{x}^i, \varepsilon_i\sqrt{(1-|\bar{x}^i|^2)})$ avec $\varepsilon_i = signe(x^i.e_{d+1})$ et $|\bar{x}^i|^2 = \sum_{l=1}^d(\bar{x}_l^i)^2$.

Dans ce système de coordonnées, la métrique ${}_{(i)}g$ s'écrit :

$$({}_{(i)}g)_{k,\ell=1}^d = (\delta_{k\ell} + \frac{\bar{x}_k^i\bar{x}_\ell^i}{1-|\bar{x}^i|^2})_{k,\ell=1}^d$$

La connexion $\nabla_{(i)}$ se représente comme suit :

sur les fonctions $f : \mathbb{R}^d \to \mathbb{R}$, $\nabla_{(i)}f = \left(\dfrac{\partial f}{\partial \bar{x}_k^i}\right)_{k=1}^d$

sur les covecteurs $T = (T_\ell)_{\ell=1}^d$,

$$\nabla_{(i)}T = \left(\nabla_{(i),k}T_\ell\right)_{k,\ell} = \left(\frac{\partial T_\ell}{\partial \bar{x}_k^i} - \sum_{m=1}^d {}_{(i)}\Gamma_{k,\ell}^m T_m\right)_{k,\ell}$$

où $\left({}_{(i)}\Gamma_{k,\ell}^m\right)$ représentent les cœfficients de Kristoffel de la connexion $\nabla_{(i)}$: ici, en coordonnées locales ${}_{(i)}\Gamma_{k\ell}^m = \bar{x}_m^i\ {}_{(i)}g_{k,\ell}$.

Si l'on pose ${}^{(i)}g = ({}_{(i)}g)^{-1} = (Id_d - \bar{x}^i \otimes \bar{x}^i)$, le laplacien, quant lui, s'exprime de la façon suivante:

$$\Delta_{(i)}f = \sum_{k,\ell=1}^{d} \left({}^{(i)}g\right)^{-1} \left[\frac{\partial}{\partial \bar{x}_k^i}\frac{\partial f}{\partial \bar{x}_\ell^i} - \sum_{m=1}^{d} {}_{(i)}\Gamma_{k\ell}^{m} \frac{\partial f}{\partial \bar{x}_m^i}\right]$$

Nous pouvons maintenant, avec ces formules explicites, démontrer le lemme.

Dans le système choisi, le produit scalaire $x^k.x^l$ s'écrit $\bar{x}^k.\bar{x}^l + \varepsilon_k\sqrt{1-|\bar{x}^k|^2}\varepsilon_l\sqrt{1-|\bar{x}^l|^2}$ et par conséquent, en utilisant les formules de dérivations, on obtient:

$$\nabla_{(i)}(x^k.x^l) = \delta_{i=k}(\bar{x}^l - \frac{\bar{x}^k\varepsilon_l\sqrt{1-|\bar{x}^l|^2}}{\varepsilon_k\sqrt{1-|\bar{x}^k|^2}}) + \delta_{i=l}(\bar{x}^k - \frac{\bar{x}^l\varepsilon_k\sqrt{1-|\bar{x}^k|^2}}{\varepsilon_l\sqrt{1-|\bar{x}^l|^2}})$$

Soit $t = (t^i, t^j)$ un vecteur de l'espace tangent $T_{x^i} \times T_{x^j}$ (i.e. $t^i.x^i = 0, t^j.x^j = 0$). Notons $(\bar{t}^i, t^i_{d+1})$ les coordonnées de t^i dans $\mathbb{R}^{d+1}$ avec $\bar{t}^i \in \mathbb{R}^d(\bar{t}^i = p(t^i))$ et $t^i_{d+1} = t^i.e_{d+1}$.

Dans ce système de coordonnées, écrivons l'action de la forme bilinéaire $[\nabla_{(i)}(x^k.x^l) \otimes \nabla_{(j)}(x^k.x^l)]$ sur $T_{x^i} \times T_{x^j}$:

$$[\nabla_{(i)}(x^k.x^l) \otimes \nabla_{(j)}(x^k.x^l)](t^i,t^j) =$$

$$(\delta_{i=k}(\bar{x}^l.\bar{t}^k - \bar{x}^k.\bar{t}^k\tfrac{\varepsilon_l\sqrt{1-|\bar{x}^l|^2}}{\varepsilon_k\sqrt{1-|\bar{x}^k|^2}}) + \delta_{i=l}(\bar{x}^k.\bar{t}^l - \bar{x}^l.\bar{t}^l\tfrac{\varepsilon_k\sqrt{1-|\bar{x}^k|^2}}{\varepsilon_l\sqrt{1-|\bar{x}^l|^2}}))$$

$$\times(\delta_{j=k}(\bar{x}^l.\bar{t}^k - \bar{x}^k.\bar{t}^k\tfrac{\varepsilon_l\sqrt{1-|\bar{x}^l|^2}}{\varepsilon_k\sqrt{1-|\bar{x}^k|^2}}) + \delta_{j=l}(\bar{x}^k.\bar{t}^l - \bar{x}^l.\bar{t}^l\tfrac{\varepsilon_k\sqrt{1-|\bar{x}^k|^2}}{\varepsilon_l\sqrt{1-|\bar{x}^l|^2}}))$$

$$= (\delta_{i=k}x^l.t^k + \delta_{i=l}x^k.t^l)(\delta_{j=k}x^l.t^k + \delta_{j=l}x^k.t^l)$$

Décomposons t^k (respectivement t^l) dans la base de T_{x^k} (respectivement de T_{x^l}). On obtient ainsi, en remplaçant $e^{x_kx_l}$ (respectivement $e^{x_lx_k}$) par e^{x_k} (respectivement e^{x_l}) dans les formules pour alléger les notations,

$$(\delta_{i=k}x^l.t^k + \delta_{i=l}x^k.t^l) = \delta_{i=k}x^l.(e^{x_k}(t^k.e^{x_k}) + \textstyle\sum_{m=1}^{d-1} e_m^{\perp}(t^k.e_m^{\perp}))$$

$$+ \delta_{i=l}x^k.(e^{x_l}(t^l.e^{x_l}) + \textstyle\sum_{m=1}^{d-1} e_m^{\perp}(t^l.e_m^{\perp}))$$

Par construction, x^l et x^k sont orthogonaux aux vecteurs de base $e_m^{\perp}$ et de plus,

$$|x^l.e^{x_k}| = \sqrt{1-(x^k.x^l)^2} = |x^k.e^{x_l}|$$

On a donc:

$$[\nabla_{(i)}(x^k.x^l) \otimes \nabla_{(j)}(x^k.x^l)](t^i,t^j) = (1-(x^k.x^l)^2)(\delta_{i=k}t^k.e^{x_k} + \delta_{i=l}t^l.e^{x_l}) \times (\delta_{j=k}t^k.e^{x_k} + \delta_{j=l}t^l.e^{x_l})$$

et on trouve le résultat de la première partie du lemme 1.

Remarque: Lorsque $(k,l) \in A_\Lambda^c$ et donc que y^l est fixé, on a immédiatement $\nabla_{(i)}(x^k.y^l) = 0$ si $i \neq k$, et il suffit de suivre le même raisonnement que précédement pour obtenir le résultat annoncé.

La seconde partie du lemme se montre à partir du calcul de $\nabla_{(i)}(x^k.x^l)$ en coordonnées et en utilisant la formule de l'action d'une connexion sur un covecteur.
On obtient:

$$\nabla_{(i)}(\nabla_{(j)}(x^k.x^l)) = -x^k.x^l(\delta_{(i=j=k)(k)}g + \delta_{(i=j=l)(l)}g) + (\delta_{i=k}\delta_{j=l} + \delta_{i=l}\delta_{j=k})(Id + \frac{\bar{x}^i \otimes \bar{x}^j}{\varepsilon_i\sqrt{1-|\bar{x}^i|^2}\varepsilon_j\sqrt{1-|\bar{x}^j|^2}})$$

Par conséquent, si $(t^i, t^j) \in T_{x^i} \times T_{x^j}$,

$$[\nabla_{(i)}(\nabla_{(j)}(x^k.x^l))](t^i, t^j) = -x^k.x^l(\delta_{(i=j=k)}\|t^k\|^2 + \delta_{(i=j=l)}\|t^l\|^2) + (\delta_{i=k}\delta_{j=l} + \delta_{i=l}\delta_{j=k})t^k.t^l$$

Ecrivons t^k et t^l à l'aide des vecteurs e^{x_k}, e^{x_l} et $(e_m^\perp)_{i=1}^{d-1}$.
Cela nous donne:

$$[\nabla_{(i)}(\nabla_{(j)}(x^k.x^l)](t^i, t^j) =$$

$$-x^k.x^l[\delta_{i=j=k}((t^k.e^{x_k})^2 + \textstyle\sum_{m=1}^{d-1}(t^k.e_m^\perp)^2) + \delta_{i=j=l}((t^l.e^{x_l})^2 + \sum_{m=1}^{d-1}(t^l.e_m^\perp)^2))]$$

$$+(\delta_{i=k}\delta_{j=l} + \delta_{i=l}\delta_{j=k})((t^k.e^{x_k})(t^l.e^{x_l})e^{x_k}.e^{x_l} + \textstyle\sum_{m=1}^{d-1}(t^k.e_m^\perp)(t^l.e_m^\perp))$$

Or $e^{x_k}.e^{x_l} = -x^k.x^l$ (par construction) donc

$$[\nabla_{(i)}(\nabla_{(j)}(x^k.x^l)](t^i, t^j) =$$

$$-x^k.x^l[\delta_{i=j=k}(t^k.e^{x_k})^2 + \delta_{i=j=l}(t^l.e^{x_l})^2 + (\delta_{i=k}\delta_{j=l} + \delta_{i=l}\delta_{j=k})(t^k.e^{x_k})(t^l.e^{x_l})]$$

$$+\textstyle\sum_{m=1}^{d-1}(-x^k.x^l(\delta_{i=j=k}(t^k.e_m^\perp)^2 + \delta_{i=j=l}(t^l.e_m^\perp)^2) + (\delta_{i=k}\delta_{j=l} + \delta_{i=l}\delta_{j=k})(t^k.e_m^\perp)(t^l.e_m^\perp))$$

et on retrouve bien l'expression de la forme quadratique $[[\nabla\nabla(x^k x^l)]]_{(k,l)}$ annoncée dans le lemme 1.

Remarque:
Lorsque $(k,l) \in A_\Lambda^c$ et que y^l est fixé, $[\nabla_{(i)}\nabla_{(j)}(x^k.y^l)]$ est identiquement nul pour i ou j différent de k et l'expression ci-dessus nous donne le résultat pour i et j égaux à k.

Choix de la meilleure fonction F.

Nous allons dans ce paragraphe déterminer la fonction F intervenant dans la définition du potentiel qui donnera une majoration optimale (au sens du critère de Holley-Stroock) de la température critique T_c. Afin de majorer la forme quadratique $[[\nabla\nabla(J_{\{k,l\}} \circ (x_\Lambda y))]]_{(k,l)}$ et de rendre le majorant optimal, nous allons dans un premier temps chercher les 2d valeurs propres de $\nabla\nabla F(x^k.x^l)$ (et de $\nabla\nabla F(x^k.y^l)$)puis trouver la fonction F_0 qui rende minimale le supremum de ces valeurs propres.

Nous notons$(\lambda_i(F, x^k.x^l))_{i=1}^{2d}$ (respectivement $(\lambda_i(F, x^k.y^l))_{i=1}^{d}$ les valeurs propres de $[[\nabla\nabla F(x^k.x^l)]]_{(k,l)}$ (respectivement de $[[\nabla\nabla F(x^k.y^l)]]_{(k,l)}$).

Théorème 4 :

$$\inf_{F \in \mathcal{C}} \sup_{\tau \in]-1,1[} (\sup_{i=1}^{2d} \lambda_i(F, \tau)) = \frac{8}{\pi^2}$$

De plus, l'unique fonction qui minimise ce supremum est la fonction

$$F_0(\tau) = \frac{2}{\pi^2}(\arcsin\tau + \frac{\pi}{2})^2 - 1.$$

Démonstration :

- Pour chaque couple (k,l) de A^c_Λ, les valeurs propres de $[\nabla_{(k)}\nabla_{(k)}F(x^k.y^l)]$ sont:

$\lambda'_1(F,x^k.y^l) = (1-(x^k.y^l)^2)F''(x^k.y^l) - (x^k.y^l)F'(x^k.y^l)$

associé au vecteur propre $u' = e^{x_k y_l} \in T_{x^k}$

$\lambda'_2(F,x^k.y^l) = -(x^k.y^l)F'(x^k.y^l)$

associé aux (d-1) vecteurs propres $u'_m = e^{\perp}_m \in T_{x^k}$ $(m = 1, ..., d-1)$

- Pour chaque couple (k,l) de A_Λ, les valeurs propres de $[[\nabla\nabla F(x^k.x^l)]]$ sont:

$\lambda_1(F,x^k.x^l) = 2(1-(x^k.x^l)^2)F''(x^k.x^l) - 2(x^k.x^l)F'(x^k.x^l)$

associé au vecteur propre $u = (e^{x_k x_l}, e^{x_l x_k}) \in T_{x^k} \times T_{x^l}$

$\lambda_2(F,x^k.x^l) = (1-x^k.x^l)F'(x^k.x^l)$

associé aux (d-1) vecteurs propres $u_m = (e^{\perp}_m, e^{\perp}_m) \in T_{x^k} \times T_{x^l}$ $(m = 1, ..., d-1)$

$\lambda_3(F,x^k.x^l) = 0$

associé au vecteur propre $v = (e^{x_k x_l}, -e^{x_l x_k}) \in T_{x^k} \times T_{x^l}$

$\lambda_4(F,x^k.x^l) = (-1-x^k.x^l)F'(x^k.x^l)$

associé aux (d-1) vecteurs propres $v_m = (e^{\perp}_m, -e^{\perp}_m) \in T_{x^k} \times T_{x^l}$ $(m = 1, ..., d-1)$

Remarques:

1. Ces résultats se vérifient aisément à l'aide des expressions des formes quadratiques qui composent le lemme 1.

2. Afin de simplifier le problème de maximisation, remarquons que pour toute fonction de la classe $\mathcal{C}$ et pour tout couple de points (x^k, x^l), la valeur propre $\lambda_2(F,x^k.x^l)$ est positive tandis que $\lambda_4(F,x^k.x^l)$ est négative . Par conséquent, le supremum des valeurs propres sera le supremum de $\lambda_1(F,x^k.x^l)$ et $\lambda_2(F,x^k.x^l)$.

Montrons que $\inf_{F\in\mathcal{C}} \sup_{\tau\in]-1,1[} \lambda_1(F,\tau) \vee \lambda_2(F,\tau)$ est supérieur ou égal à $\frac{8}{\pi^2}$:

Soit $0 \leq \alpha < \infty$ tel que $\inf_{F\in\mathcal{C}} \sup_{\tau\in]-1,1[} \lambda_1(F,\tau) \vee \lambda_2(F,\tau) \leq \alpha$.

Cela implique que :

$$\forall\epsilon > 0,\ \exists F_\epsilon \in \mathcal{C} \text{ tel que } \sup_{\tau\in]-1,1[} \lambda_1(F_\epsilon,\tau) \vee \lambda_2(F_\epsilon,\tau) \leq \alpha + \epsilon.$$

Donc

$$\forall\epsilon > 0, \exists F_\epsilon \in \mathcal{C} \text{ tel que } 2[(1-\tau^2)F''_\epsilon(\tau) - \tau F'_\epsilon(\tau)] \leq \alpha + \epsilon$$

et

$$(1-\tau)F'_\epsilon(\tau) \leq \alpha + \epsilon \ \forall\tau \in]-1,1[\quad (P1)$$

Remarquons que les conditions $F_\epsilon \in \mathcal{C}^2(]-1,1[)$ et $0 \leq (1-\tau)F'_\epsilon(\tau) \leq \alpha+\epsilon, \forall \tau \in]-1,1[$ impliquent que $\lim_{\tau \overset{>}{\to} -1} F'_\epsilon(\tau)$ existe et est borné.

Posons $\tau = \sin t$ avec $t \in [-\frac{\pi}{2}, \frac{\pi}{2}]$ et $g_\epsilon(t) = F_\epsilon(\sin t)$ et notons

$$\mathcal{C}' = \{ \ f \ : [-\tfrac{\pi}{2}, \tfrac{\pi}{2}] \to [-1,1], f(\tfrac{\pi}{2}) = 1, f(-\tfrac{\pi}{2}) = -1, \text{ croissante }, \mathcal{C}^2(]-\tfrac{\pi}{2}, \tfrac{\pi}{2}[), \text{ et } \lim_{t \overset{>}{\to} -\frac{\pi}{2}} f'(t) = 0\}$$

Les premières hypothèses de $\mathcal{C}'$ sont trivialement vérifiées par g_ϵ et de plus $\forall t \in]-\frac{\pi}{2}, \frac{\pi}{2}[, \ g'_\epsilon(t) = \cos(t)F'_\epsilon(\sin(t))$ donc d'après la remarque précédente, $\lim_{t \overset{>}{\to} -\frac{\pi}{2}} g'_\epsilon(t) = 0$.

Avec ce changement de variable, on obtient :

$$(P1) \ \Rightarrow \ \forall \epsilon > 0, \exists g_\epsilon \in \mathcal{C}' \text{ tel que } 2g''_\epsilon(t) \leq \alpha + \epsilon. \quad (P2)$$

$$(P2) \ \Rightarrow \ \forall \epsilon > 0, \exists g_\epsilon \in \mathcal{C}' \text{ tel que } \forall t \in]-\tfrac{\pi}{2}, \tfrac{\pi}{2}[$$

$$\textstyle\int_{-\frac{\pi}{2}}^{t} g''_\epsilon(x)dx = g'_\epsilon(t) - \lim_{t \overset{>}{\to} -\frac{\pi}{2}} g'_\epsilon(t) \leq \frac{(\alpha+\epsilon)}{2}(t+\frac{\pi}{2}) \ (P3)$$

$$(P3) \ \Rightarrow \ \forall \epsilon > 0, \exists g_\epsilon \in \mathcal{C}' \text{ tel que } g_\epsilon(t) - g_\epsilon(-\tfrac{\pi}{2}) \leq \tfrac{(\alpha+\epsilon)}{4}(t+\tfrac{\pi}{2})^2$$

Pour $t = \dfrac{\pi}{2}$ et pour tout $\epsilon > 0$, on obtient la majoration suivante: $\dfrac{8}{\pi^2} \leq (\alpha+\epsilon)$ et à la limite quant ϵ tend vers 0, on a: $\alpha \geq \dfrac{8}{\pi^2}$.
Finalement, on a montré que si $\inf_{F \in \mathcal{C}} \sup_{\tau \in]-1,1[} \lambda_1(F,\tau) \vee \lambda_2(F,\tau) \leq \alpha$ alors $\alpha \geq \dfrac{8}{\pi^2}$ c'est-à-dire que $\inf_{F \in \mathcal{C}} \sup_{\tau \in]-1,1[} \lambda_1(F,\tau) \vee \lambda_2(F,\tau)$ est minoré par $\dfrac{8}{\pi^2}$.

Montrons que la fonction F_0 qui réalise cet infimum est la fonction $F_0(x) = \dfrac{2}{\pi}(\arcsin x + \dfrac{\pi}{2})^2 - 1$:

la fonction $f_\alpha(x) = \dfrac{\alpha}{4}\arcsin^2 x + \dfrac{2}{\pi}\arcsin x - \dfrac{\alpha\pi^2}{16}$ est solution de l'équation différentielle $\lambda_1(f_\alpha, x) = \alpha$ pour tout x dans]-1,1[, et satisfait les conditions $f_\alpha(1) = 1, f_\alpha(-1) = -1$.

De plus, la condition $f'_\alpha(x) \geq 0$ impose à α d'être inférieur à $\dfrac{8}{\pi^2}$.
Or cette fonction f_α vérifie l'inéquation différentielle $\lambda_2(f_\alpha, x) \leq \alpha$ si et seulement si α est égal à $\dfrac{8}{\pi^2}$.

La fonction $F_0 = f_{\frac{8}{\pi^2}}$ est telle que $F_0 \in \mathcal{C}$ et $\lambda_1(F_0, x) \vee \lambda_2(F_0, x) \leq \dfrac{8}{\pi^2}$ pour x dans]-1,1[. Cette fonction réalise donc l'infimum sur toute les fonctions de $\mathcal{C}$ du supremum sur $]-1,1[$ des valeurs propres de la hessienne de $F(x^k.x^l)$.

Ainsi, pour cette fonctionF_0, $[[\nabla\nabla F_0(x^k.x^l)]]_{(k,l)} \leq \dfrac{8}{\pi^2}{}^{\{k,l\}}g$

(en tant que forme quadratique sur $T(M^{\{k,l\}}) \times T(M^{\{k,l\}})$.

Remarque: Pour chaque couple de A_n^c, nous pouvons suivre le même procédé et la même fonction F_0 nous donne la majoration suivante:

$$[[\nabla\nabla F_0(x^k.y^l)]]_{(k,k)} \leq \frac{8}{\pi^2}{}^{\{k\}}g.$$

Majoration de la température critique et de la constante de Sobolev logarithmique

Corollaire 1 : *Dans le cadre défini précédement, la condition* $\beta = \frac{1}{T} \leq \frac{\pi^2(d-1)}{16\nu J_0}$ *entraine l'unicité de la mesure de Gibbs.*
De plus, cette mesure vérifie une inégalité de Sobolev Logarithmique avec constante $\alpha' = \frac{(d-1)}{4} - \frac{4\beta\nu J_0}{\pi^2}$

Démonstration:
il suffit d'utiliser les résultats précédents, en particulier,
$\forall t \in T(M^{\{k,l\}})$,

$$[[\nabla\nabla(J_{\{k,l\}} \circ x_\Lambda y)]]_{(k,l)}(t,t)$$

$$= J_{kl}[\mathbb{I}_{(k,l)\in A_\Lambda}[[\nabla\nabla F_0(x^k.x^l)]]_{(k,l)}(t,t) + \mathbb{I}_{(k,l)\in A_\Lambda^c}[[\nabla_k\nabla_k F_0(x^k.y^l)]](t^k,t^k)]$$

$$\leq J_{kl}(\mathbb{I}_{(k,l)\in A_\Lambda}\ \frac{8}{\pi^2}\ (\|t^k\|^2 + \|t^l\|^2) + \mathbb{I}_{(k,l)\in A_\Lambda^c}\ \frac{8}{\pi^2}\ (\|t^k\|^2))$$

$$\leq \frac{8}{\pi^2}\ \mathbb{I}_{k\in\Lambda}\ (J_{kl}\mathbb{I}_{(l\in\Lambda,0<\|k-l\|<R)}\ \|t^k\|^2 + J_{kl}\ \mathbb{I}_{(l\in\Lambda^c,\|k-l\|<R)}\ \|t^k\|^2)$$

$$\leq \frac{8}{\pi^2}\ \mathbb{I}_{k\in\Lambda}\ \mathbb{I}_{(l\in\mathbb{Z}^\nu,0<\|k-l\|<R)}\ J_{kl}\ \|t^k\|^2$$

Or $J_{kl} = \beta J_r$ si $\|k-l\| = r$ avec $r \in \{1,\ldots,R-1\}$.
Donc

$$\begin{aligned}\mathbb{I}_{k\in\Lambda}\ \mathbb{I}_{(l\in\mathbb{Z}^\nu,0<\|k-l\|<R)}\ J_{kl}\ \|t^k\|^2 &= \mathbb{I}_{k\in\Lambda}(\textstyle\sum_{r=1}^{R-1}\mathbb{I}_{(l\in\mathbb{Z}^\nu,\|k-l\|=r)}\beta J_r)\|t^k\|^2 \\ &= \mathbb{I}_{k\in\Lambda}(\textstyle\sum_{r=1}^{R-1}2\nu\beta J_r)\|t^k\|^2 \\ &= \mathbb{I}_{k\in\Lambda}2\nu\beta J_0\|t^k\|^2\end{aligned}$$

Finalement, si l'on pose $\gamma(i-j) = \begin{cases} \frac{8}{\pi^2}(2\nu\beta J_0) & \text{si } \|i-j\| = 0 \\ 0 & \text{sinon} \end{cases}$

on obtient $\sum_{i \in \mathbb{Z}^\nu} \gamma(i) = \gamma(0) = \frac{16}{\pi^2}\beta\nu J_0$

et $\sum_{i \in \mathbb{Z}^\nu} \gamma(i)$ est inférieur à $(1-\epsilon)(d-1)$ si $\epsilon \leq 1 - \frac{16\beta\nu J_0}{\pi^2 d - 1}$.

La condition $0 < \epsilon < 1$ est vérifiée si $\beta \leq \frac{\pi^2(d-1)}{16\nu J_0}$.

Donc pour $\beta < \beta_c^{Fo} = \frac{\pi^2(d-1)}{16\nu J_0}$, les conditions du théorème de Holley-Stroock sont vérifiées. Il y a donc unicité de la mesure de Gibbs et de plus cette mesure vérifie une inégalité de Sobolev logarithmique de constante

$$\alpha = \frac{\epsilon_{max}(d-1)}{4} = \frac{(d-1)\pi^2 - 16\nu\beta J_0}{4\pi^2}$$

Commentaires:

La même démarche pour le modèle d'Heisenberg classique (F=Id) nous donnerait une constante α=1 et donc une approximation de la température moins performante ($\beta_c^{Id} = \frac{(d-1)}{2\nu J_0}$). De plus , des arguments similaires ont permis de montrer $[B_2]$ que dans le modèle d'Ising (d=0, F=Id), si $\beta \leq \beta_c$ avec $th\beta_c = \frac{1}{2\nu}$, il y a unicité de la mesure de Gibbs.

Remerciements:

L'auteur tient à remercier le professeur D. Bakry pour lui avoir fourni, lors de discussions, les idées qui ont abouti à cet article ainsi que pour ses nombreux conseils.

4 Références

[B1]: Bakry, D. (1992), "Hypercontractivité" , Cours de l'Ecole d'Eté de Probabilités, St-Flour,L.N.M. 1581, 1-112.

[B2]: Bakry, D. (1992), En préparation.

[BE]: Bakry, D., Emery, M., "Diffusions hypercontractives", Séminaire de Probabilités XIX, L.N.M. 1123, 179-206.

[CS]: Carlen, E.A., Stroock, D.W., (1985), "An application of the Bakry-Emery-criterion to infinite dimentional diffusions ", Séminaire de Probabilités XX, Azema J. and Yor M.(eds.) L.N.M. 1204, 341-348.

[FKG]: Fortuin, C.,Kastelyn, P., Ginibre, J., "Correlation inequalities on some partialy ordered sets", CMP 22, 99-103.

[G]: Gibbs, J.W., (1960), "Elementary Principles of Statistical Mechanics", Dover, New York. (Republication of 1902 work published by Yale univ. Press.).

[HS]: Holley, R., Stroock, D.W. (1987), "Logarithmic Sobolev inequalities and stochastic Ising Models ". J. Stat. Phys. 46, 1159-1194.

[L]: Laroche, E., (1995), "Hypercontractivité pour des systèmes de spins de portée infinie ", P.T.R.F. 101, 89-132.

[SZ]: Stroock, D.W., Zegarlinski, B., (1992), "The Equivalence of the Logarithmic Sobolev inequality and the Dobrushin-Shlosman Mixing Condition ". Commun. Math. Phys. 144, 303-323.

Sur les inégalités GKS.

Dominique Bakry et Mireille Echerbault

Laboratoire de Statistique et Probabilités, Université PAUL SABATIER,
118, route de Narbonne, 31062, TOULOUSE Cedex.

RÉSUMÉ

Nous décrivons des bases orthonormées sur l'espace L^2 d'un ensemble fini dans lequel des inégalités de la forme GKS1 prennent une forme simple. Ceci s'applique en particulier aux classes de conjugaison d'un groupe fini quelconque. Dans tous les exemples que nous considérons, l'inégalité GKS2 en est une conséquence, sans que nous ayons une interprétation générale de ce phénomène.

ABSTRACT

We describe some orthonormal basis of the L^2 space of a finite set in which the GKS1 inequality take a simple form. This applies to the conjugacy classes of any finite group. In all the examples that we examine, the GKS2 inequality is a consequence of the GKS1 one, but we do not have any explanation of this phenomenon.

1— Introduction.

En mécanique statistique, et à la base de l'étude des systèmes de spins, il y a un ensemble d'inégalités de corrélation qui permettent de caractériser aisément l'unicité de la mesure de GIBBS associée à un potentiel ferromagnétique. Parmi les plus importantes, citons l'inégalité FKG, nommée d'après FORTUIN, KASTELYN et GINIBRE, et les inégalités GKS, d'après GRIFFITH, KELLY et SHERMAN. Nous allons dans cet exposé parler uniquement des secondes, mais, dans un souci de complétude, nous allons tout d'abord dans cette introduction rappeler la première, qui a déjà fait l'objet d'un exposé dans un des volumes précédents de ce séminaire [BM].

Dans le cadre classique, toutes ces inégalités sont des inégalités de corrélation sur l'ensemble $\Omega = \{-1,1\}^S$, où S est un ensemble fini. Dénotons $\omega = (\omega_i)_{i\in S}$ l'élément générique de Ω: nous mettons sur Ω un ordre partiel en posant

$$\omega \leq \omega' \Leftrightarrow \forall i \in S, \omega_i \leq \omega'_i.$$

Ceci fait de Ω un treillis: pour chaque couple (ω, ω'), il y a un unique sup noté $\omega \vee \omega'$, et un unique inf, noté $\omega \wedge \omega'$. Une mesure de probabilité μ sur Ω est alors appelée attractive si et seulement si

$$\forall (\omega,\omega') \in S^2,\ \mu(\omega \wedge \omega')\mu(\omega \vee \omega') \geq \mu(\omega)\mu(\omega').$$

L'inégalité FKG s'énonce alors ainsi : sous une probabilité attractive, la corrélation de deux fonctions croissantes pour l'ordre ainsi décrit est positive. Cette inégalité est en fait valable sur tout ensemble réticulé [FKG], et permet donc d'obtenir un résultat analogue lorsqu'on remplace $\{-1,+1\}$ par un ensemble totalement ordonné E quelconque. Malheureusement, dans les situations intéressantes en mécanique statistique, lorsque la fibre E n'est pas $\{-1,+1\}$, et pour les mesures que l'on considère en général, il n'y a pas d'ordre canonique sur E pour lequel la mesure soit attractive. Cet inconvénient n'a pas lieu pour les inégalités GKS dont nous allons parler ci-dessous.

Considérons tout d'abord la mesure uniforme sur Ω, que nous appelons μ_0 :

$$\mu_0 = \otimes_{i\in S}\{\frac{\delta_{-1}+\delta_1}{2}\},$$

et notons ω_i les applications coordonnées $\Omega \to \mathbb{R} : \omega = (\omega_i) \to \omega_i$. Pour une partie A de S, nous notons $\omega_A = \Pi_{i\in A}\omega_i$, avec comme d'habitude la convention $\omega_\emptyset = 1$.

Nous désignerons par $\langle f\rangle_0$ l'intégrale $\int_\Omega f(\omega)\, d\mu_0(\omega)$. Puisque, pour la mesure μ_0, les variables aléatoires ω_i sont indépendantes, il est aisé de voir que $\langle \omega_A\rangle_0 = 0$ si $A \neq \emptyset$. D'autre part, remarquons la formule importante de multiplication

$$\omega_A \omega_B = \omega_{A\Delta B}, \tag{1.1}$$

où Δ désigne la différence symétrique.

Cette formule nous permet de voir que les fonctions ω_A sont orthogonales et de norme 1 dans $L^2(\Omega,\mu_0)$. Il suffit alors de les compter pour voir qu'elles forment une base orthonormée de $L^2(\Omega,\mu_0)$. Toute fonction $f : \Omega \to \mathbb{R}$ s'écrit alors de façon unique

$$f(\omega) = \sum_{A\subset S} \lambda_A \omega_A, \text{ avec } \lambda_A = \langle \omega_A f\rangle_0. \tag{1.2}$$

Nous dirons alors qu'une fonction f est GKS1 si elle satisfait

$$\forall A \subset S,\ \lambda_A \geq 0.$$

Remarquons tout de suite qu'en vertu de la formule de multiplication (1.1), le produit de deux fonctions GKS1 est une fonction GKS1.

Nous considérons alors un Hamiltonien H, c'est-à-dire une fonction $H : \Omega \to \mathbb{R}$, et la mesure associée

$$d\mu_H(\omega) = \exp(H(\omega))\, d\mu_0(\omega)/Z,$$

où Z est une constante de normalisation qui fait de μ_H une mesure de probabilité. Nous noterons alors $\langle f \rangle_H$ l'intégrale de f pour μ_H.

Quoique très utiles, les deux inégalités suivantes sont alors très faciles à démontrer :

Proposition 1.1.—*(Inégalité GKS1) Si H et f sont deux fonctions GKS1, alors*

$$\langle f \rangle_H \geq 0. \tag{1.3}$$

Proposition 1.2.—*(Inégalité GKS2) Si f, g et H sont trois fonctions GKS1, alors*

$$\langle fg \rangle_H \geq \langle f \rangle_H \langle g \rangle_H. \tag{1.4}$$

Pour convaincre le lecteur du caractère élémentaire de ces inégalités, nous allons ci-dessous en donner une démonstration complète, inspirée de [L]

Preuve. Commençons par l'inégalité GKS1 : on peut tout d'abord se ramener par linéarité au cas où $f = \omega_A$. Alors, d'après l'identité (1.2), tout revient à démontrer que, si H est GKS1, il en va de même de e^H. Nous écrivons alors, pour $H = \sum_B \lambda_B \omega_B$,

$$e^H = \prod_B e^{\lambda_B \omega_B}.$$

D'autre part, puisque $\omega_B^2 = 1$, nous avons

$$e^{\lambda_B \omega_B} = \mathrm{ch}(\lambda_B) + \mathrm{sh}(\lambda_B)\omega_B,$$

et donc, puisque H est GKS1, il en va de même de $e^{\lambda_B \omega_B}$. Nous avons déjà remarqué plus haut que le produit de deux fonctions GKS1 est une fonction GKS1, et il s'ensuit donc que e^H est GKS1.

Passons à l'inégalité GKS2. La façon la plus simple de l'établir est d'utiliser une astuce classique de duplication. Une fois de plus, et en utilisant cette fois-ci la bilinéarité de la covariance, il suffit d'établir le résultat pour $f = \omega_A$ et $g = \omega_B$. Ensuite, nous pouvons écrire la covariance de f et g en considérant deux copies indépendantes de Ω, Ω et Ω^1, et en écrivant

$$2(\langle fg \rangle_H - \langle f \rangle_H \langle g \rangle_H) = \int\int_{\Omega \times \Omega^1} (f(\omega) - f(\omega^1))(g(\omega) - g(\omega^1))\mu_H(d\omega)\mu_H(d\omega^1). \tag{1.5}$$

Écrivons $\omega^1 = (\omega_i^1)_{i \in S}$, et appelons $\omega_A^1 = \Pi_{i \in A} \omega_i^1$: si H s'écrit $\sum_C \lambda_C \omega_C$, en utilisant l'identité (1.5),tout revient donc à établir que

$$\int\int_{\Omega \times \Omega^1} (\omega_A - \omega_A^1)(\omega_B - \omega_B^1) \exp(\sum_C \lambda_C(\omega_C + \omega_C^1))\, \mu_0(d\omega)\mu_0(d\omega^1) \geq 0. \tag{1.6}$$

Or, souvenons nous que, pour la mesure μ_0, les variables ω_i sont des variables de Bernoulli indépendantes. Nous pouvons donc réaliser le couple (ω, ω^1) en choisissant deux copies indépendantes $(\omega_i)_{i \in S}$ et $(\omega_i^2)_{i \in S}$ et en posant $\omega_i^1 = \omega_i \omega_i^2$. Nous avons alors $\omega_A^1 = \omega_A\omega_A^2$, et nous pouvons alors réécrire le membre de gauche de la formule (1.6) sous la forme

$$\int\int_{\Omega\times\Omega^2} \omega_{A\Delta B}(1-\omega_A^2)(1-\omega_B^2)\exp\{\sum_C \lambda_C(1+\omega_C^2)\omega_C\}\,\mu_0(d\omega)\mu_0(d\omega^2). \qquad (1.7)$$

Dans cette dernière intégrale, nous intégrons d'abord par rapport à la mesure $\mu_0(d\omega)$: l'expression que nous obtenons est alors positive en vertu de l'inégalité GKS1, puisque $\lambda_C(1-\omega_C^2) \geq 0$ et $(1-\omega_A^2)(1-\omega_B^2) \geq 0$. Il est alors clair que le résultat final est positif. □

2– L'inégalité GKS1 sur un ensemble fini.

Contrairement à l'inégalité FKG, nous allons voir que l'inégalité GKS1 s'étend aisément à de nombreuses situations intéressantes du point de vue de la mécanique statistique, où la fibre n'admet pas d'ordre naturel.

Nous considérons ici un ensemble E fini, muni d'une mesure de probabilité μ_0 qui charge tous les points. La finitude de E n'est pas essentielle dans ce qui suit, mais elle nous permettra d'éviter tous les problèmes de nature analytique, et est suffisante pour les applications que nous avons en tête. Nous supposerons que le cardinal de E est $n+1$. Nous noterons comme plus haut $\langle f\rangle_0$ la moyenne $\sum_E f(a)\mu_0(a)$. De plus, si $H : E \to \mathbb{R}$ est donnée, nous noterons μ_H la mesure de probabilité $\mu_H(a) = \exp(H(a))\mu_0(a)/Z$, où Z est une constante de normalisation, et $\langle f\rangle_H$ désignera la moyenne de f pour μ_H. Dans tout ce qui suit, $\mathbb{R}_+$ désignera l'ensemble des réels positifs.

Nous appelerons **système** sur E une base orthonormée Ξ de l'espace hermitien complexe $L^2_{\mathbb{C}}(E,\mu_0)$, formée de vecteurs $(x_0, x_1, \cdots, x_n)$, ayant la propriété suivante : si $x \in \Xi$, il en va de même de son conjugué $\overline{x}$. Si $p \in \{0, \cdot, n\}$, nous noterons $\overline{p}$ l'unique $q \in \{0, \cdot, n\}$ tel que $\overline{x_p} = x_q$.

Nous dirons que ce système est réel si tous les éléments de Ξ le sont, et qu'il est unitaire si $x_0 \equiv 1$. (Nous réserverons toujours l'indice 0 pour désigner le vecteur 1, lorsque le système est unitaire.)

Définition.—*2.1. Nous dirons que le système Ξ est GKS1 s'il vérifie les deux propriétés suivantes :*
(i) $\forall i \in \{0, \cdots, n\}$, $\langle x_i\rangle_0 \in \mathbb{R}_+$.
(ii) $\forall (i,j,k) \in \{0, \cdots, n\}^3$, $a_{ijk} := \langle x_i x_j x_k\rangle_0 \in \mathbb{R}_+$.

Remarquons tout de suite que, pour les systèmes unitaires, la condition (i) est inutile, car $\langle x_i\rangle_0 = \langle x_i x_0\rangle_0 = 0$ si $i \neq 0$, et $\langle x_0\rangle_0 = 1$. Si le besoin s'en fait sentir, nous préciserons a^{Ξ}_{ijk} pour dénoter la dépendance en Ξ des coefficients a_{ijk}.

Définition.—*2.2. Si le système Ξ est GKS1, nous dirons qu'une fonction $f : E \to \mathbb{C}$ est GKS1 si elle s'écrit $f = \sum_i \lambda_i x_i$, avec $\lambda_i \geq 0$.*

Comme plus haut, et puisque Ξ est une base orthonormée, nous avons

$$\lambda_k = \langle f\overline{x_k}\rangle_0 = \langle f x_{\overline{k}}\rangle_0.$$

La première remarque est que les paramètres a_{ijk} de la définition 2.1. (ii) permettent d'écrire la formule de multiplication analogue à (1.1):

Lemme 2.3.—*Pour tout couple (i, j) de $\{0, \cdots, n\}^2$,*

$$x_i x_j = \sum_k a_{ij\overline{k}} x_k. \tag{2.1}$$

Preuve. Puisque Ξ est une base orthonormée de $L^2(E, \mu_0)$, la fonction $x_i x_j$ s'écrit de manière unique $\sum_k \lambda_k x_k$, avec

$$\lambda_k = \langle x_i x_j \overline{x_k}\rangle = a_{ij\overline{k}}.$$

□

Corollaire 2.4.—*La somme et le produit de deux fonctions GKS1 sont GKS1.*

Preuve. Le résultat est trivial pour la somme. Pour le produit, on se ramène par bilinéarité au cas où ces deux fonctions sont des éléments de Ξ, et on est alors ramené au lemme 2.3. C'est alors une conséquence de la propriété (ii) des systèmes GKS1.□

De ce qui précède, nous déduisons le

Corollaire 2.5.—*Si H est une fonction GKS1, la fonction e^H est GKS1.*

Preuve. En écrivant $H = \sum_k \lambda_k x_k$, nous décomposons comme plus haut

$$e^H = \Pi_k \exp(\lambda_k x_k),$$

et il suffit de démontrer que $\exp(\lambda_k x_k)$ est GKS1. Nous écrivons alors

$$e^x = \lim_{n\to\infty} \sum_{p=0}^{n} x^p/p! = \lim_n f_n.$$

Chacune des fonctions f_n est GKS1 d'après le corollaire précédent. Il ne reste qu'à remarquer qu'une limite de fonctions GKS1 est GKS1. □

Remarque.—

Dans le corollaire 2.5., on peut bien évidemment remplacer la fonction exponentielle par n'importe quelle fonction entière définie par une série à coefficients positifs.

Nous pouvons alors énoncer le

Théorème 2.6.—*Si H est une fonction réelle GKS1, et si f est GKS1, alors* $\langle f\rangle_H \in \mathbb{R}_+$.

Preuve. Il suffit d'appliquer les corollaires 2.5. et 2.4. Remarquons que le résultat précédent ne demande pas que f soit réelle. D'autre part, nous ne nous sommes restreints aux fonctions H réelles que parce que nous ne voulions traiter que des probabilités, et non pas des mesures à valeurs complexes ou négatives. □

Tout ceci ne serait qu'un ramassis de trivialités s'il n'y avait des exemples intéressants de systèmes GKS1. La proposition suivante montre comment construire des systèmes GKS1 compliqués à partir de systèmes plus simples (propriété de tensorisation) :

Théorème 2.7.—*Si (E,μ_0) et (F,ν_0) sont des ensembles munis de deux systèmes GKS1 $\Xi = (x_0,\cdots,x_n)$ et $\Psi = (y_0,\cdots,y_p)$ respectivement, le produit $(E\times F, \mu_0\otimes\nu_0)$ admet le système GKS1 $\Xi\otimes\Psi = \{(x_i\otimes y_j),\ (i,j)\in\{0,\cdots,n\}\times\{0,\cdots,p\}\}$. Celui-ci est réel (respectivement unitaire) si Ξ et Ψ le sont.*

Preuve. Rappelons tout d'abord que, par définition, et pour (a,b) dans $E\times F$, $x_i\otimes y_j(a,b) = x_i(a)y_j(b)$. Il est alors clair que $\Xi\otimes\Psi$ est un système sur $E\times F$. Pour voir qu'il est GKS1, il suffit de considérer les produits

$$\langle (x_i\otimes y_j)(x_k\otimes y_l)(x_m\otimes y_n)\rangle_0 = \langle x_i x_k x_m\rangle_0\langle y_j y_l y_n\rangle_0.$$

Remarquons qu'ainsi

$$a^{\Xi\otimes\Psi}_{(ij)(kl)(mn)} = a^{\Xi}_{ikm}a^{\Psi}_{jln}.$$

□

Nous retrouvons ainsi les inégalités GKS1 de $\{-1,1\}^S$ de l'introduction en partant de l'espace $\Omega_0 = \{-1,1\}$, muni de la mesure uniforme et du système réel unitaire $\Xi = (1,\omega)$, qui est bien évidemment GKS1. Sur $\{-1,1\}^S$, le système $(\omega_A, A\subset S)$ n'est rien d'autre que $\Xi^{\otimes S}$, et l'inégalité GKS1 de l'introduction est alors un cas particulier du théorème 2.6.

De la même façon, si E est un espace fini probabilisé muni d'une base GKS1 $\Xi = \{x_0,\cdots,x_n\}$, on pourra considérer sur $\Omega = E^S$ les fonctions x_A définies pour toute application $A : S\to\{0,\cdots,n\}$ par

$$x_A = \otimes_{s\in S}x_{A(s)}.$$

On dira qu'un hamiltonien ou qu'une fonction sont GKS1 s'ils s'écrivent $\sum_A \lambda_A x_A$ avec $\lambda_A \geq 0$. On retrouve ainsi une inégalité GKS1 analogue à celle de la première partie.

En mécanique statistique, on s'intéresse à des mesures sur E^S, où S et E sont des ensembles finis. (C'est en général plus compliqué que celà car on s'intéresse à des propriétés asymptotiques lorsque S croit vers un graphe ayant une structure raisonnable, en général $\mathbb{Z}$ ou $\mathbb{Z}^d$.) Mais on ne peut rien faire de sérieux s'il n'y a pas un groupe G qui opère transitivement sur E, et tel que la mesure sur E^S ait des propriétés de stabilité, par exemple: $\mu(a_i, i \in S) = \mu(ga_i, i \in S)$, $\forall g \in G$. Moyennant ceci, et si du moins ce groupe opère proprement, on ne perd en général rien à supposer que E lui même est un groupe. (Cette restriction est beaucoup moins évidente lorsque le groupe n'opère pas proprement.) Or, pour certaines fonctions H particulières sur G^S (celles qui ne dépendent que des classes de conjugaison dans le groupe G), il y a des systèmes GKS1 naturels. C'est ce que nous allons exposer ci-dessous. Pour les lecteurs qui, comme les auteurs de cet exposé, ne sont pas très familiers avec les groupes finis, nous commençons par faire quelques rappels.

Soit donc G un groupe fini, que nous munissons de sa mesure uniforme μ_0. Une représentation de G est un homomorphisme $X : G \to U(E)$, où E est un espace hermitien de dimension finie, et $U(E)$ désigne le groupe des opérateurs unitaires de E. (On dira que X est à valeurs dans E). Une représentation est dite irréductible s'il n'y a pas de sous espace invariant de E sous l'action de tous les $X(g)$ autres que E lui même et $\{0\}$. Toute représentation se décompose en somme de représentations irréductibles. Deux représentations X et X_1 dans E et E_1 sont équivalentes s'il existe un isomorphisme $A : E \to E_1$ tel que

$$\forall g \in G,\ X_1(g) = AX(g)A^{-1}.$$

Le fait remarquable est qu'il n'y a à équivalence près qu'un nombre fini de représentations irréductibles. On note $\Sigma = \{0, 1, \cdots, n\}$ un ensemble qui paramétrise ces représentations irréductibles à équivalence près, c'est-à-dire que, pour tout $i = 0, \cdots, n$, on dispose d'une représentation irréductible X_i, à valeurs dans un espace E_i, et que toute représentation irréductible est équivalente à l'une des représentations X_i.

Lorsque X est une représentation, sa trace $\mathrm{tr}(X(g))$ est une fonction f_X de G dans $\mathbb{C}$, qui a la propriété suivante

$$\forall (g, h) \in G^2,\ f_X(h^{-1}gh) = f_X(g),$$

comme cela se voit immédiatement sur les formules

- $X(h^{-1}gh) = X(h)^{-1}X(g)X(h)$ (car X est un homomorphisme);
- $\mathrm{tr}(AB) = \mathrm{tr}(BA)$.

Les traces des représentations irréductibles s'appellent les caractères du groupe G. Lorsque X_i est l'une des représentations irréductibles de notre liste précédente, nous noterons χ_i le caractère associé: il est bien évidemment indépendant du choix de la représentation irréductible parmi sa classe d'équivalence. Nous appelerons Ξ l'ensemble de ces fonctions. Remarquons que Ξ contient la fonction constante 1 (qui est la trace de la représentation triviale Ξ_0 sur $\mathbb{C}$: $\Xi_0(g)(z) = z, \forall z \in \mathbb{C}$). C'est aussi un ensemble de fonctions stable par conjugaison, car si $g \to X(g)$ est une représentation irréductible, alors il en va de même de $g \to \overline{X(g)}$.

D'autre part, sur le groupe G, la relation $g \sim k \Leftrightarrow \exists h,\ g = h^{-1}kh$ est une relation d'équivalence, pour laquelle les classes d'équivalence s'appellent les classes de conjugaison. Nous appelerons $\hat{G}$ l'ensemble quotient, π la projection de G sur $\hat{G}$ et $\hat{\mu}_0$ la mesure image de μ_0 par π : si $\hat{g}$ désigne la classe de $g \in G$, $\mu_0(\hat{g}) = |\hat{g}|/|G|$, où $|A|$ désigne le cardinal de l'ensemble A. D'après ce qu'on vient de voir, les traces des représentations sont constantes sur les classes, et définissent en fait des fonctions sur $\hat{G}$. Le théorème suivant est alors fondamental :

Théorème 2.8.—*L'ensemble Ξ est un système unitaire sur $L^2(\hat{G}, \hat{\mu}_0)$.*

Nous renvoyons au chapitre 1 du livre de DIACONIS [D] pour un exposé élémentaire de la preuve de ce théorème, que l'on trouve dans tous les ouvrages de base traitant des représentations linéaires des groupes finis. Ce qui nous intéresse ici est en fait le résultat suivant :

Théorème 2.9.—*Le système Ξ est GKS1.*

Preuve. Il suffit de démontrer que, si χ_1 et χ_2 sont deux caractères, le produit $\chi_1\chi_2$ est une combinaison linéaire à coefficients positifs des χ_i. Nous allons voir qu'en fait ces coefficients λ_i sont entiers. En effet, soient X_1 et X_2 les représentations irréductibles, à valeurs dans E_1 et E_2, dont ces caractères sont les traces. Nous avons

$$\chi_1\chi_2(g) = \mathrm{tr}(X_1 \otimes X_2(g)),$$

et il ne reste plus qu'à décomposer la représentation $X_1 \otimes X_2$, à valeurs dans $E_1 \otimes E_2$, en somme de représentations irréductibles : le coefficient λ_k est alors le nombre de fois que, dans la décomposition de $X_1 \otimes X_2$, apparaît une représentation équivalente à X_k. □

Nous voyons maintenant pourquoi il est important de ne pas se limiter aux systèmes GKS1 réels. Néanmoins, nous allons voir qu'on peut le faire si l'on accepte un peu plus de symétrie dans le hamiltonien. En effet, il est tout d'abord clair sur la définition de la conjugaison qu'elle est préservée par la transformation $g \to g^{-1}$, si bien que l'on peut parler de la classe $\hat{g}^{-1}$. Or, il découle immédiatement de cette même définition que, si χ est un caractère, $\chi(g^{-1}) = \overline{\chi}(g)$. En particulier, les parties réelles de caractères $c_i(g)$ forment une base de $L^2(\hat{G}_s, \hat{\mu}_s)$, où $\hat{G}_s$ désigne le quotient de $\hat{G}$ par la relation $g \sim g^{-1}$, et $\hat{\mu}_s$ la mesure image. Puisque $c_i(g)$ est une combinaison linéaire à coefficients positifs de χ_i et $\chi_{\bar{i}}$, il découle de la propriété de multiplication que le système formé des c_i satisfait les conditions (i) et (ii) des systèmes GKS1.

Les groupes finis ont une autre propriété remarquable de dualité que nous allons détailler ci-dessous.

De façon générale, considérons un ensemble probabilisé fini $\{E, \mu\}$ à $n+1$ points tel que $\mu(a) > 0$ pour tout a de E, muni d'une base $\Xi = \{x_0, \cdots, x_n\}$ de $L^2_{\mathbb{C}}(E, \mu)$. Appelons E^* l'ensemble $\{0, \cdots, n\}$, que nous munissons d'une mesure ν chargeant tous les points. Alors, pour tout $a \in E$, les fonctions $y_a : E^* \to \mathbb{C}$ définies par $y_a(i) = x_i(a)\sqrt{\mu(a)}/\sqrt{\nu(i)}$ forment une base de $L^2_{\mathbb{C}}(E^*, \nu)$. Pour s'en convaincre, il suffit d'écrire les relations disant que Ξ est une base sous forme matricielle $XX^* =$

Id, avec $X_i^a = x_i(a)\sqrt{\mu(a)}$, et de remarquer que cette relation implique la relation inverse $X^*X = Id$, qui peut se voir de même comme le fait que le système Ξ^* formé des fonctions y_a est une base de $L^2_C(E^*, \nu)$.

Rien ne nous dit en général que, si Ξ est un système non réel, Ξ^* soit un système. Dans le cas des groupes, c'est automatique car si χ est un caractère, $\chi(g^{-1}) = \overline{\chi(g)}$. De plus, si e désigne l'élément neutre de G, appelons n_i la valeur de $\chi_i(e)$. Si E_i est un espace dans lequel se représente le caractère χ_i, nous avons $\dim(E_i) = n_i$. D'autre part, il est bien connu que $\sum_i n_i^2 = |G|$. En particulier, si l'on choisit pour ν la mesure $\nu(i) = n_i^2/|G|$, on fait de Ξ^* un système unitaire, l'unité correspondant à l'élément neutre du groupe. Nous avons alors

$$\varphi_{\hat{g}}(i) = \chi_i(g)\sqrt{|\hat{g}|}/n_i.$$

La propriété remarquable est que Ξ^* est encore un système GKS1 unitaire sur $\hat{G}^*$. En effet, nous avons

Proposition 2.10.—*Pour tous $\{g, h, k\}$ dans G,*

$$\sum_i \varphi_{\hat{g}}(i)\varphi_{\hat{h}}(i)\overline{\varphi_{\hat{k}}(i)}\nu(i) = a_{\hat{g}\hat{h}\hat{k}}\sqrt{\frac{|\hat{k}|}{|\hat{g}||\hat{h}|}},$$

où les coefficients $a_{\hat{g}\hat{h}\hat{k}}$ sont des entiers qui sont définis de la manière suivante : si $k \in \hat{k}$, $a_{\hat{g}\hat{h}\hat{k}}$ est le nombre d'éléments de $\hat{g} \times \hat{h}$ dont le produit vaut k.

Nous ne donnerons pas de démonstration de ce résultat (qui en fait est facile) : le lecteur intéressé pourra par exemple le déduire aisément de la formule donnée dans [I , exer (3.9)].

À titre d'exemple, nous décrivons ci-dessous les systèmes GKS1 unitaires sur les ensembles à 2 ou 3 points.

Sur deux points, c'est très facile. Tout système unitaire est nécessairement réel, et s'écrit $\{1, x\}$, où la variable x ne prend que deux valeurs. En écrivant $\langle f\rangle$ pour la moyenne de la fonction f, on doit avoir $\langle x\rangle = 0$ et $\langle x^2\rangle = 1$. La seule condition pour que ce système soit GKS1 est que l'intégrale $\langle x^3\rangle = X$ soit positive. En écrivant que x^2 est combinaison linéaire des fonctions 1 et x, on obtient

$$x^2 = a + bx.$$

En prenant l'espérance des deux membres, on voit que $a = 1$, et, en multipliant par x et en prenant la moyenne, on obtient $b = X$. Les deux valeurs de x sont donc

$$x_1 = \frac{X + \sqrt{X^2+4}}{2} \quad \text{et} \quad x_2 = \frac{X - \sqrt{X^2+4}}{2}.$$

Les valeurs correspondantes prises par la mesure μ sont déterminées par la condition $\langle x\rangle = 0$, ce qui donne

$$\mu(1) = \frac{X^2+2-X\sqrt{X^2+4}}{X^2+4-X\sqrt{X^2+4}} \quad \text{et} \quad \mu(2) = \frac{2}{X^2+4-X\sqrt{X^2+4}}.$$

Le lecteur vérifiera sans peine que ceci donne bien un système GKS1 pour toutes les valeurs positives de X.

Sur un espace à trois points, les choses sont beaucoup plus simples pour les systèmes non réels que pour les autres. Commençons par les systèmes unitaires non réels. Ils s'écrivent $\{1, x, \overline{x}\}$. Les conditions d'orthogonalité s'écrivent

$$\langle x\rangle = \langle\overline{x}\rangle = \langle x^2\rangle = \langle\overline{x}^2\rangle = 0;\ \langle x\overline{x}\rangle = 1.$$

Posons

$$\langle x^3\rangle = \langle\overline{x}^3\rangle = X \geq 0\,;\ \langle x^2\overline{x}\rangle = \langle x\overline{x}^2\rangle = Z \geq 0.$$

En écrivant x^2 et $x\overline{x}$ comme combinaisons linéaires de $1, x$ et $\overline{x}$, et en identifiant comme plus haut les coefficients de ces combinaisons, nous obtenons

$$x^2 = Zx + X\overline{x}\,; \tag{2.1}$$

$$x\overline{x} = 1 + Z(x+\overline{x}). \tag{2.2}$$

Observons tout d'abord que x ne prend pas les valeurs 0 et Z, car celà donne une impossibilité dans l'équation (2.2). On peut donc tirer de (2.2) la valeur de $\overline{x} = (1+Zx)/(x-Z)$, et la reporter dans (2.1), ce qui nous donne $P(x) = 0$, avec

$$P(x) = x^3 - 2Zx^2 + Z(X-Z)x - X.$$

On en déduit que x prend ses valeurs parmi les trois racines de P, dont l'une au moins est réelle (puisque P est un polynôme du troisième degré à coefficients réels). Si x n'a pas de valeurs réelles, c'est donc qu'elle ne prend que deux valeurs distinctes, x_1 et x_2. Éliminons cette possibilité : en écrivant $(x-x_1)(x-x_2) = 0$, on trouve une relation $x^2 = ax + b$. En prenant les espérances, on trouve $b = 0$, et, en multipliant par $\overline{x}$, on obtient $a = Z$. Ceci montre que les deux seules valeurs possibles sont 0 et Z, ce qui est exclu comme nous venons de le voir. Donc, x prend au moins une fois la valeur réelle x_1 : en reportant cette valeur dans (2.1), puisque x ne s'annule pas, on voit que $x_1 = Z + X$, et, en reportant cette valeur dans (2.2), on obtient $X^2 = 1 + Z^2$. Les deux autres valeurs (distinctes), sont solutions de $P_1(x) = 0$, avec $P_1 = P/(x - X - Z)$, c'est-à-dire

$$P_1(x) = x^2 - (X-Z)x - X(X-Z) = 0.$$

On obtient finalement les deux autres valeurs de x, x_2 et x_3, et les valeurs correspondantes $\mu(1)$, $\mu(2)$ et $\mu(3)$ de la mesure sont obtenues en écrivant $\langle x\rangle = 0$, $\langle x\overline{x}\rangle = 1$. Ceci donne, en posant $Z = \mathrm{sh}(\theta)$,

$$x_1 = e^{\theta};\ \mu(1) = (1+2e^{2\theta})^{-1};\ x_2 = \overline{x}_3 = -e^{-\theta}(1+i\sqrt{1+2e^{2\theta}})/2;$$
$$\mu(2) = \mu(3) = e^{2\theta}(1+2e^{2\theta})^{-1}.$$

Le lecteur pourra vérifier que tout ceci donne bien un système GKS1 complexe. Le cas $\theta = 0$ correspond aux caractères du groupe $\mathbb{Z}/3\mathbb{Z}$.

Les systèmes réels sur trois points ont plus de degré de liberté. Ils s'écrivent $\{1, x, y\}$, avec les relations

$$\langle x \rangle = \langle y \rangle = \langle xy \rangle = 0; \ \langle x^2 \rangle = \langle y^2 \rangle = 1.$$

Nous introduisons les quatre paramètres $X = \langle x^3 \rangle, Y = \langle y^3 \rangle, Z = \langle x^2 y \rangle, T = \langle xy^2 \rangle$. Puis nous écrivons comme plus haut x^2, y^2, et xy comme combinaisons linéaires de 1, x et y. En identifiant les coefficients, il vient

$$x^2 = 1 + Xx + Zy, \tag{2.3}$$

$$xy = Zx + Ty, \tag{2.4}$$

$$y^2 = 1 + Tx + Yy. \tag{2.5}$$

Maintenant, en écrivant l'identité des produits scalaires $\langle x^2 y^2 \rangle = \langle (xy)^2 \rangle$, on obtient la relation

$$Z^2 + T^2 = 1 + XT + ZY. \tag{2.6}$$

Commençons par étudier le cas où ni Z ni T ne sont nuls.

Remarquons qu'alors les variables x et y prennent trois valeurs distinctes. Pour le voir, il suffit de faire le même raisonnement que plus haut. Faisons le pour x par exemple : si x ne prend que deux valeurs, alors il existe une relation $x^2 = a + bx$, et l'identification des espérances donne $a = 1$, $b = X$, ce qui comparé à (2.3) donne $Zy = 0$, d'où $y = 0$, ce qui est impossible.

D'autre part, x ne prend pas la valeur T, sinon, en reportant cette valeur dans (2.4), on obtiendrait une contradiction. On peut alors tirer la valeur de y de (2.4), ce qui donne

$$y = Zx/(x - T). \tag{2.7}$$

On reporte alors cette valeur dans (2.3) et on obtient $P(x) = 0$, avec

$$P(x) = x^3 - (X + T)x^2 - (1 + Z^2 - XT)x + T. \tag{2.8}$$

Les racines de ce polynôme sont les seules valeurs possibles pour x, et ce polynôme doit donc avoir trois racines réelles distinctes. Cette condition (compliquée) s'écrit

$$\begin{aligned}&[(X + T)^2 + 4(1 + Z^2)][(1 + Z^2 - XT)2 + 54T(X + T)] \\ &\quad \leq 27T[T^2 X + T(X^2 - Z^2) - X(1 + Z^2)]\end{aligned} \tag{2.9}$$

Si cette condition est réalisée, alors les valeurs de μ sont caractérisées par les conditions $\langle x \rangle = 0$, $\langle x^2 \rangle = 1$. Réciproquement, donnons nous des coefficients réels positifs X, Y, Z et T satisfaisant aux conditions (2.6) et (2.9), prenons pour valeurs de x les trois racines distinctes de l'équation (2.8), et définissons y par la relation (2.7). Définissons la mesure μ par les relations $\langle x \rangle = 0$ et $\langle x^2 \rangle = 1$: on peut voir (en faisant le calcul) que ceci donne bien une mesure de probabilité (i.e. que les solutions sont des réels de l'intervalle $[0, 1]$), que la variable y satisfait l'équation (2.5) (c'est à celà que sert la relation (2.6)) et que les relations (2.3) et (2.4) sont automatiquement vérifiées. Il ne reste plus alors qu'à calculer les espérances pour voir qu'on a bien un système GKS1.

Évidemment, il est bien plus difficile dans ce cas de donner une relation algébrique entre les paramètres X, Y, Z, T et les valeurs des variables, dans la mesure où on ne peut pas, bien que réelles, exprimer ces valeurs sans utiliser des nombres complexes. Il est beaucoup plus facile d'exprimer les valeurs de X, Y, Z et T comme fonctions symétriques des valeurs de x, et de traduire ainsi en conditions sur les valeurs des variables les conditions GKS1. On peut ainsi voir que les variables x et y ont chacune deux valeurs positives et une négative, que le maximum est atteint sur le même point, et que l'ordre est inversé sur les deux autres points.

Remarquons enfin que $X+T$ est la somme des valeurs de x, et de même $Z+Y$ pour y. Ceci permet de voir qu'il n'y a pas de système GKS1 réel sur $\mathbb{Z}/3\mathbb{Z}$, car les conditions d'intégrale nulle pour x et y donneraient $X=Y=Z=T=0$, ce qui est impossible. Cette obstruction n'a pas lieu pour la mesure uniforme sur un ensemble à 4 points : les caractères du groupe $(\mathbb{Z}/2\mathbb{Z})^2$ nous en fournissent un exemple.

Il nous reste à étudier le cas où $ZT=0$. L'identité (2.6) nous montre que ces deux constantes ne peuvent pas s'annuler ensemble. Donc, quitte à échanger les rôles de x et y, on peut toujours supposer que $Z=0$. Alors, l'égalité (2.3) nous montre que x ne prend que deux valeurs, et on peut voir grâce à (2.6) que ce sont T et $-1/T$. D'autre part, (2.4) nous montre que $y=0$ si $x \neq T$. Comme y est de moyenne nulle et non constante, elle doit prendre deux valeurs distinctes autres que 0 : ceci montre que x prend les valeurs $(T,T,-1/T)$, lorsque y prend les valeurs $(y_1,y_2,0)$, où y_1 et y_2 sont les deux racines de l'équation $y^2=Yy+1+T^2$ (identité (2.5)). Les valeurs de la mesure sont établies en écrivant que $\langle x\rangle=\langle y\rangle=0$. Ce sont les équations satisfaites par x et y qui assurent qu'alors $\langle x^2\rangle=\langle y^2\rangle=1$.

3— L'inégalité GKS2.

Alors que les conditions qui assurent l'inégalité GKS1 sont plutôt claires et faciles à établir, nous allons voir qu'il n'en est pas de même pour l'inégalité GKS2. Dans tout ce qui suit, nous considèrerons un ensemble fini E, muni d'une mesure de probabilité μ chargeant tous les points, et d'un système $\Xi=\{1,x_1,\cdots,x_n\}$ unitaire réel et GKS1.

Pour tout i de $\{1,\cdots,n\}$, nous considèrerons sur l'ensemble $E\times E$ les deux fonctions suivantes

$$s_i(a,b)=\frac{x_i(a)+x_i(b)}{2}\ ;\ d_i(a,b)=\frac{x_1(a)-x_i(b)}{2}.$$

En d'autres termes, $s_i=x_i\odot 1$, et $d_i=x_i\wedge 1$, où la première opération désigne le produit tensoriel symétrique et la seconde le produit extérieur.

Définition.—

3.1.– *Soit $A=\{m_1,\cdots,m_n\}$ et $B=\{n_1,\cdots,n_n\}$ deux ensembles d'entiers. Nous appelerons monômes toutes les fonctions s_Ad_B sur $E\times E$ de la forme*

$$s_Ad_B=\prod_{i=1}^{n}s_i^{m_i}d_i^{n_i}.$$

Si tous les n_i sont nuls, on dira que c'est un monôme en s. Son degré est $\sum n_i + m_i$ et sa parité sera celle de $\sum n_i$.

3.2.– *Nous dirons que le système Ξ vérifie la propriété GKS2 si, pour tout couple $(i,j) \in \{1,\ldots,n\}^2$, et tout monôme s_A en s, on a*

$$\int\int_{E\times E} \{d_i d_j s_A\}(a,b)\,\mu(da)\mu(db) \geq 0.$$

3.3. – *Nous dirons que le système vérifie la propriété GKS2* si, pour tout monôme $s_A d_B$, on a*

$$m_{A,B} := \int\int_{E\times E} \{s_A d_B\}(a,b)\,\mu(da)\mu(db) \geq 0.$$

Remarques.—

3.4. – La propriété GKS2* est plus forte que la propriété GKS2.

3.5. – Puisque d_i est une fonction antisymétrique sur $E \times E$ et que s_i est symétrique, il est clair que les nombres $m_{A,B}$ apparaissant dans la propriété GKS2* sont nuls pour tous les monômes impairs.

3.6. – Les fonctions s_i sont des fonctions GKS1 sur $E \times E$, pour le système GKS1 $\Xi \otimes \Xi$. Il en va donc de même pour les fonctions s_A, d'après la propriété de multiplication. On en déduit donc que les nombres $m_{A,0}$ sont tous positifs.

3.7. – Si $i \in \{1,\cdots,n\}$, le produit $s_i d_i(a,b)$ vaut $x_i^2(a) - x_i^2(b)$. Or, nous avons vu dans la première partie que $x_i^2 = \sum_j a_{iij} x_j$, où les a_{ijk} sont des coefficients positifs. Ceci donne $s_i d_i = \sum_j a_{iij} d_j$. On voit donc que, si l'un des produits $m_i n_i$ est non nul, la quantité $m_{A,B}$ s'exprime comme combinaison linéaire à coefficients positifs de quantités $m_{C,D}$, où le degré de $s_C d_D$ est strictement inférieur à celui de $s_A d_B$. En répétant le procédé, on voit qu'il suffit pour vérifier la propriété GKS2* de la vérifier pour des A et B à supports disjoints.

3.8.– Si des fonctions y_i sont GKS1, alors toute expression de la forme

$$\prod_i (y_i \odot 1)^{m_i} (y_i \wedge 1)^{n_i}$$

est combinaison linéaire à coefficients positifs de monômes. Elle a donc aussi une intégrale positive sur $E \times E$.

L'intérêt de la propriété GKS2 réside dans le résultat suivant, analogue à l'inégalité GKS2 de la première partie:

Proposition 3.9.—*Si le système Ξ vérifie la propriété GKS2, et si le Hamiltonien H est GKS1, deux fonctions GKS1 sont positivement corrélées pour la mesure μ_H.*

Preuve. Comme dans la démonstration de la même proposition dans la première partie, on se ramène au cas de la corrélation de x_i et x_j. Posons

$$H(\omega) = \sum_i \lambda_i x_i(\omega), \text{ avec } \lambda_i \geq 0.$$

En se rappelant que $\mu_H(d\omega) = \exp(H(\omega))\,\mu_0(d\omega)/Z$, où Z est une constante de normalisation, on écrit

$$\begin{aligned}
2[\langle x_i x_j\rangle_H - \langle x_i\rangle_H \langle x_j\rangle_H] = \\
&\frac{1}{Z^2}\int\int_{E\times E} [x_i(\omega) - x_i(\omega')][x_j(\omega) - x_j(\omega')]\times \\
&\qquad \times \exp[\sum_k \lambda_k(x_k(\omega) + x_k(\omega'))]\,\mu_0(d\omega)\mu_0(d\omega') \\
&= \frac{4}{Z^2}\int\int_{E\times E} d_i d_j \exp[\sum_k 2\lambda_k s_k]\,\mu_0(d\omega)\mu_0(d\omega').
\end{aligned}$$

Il ne reste qu'à approcher l'exponentielle par des sommes finies $\sum_0^n(\sum_k 2\lambda_k s_k)^p/p!$ (il n'y a aucun problème de convergence puisque, travaillant sur un ensemble fini, toutes les variables qui apparaissent sont bornées), à développer cette approximation en combinaisons linéaires finies de la forme $\sum_A \mu_A s_A$, avec $\mu_A \geq O$, et à appliquer la propriété GKS2. □

Le problème qui surgit est de savoir comment vérifier la propriété GKS2 sur des ensembles de la forme E^S, pour le système $\Xi^{\otimes S}$: il n'est pas certain que cette propriété soit stable par tensorisation. C'est à cela que sert la propriété GKS2* : en effet, nous avons la

Proposition 3.10.—*Soient E_1 et E_2 deux ensembles mesurés finis munis de systèmes GKS1 unitaires réels Ξ_1 et Ξ_2 vérifiant la propriété GKS2*. Sur le produit $E_1 \times E_2$, le système $\Xi_1 \otimes \Xi_2$ vérifie la propriété GKS2*.*

Preuve. Rappelons que $s_i = x_i \odot 1$ et $d_i = x_i \wedge 1$. Nous noterons s_i^1 et d_i^1 les fonctions sur $E_1 \times E_1$ relatives au système Ξ_1 et s_j^2 et d_j^2 celles relatives au système Ξ_2. Sur le produit $(E_1 \times E_2) \times (E_1 \times E_2)$, et avec l'identification évidente de $(E_1 \times E_2) \times (E_1 \times E_2)$ avec $(E_1 \times E_1) \times (E_2 \times E_2)$, écrivons

$$(x\otimes y) \odot (1\otimes 1) = (x \odot 1)\otimes(y \odot 1) + (x \wedge 1)\otimes(y \wedge 1), \text{ et}$$

$$(x\otimes y) \wedge (1\otimes 1) = (x \wedge 1)\otimes(y \odot 1) + (x \odot 1)\otimes(y \wedge 1).$$

Cela donne

$$s_{(ij)} = s_i\otimes s_j + d_i\otimes d_j\ ;\ d_{(ij)} = s_i\otimes d_j + d_i\otimes s_j.$$

On voit donc que les fonctions $s_A d_B$ calculées pour le système $\Xi_1 \otimes \Xi_2$ s'écrivent comme combinaisons linéaires à coefficients positifs de fonctions $(s^1_{A_1} d^1_{B_1})\otimes(s^2_{A_2} d^2_{B_2})$. On en déduit immédiatement la propriété GKS2* pour $E_1 \times E_2$. □

Désormais, nous appelerons système GKS2* tout système GKS1 unitaire réel satisfaisant la propriété GKS2*.

Nous obtenons donc le résultat analogue à la proposition (3.9), mais sur E^S au lieu de E. Comme plus haut, étant donné un système GKS2* Ξ sur E, on considère le système GKS2* $\Xi^{\otimes S}$ sur E^S, et la notion de fonction GKS1 est relative à ce système. Nous avons alors le

Corollaire 3.11.—*Soit E un ensemble probabilisé fini muni d'un système GKS2* Ξ; si H est un hamiltonien GKS1 sur E^S, la corrélation pour μ_H de deux fonctions GKS1 est positive.*

Preuve. Il suffit d'appliquer les deux propositions précédentes. □

Le principal avantage de la formulation précédente est qu'il suffit de vérifier la propriété GKS2* sur E, qui en général est un ensemble simple et bien connu, pour l'avoir sur E^S, qui est a priori de plus en plus compliqué à mesure que $|S|$ croît vers l'infini.

Jusqu'à présent, nous n'avons pas réussi à mettre en évidence un seul système GKS1 unitaire réel qui ne vérifie pas la propriété GKS2*; cette situation semble suggérer que la propriété GKS1 pourrait entraîner la propriété GKS2* et donc la propriété GKS2. Si tel était le cas, la propriété GKS2* deviendrait inutile au vu de la proposition 3.9 et du théorème 2.7.

Nous donnons ci-dessous quelques exemples de systèmes vérifiant la propriété GKS2*:

Proposition 3.12.—*Sur un ensemble à deux points, tout système GKS1 unitaire satisfait la propriété GKS2*.*

Preuve. Considérons un système GKS1 unitaire $\{1, x\}$. Il n'y a qu'une seule fonction s et une seule fonction d. Compte tenu de la remarque 3.7, les seules conditions à vérifier sont que, pour tout entier n, les quantités $\langle s^n \rangle$ et $\langle d^n \rangle$ sont positives. La remarque 3.6 règle le cas des premières. Pour les secondes, on peut se ramener au cas n pair par la remarque 3.5, auquel cas il n'y a rien à dire. □

Ensuite, nous recopions de [Gi] le résultat suivant:

Théorème 3.13.—*Soit G un groupe commutatif fini et G_s son quotient par la relation $g \sim g^{-1}$. Les parties réelles des caractères des représentations irréductibles forment un système GKS2*.*

Preuve. Nous avons déjà vu que, pour tous les groupes finis, les parties réelles des caractères forment un système GKS1 unitaire réel. Il nous reste à voir le plus difficile, c'est à dire que l'inégalité GKS2* est satisfaite.

Dans tout ce qui suit, nous noterons $\mathbb{Z}_p$ le groupe additif $\mathbb{Z}/p\mathbb{Z}$. Rappelons tout d'abord qu'un groupe fini est un produit de groupes $\mathbb{Z}_{p_i}$: posons donc $G = \prod_{i=1}^n \mathbb{Z}_{p_i}$. (Attention, il ne faut pas confondre l'ensemble quotient G_s avec le produit des ensembles quotients: il y a beaucoup plus d'éléments dans le premier que dans le second.) Les caractères de $\mathbb{Z}_p$ s'écrivent $g \to \exp(2i\pi\theta g)$, avec $\theta = k/p$, $k = 0, \cdots, p-1$. Les caractères du produit (qui sont les produits des caractères) peuvent donc se paramétrer par l'ensemble

$$\Theta = \{(k_i/p_i)_{i=1,\cdots,n},\ k_i = 0, \cdots, p_i - 1.\}$$

Pour tout $\theta \in \Theta$, nous noterons $\exp_\theta(g) = \exp(2i\pi \sum_i \theta_i g_i)$ la valeur du caractère correspondant sur $g = (g_i)_{i=1,\cdots,n}$; sa partie réelle sera notée $\cos_\theta(g)$ et sa partie imaginaire $\sin_\theta(g)$. Sur $G \times G$, nous considérons les sommes s_θ et les différences d_θ correspondant aux fonctions $\cos_\theta$, et nous avons à démontrer que les quantités

$$m_{A,B} = \sum_{(g,h)\in G\times G} \prod_{\theta\in\Theta} s_\theta^{A(\theta)} d_\theta^{B(\theta)}$$

sont positives, où $A(\theta)$ et $B(\theta)$ prennent des valeurs entières.

Introduisons alors le groupe $\hat{G} = \Pi_{i=1}^n \mathbb{Z}_{2p_i}$, et considérons le sous groupe G_0 à 2^n points formé des éléments g tels que $2g = 0$. (Pour tout i, $g_i = 0$ ou p_i). Le groupe G s'identifie alors au quotient $\hat{G}/G_0$: si $\hat{g}_i$ est dans $\mathbb{Z}_{2p_i}$, $\hat{g}_i$ et $\hat{g}_i + p_i$ ont la même valeur dans $\mathbb{Z}_{p_i}$. Appelons ρ la projection de $\hat{G}/G_0$ sur G. Tout caractère θ de G se remonte en un caractère sur $\hat{G}$, avec la formule $\exp_\theta(\hat{g}) = \exp_\theta(\rho(\hat{g}))$. (Ceci revient à dire que, pour $\theta \in \Theta$, la fonction $\exp_\theta(\hat{g})$ prend la même valeur sur tous les antécédents d'un point donné de G.) Si $\hat{\Theta}$ désigne l'ensemble des caractères de $\hat{G}$, on plonge ainsi Θ dans $\hat{\Theta}$ par la formule évidente $(k_i/p_i) \to (2k_i/2p_i)$. Remarquons qu'ainsi, si $\theta \in \Theta$, $\theta/2 \in \hat{\Theta}$.

On remonte de même les fonctions $\prod_{\theta\in\Theta} s_\theta^{A(\theta)} d_\theta^{B(\theta)}$ en des fonctions $f_{A,B}$ sur $\hat{G} \times \hat{G}$, et il nous reste à voir que

$$\sum_{\hat{G}\times\hat{G}} f_{A,B}(\hat{g}, \hat{h}) \geq 0.$$

Écrivons maintenant les formules d'addition des cosinus :

$$\frac{\cos(a) + \cos(b)}{2} = \cos(\frac{a+b}{2})\cos(\frac{b-a}{2})\,;\ \frac{\cos(a) - \cos(b)}{2} = \sin(\frac{a+b}{2})\sin(\frac{b-a}{2}).$$

Elles se traduisent par

$$\begin{aligned} s_\theta(\hat{g}, \hat{h}) &= \cos_{\theta/2}(\hat{g} + \hat{h})\cos_{\theta/2}(\hat{h} - \hat{g}), \text{ et} \\ d_\theta(\hat{g}, \hat{h}) &= \sin_{\theta/2}(\hat{g} + \hat{h})\sin_{\theta/2}(\hat{h} - \hat{g}). \end{aligned}$$

C'est pour donner un sens à ces formules que nous avons introduit $\hat{G}$. Si on appelle maintenant $g_{A,B}(\hat{g})$ la fonction

$$\prod_{\theta\in\Theta} \cos_{\theta/2}^{A(\theta)}(\hat{g}) \sin_{\theta/2}^{B(\theta)}(\hat{g}),$$

nous voyons que $f_{A,B}(\hat{g}, \hat{h}) = g_{A,B}(\hat{g} + \hat{h}) g_{A,B}(\hat{h} - \hat{g})$.

Il ne nous reste plus qu'à montrer que, pour toute fonction f réelle définie sur

$\hat{G}$, la quantité

$$m_f = \sum_{\hat{G}\times\hat{G}} f(\hat{g}+\hat{h})f(\hat{h}-\hat{g})$$

est positive. Pour celà, considérons l'application $\varphi : \hat{G}\times\hat{G} \to \hat{G}\times\hat{G}$ définie par

$$\varphi(\hat{g},\hat{h}) = (\hat{g}+\hat{h}, \hat{g}-\hat{h}).$$

C'est un homomorphisme de groupe dont il est aisé de déterminer le noyau et l'image. Commençons par le noyau: c'est l'ensemble des $(\hat{g},\hat{h}) = (g_i, g_i)$ avec pour tout i, $g_i = 0$ ou $g_i = p_i$. (Ce n'est pas $G_0 \times G_0$!) Il a 2^n éléments.

Pour décrire l'image, appelons $\mathbb{Z}_i^{(0)}$ le sous groupe de $\mathbb{Z}_{2p_i}$ formé des éléments de la forme $2g$, et $\mathbb{Z}_i^{(1)}$ son complémentaire. Pour tout $\varepsilon \in \{0,1\}^n$, posons $G_\varepsilon = \prod_i \mathbb{Z}_i^{(\varepsilon_i)}$. Alors, l'image s'écrit $\bigcup_\varepsilon G_\varepsilon \times G_\varepsilon$: pour s'en convaincre, il suffit de remarquer qu'un couple (z_i, t_i) dans $\mathbb{Z}_{2p_i}^2$ s'écrit $(g_i + h_i, g_i - h_i)$ si et seulement si $z_i + t_i$ et $z_i - t_i$ sont dans $\mathbb{Z}_i^{(0)}$, ce qui est encore équivalent à dire que g_i et h_i sont tous les deux dans la même classe $\mathbb{Z}_i^{(0)}$ ou $\mathbb{Z}_i^{(1)}$.

Une fois ceci fait, φ étant un homomorphisme de groupe, tous les points de l'image ont le même nombre 2^n d'antécédents, et on peut écrire

$$\sum_{\hat{G}\times\hat{G}} f(\hat{g}+\hat{h})f(\hat{g}-\hat{h}) = 2^n \sum_{(z,z')\in\mathrm{Im}(\varphi)} f(z)f(z') =$$

$$= 2^n \sum_\varepsilon \sum_{(z,z')\in G_\varepsilon\times G_\varepsilon} f(z)f(z') = 2^n \sum_\varepsilon (\sum_{G_\varepsilon} f(z))^2 \geq 0.$$

□

La propriété GKS2* établie pour les groupes commutatifs peut nous permettre d'établir une propriété analogue pour certains groupes non commutatifs. À titre d'exemple, nous allons traiter le cas du groupe D_n des symétries d'un polygone régulier à n côtés, pour n impair. Pour celà, nous commençons par un petit lemme technique.

Considérons un ensemble probabilisé fini muni d'un système GKS2* (E, μ, Ξ). Supposons pour fixer les idées que E a $(n+1)$ points et que $\Xi = \{1, x_1, \cdots, x_n\}$. Nous nous proposons de rajouter à E un point supplémentaire s, ayant au moins la moitié de la masse totale, et de construire sur ce nouvel ensemble un système GKS1 unitaire réel possédant la propriété GKS2*.

Pour celà, appelons $\hat{E}$ l'ensemble $E \cup \{s\}$, et considérons un paramètre $\nu \in]0,1[$. Comme probabilité $\hat{\mu}$ sur $\hat{E}$, prenons $\hat{\mu}(s) = \nu$, $\hat{\mu}(a) = (1-\nu)\mu(a)$, pour $a \in E$. Nous allons prolonger les fonctions x_i à $\hat{E}$ en posant $x_i(s) = 0$, et nous les normalisons en posant $\hat{x}_i = x_i/\sqrt{1-\nu}$. Nous introduisons une nouvelle fonction $\hat{x}_\sigma$ sur $\hat{E}$ en posant

$$\hat{x}_\sigma(a) = \alpha > 0, \quad \text{si} \quad a \in E,\ \hat{x}_\sigma(s) = \beta, \quad \text{avec}$$

$\alpha(1-\nu) + \beta\nu = 0$, $\alpha^2(1-\nu) + \beta^2\nu = 1$. Ceci détermine uniquement les valeurs α et β (remarquons qu'alors $\beta \leq 0$), et nous permet de considérer le $(n+1)$-uplet de fonctions $\hat{\Xi} = \{1, \hat{x}_1, \cdots, \hat{x}_n, \hat{x}_\sigma\}$ sur $\hat{E}$. Nous avons alors le

Lemme 3.14.— *Si* $\nu \geq 1/2$, $\hat{\Xi}$ *est un système GKS2**.

Preuve. Il nous faut tout d'abord vérifier que $\hat{\Xi}$ est une base orthonormée de $L^2(\hat{E}, \hat{\mu})$. Tous ses éléments étant de norme 1 par construction, il suffit de vérifier qu'ils sont orthogonaux. Le fait que les fonctions $\hat{x}_i$ prennent la valeur 0 sur s pour $i = 1, \cdots, n$ permet de prolonger l'orthogonalité des fonctions x_i sur E à $\hat{E}$. D'autre part, x_σ est orthogonale à 1 par construction, et étant constante sur $\hat{E}$, elle est orthogonale aux $\hat{x}_i$, pour $i = 1, \cdots, n$, car celles-ci sont de moyenne nulle sur E.

Pour vérifier que ce système est GKS1, il nous faut considérer les moyennes

$$\sum_{\hat{E}} \hat{x}_i(a)\hat{x}_j(a)\hat{x}_k(a)\hat{\mu}(a),$$

pour tous les triplets $(i, j, k) \in \{1, \cdots, n, \sigma\}^3$. Si $(i, j, k) \in \{1, \cdots, n\}^3$, celà provient de la propriété GKS1 de Ξ. Si un ou deux des éléments (i, j, k) vaut σ, le résultat est le même, à une constante positive près, que ce que nous obtiendrions sur E en remplaçant x_σ par 1, puisque $\hat{x}_i(s) = 0$ si $i \neq \sigma$, et x_σ est une constante positive sur E. C'est donc à nouveau positif par le fait que Ξ est une base. Il nous reste le cas $i = j = k = \sigma$, et c'est là qu'apparaît la condition $\nu \geq 1/2$. Remarquons que la condition $\nu \geq 1/2$ entraîne également que $\alpha + \beta \geq 0$, propriété dont nous allons nous servir un peu plus bas.

Il nous reste à vérifier la propriété GKS2*. Pour cela, appelons $\hat{d}_i$ et $\hat{s}_i$ les fonctions $\hat{x}_i \wedge 1$ et $\hat{x}_i \otimes 1$ sur $\hat{E} \times \hat{E}$. Il nous faut vérifier que, pour tous les choix d'entiers (m_i, n_i),

$$\sum_{\hat{E}\times\hat{E}} \{\hat{s}_\sigma^{m_\sigma} \hat{d}_\sigma^{n_\sigma} \prod_{i\in\{1,\cdots,n\}} \hat{s}_i^{m_i} \hat{d}_i^{n_i}\}(a, a')\, \mu(a)\mu(a') \geq 0. \tag{3.1}$$

Appelons F la fonction $\prod_{i\in\{1,\cdots,n\}} \hat{s}_i^{m_i} \hat{d}_i^{n_i}$, et $\hat{F}$ la fonction $\hat{s}_\sigma^{m_\sigma} \hat{d}_\sigma^{n_\sigma} F$. D'après les remarques 3.3 à 3.7, nous pouvons supposer que la somme $\sum_{i\in\{1,\cdots,n,\sigma\}} n_i$ est paire et non nulle, et que $m_\sigma n_\sigma = 0$. Dans tous les cas, $\hat{F}(s, s) = 0$, et l'inégalité (3.1) s'écrit

$$(1-\nu)^2 \sum_{E\times E} [\hat{s}_\sigma^{m_\sigma} \hat{d}_\sigma^{n_\sigma}](a, a')F(a, a')\mu(a)\mu(a') +$$
$$2\nu(1-\nu) \sum_{E} [\hat{s}_\sigma^{m_\sigma} \hat{d}_\sigma^{n_\sigma}](a, s)F(a, s)\mu(a) \geq 0.$$

Nous allons voir que, si n_σ ou m_σ est nul, chacune de ces sommes est positive.

Commençons par le cas $m_\sigma = 0, n_\sigma \geq 0$. À une constante positive près, la première somme s'écrit,

$$1_{\{n_\sigma=0\}} \sum_{E\times E} s_i^{m_i} d_i^{n_i}(a, a')\mu(a)\mu(a'),$$

qui est positive par la propriété GKS2* du système Ξ. Pour la seconde somme, remarquons que $\hat{s}_i(a, s) = \hat{d}_i(a, s) = \hat{x}_i(a)$, et $d_i^{n_\sigma}(a, s) = (\alpha - \beta)^{n_\sigma}$. Cette dernière quantité est positive car $\alpha \geq 0$ et $\beta \leq 0$, et la somme se ramène (toujours à une constante positive près) à

$$\sum_E x_i^{n_i+m_i}(a)\mu(a),$$

qui est positive ou nulle par l'inégalité GKS1.

Le cas $n_\sigma = 0$ se traite de la même manière. Devant la somme sur $E \times E$ apparaît la valeur de $s_\sigma^{m_\sigma}$ sur $E \times E$, qui est $\alpha^{m_\sigma} \geq 0$, et on se ramène à l'inégalité GKS2* sur $E \times E$ pour le système Ξ; devant la somme sur E apparaît la valeur $s_\sigma^{m_\sigma}(a,s) = (\frac{\alpha+\beta}{2})^{m_\sigma}$, qui est positive. □

Remarque.—

3.15.– Lorsque nous avons un système GKS1 unitaire réel sur 3 points pour lequel l'un des facteurs Z ou T introduits à la fin du chapitre précédent est nul, nous sommes exactement dans le cas d'extension de 2 à 3 points que nous venons de décrire. Puisque tous les systèmes GKS1 unitaires sur deux points vérifient la propriété GKS2*, nous voyons qu'il en va de même des systèmes GKS1 unitaires réels sur trois points vérifiant $ZT = 0$.

Nous pouvons maintenant aborder les groupes diédraux D_n d'ordre impair. C'est un groupe réel (tous ses éléments sont conjugués à leur inverse), si bien que tous les caractères sont réels. Nous avons

Proposition 3.16.—*Pour n impair, les caractères des représentations irréductibles de D_n forment un système GKS2*.*

Preuve. Par définition, D_n est le groupe des isométries d'un polygone régulier à n côtés. Il est assez simple à décrire : si on représente le polygone dans le plan complexe par $\exp(2ik\pi/n)$, $k = 0, \cdots, n-1$, ce groupe est engendré par la rotation $r : z \to \exp(2i\pi/n)z$ et la symétrie $s : z \to \overline{z}$. Sachant que $r^n = 1$, que $s^2 = 1$ et que $sr = r^{-1}s$, on voit que ce groupe est formé des $2n$ éléments r^k et sr^k, $(0 \leq k \leq n-1)$. Lorsque n est impair, les classes pour la relation de congruence sont en nombre $\frac{n-1}{2} + 2$: ce sont

- Les classes à deux éléments $r_k = \{r^k, r^{-k}\}$, $1 \leq k \leq (n-1)/2$;
- La classe 1 de l'identité.
- La classe à n éléments $s = \{sr^k,\ k = 0, \cdots, n-1\}$.

Sa table de caractères est

$\hat{g}$	1	r_k $(1 \leq k \leq \frac{n-1}{2})$	s
$2n\mu(\hat{g})$	1	2	n
x_0	1	1	1
x_σ	1	1	-1
x_j $(1 \leq j \leq \frac{n-1}{2})$	2	$2cos(2\pi jk/n)$	0

On voit donc que nous sommes dans la situation du lemme, où l'espace E est l'ensemble quotient de $\mathbb{Z}/n\mathbb{Z}$ par la relation $g \sim -g$. □

Le même lemme 3.14. permet d'étendre le résultat de la proposition 3.16. au produit semidirect $\hat{G} = \mathbb{Z}_2 \propto G$, où G est un groupe commutatif de cardinal impair. Pour le définir, commençons par décrire l'action de $\mathbb{Z}_2 = \{-1, 1\}$ sur G par $\varphi(\varepsilon)g = g^\varepsilon$, pour $g \in G$ et $\varepsilon \in \mathbb{Z}_2$. Le produit semidirect $\hat{G}$ est alors le produit ensembliste de $\mathbb{Z}_2$ par G, muni du produit $(\varepsilon, g)(\varepsilon', g') = (\varepsilon\varepsilon', gg'^\varepsilon)$. Comme nous allons le voir, ce groupe a tous ses éléments réels (i.e. conjugués à leur inverse), et donc tous ses caractères sont réels. En appelant $\hat{G}_s$ l'ensemble de ses classes, muni comme d'habitude de la mesure image, on peut alors étendre la proposition précédente à $\hat{G}_s$:

Proposition 3.17.—*Les caractères des représentations irréductibles de $\hat{G}$ forment un système GKS2* sur $\hat{G}_s$.*

Preuve. Posons $|G| = 2p + 1$ pour fixer les idées. Commençons par décrire $\hat{G}$ et ses classes : en appelant s l'élément $(-1, 1)$, on voit que tout élément s'écrit g ou sg, avec g dans G. (G se plonge naturellement dans $\hat{G}$ par $g \to (1, g)$). Comme dans D_n, on a $s^2 = 1$ et $sg = g^{-1}s$. Ces deux propriétés permettent de décrire les classes de congruence : la classe de $g \in G$ se réduit à (g, g^{-1}) ; il y a ainsi une seule classe de cette forme à 1 élément, et p à deux éléments. En effet, le cardinal de G étant impair, le seul élément g égal à son inverse est l'élément neutre. La classe de sg est l'ensemble des éléments de la forme sgh^2 ou $sg^{-1}h^2$, pour $h \in G$. Mais, le cardinal de G étant impair, l'application $g \to g^2$ est une bijection de G, et donc tous les éléments de la forme sg sont dans la même classe, qui est de cardinal $2p + 1$. En appelant G_s le quotient de G par $g \sim g^{-1}$, on voit que $\hat{G}_s$ s'identifie à $G_s \cup \{s\}$. De plus, en appelant ν la mesure de $\{s\}$ dans l'ensemble quotient, on voit que $\nu = 1/2$.

Pour appliquer le lemme, il nous faut identifier les représentations irréductibles. Il y en a $p+2$ (autant que de classes). Nous allons voir qu'il y en a exactement 2 de dimension 1. En effet, le nombre de représentations irréductibles de dimension 1 non équivalentes est toujours égal au cardinal du groupe quotient $\hat{G}/\hat{G}_0$, où $\hat{G}_0$ est le groupe engendré par les commutateurs $ghg^{-1}h^{-1}$. Ici, il est facile de voir que $\hat{G}_0$ est le groupe engendré par les carrés d'éléments de G, c'est-à-dire G lui même comme nous venons de le voir. Le quotient est $\mathbb{Z}_2$, et donc il y a deux représentations de dimension 1.

En considérant l'équation aux dimensions $\sum_\rho n_\rho^2 = |\hat{G}|$, où n_ρ désigne la dimension des représentations irréductibles et où la somme porte sur toutes les représentations irréductibles non équivalentes, on voit que toutes les autres représentations sont de dimension 2.

Commençons par les deux représentations de dimension 1 : il y a comme toujours la représentation triviale, à caractère constant, et l'autre, que nous appelons x_σ. Comme G est un sous groupe de $\hat{G}$, la restriction à G d'une représentation est une représentation de G. Comme $\hat{G}$ est réel, cette représentation (identique au caractère puisque nous sommes en dimension 1) n'a que des valeurs réelles : or, il n'y a qu'une seule représentation réelle sur G : c'est la représentation triviale (cela provient du fait que sur G, le seul point réel soit l'élément neutre). On voit donc que x_σ est constant sur G.

Aucun caractère de $\hat{G}$ ne peut s'annuler sur G_s tout entier : en effet, étant orthogonal aux constantes, il devrait s'annuler sur $\{s\}$, ce qui est absurde. Remarquons aussi que nous disposons déjà de deux caractères constants sur G, et qu'il n'y en a pas d'autre, à cause des relations d'orthogonalité : si ce n'était pas le cas, nous disposerions sur l'espace $L^2(\hat{G}_s)$ muni de la tribu engendrée par $\{G_s\}$ et $\{s\}$, qui est un espace à deux points, de trois fonctions orthogonales et non nulles : c'est impossible.

Passons aux représentations de dimension 2 : comme plus haut, G étant un sous groupe de $\hat{G}$, la restriction d'une représentation irréductible se décompose en somme de représentations irréductibles sur G ; comme les caractères sont réels, on voit que, pour les p représentations irréductibles de $\hat{G}$ de dimension 2, le caractère correspondant ne peut prendre sur G que deux formes : soit $g \to 2 = 1 + 1$, soit $g \to 2\cos_\theta(g)$, où $\cos_\theta$ est la partie réelle d'une représentation irréductible sur G. Le premier cas est exclu par la remarque faite plus haut, et il nous reste que le second cas. Appelons C_θ ce caractère sur $\hat{G}$. Comme C_θ est orthogonal aux constantes sur $\hat{G}_s$, et que sa restriction l'est sur G_s, on voit que $C_\theta(s) = 0$. Il nous reste à remarquer que les C_θ étant tous distincts, on retrouve exactement sur G_s toutes les parties réelles des caractères de G (qui sont en nombre p).

Ce que nous venons de décrire sur les caractères de $\hat{G}$ montre que nous sommes à nouveau dans la situation du lemme, et donc que le système ainsi décrit sur $\hat{G}_s$ satisfait l'inégalité GKS2*. □

Avant de passer à la démonstration de la propriété GKS2* pour les groupes diédraux d'ordre pair, nous allons donner une généralisation du lemme 3.14, qui va prendre une forme plus compliquée. Pour celà, étant donné un système GKS1 unitaire réel
$\{x_i, i = 0, \cdots, n\}$ sur $\{E, \mu\}$, et une partie A de $\{1, \cdots, n\}$, nous appelerons monôme de base A toute fonction sur $E \times E$ de la forme

$$\prod_{i \in A} (x_i \wedge 1)^{n_i} (x_i \odot 1)^{m_i}$$

avec, pour tout i, $m_i n_i = 0$, et la somme $\sum_i n_i$ paire et non nulle.

Lemme 3.18.—*Soit $(E, \mu, \Xi = \{x_i, i \in 0 \cup A\})$ un ensemble probabilisé fini muni d'un système GKS1 unitaire réel. On suppose que $E = E_1 \cup E_2$ et $A = A_1 \cup A_2$, avec*

$E_1 \bigcap E_2 = A_1 \bigcap A_2 = \emptyset$. *On considère sur* E_1 *la probabilité* μ_1 *définie par* $\mu_1(a) = \mu(a)/\mu(A_1)$, *et on considère sur* (E_1, μ_1) *un système GKS2** Ξ_1. *On suppose que :*

(i) Pour tout $i \in A_2$ *et tout* $a \in E_2$, $x_i(a) = 0$.
(ii) Toutes les restrictions des fonctions de Ξ *à* E_1 *sont GKS1 pour* Ξ_1.
(iii) Pour tout monôme $F(a, a')$ *de* Ξ *de base* A_1, *la fonction* $\int_{E_2} F(a, a')\,\mu(da')$ *est GKS1 pour* (E_1, μ_1, Ξ_1).
(iv) Les monômes de base A_1 *ont une intégrale positive sur* $E \times E$.

Alors, Ξ *est un système GKS2*.*

Les conditions du lemme pourront paraître moins obscures si l'on écrit le tableau des valeurs des fonctions de Ξ

	E_1	E_2
A_1	Ξ_1 et GKS2*	GKS2*
A_2	Ξ_1	0

Preuve. Considérons un monôme $F(a, a')$ de base A. C'est le produit d'un monôme F_1 de base A_1 et d'un monôme F_2 de base A_2. Le cas où F_2 est constant se traite aisément par la propriété (iii).

Il reste le cas où F_2 est non constant : puisque les fonctions x_i sont nulles sur E_2 pour $i \in A_2$, F_2 est nul sur $E_2 \times E_2$; sur $E_1 \times E_2$, $F_2(a, a') = G_2(a)$, où G_2 est un produit de fonctions x_i, avec $i \in A_2$. $G_2(a)$ est donc une fonction $GKS1$ pour le système Ξ_1. On écrit

$$\int_{E\times E} F(a, a')\,\mu(da)\mu(da') =$$

$$\int_{E_1\times E_1} F(a, a')\,\mu(da)\mu(da') + 2\int_{E_1\times E_2} G_2(a)F_1(a, a')\mu(da)\mu(da') =$$

$$\int_{E_1\times E_1} F(a, a')\,\mu(da)\mu(da') + \int_{E_1} G_2(a)\{\int_{E_2} F_1(a, a')\,\mu(da')\}\mu(da).$$

La première intégrale est positive car F est sur E_1 un monôme construit à partir de fonctions GKS1 pour le système GKS2* Ξ_1 (remarque 3.8.) ; pour la seconde, on intègre sur E_1 le produit de deux fonctions $GKS1$ pour Ξ_1, grâce à la remarque qui précède et à la propriété (iii). L'intégrale est donc également positive. □

Remarques.—

3.19.– On voit d'après la démonstration qu'il suffit d'avoir la propriété (iv) pour les monômes qui ne s'annulent pas sur $E_2 \times E_2$.

3.20.– La condition (iii) sera automatiquement vérifiée dès qu'on aura la situation suivante : en désignant par E_3 l'ensemble quotient de E par la relation d'équivalence

$$a \sim b \Leftrightarrow \forall i \in A_1, x_i(a) = x_i(b)$$

et par μ_3 la mesure image de μ par la projection π de E sur E_3, il existe sur E_3 un système GKS2* Ξ_3 pour lequel les fonctions $\hat{x}_i$ obtenues par projection de x_i,($i \in A_1$) sont GKS1. En effet, si $F_1(a, a')$ est un produit de sommes et de différences de fonctions de $x_i(a)$ et $x_i(a')$ pour $i \in A_1$, cette fonction s'écrit $\hat{F}_1(\pi(a), \pi(a'))$, où $\hat{F}_1$ est le monôme correspondant construit avec les fonctions $\hat{x}_i$. On a

$$\int_{E \times E} F_1(a, a') \, \mu(da)\mu(da') = \int_{E_3 \times E_3} \hat{F}_1(y, y') \, \mu_3(dy)\mu_3(dy').$$

Or, les fonctions $\hat{x}_i$ sont combinaisons linéaires à coefficients positifs des fonctions de Ξ_3, et $\hat{F}$ est donc elle même une combinaison linéaire à coefficients positifs de monômes de Ξ_3. Son intégrale est donc positive par la propriété GKS2* de Ξ_3. □

Nous passons maintenant à l'étude des groupes diédraux D_n d'ordre pair : nous avons

Proposition 3.21.—*Pour n pair, les caractères des représentations irréductibles de D_n forment un système réel vérifiant la propriété GKS2*.*

Preuve. Comme dans le cas impair, D_n est l'union de $\mathbb{Z}_n$ et de $s\mathbb{Z}_n$. On peut aussi le voir comme le groupe engendré par les éléments s et r avec $r^n = s^2 = 1$, $sr = r^{-1}s$. Il a $2n$ éléments. Décrivons d'abord ses classes : en posant $n = 2m$, ses classes sont

- Les deux classes $1 = \{1\}$ et $m = \{r^m\}$ à 1 élément.
- Les $m - 1$ classes $r_k = \{r^k, r^{-l}\}$, $k = 1, \cdots, m - 1$.
- Les deux classes à m éléments $s = \{sr^{2k}\}$ et $sr = \{sr^{2k+1}\}$, $k = 0, \cdots, m - 1$.

Il a 4 caractères de dimension 1, que nous notons $x_0 = 1$, x_1, x_2 et x_3, et $m - 1$ caractères de dimension 2, que nous notons y_i, $i = 1, \cdots, m - 1$. En remarquant que les classes 1, m et r_k sont en fait des classes de $\mathbb{Z}_n$, on voit que la restriction à $\mathbb{Z}_n$ des 4 caractères de dimension 1 sont en fait les 2 caractères réels de $\mathbb{Z}_n$, chacun d'eux répété 2 fois, et que la restriction des autres sont 2 fois les parties réelles des caractères non réels de $\mathbb{Z}_n$, répétés une fois chacun. On peut trouver la table de caractère de D_{2m} dans [JL, p. 183] par exemple. C'est

$\hat{g}$	1	m	r_k $(1 \leq k \leq m-1)$	s	s_r
$2n\mu(\hat{g})$	1	1	2	m	m
x_0	1	1	1	1	1
x_1	1	1	1	-1	-1
x_2	1	$(-1)^m$	$(-1)^r$	1	-1
x_3	1	$(-1)^m$	$(-1)^r$	-1	1
y_j $(1 \leq j \leq m-1)$	2	$2(-1)^j$	$2\cos(2i\pi rj/n)$	0	0

Nous sommes alors dans la situation du lemme 3.18. L'ensemble E des classes de D_n se décompose en deux parties
$E_1 = \{1, m, r_1, \cdots, r_{m-1}\}$ et $E_2 = \{s, sr\}$. E_1 s'identifie au quotient de $\mathbb{Z}/n\mathbb{Z}$ par la relation $g \sim g^{-1}$. Nous venons de voir que les restrictions des caractères à E_1 sont des parties réelles de caractères de $\mathbb{Z}/n\mathbb{Z}$, qui forment donc le système Ξ_1.

La classe A_1 est formée des caractères $\{x_1, x_2, x_3\}$ et A_2 des caractères $\{y_j\}$

Pour la propriété (iii), nous appliquons la remarque 3.20. Les 4 premiers caractères ne prennent que les deux valeurs 1 et -1, et le quotient E_3 s'identifie à un ensemble à 4 points de même masse (ce n'est pas la même identification selon que m est pair ou impair). Les 4 premiers caractères ont après passage au quotient la table de valeurs suivante:

$\mu(\hat{g})$	1/4	1/4	1/4	1/4
x_0	1	1	1	1
x_1	1	1	-1	-1
x_2	1	-1	1	-1
x_3	1	-1	-1	1

On reconnaît la table de caractères de $(\mathbb{Z}/2\mathbb{Z})^2$. Ce n'est pas étonnant, car $(\mathbb{Z}/2\mathbb{Z})^2$ s'identifie au quotient $G/[G,G]$, où $[G,G]$ est le groupe engendré par les commutateurs. (C'est une propriété générale de la table des caractères de dimension 1.)

Il ne nous reste plus pour appliquer le lemme qu'à démontrer que la propriété (iii) est vérifiée. Appelons comme d'habitude s_i et d_i les fonctions $x_i \odot 1$ et $x_i \wedge 1$, pour i =1, 2, 3. On remarque que s_1 et d_1 sont constantes sur $E_1 \times E_2$ et valent 0 ou 1. On peut donc se ramener à étudier sur $E_1 \times E_2$ des monômes en s_2, d_2, s_3, d_3. Or, toujours sur $E_1 \times E_2$, on a $s_2 d_2 = s_3 d_3 = (\pm 1 - 1)(\pm 1 + 1) = 0$, et $s_2 = d_3$, $s_3 = d_2$. On peut donc toujours se restreindre pour la propriété (iii) aux monômes

s_2^p ou s_3^p, auquel cas nous avons

$$\int_{E_2} s_2^p(a,b)\,\mu(db) = (1/4)\{(x_2(a)+1)^p + (x_2(a)-1)^p\}.$$

En développant le deuxième membre de l'égalité précédente, on obtient un polynôme en x_2 à coefficients positifs : c'est donc une fonction $GKS1$ sur E_1.

Le même résultat a lieu pour s_3 car x_2 et x_3 ont même restriction à E_2. Ceci achève la démonstration. □

Enfin, pour compléter cette étude, nous considérons les différents groupes d'isométries des polyèdres réguliers de l'espace. Ceux-ci sont

- Tétraèdre : groupe S_4 ;
- Octaèdre et cube : groupe $S_4 \times \mathbb{Z}_2$;
- Isocaèdre et dodécaèdre : groupe $A_5 \times \mathbb{Z}_2$.

Grâce à la propriété de tensorisation, nous voyons que pour vérifier la propriété GKS2* pour le système des parties réelles des caractères sur chacun de ces groupes, il suffit de le faire sur les deux groupes S_4 et A_5. Nous en donnons ci-dessous les tables de caractères :

Table du groupe S_4.

Rappelons que, sur S_n, les classes de conjugaison sont données par la décomposition en cycles. Sur S_4, il y en a donc 5 : 1 , (12), (123),(12)(34), (1234). Tous les points sont réels (conjugués à leurs inverses), donc les caractères sont réels. Il y a 5 caractères, que nous notons χ_i, $i = 0, \cdots, 4$. On trouve sa table de caractères dans [JL, p.180] :

$\hat{g}$	1	(12)(34)	(123)	(12)	(1234)
$24\mu(\hat{g})$	1	3	8	6	6
χ_0	1	1	1	1	1
χ_1	1	1	1	−1	−1
χ_2	2	2	−1	0	0
χ_3	3	−1	0	1	−1
χ_4	3	−1	0	−1	1

Table du groupe A_5.

Les classes de conjugaison du groupe A_5 sont également au nombre de 5, et sont aussi réelles : on prendra comme représentants des classes les points 1, (123),

(12)(34), (12345), (13452). Les caractères sont une fois de plus réels, et on les note χ_i, $i = 0, \cdots, 4$. On trouve la table dans [JL, p.220] :

$\hat{g}$	1	(123)	(12)(34)	(12345)	(13452)
$60\mu(\hat{g})$	1	20	15	12	12
χ_0	1	1	1	1	1
χ_1	4	1	0	-1	-1
χ_2	5	-1	1	0	0
χ_3	3	0	-1	α	β
χ_4	3	0	-1	β	α

(Dans cette table $\alpha = (1 + \sqrt{5})/2$, $\beta = (1 - \sqrt{5})/2$.)

Commençons par étudier le groupe $S4$. Nous avons

Proposition 3.22.—*Les caractères des représentations irréductibles de S_4 forment un système réel vérifiant la propriété GKS2*.*

Preuve. Nous décomposons les classes de S_4 en $E_1 = \{1, (123), (12)(34)\}$ et $E_2 = \{(12), (1234)\}$. De même, nous décomposons les caractères en $A_1 = \{\chi_1, \chi_3, \chi_4\}$ et $A_2 = \{\chi_2\}$. Sur E_1, les valeurs des caractères n'engendrent que 3 fonctions distinctes, dont les valeurs sont données par la table

$\hat{g}$	1	(12)(34)	(123)
$12\mu_1(\hat{g})$	1	3	8
χ_0	1	1	1
χ_2	2	2	-1
χ_3	3	-1	0

Il s'agit de la table des caractères du quotient de A_4 par la relation $g \sim g^{-1}$ (χ_2 n'y est pas normalisée, mais c'est sans importance). Nous allons voir plus bas qu'elle vérifie la propriété GKS2*.

Admettons pour l'instant cette propriété. Pour appliquer le lemme 3.18., commençons par vérifier la propriété (iii) pour les monômes de base $\{1, 3, 4\}$. Nous appelons comme d'habitude s_i et d_i les fonctions $x_i \odot 1$ et $x_i \wedge 1$. Nous remarquons tout d'abord que, sur $E_1 \times E_2$, nous avons $s_1 = 0$, $d_1 = 1$, $s_3 = d_4$, $d_3 = s_4$, si bien qu'on se ramène à vérifier la propriété (iii) pour les seuls monômes $s_3^p s_4^q$. D'autre part, les restrictions de χ_3 et χ_4 à E_1 sont égales. Au bout du compte, on a

$$a_{pq} := \int_{E_2} s_3^p s_4^q(a,b)\,\mu(db) = \frac{1}{4}\{(\chi_3-1)^p(\chi_3+1)^q + (\chi_3+1)^p(\chi_3-1)^q\}.$$

On peut supposer que $p \le q$, et, en posant $r = q - p$, on obtient

$$a_{pq} = (\chi_3^2 - 1)^p\{(\chi_3+1)^r + (\chi_3-1)^r\}.$$

Le terme entre accolades est un polynôme à coefficients positifs en χ_3, et donc une fonction $GKS1$ sur E_1. D'autre part, $\int_{E_1} \chi_3^2(a)\,\mu_1(da) = 1$, et donc, toujours sur E_1,
$\chi_3^2 = 1 + A\chi_3 + B\chi_2$, où A et B sont des constantes positives. Donc, $\chi_3^2 - 1$ est GKS1 sur E_1, et il en va de même de $(\chi_3^2-1)^p$.

Il nous reste à démontrer la propriété (iv). En suivant la remarque 1 qui suit le lemme 3.18, il suffit d'établir l'inégalité GKS2* pour les monômes de base $\{1,3,4\}$ qui ne s'annulent pas sur $E_2 \times E_2$. Or, sur $E_2 \times E_2$, on a $s_3 = s_4 = d_1 = 0$, $d_3 = -d_4$, $s_1 = -1$. On voit qu'on se ramène à étudier les seuls monômes $s_1^n d_3^p d_4^q$, avec $p+q$ pair et non nul. On les divise en deux sous-cas:

1- $n > 0$: dans ce cas, s_1 étant nulle sur $E_1 \times E_2$, et égale à 1 sur $E_1 \times E_1$, d_3 et d_4 étant égales sur $E_1 \times E_1$, on est ramené à démontrer que, pour tout $k \ge 1$ et tout p,

$$\int_{E_1\times E_1} d_3^{2k} + (-1)^p \int_{E_2\times E_2} d_3^{2k} \ge 0.$$

On le vérifie aisément à la main. (Remarquer que le résultat est nul pour $k = p = 1$).

2- $n = 0$: on se ramène au cas p et q impairs, et on fait le calcul à la main: une fois de plus, le résultat est nul pour $p = q = 1$, mais ce n'est pas surprenant. □

Il nous reste à établir la

Proposition 3.23.—*Sur le quotient de A_4 par la relation $g \sim g^{-1}$ et la relation de conjugaison, les parties réelles des caractères des représentations irréductibles forment un système GKS2*.*

Preuve. La table de caractères a été donnée plus haut. Nous appliquons le lemme 3.13. La restriction à $E_1 = \{1, (12)(34)\}$ de la table de caractères nous donne la table de valeurs

x	1	(12)(34)
$4\mu_1(x)$	1	3
$\hat{\chi}_0$	1	1
$\hat{\chi}_3$	3	-1

Il s'agit d'un système GKS1 sur deux points (car $\int \hat{\chi}_3^3\, d\mu_1 > 0$). C'est donc un système GKS2* par la proposition 3.12. Il reste à remarquer que la table à étudier est construite à partir de la précédente par la méthode décrite dans le lemme 3.12. (On aurait pu tout aussi bien appliquer le lemme 3.18 et la remarque 3.20.) □

Il nous reste à étudier le groupe A_5. C'est comme plus haut un groupe réel à 5 classes, mais, contrairement à S_4, A_5 est un groupe simple, ce qui en rend l'étude beaucoup plus compliquée. Nous n'allons pas décrire en détail comment prouver la propriété GKS2*, car celà serait très fastidieux, mais seulement donner les grandes lignes de la preuve. Il faut faire l'étude à la main, c'est-à-dire étudier séparément toutes les intégrales des expressions $\prod_i s_i^{m_i} d_i^{n_i}$. En utilisant la symétrie entre χ_3 et χ_4, et les remarques habituelles pour restreindre le nombre de cas à étudier ($n_i m_i = 0$, $\sum n_i$ pair et non nul), on se ramène à 11 types de formules différentes. En utilisant les encadrements $-1 < \beta < 0$ et $1 < \alpha < 2$, on peut voir pour chacune de ces expressions que, dès que l'un des exposants n_i ou m_i est assez grand (supérieur ou égal à 4, en fait), les intégrales considérées sont positives. Il reste un nombre fini de cas à étudier (de l'ordre de 2^{10}), et l'on confie ce travail à un programme de calcul formel. Il faut remarquer qu'un bon nombre d'expressions de degré trois ont une intégrale nulle, ce qui n'est pas évident à priori, et que la positivité de toutes ces expressions n'est vraie que pour les valeurs explicites de α et β données dans la table.

Conclusion.

Il est possible que la propriété GKS2* soit vraie pour tous les groupes, et même pour tous les systèmes GKS1 unitaires et réels. Une voie pour établir celà serait de trouver sur $E \times E$ une base GKS1 pour laquelle les fonctions s_i et d_i seraient GKS1. Un candidat naturel serait la base des $x_i \odot x_j$ $(i \leq j)$ et $x_i \wedge x_j$ $(i < j)$, pour un ordre raisonnable sur les x_i. Sur un groupe, un tel ordre peut être donné, au moins partiellement, en rangeant les $x_i(e)$ par ordre croissant ou décroissant. Il est aisé de se rendre compte que celà ne donne pas une base GKS1.

—**Références**

[*BM*] BAKRY (D.), MICHEL (D.), — Sur les inégalités FKG, *Séminaire de Probablités XXVI*, Lecture Notes in Math. 1526, 1992, Springer, p.178-180.

[*D*] DIACONIS (P.) — **Group Representations in Probability and Statistics**, Institute of Mathematical Statistics, Hayward, CA, 1988.

[*FKG*] FORTUIN, (C.), KASTELYN, (P.), GINIBRE, (J.)— Correlation inequalities on some partially ordered sets, Comm. Math. Phys., vol. 22, 1971, p.89-103.

[*Gi*] GINIBRE (J.), — General formulation of GRIFFITHS' inequality, Comm. Math. Physics, vol. 16, 1970, p.310-328.

[*Gr*] GRIFFITHS (R.B.), — Correlation in ISING ferromagnets I, II, J. Math. Physics, vol. 8, 1967, p.478-489.

[*I*] ISAACS (I.M.)— **Character Theory of Finite Groups** , Dover Publications, New-York, 1976.

[*JL*] JAMES (G.), LIEBECK (M.), — **Representations and Characters of Groups** , Cambridge Mathematical Textbooks, Cambridge University Press, 1993.

[*KS*] KELLY (D.G.), SHERMAN (S.) — General GRIFFITHS's inequality on correlation in ISING ferromagnets, J. Math. Physics, vol. 9, 1968, p.466-484.

[*L*] LAROCHE (E.), — Inégalités de corrélations sur $\{-1,1\}^n$ et dans $\mathbb{R}^n$, Ann. I.H.P., vol.29, n° 4, 1993, p.531-567.

HOW LONG DOES IT TAKE A TRANSIENT BESSEL PROCESS TO REACH ITS FUTURE INFIMUM?

Zhan SHI

L.S.T.A. - URA 1321, Université Paris VI,
Tour 45–55, 4 Place Jussieu, F–75252 Paris Cedex 05, France
shi@ccr.jussieu.fr

Summary. We establish an iterated logarithm law for the location of the future infimum of a transient Bessel process.

1. Introduction.

Let $\{ R(t);\ t \geq 0 \}$ be a d-dimensional Bessel process, and let

$$\nu = \frac{d}{2} - 1, \tag{1.1}$$

be the "index" of R (see Revuz & Yor [R-Y] Chap. XI). When d is an integer, R can be realized as the radial part of an $\mathbb{R}^d$-valued Brownian motion. We refer to [R-Y] (Chap. XI) for a detailed account of general properties of Bessel processes. It is known ([R-Y] p.423) that R is transient (i.e. $\lim_{t\to\infty} R(t) = \infty$ almost surely) if and only if $d > 2$. Unless stated otherwise, this condition will be taken for granted throughout the note.

Define for $t > 0$,

$$\xi(t) = \inf\{ u \geq t:\ R(u) = \inf_{s\geq t} R(s) \}.$$

In words, for any given $t > 0$, $\xi(t)$ denotes the (almost surely unique) location of the infimum of R over $[t, \infty)$. Such random times have been first studied by Williams ([W1] and [W2]), who proved a path decomposition theorem at $\xi(t)$ respectively in case of Brownian motion and linear diffusions. Generalizations of Williams' result have since been established for Lévy and more general Markov processes. See for example Millar [M], Pitman [P], Bertoin [B] and Chaumont [C], and the references therein.

This note is concerned with $\xi(t)$ as a *process* of t, and more particularly, we are interested in the path property of $t \mapsto \xi(t)$. Of course, it is meaningless to study its liminf behaviour, since there are infinitely many large t's such that $\xi(t) = t$. Instead, we ask: what can be said about the limsup behaviour of $\xi(t)$?

Theorem 1. *For any non-decreasing function $f > 0$, we have*

$$\limsup_{t\to\infty} \frac{\xi(t)}{t\, f(t)} = 0 \quad \text{or} \quad \infty, \qquad \text{a.s.},$$

according as

$$\int^{\infty} \frac{dt}{t\, f^{\nu}(t)}$$

converges or diverges, where ν is defined in (1.1).

Remark. In case $R(0) = 0$, there is also a "local" version of Theorem 1 for small times t.

Theorem 1 is proved in Section 2. Some related problems are raised in Section 3.

2. Proof of Theorem 1.

Without loss of generality, we assume $R(0) = 0$. Throughout the note, $\{X(t);\ t \geq 0\}$ stands for a generic d-dimensional Bessel process starting from 1, independent of R, and we denote by V the (almost surely) unique time when X reaches the infimum over $(0, \infty)$. Observe that R and X almost have the same law, except that $R(0) = 0$ whereas $X(0) = 1$. The process X being a linear diffusion with scale function $-x^{-2\nu}$ (Revuz & Yor [R-Y] p.426), we obviously have

$$\mathbb{P}\Big(\inf_{u\geq 0} X(u) < x\Big) = x^{2\nu}, \quad 0 < x < 1. \tag{2.1}$$

In order to prove Theorem 1, some preliminary results are needed. In the sequel, $K > 1$, $K_1 > 1$ and $K_2 > 1$ denote unimportant finite constants. Their values, which may change from line to line, depend only on d.

Lemma 1. *For any $t \geq 1$, we have*

$$K^{-1}t^{-\nu} \leq \mathbb{P}\Big(V > t\Big) \leq Kt^{-\nu}, \tag{2.2}$$

where ν is defined in (1.1).

Proof of Lemma 1. We have

$$\begin{aligned}\mathbb{P}\Big(V > t\Big) &= \mathbb{P}\Big(\inf_{s\geq t} X(s) < \inf_{0\leq u\leq t} X(u)\Big)\\ &= \mathbb{E}\Big[\mathbb{P}\Big(\inf_{s\geq t} X(s) < \inf_{0\leq u\leq t} X(u) \,\Big|\, X(u);\, 0 \leq u \leq t\Big)\Big].\end{aligned}$$

Given the value of $X(t)$, the post-t process $\{X(s+t);\, s \geq 0\}$ is a d-dimensional Bessel process starting from $X(t)$, independent of $\{X(u);\, 0 \leq u \leq t\}$. Thus by scaling and (2.1), we obtain

$$\mathbb{P}\Big(\inf_{s\geq t} X(s) < \inf_{0\leq u\leq t} X(u) \,\Big|\, X(u);\, 0 \leq u \leq t\Big) = \Big(\frac{1}{X(t)} \inf_{0\leq u\leq t} X(u)\Big)^{2\nu}.$$

Consequently,

$$\mathbb{P}\Big(V > t\Big) = \mathbb{E}\Big[\Big(\frac{1}{X(t)} \inf_{0\leq u\leq t} X(u)\Big)^{2\nu}\Big]. \tag{2.3}$$

Since $\inf_{0\leq u\leq t} X(u) \leq 1$, we have

$$\mathbb{E}\Big[\Big(\frac{1}{X(t)} \inf_{0\leq u\leq t} X(u)\Big)^{2\nu}\Big] \leq \mathbb{E}\Big(X^{-2\nu}(t)\Big).$$

Applying a diffusion comparison theorem ([R-Y] Theorem IX.3.7) to square Bessel processes, it is seen that $X(t)$ is stochastically bigger than $R(t)$ (which is intuitively obvious, of course). Thus by scaling, this implies

$$\mathbb{P}\Big(V > t\Big) \leq \mathbb{E}\Big(R^{-2\nu}(t)\Big) = t^{-\nu}\mathbb{E}\Big(R^{-2\nu}(1)\Big),$$

which yields the upper bound in Lemma 1, since $\mathbb{E}(R^{-2\nu}(1)) < \infty$. To show the lower bound, observe that by (2.3), for any $\lambda > 0$,

$$\begin{aligned}\mathbb{P}\Big(V > t\Big) &\geq \mathbb{E}\Big[\Big(\frac{1}{X(t)} \inf_{0\leq u\leq t} X(u)\Big)^{2\nu} \mathbb{1}_{\{\inf_{u\geq 0} X(u) > 1/2;\, X(t) < \lambda\sqrt{t}\}}\Big]\\ &\geq (2\lambda)^{-2\nu} t^{-\nu}\mathbb{P}\Big(\inf_{u\geq 0} X(u) > 1/2;\, X(t) < \lambda\sqrt{t}\Big)\\ &\geq (2\lambda)^{-2\nu} t^{-\nu}\Big(\mathbb{P}\big(\inf_{u\geq 0} X(u) > 1/2\big) - \mathbb{P}\big(X(t) > \lambda\sqrt{t}\big)\Big).\end{aligned}$$

Since $\mathbb{P}\big(X(t) > \lambda\sqrt{t}\big) \le \mathbb{P}\big(R(t) > \lambda\sqrt{t}-1\big) = \mathbb{P}\big(X(1) > \lambda - 1/\sqrt{t}\big)$, we can choose λ so large that this probability is smaller than $\frac{1}{2}\mathbb{P}\big(\inf_{u\ge 0} X(u) > 1/2\big)$. The lower bound in Lemma 1 is proved. □

Lemma 1 will be used to obtain accurate estimates of the law of some functionals of ξ. Define for $r > 0$

$$\sigma(r) = \inf\{t > 0 :\ R(t) = r\},$$

the first hitting time of R at level r, which is (almost surely) finite. Since $R(0) = 0$, the scaling property immediately yields that for any given $r > 0$, $\sigma(r)$ has the same law as $r^2\sigma(1)$. For notational convenience, we write in the sequel

$$\sigma \equiv \sigma(1);$$

$$\xi_\sigma \equiv \xi(\sigma(1)).$$

The random variables σ and ξ_σ play an important rôle in our proof of Theorem 1. Here we give a résumé of their basic properties. The equivalence for the lower tail of σ is known. Recall that ([G-S]) $\lim_{s\to 0} s^\nu e^{1/(2s)}\mathbb{P}(\sigma < s) = 2^{1-\nu}/\Gamma(1+\nu)$. Therefore,

$$K^{-1}s^{-\nu}\exp(-\frac{1}{2s}) \le \mathbb{P}\Big(\sigma < s\Big) \le K s^{-\nu}\exp(-\frac{1}{2s}), \quad 0 < s \le 1. \tag{2.4}$$

The exact upper tail of σ, which involves Bessel functions and their positive zeros, was evaluated respectively by Ciesielski & Taylor [C-T] for integer dimensions d, and by Kent [Ke] and Ismail & Kelker [I-K] for any $d > 0$. Their result implies the following useful estimate for $x \ge 1$:

$$\mathbb{P}\Big(\sigma > x\Big) \le \exp(-\frac{x}{K}). \tag{2.5}$$

For the variable ξ_σ, it follows from the strong Markov property of R that $\{\,R(\sigma + t);\ t \ge 0\,\}$ is a d-dimensional Bessel process starting from 1 (thus behaving like the process X), independent of σ. Since V is the location of the infimum of X over $(0,\infty)$, this yields:

(2.6) $\qquad \xi_\sigma - \sigma$ is independent of σ;

$$\xi_\sigma - \sigma \overset{(d)}{=} V; \tag{2.7}$$

("$\stackrel{(d)}{=}$" denoting identity in distribution). Our next preliminary result is on the joint tail of ξ_σ and σ.

Lemma 2. *Let $x \geq 2$ and $y \geq 1$. Then*

$$\mathbb{P}\Big(\frac{\xi_\sigma}{\sigma} > x\Big) \leq K x^{-\nu}, \tag{2.8}$$

$$\mathbb{P}\Big(\frac{\xi_\sigma}{\sigma} > x;\ y > \sigma > 1\Big) \geq K^{-1} x^{-\nu} - e^{-y/K}. \tag{2.9}$$

Proof of Lemma 2. According to our notation, V is independent of R (thus of σ). We have, by (2.6) and (2.7),

$$\begin{aligned}\mathbb{P}\Big(\frac{\xi_\sigma}{\sigma} > x\Big) &= \mathbb{P}\Big(V > (x-1)\sigma\Big)\\ &= \mathbb{P}\Big(V > (x-1)\sigma;\ \sigma \geq \frac{1}{x-1}\Big) + \mathbb{P}\Big(V > (x-1)\sigma;\ \sigma < \frac{1}{x-1}\Big).\end{aligned}$$

Using (2.2) and (2.4), the above expression is

$$\begin{aligned}&\leq K_1 (x-1)^{-\nu} \mathbb{E}\Big(\sigma^{-\nu} \mathbb{1}_{\{\sigma \geq 1/(x-1)\}}\Big) + \mathbb{P}\Big(\sigma < \frac{1}{x-1}\Big)\\ &\leq K_1 (x-1)^{-\nu} \mathbb{E}(\sigma^{-\nu}) + K_1 (x-1)^{-\nu} \exp(-\frac{x-1}{2})\\ &\leq K x^{-\nu},\end{aligned}$$

the last inequality due to the fact that $\mathbb{E}(\sigma^{-\nu}) < \infty$ (this is easily seen from (2.4)). Therefore (2.8) is proved. To show (2.9), observe that by (2.6), (2.7), (2.2) and (2.5), we have

$$\begin{aligned}\mathbb{P}\Big(\frac{\xi_\sigma}{\sigma} > x;\ y > \sigma > 1\Big) &\geq \mathbb{P}\Big(\frac{\xi_\sigma}{\sigma} > x;\ \sigma > 1\Big) - \mathbb{P}\Big(\sigma \geq y\Big)\\ &= \mathbb{P}\Big(V > (x-1)\sigma;\ \sigma > 1\Big) - \mathbb{P}\Big(\sigma \geq y\Big)\\ &\geq K_1 (x-1)^{-\nu} \mathbb{E}\Big(\sigma^{-\nu} \mathbb{1}_{\{\sigma > 1\}}\Big) - e^{-y/K}\\ &\geq K^{-1} x^{-\nu} - e^{-y/K}.\end{aligned}$$

Lemma 2 is proved. $\square$

Lemma 3. *For any $x \geq 2$, we have*

$$\mathbb{P}\Big(\xi(1) > x\Big) \leq K x^{-\nu}.$$

Proof of Lemma 3. Conditioning on $R(1) = x$, $\xi(1) - 1$ has the same distribution as $x^2 V$ (this is easily seen from the Markov and scaling properties of R). Thus by Lemma 1,

$$\begin{aligned}
\mathbb{P}\Big(\xi(1) > x\Big) &= \mathbb{P}\Big(R^2(1)V > x-1\Big) \\
&\le \mathbb{P}\Big(R(1) > \sqrt{x-1}\Big) + \mathbb{P}\Big(R^2(1)V > x-1;\ R(1) \le \sqrt{x-1}\Big) \\
&\le \mathbb{P}\Big(\sup_{0\le t\le 1} R(t) > \sqrt{x-1}\Big) \\
&\qquad\qquad + K_1(x-1)^{-\nu}\mathbb{E}\Big(R^{-2\nu}(1)\mathbb{1}_{\{R(1)\le\sqrt{x-1}\}}\Big).
\end{aligned}$$

Since $\mathbb{E}\big(R^{-2\nu}(1)\big) < \infty$, the proof of Lemma 3 is reduced to showing the following estimate:

$$\mathbb{P}\Big(\sup_{0\le t\le 1} R(t) > \sqrt{x-1}\Big) \le K_2 x^{-\nu}. \tag{2.10}$$

This is easily verified. Indeed, by scaling, we have, for any $\lambda > 0$,

$$\mathbb{P}\Big(\sup_{0\le t\le 1} R(t) > \lambda\Big) = \mathbb{P}\Big(\sup_{0\le t\le 1/\lambda^2} R(t) > 1\Big) = \mathbb{P}\Big(\sigma < \frac{1}{\lambda^2}\Big).$$

Taking $\lambda = \sqrt{x-1}$ and using (2.4), we obtain

$$\begin{aligned}
\mathbb{P}\Big(\sup_{0\le t\le 1} R(t) > \sqrt{x-1}\Big) &= \mathbb{P}\Big(\sigma < \frac{1}{x-1}\Big) \\
&\le K(x-1)^{\nu}\exp\big(-\frac{x-1}{2}\big) \\
&\le K_2 x^{-\nu},
\end{aligned}$$

which yields (2.10). □

Proof of Theorem 1. We begin with the convergent part. Let $f > 0$ be non-decreasing such that $\int^{\infty} dt/t\, f^{\nu}(t) < \infty$. Thus f increases to infinity. Choose a large initial value n_0 and define $t_n = e^n$ for $n \ge n_0$. By scaling and Lemma 3, we have

$$\begin{aligned}
\mathbb{P}\Big(\xi(t_{n+1})) > t_n f(t_n)\Big) &= \mathbb{P}\Big(\xi(1) > \frac{t_n}{t_{n+1}} f(t_n)\Big) \\
&= \mathbb{P}\Big(\xi(1) > \frac{1}{e} f(t_n)\Big) \\
&\le K f^{-\nu}(t_n).
\end{aligned}$$

Since

$$\sum_{n=n_0+1}^{\infty} f^{-\nu}(t_n) = \sum_{n=n_0+1}^{\infty} \int_{t_{n-1}}^{t_n} \frac{dt}{t_n - t_{n-1}} f^{-\nu}(t_n) \le \frac{e}{e-1} \sum_{n=n_0+1}^{\infty} \int_{t_{n-1}}^{t_n} \frac{dt}{t} f^{-\nu}(t)$$
$$= \frac{e}{e-1} \int_{t_{n_0}}^{\infty} \frac{dt}{t} f^{-\nu}(t) < \infty,$$

the Borel–Cantelli lemma tells us that

$$\limsup_{n\to\infty} \frac{\xi(t_{n+1})}{t_n f(t_n)} \le 1 \quad \text{a.s.}$$

Since replacing f by a multiple of f does not change the test, an argument by monotonicity readily yields $\limsup_{t\to\infty} \xi(t)/t\, f(t) = 0$ almost surely. To verify the divergent part of Theorem 1, pick an f such that $\int^{\infty} dt/t\, f^{\nu}(t)$ diverges. Obviously we only have to treat the case that $f(\infty) = \infty$. Choose a large k_0, and define $t_k = e^k$ as before (it will be seen that t_k is rather a space variable than a time variable, but the notation should not cause any trouble). We shall consider a sequence of *random* times in order to avoid dependence difficulty. Let

$$E_k = \Big\{ \xi(\sigma(t_k)) > \sigma(t_k) f(t_k^3);\ t_k^3 > \sigma(t_k) > t_k^2 \Big\},$$

for $k \ge k_0$. By scaling and (2.9), we have

$$\mathbb{P}(E_k) = \mathbb{P}\Big(\frac{\xi_\sigma}{\sigma} > f(t_k^3);\ t_k > \sigma > 1 \Big) \ge K^{-1} f^{-\nu}(t_k^3) - \exp(-t_k/K).$$

Accordingly,

$$f^{-\nu}(t_k^3) \le K\mathbb{P}(E_k) + K e^{-t_k/K}. \tag{2.11}$$

Since $\sum_{k=k_0}^{\infty} f^{-\nu}(t_k^3) = \infty$ and $\sum_k e^{-t_k/K} < \infty$, the above estimate clearly implies

$$\sum_k \mathbb{P}(E_k) = \infty. \tag{2.12}$$

To apply the Borel-Cantelli lemma, we need to check that the measurable events E_k are almost independent. Let $k_0 \le k < \ell$. Denote by $\xi(s,t)$ the time when R reaches its minimum over (s,t) (thus $\xi(t) = \xi(t,\infty)$ according to our notation). Write

$$\mathbb{P}(E_k E_\ell) = \mathbb{P}\Big(E_k;\ E_\ell;\ \xi(\sigma(t_k)) < \sigma(t_\ell) \Big) + \mathbb{P}\Big(E_k;\ E_\ell;\ \xi(\sigma(t_k)) \ge \sigma(t_\ell) \Big)$$
$$\equiv \Delta_1 + \Delta_2,$$

with obvious notation. Then

$$\Delta_1 \le \mathbb{P}\Big(\xi(\sigma(t_k), \sigma(t_\ell)) > \sigma(t_k) f(t_k^3);\ \sigma(t_k) > t_k^2;$$

$$\xi(\sigma(t_\ell)) - \sigma(t_\ell) > \sigma(t_\ell)\big(f(t_\ell^3) - 1\big);\ \sigma(t_\ell) > t_\ell^2 \Big)$$

$$\le \mathbb{P}\Big(\xi(\sigma(t_k), \sigma(t_\ell)) - \sigma(t_k) > t_k^2\big(f(t_k^3) - 1\big);$$

$$\xi(\sigma(t_\ell)) - \sigma(t_\ell) > t_\ell^2\big(f(t_\ell^3) - 1\big) \Big).$$

Using the strong Markov property of R, it is seen that $\xi(\sigma(t_k), \sigma(t_\ell))$ is independent of $\xi(\sigma(t_\ell)) - \sigma(t_\ell)$. Thus by scaling and (2.7),

$$\begin{aligned}
\Delta_1 &\le \mathbb{P}\Big(\xi(\sigma(t_k), \sigma(t_\ell)) - \sigma(t_k) > t_k^2\big(f(t_k^3) - 1\big) \Big)\, \mathbb{P}\Big(\xi_\sigma - \sigma > f(t_\ell^3) - 1 \Big) \\
&\le \mathbb{P}\Big(\xi(\sigma(t_k)) - \sigma(t_k) > t_k^2\big(f(t_k^3) - 1\big) \Big)\, \mathbb{P}\Big(V > f(t_\ell^3) - 1 \Big) \\
&= \mathbb{P}\Big(V > f(t_k^3) - 1 \Big)\, \mathbb{P}\Big(V > f(t_\ell^3) - 1 \Big) \\
&\le K_1 f^{-\nu}(t_k^3) f^{-\nu}(t_\ell^3), \qquad (2.13)
\end{aligned}$$

the last inequality following from Lemma 1. Now let us evaluate Δ_2. Clearly we have

$$\begin{aligned}
\Delta_2 &\le \mathbb{P}\Big(\xi(\sigma(t_k)) > \sigma(t_\ell) f(t_\ell^3);\ \sigma(t_\ell) > t_\ell^2 \Big) \\
&\le \mathbb{P}\Big(\xi(\sigma(t_k)) - \sigma(t_k) > \sigma(t_\ell)\big(f(t_\ell^3) - 1\big);\ \sigma(t_\ell) > t_\ell^2 \Big) \\
&\le \mathbb{P}\Big(\xi(\sigma(t_k)) - \sigma(t_k) > t_\ell^2\big(f(t_\ell^3) - 1\big) \Big),
\end{aligned}$$

which, by scaling and (2.7) and (2.2), implies

$$\begin{aligned}
\Delta_2 &\le \mathbb{P}\Big(\xi_\sigma - \sigma > \Big(\frac{t_\ell}{t_k}\Big)^2 \big(f(t_\ell^3) - 1\big) \Big) \le K_1 \Big(\frac{t_k}{t_\ell}\Big)^{2\nu} f^{-\nu}(t_\ell^3) \\
&\le K_1 f^{-\nu}(t_k^3) e^{-2\nu(\ell-k)}. \qquad (2.14)
\end{aligned}$$

Since $\mathbb{P}(E_k E_\ell) = \Delta_1 + \Delta_2$, combining (2.13), (2.14) and (2.11) gives

$$\begin{aligned}
\mathbb{P}(E_k E_\ell) &\le K_2(\mathbb{P}(E_k) + e^{-t_k/K})(\mathbb{P}(E_\ell) + e^{-t_\ell/K}) \\
&\quad + K_2(\mathbb{P}(E_k) + e^{-t_k/K}) e^{-2\nu(\ell-k)}.
\end{aligned}$$

Consequently,

$$\begin{aligned}
\sum\sum_{k_0 \le k < \ell \le n} \mathbb{P}(E_k E_\ell) &\le K_2 \Big(\sum_{k=k_0}^{n} (\mathbb{P}(E_k) + e^{-t_k/K}) \Big)^2 \\
&\quad + \frac{K_2}{1 - e^{-2\nu}} \sum_{k=k_0}^{n} (\mathbb{P}(E_k) + e^{-t_k/K}).
\end{aligned}$$

Since $\sum_k \mathbb{P}(E_k) = \infty$ and $\sum_k e^{-t_k/K} < \infty$, this yields

$$\limsup_{n\to\infty} \sum_{k=k_0}^{n} \sum_{\ell=k_0}^{n} \mathbb{P}(E_k E_\ell) \Big/ \Big(\sum_{k=k_0}^{n} \mathbb{P}(E_k) \Big)^2 \le K_1 < \infty.$$

According to a well-known version of the Borel–Cantelli lemma (cf. [K-S]), this implies $\mathbb{P}(E_k, \text{ i.o.}) \ge 1/K_1$. In particular, we have

$$\mathbb{P}\Big(\limsup_{t\to\infty} \frac{\xi(t)}{t\, f(t)} \ge 1 \Big) \ge \frac{1}{K_1}.$$

Using Bessel time inversion (which tells that $\{ tR(1/t);\ t > 0 \}$ is again a Bessel process of dimension d) and Blumenthal's 0–1 law, this probability equals 1. Since replacing f by a multiple of f does not change the test, we have established the divergent part of Theorem 1. $\square$

3. Some related problems.

3.1. Theorem 1 is concerned with the location of the future infimum of R. A natural question is to study also the location of the past supremum of a Bessel process R of dimension $d > 0$. Let

$$\eta(t) = \sup\Big\{ u \le t :\ R(u) = \sup_{0\le s\le t} R(s) \Big\}.$$

Thus $\eta(t)$ is the location of the maximum of R over $[0,t]$. Of course there are infinitely many large t's such that $\eta(t) = t$. What about the liminf behaviour of $\eta(t)$? In case $d = 1$ (thus R is a reflecting Brownian motion), the answer to this question can be found in Csáki, Földes & Révész [Cs-F-R]:

$$\liminf_{t\to\infty} \frac{(\log\log t)^2}{t} \eta(t) = \frac{\pi^2}{4} \quad \text{a.s.} \tag{3.1}$$

The corresponding problem for arbitrary dimension d remains open. Nonetheless, some heuristic arguments suggest that the following Chung-type law of the iterated logarithm might hold:

Conjecture. *For any $d > 0$, we have*

$$\liminf_{t\to\infty} \frac{(\log\log t)^2}{t} \eta(t) = j_\nu^2 \quad \text{a.s.},$$

where j_ν denotes the smallest positive zero of the Bessel function J_ν of index $\nu \equiv d/2 - 1$.

If the above Conjecture is true, by taking $d = 1$ we would recover (3.1), since $j_{-1/2} = \pi/2$.

3.2. There has been several recent papers devoted to the so-called Bessel gap, i.e. the difference between the past supremum and future infimum of R ($d > 2$). See for example Khoshnevisan [Kh]. It also seems interesting to investigate the difference between the locations of the past supremum and future infimum of R, i.e. we propose to study the process $t \mapsto \xi(t) - \eta(t)$. Since $\eta(t) \le t$, it is seen that $\xi(t) - \eta(t)$ have the same upper functions as $\xi(t)$, i.e. Theorem 1 holds for $\xi(t) - \eta(t)$ in the place of $\xi(t)$.

What about the liminf behaviour of $\xi(t) - \eta(t)$? Obviously for any $t > 0$, $\xi(t)-\eta(t)$ is (strictly) positive. A little more thinking convinces that with probability one,

$$\liminf_{t\to\infty}\Big(\xi(t) - \eta(t)\Big) = 0.$$

It would therefore be natural to look for a liminf iterated logarithm law for $t \mapsto \xi(t) - \eta(t)$. This problem is raised by Omer Adelman (personal communication).

REFERENCES

[B] Bertoin, J. (1991). Sur la décomposition de la trajectoire d'un processus de Lévy spectralement positif en son minimum. *Ann. Inst. H. Poincaré Probab. Statist.* 27 537–547.

[C] Chaumont, L. (1994). *Processus de Lévy et Conditionnement.* Thèse de Doctorat de l'Université Paris VI.

[C-T] Ciesielski, Z. & Taylor, S.J. (1962). First passage times and sojourn times for Brownian motion in space and the exact Hausdorff measure of the sample path. *Trans. Amer. Math. Soc.* 103 434–450.

[Cs-F-R] Csáki, E., Földes, A. & Révész, P. (1987). On the maximum of a Wiener process and its location. *Probab. Th. Rel. Fields* 76 477–497.

[G-S] Gruet, J.-C. & Shi, Z. (1996). The occupation time of Brownian motion in a ball. *J. Theoretical Probab.* 9 429–445.

[I-K] Ismail, M.E.H. & Kelker, D.H. (1979). Special functions, Stieltjes transforms and infinite divisibility. *SIAM J. Math. Anal.* 10 884–901.

[Ke] Kent, J. (1978). Some probabilistic properties of Bessel functions. *Ann. Probab.* 6 760–770.

[Kh] Khoshnevisan, D. (1995). The gap between the past supremum and the future infimum of a transient Bessel process. *Séminaire de Probabilités XXIX* (Eds.: J. Azéma, M. Emery, P.-A. Meyer & M. Yor). Lecture Notes in Mathematics 1613, pp. 220–230. Springer, Berlin.

[K-S] Kochen, S.B. & Stone, C.J. (1964). A note on the Borel–Cantelli lemma. *Illinois J. Math.* 8 248–251.

[M] Millar, P.W. (1977). Random times and decomposition theorems. In: *"Probability": Proc. Symp. Pure Math.* (Univ. Illinois, Urbana, 1976) 31 pp. 91–103. AMS, Providence, R.I.

[P] Pitman, J.W. (1975). One-dimensional Brownian motion and the three-dimen-sional Bessel process. *Adv. Appl. Prob.* 7 511–526.

[R-Y] Revuz, D. & Yor, M. (1994). *Continuous Martingales and Brownian Motion.* (2nd edition) Springer, Berlin.

[W1] Williams, D. (1970). Decomposing the Brownian path. *Bull. Amer. Math. Soc.* 76 871–873.

[W2] Williams, D. (1974). Path decomposition and continuity of local time for one-dimensional diffusions, I. *Proc. London Math. Soc.* (3) 28 738-768.

STRONG AND WEAK ORDER OF TIME DISCRETIZATION SCHEMES OF STOCHASTIC DIFFERENTIAL EQUATIONS

YAOZHONG HU*

This note is taken from lectures at Oslo University based on the book [KP], *Numerical Solutions of Stochastic Differential Equations* by Kloeden and Platen. We will give a condensed presentation of *time discretization schemes, strong order estimation* and *weak order estimation*. Besides the interest of the subject itself, we would like to give a much simpler proof of the weak estimation scheme.

Thanks are due to Prof. B. Øksendal for bringing him to this subject, Profs. M. Emery, P.A. Meyer, P.E. Platen and Marta Sanz for comments and Profs. M. Emery, P.A. Meyer and Marta Sanz for editorial help.

1. General Ideas. Let $B^1, \ldots, B^m$ be m standard (real) independent Brownian motions on some time interval $[0,T]$ (bounded, and kept fixed below). Let $(\Omega, \mathcal{F}, P)$ be the canonical Wiener space with the natural filtration $(\mathcal{F}_t)_{0\le t\le T}$. On $\mathbb{R}^d$ consider the following stochastic differential equation in Ito's sense

$$X_t = x + \sum_{j=0}^{m} \int_0^t b_j(s, X_s)\, dB_s^j \ , \ t \in [0,T] \ , \ x \in \mathbb{R}^d \ , \tag{1.1}$$

where b_j are some given regular functions from $[0,T] \times \mathbb{R}^d$ to $\mathbb{R}^d$, and we use the convention $dB_s^0 = ds$ to simplify notation.

A time discretization method consists in dividing the interval $[0,T]$ into smaller subintervals, applying the Itô–Taylor formula (to be described later) on each subinterval, keeping a given number of terms, and piecing out these approximations to get an approximate solution. We then expect these approximations will converge to the true solution when the subintervals become finer and finer.

To describe the Itô-Taylor formula, we introduce the following operators on functions $h : [0,T] \times \mathbb{R}^d \to \mathbb{R}$

$$L^j h(s,x) = \sum_{k=1}^{d} b_j^k(s,x) \frac{\partial h}{\partial x^k}(s,x) \ , \quad j = 1, \cdots, m \ , \tag{1.2}$$

$$L^0 h(s,x) = \frac{\partial h}{\partial s}(s,x) + \sum_{k=1}^{d} b_0^k(s,x) \frac{\partial h}{\partial x^k}(s,x)$$

---

* Supported by an NAVF postdoctorship, Department of Mathematics, University of Oslo, POB 1053, Blindern, N-0316 Oslo. Institute of Mathematical Sciences, Academia Sinica, WuHan, China.

$$
(1.3) \qquad + \frac{1}{2} \sum_{k,l=1}^{d} \sum_{j=1}^{m} b_j^k(s,x)\, b_j^l(s,x) \frac{\partial^2 h}{\partial x^k \partial x^l}(s,x),
$$

where b_j^k is the k-th component of the vector b_j $(k = 1, \dots, d)$.

Consider a partition of the interval $[0,T]$, $0 = t_0 < t_1 < \cdots < t_N = T$ and put $\delta = \sup_i (t_{i+1} - t_i)$, the *step* of the partition. On each subinterval $[t_n, t_{n+1}]$ we may write (1.1) as

$$
(1.4) \qquad X_t = X_{t_n} + \sum_{j=0}^{m} \int_{t_n}^{t} b_j(s, X_s)\, dB_s^j \; .
$$

For a sufficiently differentiable function $h: [0,T] \times \mathbb{R}^d \to \mathbb{R}$, an application of the Itô formula to $h(t, X_t)$ gives

$$
(1.5) \qquad h(t, X_t) = h(t_n, X_{t_n}) + \sum_{j=0}^{m} \int_{t_n}^{t} L^j h(s, X_s)\, dB_s^j \; .
$$

This is the first order Itô-Taylor formula. To define higher order Itô-Taylor formulas we introduce the following notation

$$
\begin{aligned}
& \alpha = (\alpha_1, \cdots, \alpha_l) \quad (0 \le \alpha_i \le m) \quad \text{(a multi-index)} \;, \\
& l(\alpha) = l, \quad n(\alpha) = \text{the number of zeroes among } \alpha_1, \dots \alpha_l \;, \\
(1.6) \quad & f_\alpha^k = L^{\alpha_1} \cdots L^{\alpha_{l-1}} b_{\alpha_l}^k \quad (k = 1, \cdots, d), \quad f_\alpha = (f_\alpha^1, \cdots, f_\alpha^k), \\
(1.7) \quad & I_\alpha[g(\cdot)]_{s,t} = \int_{s < s_1 < \cdots < s_l < t} g(s_1)\, dB_{s_1}^{\alpha_1} \cdots dB_{s_l}^{\alpha_l} \;,
\end{aligned}
$$

where $g(\cdot)$ is an adapted process. We put simply $I_{\alpha,s,t} = I_\alpha[1]_{s,t}$ in the case $g(\cdot) = 1$. These are the standard multiple integrals (including dt). They replace the monomials in the classical Taylor expansion.

Now the general scheme for Itô-Taylor formulas is the following : In formula (1.4), we apply the Itô formula (1.5) to *some* processes $b_j(t, X_t)$ — usually to all, but the coefficient $b_0(t, X_t)$ may play a special role. Then in the new formula we apply again (1.5) to *some* coefficients of the stochastic integrals, etc. Then we get a general formula with the following structure of a main term plus a remainder (1.8)

$$
X_t = X_{t_n} + \sum_{\alpha \in \Gamma} f_\alpha(t_n, X_{t_n}) I_{\alpha, t_n, t} + \sum_{\alpha \in \Gamma'} I_\alpha[f_\alpha(\cdot, X_\cdot)]_{t_n, t} \;, \quad (t \in [t_n, t_{n+1}]) \; .
$$

The "main term" is a sum over a finite set Γ of multi-indices, which has the following property : if $\alpha = (\alpha_1, \cdots, \alpha_l) \in \Gamma$, then $-\alpha := (\alpha_2, \cdots, \alpha_l) \in \Gamma$. On the other hand, Γ' is the set $\{\alpha : \alpha \notin \Gamma, -\alpha \in \Gamma\}$. This structure comes from the fact that each term is obtained by applying (1.5) to a preceding term.

Now a so called discretization scheme is obtained by discarding the remainder in (1.8). Since X_{t_n} is not known in the recursive computation, we replace it by its approximation Y_{t_n} (Throughout this paper we will omit its explicit dependence on partition π to simplify notation), and then we get the following approximation scheme, starting at $Y_0 = x$

$$Y_t = Y_{t_n} + \sum_{\alpha \in \Gamma} f_\alpha(t_n, Y_{t_n}) \, I_{\alpha, t_n, t} \,, \quad (t \in [t_n, t_{n+1}]) \,. \tag{1.9}$$

This recursive formula lends itself to explicit computations (the multiple integrals can be even handled by a computer). In practice we have to choose which terms are included in Γ. The concrete choices for strong and weak convergence scheme are different. See the details below.

2. Strong approximation scheme. We give ourselves a parameter (denoted γ in [KP]) which is called the *strong order* of approximation, and which is an integer or half-integer. Our purpose is to have a norm estimate like (2.1) below. Then the number of terms to take in the Itô-Taylor formula, *i.e.* the choice of Γ, is

$$\Gamma = \mathcal{A}_\gamma = \left\{ \alpha : l(\alpha) + n(\alpha) \le 2\gamma \quad \text{or} \quad l(\alpha) = n(\alpha) = \gamma + \tfrac{1}{2} \right\} .$$

Then we have the following theorem — denoting by C as usual some constant whose precise value doesn't interest us, and may change from line to line. It may depend on several parameters (T, γ, ...) but never on the partition (t_i).

THEOREM 1. *Let γ be defined as above and let Y_t be defined by (1.9). Assume that for $\alpha \in \mathcal{A}_\gamma$ the coefficients f_α defined by (1.6) satisfy Lipschitz conditions*

$$| f_\alpha(t,x) - f_\alpha(t,y) | \le C \, |x - y|$$

and

$$| f_\alpha(t,x) | \le C(1 + |x|)$$

for all $t \in [0,T]$ and $x, y \in \mathbb{R}^d$. Then we have

$$\mathbb{E}\Big(\sup_{0 \le t \le T} |X_t - Y_t|^2 \Big) \le C \delta^{2\gamma} \,. \tag{2.1}$$

To prove this theorem we need two lemmas.

LEMMA 1. *Let g(s) be an adapted process. When $l(\alpha) = n(\alpha), t \in [t_n, t_{n+1}]$,*

$$\sup_{t_n \le s \le t} |I_\alpha[g(\cdot)]_{t_n,s}| \le C (t - t_n)^{l(\alpha) - 1/2} \Big(\int_{t_n}^t |g(u)|^2 du \Big)^{1/2} \quad \text{a.e.} \tag{2.2}$$

and when $l(\alpha) \ne n(\alpha)$,

$$\mathbb{E} \sup_{t_n \le s \le t} (I_\alpha[g(\cdot)]_{t_n,s})^2 \le C (t - t_n)^{l(\alpha) + n(\alpha) - 1} \int_{t_n}^t \mathbb{E} | g(u) |^2 du \,. \tag{2.3}$$

Here C may depend on α, but since α ranges over a finite set $\mathcal{A}_\gamma$ this dependence is not important.

Proof. 1) By the definition (1.7), $l(\alpha) = n(\alpha)$ means that there is no stochastic integral in $I_\alpha[g(\cdot)]_{t_n,s}$. Formula (2.2) is obvious.

2) When $l(\alpha) \neq n(\alpha)$, we prove (2.3) by induction on the length $l(\alpha)$ of α. We define $\alpha- := (\alpha_1, \cdots, \alpha_l)$ if $\alpha = (\alpha_1, \cdots, \alpha_l, \alpha_{l+1})$. The case $l(\alpha) = 1$ is easy by discussing $n(\alpha) = 0$ and $n(\alpha) \neq 0$ separately. For the passage from $\alpha- = (\alpha_1, \cdots, \alpha_l)$ to $\alpha = (\alpha_1, \cdots, \alpha_l, \alpha_{l+1})$ we also handle $\alpha_{l+1} = 0$ and $\alpha_{l+1} \neq 0$ differently. In the first case $I_\alpha[g(\cdot)]_{t_n,s} = \int_{t_n}^s I_{\alpha-}[g(\cdot)]_{t_n,u}du$. Thus by Hölder's inequality

$$\mathbb{E}\sup_{t_n\le s\le t}(I_\alpha[g(\cdot)]_{t_n,s})^2 \le C(t-t_n)\int_{t_n}^t \mathbb{E}|I_{\alpha-}[g(\cdot)]_{t_n,u}|^2du$$

$$\overset{\text{by induction}}{\le} C(t-t_n)^{l(\alpha-)+n(\alpha-)}\int_{t_n}^t\int_{t_n}^s \mathbb{E}|g(u)|^2duds$$

$$\le C(t-t_n)^{l(\alpha-)+n(\alpha-)+1}\int_{t_n}^t \mathbb{E}|g(u)|^2du\,. \tag{2.4}$$

But in the case $\alpha_{l+1} = 0$, $l(\alpha) = l(\alpha-) + 1$, $n(\alpha) = n(\alpha-) + 1$. So $l(\alpha-) + n(\alpha-) + 1 = l(\alpha) + n(\alpha) - 1$. This shows (2.3) in this case.

When $\alpha_{l+1} \neq 0$, $I_\alpha[g(\cdot)]_{t_n,s} = \int_{t_n}^s I_{\alpha-}[g(\cdot)]_{t_n,u}dB_s^{\alpha_{l+1}}$. By Doob's inequality, we have

$$\mathbb{E}\sup_{t_n\le s\le t}(I_\alpha[g(\cdot)]_{t_n,s})^2 \le C\mathbb{E}|I_\alpha[g(\cdot)]_{t_n,t}|^2 \le C\int_{t_n}^t \mathbb{E}|I_{\alpha-}[g(\cdot)]_{t_n,u}|^2du$$

$$\le C\int_{t_n}^t (u-t_n)^{l(\alpha-)+n(\alpha-)-1}\int_{t_n}^u \mathbb{E}|g(v)|^2dvdu$$

$$\le C(t-t_n)^{l(\alpha-)+n(\alpha-)}\int_{t_n}^t \mathbb{E}|g(u)|^2du\,. \tag{2.5}$$

But in this case $l(\alpha) = l(\alpha-) + 1$ and $n(\alpha) = n(\alpha-)$. Thus $l(\alpha-) + n(\alpha-) = l(\alpha) + n(\alpha) - 1$. This proves (2.3) in the case $\alpha_{l+1} \neq 0$. ∎

Lemma 2. *Let $g(s)$ be an adapted process. Put $n(s) = n$ if $t_n \le s < t_{n+1}$ and*

$$F_t^\alpha := \mathbb{E}\left(\sup_{0\le s\le t}\Big|\sum_{m=0}^{n(s)-1} I_\alpha[g(\cdot)]_{t_m,t_{m+1}} + I_\alpha[g(\cdot)]_{t_{n(s)},s}\Big|^2\right). \tag{2.6}$$

Then

$$F_t^\alpha \le \begin{cases} C\delta^{2(l(\alpha)-1)}\int_0^t R_{0,u}du & l(\alpha) = n(\alpha) \\ C\delta^{(l(\alpha)+n(\alpha)-1)}\int_0^t R_{0,u}du & l(\alpha) \neq n(\alpha), \end{cases} \tag{2.7}$$

where

$$R_{0,u} := \mathbb{E}\Big(\sup_{0\le s\le u} |g(s)|^2\Big) \le \infty\,. \tag{2.8}$$

Again C is independent of the subdivision but may depend on α.

Proof. The case $l(\alpha) = n(\alpha)$ is easy. We only need to discuss the case $l(\alpha) \neq n(\alpha)$. When the last index of α isn't equal to 0, in the sum of (2.6) the multiple integral is a martingale. By Doob's inequality, we have that

$$\begin{aligned}F_t^\alpha &\le C\Big(\mathbb{E}\sum_{m=0}^{m(t)-1} I_\alpha[g(\cdot)]_{t_m,t_{m+1}} + I_\alpha[g(\cdot)]_{t_{n(t)},t}\Big)^2\\ &= C\Big(\sum_{m=0}^{n(t)-1}\Big[\mathbb{E}|I_\alpha[g(\cdot)]_{t_m,t_{m+1}}|^2\Big] + \mathbb{E}|I_\alpha[g(\cdot)]_{t_{n(t)},t}|^2\Big)\,.\end{aligned}$$

Estimating the second moment of each of the above multiple integrals on each interval by Lemma 1 (2.3) and then taking the sum we will get the desired inequality (2.7).

If the last index of α is 0 we have

$$|F_t^\alpha|^2 \le 2C\mathbb{E}\Big(\sup_{0\le s\le t}\sum_{n=0}^{n(s)-1} I_\alpha[g(\cdot)]_{t_n,t_{n+1}}\Big)^2 + 2C\mathbb{E}\sup_{0\le s\le t}|I_\alpha[g(\cdot)]_{t_{n_s},s}|^2.$$

We estimate separately these two terms. The first one is

$$2C\mathbb{E}\Big(\sup_{0\le r\le n(t)-1}\sum_{n=0}^{r} I_\alpha[g(\cdot)]_{t_n,t_{n+1}}\Big)^2.$$

Now $\sum_{n=0}^{r} I_\alpha[g(\cdot)]_{t_n,t_{n+1}}$, $r = 0,\cdots,n(t)-1$ can be considered as a discrete martingale and we can then use Doob's inequality to complete the proof as in the case the last index isn't equal to 0. The second term can be handled as follows (see Kloeden and Platen's book, p.370) :

$$\begin{aligned}\mathbb{E}\sup_{0\le s\le t}|I_\alpha[g(\cdot)]_{t_s,s}|^2 &= \mathbb{E}\sup_{0\le s\le t}\int_{t_s}^{s}|I_{\alpha-}[g(\cdot)]_{t_s,u}|^2du\\ &= E\sup_{0\le s\le t}(s-n_s)\int_{t_s}^{s}|I_{\alpha-}[g(\cdot)]_{t_s,u}|^2du\\ &\le \delta\int_0^t \mathbb{E}|I_{\alpha-}[g(\cdot)]_{t_s,s}|^2ds.\end{aligned}$$

Applying Lemma 1 to estimate $\mathbb{E}|I_{\alpha-}[g(\cdot)]_{t_s,s}|^2$, we get the result. ∎

Remark. A L_p version of lemma 2 is proved in [HW], Lemma 4.1.

Proof of Theorem 1. From (1.8) and (1.9) we have

$$Z(t) = \mathbb{E}\Big(\sup_{0\le s\le t}|X_s - Y_s|^2\Big) \le C\Big(\sum_{\alpha\in\mathcal{A}_\gamma} R_t^\alpha + \sum_{\alpha\in\mathcal{A}'_\gamma} U_t^\alpha\Big), \tag{2.9}$$

where R_t^α and U_t^α are defined and estimated as follows :

$$\begin{aligned} R_t^\alpha &:= \mathbb{E}\Big(\sup_{0\le s\le t}\Big|\sum_{m=0}^{n(s)-1} I_\alpha[f_\alpha(t_m,X_{t_m}) - f_\alpha(t_m,Y_{t_m})]_{t_m,t_{m+1}} \\ &\quad + I_\alpha[f_\alpha(t_{n(s)},X_{n(s)}) - f_\alpha(t_{n(s)},Y_{t_{n(s)}})]_{t_{n(s)},s}\Big|^2\Big) \\ &\overset{\text{Lemma 2}}{\le} C\int_0^t \mathbb{E}\sup_{0\le s\le u}|f_\alpha(t_{n(s)},X_{n(s)}) - f_\alpha(t_{n(s)},Y_{t_{n(s)}})|^2 du \le C\int_0^t Z(u)du\,. \end{aligned} \tag{2.10}$$

$$\begin{aligned} U_t^\alpha &:= \mathbb{E}\Big(\sup_{0\le s\le t}\Big|\sum_{m=0}^{n(s)-1} I_\alpha[f_\alpha(\cdot,X_\cdot)]_{t_m,t_{m+1}} + I_\alpha[f_\alpha(\cdot,X_\cdot)]_{t_{n(s)},s}\Big|^2\Big) \\ &\overset{\text{Lemma 2}}{\le} C\delta^{\varphi(\alpha)}, \end{aligned} \tag{2.11}$$

where $\alpha\in\mathcal{A}'_\gamma$ and

$$\varphi(\alpha) = \begin{cases} 2(l(\alpha)-1) & : \quad l(\alpha) = n(\alpha) \\ l(\alpha)+n(\alpha)-1 : & \quad l(\alpha)\ne n(\alpha) \end{cases}. \tag{2.12}$$

Since $\alpha\in\mathcal{A}'_\gamma$ which implies $2(l(\alpha)-1)\ge 2\gamma$ if $l(\alpha)=n(\alpha)$ and $l(\alpha)+n(\alpha)-1\ge 2\gamma$ if $l(\alpha)\ne n(\alpha)$, we have

$$U_t^\alpha \le C\delta^{2\gamma}. \tag{2.13}$$

From (2.9), (2.10) and (2.13) we have

$$Z(t) \le C\int_0^t Z(u)\,du + C\delta^{2\gamma}\,.$$

Then we deduce the theorem from Gronwall's inequality. ∎

Remark. Let us return to Lemma 1, Formula (2.3). In next section we will need the following extension to higher moments : If $\mathbb{E}\sup_{0\le t\le T}|g(t)|^p<\infty$, then

$$\mathbb{E}\sup_{t_n\le s\le t}(I_\alpha[g(\cdot)]_{t_n,s})^p \le C(t-t_n)^{p[l(\alpha)+n(\alpha)]/2}\,. \tag{2.14}$$

The easy proof is left to the reader.

3. Weak Itô-Taylor scheme. Now we want to treat the *weak convergence rate problem*, that is to say, to estimate $|\mathbb{E}[h(X_T) - h(Y_T)]|$ for a continuous function h of polynomial growth. Note that the absolute value sign is outside the expectation. We could also estimate $\sup_{0\le t\le T}|\mathbb{E}[h(X_t) - h(Y_t)]|$ without essential modifications. To get a weak convergence rate of order γ (here, an integer), we take from now on

$$\Gamma = \mathcal{B}_\gamma = \{\alpha, l(\alpha) \le \gamma\} .$$

Then we put $\mathcal{B}'_\gamma = \{\alpha : \alpha \notin \mathcal{B}_\gamma, -\alpha \in \mathcal{B}_\gamma\} = \{\alpha : l(\alpha) = \gamma + 1\}$.

We have the following theorem.

THEOREM 2. *Let γ be an positive integer. Assume that all coefficients b_j ($j = 0, 1, \ldots, m$) are Lipschitz continuous and their components belong to $C_p^{2(\gamma+1)}$ (the space of functions from $\mathbb{R}^d$ to $\mathbb{R}$ whose derivatives of order $\le 2(\gamma+1)$ are continuous and of polynomial growth). Assume that for all $\alpha \in \Gamma$, $f_\alpha = L^{\alpha_1}\cdots L^{\alpha_{l-1}} b_{\alpha_l}$, define by (1.6), is of linear growth :*

$$|f_\alpha(x)| \le C(1 + |x|) .$$

Then for each $h \in C_p^{2(\gamma+1)}$ there is a constant C_h independent of δ such that

$$|\mathbb{E}[h(X_T) - h(Y_T)]| \le C_h\, \delta^\gamma . \tag{3.1}$$

We need two lemmas to prove this theorem. We introduce the following notation : $X_\cdot^{s,x}$ is the solution of the s.d.e.

$$X_t^{s,x} = x + \sum_{j=0}^{m} \int_s^t b_j(X_r^{s,x})\, dB_r^j\ , \quad s \le t \le T \tag{3.2}$$

and put $\tilde{X}_s = X_s^{t_n, Y_{t_n}}$ for $t_n \le s \le t_{n+1}$.

LEMMA 3. Let $g(\cdot)$ be adapted and $\sup_{0\le s\le T}\mathbb{E}|g(s)|^p < \infty$ for any $1 \le p < \infty$. Then for $t_n \le t \le t_{n+1}$,

$$|\mathbb{E}\{I_\alpha[g(\cdot)]_{t_n,t}|\mathcal{F}_{t_n}\}| \le C(\omega)(t - t_n)^{l(\alpha)}, \tag{3.3}$$

where and in what follows $C(\omega)$ denotes a positive generic random constant independent of partition (which may vary from line to line) such that $\mathbb{E}C(\omega)^p < \infty$ for any $1 \le p < \infty$.

PROOF. Easy. ∎

LEMMA 4. Under the assumption of Lemma 3, we have for $t_n \le t \le t_{n+1}$,

$$|M_\alpha| := |\mathbb{E}\{[h(\tilde{X}_t) - h(Y_{t_n})] I_\alpha[g(\cdot)]_{t_n,t}|\mathcal{F}_{t_n}\}| \le C(\omega)(t - t_n)^{l(\alpha)}. \tag{3.4}$$

Proof. We shall prove this lemma by induction on $l(\alpha)$. It is easy to see that (3.4) is true when $l(\alpha) = 1$. Let (3.4) be true for $l(\alpha) \leq k$. We are going to prove that it is true for $l(\alpha) = k+1$.

Let $l(\alpha) = k+1$. Applying the Itô formula (1.5), we have

$$h(\tilde{X}_t) - h(Y_{t_n}) = \sum_{j=0}^{m} \int_{t_n}^{t} L^j h(\tilde{X}_s) dB_s^j, \quad t_n \leq t \leq t_{n+1}.$$

When $\alpha_l = 0$ ($l(\alpha) = k+1$), by the Itô formula (1.5), Lemma 3 and the induction assumption we have

$$\begin{aligned}
|M_\alpha| &\leq \int_{t_n}^{t} |\mathbb{E}\{[h(\tilde{X}_s) - h(Y_{t_n})] I_{\alpha-}[g(\cdot)]_{t_n,s} | \mathcal{F}_{t_n}\}| ds \\
&+ \int_{t_n}^{t} |\mathbb{E}\{[L^0 h(\tilde{X}_s) - L^0 h(Y_{t_n})] I_\alpha [g(\cdot)]_{t_n,s} | \mathcal{F}_{t_n}\}| ds \\
&+ \int_{t_n}^{t} \mathbb{E}|L^0 h(Y_{t_n})||\mathbb{E}\{I_\alpha [g(\cdot)]_{t_n,s} | \mathcal{F}_{t_n}\}| ds \\
&\leq C(\omega)(t-t_n)^{k+1} + \int_{t_n}^{t} |\mathbb{E}\{[L^0 h(\tilde{X}_s) - L^0 h(Y_{t_n}] I_\alpha [g(\cdot)]_{t_n,s} | \mathcal{F}_{t_n}\}| ds. \qquad (3.5)
\end{aligned}$$

Applying (3.5) repeatedly, we obtain

$$\begin{aligned}
|M_\alpha| \leq C(\omega)(t-t_n)^{k+1} + \int_{t_n \leq s_1 < \cdots < s_{k+1} < t} &|\mathbb{E}\{[(L^0)^{k+1} h(\tilde{X}_{s_1}) \\
&- (L^0)^{k+1} h(Y_{t_n})] I_\alpha [g(\cdot)]_{t_n,s_1} | \mathcal{F}_{t_n}\}| ds_1 \cdots ds_{k+1}.
\end{aligned}$$

Now it is easy to see that the conditional expectation inside the above multiple integral is in L^p for any $1 \leq p < \infty$. This proves (3.4) for $\alpha_l = 0$. In the same way we can prove (3.4) for $\alpha_l \neq 0$ ∎

Proof of Theorem 2. Set $u(s,x) = \mathbb{E}[h(X_T^{s,x})]$ (see (3.2)). Then for $h \in C_p^{(2\gamma+1)}$ we have $u(s,\cdot) \in C_p^{(2\gamma+1)}$ (this can be shown easily by Malliavin calculus for example). We have $\mathbb{E}[h(X_T)] = u(0, X_0)$ and

$$\mathbb{E}u(t_n, X_{t_n}^{t_{n-1}, Y_{t_{n-1}}}) = \mathbb{E}u(t_{n-1}, Y_{t_{n-1}}), \quad n \geq 1\ .$$

We compute the following expectation

$$\begin{aligned}
&|\mathbb{E}[h(Y_T) - h(X_T)]| = |\mathbb{E}[u(T, Y_T) - u(0, X_0)]| = |\mathbb{E}[u(T, Y_T) - u(0, Y_0)]| \\
&\leq |\mathbb{E} \sum_{n=1}^{N} [u(t_n, Y_{t_n}) - u(t_{n-1}, Y_{t_{n-1}})]| = |\mathbb{E} \sum_{n=1}^{N} [u(t_n, Y_{t_n}) - u(t_n, X_{t_n}^{t_{n-1} Y_{n-1}})]|
\end{aligned}$$

$$
(3.6) \qquad = \Big| \mathbb{E} \sum_{n=1}^{N} u'(t_n, X_{t_n}^{t_{n-1}Y_{n-1}}) \big(Y_{t_n} - X_{t_n}^{t_{n-1}Y_{n-1}} \big)
+ \frac{1}{2} \sum_{n=1}^{N} \mathbb{E} u''(t_n, Z_{\theta,n}) \big(X_{t_n}^{t_{n-1}Y_{n-1}} - Y_{t_n} \big)^2 \Big|,
$$

where u' and u'' are derivatives of $u(s,x)$ w.r.t. x, $Z_{\theta,n} := X_{t_n}^{t_{n-1}Y_{n-1}} + \theta(Y_{t_n} - X_{t_n}^{t_{n-1}Y_{n-1}})$ and $0 \le \theta \le 1$. By (2.14) we know that the last term is dominated by the sum of

$$
C\big(\mathbb{E}|u''(Z_{\theta,n})|^2\big)^{1/2}\big(\mathbb{E}(X_{t_n}^{t_{n-1}Y_{n-1}} - Y_{t_n})^4\big)^{1/2} \le C \sum_{\alpha \in \mathcal{B}'_\gamma} \big(\mathbb{E}|\, I_\alpha[f_\alpha(\cdot, X.)]_{t_n,t_{n+1}} |^4
$$

$$
\le C \sum_{\alpha \in \mathcal{B}'_\gamma} \Big((t_{n+1} - t_n)^{2(l(\alpha)+n(\alpha))} \Big)^{1/2} \le C \sum_{\alpha \in \mathcal{B}'_\gamma} (t_{n+1} - t_n)^{l(\alpha)}.
$$

But when $\alpha \in \mathcal{B}'_\gamma$ we have $l(\alpha) \ge \gamma + 1$, so the last term of (3.6) is at most $C(t_{n+1}) - t_n)^\gamma$.

As for the first term of (3.6), first we note that by the assumptions of Theorem 2, we have $\sup_{0 \le t \le T} |f_\alpha(t, X_t)|^p < \infty$ for any $1 \le p < \infty$ and $\alpha \in \mathcal{B}'_\gamma$. We have

$$
\Big| \mathbb{E} \sum_{n=1}^{N} u'(t_n, X_{t_n}^{t_{n-1}Y_{n-1}})(Y_{t_n} - X_{t_n}^{t_{n-1}Y_{n-1}}) \Big|
$$

$$
(3.7) \qquad \le \Big| \mathbb{E} \sum_{n=1}^{N} u'(t_n, Y_{t_{n-1}}) \, (Y_{t_n} - X_{t_n}^{t_{n-1}Y_{n-1}}) \Big|
+ \Big| \mathbb{E} \sum_{n=1}^{N} \big[u'(t_n, X_{t_n}^{t_{n-1}Y_{n-1}}) - u'(t_n, Y_{t_{n-1}}) \big] \, (Y_{t_n} - X_{t_n}^{t_{n-1}Y_{n-1}}) \Big|.
$$

By Lemma 4, the second term of (3.7) is dominated by

$$
\sum_{\alpha \in \mathcal{B}'_\gamma} \sum_{n=1}^{N} |\mathbb{E}\Big\{ \mathbb{E}\Big(\big[u'(t_n, X_{t_n}^{t_{n-1},Y_{n-1}}) - u'(t_n, Y_{n-1}) \big] I_\alpha[f_\alpha(\cdot, X.)]_{t_{n-1},t_n} | \mathcal{F}_{t_n-1} \Big) \Big\}|
$$

$$
\le \sum_{\alpha \in \mathcal{B}'_\gamma} \sum_{n=1}^{N} \mathbb{E}[C(\omega)](t_n - t_{n-1})^{l(\alpha)} \le C \sum_{n=1}^{N} (t_n - t_{n-1})^{\gamma+1} \le C\delta^\gamma.
$$

This gives the necessary estimate for the second term of (3.7). It is easy to see that the first term of (3.7) is also dominated by $C\delta^\gamma$. This proves the thoerem. ∎

References

[Be] G. Ben Arous, Flots et séries de Taylor stochastiques, *Prob. Th. Rel. Fields,* 81 (1989), 29-77.

[Hu] Y.Z. Hu, Séries de Taylor stochastiques et formule de Campbell-Hausdorff, d'après Ben Arous, *Sem. Prob. XXVI,* Lect. notes in Math. 1526, Springer, 1992, 587-594.

[HW] Y.Z. Hu and S. Watanabe, Donsker's delta functions and approximation of heat kernels by time discretization method, preprint, 1995.

[KP] P. E. Kloeden and E. Platen, *Numerical Solutions of Stochastic Differential Equations,* Springer-Verlag, 1992.

[Me] P.A. Meyer, Sur deux estimations d'intégrales multiples, *Sem. Prob. XXV,* Lecture Notes in Mathematics 1458, Springer 1991, 425-426.

[Øk] B. Øksendal, *Stochastic Differential Equations,* Springer, 1985.

Projection d'une diffusion sur sa filtration lente.

Catherine RAINER

Laboratoire de Probabilités, Université Paris VI, tour 56, 3e étage, 4, place Jussieu, Paris 75252 Cedex 05.

1 Introduction.

Soient $(\mathcal{F}_t)$ une filtration vérifiant les conditions habituelles et H un fermé $(\mathcal{F}_t)$-optionnel. Posons,

$$\forall t \geq 0, G_t = \sup\{s \leq t, s \in H\},\ D_t = \inf\{s > t, s \in H\}.$$

On appelle 'filtration lente associée à $(\mathcal{F}_t)$ et à H', $(\mathcal{H}_t)$, la filtration $(\mathcal{F}^+_{G_t})$ rendue continue à droite, où, pour toute variable positive L, $\mathcal{F}^+_L$ (resp. $\mathcal{F}^-_L$) désigne la tribu engendrée par les variables Z_L, (Z_t) décrivant les processus $(\mathcal{F}_t)$-progressifs (resp. prévisibles).

Dans cet article, $(\mathcal{F}_t)$ est engendrée par une diffusion réelle à l'échelle naturelle, (X_t), et H est l'ensemble de ses zéros. Nous nous proposons de calculer la projection optionnelle de (X_t) sur la filtration $(\mathcal{H}_t)$, $({}^oX_t)$, dans le cas où (X_t) est une martingale à valeurs dans un ouvert de $\mathbb{R}$ contenant zéro.
Cette projection est bien connue, quand (X_t) est un mouvement brownien : c'est la première martingale d'Azéma, $\mu_t = (\text{sgn}X_t)\sqrt{\frac{\pi}{2}(t-G_t)}$.
Dans le cas général, on montrera que

$${}^oX_t = \frac{1}{2}\left(\frac{1_{\{X_t>0\}}}{N_+(]t,+\infty])} - \frac{1_{\{X_t<0\}}}{N_-(]t,+\infty])}\right),$$

où N_+ (resp. N_-) est la mesure de Lévy des excursions positives (resp. négatives) de (X_t) en dehors de zéro. On clôt ce travail en donnant la formule explicite de $({}^oX_t)$ pour les diffusions réelles les plus usuellles.

2 Notations, préliminaires.

On note J un intervalle de la forme $]a,b[$ ou $[0,b[$, avec $-\infty \leq a < 0 < b \leq +\infty$. Soit $(\Omega, \mathcal{F}, (\mathcal{F}_t), (X_t), (\theta_t), (P^x)_{x\in J})$ une diffusion réelle (c'est-à-dire un processus de Markov fort, réel, continu) à valeurs dans J. On suppose que (X_t) est régulière (en posant $T_y = \inf\{s > 0, X_s = y\}$, on a, $\forall x \in \overset{\circ}{J}, \forall y \in J, P^x[T_y < +\infty] > 0$), que le point 0 est régulier pour (X_t) ($P^0[T_0 = 0] = 1$), et que (X_t) est à l'échelle naturelle et à temps de vie infinie.

Tout au long de ce travail, on se place sous la probabilité $P = P^0$.

Le processus (X_t) est une semi-martingale continue et admet un temps local (L_t) en zéro selon Tanaka. Comme (X_t) est aussi un processus de Markov et que zéro est régulier pour (X_t), (L_t) est une fonctionnelle additive. Rappelons que, pour $J =]a,b[$, (X_t) est une martingale locale pure, et pour $J = [0,b[$, $(X_t - L_t)$ est une martingale locale pure ([RoWi] p.277). On supposera dans la suite que (X_t) (resp. $(X_t - L_t)$) est une vraie martingale. Une condition nécessaire et suffisante pour que celà soit réalisé est donnée dans l'annexe à la fin de ce travail.

Soit H l'ensemble des zéros de (X_t) : $H = \{t \geq 0, X_t = 0\}$. Le processus (X_t) étant continu, H est un ensemble $(\mathcal{F}_t)$-prévisible.
On note $(\mathcal{H}_t)$ la filtration lente associée à $(\mathcal{F}_t)$ et à H; elle contient la filtration naturelle engendrée par le couple $(G_t, (\text{sgn}X_t))$.
La proposition suivante donne une décomposition de $\mathcal{H}_T$ en tout temps d'arrêt borné T :

Propriété 2.1 *Pour tout T $(\mathcal{H}_t)$-temps d'arrêt borné, on a*

$$\mathcal{H}_T|_{\{X_T\neq 0\}} = (\mathcal{F}^-_{G_T} \vee \sigma\{X_T > 0\})|_{\{X_T \neq 0\}}.$$

DÉMONSTRATION: Supposons d'abord que $P[X_T = 0] = 0$. On a alors, d'après [ARY] (ou [R] pour $J = [0,b[$), pour tout $(\mathcal{F}_t)$-temps d'arrêt, donc en particulier pour tout $(\mathcal{H}_t)$-temps d'arrêt T,

$$\mathcal{F}^+_{G_T} = \mathcal{F}^-_{G_T} \vee \sigma\{X_T > 0\}.$$

Il suffit donc de montrer que $\mathcal{H}_T = \mathcal{F}^+_{G_T}$.
Il est clair que $\mathcal{F}^+_{G_T} \subset \mathcal{H}_T$.
Inversement, on montre que, pour toute filtration $(\mathcal{G}_t)$ engendrée par un processus (Z_t), la tribu strictement antérieure à un $(\mathcal{G}_t)$-temps d'arrêt S se décompose en

$$\mathcal{G}^-_S = \sigma\{S\} \vee \sigma\{Z_s 1_{\{s<S\}}, s \geq 0\}.$$

On a donc ici

$$\begin{aligned}\mathcal{H}_T &= \textstyle\bigcap_{\varepsilon>0} \mathcal{H}^-_{T+\varepsilon}\\ &= \textstyle\bigcap_{\varepsilon>0} \sigma\{T+\varepsilon\} \vee \sigma\{Z_{G_s} 1_{\{s<T+\varepsilon\}}, s \geq 0, (Z_t)(\mathcal{F}_t)\text{-progressif}\}\\ &= \textstyle\bigcap_{\varepsilon>0} \mathcal{H}^-_T \vee \sigma\{Z_{G_s} 1_{\{T\leq s<T+\varepsilon\}}, s \geq 0, (Z_t)(\mathcal{F}_t)\text{-progressif}\}.\end{aligned}$$

Pour tout $\varepsilon > 0$, sur $\Lambda_\varepsilon = \{T + \varepsilon < D_T\}$, (Z_{G_t}) est constant entre T et $T+\varepsilon$ et égal à $\lim_{v \nearrow T} Z_{G_v} 1_{v<T}$, ce qui est $\mathcal{H}^-_T$-mesurable; donc, pour tout $s \geq 0, Z_{G_s} 1_{\{T\leq s<T+\varepsilon\}}$ est $\mathcal{H}^-_T$-mesurable. On en déduit que, sur $\bigcup_{\varepsilon>0} \Lambda_\varepsilon \overset{ps}{=} \Omega$, $\mathcal{H}_T = \mathcal{H}^-_T$.
Or, vu le système de générateurs de $\mathcal{H}^-_T$, il est clair que $\mathcal{H}^-_T \subset \mathcal{F}^+_{G_T}$.

Pour T temps d'arrêt borné quelconque, il suffit de poser

$$T' = \begin{cases} T & \text{si } X_T \neq 0,\\ \xi + 1, \text{ avec } \xi = \sup_{\omega\in\Omega} T(\omega), & \text{si } X_T = 0.\end{cases}$$

Le temps T' est un $(\mathcal{F}_t)$-temps d'arrêt borné vérifiant

$$P[X_{T'} = 0] = 0 \text{ et } \{X_T = 0\} \overset{ps}{=} \{T' = T\} \in \mathcal{F}'_T.$$

On se ramène alors facilement au cas précédent. □

3 De la théorie des excursions.

On adopte les notations suivantes : on note $\mathbb{G}$ l'ensemble des extrémités gauches des intervalles contigus à H; on pose, pour tout $t \geq 0, \kappa_t = (\liminf_{s \searrow t} \text{sgn} X_s)(D_t - G_t)$; puis $\mathbb{R}' = \mathbb{R}^* \cup \{+\infty\}, \mathbb{R}'_{+(-)} = \mathbb{R}^*_{+(-)} \cup \{+(-)\infty\}$, et, pour tout espace E, $\mathcal{B}(E)$ sa tribu borélienne. Pour tout espace mesurable $(K, \mathcal{K})$ et toute filtration $(\mathcal{G}_t)$, on note $\mathcal{P}(\mathcal{G})$ la tribu prévisible sur $(\mathcal{G}_t)$ et $\mathcal{P}_b(\mathcal{G}, K)$ l'espace des applications bornées de $\mathbb{R}_+ \times \Omega \times K$ dans $\mathbb{R}$ mesurables par rapport à $\mathcal{P}(\mathcal{G}) \times \mathcal{K}, \mathcal{B}(\mathbb{R})$.

Lemme 3.1 *([DMe] p.294) Soit E l'espace des fonctions continues e de $\mathbb{R}_+$ dans $\mathbb{R}$, nulles en zéro, telles que, en posant*

$$\sigma(e) = \inf\{t > 0, e(t) = 0\},$$

$\sigma(e)$ soit strictement positif et e nulle sur $[\sigma(e), +\infty[$. On munit E de la tribu $\mathcal{E}$ engendrée par l'application coordonnée sur E. Pour tout $g \in \mathbb{G}$, soit e_g l'excursion de (X_t) débutant en l'instant g.
Il existe alors une mesure ν positive σ-finie sur $\mathcal{E}$ et une fonctionnelle additive (λ_t) continue portée par H, telles que la mesure aléatoire ponctuelle

$$\Pi(., dt, de) = \sum_{g \in \mathbb{G}} \varepsilon_{g, e_g}(dt, de)$$

ait pour projection prévisible duale dans la filtration $(\mathcal{F}_t)$ la mesure $\nu(de)d\lambda_t$.

Le couple (ν, λ_t) vérifie la propriété suivante :

$$\forall \Phi \in \mathcal{P}_b(\mathcal{F}, E), \quad E[\sum_{g \in \mathbb{G}} \Phi(g, ., e_g)] = E[\int_{\mathbb{R}_+ \times E} \Phi(s, ., e)\nu(de)d\lambda_s]. \tag{1}$$

Soit $(\tau_t = \inf\{s \geq 0, L_s > t\})$ l'inverse continu à droite de (L_t). Posons

$$\tau_t^{+(-)} = \int_0^{\tau_t} 1_{\{X_s \in \mathbb{R}_{+(-)}\}} ds.$$

Soient N_+ (resp. N_-) la mesure de Lévy associée à (τ_t^+) (resp. (τ_t^-)), et N la mesure sur $\mathcal{B}(\mathbb{R}')$ définie par

$$N|_{\mathbb{R}'_+}(dx) = N_+(dx), \quad N|_{\mathbb{R}'_-} = N_-(-dx).$$

On pose finalement, $\forall x \in \mathbb{R}'_+, N^{+(-)}(x) = N_{+(-)}(]x, +\infty])$.
(Pour $J = [0, b[$, le processus (τ_t^-) ainsi que la mesure N_- sont identiquement nuls.)

Proposition 3.2 $\forall \Phi \in \mathcal{P}_b(\mathcal{H}, \mathbb{R}')$,

$$E[\sum_{g \in \mathbb{G}} \Phi(g, \kappa_g)] = E[\int_{\mathbb{R}_+ \times \mathbb{R}'} \Phi(s, x)N(dx)dL_s]. \tag{2}$$

DÉMONSTRATION: Remarquons d'abord que, (λ_t) étant une fonctionnelle additive continue portée par H, elle est proportionnelle à (L_t). Quitte à remplacer le couple (ν, λ) par $(\frac{1}{a}\nu, a\lambda)$ pour un $a > 0$, on peut donc supposer que $\lambda_t = L_t$.
Soit N° la mesure sur $\mathbb{R}'$ définie par :

$$N^\circ(dx) = \nu\{(\sigma(e) \times \mathrm{sgn}(e)) \in dx\}.$$

On déduit de la formule (1) que N° vérifie,

$$\forall \Phi \in \mathcal{P}_b(\mathcal{H}, I\!R'), \quad E[\sum_{g \in G} \Phi(g, \kappa_g)] = E[\int_{R_+ \times R'} \Phi(s, x) N^\circ(dx) dL_s]. \tag{3}$$

Cette équation peut également s'écrire

$$E[\sum_{\tau^+_{s-} \neq \tau^+_s} \Phi(\tau^+_{s-}, \tau^+_s - \tau^+_{s-})] + E[\sum_{\tau^-_{s-} \neq \tau^-_s} \Phi(\tau^-_{s-}, -(\tau^-_s - \tau^-_{s-}))]$$
$$= E[\int_{R_+ \times R'_+} \Phi(\tau^+_{s-}, x) N^\circ(dx) ds] + E[\int_{R_+ \times R'_-} \Phi(\tau^-_{s-}, x) N^\circ(dx) ds].$$

On en déduit que $N^\circ = N$. □

D'après Knight [Kn] p.71,77 (voir aussi Kotani-Watanabe [KoWa]), N^+ et N^- sont absolument continues par rapport à la mesure de Lebesgue et leur support est vide ou contient tout $I\!R^*_+$.

4 Des martingales remarquables.

Il est connu depuis [A] p.452 que le processus

$$\left(\overline{M}_t = \frac{1}{(N^+ + N^-)(t - G_t)} 1_{H^c}(t) - L_t\right)$$

est une martingale locale dans la filtration engendrée par (G_t). Dans ce paragraphe, nous allons construire deux processus associés au fermé marqué $(H, (\mathrm{sgn} X_t))$ qui sont des martingales dans la filtration $(\mathcal{M}_t)$ et dans la filtration $(\mathcal{H}_t)$.
Pour tout $t \geq 0$, on pose

$$M_t = \frac{1}{2}\left(\frac{1_{\{X_t > 0\}}}{N^+(t - G_t)} - \frac{1_{\{X_t < 0\}}}{N^-(t - G_t)}\right).$$

Proposition 4.1 *Le processus $(M^+_t - \frac{1}{2}L_t)$ est une $(\mathcal{H}_t)$-martingale. Si $J =]a, b[$, (M_t) est une $(\mathcal{H}_t)$-martingale.*

DÉMONSTRATION: Il suffit de montrer que $(M^+_t - \frac{1}{2}L_t)$ est une martingale.
Posons. $H_+ = \{s \geq 0, X_s \leq 0\}$. L'ensemble H_+ est un fermé $(\mathcal{F}_t)$-optionnel. Soit G_+ l'ensemble des extrémités gauches des intervalles contigus à H_+; posons $G^+_t = \sup\{s \leq t, X_s \leq 0\}, D^+_t = \inf\{s > t, X_s \leq 0\}$; notons $(\mathcal{A}_t)$ la filtration $(\mathcal{F}^-_{G^+_t})$ rendue continue à droite.
Pour $J = [0, b[$, $(\mathcal{A}_t) = (\mathcal{H}_t)$. Si $J =]a, b[$, on a toujours, $\forall t \geq 0, G_t \leq G^+_t$, donc $\mathcal{F}^-_{G_t} \subset \mathcal{A}_t$ ([DMaMe] p.142) et $\{X_t > 0\} = \{G^+_t < t\} \in \mathcal{A}_t$; donc, d'après la décomposition 2.1 , $(\mathcal{H}_t) \subset (\mathcal{A}_t)$.
On a, pour tout $\varphi \in \mathcal{P}_b(\mathcal{F}, I\!R'_+)$,

$$E[\sum_{g\in G_+}\varphi(g,D_g^+-g)] = E[\sum_{g\in G}\Phi(g,\kappa_g)],\quad \text{avec } \Phi(s,u)=\varphi(s,u)1_{\{u>0\}}$$
$$= E[\int_{\mathbb{R}_+\times\mathbb{R}'_+}\varphi(s,x)N_+(dx)dL_s].$$

On peut alors appliquer la formule de conditionnement [DMaMe] p.190 :
pour toute fonction f bornée, pour tout T $(\mathcal{A}_t)$-temps d'arrêt borné, donc, en particulier pour tout T $(\mathcal{H}_t)$-temps d'arrêt borné,

$$E[f(G_T^+,D_T^+-G_T^+)|\mathcal{A}_T]1_{\{G_T^+<T\}} = \int_{T-G_T^+}^{+\infty}\frac{f(G_T^+,x)}{N^+(T-G_T^+)}N_+(dx)1_{\{G_T^+<T\}}. \tag{4}$$

Sur $\{G_T^+<T\}=\{X_T>0\}$, on a $G_T^+=G_T$ et $D_T^+=D_T$. La formule (4) s'écrit donc aussi

$$E[f(G_T,D_T-G_T)|\mathcal{A}_T]1_{\{X_T>0\}} = N_T^+(f)\equiv 1_{\{X_T>0\}}\int_{]T-G_T,+\infty]}\frac{f(G_T,x)}{N^+(T-G_T)}N_+(dx).$$

En remarquant que $N_T^+(f)$ est $\mathcal{H}_T$-mesurable, on en déduit la formule de projection

$$E[f(G_T,D_T-G_T)|\mathcal{H}_T]1_{\{X_T>0\}} = N_T^+(f). \tag{5}$$

Considérons maintenant $k\in\mathbb{R}_+$ tel que T soit majoré par k et appliquons (5) à la fonction $f(s,y)=1_{\{|y|>k-s,y>0\}}$:

$$\begin{aligned}E[1_{\{D_T-G_T>k-G_T,X_T>0\}}|\mathcal{H}_T] &= \frac{1_{\{X_T>0\}}}{N^+(T-G_T)}\int_{]T-G_T,+\infty]}1_{\{y>k-G_T\}}N_+(dy)\\ &= 1_{\{X_T>0\}}\frac{N_+(k-G_T)}{N^+(T-G_T)}.\end{aligned} \tag{6}$$

(Puisque $k-G_T\geq T-G_T>0$ sur $\{X_T>0\}$, l'expression $N^+(k-G_T)$ a un sens et n'est pas nulle.)
Multiplions les termes de gauche et de droite de (6) par $1/N^+(k-G_T)$. On a alors

$$E[\frac{1_{\{D_T-G_T>k-G_T,X_T>0\}}}{N^+(k-G_T)}] = E[\frac{1_{\{X_T>0\}}}{N^+(T-G_T)}]\equiv 2E[M_T^+]. \tag{7}$$

Par ailleurs, on peut écrire le membre de gauche de (7) comme une somme (dont un seul des termes est non nul), puis appliquer la formule (2) de la manière suivante :

$$\begin{aligned}E[\frac{1_{\{D_T-G_T>k-G_T,X_T>0\}}}{N^+(k-G_T)}] &= E[\sum_{g\in G}\frac{1_{\{g<T,|\kappa_g|>k-g,\kappa_g>0\}}}{N^+(k-g)}]\\ &= E[\int_{\mathbb{R}_+\times\mathbb{R}'_+}\frac{1_{\{s<T,x>k-s\}}}{N^+(k-s)}N_+(dx)dL_s]\\ &= E[L_T].\end{aligned} \tag{8}$$

En regroupant les relations (7) et (8) on obtient

$$E[M_T^+]=\frac{1}{2}E[L_T], \tag{9}$$

donc

$$E[M_T^+-\frac{1}{2}L_T]=0=E[M_0-\frac{1}{2}L_0], \tag{10}$$

et $(M_t^+-\frac{1}{2}L_t)$ est une martingale. □

5   La projection optionnelle de (X_t) sur $(\mathcal{H}_t)$.

Il est raisonnable d'élargir à des processus plus généraux la définition de la projection optionnelle qui est définie pour les processus positifs ou bornés, de la façon suivante :

Définition 5.1 *Soit $(\mathcal{G}_t)$ une filtration vérifiant les conditions habituelles, et (Z_t) un processus tel que, pour tout T $(\mathcal{G}_t)$-temps d'arrêt borné, Z_T soit intégrable. Alors la projection $(\mathcal{G}_t)$-optionnelle de (Z_t), $(^{O}Z_t)$, est l'unique processus $(\mathcal{G}_t)$-optionnel vérifiant,*

$$\forall T \ (\mathcal{G}_t)\text{-temps d'arrêt borné}, \ ^{O}Z_T = E[Z_T|\mathcal{G}_T].$$

(Deux processus optionnels coïncidant en tout temps d'arrêt borné sont indistinguables; $(^{O}X_t)$ est donc bien défini à l'indistinguabilité près et coïncide avec la projection optionnelle pour (X_t) positif ou borné).

Pour la démonstration du théorème principal, nous avons besoin de la formule de balayage d'Azéma-Yor [Y1]. Rappelons-la :

Lemme 5.2 *(cf. [Y1] p.427) Soient $(\mathcal{G}_t)$ une filtration satisfaisant les conditions habituelles, H un fermé aléatoire $(\mathcal{G}_t)$-optionnel et (U_t) une $(\mathcal{G}_t)$-semimartingale s'annulant sur H. Alors, pour tout (Z_t) processus $(\mathcal{G}_t)$-prévisible borné, on a*

$$U_t Z_{G_t} = U_0 Z_0 + \int_0^t Z_{g_s} dU_s,$$

avec $g_t = \sup\{s < t, s \in H\}$.

Théorème 5.3 *La projection optionnelle de (X_t) sur $(\mathcal{H}_t)$ est égale à (M_t) :*

$$^{O}X_t = \frac{1}{2}\left(\frac{1_{\{X_t>0\}}}{N^+(t-G_t)} - \frac{1_{\{X_t<0\}}}{N^-(t-G_t)}\right).$$

DÉMONSTRATION: Il suffit de montrer que $(^{O}X_t^+) = (M_t^+)$, ou que, pour T $(\mathcal{H}_t)$-temps d'arrêt borné,

$$E[X_T^+|\mathcal{H}_T] = M_T^+.$$

D'après 2.1, la restriction de $\mathcal{H}_T$ sur $\{X_T \neq 0\}$ est engendrée par les variables $\Phi(G_T, 1_{\{X_T>0\}})$, avec $\Phi \in \mathcal{P}_b(\mathcal{F}, \{1,0\})$. Sur $\{X_T > 0\}$, ces variables s'écrivent $\Phi(G_T, 1)$ et sont donc égales à des variables de la forme Z_{G_T}, avec (Z_t) $(\mathcal{F}_t)$-prévisible borné. Le problème revient donc à montrer que,

$$\forall(Z_t) \ (\mathcal{F}_t)\text{-prévisible borné}, \quad E[X_T^+ Z_{G_T}] = E[M_T^+ Z_{G_T}].$$

C'est là qu'intervient le lemme de balayage 5.2 : (X_t^+) est une $(\mathcal{F}_t)$-semimartingale s'annulant sur H, et $(X_t^+ - \frac{1}{2}L_t)$ une $(\mathcal{F}_t)$-martingale. On a donc

$$E[X_T^+ Z_{G_T}] = E[\int_0^T Z_{g_s} dX_s^+] = E[\int_0^T Z_{g_s} d(\frac{1}{2}L_s)].$$

Par ailleurs, si (Z_t) est $(\mathcal{F}_t)$-prévisible, $(Z'_t) = (Z_{g_t})$ est $(\mathcal{H}_t)$-prévisible ([DMaMe] p.155) et vérifie $(Z'_{g_t}) = (Z_{g_t})$. Le processus (M_t^+) est une $(\mathcal{H}_t)$-semimartingale s'annulant sur H. D'après 4.1, $(M_t^+ - \frac{1}{2}L_t)$ est une $(\mathcal{H}_t)$-martingale. On a donc, en utilisant de nouveau la formule de balayage 5.2,

$$E[M_T^+ Z_{G_T}] = E[\int_0^T Z_{g_s} dM_s^+] = E[\int_0^T Z_{g_s} d(\frac{1}{2}L_s)].$$

D'où le résultat. □

6 Exemples.

Nous présentons maintenant quelques exemples de diffusions réelles, dont on peut calculer explicitement la projection optionnelle sur $(\mathcal{H}_t)$. On note toujours (X_t) la diffusion, $({}^oX_t)$ sa projection optionnelle sur $(\mathcal{H}_t)$, et (M_t) le processus défini par :

$$\forall t \geq 0, M_t = \frac{1}{2}\left(\frac{1_{\{X_t>0\}}}{N^+(t-G_t)} - \frac{1_{\{X_t<0\}}}{N^-(t-G_t)}\right).$$

On pose $\overline{N} = N_+ + N_-$.
Le plus souvent, connaissant les mesures de Lévy N_+ et N_-, on peut en déduire la projection $({}^oX_t)$. Or on remarquera que, dans certains cas, cette dernière se calcule directement et fournit alors l'expression des mesures de Lévy.

6.1 Le mouvement brownien et le module du mouvement brownien .

Si (X_t) est un mouvement brownien réel issu de zéro, la mesure de Lévy de ses zéros est connue :

$$\overline{N}(dx) = \frac{1}{\sqrt{2\pi}} x^{-3/2} dx.$$

Le mouvement brownien étant symétrique, on en déduit que

$$N_+(dx) = N_-(dx) = \frac{1}{2\sqrt{2\pi}} x^{-3/2} dx,$$

et ensuite que

$${}^oX_t = M_t = (\text{sgn} B_t)\sqrt{\frac{\pi}{2}}\sqrt{t - G_t}.$$

Si (X_t) est le module d'un mouvement brownien (B_t), (X_t) a les mêmes zéros que (B_t), donc, à une constante multiplicative près, la même mesure de Lévy des zéros. Son temps local étant le double de celui de (B_t), on a

$$N_+(dx) = \frac{1}{2} \times \frac{1}{\sqrt{2\pi}} x^{-2/3}, N_-(dx) = 0$$

et

$${}^oX_t = \sqrt{\frac{\pi}{2}}\sqrt{t - G_t}.$$

Remarque : On retrouve ici deux résultats déjà connus ([A] p.462) :
si (B_t) est un mouvement brownien, H l'ensemble de ses zéros, $(\mathcal{G}_t)$ la filtration naturelle engendrée par le processus (G_t), et $(\mathcal{M}_t)$ celle engendrée par $(G_t, (\text{sgn}B_t))$, alors,

$$\begin{aligned} \forall t \geq 0, \quad E[|B_t||\mathcal{G}_t] &= \sqrt{\tfrac{\pi}{2}}\sqrt{t - G_t}, \\ E[B_t|\mathcal{M}_t] &= (\text{sgn}B_t)\sqrt{\tfrac{\pi}{2}}\sqrt{t - G_t}. \end{aligned}$$

6.2 Les carrés de Bessel.

Soit (B_t) un mouvement brownien, δ un réel strictement compris entre 0 et 2. L'équation différentielle stochastique

$$Y_t = 2\int_0^t \sqrt{Y_s}dB_s + \delta t$$

admet une solution unique qui est forte, appelée **carré de Bessel de dimension** δ (cf. [ReY] p.409).
La fonction $s : x \mapsto x^{1-\delta/2}$ est une fonction d'échelle pour (Y_t) (cf. [ReY] p.412). Le processus $(X_t = s(Y_t))$ est alors une diffusion réelle à l'échelle naturelle. Son espace d'état est $\mathbb{R}_+$, (X_t) est régulière en tout point de $\mathbb{R}_+$, et 0 est régulier pour (X_t). Le processus $(X_t - L_t)$ est une martingale.

Proposition 6.2.1 *On a*

$$^{\mathcal{O}}X_t = M_t = 2^{1-\frac{\delta}{2}}\Gamma(2 - \frac{\delta}{2})(t - G_t)^{1-\frac{\delta}{2}},$$

où Γ *est la fonction Gamma.*

DÉMONSTRATION: Le processus

$$(m_u = \frac{1}{\sqrt{1 - G_1}}Y^{\frac{1}{2}}_{G_1+u(1-G_1)}, \ 0 \leq u \leq 1)$$

est le méandre du processus de Bessel de dimension δ, $(m_u)_{u\leq 1}$ est indépendant de $\mathcal{H}_1$, et m_1 suit la loi de Rayleigh : $\rho e^{-\frac{\rho^2}{2}}d\rho$ (cf. [Y2], p.42). On a donc, pour tout $t \geq 0$,

$$\begin{aligned} E[X_t|\mathcal{H}_t] &= (t - G_t)^{1-\frac{\delta}{2}}E[m_1^{2-\delta}] = (t - G_t)^{1-\frac{\delta}{2}}\int_0^\infty \rho^{3-\delta}e^{-\frac{\rho^2}{2}}d\rho \\ &= 2(t - G_t)^{1-\frac{\delta}{2}}\Gamma(2 - \frac{\delta}{2}). \end{aligned}$$

Puisque le processus figurant au membre de droite de cette dernière égalité est càdlàg, on en déduit une égalité entre processus. □

On en déduit l'expression de la mesure de Lévy des zéros de (X_t) :

Corollaire 6.2.2 *La mesure de Lévy des zéros de* (X_t) *est donnée par :*

$$N_+(dx) = \frac{1 - \frac{\delta}{2}}{\Gamma(2 - \frac{\delta}{2})}(2x)^{\frac{\delta}{2}-2}dx, \ N_-(dx) = 0.$$

6.3 Le mouvement brownien avec drift.

Soit (B_t) un mouvement brownien et α un réel. Le processus

$$(Y_t = B_t - \alpha t, t \geq 0)$$

est appelé un mouvement brownien avec drift $-\alpha$. C'est une diffusion réelle avec espace d'état $\mathbb{R}$, régulière sur $\mathbb{R}$.
La fonction $x \mapsto s(x) = \frac{1}{2\alpha}(e^{2\alpha x} - 1)$ est une fonction d'échelle pour (Y_t), et le processus $(X_t) = (s(Y_t))$ est une martingale.

Proposition 6.3.1

$$^{O}X_t = M_t = \sqrt{\frac{\pi}{2}}\psi(\alpha(\text{sgn}X_t)\sqrt{t - G_t}),$$

avec $\psi(x) = \frac{1}{\alpha}xe^{\frac{x^2}{2}}(1 + xe^{\frac{x^2}{2}}\int_{-\infty}^{x} e^{-\frac{y^2}{2}}dy)^{-1}$.

DÉMONSTRATION: Soit Q une probabilité sur $(\Omega, \mathcal{F})$ telle que

$$\forall t \geq 0, Q|_{\mathcal{F}_t} = e^{\alpha B_t - \frac{\alpha^2 t}{2}} P|_{\mathcal{F}_t}.$$

On a alors également,

$$\forall t \geq 0, P|_{\mathcal{F}_t} = e^{-\alpha B_t + \frac{\alpha^2 t}{2}} Q|_{\mathcal{F}_t} = e^{-\alpha Y_t - \frac{\alpha^2 t}{2}} Q|_{\mathcal{F}_t}.$$

Pour toute variable V intégrable, $\mathcal{F}_t$-mesurable, et toute tribu $\mathcal{K}$ incluse dans $\mathcal{F}_t$, on a

$$E[V|\mathcal{K}] = E_Q[Ve^{-\alpha Y_t - \frac{\alpha^2 t}{2}}|\mathcal{K}]/E_Q[e^{-\alpha Y_t - \frac{\alpha^2 t}{2}}|\mathcal{K}],$$

donc en particulier

$$\begin{aligned} E[X_t|\mathcal{H}_t] &= E_Q[s(Y_t)e^{-\alpha Y_t - \frac{\alpha^2 t}{2}}|\mathcal{H}_t]/E_Q[e^{-\alpha Y_t - \frac{\alpha^2 t}{2}}|\mathcal{H}_t] \\ &= E_Q[\frac{1}{\alpha}e^{-\frac{\alpha^2 t}{2}}\text{sh}(\alpha Y_t)|\mathcal{H}_t]/E_Q[e^{-\alpha Y_t - \frac{\alpha^2 t}{2}}|\mathcal{H}_t]. \end{aligned} \quad (11)$$

Or, d'après le théorème de Girsanov, $(Y_t) = (B_t - <B, \alpha B>_t)$ est un Q-mouvement brownien. Les deux espérances conditionnelles de la droite de l'expression (11) sont alors connues (voir [AY] p.93) :

$$E_Q[\frac{1}{\alpha}e^{-\frac{\alpha^2 t}{2}}\text{sh}(\alpha Y_t)|\mathcal{H}_t] = \sqrt{\frac{\pi}{2}}(\text{sgn}Y_t)\sqrt{t - G_t}e^{-\frac{\alpha^2 G_t}{2}}.$$

et

$$E_Q[e^{-\alpha Y_t - \frac{\alpha^2 t}{2}}|\mathcal{H}_t] = h(\alpha(\text{sgn}Y_t)\sqrt{t - G_t})e^{-\frac{\alpha^2 t}{2}},$$

$$\text{avec } h(x) = 1 + xe^{x^2/2}\int_{-\infty}^{x} e^{-y^2/2}dy,$$

En regroupant ces deux expressions on trouve bien,

$$\forall t \geq 0, E[X_t|\mathcal{H}_t] = \sqrt{\frac{\pi}{2}}\psi(\alpha(\text{sgn}X_t)\sqrt{t - G_t}); \quad (12)$$

et puisque les deux processus figurant à gauche et à droite de la relation (12) sont càdlàg, on en déduit une égalité entre processus. □

En comparant le résultat de la proposition 6.3.1 avec la forme générale de (M_t), on trouve l'expression de N^- et N^+ et de $N(dx)$:

Corollaire 6.3.2

$$\begin{aligned} 1.\forall x \geq 0, \quad & N^+(x) = \frac{1}{\sqrt{2\pi}}\left(\frac{1}{\sqrt{x}}e^{-\frac{\alpha^2 x}{2}} + \alpha \int_{-\infty}^{\alpha\sqrt{x}} e^{-y^2/2}dy\right) \\ & N^-(x) = \frac{1}{\sqrt{2\pi}}\left(\frac{1}{\sqrt{x}}e^{\frac{\alpha^2 x}{2}} - \alpha \int_{-\infty}^{-\alpha\sqrt{x}} e^{-y^2/2}dy\right) \\ 2.Sur\ \mathbb{R}, \quad & N(dx) = \frac{|x|^{-3/2}}{2\sqrt{2\pi}}e^{-\frac{\alpha^2|x|}{2}}dx. \end{aligned}$$

Remarques 6.3.3 1. En posant $\alpha = 0$, on retrouve bien sûr les mesures associées au mouvement brownien.
2. La mesure de Lévy $N(dx)$ est symétrique sur $\mathbb{R}$: $N(dx) = N(-dx)$ (seuls $N(\{+\infty\})$ et $N(\{-\infty\})$ diffèrent). Or, d'après Williams [Wi] p.746, la loi du mouvement brownien avec drift, tué en G_∞, son dernier temps d'atteinte de 0, est stable par retournement de temps; plus précisement, pour toute fonctionnelle f on a

$$E[f(Y_u, u \leq G_\infty)|G_\infty = t] = E[f(P_u, u \leq t)],$$

où $(P_u, u \leq t)$ est un pont brownien de zéro à zéro de longueur t, et

$$P[G_\infty \in dt] = \frac{\alpha e^{-\frac{\alpha^2 t}{2}}}{\sqrt{2\pi t}}dt.$$

Cette dernière remarque n'a donc rien d'étonnant.

6.4 Le processus d'Ornstein-Uhlenbeck.

L'équation différentielle stochastique (e.d.s.)

$$dY_t = dB_t + \lambda Y_t dt, \ \lambda \in \mathbb{R}, Y_0 = y$$

admet une unique solution, appelée **processus d'Ornstein-Uhlenbeck**. Cette solution s'écrit

$$Y_t = e^{\lambda t}(y + \int_0^t e^{-\lambda s}dB_s).$$

En particulier elle est forte.
La formule générale des fonctions d'échelle pour diffusions vérifiant une e.d.s. (cf. [RoWi] p.270) donne ici comme fonction d'échelle $s(x) = \int_0^x e^{-\lambda u^2}du$. Si $y = 0$, on vérifie que $(X_t) = (s(Y_t))$ est une martingale qui a les mêmes zéros, le même signe et le même temps local selon Tanaka en zéro que (Y_t).
La mesure de Lévy de l'inverse de ce temps local est donnée par l'expression

$$\overline{N}(dx) = \frac{1}{\sqrt{2\pi}}|\lambda|^{3/2}e^{-\frac{\lambda x}{2}}(\mathrm{sh}(|\lambda|x))^{-3/2}dx.$$

(cf. Truman-Williams [TWi] et Carmona-Yor [CY]).
Le processus (X_t) ayant même loi que $(-X_t)$, $N(dx)$ est symétrique et vérifie :

$$N_+(dx) = N_-(dx) = \frac{1}{2}\overline{N}(dx).$$

La projection optionnelle de (X_t) sur $(\mathcal{H}_t)$ est donc

$$^oX_t = M_t = \frac{\mathrm{sgn}Y_t}{2\sqrt{2\pi}}|\lambda|^{-3/2}\left(\int_{t-G_t}^{+\infty} e^{-\frac{\lambda x}{2}}(\mathrm{sh}(|\lambda|x))^{-3/2}dx\right)^{-1}.$$

Annexe : Quand (X_t) est-elle une vraie martingale ?

Soit (X_t) une diffusion réelle à l'échelle naturelle à valeurs dans un intervalle ouvert $J =]a,b[, -\infty \leq a < b \leq +\infty$, pour laquelle tous les points de J sont réguliers. Soit m sa mesure de vitesse. Le processus (X_t) est une martingale locale dans sa filtration naturelle.

Théorème 1 *a) On a, pour tout $c \in J$, pour tout $t \geq 0$, $E^c[|X_t|] < +\infty$.*
b) Le processus (X_t) est une martingale si et seulement si la mesure de vitesse m vérifie

$$\lim_{x\to+\infty}\int^x ym(dy) = \lim_{x\to-\infty}\int_x |y|m(dy) = \infty. \tag{13}$$

Pour démontrer ceci, rappelons quelques résultats classiques sur les diffusions réelles que l'on peut relire dans [RoWi] p.291-295 : (Pour l'étude des diffusions à valeurs dans un inter valle, on pourra aussi consulter S. Méléard [S].)

pour $c \in J$ fixé, posons, pour tout $\lambda > 0$,

$$\forall y \in J,\ \Psi_\lambda^-(y) = \begin{cases} E^y[\exp(-\lambda T_c)] & \text{si } c \leq y, \\ 1/E^c[\exp(-\lambda T_y)] & \text{si } y \leq c; \end{cases}$$

$$\forall y \in J,\ \Psi_\lambda^+(y) = \begin{cases} E^y[\exp(-\lambda T_c)] & \text{si } y \leq c, \\ 1/E^c[\exp(-\lambda T_y)] & \text{si } c \leq y; \end{cases}$$

avec $T_y = \inf\{s \geq 0, X_s = y\}$. ($\Psi_\lambda^-$ et Ψ_λ^+ varient avec c.)
Les fonctions Ψ_λ^- et Ψ_λ^+ sont strictement convexes, continues, strictement monotones, positives et finies sur J et vérifient l'équation différentielle

$$f'' = 2\lambda fm \text{ ou, } \forall x,y \in J, x < y, (Df)(y-) - (Df)(x-) = \int_{[x,y[} 2\lambda f dm. \tag{14}$$

où D est le symbole de dérivation.
La résolvante $(R_\lambda, \lambda > 0)$ de (X_t) : $R_\lambda\varphi(x) = E^x[\int_0^{+\infty} e^{-\lambda t}\varphi(X_t)dt]$, vérifie

$$R_\lambda\varphi(x) = \int_J m(dy)r_\lambda(x,y)\varphi(y), \tag{15}$$

$$\text{avec } r_\lambda(x,y) = \begin{cases} k_\lambda\Psi_\lambda^+(x)\Psi_\lambda^-(y) & \text{pour } x \leq y \in J, \\ k_\lambda\Psi_\lambda^-(x)\Psi_\lambda^+(y) & \text{pour } y \leq x \in J, \end{cases}$$

où

$$k_\lambda \equiv \frac{1}{2}\left(\Psi_\lambda^-(x)D\Psi_\lambda^+(x-) - \Psi_\lambda^+(x)D\Psi_\lambda^-(x+)\right) \qquad (16)$$

est une constante, le Wronskien, qui ne dépend pas de x.

On a finalement,

- si $b < +\infty, \lim_{y\to b} \int^y (b-x)m(dx) = +\infty$ (les conditions (13) du théorème sont donc vérifiées si les bornes sont finies),

- si $b = +\infty$, on a l'équivalence

$$\lim_{y\to+\infty} \Psi_\lambda^-(y) > 0 \iff \lim_{y\to+\infty} \int^y xm(dx) < +\infty.$$

Des relations similables sont vraies bien sûr aussi pour a. Dans la suite on notera $\Psi^{-(+)}, R, r, k$ pour $\Psi_\lambda^{-(+)}, R_\lambda, r_\lambda, k_\lambda$.

Démonstration du théorème :
Pour tout $\lambda > 0$, soit e_λ une variable exponentielle de paramètre 1, indépendante de (X_t). Pour que (X_t) vérifie *a)* il suffit que, pour tout $\lambda > 0$,

$$\forall c \in J, E^c[|X_{e_\lambda} - c|] < +\infty; \qquad (17)$$

Si ceci est vérifié, (X_t) est une martingale si et seulement si, de plus, pour tout $\lambda > 0$,

$$\forall c \in J, E^c[X_{e_\lambda}] = c. \qquad (18)$$

Les deux relations (17) et (18) sont équivalentes respectivement à, pour tout $c \in J$ fixé,

$$RI_{+,c}(c) - RI_{-,c}(c) < +\infty, \qquad (19)$$

puis

$$RI_{+,c}(c) + RI_{-,c}(c) = c, \qquad (20)$$

où $I_{+,c}$ et $I_{-,c}$ sont les fonctions définies par

$$I_{+,c}(x) = x1_{\{x>c\}}, I_{-,c}(x) = x1_{\{x\le c\}}.$$

A l'aide de (14) et de (15), on peut calculer $RI_+(c)$ et $RI_-(c)$:

$$\begin{aligned}\tfrac{2}{k}RI_+(c) &= \lim_{x\to b}\textstyle\int_c^x y\Psi^-(y)m(dy) = \lim_{x\to b}\int_c^x yD^2\Psi^-(dy)\\ &= \lim_{x\to b}\left([yD\Psi^-(y+)]_c^x - \textstyle\int_c^x D\Psi^-(y+)dy\right)\\ &= \Psi^-(c) - cD\Psi^-(c+) + \lim_{x\to b}\left(xD\Psi^-(x+) - \Psi^-(x)\right),\end{aligned}$$

et

$$\tfrac{2}{k}RI_-(c) = -\Psi^+(c) + cD\Psi^+(c-) - \lim_{x\to a}\left(xD\Psi^+(x-) - \Psi^+(x)\right).$$

Dans les deux membres de droite, les termes relatifs à c sont finis, donc (19) équivaut à

$$\lim_{x\to b}\left(xD\Psi^-(x+) - \Psi^-(x)\right) + \lim_{x\to a}\left(xD\Psi^+(x-) - \Psi^+(x)\right) < +\infty. \qquad (21)$$

La fonction Ψ^- (resp. Ψ^+) étant décroissante (resp. croissante) et positive, $\lim_{x\to b}\Psi^-(x)$ et $\lim_{x\to a}\Psi^+(x)$ existent et sont finies. $D\Psi^-$ est croissante négative; donc, si $b < +\infty$, $\lim_{x\to b} D\Psi^-(x+) < +\infty$; si $b = +\infty$, un raisonnement d'analyse élémentaire montre que, si Ψ^- décroît vers une limite finie, alors $\lim_{x\to+\infty} xD\Psi^-(x+) = 0$.
De la même façon, on montre que les termes relatifs à la borne a sont également finis.
La condition (21) est donc toujours vérifiée, d'où la première partie du théorème.

On a $\Psi^-(c) = \Psi^+(c) = 1$, et

$$D\Psi_\lambda^+(c-) - D\Psi_\lambda^-(c+) = \Psi_\lambda^-(c)D\Psi_\lambda^+(c-) - \Psi_\lambda^+(c)D\Psi_\lambda^-(c+) = 2k.$$

On a vu que, si $b = +\infty$, alors $\lim_{x\to b} xD\Psi^-(x+) = 0$.
De même, si $b < +\infty$, d'après (16) et (14), on a, pour tout $x > c$,

$$\begin{aligned} D\Psi^-(x+)\Psi^+(x) + 2k &= \Psi^-(x)D\Psi^+(x-) \\ &= \Psi^-(x)\left(D\Psi^+(c-) + 2\int_{[c,x[}\Psi^+(y)m(dy)\right) \\ &= \Psi^-(x)D\Psi^+(c-) + 2k^{-1}R1_{[c,x[}. \end{aligned}$$

Quand x tend vers b, $D\Psi^-(x+)$ tend vers zéro, parce que le membre de droite admet une limite finie et que $\lim_{x\to b}\Psi^+(x) = \lim_{x\to b} 1/E^c[\exp(-T_x)] = +\infty$.
Donc $\lim_{x\to b} xD\Psi^-(x+) = 0$.
Substituons maintenant les valeurs trouvées dans (20). Il reste alors, pour établir b), à montrer que les deux conditions suivantes sont équivalentes :

i) $\lim_{x\to+\infty}\int^x ym(dy) = \lim_{x\to-\infty}\int_x ym(dy) = \infty$;
ii) $\forall c \in J$, $\lim_{x\to b}\Psi^-(x) - \lim_{x\to a}\Psi^+(x) = 0$.

- Commençons par supposer i) vérifié.
  Si $b < +\infty$, on a

$$\int_x^b 2\Psi^-(y)m(dy) = D\Psi^-(b+) - D\Psi^-(x+) < +\infty \text{ et } \int^b (b-y)m(dy) = +\infty$$

  Donc $\lim_{x\to b}\Psi^-(x) = 0$.

  Si $b = +\infty$, alors $\lim_{x\to b}\int^x ym(dy) = +\infty \Longrightarrow \lim_{x\to b}\Psi^-(x) = 0$.
  Tout celà étant également vrai pour la borne a, ça implique ii).

- Si $\lim_{x\to b}\int^x ym(dy) < +\infty$, alors $b = +\infty$ et $\lim_{x\to b}\Psi^-(x) > 0$.
  Donc si $\lim_{x\to a}\int_x ym(dy) = +\infty$, ii) ne peut pas être vérifiée.
  Si $\lim_{x\to b}\int^x ym(dy) < +\infty$ et $\lim_{x\to a}\int_x ym(dy) < +\infty$, alors b et a sont infinis et, pour tout $c \in J$,

$$\lim_{x\to+\infty} E^x[\exp(-T_c)] = \lim_{x\to b}\Psi^-(x) > 0 \text{ et } \lim_{x\to-\infty} E^x[\exp(-T_c)] = \lim_{x\to a}\Psi^-(x) > 0.$$

  Supposons que, pour un c fixé, ces deux limites soient égales. Soit $c' > c$. On a alors, en appliquant la propriété de Markov forte en T_c,

$$\begin{aligned}\lim_{x\to-\infty} E^x[\exp(-T_{c'})] &= \lim_{x\to-\infty} E^x[\exp(-T_c)]E^c[\exp(-T_{c'})]\\ &= \lim_{x\to+\infty} E^x[\exp(-T_c)]E^c[\exp(-T_{c'})]\\ &< \lim_{x\to+\infty} E^x[\exp(-T_c)] \leq \lim_{x\to+\infty} E^x[\exp(-T_{c'})],\end{aligned}$$

La relation ii) ne peut donc pas être vérifiée pour tout $c \in J$. □

Je remercie J. Azéma, J. Bertoin et M. Yor pour leurs bons conseils.

Références

[A] AZÉMA J. (1985): Sur les fermés aléatoires, Sém. Prob. XIX, LNM 1123, p.397-495, Springer Verlag.

[ARY] AZÉMA J., RAINER C., YOR M. (1995): Une propriété des martingales pures, dans ce volume.

[AY] AZÉMA J., YOR M. (1989): Etude d'une martingale remarquable, Sém. Prob. XXIII, LN 1372, p.88-130, Springer Verlag.

[CY] CARMONA PH., YOR M. (1991): Processus d'Ornstein-Uhlenbeck : mesure de Lévy de l'inverse du temps local en zéro (note non publiée).

[DMaMe] DELLACHERIE C., MAISONNEUVE B., MEYER P.A. (1992): Probabilités et Potentiel, chap.XVII à XXIV, Hermann.

[DMe] DELLACHERIE C., MEYER P.A. (1987): Probabilités et Potentiel, chap. XXII-XVI, Hermann.

[Kn] KNIGHT F.B. (1980): Characterization of Lévy measures of inverse local times of gap diffusion, Sem. on Stoch. Proc. 1980, Birkhäuser, p. 53-78.

[KoWa] KOTANI S., WATANABE S. (1981): Krein's spectral theory of strings and generalized diffusion processus, LNM 923, "Funct. Ana. in Markov processes", Springer Verlag.

[M] MÉLÉARD S. (1986): Applications du calcul stochastique à l'étude de processus de Markov réguliers sur $[0,1]$, Stochastics 19 (1986), p.41-82.

[R] RAINER C. (1994): Fermés marqués, filtrations lentes et équations de structure, Thèse de Doctorat de l'Université Paris VI.

[ReY] REVUZ D., YOR M. (1991): Continuous Martingales and Brownian Motion, Grundlehren der math. Wiss. 293, Springer Verlag.

[RoWi] ROGERS L.C.G., WILLIAMS D. (1987): Diffusions, Markov Processes and Martingales, vol.2, Wiley and Sons.

[TWi] TRUMAN A., WILLIAMS D. (1990): Generalised Arc-Sine Law and Nelson's Stochastic Mechanics of One-Dimensional Time-Homogeneous Diffusions, in: Diffusion processes and related problems in Analysis, Vol 1., Birkhäuser.

[Wi] WILLIAMS D. (1974): Path decomposition and continuity of local time for one dimensional diffusions I. Proc. London Math. Soc.(3), 28, p.738-768.

[Y1] YOR M. (1979): Sur le balayage des semimartingales continues, Sém. Prob. XIII, LNM 721, Springer Verlag. p.453-471.

[Y2] YOR M. (1992): Some Aspects of Brownian Motion, Part 1, Some Special functionals, Lectures in Maths. ETH Zürich, Birkhäuser.

Une propriété des martingales pures.

J. Azéma, C. Rainer, M. Yor

Laboratoire de Probabilités, tour 56, 3ème étage, 4 place Jussieu,
75252 Paris cedex 05

1 Introduction, notations.

Soit (M_t) une martingale locale continue, nulle en zéro, vérifiant $<M,M>_\infty = +\infty$ (cette dernière condition sert à éviter des lourdeurs rédactionnelles). Soit $(\mathcal{F}_t)$ sa filtration naturelle (on appelle 'filtration naturelle' la plus petite filtration vérifiant les conditions habituelles à laquelle (M_t) est adaptée).

On pose, pour tout $t \geq 0$,

$$C_t = \inf\{s \geq 0, <M,M>_s > t\},$$

et pour tout $t > 0$,

$$C_t^- = C_{t-}.$$

Le processus (C_t) est strictement croissant et continu à droite; de plus, pour tout $s \geq 0$, C_s est un $(\mathcal{F}_t)$-temps d'arrêt. On note $(\hat{\mathcal{F}}_t)$ la filtration $(\mathcal{F}_{C_t})$.
Le processus $(B_t) = (M_{C_t})$ est un $(\hat{\mathcal{F}}_t)$-mouvement brownien qui vérifie,

$$\forall t \geq 0, \ M_t = B_{<M,M>_t}.$$

Il est appelé le 'mouvement brownien de Dambis-Dubins-Schwarz' (de DDS) (voir [Da] ou [DuS1]). On note $(\mathcal{B}_t)$ sa filtration naturelle; il est clair que $(\mathcal{B}_t) \subset (\hat{\mathcal{F}}_t)$.
L'égalité $M_t = B_{<M,M>_t}$ montre que toute martingale locale est 'à un changement de temps près' un mouvement brownien. Mais cette phrase trop rapide cache une difficulté : il n'est en général pas vrai que, pour tout $s \geq 0$, $<M,M>_s$ soit un $(\mathcal{B}_t)$-temps d'arrêt (c'est seulement un $(\hat{\mathcal{F}}_t)$-temps d'arrêt), de sorte qu'on ne peut pas reconstruire toute martingale locale continue à partir de la seule donnée $((B_t),(\mathcal{B}_t))$. Cela a conduit à la définition suivante :

Définition 1.1 *([DuS2]) On dit que (M_t) est pure si, pour tout $s \geq 0$, $<M,M>_s$ est un temps d'arrêt de la filtration $(\mathcal{B}_t)$.*

Il serait agréable de caractériser la pureté d'une martingale locale, sans faire référence au mouvement brownien de DDS associé. Sans aller jusque là, nous présentons ici une propriété des martingales pures, que ne possède pas toute martingale locale continue.

On pose, pour tout $t \geq 0$,

$$G_t = \sup\{s \leq t, M_s = 0\} \text{ et } \gamma_t = \sup\{s \leq t, B_s = 0\};$$

on notera simplement γ pour γ_1.
Pour tout $t \geq 0$, les variables G_t et γ_t sont des variables honnêtes pour $(\mathcal{F}_t)$ resp. $(\mathcal{B}_t)$.
Puis on pose, pour toute variable positive L et toute filtration $(\mathcal{G}_t)$,

$$\mathcal{G}_L^+ = \sigma\{Z_L, (Z_t)\ (\mathcal{G}_t)\text{-progressif}\},$$
$$\mathcal{G}_L^- = \sigma\{Z_L, (Z_t)\ (\mathcal{G}_t)\text{-prévisible}\},$$

et on note $(\mathcal{G}_t^L)$ la plus petite filtration continue à droite contenant $(\mathcal{G}_t)$ et faisant de L un temps d'arrêt. Rappelons que $(\mathcal{G}^L)_L^- = \mathcal{G}_L^-$ et que, si L est honnête, $\mathcal{G}_L^+ = (\mathcal{G}^L)_L$ (cf. Jeulin [J] p.77,78).

Il est montré dans [AY] p.269 que, si la martingale locale (M_t) est un mouvement brownien (ie : $<M, M>_t = t$), elle vérifie la propriété (*) suivante :

Propriété (*) : *Pour tout T $(\mathcal{F}_t)$-temps d'arrêt ps. fini tel que $P[M_T = 0] = 0$,*

$$\mathcal{F}_{G_T}^+ = \mathcal{F}_{G_T}^- \vee \sigma\{M_T > 0\}. \qquad (1)$$

Nous montrons ici que

- cette propriété (*) est vraie pour toute martingale locale pure.

Ensuite, à l'aide d'une liste de contre-exemples, nous répondons par la négative aux questions suivantes :

- Est-ce que toutes les martingales locales continues vérifient (*) ?
- Les martingales locales pures sont-elles les seules à vérifier (*) ?
- L'ensemble des martingales locales continues vérifiant (*) contient-il (resp. est-il contenu dans) l'ensemble des martingales locales extrémales ?

Ce développement permet aussi de tester la conjecture suivante faite par Barlow :
Si $(\mathcal{G}_t)$ est la filtration naturelle d'un mouvement brownien à valeurs dans $\mathbb{R}^k$ et, si α est la fin d'un ensemble prévisible qui évite les temps d'arrêt (i.e. $P[\alpha = T] = 0$ pour tout T $(\mathcal{G}_t)$-temps d'arrêt), alors on a

$$\mathcal{G}_\alpha^+ = \mathcal{G}_\alpha^- \vee \sigma\{A\},$$

pour un événement $A \in \mathcal{G}_\alpha^+$, A pouvant éventuellement être vide.

Rappelons encore une propriété connue des martingales locales pures ([Y] et [ReY] p.200), dont nous proposons une démonstration élémentaire :

Propriété : 1.2 *(M_t) est pure si et seulement si $(\mathcal{B}_t) = (\hat{\mathcal{F}}_t)$.*

DÉMONSTRATION: Il est clair que l'égalité $(\mathcal{B}_t) = (\hat{\mathcal{F}}_t)$ entraîne la pureté de (M_t). De même, l'inclusion $(\mathcal{B}_t) \subset (\hat{\mathcal{F}}_t)$ est triviale. Il reste à montrer que, si (M_t) est pure, alors, pour $t > 0$ fixé, $\mathcal{F}_{C_{t-}} \subset \mathcal{B}_t$; la proposition s'en suivra par régularisation à droite.
Or la tribu $\mathcal{F}_{C_{t-}}$ est engendrée par les événements

$$A = \{M_{s_1} \in \Gamma_1\} \cap \ldots \{M_{s_n} \in \Gamma_n\} \cap \{s < C_t\},$$

avec $s_1 < \ldots < s_n < s$, et $\Gamma_1, \ldots, \Gamma_n$ boréliens de $\mathbb{R}$.
Ces événements s'écrivent également

$$\begin{aligned} A &= \cup_{k\in \mathbb{N}^*}(\cap_{i=1}^n \{M_{s_i} \in \Gamma_i\} \cap \{s + \tfrac{1}{k} \leq C_t\}) \\ &= \cup_{k\in \mathbb{N}^*}(\cap_{i=1}^n \{B_{<M,M>_{s_i}} \in \Gamma\} \cap \{<M,M>_{s_i} \leq t\} \cap \{<M,M>_{s+1/k} \leq t\}). \end{aligned}$$

Par définition de la pureté, les événements $\{B_{<M,M>_{s_i}} \in \Gamma\} \cap \{<M,M>_{s_i} \leq t\}$ et $\{<M,M>_{s+1/k} \leq t\}$ sont $\mathcal{B}_t$-mesurables, d'où le résultat. □

2 Préliminaires.

Ce paragraphe contient plusieurs lemmes techniques. Les deux premiers permettent, dans l'étude de la propriété (*) de ne considérer la relation (1) que pour des temps d'arrêt choisis, puis de se ramener à la filtration brownienne. Les deux derniers lemmes concernent les tribus.

Voici le premier argument de réduction :

Proposition 2.1 *([AY] p.269) Supposons qu'il existe une suite croissante de temps d'arrêt $(T_n)_{n\in \mathbb{N}}$ ps. finis tels que*
- $\lim_{n\to+\infty} T_n = +\infty$,
- $\forall n \in \mathbb{N}$, $P[M_{T_n} = 0] = 0$,

  $(M_{t\wedge T_n})$ est uniformément intégrable,

  $\mathcal{F}^+_{G_{T_n}} = \mathcal{F}^-_{G_{T_n}} \vee \sigma\{M_{T_n} > 0\}$.

Alors, (M_t) vérifie la propriété (*).

Dans les exemples traités dans la suite, il suffit, grâce à cette proposition, de vérifier (1) pour $T = t_0$ déterministe, ce qui se ramène finalement à l'étude de (1) en $T = 1$.

Nous préparons maintenant un deuxième argument de réduction.

Lemme 2.2 *Soit T un $(\mathcal{F}_t)$-temps d'arrêt ps. fini tel que $P[M_T = 0] = 0$. La variable $U = <M,M>_T$ est un $(\hat{\mathcal{F}}_t)$-temps d'arrêt ps. fini tel que $P[B_U = 0] = 0$.*
On a les relations suivantes :

$$\hat{\mathcal{F}}^-_{\gamma_U} \subset \mathcal{F}^-_{G_T} \subset \mathcal{F}^+_{G_T} \subset \hat{\mathcal{F}}^+_{\gamma_U}.$$

DÉMONSTRATION: Pour prouver ces inclusions, commençons par deux remarques de changement de temps.
On a d'abord la relation suivante :

$$\gamma_U = <M,M>_{G_T};$$

en effet, le processus $(B_{<M,M>_t}) = (M_t)$ ne s'annule pas sur l'intervalle $]G_T, T[$; $(<M,M>_t)$ étant croissant et continu, ceci implique que (B_t) ne s'annule pas sur $]<M,M>_{G_T}, U[$. Donc $\gamma_U \leq <M,M>_{G_T}$. Reste à remarquer que $B_{<M,M>_{G_T}} = M_{G_T} = 0$.
Ensuite, il est connu que (M_t) et $(<M,M>_t)$ ont les mêmes paliers; on en déduit que G_T est un point de croissance à droite de $(<M,M>_t)$; donc

$$C_{<M,M>_{G_T}} = G_T.$$

Par contre, (M_t) peut avoir un palier à gauche de G_T, d'où une deuxième relation plus faible :

$$C^-_{<M,M>_{G_T}} = \alpha_T, \text{ avec } \alpha_T = \sup\{s < G_T, M_s \neq 0\}.$$

Considérons maintenant une variable v $\mathcal{F}^+_{G_T}$-mesurable et (V_t) un processus $(\mathcal{F}_t)$-progressif tel que $V_{G_T} = v$. Le processus $(V'_t) = (V_{C_t})$ est $(\hat{\mathcal{F}}_t)$-progressif et vérifie

$$V_{G_T} = V'_{<M,M>_{G_T}} = V'_{\gamma_U}.$$

Donc v est $\hat{\mathcal{F}}^+_{\gamma_U}$-mesurable.
De la même façon soit y une variable $\hat{\mathcal{F}}^-_U$-mesurable et (Y_t) un processus $(\hat{\mathcal{F}}_t)$-prévisible tel que $Y_{\gamma_U} = y$. Il existe alors, d'après El Karoui-Meyer [EM] p.74, un processus $(\mathcal{F}_t)$-prévisible (Y'_t) tel que $(Y_t) = (Y'_{C^-_t})$. On a alors la relation

$$y = Y_{\gamma_U} = Y'_{C^-_{<M,M>_{G_T}}} = Y'_{\alpha_T} = Z_{G_T},$$

où (Z_t) est le processus $(\mathcal{F}_t)$-prévisible $(Z_t) = (Y'_{\alpha_t})$. La variable y est alors $\mathcal{F}^-_{G_T}$-mesurable.□

Il en découle la proposition suivante :

Proposition 2.3 (deuxième argument de réduction) *Supposons que, pour tout U $(\hat{\mathcal{F}}_t)$-temps d'arrêt ps. fini tel $P[B_U = 0] = 0$, on ait la relation*

$$\hat{\mathcal{F}}^+_{\gamma_U} = \hat{\mathcal{F}}^-_{\gamma_U} \vee \{B_U > 0\}.$$

Alors (M_t) vérifie la propriété (*).

Le résultat suivant porte sur l'échange des opérations 'suprémum' et 'intersection' dont une démonstration simple se trouve dans [BPY] p.289.

Proposition 2.4 *(Lindvall-Rogers [LR] p.860)*
1. Soit C une tribu et $(\mathcal{D}_t, t \leq 1)$ une famille croissante de tribus telles que $\mathcal{D}_1$ soit indépendante de C. On a alors

$$\bigcap_{t\leq 1}(\mathcal{C} \vee \mathcal{D}_t) = \mathcal{C} \vee (\bigcap_{t\leq 1} \mathcal{D}_t),$$

aux ensembles négligeables près; en particulier, si $\bigcap_{t\leq 1} \mathcal{D}_t$ est triviale, on a alors

$$\bigcap_{t\leq 1}(\mathcal{C} \vee \mathcal{D}_t) = \mathcal{C},$$

aux ensembles négligeables près.
2. (Variante) Si $(\mathcal{D}^1_t, t \leq 1)$ et $(\mathcal{D}^2_t, t \leq 1)$ sont deux familles croissantes de tribus telles que $\mathcal{D}^1_1$ et $\mathcal{D}^2_1$ sont indépendantes, alors

$$\bigcap_{t\leq 1}(\mathcal{D}^1_t \vee \mathcal{D}^2_t) = (\bigcap_{t\leq 1} \mathcal{D}^1_t) \vee (\bigcap_{t\leq 1} \mathcal{D}^2_t),$$

aux ensembles négligeables près.

Proposition 2.5 *Soit (X_t) un processus et $(\mathcal{G}_t)$ sa filtration naturelle. Soit L une variable honnête ps. finie et (L_n) une suite de $(\mathcal{G}^L_t)$-temps d'arrêt décroissant strictement vers L. Alors*

a) $\mathcal{G}^+_L = \bigcap_{n\in\mathbb{N}} (\mathcal{G}^L)^-_{L_n}$,
b) $\forall n \in \mathbb{N}, (\mathcal{G}^L)^-_{L_n} = \sigma\{L_n\} \vee \mathcal{G}^-_L \vee \sigma\{X_t 1_{\{L\leq t<L_n\}}, t \geq 0\}$.

DÉMONSTRATION: a) La première relation découle du fait que, si L est honnête, $\mathcal{G}^+_L = \mathcal{G}^L_L$.
b) Remarquons que, pour toute filtration naturelle $(\mathcal{H}_t)$ d'un processus (Y_t) et tout temps d'arrêt T, la tribu strictement antérieure à T peut s'écrire

$$\mathcal{H}^-_T = \sigma\{T\} \vee \sigma\{Y_t 1_{\{t<T\}}, t \geq 0\}.$$

On en déduit b) en remarquant que $(\mathcal{G}^L_t)$ (resp. $(\mathcal{G}^{L_n}_t)$) est la filtration naturelle engendrée par le couple de processus $(X_t, 1_{\{t<L\}})$ (resp. $(X_t, 1_{\{t<L_n\}})$). □

3 Les martingales locales pures vérifient la propriété (*).

Grâce aux deux arguments de réduction 2.1 et 2.3, il suffit maintenant d'établir que

$$\hat{\mathcal{F}}_{\gamma}^{+} = \hat{\mathcal{F}}_{\gamma}^{-} \vee \{B_1 > 0\}.$$

Or, d'après la propriété des martingales pures 1.2, $(\hat{\mathcal{F}}_t) = (\mathcal{B}_t)$; la relation ci-dessus est donc équivalente à

$$\mathcal{B}_{\gamma}^{+} = \mathcal{B}_{\gamma}^{-} \vee \{B_1 > 0\}.$$

Cette dernière relation est démontrée dans [BPY] p.289. □

Remarquons que ce résultat s'applique en particulier aux martingales locales qui sont des diffusions réelles (cf. Rogers-Williams [RoW] p.77).

4 Il existe des martingales locales extrémales qui ne vérifient pas (*).

L'exemple que nous allons développer fait appel au mouvement brownien de Walsh, et plus particulièrement aux résultats de Barlow-Pitman-Yor 'On Walsh's Brownian motion' [BPY]. Nous utilisons, en les rappelant, les notations et résultats de cet article.

Soit $(Z_t) = (R_t, \theta_t)$ un mouvement brownien de Walsh à valeurs dans n demi-droites du plan complexe issues de l'origine; soit $(\mathcal{F}_t^Z)$ sa filtration naturelle. On suppose que la loi des angles polaires est la loi uniforme sur $\mathcal{U} = \{\Theta^1, \ldots, \Theta^n\}$. Le processus (R_t) est un mouvement brownien réfléchi; si on note (L_t) le temps local en zéro de (R_t), le processus $(W_t) = (R_t - \frac{1}{2}L_t)$ est un mouvement brownien. Soit h une fonction de $\mathcal{U}$ dans $\mathbb{R}\setminus\{0\}$ vérifiant

- $|h(\Theta^i)| \neq |h(\Theta^j)|$ si $i \neq j$;
- $\sum_{i=1}^{n} h(\Theta^i) = 0$.

On pose $g(r,\theta) = rh(\theta)$ et $M_t = g(Z_t)$.
On montre comme dans [BPY] p.282 que (M_t) est une martingale vérifiant

$$M_t = M_0 + \int_0^t h(\theta_s) 1_{\{R_s > 0\}} dW_s, \tag{2}$$

$$< M, M >_t = \int_0^t h^2(\theta_s) ds = \sum_{i=1}^{n} h^2(\Theta^i) \int_0^t 1_{\{\theta_s = \Theta^i\}} ds. \tag{3}$$

On note toujours $(\mathcal{F}_t)$ la filtration engendrée par (M_t). Montrons que $(\mathcal{F}_t) = (\mathcal{F}_t^Z)$. Il est clair que (M_t) est $(\mathcal{F}_t^Z)$-mesurable. Inversement, $(< M, M >_t)$ étant $(\mathcal{F}_t)$-mesurable, il en est de même de $\sum_{i=1}^{n} h(\Theta^i)^2 1_{\{\theta_t = \Theta^i\}}$ puis de $1_{\{\theta_t = \Theta^i\}}$; il en résulte que les variables $R_t 1_{\{\theta_t = \Theta^i\}} = \frac{M_t}{h(\Theta^i)} 1_{\{\theta_t = \Theta^i\}}$ sont $(\mathcal{F}_t)$-mesurables, d'où le résultat.

Sachant que (W_t) a la PRP pour $(\mathcal{F}_t^Z)$, on déduit de (2) que (M_t) est extrémale.
Le fait que (M_t) ne vérifie pas (*) se déduit de l'égalité suivante (cf. [BPY] p.291) :

$$(\mathcal{F}^Z)^+_{G_1} = (\mathcal{F}^Z)^-_{G_1} \vee \sigma\{\{\theta_1 = \Theta^i\}, i \in \{1, \ldots, n\}\}.$$

□

5 Il existe des martingales locales extrémales impures qui satisfont (*).

Le contre-exemple suivant est bien connu, puisqu'il a déjà servi dans d'autres occasions (cf. [Y] ou [SY]).

Soit (W_t) un mouvement brownien réel et $(\mathcal{W}_t)$ sa filtration naturelle. On pose

$$B_t = \int_0^t \operatorname{sgn} W_s dW_s.$$

Le processus (B_t) est un mouvement brownien, et sa filtration naturelle $(\mathcal{B}_t)$ est strictement incluse dans $(\mathcal{W}_t)$; (B_t) a la propriété de représentation prévisible (la PRP) pour $(\mathcal{W}_t)$.
Soit φ un homéomorphisme de $\mathbb{R}$ dans $]0,1[$. Posons,

$$\forall t \geq 0, A_t = \int_0^t \varphi(W_s)ds \text{ et } T_t = \inf\{s \geq 0, A_s > t\}.$$

Le processus (A_t) est $(\mathcal{W}_t)$-adapté, strictement croissant et continu. Donc (T_t) est continu et strictement croissant, et, pour tout $s \geq 0$, T_s est un $(\mathcal{W}_t)$-temps d'arrêt borné.

La martingale que l'on considère ici est $(M_t) = (B_{T_t})$. Elle a comme crochet $(<M,M>_t) = (T_t)$ et comme mouvement brownien de DDS (B_t).
Montrons que $(\hat{\mathcal{F}}_t) = (\mathcal{W}_t)$: $(\hat{\mathcal{F}}_t)$ est engendrée par les deux processus $(C_t) = (A_t)$ et $(M_{C_t}) = (B_t)$, qui sont tous les deux $(\mathcal{W}_t)$-adaptés; inversement $(\mathcal{W}_t)$ est aussi la filtration engendrée par $(C_t) = (\int_0^t \varphi(W_s)ds)$, d'où l'inclusion inverse.
La martingale (M_t) n'est pas pure, puisque (C_t) n'est pas $(\mathcal{B}_t)$-adapté (d'après la proposition 1.2). (M_t) est extrémale, puisque son mouvement brownien de DDS a la PRP pour $(\hat{\mathcal{F}}_t)$ (cf. Revuz-Yor [ReY] p.198).

Reste à montrer que (M_t) possède la propriété (*).
Grâce aux arguments de réduction 2.1 et 2.3 il suffit de montrer la relation

$$\mathcal{W}_\gamma^+ = \mathcal{W}_\gamma^- \vee \sigma\{B_1 > 0\}.$$

Pour cela, on pose

$$d = \inf\{s > \gamma, W_s = 0\} \text{ et}, \forall n \in \mathbb{N}^*, \gamma_n = (\gamma + \frac{1}{n}) \wedge d.$$

Les variables d et $\gamma_n, n \in \mathbb{N}^*$ sont des $(\mathcal{W}_t^\gamma)$-temps d'arrêt. On déduit de la formule de Tanaka que (B_t) et (W_t) ne peuvent s'annuler en même temps; donc d et $\gamma_n, n \in \mathbb{N}^*$ sont strictement supérieures à γ. On a $\lim_{n\to+\infty} \gamma_n = \gamma$.
D'après la proposition 2.5, on a

$$\mathcal{W}_\gamma^+ = \bigcap_{n\in\mathbb{N}^*} (\mathcal{W}^\gamma)_{\gamma_n}^-,$$

ce que nous préférons écrire

$$\mathcal{W}_\gamma^+ = \bigcap_{n\geq n_0} (\mathcal{W}^\gamma)_{\gamma_n}^-, \tag{4}$$

pour $n_0 \in \mathbb{N}^*$ fixé.
Il s'agit maintenant de décomposer la tribu $(\mathcal{W}^\gamma)_{\gamma_n}^-$. Pour cela, remarquons d'abord que

$$(\mathcal{W}_t) = (\mathcal{B}_t) \vee (\mathcal{S}_t),$$

où $(\mathcal{S}_t)$ est la filtration naturelle de $(\mathrm{sgn} W_t)$. On en déduit que

$$(\mathcal{W}_t^\gamma) = (\mathcal{B}_t^\gamma) \vee (\mathcal{S}_t^\gamma).$$

Par ailleurs, on montre aisement que la tribu prévisible du sup de deux filtrations est le sup des deux tribus prévisibles; ceci implique ici la relation

$$(\mathcal{W}^\gamma)_{\gamma_n}^- = (\mathcal{B}^\gamma)_{\gamma_n}^- \vee (\mathcal{S}^\gamma)_{\gamma_n}^-. \tag{5}$$

On a $(\mathcal{B}^\gamma)_{\gamma_n}^- \subset (\mathcal{B}^\gamma)_{\gamma+\frac{1}{n}}^-$. Or, d'après la proposition 2.5, cette dernière tribu peut se décomposer en

$$(\mathcal{B}^\gamma)_{\gamma+\frac{1}{n}}^- = \mathcal{B}_\gamma^- \vee \tilde{\mathcal{B}}_{\gamma,n}, \tag{6}$$

avec $\tilde{\mathcal{B}}_{\gamma,n} = \sigma\{B_{\gamma+s}, 0 < s < \frac{1}{n}\}$.
On remarque que $\tilde{\mathcal{B}}_{\gamma,n}$ est indépendante de $\mathcal{W}_\gamma$, et que

$$\bigcap_{n\in\mathbb{N}^*} \tilde{\mathcal{B}}_{\gamma,n} = \sigma\{B_1 > 0\}.$$

Par ailleurs, cette même proposition 2.5 appliquée à $(\mathcal{S}^\gamma)_{\gamma_n}^-$ donne

$$(\mathcal{S}^\gamma)_{\gamma_n}^- = \mathcal{S}_\gamma^- \vee \sigma\{\gamma_n\}, \tag{7}$$

parce que $\mathrm{sgn} W_s 1_{\{\gamma\leq s<\gamma_n\}} = \mathrm{sgn} W_\gamma 1_{\{\gamma\leq s<\gamma_n\}}$ est $\mathcal{S}_\gamma^- \vee \sigma\{\gamma_n\}$-mesurable.
On peut remplacer les expressions (6) et (7) dans la formule (5). En remontant à la formule (4), on obtient alors

$$\mathcal{W}_\gamma^+ = \bigcap_{n\geq n_0} (\mathcal{W}_\gamma^- \vee \tilde{\mathcal{W}}_{\gamma,n} \vee \sigma\{\gamma_n\}). \tag{8}$$

Or, sur $\{\gamma + \frac{1}{n_0} \leq d\}$, $\forall n \geq n_0, \gamma_n = \gamma + \frac{1}{n}$ est $\mathcal{W}_\gamma^-$-mesurable. Appliquons le lemme de Lindvall-Rogers 2.4 à la relation (8) restreinte à l'ensemble $\{\gamma + \frac{1}{n} \leq d\}$. On obtient

$$\mathcal{W}_\gamma^+|_{\{\gamma+\frac{1}{n_0}\leq d\}} = (\mathcal{W}_\gamma^- \vee \{B_1 > 0\})|_{\{\gamma+\frac{1}{n_0}\leq d\}}.$$

Sachant que cette dernière relation est vraie pour tout n_0 et que $\bigcup_{n_0\in\mathbb{N}^*}\{\gamma + \frac{1}{n_0} \leq d\} = \Omega$, on en déduit le résultat. □

Remarque 5.1 (Emery) La propriété (*) est une propriété locale : elle ne concerne le comportement de (M_t) que lors de ses passages en zéro. La propriété de pureté affectant toute la trajectoire de (M_t), il n'est donc pas étonnant que cette dernière ne découle pas de (*). On peut alors se poser une seconde question, qui ne souffre pas de ce déséquilibre :
Posons, pour tout $a \in \mathbb{R}, G_t^a = \sup\{s \leq t, M_s = a\}$, et supposons que, pour tout $a \in \mathbb{R}$, pour tout T $(\mathcal{F}_t)$-temps d'arrêt ps. fini tel que $P[M_T = a] = 0$,

$$\mathcal{F}^+_{G_T^a} = \mathcal{F}^-_{G_T^a} \vee \sigma\{M_T > a\}.$$

Est-ce que (M_t) est alors pure?
Le contre-exemple ci-dessus permet aussi de répondre par la négative à cette question.

6 Il existe des martingales locales non extrémales qui vérifient (*).

Nous construisons ici une martingale (M_t), dont le mouvement brownien de DDS associé est la première coordonnée d'un mouvement brownien dans $\mathbb{R}^2$ engendrant $(\hat{\mathcal{F}}_t)$.

Soit $(X_t + iY_t)$ un mouvement brownien plan issu de $z \in \mathbb{C}, z \neq 0$, et $\alpha \in]-\infty, 1/2[$.
Posons

$$M_t = \int_0^t \frac{X_s dY_s - Y_s dX_s}{(X_s^2 + Y_s^2)^\alpha}.$$

Le processus (M_t) est une martingale réelle continue.

Explicitons la filtration $(\hat{\mathcal{F}}_t)$:
On déduit de l'égalité

$$< M, M >_t = \int_0^t \frac{ds}{(X_s^2 + Y_s^2)^{2\alpha - 1}} \tag{9}$$

que le processus $(X_t^2 + Y_t^2)$ est adapté à $(\mathcal{F}_t)$; et il en est de même pour la martingale

$$N_t = \int_0^t \frac{X_s dX_s + Y_s dY_s}{(X_s^2 + Y_s^2)^\alpha}.$$

Remarquons de plus que, pour tout $t \geq 0$, $< N, N >_t = < M, M >_t$ et $< M, N >_t = 0$. En d'autres termes, $(M_t + iN_t)$ est une martingale conforme de filtration naturelle $(\mathcal{F}_t)$, et le processus $(W_t) = (B_t + iB'_t) \stackrel{def}{=} (M_{C_t} + iN_{C_t})$ est un mouvement brownien plan. Notons $(\mathcal{W}_t)$ la filtration naturelle de (W_t).
Montrons que $(\hat{\mathcal{F}}_t) = (\mathcal{W}_t)$: on montre comme dans la proposition 1.2 qu'il suffit pour cela que le processus (C_t) soit $(\mathcal{W}_t)$-adapté.
On a la formule d'Itô suivante :

$$(X_t^2 + Y_t^2)^{1-\alpha} = |z|^{2(1-\alpha)} + 2(1-\alpha)N_t + 2(1-\alpha)^2 \int_0^t \frac{ds}{(X_s^2 + Y_s^2)^\alpha}. \tag{10}$$

Si l'on pose

$$U_t = \frac{1}{2(1-\alpha)}(X^2 + Y^2)_{C_t}^{1-\alpha},$$

la formule (10) devient, après changement de temps,

$$U_t = \frac{1}{2(1-\alpha)}|z|^{2(1-\alpha)} + B'_t + \frac{1}{2}\int_0^t \frac{ds}{U_s}.$$

(U_t) est donc un processus de Bessel de dimension $\delta = 2$, et engendre la même filtration que (B'_t) (cf. [ReY]). En conséquence (U_t) est $(\mathcal{W}_t)$-adapté. Par ailleurs on déduit de la formule (9) que

$$C_t = \int_0^t (X_{C_s}^2 + Y_{C_s}^2)^{2\alpha-1} ds = \int_0^t [2(1-\alpha)U_s]^{\frac{2\alpha-1}{1-\alpha}} ds.$$

Donc (C_t) est également $(\mathcal{W}_t)$-adapté.

Il est clair que (M_t) n'est pas extrémale, puisque son mouvement brownien de DDS (B_t), n'a pas la PRP pour $(\mathcal{W}_t)$.

Montrons que (M_t) vérifie la propriété (*) :
Avec les deux arguments de réduction 2.1 et 2.3, on est amené à vérifier que

$$\mathcal{W}_\gamma^+ = \mathcal{W}_\gamma^- \vee \sigma\{B_1 > 0\}.$$

Posons, $\forall u > 0, \gamma^u = \gamma + u(1-\gamma)$. La famille $(\gamma^u)_{u>0}$ forme une suite de $(\mathcal{W}_t^\gamma)$-temps d'arrêt décroissant strictement vers γ. On a alors, d'après 2.5.1,

$$\mathcal{W}_\gamma^+ = \bigcap_{u>0} (\mathcal{W}^\gamma)_{\gamma^u}^-;$$

et on déduit de 2.5.2 la décomposition suivante :

$$(\mathcal{W}^\gamma)_{\gamma^u}^- = \mathcal{W}_\gamma^- \vee \sigma\{B_1 > 0\} \vee \sigma\{\mu_s, s < u\} \vee \sigma\{\tilde{B}_s, s < u\}, \tag{11}$$

avec $\tilde{B}_t = \frac{1}{\sqrt{1-\gamma}}(B'_{\gamma+t(1-\gamma)} - B'_\gamma)$,
et où $(\mu_t = \frac{1}{\sqrt{1-\gamma}}|B_{\gamma+t(1-\gamma)}|, t \leq 1)$ est le méandre brownien.
Les quatre termes du membre de droite de (11) sont tous indépendants. On peut donc appliquer d'abord le lemme de Lindvall-Rogers 2.4.1 à $\mathcal{C} = \mathcal{W}_\gamma^- \vee \{B_1 > 0\}$ et $\mathcal{D}_u = \sigma\{\mu_s, s \leq u\} \vee \sigma\{\tilde{B}_s, s \leq u\}$, puis 2.4.2 à $\mathcal{D}_u^1 = \sigma\{\mu_s, s \leq u\}$ et $\mathcal{D}_u^2 = \sigma\{\tilde{B}_s, s \leq u\}$. On obtient le résultat annoncé.

7 Il existe des martingales locales non extrémales qui ne vérifient pas (*).

Ce dernier exemple fait référence aux deux articles 'Martingales relatives' [AMY] et 'Sur l'équation de structure $d[X,X]_t = dt - X_{t-}^+ dX_t$' [AR].

On considère (B_t) un mouvement brownien réel issu de zéro. On note $(\mathcal{B}'_t)$ la filtration naturelle engendrée par sa partie positive (B_t^+). L'ensemble $\{t \geq 0, B_t^+ \neq 0\}$ est une réunion dénombrable d'intervalles stochastiques ouverts $]G^n, D^n[, n \in \mathbb{N}$. On peut choisir

$$D^1 = \inf\{s > T_1, B_s^+ = 0\} \text{ et } G^1 = \sup\{s < T_1, B_s^+ = 0\}, \text{ avec } T_1 = \inf\{s \geq 0, B_s = 1\}.$$

Soit (ξ_n) une suite de variables aléatoires réelles i.i.d. indépendantes de $\mathcal{B}'_\infty$, dont la loi μ charge au moins trois points et admet zéro comme moment de premier ordre. Posons

$$U_t = \sum_{n=1}^{\infty} \xi_n 1_{]G^n,D^n[}(t) \text{ et } M_t = U_t B_t^+.$$

D'après [AMY], (M_t) est bien une martingale continue.

Montrons que (M_t) n'est pas extrémale :
Si (M_t) était extrémale, toutes les $(\mathcal{F}_t)$-martingales seraient continues. Il est montré dans [AR] que le processus suivant est une $(\mathcal{B}'_t)$-martingale (non continue) :

$$X_t = B_t^+ - 1_{\{B_t>0\}}\sqrt{\frac{\pi}{2}}\sqrt{t - G_t},$$

(plus précisement, c'est la projection optionnelle de la martingale (B_t) sur la filtration $(\mathcal{B}'_t)$). Par ailleurs, d'après [AMY], pour $s \geq 0$ fixé, les tribus $\mathcal{F}_s$ et $\mathcal{B}'_\infty$ sont indépendantes sachant $\mathcal{B}'_s$. On en déduit que toute $(\mathcal{B}'_t)$-martingale est une $(\mathcal{F}_t)$-martingale, donc en particulier (X_t).

(M_t) ne vérifie pas (*) :
Posons $G = G^1$. La tribu $\mathcal{F}_G^-$ est engendrée par les variables

$$G, B_s^+ 1_{\{s<G\}}, \sum_{m \in \mathbb{N}} \xi_m 1_{\{G^m<s<D^m\}} 1_{\{s<G\}}, s \geq 0.$$

Elle est donc contenue dans la tribu

$$\mathcal{B}'_\infty \vee \sigma\{\xi_m, m \neq 1\}.$$

Donc, la variable ξ_1 étant indépendante de $\mathcal{B}'_\infty$ et des autres variables $\xi_m, m \neq 1$, elle est indépendante de $\mathcal{F}_G^-$. Par contre, on montre comme au paragraphe 4, que ξ_1 est $\mathcal{F}_G^+$-mesurable. Puisque, par hypothèse, μ charge au moins trois points, le nombre minimal d'événements à ajouter à $\mathcal{F}_G^-$ pour construire $\mathcal{F}_G^+$ dépasse alors deux.

Références

[AMY] Azéma J., Meyer P.A., Yor M. (1992): Martingales relatives, Sém. Prob. XXVI, LNM 1526, p.307-321.

[AR] Azéma J., Rainer C. (1994): Sur l'Equation de Structure "$d[X,X]_t = dt - X_{t-}^+ dX_t$", Sém. Prob. XXVIII, LNM 1583, p.236-255.

[AY] Azéma J., Yor M. (1992): Sur les zéros des martingales continues, Sém. Prob. XXVI, LNM 1526, p.248-306.

[BPY] Barlow M.T., Pitman J.W., Yor M. (1980): On Walsh's Brownian Motion, Sém. Prob. XXIII, LNM 1372, p.275-293.

[Da] Dambis K.E. (1965): On the decomposition of continuous martingales, Theor.Prob.Appl. 10, p.401-410.

[DuS1] Dubins L., Schwarz G. (1965): On continuous martingales, Proc.Nat.Acad.Sci. USA 53, p.913-916.

[DuS2] Dubins L., Schwarz G. (1967): On extremal martingales distributions, Proc.Fifth Berkeley Symp. 2(1), p.295-297.

[EM] El Karoui N., Meyer P.A. (1977): Les changements de temps en théorie générale des processus, Sém. Prob. XI, LNM 581, p.65-78.

[J] Jeulin T. (1980): Semimartingales et grossissement de filtration, LNM 833, Springer .

[LR] Lindvall T., Rogers L.C.G. (1986): Coupling of multidimensional diffusions by reflection, Ann. Prob. 14, p. 860-872.

[ReY] Revuz D., Yor M. (1991): Continuous Martingales and Brownian Motion, Grundlehren der math. Wiss. 293, Springer.

[RoW] Rogers L.C.G., Williams D. (1987): Diffusions, Markov Processes and Martingales, vol.2, John Wiley and Sons.

[SY] Stroock D.W., Yor M. (1980): On extremal solutions of martingale problems, Ann. Scient. E.N.S., 4ème série, t.13, p.95-164.

[Y] Yor M. (1979): Sur l'étude des martingales continues extrémales, Stochastics, vol.2.3. p.191-196

Une démonstration élémentaire d'une identité de Biane et Yor

Christophe Leuridan

Institut Fourier, Université de Grenoble I
BP 74, F-38402 St Martin d'Hères Cedex

Introduction

L'objet de cet article est de donner une démonstration élémentaire d'une identité entre lois browniennes due à P. Biane et M. Yor. Cette identité s'écrit :

$$\int_0^{+\infty} P_0^t \, dt = \left(\int_0^{+\infty} P_0^{\tau_r^0} \, dr \right) \circ \left(\int_{\mathbf{R}} (P_a^{\sigma_0})^\vee \, da \right)$$

avec des notations que nous détaillerons plus loin. Elle constitue une décomposition des trajectoires browniennes issues de 0 par rapport à leur dernier zéro avant chaque instant $t \in \mathbf{R}_+$.

P. Biane et M. Yor ont obtenu cette égalité (parmi beaucoup d'autres) dans [2], comme conséquence de la théorie des excursions browniennes. Ils l'ont ensuite utilisée dans [3] pour obtenir une nouvelle formulation du théorème de Ray [5] (décrivant la loi des temps locaux d'un mouvement brownien en un instant de loi exponentielle et indépendant du mouvement brownien) à partir des deux théorèmes de Ray [5] et Knight [4] les plus classiques (voir par exemple [6]).

Nous allons voir une démonstration qui ne fait pas appel à la théorie des excursions et n'utilise que des propriétés élémentaires du mouvement brownien. Explicitons maintenant les notations que nous avons utilisées pour écrire l'identité et qui serviront dans toute la suite.

Notations. — On note $\mathcal{W}$ l'espace des trajectoires à durée de vie finie, c'est-à-dire l'ensemble des applications continues w d'un segment $[0, \zeta(w)]$ dans $\mathbf{R}$. On munit $\mathcal{W}$ de la tribu engendrée par les fonctions coordonnées :

$$\begin{aligned} X_t : \mathcal{W} &\longrightarrow \mathbf{R} \\ w &\longmapsto w(t) \ \text{ si } t \leq \zeta(w). \end{aligned}$$

On définit sur $\mathcal{W}$ les opérations suivantes :

• **Concaténation :**

Pour $w_1 \circ w_2 \in \mathcal{W}$, on note $w_1 \circ w_2$ l'élément de $\mathcal{W}$ défini par $\zeta(w_1 \circ w_2) = \zeta(w_1) + \zeta(w_2)$ et :

$$w_1 \circ w_2(t) = \begin{vmatrix} w_1(t) \text{ pour } 0 \leq t \leq \zeta(w_1) \\ w_1(\zeta(w_1)) + w_2(t - \zeta(w_1)) - w_2(0) \text{ pour } \zeta(w_1) \leq t \leq \zeta(w_1) + \zeta(w_2). \end{vmatrix}$$

• **Retournement temporel :**

Pour $w \in \mathcal{W}$, $\check{w}$ est l'élément de $\mathcal{W}$ défini par $\zeta(\check{w}) = \zeta(w)$ et :

$$\check{w}(t) = w(\zeta(w) - t) \text{ pour } 0 \leq t \leq \zeta(w) .$$

• **Retournement spatio-temporel :**

Pour $w \in \mathcal{W}$, $\widetilde{w}$ est l'élément de $\mathcal{W}$ défini par $\zeta(\widetilde{w}) = \zeta(w)$ et :

$$\widetilde{w}(t) = w(0) + w(\zeta(w)) - w(\zeta(w) - t) \text{ pour } 0 \leq t \leq \zeta(w) .$$

La trajectoire $\widetilde{w}$ s'obtient à partir de la trajectoire w en effectuant un retournement spatial par rapport au niveau $\frac{1}{2}\big(w(0)+w(\zeta(w))\big)$, puis un retournement temporel. On remarquera que cette transformation ne modifie pas les extrémités des trajectoires puisque $\widetilde{w}(0) = w(0)$ et $\widetilde{w}(\zeta(\widetilde{w})) = w(\zeta(w))$.

Les trajectoires de $\mathcal{W}$ que nous considérons dans la suite sont obtenues en "tuant" des trajectoires browniennes en temps fini : étant donné une trajectoire $w \in \mathcal{C}(\mathbf{R}_+, \mathbf{R})$ et $t_0 \in \mathbf{R}_+$, on note w^{t_0} la trajectoire w "tuée à l'instant t_0", définie par $\zeta(w^{t_0}) = t_0$ et :

$$w^{t_0} = w(t) \text{ pour } 0 \leq t \leq t_0 .$$

Pour $b \in \mathbf{R}$, on note P_b la mesure de Wiener issue de b, et si T est un instant aléatoire sur $\mathcal{C}(\mathbf{R}_+, \mathbf{R})$ presque sûrement fini sous P_b, on note P_b^T la mesure image de P_b par la fonction $w \mapsto w^{T(w)}$.

Les temps que nous utilisons ici sont de trois sortes :

- les temps fixes : $t_0 \in \mathbf{R}_+$.

- les instants d'atteinte d'un point par la trajectoire :

$$\sigma_b(w) = \inf\{t \in \mathbf{R}_+ \mid w(t) = b\} \text{ pour } b \in \mathbf{R} .$$

- les instants d'atteinte d'une valeur par un temps local :

$$\tau_r^b(w) = \inf\{t \in \mathbf{R}_+ \mid L_t^b(w) = r\} \text{ pour } b \in \mathbf{R} \text{ et } r \in \mathbf{R}_+ ,$$

où :

$$L_t^b(w) = \liminf_{\varepsilon \downarrow 0} \frac{1}{2\varepsilon} \int_0^t \mathbf{1}_{\{|w(s)-b| \leq \varepsilon\}} ds .$$

Avec ces notations, l'égalité de Biane et Yor:

$$\int_0^{+\infty} P_0^t\, dt = \left(\int_0^{+\infty} P_0^{\tau_r^0}\, dr\right) \circ \left(\int_{\mathbf{R}} P_a^{\sigma_0}\, da\right)^{\vee}$$

signifie que la mesure image de $\left(\int_0^{+\infty} P_0^{\tau_r^0}\, dr\right) \otimes \left(\int_{\mathbf{R}} P_a^{\sigma_0}\, da\right)$ par l'application $(w_1, w_2) \mapsto w_1 \circ \overset{\vee}{w}_2$ de $\mathcal{W}^2$ dans $\mathcal{W}$ est la mesure $\int_0^{+\infty} P_0^t\, dt$. En l'écrivant sous la forme:

$$\int_0^{+\infty} P_0^t\, dt = \int_{\mathbf{R}} \left(\int_0^{+\infty} P_0^{\tau_r^0} \circ (P_a^{\sigma_0})^{\vee}\, dr\right) da\,,$$

elle s'interprète comme la désintégration de la mesure σ-finie $\int_0^{+\infty} P_0^t\, dt$ suivant la fonctionnelle $w \mapsto (w(\zeta(w)), L^0_{\zeta(w)}(w))$. Venons-en maintenant à la démonstration.

Démonstration de l'identité. — La preuve s'effectue en trois temps. La première étape consiste à désintégrer la mesure $\int_0^{+\infty} P_0^t\, dt$ suivant la fonctionnelle $w \mapsto (w(\zeta(w)), L^{w(\zeta(w))}_{\zeta(w)}(w))$. On a l'identité suivante:

Théorème. — $\int_0^{+\infty} P_0^t\, dt = \int_{\mathbf{R}} \left(\int_0^{+\infty} P_0^{\tau_r^a}\, dr\right) da.$

La deuxième étape consiste à transformer cette identité par retournement spatio-temporel. En remarquant que les probabilités P_0^t sont invariantes, et que l'on a (d'après la propriété de Markov) $P_0^{\tau_r^a} = P_0^{\sigma_a} \circ P_a^{\tau_r^a}$ pour $a \in \mathbf{R}$ et $r > 0$, on obtient l'égalité:

$$\int_0^{+\infty} P_0^t\, dt = \left(\int_0^{+\infty} P_0^{\tau_r^0}\, dr\right)^{\sim} \circ \left(\int_{\mathbf{R}} P_a^{\sigma_0}\, da\right)^{\vee}.$$

Pour obtenir l'identité de Biane et Yor, il ne reste plus qu'à montrer l'invariance par retournement spatio-temporel de la mesure $\int_0^{+\infty} P_0^{\tau_r^0}\, dr$, ce qui fait l'objet de la troisième étape. La démonstration élémentaire que nous donnons permet de retrouver l'invariance des probabilités $P_0^{\tau_r^0}$ par retournement du temps (voir la remarque à la fin de l'article).

Première étape.

Le théorème est une conséquence immédiate de l'observation suivante:

Lemme. — *Pour P_0-presque tout $w \in C(\mathbf{R}_+, \mathbf{R})$ la mesure image de la mesure $da\, dr$ par l'application $(a, r) \mapsto \tau_r^a(w)$ de $\mathbf{R} \times \mathbf{R}_+$ dans $\mathbf{R}_+$ est la mesure de Lebesque sur $\mathbf{R}_+$.*

Démonstration du lemme. — Il suffit de constater que pour tout $t \in \mathbf{R}_+$:

$$\int_{\mathbf{R}} \left(\int_0^{+\infty} 1_{\{\tau_r^a(w) \le t\}}\, dr\right) da = \int_{\mathbf{R}} \left(\int_0^{+\infty} 1_{\{r \le L_t^a(w)\}}\, dr\right) da$$
$$= \int_{\mathbf{R}} L_t^a(w)\, da = t\,.$$

Démonstration du théorème. — Soit F une fonctionnelle mesurable de $\mathcal{W}$ dans $\mathbf{R}_+$. D'après le lemme, on a pour P_0-presque tout $w \in \mathcal{C}(\mathbf{R}_+, \mathbf{R})$:

$$\int_0^{+\infty} F(w^t)\,dt = \int_{\mathbf{R}} \left(\int_0^{+\infty} F(w^{\tau_r^a(w)})dr \right) da\,.$$

En intégrant cette égalité contre $P_0(dw)$, on obtient :

$$\int_0^{+\infty} P_0^t[F]\,dt = \int_{\mathbf{R}} \left(\int_0^{+\infty} P_0^{\tau_r^a}[F]\,dr \right) da\,,$$

ce qui prouve le théorème.

DEUXIÈME ÉTAPE.

On effectue un retournement spatio-temporel dans l'égalité de la proposition. On remarque d'abord l'invariance des probabilités P_0^t. En effet, si $(B_t)_{t\geq 0}$ est un mouvement brownien issu de 0, alors pour tout $t \in \mathbf{R}_+$:

$$(B_t - B_{t-s})_{0\leq s\leq t} \text{ a même loi que } (B_s)_{0\leq s\leq t}.$$

On a donc :

$$\int_0^{+\infty} P_0^t\,dt = \int_{\mathbf{R}} \left(\int_0^{+\infty} (P_0^{\tau_r^a})^{\sim}\,dr \right) da\,.$$

Or, d'après la propriété de Markov :

$$P_0^{\tau_r^a} = P_0^{\sigma_a} \circ P_a^{\tau_r^a} \quad \text{pour } a \in \mathbf{R} \text{ et } r > 0\,.$$

En remarquant que pour w_1 et $w_2 \in \mathcal{W}$:

$$w_1 \circ (w_2 + a) = w_1 \circ w_2$$

et :

$$(w_1 \circ w_2)^{\sim} = \widetilde{w}_2 \circ \widetilde{w}_1 + w_1(0) - w_2(0)\,,$$

on obtient :

$$(P_0^{\tau_r^a})^{\sim} = (P_0^{\sigma_a} \circ P_0^{\tau_r^0})^{\sim} = (P_0^{\tau_r^0})^{\sim} \circ (P_0^{\sigma_a})^{\sim} = (P_0^{\tau_r^0})^{\sim} \circ (P_a^{\sigma_0})^{\vee}\,.$$

Ainsi :

$$\int_0^{+\infty} P_0^t\,dt = \left(\int_0^{+\infty} P_0^{\tau_r^0}\,dr \right)^{\sim} \circ \left(\int_{\mathbf{R}} P_a^{\sigma_0} da \right)^{\vee}\,.$$

TROISIÈME ÉTAPE.

Il s'agit de prouver l'invariance par retournement spatio-temporel de la mesure $\int_0^{+\infty} P_0^{\tau_r^0}\,dr$.

Pour cela, on munit $\mathcal{W}$ d'une métrique de la "convergence uniforme" en définissant la distance entre deux trajectoires $w_1, w_2 \in \mathcal{W}$ par :

$$d(w_1, w_2) = \sup_{t\geq 0} \left| w_1(t \wedge \zeta(w_1)) - w_2(t \wedge \zeta(w_2)) \right| + \left| \zeta(w_1) - \zeta(w_2) \right|\,.$$

Soit F une fonctionnelle continue bornée, à support borné, de $\mathcal{W}$ dans $\mathbf{R}$. On a :

$$\int_0^{+\infty} (P_0^{\tau_r^0})^{\sim}[F]\,dr = \int P_0(dw) \int_0^{+\infty} F((w^{\tau_r^0(w)})^{\sim})\,dr$$
$$= \int P_0(dw) \int_0^{+\infty} F((w^t)^{\sim})\,dL_t^0 .$$

Le fait d'avoir choisi une fonctionnelle continue bornée à support borné permet d'utiliser le théorème de convergence dominée en approchant l'intégrale $\int_0^{+\infty} F((w^t)^{\sim})dL_t^0(w)$ par une somme :

$$\sum_{k=0}^{n-1} F((w^{t_k})^{\sim})(L_{t_{k+1}}^0 - L_{t_k}^0)(w),$$

avec $t_n > \cdots > t_0 = 0$ fixés.Or, sous la probabilité P_0, on a les identités en loi :

$$\left((X_t - X_{t-s})_{0\leq s\leq t}\ ,\ (X_s)_{s\geq t}\right) \stackrel{\mathcal{L}}{=} \left((X_s)_{0\leq s\leq t}\ ,\ (X_s)_{s\geq t}\right)\ ,$$

d'où pour $k \in \{0,\ldots,n-1\}$:

$$\left((X_{t_k} - X_{t_k-s})_{0\leq s\leq t_k}\ ,\ L_{t_{k+1}}^0 - L_{t_k}^0\right) \stackrel{\mathcal{L}}{=} \left((X_s)_{0\leq s\leq t_k}\ ,\ L_{t_{k+1}}^0 - L_{t_k}^0\right)\ .$$

Donc :

$$\int P_0(dw) \sum_{k=0}^{n-1} F((w^{t_k})^{\sim})(L_{t_{k+1}}^0 - L_{t_k}^0)(w) = \int P_0(dw) \sum_{k=0}^{n-1} F(w^{t_k})(L_{t_{k+1}}^0 - L_{t_k}^0)(w)\ .$$

Ainsi :

$$\int_0^{+\infty} (P_0^{\tau_r^0})^{\sim}[F]dr = \int_0^{+\infty} P_0^{\tau_r^0}[F]\,dr\ ,$$

ce qui prouve l'invariance de $\int_0^{+\infty} P_0^{\tau_r^0}\,dr$ par retournement spatio-temporel.

Remarque. — Cette démonstration permet de retrouver de façon élémentaire l'invariance des probabilités $P_0^{\tau_r^0}$ par retournement du temps qui est un résultat classique généralement obtenu comme conséquence de la théorie des excursions browniennes (voir [6] au chapitre XII, exercice 4.17) ou de la relation entre le pont et le pseudo-pont browniens (voir [1] ou [6] au chapitre VI exercice 2.29).

En effet, la mesure $\int_0^{+\infty} P_0^{\tau_r^0}\,dr$ est portée par les trajectoires de $\mathcal{W}$ commençant et finissant en 0. Pour de telles trajectoires, le retournement spatio-temporel se compose d'une symétrie par rapport au niveau 0 et d'un retournement du temps. La mesures $\int_0^{+\infty} P_0^{\tau_r^0}\,dr$ étant symétrique (*i.e.* invariante par la transformation $w \mapsto -w$), son invariance par retournement spatio-temporel entraîne son invariance par retournement du temps. L'invariance des probabilités $P_0^{\tau_r^0}$ s'obtient en conditionnant par rapport à la fonctionnelle L_ζ^0 (qui est elle aussi invariante par retournement du temps).

Bibliographie

[1] Biane P., Le Gall J.F., Yor M. — *Un processus qui ressemble au pont brownien*, Séminaire de Probabilités XXI, LNM **1247** Springer (1987), 270–275.

[2] Biane P., Yor M. — *Valeurs principales associées aux temps locaux browniens*, Bulletin des Sciences Mathématiques **111** (1987), 23–101.

[3] Biane P., Yor M. — *Sur la loi des temps locaux browniens pris en un temps exponentiel*, Séminaire de Probabilités XXII, LNM **1321** Springer (1988), 454–466.

[4] Knight F.B. — *Random walks and a sojourn density process of Brownian motion*, Transactions of the American Mathematical Society **109** (1963), 56–86.

[5] Ray D.B. — *Sojourn times of a diffusion process*, Illinois Journal of mathematics **7** (1963), 615–630.

[6] Revuz D., Yor M. — *Continuous Martingales and Brownian Motion*, Springer, 1991.

FIRST ORDER CALCULUS AND LAST ENTRANCE TIMES

B. Rajeev

Stat-Math Division
Indian Statistical Institute
203, B.T. Road, Calcutta - 700 035
INDIA.

Introduction. Let (X_t) be a continuous local martingale, $X_o = 0$ a.s., $\langle X \rangle$ the quadratic variation process, $L(t,0)$ its local time at zero. Let $\tau_t = \max\{s < t : X_s = 0\}$ and (h_t) a locally bounded previsible process. The point of departure in 'First Order Calculus' (see [10], page 241) is an interesting path property of (semi) martingales given by the so called Balayage formula

$$h_{\tau_t} X_t = \int_0^t h_{\tau_s} dX_s \qquad (\#)$$

This says that $h_{\tau_t} X_t$ is a continuous local martingale and then it is not too difficult to show that its local time at zero is $\int_0^t |h_s| dL(s,0)$. This is in analogy with the usual second order (Ito) stochastic calculus where the local martingale $\int_0^t h(s)dX_s$ has the quadratic variation $\int_0^t h^2(s)d\langle X \rangle_s$. Actually eqn. $(\#)$ holds in more generality. It holds whenever X is an arbitrary semi-martingale, h a locally bounded previsible process, $\tau_t = \max\{s < t : s \in H\}$, where H is a random closed optional set with $X_t(\omega) = 0$ for $(t,\omega) \in H$. After its first appearance in Azema and Yor [1], it was later studied extensively in a series of papers [4], [6], [7], [11] and [12]. In particular, conditions on both the set H and the process h can be further relaxed (see [4] for the first case, [6] and [11] for the second).

Consider now an equivalent formulation of the above result. Let $\sigma_t = \max\{s \leq t : s \in H\}$. The condition $X_t(\omega) = 0$, $(t,\omega) \in H$ is equivalent to $X_{\sigma_t} \equiv 0$ because $\sigma_t(\omega) = t$ iff

$(t,\omega) \in H$. Observe further that, as a consequence $X_t \equiv (X-X_\sigma)(t)$ $(= X_t - X_{\sigma_t})$. We can write eqn. (#) in terms of $(X-X_\sigma)$ rather than X. What happens if we drop the requirement $X_\sigma \equiv 0$? Note that in any case we have $(X-X_\sigma)(t) = 0$ for $t \in H$ and eqn. (#) would hold for $(X-X_\sigma)$ provided we can show that $(X-X_\sigma)$ is a semi-martingale or equivalently that X_σ is a semi-martingale. In analogy with case of measures, we can think of $(X-X_\sigma)$ as the H-balayage of X. We now give some examples where the condition $X_{\sigma_t} \equiv 0$ fails, but X_σ is in fact a semi-martingale.

The original motivation behind this work is the following example : Let (X_t) be a continuous semi-martingale, $a < b$ and assume for simplicity that $X_0 \notin (a,b)$ a.s. Let $A = \{(s,\omega) : X_s(\omega) \in (a,b)\}$, $H = A^c$ and σ_t as above. In this case $X_{\sigma_t} \not\equiv 0$ and it was shown in [9], that $(X-X_\sigma)$ is a semi-martingale and its decomposition obtained. A typical feature of the process $(X-X_\sigma)$ is clearly reflected in the above example : $(X-X_\sigma)$ is no longer a continuous process. However we do have the following for all $t \geq 0$,

$$\sum_{s\leq t} |\Delta(X-X_\sigma)(s)| = \sum_{s\leq t} |\Delta X_\sigma(s)| = (b-a) \times \text{number of crossings of } (a,b) \text{ by } X \text{ in time } t < \infty \quad \text{a.s.}$$

Another interesting example is given by $A = \{(s,\omega) : X_s(\omega) > a\}$, $X_0 < a$ a.s., $H = A^c$, $\sigma_t = \max\{s \leq t : s \in A^c = H\}$. Here too $X_{\sigma_t} \not\equiv 0$. The process $(X-X_\sigma)$ is however continuous and it is easily seen that $(X-X_\sigma)(t) = (X_t-a)^+$. In this case the semi-martingale decomposition for $(X-X_\sigma)$ is just the Tanaka formula.

To return to the question posed in the previous paragraph : Let (X_t) be an arbitrary semi-martingale with respect to a filtration $\mathcal{F}_t$, A an $\mathcal{F}_t$ optional set with open sections $\subset (0,\infty) \times \Omega$, $\sigma_t = \max\{s \leq t : s \in A^c\}$. Let A_r denote the right end points of the intervals of A and $A] = A \cup A_r$. We show that under the condition, $\sum_{s\le t} I_{A]}(s)|\triangle X_\sigma(s)| = \sum_{s\le t} I_{A_r}(s)|\triangle X_\sigma(s)| < \infty$ a.s., $(X-X_\sigma)$ is an $\mathcal{F}_t$ semi-martingale. Further, we obtain a Tanaka-like formula for $(X-X_\sigma)$ involving a continuous process of finite variation, which is a sort of local time of X on A (see Section 2, Theorem 1, Corollary 1). Note that the condition $\sum_{s\le t} I_{A]}(s)\ |\triangle X_\sigma(s)| < \infty$ a.s. generalises the condition $X_{\sigma_t-} = 0$. The former condition is also necessary (see Remarks following Theorem 3).

The paper is organised as follows : In section 0, we describe the main ideas of the proof in the case of continuous semi-martingales. Section 1 contains the notations and other preliminaries, Section 2 the statement of the main result and its corollaries and section 3 the proofs. In section 4, the final section, we deduce the usual Tanaka formula for an arbitrary semi-martingale as a consequence of our main results (Theorem 2). We thus give a new proof of Tanaka's formula. We also relate the process of finite variation (or local time of X on A) obtained in Theorem 1 to the local times at zero of the semi-martingales $(X-X_\sigma)$ and $-(X-X_\sigma)$, thus closing the circle of ideas (see Theorem 3).

0. The Case of Continuous Semi-Martingales : In this section we describe our results and sketch the idea of the proof in the case of continuous semi-martingales. We start however with an arbitrary semi-martingale X and bring in the continuity assumption only when it is required. We hope this will give a better understanding of the course we eventually take in section 3 in the proofs of the main results.

Let then (X_t) be a semi-martingale adapted to a filtration $\mathcal{F}_t$, with rcll trajectories. A will denote an $\mathcal{F}_t$ optional set with open sections and for simplicity will be assumed to be contained in $(0,\infty)\times\Omega$. $\sigma_t = \max\{s \le t : s \in A^c\}$. Then $X_\sigma(t) = X_{\sigma_t}$ is an adapted rcll process. Suppose first that A is a simple optional set with open sections. i.e. $A = \bigcup_{i=1}^{\infty} (\sigma_i, \tau_i)$ where σ_i, τ_i are stop times, $\sigma_i < \tau_i \le \sigma_{i+1}$ and $\sigma_k \longrightarrow \infty$ as $k \longrightarrow \infty$. Let $A] = \bigcup_{i=1}^{\infty} (\sigma_i, \tau_i]$ and h a locally bounded previsible process. It is easy to see that

$$h(\sigma_{s-})\, I_{A]}(s) = \sum_{k=1}^{\infty} h(\sigma_k) I_{(\sigma_k, \tau_k]}(s)$$

and that $\triangle X_\sigma(s) \quad = \quad (X_{\tau_k} - X_{\sigma_k}), \quad s = \tau_k$

It follows that $h(\sigma_{s-})\, I_{A]}(s)$ is a simple predictable process and that the process $\sum_{s \le \cdot} I_{A]}(s) \triangle X_\sigma(s)$ is of finite variation on compact intervals. Now from the definition of the stochastic integral we get

$$\sum_{s \le t} h(\sigma_{s-}) I_{A]}(s) \triangle X_\sigma(s) + h(\sigma_{t-})(X - X_\sigma)(t) = \int_0^t h(\sigma_{s-}) I_{A]}(s)\, dX_s \quad - (0.1)$$

Note that when X is continuous, $\triangle X_\sigma(s) = -\triangle(X - X_\sigma)(s)$.

Taking $h \equiv 1$ in (0.1) we get

$$\sum_{s \le t} I_{A]}(s) \triangle X_\sigma(s) + (X - X_\sigma)(t) = \int_0^t I_{A]}(s)\, dX_s \quad - (0.2)$$

It follows that $(X - X_\sigma)$ is a semi-martingale and taking $H = A^c$, $\tau_t = \sigma_{t-}$, it is easy to see that (0.1) and (0.2) imply ($\#$).

In the case of a general optional set with open sections, we assume $\sum_{s \le t} I_{A]}(s)\, |\triangle X_\sigma(s)| < \infty$ a.s. for all t. To show that $(X - X_\sigma)$ is a semi-martingale, we approximate A by simple optional sets A_n with open sections.

If σ_n are the entrance times for A_n, the idea is to replace (σ, A) in eqn. (0.2) by (σ_n, A_n) and then let $n \to \infty$. To ensure $(X - X_{\sigma_n})(t) \longrightarrow (X - X_\sigma)(t)$, we choose A_n's such that

$A_n \subset A_{n+1}$ and $A = \bigcup_n A_n$. This implies that $\sigma_n(t) \downarrow \sigma(t)$ and $(X-X_{\sigma_n})(t) \longrightarrow (X-X_\sigma)(t)$ pointwise by right continuity of X. To ensure the convergence of the stochastic integral and jump terms in (0.2) a further condition on the A_n's is necessary : We demand that that the right end points of the intervals of A_n be contained in those of A. i.e., $A_{n,r} \subset A_r$ where $A_{n,r} = \{d_t^n , t > 0\}$, $A_r = \{d_t : t > 0\}$, $d_t^n = \inf\{s > t : s \in A_n^c\}$, $d_t = \inf\{s > t : s \in A^c\}$. Note that $A_n] = A_n \cup A_{n,r}$ and $A] \overset{(defn)}{=} A \cup A_r$. Under these conditions on A_n, it is easy to see that $I_{A_n]}(s) \longrightarrow I_{A]}(s)$ pointwise and hence $\int_0^t I_{A_n]}(s)\, dX_s \longrightarrow \int_0^t I_{A]}(s)\, dX_s$ in probability. The jumps $I_{A_n]}(s) \triangle X_{\sigma_n}(s)$ are now 'aligned' with that of $I_{A]}(s) \triangle X_\sigma(s)$ and we can write the jump term in (0.2) as

$$\sum_{s\leq t} I_{A_n]}(s)\triangle X_\sigma(s) + \sum_{s\leq t} I_{A_n]}(s)(\triangle X_{\sigma_n}(s) - \triangle X_\sigma(s)) \qquad - (0.3)$$

Now under the assumption $\sum_{s\leq t} I_{A]}(s)\, |\triangle X_\sigma(s)| < \infty$ a.s. for all t, the first term in (0.3) converges to $\sum_{s\leq t} I_{A]}(s)\triangle X_\sigma(s)$. It now follows from (0.2), with (σ, A) replaced by (σ_n, A_n), that as $n \to \infty$, the 2nd term in (0.3) has a limit$(-L(t))$ given by

$$-L(t) = \int_0^t I_{A]}(s)\, dX_s - (X-X_\sigma)(t) - \sum_{s\leq t} I_{A]}(s)\triangle X_\sigma(s) \qquad - (0.4)$$

When X is a continuous semi-martingale it is obvious that the RHS of (0.4) defines an adapted continuous process. In fact, it is easy to see from the properties of the stochastic integral, that even in the case of an arbitrary semi-martingale, the RHS of (0.4) defines a continuous adapted process. We still need a crucial result to deduce from (0.4) that $(X-X_\sigma)(t)$ is a semi-martingale viz. that L is of finite variation. But if we now introduce the condition

$$(X-X_\sigma)(t) > 0 \quad t \in A \qquad - (0.5)$$

then since $A_n \subset A$, each of the terms in the second sum in (0.3) is non-positive. As a consequence the second sum in (0.3) is non-increasing and so is its limit $-L(t)$. i.e. $L(t)$ is a non-decreasing process and from (0.4) it follows that $(X-X_\sigma)(t)$ is a semi-martingale with a decomposition given by (0.4).

The existence of sets A_n satisfying 1) $A_n \subset A_{n+1}$ 2) $A = \bigcup_n A_n$ and 3) $A_{n,r} \subset A_r$ is easily shown : If r_n is an enumeration of the rationals we can take $A_n = \bigcup_{i=1}^{n} (r_i, D_{r_i})$. If in addition (0.5) holds, there is a further choice viz. $A_n = \bigcup_{k=1}^{\infty} (\sigma_k^n, \tau_k^n)$ where σ_k^n, τ_k^n are the successive crossing times of $1/n$ and 0 by $(X-X_\sigma)(t)$. In fact in the proofs of the general case we shall use the latter choice, mainly for its geometric appeal. At this point we note that our proof is a generalisation of the 'down-crossing' proof of the Tanaka formula (see [5], [8] and [9]).

Thus far we have proved the following result :
Suppose X - any semi-martingale, A an optional set with open sections such that $\sum_{s \leq t} I_{A]}(s)\ |\Delta X_\sigma(s)| < \infty$ a.s. for all t.

Suppose in addition that (0.5) holds. Then there exists a continuous, adapted increasing process $L(t)$ such that

$$\sum_{s \leq t} I_{A]}(s)\, \Delta X_\sigma(s) + (X-X_\sigma)(t) = \int_0^t I_{A]}(s)\, dX_s + L(t) \qquad - (0.6)$$

We now demonstrate how condition (0.5) may be dropped in the case when X is continuous. Introduce the sets $A_u = \{(s,\omega) : (X-X_\sigma)(s,\omega) > 0\}$, $A_d = \{(s,\omega) : (X-X_\sigma)(s,\omega) < 0\}$ observe that A_u and A_d are optional sets with open sections (because X is continuous), contained in A. Let σ_u and σ_d

be entrance times for A_u and A_d respectively. Obviously $(X-X_{\sigma_u})$ and A_u satisfy (0.5). Further because X is continuous, $\sum_{s\le t} |\triangle X_{\sigma_u}(s)| = \sum_{s\le t} |\triangle X_\sigma(s)\, I_{\{s:\triangle X_\sigma(s)>0\}}(s)| < \infty$ a.s. for all t. Then by the above result, there exists a continuous adapted non-decreasing process L_u such that (0.6) holds for $(X-X_{\sigma_u})$, A_u and L_u. Applying the same arguments to $-X$, there exists a continuous adapted increasing process L_d such that (0.6) holds for $(X-X_{\sigma_d})$, A_d and $-L_d$. Hence,

$$(X-X_\sigma)(t) = (X-X_\sigma)^+(t) - (X-X_\sigma)^-(t)$$

$$= (X-X_{\sigma_u})(t) + (X-X_{\sigma_d})(t) \quad (\because X \text{ is continuous})$$

$$= \int_0^t I_{A_u]\cup A_d]}(s)\, dX_s + L_u - L_d - \sum_{s\le t} I_{A]}(s)\triangle X_\sigma(s)$$

Now it can be shown (see remark following Corollary 1 to Theorem 1) that

$$d\langle X^c\rangle (A] - A_u] \cup A_d]) = 0 \quad \text{a.s.}$$

Let $L(t) = L_u(t) - L_d(t) - \int_0^t I_{A]-A_u]\cup A_d]}(s)\, dV_s$

where $X = M+V$.

L is a continuous adapted process of finite variation such that (0.6) holds for $(X-X_\sigma)$, A and L. In particular, $(X-X_\sigma)$ is a semi-martingale.

1. Preliminaries. We continue with the notation and terminology of Sec. 0. We have the filtered probability space $(\Omega, \mathcal{F}, \mathcal{F}_t, P)$ satisfying usual conditions. (X_t) is a given $\mathcal{F}_t$ semi - martingale, fixed for the

rest of the discussion. $A \subset (0, \infty) \times \Omega$ is an optional set with open sections. If $A(\omega) = \bigcup_1 (\alpha_i(\omega), \beta_i(\omega))$, let $A]$ be the previsible set with sections $A](\omega) = \bigcup_1 (\alpha_i(\omega), \beta_i(\omega)]$. Let $\sigma_t(\omega) = \max\{ s \leq t : s \in A^c(\omega)\}$, $\max\{\phi\} = 0$. Henceforth we suppress the dependance on ω and write, for example, $t \in A$ instead of $t \in A(\omega)$. For any adapted rcll process (Y_t) we define the adapted rcll processes $(Y_\sigma(t))$ and $((Y - Y_\sigma)(t))$ by $Y_\sigma(t) = Y_{\sigma_t}$ and $(Y - Y_\sigma)(t) = Y_t - Y_{\sigma_t}$. For $h > 0$, let $D_{uh} = \inf\{s > h : (X - X_\sigma)(s) \leq 0\}$. The optional set A_u is defined by $A_u = \bigcup_h (h, D_{uh})$. Let $\sigma_u(t) = \max\{s \leq t : s \in A_u^c\}$. We similarly define $D_{dh} = \inf\{s > h : (X - X_\sigma)(s) \geq 0\}$, $A_d = \bigcup_h (h, D_{dh})$ and $\sigma_d(t) = \max\{s \leq t : s \in A_d^c\}$. Here the suffix u stands for 'up' and d for 'down'. In particular A_u (A_d) is the set of times in A at which the process X is above (below) X_σ. Let $A_{ud} = A_u \cup A_d$. Let A^r (A^ℓ) denote the set of right (respectively left) end points of the intervals of A. $A_u^r, A_u^\ell, A_d^r, A_d^\ell$ have similar meanings relative to the sets A_u and A_d. X^c as usual denotes the continuous martingale part of X. I_A will denote the indicator function of the set A.

Fix $n \geq 1$. Define $\tau_0^n \equiv 0$ and let

$$\sigma_k^n = \inf\{ s > \tau_{k-1}^n, \ (X-X_\sigma)(s) \geq 1/n\} \quad k = 1,2,\ldots$$

$$\tau_k^n = \inf\{ s > \sigma_k^n, \quad (X-X_\sigma)(s) \leq 0 \ \} \quad k = 1,2,\ldots$$

where we take $\inf\{\phi\} = \infty$. For $n \geq 1$, let $A_n = \bigcup_{k=1}^{\infty} (\sigma_k^n, \tau_k^n)$, $n \geq 1$ and $\sigma_n(t) = \max\{s \leq t : s \in A_n^c\}$. It is easy to see that $A_n \subset A_{n+1}$ which implies that $\sigma_{n+1}(\cdot) \leq \sigma_n(\cdot)$.

<u>Proposition 1</u>. a) i) $A_u \subset \{s : (X-X_\sigma)(s) > 0\} \subset A$

ii) $A_d \subset \{s : (X-X_\sigma)(s) < 0\} \subset A$

b) i) $A_u = \bigcup_{n=1}^{\infty} A_n$

c) i) $A] - A_{ud}] \subset \{s \in A : X_{s-} = X_\sigma(s)\}$

ii) $(A]-A_{ud}]) \cap \{s : \Delta X_s \neq 0\} \subset A_u^\ell \cup A_d^\ell$.

<u>Proof</u>. a) i). It is easy to see that for $t \in A_u$, $(X-X_\sigma)(t) > 0$. The second inclusion in a) i) follows from the observation that $(X-X_\sigma)(t) = 0$ for $t \notin A$. The proof of a) ii) is similar.

b) It is obvious that $(\sigma_k^n, \tau_k^n) \subset A_u$ for $n \geq 1$, $k \geq 1$. Hence $\bigcup_n A_n \subset A_n$. To see the reverse inclusion suppose $s \in A_n$ and $s \notin A_n$ for all $n \geq 1$. Thus for all $n \geq 1$, there exists k_n such that $s \in [\tau_{k_n-1}^n, \sigma_{k_n}^n]$. In fact there exists n_o such that for all $n \geq n_o$, $s = \sigma_{k_n}^n$: otherwise $s \in [\tau_{k_n-1}^n, \sigma_{k_n}^n)$ for infinitely many n. Hence $(X - X_\sigma)(s) < \frac{1}{n_k}$ for $n_k \to \infty$. This implies

$(X - X_\sigma)(s) \leq 0$, contradicting the first inclusion in a) i). Since A_u has open sections, there exist α, β, $\alpha < \beta$ such that $(\alpha,\beta) \subset A_u$, $\alpha < s = \sigma_{k_n}^n < \beta$ for all $n > n_o$. But $s = \sigma_{k_n}^n$ for all $n > n_o$ implies, from the definition of σ_k^n's that $(X-X_\sigma)(s-) \leq 0$. In particular there exists $s_o \in (\alpha,\beta)$ such that $(X-X_\sigma)(s_o) \leq 0$, which contradicts a) i).

c) i) If $s \in A]$ and $s \notin A_{ud}]$ then there exist sequences s_n , t_n , $s_n \uparrow s$, $t_n \uparrow s$, such that

$$X_{s_n} \leq X_\sigma(s_n) = X_\sigma(s) \quad \text{and} \quad X_{t_n} \geq X_\sigma(t_n) = X_\sigma(s).$$

It follows that $X_{s-} = X_{\sigma_s}$

ii) If $s \in A] - A_{ud}]$ and $\triangle X_s \neq 0$, it follows from c) i) that either $X_s > X_{\sigma_s}$ or $X_s < X_{\sigma_s}$. This, together with $s \notin A_{ud}]$ implies that, in fact $s \in A_u^{\ell} \cup A_d^{\ell} - (A_u^{r} \cup A_d^{r})$.

2. The Main Results. Let $X, A, \sigma, A_u, A_d, A_{ud}$ all be as in section 1. We can now state our main result. All the proofs are deferred to the next section. The following hypothesis is fundamental :

for all t, $\sum_{s \leq t} I_{A]}(s) |\triangle X_\sigma(s)| < \infty$ almost surely - (*).

Note that $I_{A]}(s) \triangle X_\sigma(s) = I_{A^r}(s) \triangle X_\sigma(s)$.

Theorem 1. Suppose (*) holds. Then

a) for every t,

$$\sum_{s \leq t} I_{A]-A_{ud}]}(s) |\triangle X_s| < \infty \text{ almost surely.}$$

b) X_σ and $X - X_\sigma$ are semi-martingales.

c) There exists a unique continuous adapted process of finite variation, denoted by $L(.)$, such that almost surely,

$$\sum_{s \leq t} I_{A]}(s) \triangle X_\sigma(s) - \sum_{s \leq t} I_{A]-A_{ud}]}(s) \triangle X_s + (X-X_\sigma)(t)$$

$$= \int_0^t I_{A_{ud}]}(s)\, dX_s + L(t) \tag{1}$$

for all $t \geq 0$.

d) If in addition to (*), $(X - X_\sigma)(t) \geq 0$ for all t, almost surely, then $L(.)$ is an increasing process.

(e) The process $L(.)$ is supported on the complement of the set $A_{ud}]$. In other words, almost surely,

$$\int_0^t I_{A_{ud}]}(s)\ dL(s) = 0$$

for all $t \geq 0$.

Eqn. (1) can be reduced to a simpler and more elegant form under an additional 'hypothesis' which we now state

almost surely, $\int_0^\infty I_{A]-A_{ud}]}(s)\ \langle X^c\rangle_s = 0$ — (**)

Corollary 1. Suppose (*) and (**) hold. Then there exists a continuous adapted process of finite variation, denoted by $L'(.)$, such that almost surely,

$$\sum_{s\leq t} I_{A]}(s)\ \triangle X_\sigma(s) + (X-X_\sigma)(t) = \int_0^t I_{A]}(s)dX_s + L'(t) \qquad (2)$$

for all $t \geq 0$. Moreover, almost surely,

$$\int_0^t I_{A]}(s)\ dL'(s) = 0$$

for all $t \geq 0$.

Remark. The condition (**) is actually redundant i.e. it is always satisfied for any semi-martingale X and any optional set with open sections. This is a consequence of the occupation density formula. We indicate a proof of this below. In particular we recover the results of [9] from Corollary. 1. However for an arbitrary semi-martingale, there are certain sets for which we can prove (**) holds without using the occupation density formula. We take this approach in section (4) to prove the Tanaka formula.

To prove (**) is actually redundant, we observe

that as a consequence of the occupation density formula, the following holds :

almost surely, $d\langle X^c\rangle\{s : X_{s-} = a\} = 0$ for every $a \in \mathbb{R}$.

From Propn. 1 c) we have

$$A] - A_{ud}] \subset \{s : X_{s-} = X_{\sigma_s}\} \cap A$$

Since the set $\{X_{\sigma_s}, s \in A\}$ is countable, (**) follows.

3. <u>The Proofs</u>. The proof of Theorem 1 is rather long. For simplicity and to keep track of the main ideas, we break it up into different steps which we state as lemmas. The proof leans heavily on the notion of the stochastic integral and its various properties. We refer to [2], Chapter VIII for these. A few steps involve a construction in terms of A_u, σ_u etc. and then a symmetrical construction for A_d, σ_d etc. We prove only the former case. We recall the sets A_n of proposition (1) which play a key role in the proof.

<u>Lemma 1</u>. For every n, there exists an increasing adapted, purely discontinuous process $\eta_n(.)$, $\eta_n(0) = 0$, for which the following equation holds : almost surely,

$$-\eta_n(t) + \sum_{k=1}^{\infty} I_{A^c \cap [0,t]}(\tau_k^n)\, \Delta X_\sigma(\tau_k^n) + (X - X_{\sigma_n})(t)$$

$$= \int_0^t I_{A_n]}(s)\, dX_s \tag{3}$$

for all $t \geq 0$.

<u>Lemma 2</u>. Suppose (*) holds. Then there exist increasing adapted processes $\eta_u(.), \eta_d(.), \eta_u(0) \equiv \eta_d(0) \equiv 0$ and satisfying : almost surely,

$$-\eta_u(t) + \sum_{s\leq t} I_{A_u^r \cap A^c}(s)\,\Delta X_\sigma(s) + (X-X_{\sigma_u})(t)$$

$$= \int_0^t I_{A_u]}(s)\,dX_s \tag{4}$$

$$\eta_d(t) + \sum_{s\leq t} I_{A_d^r \cap A^c}(s)\,\Delta X_\sigma(s) + (X-X_{\sigma_d})(t)$$

$$= \int_0^t I_{A_d]}(s)\,dX_s \tag{5}$$

<u>Lemma 3.</u> Suppose (*) holds. Then for every $t > 0$,

$\sum_{s\leq t}(I_{A_u]}(s)|\Delta X_{\sigma_u}(s)| + I_{A_d]}(s)|\Delta X_{\sigma_d}(s)|) < \infty$ almost surely

and there exists continuous adapted increasing processes $L_u(.), L_d(.), L_u(0) \equiv L_d(0) \equiv 0$ and satisfying : almost surely,

$$\sum_{s\leq t} I_{A_u]}(s)\,\Delta X_{\sigma_u}(s) + (X-X_{\sigma_u})(t) = \int_0^t I_{A_u]}(s)dX_s + L_u(t) \tag{6}$$

$$\sum_{s\leq t} I_{A_d]}(s)\,\Delta X_{\sigma_d}(s) + (X-X_{\sigma_d})\,(t) = \int_0^t I_{A_d]}(s)dX_s - L_d(t) \tag{7}$$

<u>Lemma 4</u>. Suppose (*) holds. Then, for every t,

$\sum_{s\leq t}(|\Delta(X_{\sigma_u}-X_\sigma)^+(s)| + |\Delta(X_{\sigma_d}-X_\sigma)^-(s)|) < \infty$ almost surely

and we have almost surely,

$$(X-X_\sigma)^+(t) = (X-X_{\sigma_u})(t) + \sum_{s\leq t} \Delta(X_{\sigma_u}-X_\sigma)^+(s) \tag{8}$$

$$(X-X_\sigma)^-(t) = -(X-X_{\sigma_d})(t) + \sum_{s\leq t} \Delta(X_{\sigma_d}-X_\sigma)^-(s) \tag{9}$$

for all $t \geq 0$.

<u>Proof of Lemma 1</u>. From the definition of the stochastic integral, we have

$$\int_0^t I_{A_n}(s)dX_s = \sum_{k=1}^{\infty} X(\tau_k^n \wedge t) - X(\sigma_k^n \wedge t)$$

$$= \sum_{k=1}^{\infty} I_{[0,t]}(\tau_k^n)(X(\tau_k^n) - X(\sigma_k^n)) + (X - X_{\sigma_n})(t)$$

$$= \sum_{k=1}^{\infty} I_{[0,t]\cap A}(\tau_k^n)(X(\tau_k^n) - X(\sigma_k^n))$$

$$+ \sum_{k=1}^{\infty} I_{[0,t]\cap A^c}(\tau_k^n)(X(\tau_k^n) - X(\sigma_k^n))$$

$$+ (X - X_{\sigma_n})(t) \qquad (10)$$

Note that for $\tau_k^n \in A$, $X(\tau_k^n) - X(\sigma_k^n) \leq 0$. For $\tau_k^n \in A^c$ we can write

$$X(\tau_k^n) - X(\sigma_k^n) = X(\tau_k^n) - X_\sigma(\tau_k^n) + X_\sigma(\tau_k^n) - X(\sigma_k^n)$$

$$= \Delta X_\sigma(\tau_k^n) + X_\sigma(\tau_k^n) - X(\sigma_k^n)$$

where $X_\sigma(\tau_k^n) - X(\sigma_k^n) \leq 0$ for $\tau_k^n \in A^c$.

Define $$\eta_n(t) = -\sum_{k=1}^{\infty} I_{A\cap[0,t]}(\tau_k^n)(X(\tau_k^n) - X(\sigma_k^n))$$

$$- \sum_{k=1}^{\infty} I_{A^c\cap[0,t]}(\tau_k^n)(X_\sigma(\tau_k^n) - X(\sigma_k^n))$$

$\eta_n(.)$ is an adapted, increasing, purely discontinuous process and $\eta_n(0) = 0$. Eqn. (3) is obtained from eqn. (10) by rewriting it in terms of η_n. This completes the proof of Lemma 1.

<u>Proof of Lemma 2.</u> From $A_u = \bigcup_{n=1}^{\infty} A_n$ (Propn. 1 b)), condition (*) and the well known properties of the stochastic Integral, it follows that the three terms in eqn. (3) viz.

$$\int_0^{\cdot} I_{A_n]}(s)dX_s,\ \sum_{k=1}^{\infty} I_{A^c\cap[0,\cdot]}(\tau_k^n)\,\Delta X_\sigma(\tau_k^n),\ (X-X_{\sigma_n})(\cdot)$$

Converge in probability to

$$\int_0^{\cdot} I_{A_u]}(s)dX_s,\ \sum_{s\leq\cdot} I_{A_u^r\cap A^c}(s)\,\Delta X_\sigma(s),\ (X-X_{\sigma_u})(\cdot)$$

respectively. It follows that the fourth term in eqn. (2) viz. $\eta_n(\cdot)$ converges to an adapted increasing process $\eta_u(\cdot)$ and obviously eqn. (4) holds. The existence of η_d and eqn. (5) follows by applying the previous argument to $-X$.

<u>Proof of Lemma 3</u>. We break up η_u into its continuous part and its purely discontinuous part denoting them by L_u and ℓ_u respectively. From eqn. (4), equating jumps on either side at time s we get,

$$-\Delta\ell_u(s) + I_{A_u^r\cap A^c}(s)\Delta X_\sigma(s) + \Delta X(s) - \Delta X_{\sigma_u}(s)$$
$$= I_{A_u]}(s)\,\Delta X_s \qquad (11)$$

If $s \notin A_u]$, $\Delta X(s) = \Delta X_{\sigma_u}(s)$, $I_{A_u^r\cap A^c}(s) = 0$

and it follows that $\Delta\ell_u(s) = 0$.

If $s \in A_u]$, but $s \notin A_u^r$, then $\Delta X_{\sigma_u}(s) = 0$ and again $\Delta\ell_u(s) = 0$.

If $s \in A_u]$ and $s \in A_u^r\cap A$ then $\Delta\ell_u(s) = -\Delta X_{\sigma_u}(s)$.

If $s \in A_u]$ and $s \in A_u^r\cap A^c$ then $\Delta\ell_u(s) - \Delta X_\sigma(s) = -\Delta X_{\sigma_u}(s)$.

Note that $A_u^r\cap A^c \subset A^r \subset A]$. In particular, it follows that for every $t \geq 0$,

$$\sum_{s\leq t} I_{A_u]}(s)|\Delta X_{\sigma_u}(s)| \leq \sum_{s\leq t}|\Delta\ell_u(s)| + \sum_{s\leq t} I_{A]}(s)|\Delta X_\sigma(s)|$$

$$< \infty \quad \text{almost surely.}$$

Moreover,

$$\sum_{s\le t} I_{A_u]}(s)\,\Delta X_{\sigma_u}(s) = -\Big(\sum_{s\le t}\Delta \ell_u(s) - \sum_{s\le t} I_{A_u^r\cap A^c}(s)\,\Delta X_\sigma(s)\Big)$$

$$= -\ell_u(t) + \sum_{s\le t} I_{A_u^r\cap A^c}(s)\,\Delta X_\sigma(s) \qquad (12)$$

Also

$$\eta_u(t) = L_u(t) + \ell_u(t) \qquad (13)$$

Eqn. (6) now follows from eqns. (4), (11), (12) and (13). Eqn. (7) is proved in a similar manner.

Proof of Lemma 4. We note that $\Delta(X_{\sigma_u}-X_\sigma)^+(s) \neq 0$ iff $s \in A_u^r \cup A_u^\ell$ i.e. when s is a left or right end point of A_u. Moreover the jumps of $(X_{\sigma_u}-X_\sigma)^+$ at successive end points of A_u are equal but of opposite sign. Hence

$$\sum_{s\le t}|\Delta(X_{\sigma_u}-X_\sigma)^+(s)| \le 2\sum_{s\le t} I_{A_u^r}(s)|\Delta(X_{\sigma_u}-X_\sigma)^+(s)|$$

$$+ |\Delta(X_{\sigma_u}-X_\sigma)^+(t)|$$

and

$$\sum_{s\le t} I_{A_u^r}(s)|\Delta(X_{\sigma_u}-X_\sigma)^+(s)| = \sum_{s\le t} I_{A_u^r\cap A}(s)|\Delta(X_{\sigma_u}-X_\sigma)^+(s)|$$

$$+ \sum_{s\le t} I_{A_u^r\cap A^c}(s)|\Delta(X_{\sigma_u}-X_\sigma)^+(s)|$$

$$\le \sum_{s\le t} I_{A_u^r\cap A}(s)\,|\Delta X_{\sigma_u}(s)|$$

$$+ \sum_{s\le t} I_{A_u^r\cap A^c}(|\Delta X_{\sigma_u}(s)|+|\Delta X_\sigma(s)|)$$

$$= \sum_{s\le t} I_{A_u]}(s)|\Delta X_{\sigma_u}(s)|$$

$$+ \sum_{s\leq t} I_{A_u^r \cap A^c}(s)|\Delta X_\sigma(s)|$$

$$< \infty \text{ almost surely}$$

because of condition (*) and lemma 3. It is easy to see that

$$(X-X_\sigma)^+(t) = (X-X_{\sigma_u})(t) + (X_{\sigma_u}-X_\sigma)^+(t) \tag{14}$$

and that

$$(X_{\sigma_u}-X_\sigma)^+(t) = \sum_{s\leq t} \Delta(X_{\sigma_u}-X_\sigma)^+(s) \tag{15}$$

Eqn. (8) follows from eqns. (14) and (15). Eqn. (9) is proved in a similar manner.

<u>Proof of Theorem 1</u>. a) Using proposition 1 c) it is easy to see that

$$\sum_{s\leq t} I_{A]-A_{ud}]}(s)|\Delta X_s| \leq \sum_{s\leq t}(|\Delta(X_{\sigma_u}-X_\sigma)^+(s)|+|\Delta(X_{\sigma_d}-X_\sigma)^-(s)|)$$

$$< \infty \quad \text{almost surely}$$

This proves a). The proof of b) is immediate from Lemmas (3), (4) and the identity $x = x^+ - x^-$.

Proof of c) : To begin with we note the following pathwise identity viz. almost surely,

$$-\sum_{s\leq t} I_{A_u]}(s)\Delta X_{\sigma_u}(s) + \sum_{s\leq t}\Delta(X_{\sigma_u}-X_\sigma)^+(s)$$

$$-\sum_{s\leq t}\Delta(X_{\sigma_d}-X_\sigma)^-(s) - \sum_{s\leq t} I_{A_d]}(s)\Delta X_{\sigma_d}(s)$$

$$= -\sum_{s\leq t} I_{A]}(s)\Delta X_\sigma(s) + \sum_{s\leq t} I_{A]-A_{ud}]}(s)\Delta X_s \tag{16}$$

The identity is proved by verifying it separately at each $s \in (A_u^r \cup A_d^r) \cap A$, $s \in (A_u^r \cup A_d^r) \cap A^c$, $s \in (A_u^\ell \cup A_d^\ell) \cap A$. We then have using eqns. (6), (7), (8), (9) and (16),

$$(X - X_\sigma)(t) = (X-X_\sigma)^+(t) + (X-X_\sigma)^-(t)$$

$$= (X-X_{\sigma_u})(t) + \sum_{s\leq t} \triangle(X_{\sigma_u}-X_\sigma)^+(s) + (X-X_{\sigma_d})(t)$$

$$- \sum_{s\leq t} \triangle(X_{\sigma_d}-X_\sigma)^-(s)$$

$$= \int_0^t I_{A_{ud}]}(s)dX_s + (L_u-L_d)(t) - \sum_{s\leq t} I_{A]}(s)\triangle X_\sigma(s)$$

$$+ \sum_{s\leq t} I_{A]-A_{ud}]}(s)\, \triangle X_s$$

which is eqn. (1) with $L(t) = L_u(t) - L_d(t)$. That L is unique is obvious and the proof of c) is complete.

To prove d) we note that when $(X-X_\sigma)(t) \geq 0$ for all t, almost surely then $A_d = \phi$ almost surely and $L_d \equiv 0$ almost surely.

To prove e) recall that $A_{ud} = (\bigcup_{h>0}(h,D_{uh}))\cup(\bigcup_{h>0}(h,D_{dh}))$ where

$$D_{uh} = \inf\left\{s > h : (X-X_\sigma)(s) \leq 0\right\} \quad \text{and}$$

$$D_{dh} = \inf\left\{s > h : (X-X_\sigma)(s) \geq 0\right\} .$$

From eqn. (1) and well known properties of stochastic integrals it follows that almost surely

$$L(t \wedge D_{uh}) - L(t \wedge h) = 0$$

and

$$L(t \wedge D_{dh}) - L(t \wedge h) = 0$$

for all $t \geq 0$. This proves e).

Proof of Corollary 1. We first observe that the process $\int_0^\cdot I_{A]-A_{ud}]}(s)\, dX_s - \sum_{s\leq \cdot} I_{A]-A_{ud}]}(s)\triangle X_s$ is a continuous semi-martingale. The condition (**) ensures that martingale part is identically zero. Denoting this process by $V(.)$, eqn. (2) follows from eqn. (1) with $L'(.) = L(.) - V(.)$. It follows from eqn. (2), in the same way that Theorem 1 e) follows from eqn. (1) that $L'(.)$ is supported outside A] .

4. The Tanaka Formula. The conditions (*) and (**) are satisfied by all semi-martingales for certain choices of the set A. The tanaka formula is a result of this situation.

Let (X_t) be a semi-martingale. For $h > 0$, let

$$D_{1h} = \inf\left\{ s > h : X_s \leq 0 \right\}$$

$$D_{2h} = \inf\left\{ s > h : X_s \geq 0 \right\}$$

Let

$$A_i = \bigcup_{h>0} (h, D_{ih}) \qquad i = 1,2$$

and $$\sigma_i(t) = \max\left\{ s \leq t : s \in A_i^c \right\}, \qquad i = 1,2.$$

Let $A_{1u}, A_{2u}, A_{1d}, A_{2d}$ be defined for A_1 and A_2 as A_u, A_d were defined for A in section 1. Let

$$A_{iud} = A_{iu} \cup A_{id} \qquad i = 1,2.$$

Lemma 5. For any semi-martingale X, condition (*) and (**) holds for the sets A_1 and A_2.

Proof. It is easy to verify the following inequality : For every $t \geq 0$, and $i = 1,2$

$$\sum_{s \leq t} I_{A_i]}(s) \; |\Delta X_{\sigma_i}(s)| \leq \sum_{s \leq t} I_{(-\infty,0]}(X_{s-})(X_s)^+ + I_{[0,\infty)}(X_{s-})(X_s)^-$$

It is well known that the RHS sum is finite almost surely (see [2]). This proves (*) for A_1 and A_2.

We now prove (**). Firstly it is easy to see that

$$(X_t)^+ - (X_o)^+ = (X-X_{\sigma_1})(t) + \sum_{s\leq t} \Delta(X_{\sigma_1})^+ (s) \tag{17}$$

$$(X_t)^- - (X_o)^- = -(X-X_{\sigma_2})(t) + \sum_{s\leq t} \Delta(X_{\sigma_2})^- (s)$$

Thus $X^c = (X-X_{\sigma_1})^c + (X-X_{\sigma_2})^c$ and from eqn. (1) applied to $(X-X_{\sigma_1})$ and $(X-X_{\sigma_2})$ we get

$$\langle X^c\rangle = \int_0^t I_{A_{1ud}] \cup A_{2ud}]}(s)\, d\langle X^c\rangle_s$$

Condition (**) for A_1 and A_2 follows from the above equation.

<u>Lemma 6</u>. The process L', occurring in the decomposition of the semi-martingale $X-X_{\sigma_1}$ given by eqn. (2), is an increasing process.

<u>Proof</u>. Eqn. (2) applied to $X - X_{\sigma_1}$ gives

$$\sum_{s\leq t} I_{A_1]}(s) \Delta X_{\sigma_1}(s) + (X-X_{\sigma_1})(t) = \int_0^t I_{A_1]}(s) dX_s + L'(t) \tag{18}$$

Let $A_{11} = \{(t,\omega) : X_{\sigma_1}(t-) > 0,\ X_{\sigma_1}(t) > 0\}$. Then A_{11} is an optional set with open sections and $A_{11} \subset A_1$. Let $A_{12} = A_1 - A_{11}$ so that $A_1 = A_{11} \cup A_{12}$. Note that A_{12} is also an optional set with open sections. Let σ_{11} and σ_{12} be the entrance times for A_{11} and A_{12}. Then

$$(X-X_{\sigma_1})(t) = (X-X_{\sigma_{11}})(t) + (X-X_{\sigma_{12}})(t) \tag{19}$$

Also,

$$\sum_{s\leq t} I_{A_{11}]}(s) |\Delta X_{\sigma_{11}}(s)| + I_{A_{12}]}(s) |\Delta X_{\sigma_{12}}(s)|$$

$$= \sum_{s\le t} I_{A_1]}(s)\ |\Delta X_{\sigma_1}(s)| < \infty$$

almost surely by lemma 5. Hence (*) holds for A_{11} and A_{12}. Also $A_{12ud} \equiv A_{12u} \equiv A_{12}$ and $(X-X_{\sigma_{12}})(.) \geq 0$. Hence from Theorem 1 c) and d) we get a continuous adapted increasing process $L_{12}(.)$ such that

$$\sum_{s\le t} I_{A_{12}]}(s)\Delta X_{\sigma_{12}}(s) + (X-X_{\sigma_{12}})(t) = \int_0^t I_{A_{12}]}(s)dX_s + L_{12}(t) \qquad (20)$$

Let $A_{11n} = \{(t,\omega) : X_{\sigma_1}(t-) > 1/n,\ X_{\sigma_1}(t) > 1/n\}$ $n = 1,2,\ldots$. Then A_{11n} are optional sets with open sections, $A_{11n} \subset A_{11n+1}$ and $A_{11} = \bigcup_{n=1}^{\infty} A_{11n}$. Let σ_{11n} be the entrance times for A_{11n}. Then $\sigma_{11n}(t) \uparrow \sigma_{11}(t)$ as $n \to \infty$. We also have

$$\sum_{s\le t} I_{A_{11n}]}(s)\,\Delta X_{\sigma_{11n}}(s) + (X-X_{\sigma_{11n}})(t) = \int_0^t I_{A_{11n}]}(s)dX_s$$

Letting $n \to \infty$ we get,

$$\sum_{s\le t} I_{A_{11}]}(s)\Delta X_{\sigma_{11}}(s) + (X-X_{\sigma_{11}})(t) = \int_0^t I_{A_{11}]}(s)dX_s \qquad (21)$$

Comparing eqn. (18) with eqns. (19), (20) and (21) it follows that $L'(.) \equiv L_{12}(.)$, which is an increasing process.

<u>Theorem 2</u>. For every $a \in \mathbb{R}$, there exists a continuous increasing adapted $L(.,a)$ such that almost surely,

$$(X_t-a)^+ = (X_o-a)^+ + \int_0^t I_{(a,\infty)}(X_{s-})dX_s + \sum_{s\le t} I_{(-\infty,a]}(X_{s-})(X_s-a)^+$$

$$+ I_{(a,\infty)}(X_{s-})(X_s-a)^- + \frac{1}{2} L(t,a) \qquad (22)$$

<u>Proof.</u> We first prove the case $a = 0$. Eqns. (18) and (17) gives

$$(X_t)^+ - (X_o)^+ = \int_0^t I_{A_1]}(s)dX_s - \sum_{s\le t} I_{A_1]}(s)\,\Delta X_{\sigma_1}(s) + L'(t)$$

$$+ \sum_{s\le t} \Delta (X_{\sigma_1})^+ (s) \tag{23}$$

where $L'(.)$ is a continuous increasing process by lemma 6.

It is easy to see that

$$A_1] = \{s : X_{s-} > 0\} \cup B \tag{24}$$

where B is a scanty previsible set given by

$$B = \{s \in A_1 : X_{s-} = 0,\ X_s > 0\} \cup \{D_{1h}: X_{D_{1h}-} = 0,\ X_{D_{1h}} \le 0,\ h > 0\}$$

It is also easy to see that for all $t \ge 0$,

$$\sum_{s\le t} I_B(s)|\Delta X_s| \le \sum_{s\le t} I_{(-\infty,0]}(X_{s-})(X_s)^+ + I_{[0,\infty)}(X_{s-})(X_s)^-$$

$$< \infty \quad \text{almost surely.}$$

It follows from [3], page 378, that

$$\int_0^t I_B(s)dX_s = \sum_{s\le t} I_B(s)\,\Delta X_s \tag{25}$$

Hence from eqns. (23), (24) and (25) we get

$$(X_t)^+ - (X_o)^+ = \int_0^t I_{(0,\infty)}(X_{s-})dX_s + \int_0^t I_B(s)dX_s - \sum_{s\le t} I_{A_1]}(s)\,\Delta X_{\sigma_1}(s)$$

$$+ \sum_{s\le t} \Delta (X_{\sigma_1})^+ (s) + L'(t)$$

$$= \int_0^t I_{(0,\infty)}(X_{s-})dX_s + \sum_{s\le t} I_B(s)\,\Delta X_s$$

$$- \sum_{s\le t} I_{A_1]}(s)\,\Delta X_{\sigma_1}(s) + \sum_{s\le t} \Delta (X_{\sigma_1})^+ (s) + L'(t) \tag{26}$$

Using the definition of B following eqn. (24) and noting

that the jumps of $s \longrightarrow (X_{\sigma_1})^+(s)$ occur at the end points of A, we can write

$$\sum_{s\le t} I_B(s)\Delta X_s - \sum_{s\le t} I_{A_1]}(s)\Delta X_{\sigma_1}(s) + \sum_{s\le t}\Delta(X_{\sigma_1})^+(s)$$

$$= \sum_{s\le t} I_{A_1\cap\{s:X_{s-}=0,X_s>0\}}(s)\Delta X_s + \sum_{s\le t} I_{A_1^\ell}(s)\,\Delta(X_{\sigma_1})^+(s)$$

$$+ \sum_{s\le t} I_{A_1^r}(s)\,\Delta(X^+_{\sigma_1})(s)$$

$$+ \sum_{s\le t} I_{\{D_{1h}:\ X_{D_{1h}-}=0,\ X_{D_{1h}}\le 0,\ \ h>0\}}(s)\Delta X_s$$

$$- \sum_{s\le t} I_{A_1]}(s)\Delta X_{\sigma_1}(s) \qquad (27)$$

It is easy to see that

$$\sum_{s\le t} I_{A_1\cap\{s:\ X_{s-}=0,\ X_s>0\}}(s)\Delta X_s + \sum_{s\le t} I_{A_1^\ell}(s)\,\Delta(X_{\sigma_1})^+(s)$$

$$= \sum_{s\le t} I_{(-\infty,0]}(X_{s-})(X_s)^+ \qquad (28)$$

and that

$$\sum_{s\le t} I_{\{D_{1h}:\ X_{D_{1h}-}=0,\ X_{D_{1h}}\le 0\}}(s)\Delta X_s + \sum_{s\le t} I_{A_1^r}(s)\Delta(X_{\sigma_1})^+(s)$$

$$- \sum_{s\le t} I_{A_1]}(s)\Delta X_{\sigma_1}(s) = \sum_{s\le t} I_{(0,\infty)}(X_{s-})(X_s)^- \qquad (29)$$

Eqn. (22) for the case $a = 0$, now follows from eqns. (26), (27), (28) and (29) with $L(.,0) = 2L'(.)$. The case $a \neq 0$ is proved by considering the semi-martingale $X - a$.

We now return to our original set up. X is an arbitrary semi-martingale, A an optional random set with open sections and (X,A) satisfying (*). A_u, σ_u, A_d, σ_d all are as defined in section 1. L_u and L_d the increasing processes occuring in the decomposition of $(X-X_{\sigma_u})$ and $(X-X_{\sigma_d})$ respectively (see section 3, lemma 3).

Theorem 3 The increasing processes $2L_u$ and $2L_d$ are the local times at zero of the semi-martingales $(X-X_\sigma)$ and $-(X-X_\sigma)$ respectively.

Proof. The proof is similar in spirit to the proof of Theorem 2. We shall do the computations only for L_u, the case L_d being similar. We first observe that

$$\{s : (X-X_\sigma)(s-) > 0\} = A_u] - B \qquad - (30)$$

where B is a scanty previsible set given by

$$\begin{aligned} B &= B_1 \cup B_2 \\ B_1 &= \{s \in A_u : (X-X_\sigma)(s-) = 0,\ (X-X_\sigma)(s) > 0\} \\ B_2 &= \{s \in A_u^r : (X-X_\sigma)(s-) = 0,\ (X-X_\sigma)(s) \leq 0\} \end{aligned}$$

We also see that by the result of C.S. Chou [2], applied to the semi-martingale $(X-X_\sigma)$ that,

$$\sum_{s\leq t} I_B(s)\ |\triangle(X-X_\sigma)(s)| \leq \sum_{s\leq t} (I_{(-\infty,0]}(X-X_\sigma)(s-)(X-X_\sigma)^+(s)$$

$$+ I_{[0,\infty)}(X-X_\sigma)(s-)(X-X_\sigma)^-(s)) < \infty \quad \text{a.s.}$$

Now applying the Tanaka formula (22) to the semi-martingale $(X-X_\sigma)^+$ and using eqn. (30) and Cor.1 of Theorem 1 to expand the stochastic integral, we get

$$(X-X_\sigma)^+(t) = \int_0^t I_{A_u]}(s)dX_s + I_1(t) + I_2(t) + I_3(t) + \tfrac{1}{2} L(t,0) \qquad - (31)$$

where $I_1(t) = -\sum_{s\leq t} I_{B_1}(s)\triangle(X-X_\sigma)(s) + \sum_{s\leq t} I_{(-\infty,0]}(X-X_\sigma)(s-)(X-X_\sigma)^+(s)$

$$I_2(t) = -\sum_{s\leq t} I_{B_2}(s)\triangle(X-X_\sigma)(s) + \sum_{s\leq t} I_{(0,\infty)}(X-X_\sigma)(s-)(X-X_\sigma)^-(s)$$

$$I_3(t) = -\sum_{s\le t} I_{A_u]\cap A}(s)\Delta X_\sigma(s)$$

On the other hand by Lemma 4 and Lemma 3 we get

$$(X-X_\sigma)^+(t) = (X-X_{\sigma_u})(t) + \sum_{s\le t}\Delta(X_{\sigma_u}-X_\sigma)^+(s)$$

$$= \int_0^t I_{A_u]}(s)dX_s + L_u(t) - \sum_{s\le t} I_{A_u]}(s)\Delta X_{\sigma_u}(s)$$

$$+ \sum_{s\le t}\Delta(X_{\sigma_u}-X_\sigma)^+(s)$$

$$= \int_0^t I_{A_u]}(s)\, dX_s$$

$$+ \sum_{s\le t} I_A(s)\, I_{\{s:\ (X_{\sigma_u}-X_\sigma)^+(s) > 0\}}(s)\ \Delta(X_{\sigma_u}-X_\sigma)^+(s)$$

$$- \sum_{s\le t} I_{A_u]\cap A}(s)\Delta X_{\sigma_u}$$

$$+ \sum_{s\le t} I_A(s)\, I_{\{s:\ (X_{\sigma_u}-X_\sigma)^+(s) < 0\}}(s)\ \Delta(X_{\sigma_u}-X_\sigma)^+(s)$$

$$- \sum_{s\le t} I_{A_u]\cap A^c}(s)\,\Delta X_{\sigma_u}$$

$$+ \sum_{s\le t} I_{A^c}(s)\,\Delta(X_{\sigma_u}-X_\sigma)^+(s) + L_u(t) \qquad - (32)$$

Comparing eqns. (31) and (32) it is a matter of verification to see that the second term in the RHS of (32) equals $I_1(t)$, the 3rd and 4th terms equal $I_2(t)$ and the 5th and 6th terms equal $I_3(t)$. The result follows.

<u>Remarks</u> : 1) One can improve the statement regarding support of the process of finite variation $L'(.)$, occurring in Cor. 1 of Theorem 1 at no extra cost. In fact the same proof shows

that $\text{Supp } L' \subset (A \cup A^+)^c$ where $A^+ = \bigcup_h (h, D_h^+)$ where $D_h^+ = \inf \{ s > h : s \in A \}$.

2) If $X_t = X_o + M_t + V_t$ where (M_t) is a local martingale and V is of finite variation, then it is easy to see that

$$\sum_{s \le t} \Delta V_\sigma(s) + (V - V_\sigma)(t) = \int_0^t I_{A]}(s)\, dV_s$$

Hence from Cor.1 we get

$$\sum_{s \le t} I_{A]}(s) \Delta M_\sigma(s) + (M - M_\sigma)(t) = \int_0^t I_{A]}(s)\, dM_s + L'(t)$$

3) Let X and A be as in Theorem 1. The condition (*) is also necessary for $(X - X_\sigma)$ to be a semi-martingale. For suppose $(X - X_\sigma)$ and hence X_σ is also a semi-martingale. Let A_n be the approximations of A_u as in Proposition 1. We note that X_σ is constant across the intervals of A_u and jumps only at those end points of A_u which are also end points of A. Now it is easy to see using $A_u = \bigcup_n A_n$, that

$$\sum_{s \le t} (\Delta X_\sigma(s))^+ I_{A]}(s) = \int_0^t I_{A_u]}(s)\, dX_\sigma(s) < \infty \quad \text{a.s.}$$

Similarly $\sum_{s \le t} (\Delta X_\sigma)^-(s) I_{A]}(s) < \infty$ a.s. and condition (*) holds.

Acknowledgements. The author would like to thank Prof. P.A. Meyer for some useful discussions. He would also like to thank Prof. M. Yor for discussions on 'First Order Calculus' and the 'Balayage formula'.

References

[1] J. Azema and M. Yor, En guise d'introduction, Asterisque 52-53, 1978.

[2] Chou Ching Sung, Demonstration Simple D'un resultat Sur le Temps Local, Sem. de Prob XIII, 1979, LN 721, Springer Verlag.

[3] C. Delacherie and P.A. Meyer, Probabilities and Potential B North Holland, 1982.

[4] N. el. Karoui, Temps Locaux et balayage des semi-martingales, Sem. de Prob. XIII, Lecture notes in Mathematics 721, Springer Verlag, page 443.

[5] N. el. Karoui, Sur le montees des semi-martingales, Asterisque 52-53, 1978.

[6] P.A. Meyer, C. Stricker and M. Yor, Sur une formule de la theorie des balayage, Sem. de Prob. XIII, Lecture notes in Mathematics 721, Springer Verlag, p.478.

[7] P.A. Meyer, Construction de quasi-martingale s annulant sur un ensemble donne, Sem. de Prob. XIII, Lecture notes in Mathematics 721, Springer Verlag, p.488.

[8] B. Rajeev, Crossings of Brownian motion : A semi-martingale approach, Sankhyā Series A, Vol.51, 1989.

[9] B. Rajeev, Semi-martingales associated with crossings, Sem. de Prob. XXIV, Lecture notes in Maths. 1426, 1989.

[10] D. Revuz and M. Yor, Continuous Martingales and Brownian Motion, Springer Verlag, 1991.

[11] C. Stricker, Semi-martingales et valeur absolue, Sem. de Prob. XIII, Lecture notes in Maths. 721, Springer Verlag, p.472.

[12] M. Yor, Sur le balayage des semi-martingales continues, Sem. de Prob. XIII, Lecture notes in Maths. 721, Springer Verlag, p.453.

Minimization of the Kullback Information for some Markov Processes

P. Cattiaux[(1),(3)] and C. Léonard[(2),(3)]

(1) *Ecole Polytechnique, CMAP, 91128 Palaiseau Cedex, France. URA CNRS 756.*

(2) *Equipe de Modélisation Stochastique et Statistique, Université de Paris-Sud, Bâtiment 425, 91405 Orsay Cedex, France. URA CNRS 743.*

(3) *Equipe ModalX, Université de Paris X, Bâtiment G, 200 Av. de la République, 92001 Nanterre Cedex, France.*

E-mail: *cattiaux@paris.polytechnique.fr*
Christian.Leonard@math.u-psud.fr

Abstract. *We extend previous results of the authors ([CaL1] and [CaL2]) to general Markov processes which admit a "carré du champ" operator. This yields variational characterizations for the existence of Markov processes with a given flow of time marginal laws which is the stochastic quantization problem, extending previous results obtained by P.A. Meyer and W.A. Zheng or S. Albeverio and M. Röckner in the symmetric case to nonsymmetric processes.*

0. Introduction

In two previous papers ([CaL1], [CaL2]), we have studied the problem of minimizing the Kullback information (or relative entropy) with respect to the law P of a $\mathbb{R}^d$-valued diffusion process, when the flow of its time marginal laws is fixed. This problem is natural when one looks at the large deviations for the empirical process associated with independent copies of such diffusions (see [Föl] and the introduction of [CaL1]). At the same time, the finiteness of the rate function of this large deviation principle was connected in [CaL1] to the existence of diffusion processes with singular drifts of finite energy, encountered in Nelson's approach of Schrödinger's equation (see [Car]). The existence of such diffusions with a given flow of time marginal laws and a given drift is sometimes called "stochastic quantization". The problem of describing the minimizing element in the class of such singular diffusions is connected with the "critical" diffusions of Nelson.

After giving a "stochastic calculus" approach of this construction in [CaL1], we proved in [CaL2] that the finiteness of the rate function can be obtained using direct large deviations techniques.

We refer to the introductions of both papers [CaL1] and [CaL2], for a precise statement of what is written above and for the connection with Schrödinger's original ideas.

In these works, we announced that, in contrast with known methods (of [Car], [MeZ] and other references in [CaL1]), ours could be extended to more general frameworks. The present paper shows how to extend these results to a general strong Markov process with a Polish state space, provided that it admits a *carré du champ* operator. In particular, Section 3 follows closely the lines of [CaL1] (with a lot of simplifications) and Section 4 follows closely the lines of [CaL2]. Of course, the main difference is the use of an "intrisic" gradient operator which is connected to the stochastic structure of the reference process, and of the "Markov differential calculus" associated with this gradient instead of the usual euclidian structure on $\mathbb{R}^d$.

We want to underline that this generalization is not only a quest of abstraction. Actually, we show on some examples in Section 5, that this problem is also strongly connected with recent developments in the theory of symmetric and asymmetric Dirichlet forms on infinite dimensional state spaces. To keep this paper into a reasonable size, we shall not develop this point here, but somewhere else.

Let us present the organization of the paper.

Section 1 describes our framework and in Section 2 are recalled some elementary facts on the relative entropy.

In Section 3, assuming that the set A^I_ν (see (2.2)) is non empty, we describe its structure and characterize its minimal element (as in [CaL1], Sections 3 and 5).

In Section 4, we connect the weak Fokker-Planck equation with a large deviation principle, for which we give various expressions of the rate function. This leads to the natural non variational characterization of the existence of singular processes (in the spirit of singular diffusion processes) stated in the Corollary 4.7 of Theorem 4.6.

In Section 5, we study on some (generic) examples, how to fulfill the main hypothesis (HC) of Theorem 4.6. General statements are given for manifold-valued diffusion processes, reflected diffusion processes, symmetric processes (see Theorem 5.5) as well as particular infinite dimensional processes (in the nonsymmetric case).

1. The framework

$(E,\mathcal{E})$ is a Polish space equipped with its Borel σ-field $\mathcal{E}$. $\mathcal{E}^*$ is the universal completion of $\mathcal{E}$, $\Omega = C([0,T],E)$ is the set of E-valued continuous paths. $(\Omega,\mathcal{F},(\mathcal{F}_t,X_t,\theta_t)_{t\in[0,T]},(P_x)_{x\in E})$ is the canonical realization of a strongly Markov continuous E-valued process. As usual, the abbreviation a.e. (almost everywhere) stands for "except on a set of potential zero".

The sets $B(E), B^*(E), C(E), C_u(E)$ are respectively the sets of Borel, universally measurable, continuous and uniformly continuous real valued functions on E. The subscript b will mean bounded.

For $f \in B^*_b(E)$, we define $P_tf(x) = E^x[f(X_t)]$ (E^x stands for the expectation with respect to P_x) which is assumed to be $\mathcal{E}^*$-measurable for all $t \in [0,T]$. Then, $(P_t)_{t\in[0,T]}$ is a strongly continuous semigroup on the set $C = \{f \in B^*_b(E)\,;\ \|P_tf-f\|_\infty \to 0 \text{ as } t \downarrow 0\}$. Let $(A,D(A))$ be the generator with its domain of the semigroup. The extended domain $D_e(A)$ is defined as

$$D_e(A) = \{f \in B^*_b(E)\,;\ \text{such that there exists } g \in B^*(E) \text{ with}$$

$$\int_0^T |g(X_s)|\, ds < \infty \; P_x\text{-a.s. for all } x, \text{ and}$$

$$C_t^f := f(X_t) - f(X_0) - \int_0^t g(X_s)\, ds \text{ is a } P_x\text{-local martingale}\}.$$

If $f \in D_e(A)$, we put $Af = g$, noticing that Af is defined up to a set of potential zero.

Definition. *Let Θ be a subset of $D_e(A)$. We shall say that Θ is a core if*

i) for all $x \in E$, P_x is an extremal solution of the martingale problem $\mathcal{M}(A, \Theta, \delta_x)$ (see [Jac] for the notation),

ii) Θ is a subalgebra of $C_{b,u}(E)$,

iii) there is no signed measure η, except 0, such that $\int f\, d\eta = 0$ for all $f \in \Theta$.

From now on, we shall assume that

(H) There exists a core.

Here are some well known consequences (see ([DeM], Chap. XV), ([Jac], pp. 421–431) or [MeZ]).

Properties of the process.

i) For any $\mu \in M_1(E)$ (probability measures on E) and any local P_μ-martingale M, M admits a continuous modification and its increasing process $\langle M \rangle_t$ is absolutely continuous.

ii) $D_e(A)$ is an algebra and we may define the *carré du champ* operator Γ on $D_e(A) \times D_e(A)$ as: $\Gamma(f,g) = A(fg) - fAg - gAf$.

iii) There exists a sequence $(\varphi_n)_{n\geq 1}$ of elements of $D_e(A)$ such that the local martingales $C_t^n = C_t^{\varphi_n}$, $n \geq 1$, for all P_μ, generate the space $\mathcal{M}^2_{\text{loc}}(P_\mu)$ of square integrable local P_μ-martingales starting from 0, i.e. if $M \in \mathcal{M}^2_{\text{loc}}(P_\mu)$, there exists a sequence $(m^n)_{n\geq 1}$ of previsible processes such that for all P_μ, and all localizing sequence $(T_k)_{k\geq 1}$ of stopping times

$$M_{t\wedge T_k} = \sum_{n\geq 1} \int_0^{t\wedge T_k} m_s^n\, dC_s^n \qquad \text{(in the sense of } \mathcal{M}^2_{\text{loc}}(P_\mu)).$$

Furthermore, if M is a local matingale which is an additive functional, one can find functions in $B^*(E)$, still denoted m^n, such that $m_s^n = m^n(X_s)$ in the previous decomposition.

iv) Any $f \in D_e(A)$ is continuous along the paths.

These properties of the process allow us to define the natural gradient operators $(\nabla^n)_{n\geq 1}$. Indeed,

there exists a sequence $(\nabla^n)_{n\geq 1}$ of operators defined on $D_e(A)$ with values in $B^*(E)$ such that for all $f \in D_e(A)$ and all $t \geq 0$

$$C_t^f = \sum_{n\geq 1} \int_0^t \nabla^n f(X_s)\, dC_s^n$$

in the sense of $\mathcal{M}^2_{\text{loc}}(P_\mu)$ for all P_μ.

Here again, $\nabla^n f$ is defined up to a set of potential zero. It follows that

$$\forall f,g \in D_e(A),\; \Gamma(f,g) = \sum_{n,k\geq 1} \nabla^n f\; \Gamma(\varphi_n, \varphi_k)\; \nabla^k f, \text{ a.e.}$$

For simplicity, we shall write $\Gamma_{n,k}$ instead of $\Gamma(\varphi_n, \varphi_k)$ and $\Gamma(f)$ instead of $\Gamma(f,f)$. The gradients ∇^n satisfy the usual rules of derivations and if Φ is a C_b^2 function on $\mathbb{R}$, $\nabla^n(\Phi \circ f) = \Phi' \circ f \dot{\nabla}^n f$ thanks to Itô's chain rule.

It is also easy to see that for any sequence $(\xi_n)_{n\geq 1}$ of real numbers, $\sum_{n,k\geq 1} \xi_n \Gamma_{n,k} \xi_k$ is nonnegative a.e.For such sequences $(\xi_n)_{n\geq 1}$ and $(\eta_n)_{n\geq 1}$, we write

(1.1)
$$\gamma(\xi,\eta) = \sum_{n,k\geq 1} \xi_n \; \Gamma_{n,k}(x) \; \eta_k.$$

Finally, for all $\mu \in M_1(E)$, P_μ is an extremal solution of the martingale problem associated with $(C^n)_{n\geq 1}$ and the initial law μ. Thus, the usual Girsanov theory is available. If $Q \ll P_\mu$, there exists a sequence $\beta = (\beta^n)_{n\geq 1}$ of real valued previsible processes (it will be called the drift of Q) such that, if we define

(1.2)
$$T_k = \inf\{t \geq 0, \int_0^t \gamma(\beta_s)\, ds \geq k\}, \; k \in \mathbb{N} \cup \{+\infty\},$$

(where $\gamma(\beta_s) = \gamma(\beta_s, \beta_s)(X_s)$ as defined in (1.1)), the density process Z of Q is given by

(1.3)
$$Z_t = \frac{d(Q\circ (X_0)^{-1})}{d\mu} \exp\left(\sum_{n\geq 1} \int_0^{t\wedge T_\infty} \beta_s^n \, dC_s^n - \frac{1}{2} \int_0^{t\wedge T_\infty} \gamma(\beta_s)\, ds \right).$$

Furthermore, Z is a continuous P_μ-martingale, hence

(1.4)
$$T_\infty > T_k, P_\mu\text{-a.s.}, \forall k \geq 1 \quad \text{and} \quad T_\infty = \inf\{t \geq 0\,;\, Z_t = 0\}.$$

According to the usual Girsanov transform theory

> $T_\infty \wedge T = T$, Q-a.s., $N_t^n = C_t^n - \int_0^t \sum_{k\geq 1} \Gamma_{n,k}(X_s) \beta_s^k \, ds$ is a local Q-martingale with $(T_k)_{k\geq 1}$ as a localizing sequence of stopping times and
>
> $$\langle N^n, N^k \rangle_t = \int_0^t \Gamma_{n,k}(X_s)\, ds, \; Q\text{-a.s.}$$
>
> In addition, Q is an extremal solution of the martingale problem associated with $(N^n)_{n\geq 1}$ (see [Jac], 12.22).

Conversely, let $\beta = (\beta^n)_{n\geq 1}$ be a sequence of previsible processes. Let $Z(\beta, \nu_o, P_{\mu_o})$ stand for the process defined by (1.3), with (ν_o, μ_o) in place of $(Q \circ (X_0)^{-1}, \mu)$. Then $Z(\beta, \nu_o, P_{\mu_o})$ is a nonnegative local P_{μ_o}-martingale, hence a P_{μ_o}-supermartingale, which is continuous P_{μ_o}-a.s. To this supermartingale corresponds its Föllmer measure.

(1.5) Notation. Let Ω_ξ be the space of explosive paths with explosion time ξ, the above Föllmer measure is called $(\beta, \nu_o, P_{\mu_o})$-FM (as in [CaL1]). If $\beta_s = B(X_s)$, we write (B, ν_o, P_{μ_o})-FM.

(1.6) If $P_{\mu_o}(T_\infty > T_k, \forall k \geq 1) = 1$, then $T_\infty = \inf\{t \geq 0\,;\, Z_t = 0\}$ and thanks to ([Sha], Theorem 24.36), the family Q_x of all the (B, δ_x, P_x)-FM, for a given B in $B^*(E)$, defines a strong Markov process on Ω_ξ.
Notice that P_{μ_o} and $(\beta, \nu_o, P_{\mu_o})$-FM are equivalent on $\{T_\infty = T_k\}$, hence $P_{\mu_o}(T_\infty > T_k, \forall k \geq 1) = 1$ is equivalent to the same condition replacing P_{μ_o} by $(\beta, \nu_o, P_{\mu_o})$-FM.

2. Relative entropy

We collect and adapt some results on the relative entropy which have been proved in [CaL1]. Let Q and P be in $M_1(\Omega)$, $I(Q \mid P)$ denotes the relative entropy of Q with respect to P defined by

$$I(Q \mid P) = \begin{cases} \int Z \log Z \, dP & \text{if } Q \ll P, Z = \frac{dQ}{dP}, Z \log Z \in L^1(P) \\ +\infty & \text{otherwise.} \end{cases}$$

It is well known that

$$I(Q \mid P) = \sup_{\Phi} \{ \int \Phi \, dQ - \log \int e^{\Phi} \, dP \}$$

where the supremum is taken either on $C_b(\Omega)$ or $B_b(\Omega)$.

Proposition 2.1. ([CaL1], 2.1). *Assume that $Q \ll P_{\mu_o}$. Set $\nu_o = Q \circ (X_0)^{-1}$. Then, if β is the drift of Q (see (1.2), (1.3)):*

$$I(Q \mid P_{\mu_o}) = I(\nu_o \mid \mu_o) + \frac{1}{2} E^Q [\int_0^T \gamma(\beta_s) \, ds]. \tag{2.1}$$

Proposition 2.2. ([CaL1] 2.3 and correction to [CaL1]). *Let $\beta = (\beta^n)_{n \geq 1}$ be a sequence of previsible processes, Q be the $(\beta, \nu_o, P_{\mu_o})$-FM (see (1.5)). Assume that*
i) $I(\nu_o \mid \mu_o) < +\infty$,
ii) $P_{\mu_o}(\cup_{k \geq 1} \{T_\infty = T_k\}) = 0$ *(or equivalently* $Q(\cup_{k \geq 1} \{T_\infty = T_k\}) = 0$),
iii) $E^Q [\int_0^{T_\infty \wedge T} \gamma(\beta_s) \, ds] < +\infty$.
Then $Q(\xi = +\infty) = 1$, $T_\infty \wedge T = T$, *Q-a.s.,* $I(Q \mid P_{\mu_o}) < +\infty$ *and (2.1) holds.*

We also introduce
i) For $Q \in M_1(E)$, $\mathcal{L}_Q^2 = \{(\beta^n)_{n \geq 1}$ previsible; $E^Q [\int_0^T \gamma(\beta_s) \, ds] < +\infty\}$
ii) Let $(\nu_t)_{t \in [0,T]}$ be a measurable flow of elements of $M_1(E)$,

$$\mathcal{L}_\nu^2 = \{B \in B^*(E \times [0,T])^{\mathbf{N}^*} ; \int_{E \times [0,T]} \gamma(B(t, \cdot))(x) \, \nu_t(dx) dt < +\infty\}$$

(B is allowed to be an infinite sequence).

The associated quotient Hilbert spaces are L_Q^2, L_ν^2 with the norms $\| \cdot \|_{L_Q^2}$ and $\| \cdot \|_{L_\nu^2}$. A β (resp. B) which belongs to L_Q^2 (resp. L_ν^2) is said to be of finite Q (resp. ν)-energy.

If $I(Q \mid P_{\mu_o}) < +\infty$, the drift β of Q is of finite Q-energy. Also notice that if β (or B) is a *finite sequence* of bounded previsible processes (functions in $B^*([0,T] \times E)$), then $\beta \in L_Q^2$ ($B \in L_\nu^2$).

We now recall a technical but useful result.

Proposition 2.3. ([CaL1], 2.7 and 2.8). *Let Q and Q^* be elements of $M_1(\Omega)$ such that $Q \ll Q^*$. Put $Z = \frac{dQ}{dQ^*}$. Let S be a bounded Q^*-martingale (with bound C). In the two cases described below, S is a Q-semimartingale with decomposition $S_t = K_t + V_t$ where K is a square integrable Q-martingale and $\langle K \rangle_t = \langle S \rangle_t$. Moreover,*
Case 1. If $I(Q \mid Q^*) < +\infty$, then $E^Q[\langle K \rangle_t] \leq c(1 + I(Q \mid Q^*))C^2$ where c is a universal constant.

Case 2. If $Z_T \in L^q(Q^*)$ for some $q > 1$, then for all $p \in]1, +\infty[$, $E^Q[\langle K\rangle_t^p] \le \|Z_T\|_q (4pq^*)^p C^{2p}$ with $1/q + 1/q^* = 1$.

In the rest of the paper we are interested in the existence of a probability measure with given time marginals and finite relative entropy. Namely

(2.2) Definition. Let $\nu = (\nu_t)_{t\in[0,T]}$ be a measurable flow of probability measures on E. We define

$$A_\nu = \{Q \in M_1(\Omega), Q \circ (X_t)^{-1} = \nu_t, \forall t \in [0,T]\} \quad \text{and}$$
$$A_\nu^I(\mu_o) = \{Q \in A_\nu\,;\, I(Q \mid P_{\mu_o}) < +\infty\}.$$

If $A_\nu^I(\mu_o)$ is non empty, we shall say that the flow is μ_o-admissible.

Since the μ_o-admissibility implies $I(\nu_o \mid \mu_o) < +\infty$, we only need to look at this case. Conversely, if a flow is ν_o-admissible, it is also μ_o-admissible for all μ_o such that $I(\nu_o \mid \mu_o) < +\infty$. We shall only consider the case $\mu_o = \nu_o$ and denote A_ν^I the set $A_\nu^I = A_\nu^I(\nu_o)$.

3. Some properties of the admissible flows

In this section, we fix a given measurable flow $\nu = (\nu_t)_{t\in[0,T]}$ and we assume that $A_\nu^I \neq \emptyset$. Notice that this implies that $s \mapsto \nu_s$ is weakly continuous. We shall describe the set A_ν^I.

Proposition and Definition 3.1. *Let $Q \in A_\nu^I$ and β be the drift of Q. Then, there exists a unique $B \in L_\nu^2$ such that for all $\varphi \in L_\nu^2$:*

$$\int_{[0,T]\times\Omega} \gamma(\varphi(s,X_s),\beta_s)\, dQds = \int_{[0,T]\times E} \gamma(\varphi, B)(s,x)\, \nu_s(dx)ds.$$

B will be called the Markovian version of β, the (B, ν_o, P_{μ_o})-FM denoted by $\overline{Q}$ will be called the Markovian version of Q.

Proof. Apply Riesz's projection theorem. ■

Remark. $I(Q \mid P_{\nu_o}) \ge \|B\|^2_{L^2_\nu}$. So that if $\overline{Q}$ is a probability measure on Ω and if $\overline{Q} \in A_\nu$, then $\overline{Q} \in A_\nu^I$ and $I(\overline{Q} \mid P_{\mu_o}) = \|B\|^2_{L^2_\nu} \le I(Q \mid P_{\nu_o})$.

Since B depends on (t,x), we see that it is convenient to introduce the following time-space process.

Definition. The time-space process (u_t, X_t) with $u_t = u_0 + t$ is defined on the set of the time-space paths: Ω'. $P_{u,x}$ is the law of this process with initial point $(u,x) \in \mathbb{R} \times E$. The family $(P_{u,x})_{(u,x)\in\mathbb{R}\times E}$ is again a strong Markov process with generator $\frac{\partial}{\partial u} + A = A'$ and its domain: $D(A')$, contains $C^1(\mathbb{R}, D(A)) = \{f \in C^1(\mathbb{R}, B_b^*(E))\,;\, f(u,\cdot) \in D(A), \forall u$ and $Af \in C^0(\mathbb{R}, B_b^*(E))\}$.

Actually, as in [CaL1], we essentially need the strong Markov property of $P_{u,x}$ (not of P_x), i.e. we shall assume that (P_x) is a non-homogeneous Markov process. So, the main hypothesis we require is

(H') There exists a core Θ' for the time-space process.

All what has been done in Section 1 is still available since $\mathbb{R} \times E$ is a Polish space. Furthermore, for all $\mu \in M_1(E)$, $P_\mu = P_{\mu\otimes\delta_0} \circ X^{-1}$ so that the discussion of Section 2 is easy to transpose.

Definition. $D_{e,\nu}(A')$ is the set of functions $f \in D_e(A')$ such that

$$i)\quad \nabla f \in L^2_\nu \text{ and}$$

$$ii)\quad \int_{[0,T]\times E} |A'f(s,x)|\,\nu_s(dx)ds < +\infty.$$

Proposition 3.2. $D(A') \subset D_{e,\nu}(A')$.

Proof. Let $P = P_{\nu_o \otimes \delta_0}$, $Q \in A^I_\nu$. Then, the law of $(\cdot, X_\cdot)$ under Q, still denoted: Q, satisfies $I(Q \mid P) < +\infty$. If $f \in D(A')$, C^f_t is a bounded martingale and $A'f$ is bounded. According to Proposition 2.3: $\nabla f \in L^2_\nu$. ■

Definition. Let $B \in L^2_\nu$ and $\Lambda \subset D_{e,\nu}(A')$. We say that ν satisfies the (B,Λ)-weak Fokker-Planck equation: (B,Λ)-wFP, if for all $0 \le s \le t \le T$ and all $f \in \Lambda$

$$\int_E f(t,x)\,\nu_t(dx) - \int_E f(s,x)\,\nu_s(dx) = \int_s^t \int_E (A'f + \gamma(B,\nabla f))(u,x)\,\nu_u(dx)du.$$

Proposition 3.3.

1. *Let $B \in L^2_\nu$ and $\Lambda \subset D_{e,\nu}(A') \cap C_b(\mathbb{R}\times E)$. Then, ν satisfies the (B,Λ)-wFP if and only if for all $f \in \Lambda$*

$$\int_E f(T,x)\,\nu_T(dx) - \int_E f(0,x)\,\nu_0(dx) = \int_{[0,T]\times E} (A'f + \gamma(B,\nabla f))(s,x)\,\nu_s(dx)ds.$$

2. *Let $Q \in A^I_\nu$, β its drift, B the Markovian version of β (see Proposition 3.1). Then, ν satisfies the $(B, D_{e,\nu}(A'))$-wFP equation.*

Proof. 1) Choose a sequence $(\psi_n)_{n\ge1}$ in $C^\infty([0,T])$ such that $(\psi_n)_{n\ge1}$ is pointwise convergent with limit $\mathbb{1}_{[0,t]}$, $0 \le \psi_n \le 1$ and $(-\psi'_n)_{n\ge1}$ considered as a sequence of measures is weakly convergent with limit δ_t. For $f \in \Lambda$, $\psi_n f \in \Lambda$ and

$$\int_E \psi_n(T)f(T,x)\nu_T(dx) - \int_E \psi_n(0)f(0,x)\nu_0(dx)$$
$$= \int_0^T \psi'_n(s)\Big(\int_E f(s,x)\nu_s(dx)\Big)\,ds + \int_{[0,T]\times E} \psi_n(s)(A'f + \gamma(B,\nabla f))(s,x)\,\nu_s(dx)ds.$$

Since $f \in C_b$, $s \mapsto \int_E f(s,x)\,\nu_s(dx)$ is continuous ($s \mapsto \nu_s$ is weakly continuous) and we are allowed to take the limit in n.

2) Let $f \in D_{e,\nu}(A')$. Applying Girsanov transform theory and Itô's formula, we obtain that

$$f(t,X_t) - f(0,X_0) - \int_0^t A'f(s,X_s)\,ds - \int_0^t \gamma(\beta_s,\nabla f)(s,X_s)\,ds$$

is a square integrable Q-martingale, since $\nabla f \in L^2_\nu$. One completes the proof, taking the expectation with respect to Q and then using Proposition 3.1. ■

Notation. $P = P_{\nu_o\otimes\delta_0}$.

The rest of this section is devoted to the extension the results of ([CaL1], Sections 3 and 5) (except those concerned with the minimization problem) to our general setting. Though the proofs are very similar, we prefer giving almost all the details, not only for the reader's conveniency, but also because some points are presented in a simpler way.

The following construction will be used several times.

(3.1) Auxiliary construction. This construction works under the assumptions (3.1.iii) and (3.1.iv) stated below. Let $B^* = (B^{*1}, \dots, B^{*n})$ be a finite sequence of elements of $B_b^*(\mathbb{R}\times E)$. We also assume that $\gamma(B^*)$ is bounded. Then, for all $(u,x) \in \mathbb{R}\times E$, $(B^*, \delta_x \otimes \delta_u, P_{u,x})$-FM is a probability measure $Q^*_{u,x}$ on Ω' and $Q^*_{u,x} \sim P_{u,x}$ with $I(Q^*_{u,x} \mid P_{u,x}) < +\infty$ and $I(P_{u,x} \mid Q^*_{u,x}) < +\infty$. We thus have a homogeneous strong Markov family $(Q^*_{u,x})$ associated with a strongly continuous Markov semigroup (Q^*_t) on $\mathcal{C}(B^*)$:

$$Q^*_t f(u,x) = E^{Q^*_{u,x}}[f(u_t, X_t)],\ t \in [0,T],\ f \in \mathcal{C}(B^*) \text{ with}$$
$$\mathcal{C}(B^*) = \{f \in B^*_b(\mathbb{R}\times E)\,;\ \|Q^*_t f - f\|_\infty \to 0 \text{ as } t \downarrow 0\}.$$

We denote $(A(B^*), D(B^*))$ the generator of this semigroup with its domain. According to (1.4), one can define the gradient operator ∇^* and then easily prove that $D_e(A') = D_e(A(B^*))$, $\nabla^* = \nabla$ and the extended generators A' and $A(B^*)$ satisfy $A(B^*) = A' + \gamma(B^*, \nabla)$, where $\gamma(B^*,\nabla)(f) = \gamma(B^*, \nabla f)$ (all of this holds a.e. for both families $(Q^*_{u,x})$ and $(P_{u,x})$).

Let us take $t \in [0,T]$ and define the following:

(3.1.i)
For $f \in C_{b,u}([0,T]\times E)$, we define $F(s;(u,x)) = E^{Q^*_{u,x}}[f(u_{t-s}, X_{t-s})]$, $s \in [0,t]$.

(3.1.ii)
We set $G(s,x) = F(s;(s,x))$ on $[0,t]\times E$, $G((s,x)) = G(t,x)$ if $s \geq t$.

Let $0 \leq a \leq b, u \geq 0$. First assume that $u + b \leq t$ and pick $\theta \in B^*_b(\mathbb{R}\times E)$. Then

$$\begin{aligned}
E^{Q^*_{u,x}}[G(u_b, X_b)\theta(u_a, X_a)] &= E^{Q^*_{u,x}}\Big[\theta(u_a, X_a) E^{Q^*_{u_a,X_a}}[G(u_{b-a}, X_{b-a})]\Big] \\
&= E^{Q^*_{u,x}}\Big[\theta(u_a, X_a) E^{Q^*_{u_a,X_a}}\Big(E^{Q^*_{u_{b-a},X_{b-a}}}\big[f(t, X_{t-u-b})\big]\Big)\Big] \\
&= E^{Q^*_{u,x}}\Big[\theta(u_a, X_a) E^{Q^*_{u_a,X_a}}[f(t, X_{t-u-a})]\Big].
\end{aligned}$$

So $G(u_s, X_s)$ is a bounded $Q^*_{u,x}$-martingale up to time $t-u$.

If $u + b > t$, $G(u_b, X_b) = f(t, X_b)$ $Q^*_{u,x}$-a.s. It follows that $G \in D_e(A(B^*))$ and that $A(B^*)G(s,x) = 0$ if $s \in [0,t]$ for all x. Thus $G \in D_e(A')$ and $A'G(s,x) = -\gamma(B^*, \nabla G)(s,x)$ for $s \in [0,t]$. Furthermore $G(t,x) = f(t,x)$ and $G(0,x) = E^{Q^*_x}[f(t,X_t)]$.

Now, if

(3.1.iii) $$\nabla G \in L^2_\nu,$$

$G \in D_{e,\nu}(A')$ since $\gamma(B^*)$ is bounded (apply Cauchy-Schwarz inequality). If furthermore

(3.1.iv) ν satisfies the $(B, D_{e,\nu}(A'))$-wFP equation for some B in L^2_ν,

it follows that

$$\int_E f(t,x)\,\nu_t(dx) - \int_E E^{Q^*_{x,0}}[f(u_t, X_t)]\,\nu_0(dx) = \int_{[0,t]\times E} \gamma(B - B^*, \nabla G)(s,x)\,\nu_s(dx)ds.$$

Applying Cauchy-Schwarz inequality, we obtain for a nonnegative f

$$E^{Q^*}[f(t,X_t)] \le \int_E f(t,x)\,\nu_t(dx) + \|B-B^*\|_{L^2_\nu}\|\nabla G\|_{L^2_\nu}$$

where $Q^* = Q^*_{\nu_o\otimes\delta_0}$.

The key point now is that we can get a bound for $\|\nabla G\|_{L^2_\nu}$ which only involves f, B and B^*. Indeed, $G^2 \in D_{e,\nu}(A')$ with $\nabla G^2 = 2G\nabla G$ and $A'G^2 = 2GA'G + \Gamma(G)$. It follows that

$$\begin{aligned}\int_{[0,t]\times E} \Gamma(G)(s,x)\,\nu_s(dx)ds = \int_E f^2(t,x)\,\nu_t(dx) - \int_E G^2(0,x)\,\nu_0(dx)\\ - 2\int_{[0,t]\times E} G(s,x)\gamma(B-B^*,\nabla G)(s,x)\,\nu_s(dx)ds,\end{aligned}$$

which yields (see ([CaL1], 4.21–4.23) for the details)

$$\|\nabla G\|_{L^2_\nu} \le 2\|f\|_\infty(1+\|B-B^*\|_{L^2_\nu})^{1/2}.$$

Finally, for any nonnegative $f \in C_{b,u}([0,T]\times E)$

$$\text{(3.1.v)} \qquad E^{Q^*}[f(t,X_t)] \le \int_E f(t,x)\,\nu_t(dx) + 2\|f\|_\infty\,\|B-B^*\|_{L^2_\nu}(1+\|B-B^*\|_{L^2_\nu})^{1/2}.$$

But (3.1.v) extends to any nonnegative $f \in B_b^*(\mathbb{R}\times E)$ since $\mathbb{R}\times E$ is a Polish space and $Q^*\circ(X_t)^{-1} + \nu_t$ is regular. ∎

We shall immediately use this construction to prove the following extension of Theorem 3.1 in [CaL1].

Theorem 3.4. *Let $Q \in A^I_\nu$ and $\overline{Q}$ its Markovian version. Then, $\overline{Q} \in A^I_\nu$ and $I(\overline{Q} \mid P_{\nu_o}) \le I(Q \mid P_{\nu_o})$.*

Proof. It should be possible to adapt the (intricate) proof of ([CaL1], Theorem 3.1). We prefer following the scheme of proof suggested in the Section 5 of [CaL1] after the remark 5.5 and using the construction (3.1).

Let

$$\begin{cases} S_k = \inf\{t\ge 0;\ \int_0^t \gamma(B)(s,X_s)\,ds \ge k\} & \text{and put} \quad S_k = +\infty \quad \text{if } \int_0^T \gamma(B)(s,X_s)\,ds < k.\\ T_k = \inf\{t\ge 0;\ \int_0^t \gamma(\beta_s)\,ds \ge k\} & \text{and put} \quad T_k = +\infty \quad \text{if } \int_0^T \gamma(\beta_s)\,ds < k.\end{cases}$$

We define $Q^k = Z_{T\wedge T_k}(\beta,\nu_o\otimes\delta_0,P)\cdot P$ (see the notation in Section 1), which is a probability measure, thanks to Novikov's criterion.

We then define the sequence $(B^i_{n,p})_{i\ge 1}$ as follows

$$\begin{cases} B^i_{n,p} = B^i(u,x)\mathbb{I}_{\{|B^i(u,x)|\le n\}}\mathbb{I}_{\{\max_{1\le j\le n}\Gamma_{ij}(u,x)\le p\}} & \text{if } i\le n\\ B^i_{n,p} = 0 & \text{if } i > n.\end{cases}$$

For each (n,p), $B_{n,p}$ is a finite sequence of bounded measurable functions and $\gamma(B_{n,p})$ is bounded. $Q_{n,p}$ is the $(B_{n,p},\nu_o\otimes\delta_0,P)$-FM. According to the second part of Proposition 3.3, to apply the construction (3.1), it suffices to prove that for G as in (3.1.ii) (with $B^* = B_{n,p}$), ∇G belongs to L^2_ν (Cf. (3.1.iii)). But

$$\|\nabla G\|^2_{L^2_\nu} = E^Q[\int_0^t \Gamma(G)(s,X_s)\,ds] \le \liminf_{k\to\infty} E^{Q^k}[\int_0^{t\wedge T_k} \Gamma(G)(s,X_s)\,ds].$$

Easy computations show that $I(Q^k \mid Q_{n,p}) \le 2I(Q \mid P_{\nu_o})$, so we may apply the Case 1 of Proposition 2.3 which yields

$$E^{Q^k}[\int_0^{t\wedge T_k} \Gamma(G)(s,X_s)\,ds] \le c(1+2I(Q\mid P_{\nu_o}))\|G\|_\infty \le c(1+2I(Q\mid P_{\nu_o})).$$

So $\nabla G \in L^2_\nu$ and thus for any nonnegative $f \in B^*_b(\mathbb{R}\times E)$

$$E^{Q_{n,p}}[f(t,X_t)] \le \int_E f(t,x)\,d\nu_t + 2\|f\|_\infty \|B - B_{n,p}\|_{L^2_\nu}(1+\|B-B_{n,p}\|_{L^2_\nu})^{1/2}. \tag{3.2}$$

Applying twice the bounded convergence theorem, on one hand one has

$$\lim_{n\to\infty}\lim_{p\to\infty} \|B - B_{n,p}\|_{L^2_\nu} = 0.$$

On the other hand, the same argument yields for each k

$$\lim_{n\to\infty}\lim_{p\to\infty} E^{P_{\nu_o}}[\int_0^{t\wedge S_k} \gamma(B-B_{n,p})(s,X_s)\,ds] = 0.$$

It follows that a subsequence of $Z_{t\wedge S_k}(B_{n,p},\nu_o\otimes\delta_0,P)$ tends P-a.s. as p tends to infinity to $Z_{t\wedge S_k}(B_{n,\infty},\nu_o\otimes\delta_0,P)$ and that a subsequence of the latest Girsanov density tends P-a.s. as p tends to infinity to $Z_{t\wedge S_k}(B,\nu_o\otimes\delta_0,P)$. Applying twice Fatou's lemma , we obtain that for any nonnegative $f\in B^*_b(\mathbb{R}\times E)$:

$$\begin{aligned} E^{\overline{Q}}[f(t,X_t)\mathbb{1}_{\{t<S_k\}}] &\le \liminf_{n\to\infty}\liminf_{p\to\infty} E^{Q_{n,p}}[f(t,X_t)\mathbb{1}_{\{t<S_k\}}] \\ &\le \liminf_{n\to\infty}\liminf_{p\to\infty} E^{Q_{n,p}}[f(t,X_t)] \\ &\le \int_E f(t,x)\,\nu_t(dx). \end{aligned}$$

By monotone convergence, we can replace S_k by S_∞ and then take $f(u,x) = \gamma(B)(u,x)$, which yields

$$E^{\overline{Q}}[\int_0^{S_\infty\wedge T} \gamma(B)(s,X_s)\,ds] \le \|B\|^2_{L^2_\nu}.$$

Furthermore, starting with (3.2), one can prove exactly as in the Correction of [CaL1] that $P(\cup_{k\in\mathbb{N}}\{T_\infty = T_k\}) = 0$.

According to the Proposition 2.2, $\overline{Q}$ is a probability measure on Ω and $S_\infty = +\infty, \overline{Q}$-a.s. Hence: $I(\overline{Q}\mid P_{\nu_o}) < +\infty$. This implies

$$E^{\overline{Q}}[f(t,X_t)] \le \int_E f(t,x)\,\nu_t(dx) \tag{3.3}$$

for f as before. But, since $\overline{Q}\circ(X_t)^{-1}$ and ν_t are probability measures on E, it follows that $\overline{Q}\circ(X_t)^{-1}=\nu_t$. So, $\overline{Q}\in A^I_\nu$. Finally, thanks to the Proposition 2.1, $I(\overline{Q}\mid P_{\nu_o})=\|B\|^2_{L^2_\nu}\leq I(Q\mid P_{\nu_o})$. ■

Thanks to (1.6), (the extension of) $\overline{Q}$ (to Ω') is a strong Markov probability measure. Conversely, we have the following result.

Proposition 3.5. (see [CaL1], Theorem 3.60). *The drift β of any Markov probability measure $Q\in A^I_\nu$ is Markovian, i.e.: $\beta_s=B(s,X_s)$.*

Finally, we can give a full description of A^I_ν. To this end, we first state the following

Definition. $H^{-1}(\nu)$ is defined as the L^2_ν-closure of the set $\{\nabla f\,;\, f\in D_{e,\nu}(A')\}$.

Theorem 3.6. *We denote by $\perp$ the orthogonality in L^2_ν.*

a) *There exists (a unique) $B^\nu\in H^{-1}(\nu)$ such that for any Markov probability measure Q in A^I_ν, the drift B of Q satisfies $B-B^\nu\in[H^{-1}(\nu)]^\perp$ and conversely, for any $B^\perp\in[H^{-1}(\nu)]^\perp$, the $(B^\nu+B^\perp,\nu_o,P_{\nu_o})$-FM belongs to A^I_ν.*

b) *All the Markov elements of A^I_ν are equivalent. All the elements of A^I_ν are absolutely continuous with respect to Q^ν : the (B^ν,ν_o,P_{ν_o})-FM.*

Proof. a) The second part of Proposition 3.3 shows that all the Markovian drifts B of the Markov elements of A^I_ν have the same projection B^ν onto $H^{-1}(\nu)$. Let $Q\in A^I_\nu$ be Markov, B be its drift and $B^\perp\in[H^{-1}(\nu)]^\perp$. First, for all $t\in[0,T]$ and $f\in D_{e,\nu}(A')$

$$\int_{[0,t]\times E}\gamma(B^\perp,\nabla f)(s,x)\,\nu_s(dx)ds=0.$$

Indeed, we may apply the orthogonality property (which holds on the whole time interval $[0,T]$) to $\psi_n\nabla f=\nabla(\psi_n f)$ for $\psi_n\in C^\infty([0,T])$ which converges pointwise to $\mathbb{I}_{[0,t]}$ and satisfies $0\leq\psi_n\leq 1$.

So ν satisfies the $(B+B^\perp,D_{e,\nu}(A'))$-wFP equation. The proof is then the same as in Theorem 3.4, if we replace $B_{n,p}$ by $B_{n,p}+B^\perp_{n,p}$, since $I(Q^k\mid Q_{n,p})$ is less than $\|B\|^2_{L^2_\nu}+\|B^\perp\|^2_{L^2_\nu}$.

b) See the Proposition 5.6 in [CaL1]. ■

In [CaL1], we showed that in some cases, one can replace $D_{e,\nu}(A')$ in the definition of $H^{-1}(\nu)$ by a smaller set. Looking at the above proof, we see that what is really needed is that $B^\perp$ is orthogonal to any ∇G, obtained in the auxiliary construction (3.1). Actually, in this construction $\frac{dQ^*_{u,x}}{dP_{x,u}}$ belongs to all the L^p-spaces and we may apply the Case 2 of Proposition 2.3 to show that C^G is a (true) $P_{x,u}$-martingale which belongs to all the $L^p(P_{x,u})$. This yields

$$H^{-1}(\nu)=\{\nabla f\,;\, f\in D_{e,\nu}(A') \text{ such that for all } (u,x),\ C^f \text{ is a } P_{x,u}\text{-martingale which belongs to all the } L^p\}.$$

Another interesting point would be to know if this is possible to replace $D_{e,\nu}(A')$ by $D(A')$. In general, we do not know if it is possible. We shall study some specific examples later.

Remark. Assume that for all $t\in[0,T]$, supp $\nu_t=E$ (or more generally $=F$, for a fixed closed subset of E). Let Q be a Markov element of A^I_ν, $Q_x=Q(\cdot\mid X_0=x)$. Then $Q_x(\xi=+\infty)=1$,

ν_o-a.e. An application of the Markov property shows that actually $Q_x(\xi = +\infty) = 1$ for all x (resp. all $x \in F$), except for some "exceptional" x's. For such nice realization of a (F-valued) Markov process with generator $A + \Gamma(B, \nabla)$ see e.g. [CaF].
If we define a generalized "nodal set": $N = \{B = +\infty\}$, we do not know whether the process hits N or not. For such a study see [MeZ] (and also [CaF]).

4. Large deviations and applications

We follow the lines of [CaL2] by proving the equality of various functionals with the help of large deviations results. We will then study the nonvacuity of A^I_ν.

In this section, we fix once for all a weakly continuous flow $\nu = (\nu_t)_{t\in[0,T]}$ and write P in place of P_{ν_o}. The origin of the study of A^I_ν is the large deviation principle for the $M_1(E)$-valued empirical processes

$$\overline{X}^N : t \in [0,T] \mapsto \overline{X}^N(t) = \frac{1}{N}\sum_{i=1}^N \delta_{X_i(t)},\ N \geq 1$$

where $(X_i)_{i\geq 1}$ is a sequence of independent E-valued processes. Here, instead of identically distributed $(X_i)_{i\geq 1}$, we consider particles with laws $(P_{u_i})_{i\geq 1}$ and assume that

$$(4.1)\quad \begin{cases} i) \quad \text{either} \quad \lim\limits_{N\to\infty} \frac{1}{N}\sum_{i=1}^N \delta_{u_i} = \nu_o \text{ for the topology } \sigma(M_1(E), B_b^*(E)) \\ ii) \quad \text{or} \quad \lim\limits_{N\to\infty} \frac{1}{N}\sum_{i=1}^N \delta_{u_i} = \nu_o \text{ for the topology } \sigma(M_1(E), C_b(E)) \\ \qquad\qquad \text{and } (P_x)_{x\in E} \text{ is Feller continuous.} \end{cases}$$

By Feller continuous, it is understood that the semigroup maps C_b into C_b.

Then, by ([DaG], Theorem 3.5 and Lemma 4.6) (see also the Theorem 2.1 of [CaL2]) and by the contraction principle, we have:

Theorem 4.1. *Let $(u_i)_{i\geq 1}$ be a sequence in E, $I\!P = \otimes_{i\geq 1} P_{u_i}$ and assume that (4.1) is fulfilled. Then, for any Borel subset A of $C([0,T], M_1(E))$ endowed with the topology of the weak convergence of time marginal laws uniformly on $[0,T]$, we have*

$$-\inf_{\nu'\in A^o} J_2(\nu') \leq \liminf_{N\to\infty} \frac{1}{N}\log I\!P(\overline{X}^N \in A) \leq \limsup_{N\to\infty}\frac{1}{N}\log I\!P(\overline{X}^N \in A) \leq -\inf_{\nu'\in \bar{A}} J_2(\nu')$$

where A^o and $\bar{A}$ are respectively the interior and the closure of A, J_2 being defined by

$$J_2(\nu') = \begin{cases} \min\limits_{Q\in A_{\nu'}} I(Q \mid P) & \text{if } \nu'_o = \nu_o \\ +\infty & \text{if } \nu'_o \neq \nu_o. \end{cases}$$

The rate function J_2 has compact level sets.

Of course, if $\nu'_o = \nu_o$ and $A^I_{\nu'} = \emptyset$, then $J_2(\nu') = +\infty$. The notation J_2 is taken from [CaL2], we use it for an easier comparison.

In order to obtain an alternate expression for J_2, we shall use a Cramér type theorem. Indeed, we may consider $\overline{X}^N$ as a random linear functional on $C_b([0,T] \times E)$, given by

$$\overline{X}^N(f) = \frac{1}{N}\sum_{i=1}^{N}\left(\frac{1}{T}\int_0^T f(t, X_i(t))\,dt\right), \quad f \in C_b([0,T] \times E).$$

(This relaxation procedure is well known in Control theory). Now, using general results of D.A. Dawson and J. Gärtner ([DaG]), as explained in the Section 2.b of [CaL2], one gets the large deviation principle stated in Theorem 4.2 below (see [CaL2], Lemma 2.2).

Consider the relaxed flow

$$\nu'(f) = \frac{1}{T}\int_{[0,T]\times E} f(t,x)\,\nu_t'(dx)dt, \;\; f \in C_b([0,T] \times E).$$

The space of relaxed flows, denoted $\mathcal{RF}$, is endowed with the relative topology $\sigma(C_b^\sharp([0,T] \times E), C_b([0,T] \times E))$, where $C_b^\sharp$ stands for the algebraic dual space of C_b.

Theorem 4.2. *Suppose that (4.1) holds. Then, for any Borel subset A of $\mathcal{RF}$, we have*

$$-\inf_{\nu' \in A^o} J_1(\nu') \le \liminf_{N\to\infty} \frac{1}{N}\log \mathbb{P}(\overline{X}^N \in A) \le \limsup_{N\to\infty}\frac{1}{N}\log \mathbb{P}(\overline{X}^N \in A) \le -\inf_{\nu' \in \bar{A}} J_1(\nu')$$

where

$$J_1(\nu') = \begin{cases} \sup\limits_{c\in C_b([0,T]\times E)} \Big\{ \frac{1}{T}\int_{[0,T]\times E} c(t,x)\,\nu_t'(dx)dt \\ \qquad - \int_E \log E^{P_u}[\exp \frac{1}{T}\int_0^T c(t,X_t)\,dt]\,\nu_o(du)\Big\} & \text{if } \nu_o' = \nu_o \\ +\infty & \text{if } \nu_o' \neq \nu_o. \end{cases}$$

Notice that in Theorem 4.1, we can replace the topology by Theorem 4.2's one, since the transformation arising in the contraction is still continuous. Both J_1 and J_2 are then lower semicontinuous (J_2 has compact level sets). Therefore, by the uniqueness of a lower semicontinuous rate function on a regular space (see [DeZ]), one obtains the following

Corollary 4.3. *Under the assumption (4.1), $J_1 = J_2 (= J)$.*

Remark. In J_1, we can replace the supremum over all $c \in C_b([0,T] \times E)$ by the supremum over all $c \in \mathcal{C}$, provided that

i) $\mathcal{C}$ is a subalgebra of $C_b([0,T] \times E)$,
ii) $\mathbb{1}$ belongs to $\mathcal{C}$,
iii) $\mathcal{C}$ generates the Borel σ-field of $[0,T] \times E$.

This fact is easily seen, building a sequence $(c_n)_{n\ge 1}$ of $\mathcal{C}$ which converges pointwise to c and such that $\|c_n\|_\infty \le 1 + \|c\|_\infty$ (thanks to the properties of $\mathcal{C}$) and then applying the bounded convergence theorem.

As in [CaL1], [CaL2] and [DaG] (see also [Föl] and other references in [CaL1]), we want to give other variational descriptions of $J(\nu)$. If $J_2(\nu) < +\infty$, then $A_\nu^I \neq \emptyset$ and the minimizing Q^ν was described at Theorem 3.6. As in [DaG] or ([CaL1], Theorem 5.9, 1) and 2)), one can immediately state:

Theorem 4.4. *Let us define*

$$J_3(\nu) = \sup_{f \in D_{e,\nu}(A')} \{ \int_E f(T,x)\, d\nu_T - \int_E f(0,x)\, d\nu_0 - \int_{[0,T]\times E} A'f(s,x)\, \nu_s(dx)ds - \frac{1}{2}\|\nabla f\|^2_{L^2_\nu} \}.$$

We have

1. $J_2(\nu) \geq J_3(\nu)$.
2. *If* $J_2(\nu) < +\infty$, *then* $J_2(\nu) = J_3(\nu) = I(Q^\nu \mid P_{\nu_o})$.
3. *For all* $Q \in A^I_\nu$, $I(Q \mid P_{\nu_o}) = I(Q \mid Q^\nu) + I(Q^\nu \mid P_{\nu_o})$.

Notice that for this result, the hypothesis (4.1) is unnecessary.

It is thus natural to ask wether J_2 and J_3 match everywhere or not, which is equivalent to the fact that $\{\nu\,;\, J_2(\nu) = +\infty\} = \{\nu\,;\, J_3(\nu) = +\infty\}$. The next proposition states that the finiteness of J_3 is equivalent to the existence of a solution to a weak Fokker-Planck equation.

Proposition 4.5. *The following statements are equivalent.*

1. *There exists* $B \in L^2_\nu$ *such that* ν *satisfies the* $(B, D_{e,\nu}(A'))$*-wFP equation.*
2. *There exists* $B \in L^2_\nu$ *such that for all* $f \in D_{e,\nu}(A')$,

$$(*) \quad \int_{[0,T]\times E} (A'f + \gamma(B, \nabla f))(s,x)\, \nu_s(dx)ds = \int_E f(T,x)\, d\nu_T - \int_E f(0,x)\, d\nu_0.$$

3. *There exists* $B^\nu \in H^{-1}(\nu)$ *such that* $(*)$ *is satisfied.*
4. $J_3(\nu) < +\infty$.

Proof. 1) ⇒ 2) ⇒ 3) (projection onto $H^{-1}(\nu)$) ⇒ 1) (see the first part of Proposition 3.3).
3) ⇒ 4) since $J_3(\nu) = \frac{1}{2}\|B^\nu\|^2_{L^2_\nu}$.
4) ⇒ 3) thanks to the following argument. Assume that $J_3(\nu) < +\infty$. Then, if $f \in D_{e,\nu}(A')$ and $\nabla f = 0$, for all $\lambda \in \mathbb{R}$ we have

$$\lambda(\int_E f(T,x)\, d\nu_T - \int_E f(0,x)\, d\nu_0 - \int_{[0,T]\times E} A'f(s,x)\, \nu_s(dx)ds) \leq J_3(\nu)$$

and so the left hand side vanishes identically. This shows that the map

$$\begin{cases} \{\nabla f\,;\, f \in D_{e,\nu}(A')\} & \to & \mathbb{R} \\ \nabla f & \mapsto & \mathcal{L}(f) = \int_E f(T,x)\, d\nu_T - \int_E f(0,x)\, d\nu_0 \\ & & \qquad - \int_{[0,T]\times E} A'f(s,x)\, \nu_s(dx)ds \end{cases}$$

is well defined, linear and continuous if $\{\nabla f\,;\, f \in D_{e,\nu}(A')\}$ is equipped with the hilbertian seminorm $\|\nabla f\|_{L^2_\nu}$. By Riesz' representation theorem, there exists $B^\nu \in H^{-1}(\nu)$ such that $\mathcal{L}(f) = \gamma(B^\nu, \nabla f)$. ■

Looking at J_3, we recognize a Hamilton-Jacobi operator whose inverse can be easily computed. Indeed, for $c \in C_b([0,T] \times E)$ (define $c(s,x) = c(T,x)$ if $s \geq T$) define

$$(4.2) \quad \begin{cases} g_c(t,x) &=& E^{P_{t,x}}[\exp \int_0^{T-t} c((u_s, X_s))\, ds] & \text{if } t < T \\ g_c(t,x) &=& 1 & \text{if } t \geq T \\ f_c(t,x) &=& \log g_c(t,x) \end{cases}$$

(notice that g_c is bounded from below by a positive constant). Applying the Markov property, we get

$$E^{P_{u,x}}[g_c(u_t, X_t)] = E^{P_{u,x}}[\exp \int_{u_t}^{T} c(s, X_{s-u})\, ds].$$

But, since c and X are continuous, for $t \in [0, T-u]$, $t \mapsto \int_{u_t}^{T} c(s, X_{s-u})\, ds$ is of class C^1 and $\frac{d}{dt} \exp(\int_{u_t}^{T} c(s, X_{s-u})\, ds) = -c((u_t, X_t)) \exp(\int_{u_t}^{T} c(s, X_{s-u})\, ds)$. Therefore, $E^{P_{u,x}}[g_c(u_t, X_t) - g_c(u_0, X_0) + \int_0^t \mathbb{1}_{s<T} c(u_s, X_s) g_c(u_s, X_s)\, ds] = 0$, which yields, thanks again to the Markov property,

$$g_c \in \mathcal{D}(A') \quad \text{and} \quad A' g_c(t, x) = -c(t, x) g_c(t, x) \mathbb{1}_{t<T}, \tag{4.3}$$

so that

$$f_c \in \mathcal{D}(A'), f_c(T, x) = 0, \nabla f_c = \frac{\nabla g_c}{g_c} \quad \text{and} \quad A' f_c + \frac{1}{2}\Gamma(f_c) + c = 0 \text{ on } [0, T[\times E. \tag{4.4}$$

It follows that

$$\int_{[0,T]\times E} c(s, x)\, \nu_s(dx) ds - \int_E \log E^{P_x}[\exp \int_0^T c(s, X_s)\, ds]\, \nu_o(dx)$$
$$= \int_E f_c(T, x)\, d\nu_T - \int_E f_c(0, x)\, d\nu_0 - \int_{[0,T]\times E} (A' f_c + \frac{1}{2}\Gamma(f_c))(s, x)\, \nu_s(dx) ds.$$

Hence, provided that $f_c \in D_{e,\nu}(A')$, which is actually equivalent to $\nabla f_c \in L^2_\nu$ (or $\nabla g_c \in L^2_\nu$), one gets $J_1(\nu) \le J_3(\nu)$ (the normalizing constant $\frac{1}{T}$ is irrelevant). Let us summarize our results.

Theorem 4.6. *Assume that*

$$\begin{cases} i) & \text{there exists a sequence } (x_i)_{i\ge 1} \text{ such that } \nu_o = \lim_{N\to\infty} \frac{1}{N} \sum_{i=1}^{N} \delta_{x_i} \\ & \text{for the topology } \sigma(M_1(E), B_b(E)) \\ \text{or} & \\ ii) & (P_x)_{x\in E} \text{ is Feller continuous.} \end{cases}$$

(the other condition in (4.1), ii) is always satisfied in a Polish space).
Moreover, assume that
(HC) there exists a subalgebra $\mathcal{C}$ of $C_b([0, T] \times E)$ with $\mathbb{1} \in \mathcal{C}$ which generates the Borel σ-field of $[0, T] \times E$ and such that for $c \in \mathcal{C}$, the function ∇f_c defined by (4.2) belongs to L^2_ν.

Then,

$$J_1(\nu) = J_2(\nu) = J_3(\nu).$$

(4.5) Remark. If in addition $(P_x)_{x\in E}$ is Feller continuous, then g_c and f_c are continuous.

Corollary 4.7. *Under the hypotheses of Theorem 4.6, if ν satisfies the $(B, D_{e,\nu}(A'))$-wFP equation for some $B \in L^2_\nu$, then the (B, ν_o, P_{ν_o})-FM belongs to A^I_ν, i.e. there exists a Markovian probability measure Q such that $I(Q \mid P_{\nu_o}) < +\infty$, $Q \circ (X_t)^{-1} = \nu_t$ for all t and Q is a solution to the martingale problem $\mathcal{M}(A + \gamma(B, \nabla), D_{e,\nu}(A'), \nu_o)$. Using the terminology of Section 2: ν is admissible.*

Proof of Corollary 4.7. Apply Proposition 4.5, Theorem 4.6 and Theorem 3.6. ■

Corollary 4.7 is a general setting of E. Carlen's existence result ([Car]). Notice that, in contrast with [Car], we do not assume any "dual energy condition" on the backward drift. Moreover, we obtained in Section 3, a complete description of all possible Markovian Schrödinger (or Nelson) processes associated with a given flow ν. But, let us go on for a while discussing large deviations properties.

In order to compare J_1 and J_3, we used (4.4). But, it is also possible to directly use (4.3) and write

$$\begin{aligned}(4.6)\qquad &\int_{[0,T]\times E} c(s,x)\,\nu_s(dx)ds - \int_E \log E^{P_x}[\exp\int_0^T c(s,X_s)\,ds]\,\nu_o(dx)\\ &= -\int_{[0,T]\times E} \frac{A'g_c}{g_c}(s,x)\,\nu_s(dx)ds - \int_E \log g_c(0,x)\,\nu_o(dx).\end{aligned}$$

Define

$$\begin{aligned}C_{\exp} = \{g \in D_{e,\nu}(A')\,;\, g \geq 1, g(t,x) = 1,\ \forall x \in E, t \geq T,\ C^g \text{ is a bounded}\\ P_{u,x}\text{-martingale for all } (u,x),\ g \text{ and } \frac{A'g}{g} \in C_b([0,T]\times E)\}.\end{aligned}$$

Theorem 4.8. *Assume that $(P_x)_{x\in E}$ is Feller continuous. Then,*

$$C_{\exp} = \{g_c\,;\, c \geq 0, c \in C_b\}$$

and

$$J_1(\nu) = J_4(\nu) := \sup_{g\in C_{\exp}} \left\{-\int_{[0,T]\times E} \frac{A'g}{g}(s,x)\,\nu_s(dx)ds - \int_E \log g(0,x)\,\nu_o(dx).\right\}$$

Proof. If $c \in C_b$ and $c \geq 0$, then g_c satisfies all the properties of $C_{\exp}$ except perhaps the continuity assumption. This last property is ensured by the continuity of $x \mapsto P_x$ (Feller property). Conversely, let $g \in C_{\exp}$ and $c = -\frac{A'g}{g}$. We can define g_c as in (4.2). We are going to prove that $g = g_c$.

Define $\tau = \inf\{t \geq 0\,;\, g_c(u_t, X_t) = g(u_t, X_t)\}$. τ is less than $T-u$, so it is a bounded stopping time and for all (u,x), $g_c(u_\tau, X_\tau) = g(u_\tau, X_\tau)$ thanks to the continuity assumptions. From the optional sampling theorem, it comes out that for all (u,x)

$$(g_c - g)(u,x) + E^{P_{u,x}}[\int_0^T c(g_c - g)(u_s, X_s)\,ds] = 0.$$

Since $c \geq 0$ and by continuity: $c(g_c - g)(u_s, X_s)$ and $c(g_c - g)(u,x)$ have the same sign up to time τ, $P_{u,x}$-a.s., so both terms in the above sum are equal to 0. In particular $g_c(u,x) = g(u,x)$ for all (u,x).

Finally, $J_1 = J_4$ thanks to (4.6), since the supremum in J_1 can be taken over all nonnegative c. ■

Remarks. i) This theorem (as well as nonentropic cases) can be derived using another large deviations approach: the MEM's method introduced by [DcG] and developed by F. Gamboa and E. Gassiat (see e.g. [GaG]). For a finite flow (i.e. discrete time) see [CaG]. But a relaxation method similar to the present paper's one, should allow to consider the general continuous flow of marginals with the methods of [CaG].

ii) At least at a formal level, Theorem 4.8 is similar to the results of Lemma 4.2.35 and Theorem 4.2.23 of [DeS].

5. Examples of admissible flows

Here again, ν is a weakly continuous flow of marginal laws and $P = P_{\nu_o}$. We shall assume throughout this section that

(5.1) The hypothesis of Theorem 4.6 is satisfied.

The goal of this section is to give sufficient conditions for ν to be admissible, i.e. for A_ν^I to be nonempty, i.e. for $J_2(\nu)$ to be finite. According to Theorem 4.6, when (HC) holds, it is enough to check the finiteness of $J_3(\nu)$, which is equivalent, thanks to Proposition 4.5, to the following:

(5.2) There exists $B \in L_\nu^2$ such that ν satisfies the $(B, D_{e,\nu}(A'))$-wFP equation.

Assuming (5.2), we thus have two possibilities:

α. to find sufficient conditions on ν for (HC) to hold with $\mathcal{C} = C_b([0,T] \times E)$, or

β. to find sufficient conditions on P for (HC) to hold for a well chosen $\mathcal{C}$ and any ν satisfying (5.1) and (5.2).

Another possibility would be to use the "approximation procedure" of Section 3 (see (3.1)) as in [CaL1] in order to give a direct construction. But, here again, the main point is to prove that ∇G belongs to L_ν^2 for some suitable G (see (3.1.iii)), and this is of course of the same nature as proving that (HC) holds.

In the Section 4 of [CaL1] and in the Section 3 of [CaL2], we have studied these situations in the case where P is the law of a $\mathbb{R}^d$-valued diffusion process. Here, we shall only give some examples for which answers to the questions α or β are not too hard to get. As was expected, these examples cover a large part of the "usual processes".

In a general setting, the most natural approach is the one in α, and we will start our study with this problem.

A. When does (HC) hold with $\mathcal{C} = C_b([0,T] \times E)$?

Since relative entropy does not increase under measurable transforms, for any admissible ν, we have

for all $t \in [0,T]$, $I(\nu_t \mid \mu_t) < +\infty$ (in particular $\nu_t \ll \mu_t$) where $\mu_t = P \circ (X_t)^{-1}$.

Conversely, assume that for all $t \in [0,T]$, $\nu_t \ll \mu_t$ and define

$$\rho(\cdot, t) = \frac{d\nu_t}{d\mu_t}.$$

We want to find sufficient conditions on ρ for (HC) to hold with $\mathcal{C} = C_b([0,T] \times E)$, i.e. for $\int_{[0,T]\times E} \Gamma(g_c)\, \nu_s(dx)ds$ to be finite for all $c \in C_b([0,T] \times E)$. But

(5.3)

$$\int_{[0,T]\times E} \Gamma(g_c)\, \nu_s(dx)ds = \int_{[0,T]\times E} \Gamma(s,x)\rho(s,x)\, \mu_s(dx)ds = E^P[\int_0^T \Gamma(g_c)(s,X_s)\rho(s,X_s)\, ds].$$

The main estimate is given in the following lemma.

Lemma 5.1. *There exists $\lambda_o > 0$ such that for all $\lambda < \lambda_o$, $\sup_x E^{P_x}[\exp \lambda \langle C^{g_c}\rangle_T] < +\infty$.*

Proof. Since $A' g_c = -c g_c$ is bounded, C^{g_c} is a bounded P_x-martingale for all $x \in E$, with a uniform bound K (which does not depend on x). Applying BDG inequalities, we obtain for $1 \leq q < +\infty$

$$\sup_{x \in E} E^{P_x}[(C^{g_c})_T^q] \leq (4q)^q K^{2q}.$$

Thus, applying Stirling's formula (see [CaL1], 2.7 for the argument) and taking the quadratic growth of $\lambda \mapsto \langle C^{\lambda g_c}\rangle_T = \lambda^2 \langle C^{g_c}\rangle_T$ into account, we obtain for λ small enough: $\sup_{x\in E} E^{P_x}[\exp \lambda \langle C^{g_c}\rangle_T] < +\infty$. ■

One can then obtain:

Proposition 5.2. *Assume that (5.1), (5.2) and (5.3) hold. Assume in addition that $\operatorname{ess\,sup}_{t\in[0,T]} \rho(t, X_t) \in L^{\tau^*}(P)$, where L^{τ^*} is the Orlicz space associated with: $\tau^*(u) = (u+1)\log(u+1) - u, u \geq 0$. Then, ν is admissible.*

Corollary 5.3. *If $\rho \in B_b([0,T] \times E)$, then ν is admissible.*

See ([CaL1], 4.48) for the same result in the case of $\mathbb{R}^d$-valued diffusions.

Proof. According to (5.3)

$$\int_{[0,T]\times E} \Gamma(g_c)(s,x)\, \nu_s(dx)ds = E^P[\int_0^T \Gamma(g_c)(s,X_s)\rho(s,X_s)\, ds]$$

$$\leq E^P[\operatorname*{ess\,sup}_{t\in[0,T]} \rho(t,X_t) \int_0^T \Gamma(g_c)(s,X_s)\, ds].$$

Thanks to Lemma 5.1, $\int_0^T \Gamma(g_c)(s,X_s)\, ds = \langle C^{g_c}\rangle_T$ belongs to $L^\tau(P)$ with $\tau(u) = e^u - u - 1, u \geq 0$. It remains to apply Hölder's inequality in Orlicz spaces to conclude. ■

Of course, except in the bounded case of Corollary 5.3, Proposition 5.2 is not really tractable. If E is compact and ρ is continuous, one may apply Corollary 5.3. As in [CaL1], one can expect to relax the boundedness assumption into a local boundedness one, in the case of a σ-compact space E. A natural method to improve Corollary 5.3 would be to show that

(5.4) if $(\nu_t)_{t\in[0,T]}$ $(= \rho(\cdot,t)\mu_t)$ satisfies (5.2), one can find a sequence $(\rho_n)_{n\geq 1}$ of bounded densities satisfying (5.2) and such that $J_3(\nu_n) \underset{n\to\infty}{\longrightarrow} J_3(\nu)$.

In the general case, we do not even know whether (5.4) is true or not. But, if ρ and P_x are smooth enough, one can show that (5.4) holds. Here, we will restrict ourselves to the simpler symmetric case, as in [MeZ].

Theorem 5.5. *Assume that $(P_x)_{x\in E}$ is a μ-symmetric Feller process. Let ν be a probability measure on $(E, \mathcal{E})$ and the associated stationary flow $\nu = \nu_t$ for $t \in [0,T]$. Assume that $I(\nu \mid \mu) < +\infty$, $\frac{d\nu}{d\mu} = \rho$ and $\rho^{1/2}$ belongs to the domain of the Dirichlet form associated with (P_x, μ). Then, ν is admissible, i.e. there exists Q such that $I(Q \mid P_\nu) < +\infty$ and $Q \circ (X_t)^{-1} = \nu$ for all $t \in [0,T]$.*

Proof. Denote $(\mathcal{D}, D(\mathcal{D}))$ the above Dirichlet form. Recall that for $f \in D(\mathcal{D})$, there exists $\tilde{\nabla} f = (\tilde{\nabla}^n f)_{n\geq 1}$ such that $\mathcal{D}(f) = \frac{1}{2}\sum_{n\geq 1}\int |\tilde{\nabla}^n f|^2\, d\mu$. Furthermore, if $f \in D_e(A)$ and $Af \in L^2(\mu)$, then $f \in D(\mathcal{D})$ and $\tilde{\nabla} f = \nabla f$ (in $L^2(\mu)$) (see [BoH]). Actually, this fact extends to the functions $f \in D_{e,\mu}(A)$ which are continuous. Indeed, for such an f

$$\begin{aligned}\frac{1}{t}\int f(f - T_t f)\, d\mu &= \frac{1}{t}\int E^{P_x}[f(X_0)(f(X_0) - f(X_t))]\, d\mu \\ &= -\frac{1}{t}\int E^{P_x}[f(X_0)\int_0^t Af(X_s)\, ds]\, d\mu \\ &= -\frac{1}{t}\int Af(x) E^{P_x}[\int_0^t f(X_s)\, ds]\, d\mu.\end{aligned}$$

Thanks to Lebesgue bounded convergence theorem and since f is continuous and bounded, it follows that

$$\lim_{t\downarrow 0}\frac{1}{t}\int f(f - T_t f)\, d\mu = -\int f(x)Af(x)\, d\mu.$$

According to a well known result for Dirichlet forms (see e.g. [Fuk], Lemma 1.3.4), this means that $f \in D(\mathcal{D})$.

Now, since $\rho^{1/2} \in D(\mathcal{D})$, $\rho_k' = [(\rho \vee 1/k)\wedge k]^{1/2}$ and $\rho_k = [(\rho\vee 1/k)\wedge k]$ also belong to $D(\mathcal{D})$. Let $d\nu_k = c_k\rho_k d\mu$ (where c_k is a normalizing constant, which clearly tends to 1 as $k \to \infty$.) Then, $D_{e,\nu_k}(A) = D_{e,\mu}(A)$. In particular, if $f \in D_{e,\nu_k}(A)$ is continuous, $f \in D(\mathcal{D})$ and

$$\int Af\, \rho_k\, d\mu = -\frac{1}{2}\int \nabla f\cdot\tilde{\nabla}\rho_k\, d\mu = -\int \nabla f\cdot\tilde{\nabla}\rho_k'\, \rho_k'\, d\mu = -\int \nabla f\cdot\frac{\tilde{\nabla}\rho_k'}{c_k\rho_k'}\, d\nu_k.$$

It follows that ν_k satisfies the $(\frac{\tilde{\nabla}\rho_k'}{\rho_k'}, D_{e,\nu_k}(A)\cap C^0)$-wFP equation, i.e. $J_3(\nu_k) < +\infty$ (if one restricts the supremum to the continuous functions f). But ρ_k is bounded, $\frac{\tilde{\nabla}\rho_k'}{\rho_k'} \in L^2_{\nu_k}$ (since $\tilde{\nabla}\rho_k' \in L^2(\mu)$) and (P_x) is Feller continuous. According to Corollary 5.3 and the Remark (4.5), it follows that ν_k is admissible, i.e. $J_2(\nu_k) < +\infty$ (with respect to the measure P_{ν_k}). Furthermore

$$J_2(\nu_k) = \inf\{I(Q \mid P_{\nu_k});\, Q\circ(X_t)^{-1} = \nu_k\} \le \frac{1}{2}\mathcal{D}(\rho_k').$$

We cannot directly take the limit in k because the reference measure P_{ν_k} depends on k. But, if $Q\circ(X_0)^{-1} = \eta$,

$$I(Q \mid P_\mu) = I(Q \mid P_\eta) + I(\eta \mid \mu).$$

Since $I(\eta \mid \mu) < +\infty$, $I(\nu_k \mid \mu) = \int(\log c_k + \log\rho_k)c_k\rho_k\, d\mu < +\infty$, and $\lim_{k\to\infty} I(\nu_k \mid \mu) = I(\nu \mid \mu)$ by Lebesgue's theorem again. Denote

$$J_2'(\nu') = \inf\{I(Q \mid P_\mu);\, Q\circ(X_t)^{-1} = \nu_t'\}.$$

Then,

$$J_2'(\nu_k) = I(\nu_k \mid \mu) + J_2(\nu_k) \le I(\nu_k \mid \mu) + \frac{1}{2}\mathcal{D}(\rho_k').$$

But $I(\nu_k \mid \mu)$ and $\mathcal{D}(\rho'_k)$ converge respectively to $I(\nu \mid \mu)$ and $\mathcal{D}(\rho^{1/2})$. It follows that $J'_2(\nu_k)$ is bounded. Since J'_2 is lower semicontinuous for the weak topology and ν_k converges weakly to ν, then $J'_2(\nu)$ is finite. ■

Remarks. i)   One can prove that $J'_2(\nu) = I(\nu \mid \mu) + \frac{1}{2}\mathcal{D}(\rho^{1/2})$ (see [CaF] for the Brownian case).

ii)   It can be proved in many cases (for instance, the finite dimensional case as in [CaF]) that the assumption $\rho^{1/2} \in D(\mathcal{D})$ is also necessary for $\rho d\mu$ to be admissible. This situation is quite satisfactory in the symmetric case.

iii)   This result is related to recent works on Dirichlet forms on non locally compact spaces (see [MaR], [AlR], [Son]), especially to the extension of the Girsanov formula in this context (see in particular [ARZ]). Notice that an hypothesis $I(\nu \mid \mu) < +\infty$ also appears in these works, since $\log \rho$ is assumed to be in $L^2(\rho d\mu)$.

iv)   Our approach can be extended to nonsymmetric cases with additional material.

We shall see how to deal with question β.

B.   How to use a differential structure

To choose a $\mathcal{C}$ in such a way that (HC) holds, seems to be hard to do unless one can use a "universal" differential structure on E which is connected to the stochastic structure, i.e. to $(\nabla^n)_{n \geq 1}$. This leads us to require that E is equipped with a linear structure (i.e. a tangent space at each point). Here again, we shall only consider a few examples without giving all the details.

B1.   Finite dimensional manifolds

Assume that E is a d-dimensional connected C^∞ manifold (without boundary, but possibly $E = \mathbb{R}^d$ since we do not assume any compactness). The natural candidate for $\mathcal{C}$ would be $C_o^\infty \vee \mathbb{1}$: the algebra generated by the constant function $\mathbb{1}$ and the space of compactly supported C^∞ functions defined on E. But, it is known (see [Jac] 13.53.3) that if C_o^∞ is included in the (true) domain of the generator A of $(P_x)_{x \in E}$ and if the semigroup is Feller continuous, then A has (in local coordinates) the form

$$A = \frac{1}{2} \sum_{i,j=1}^{d} a_{i,j}(x) \frac{\partial^2 f}{\partial x_i \partial x_j} + \sum_{i=1}^{d} b_i(x) \frac{\partial f}{\partial x_i}$$

with the coefficients $a_{i,j}$ and b_i bounded and continuous. Furthermore, in this case

$$\Gamma(f) = \sum_{i,j=1}^{d} a_{i,j} \frac{\partial f}{\partial x_i} \frac{\partial f}{\partial x_j}$$

for $f \in C_o^\infty(E)$ with its support in a local chart. (One can choose $\Theta = C_o^\infty(E) \vee \mathbb{1}$ or relax the boundedness assumption in the definition of $D_e(A)$ and take for $(\varphi_n)_{n \geq 1}$ a countable family of coordinate changes.)

This has already been studied in [CaL1] and [CaL2], at least for $E = \mathbb{R}^d$. Notice that in the uniformly elliptic case, one can use known regularity results on Hamilton-Jacobi equations, see e.g. [Lio], in order to recover Theorem 4.42 of [CaL1] by means of the method which is developed in Section 4.

The manifold-valued case is completely similar. Indeed, imbed E into $\mathbb{R}^m$ $(m \geq 2d + 1)$ appealing to Whitney's theorem and assume that A is the restriction to E of the operator

$$(5.5) \qquad \frac{1}{2} \sum_{i,j=1}^{d} \sigma_{i,j} \frac{\partial}{\partial x_i} \left(\sum_{k=1}^{d} \sigma_{i,j} \frac{\partial}{\partial x_k} \right) + \sum_{i=1}^{d} b_i \frac{\partial}{\partial x_i}$$

where $\sigma_{i,j}$ and b_i belong respectively to C_b^2 and C_b^1 (C_b^k is the space of C^k functions with bounded derivatives of order 0 to k). Then, applying the differentiability result with respect to the initial data (see e.g. [Kun] or [IkW], pp. 254–255), it is easily shown that g_c belongs to $C_b^1(E)$ for any $c \in C_o^\infty(E) \vee \mathbb{1}$ and $t \in [0, T]$. Accordingly, (HC) holds with $C = C_o^\infty(E) \vee \mathbb{1}$. In the time-dependent case, one can relax the differentiability assumption in the time direction. In the elliptic case again, known results on Hamilton-Jacobi equations could be used. Notice that W. A. Zheng ([Zhe]) obtained a similar result in the case of a compact manifold, compactness being a key point in his approach.

B2. Finite dimensional manifolds with boundary

Let E be a d-dimensional connected C^∞ manifold with a smooth boundary ∂E which is locally on one side. For simplicity, one can assume that $E = \overline{D} = D \cup \partial D$ where $D = \{x \,;\, \psi(x) > 0\}$ and $\partial D = \{x \,;\, \psi(x) = 0\}$ for a given $\psi \in C_b^\infty(\mathbb{R}^d)$, but the results still hold in more general contexts. For more details on what follows, we refer to [Cat] and the references contained therein.

We consider $(P_x)_{x \in E}$: the law of a reflected diffusion, i.e. whose generator coincides with the one defined in (5.5) for all $f \in C_b(E)$ satisfying an oblique derivative condition on ∂E, i.e.

$$\beta \cdot \frac{\partial}{\partial n} f = 0 \quad \text{on } \partial E$$

for a given vector field β defined on ∂E, $\frac{\partial}{\partial n}$ being the inward pointed normal derivative on ∂E (for instance, if $|\nabla \psi| \equiv 1$ on ∂E, one can identify $\frac{\partial}{\partial n}$ with $\nabla \psi$, this will done in the sequel).

For simplicity, we assume that

(5.6) $\sigma_{i,j}, b_i$ and β are C_b^∞ functions

(more precisely: are the restrictions to E of smooth functions defined on the whole space, but after imbedding; this is not a restriction, thanks to Whitney's theorem). We refer to [Cat] for the minimal differentiability assumptions required for the following to hold.

In addition, it is assumed that

(5.7)
$$\begin{cases} i) & |\nabla \psi| \equiv 1 \text{ on } \partial E, \\ ii) & \beta \cdot \nabla \psi \geq c_o > 0 \text{ on } \partial E, \qquad \text{(strong transversality assumption)} \\ iii) & \sum_i \left(\sum_j \sigma_{i,j} \frac{\partial \psi}{\partial x_j} \right)^2 \geq c_1 > 0 \text{ on } \partial E, \qquad \text{(i.e. } \partial E \text{ is uniformly noncharacteristic).} \end{cases}$$

Under all these assumptions, one knows that $(P_x)_{x \in E}$ exists and can be built via the resolution of a stochastic differential system with reflection (see [IkW]). Moreover, the solution is (weakly) unique and Feller continuous. Let

$$\Theta = \{f \in C_b^\infty(E) \,;\, \beta \cdot \frac{\partial f}{\partial n} = 0 \text{ on } \partial E\}.$$

Then, Θ is a core for $(P_x)_{x\in E}$ and we can use all the material of this work, with $\Gamma(f) = \sum_{i,j=1}^{d} a_{i,j}\frac{\partial f}{\partial x_i}\frac{\partial f}{\partial x_j}$ $(a = \sigma^*\sigma)$ as before. Here again, we may take $C = C_0^\infty(E) \vee \mathbb{1}$, but we cannot anymore apply the arguments of the previous part to prove that $g_c \in C_b^1(E)$, since there is no regular flow associated with the reflected diffusion. Hence, we have to make additional assumptions.

Theorem 5.5. *In addition to (5.6) and (5.7), assume that A satisfies a uniform Hörmander's condition. Then,* $g_c \in C_b^\infty(E)$ *for all* $t \in [0,T]$ *and* $c \in C_o^\infty(E) \vee \mathbb{1}$*, and (HC) holds for* $C = C_o^\infty(E) \vee \mathbb{1}$.

The above result follows from Theorem 4.4 of [Cat]. We also refer to this paper for the precise meaning of a uniform Hörmander's condition (called (HG.unif), there) as well as for known analytical results in the uniformly elliptic case. Notice that one cannot treat the case of a Ventcel like boundary condition, since in this case, the corresponding Θ is not an algebra and the "carré du champ" Γ is not anymore absolutely continuous with respect to ds.

B3. Infinite dimensional linear spaces

The method of B1 can be extended to any linear space provided that one can represent P_x by a stochastic process $(X_t(x))_{t\in[0,T]}$ which depends smoothly on x. This can be done, for instance, for the solutions of stochastic differential equations in Hilbert spaces with smooth coefficients.

The same method also applies in the case of an abstract Wiener space (μ, H, E) with P_x the law of the standard Brownian motion (or the Ornstein-Uhlenbeck process) starting from x. In this case, the "usual" gradient is the Gâteaux derivative in the directions of H (the Cameron-Martin space) and C can be chosen as

$$C = \{c = \varphi(\langle l_1, \cdot\rangle, \ldots, \langle l_n, \cdot\rangle), n \geq 1, \varphi \in C_b^\infty(\mathbb{R}^n), l_1, \ldots, l_n \in E^*\},$$

where E^* stands for the dual space of E. This result can be extended to the more general situation of a symmetric process associated with an "admissible" Dirichlet form (see [BoH] or [MaR]) and a non necessarily stationary flow ν (in contrast with the situation of A1 where ν was stationary). But a precise discussion would need to introduce additional material and we shall not enter into the details here.

Another interesting situation would be the case when $E = (\mathbb{R}^d)^{\mathbb{Z}^k}$, i.e. particle systems as in [LeR], [ShS], [MNS] or [CRZ]. But, even it is trivial to extend B1 to an infinite collection of independent Brownian motions, the existence result we obtain via the Theorem 4.6 has no real interest, because the "global" finite entropy conditon is too strong. Indeed, all interesting systems will satisfy a "local" finite entropy condition (see e.g. [FöW]) but not a "global" one, or involve the "specific" entropy rather than the relative one (see e. g. [Föl]).

6. References

[AlR] S. Albeverio and M. Röckner. *Classical Dirichlet forms on topological vector spaces. Closability and a Cameron-Martin formula.* J. Funct. Anal. 88, (1990), 395–436.

[ARZ] S. Albeverio, M. Röckner and T.S. Zhang. *Girsanov transform for symmetric diffusions with infinite dimensional state space.*Ann. Probab. 21, (1993), 961–978.

[BoH] N. Bouleau and F. Hirsch. *Dirichlet forms and analysis on Wiener space*. Ed. De Gruyter, (1991).

[Car] E. Carlen. *Conservative diffusions*. Comm. Math. Phys. 94. (1984), 293–315.

[Cat] P. Cattiaux. *Stochastic calculus and degenerate boundary value problems*. Ann. Inst. Fourier 42. (1992), 541–624.

[CaF] P. Cattiaux et M. Fradon. *Entropy, reversible diffusion processes and Markov uniqueness*. Preprint Orsay & Polytechnique, (1995).

[CaG] P. Cattiaux et F. Gamboa. *Large deviations and variational theorems for marginal problems*. Preprint Orsay & Polytechnique, (1995).

[CaL1] P. Cattiaux and C. Léonard. *Minimization of the Kullback information of diffusion processes*. Ann. Inst. Henri Poincaré, Vol. 30, (1994), 83–132.
Correction. To appear in Ann. Inst. Henri Poincaré, (1995).

[CaL2] P. Cattiaux and C. Léonard. *Large deviations and Nelson processes*. Forum Math., Vol. 7, (1995), 95–115.

[CRZ] P. Cattiaux , S. Roelly and H. Zessin. *Une approche Gibbsienne des diffusions Browniennes infinidimensionnelles*.to appear in Prob. Th. Rel. Fields.

[DaG] D.A. Dawson and J. Gärtner. *Large deviations from the McKean-Vlasov limit for weakly interacting diffusions*. Stochastics and Stoch. Rep., Vol. 20, (1987), p 247–308.

[DcG] D. Dacunha-Castelle et F. Gamboa. *Maximum d'entropie et problèmes de moments*. Ann. Inst. Henri Poincaré 26, (1990), 567–596.

[DeM] C. Dellacherie et P.A. Meyer. *Probabilités et Potentiel, Ch. XII–XVI*. (1987), Hermann, Paris.

[DeS] J.D. Deuschel and D.W. Stroock. *Large Deviations*. Pure and Applied Mathematics, 137, (1989), Academic Press, Boston.

[DeZ] A. Dembo and O. Zeitouni. *Large Deviations Techniques and Applications*. (1993), Jones and Bartlett Publishers.

[Föl] H. Föllmer. *Random Fields and Diffusion Processes*. Cours à l'Ecole d'été de Probabilités de Saint-Flour. (1988), Lecture Notes in Mathematics 1362, Springer Verlag.

[FöW] H. Föllmer and A. Wakolbinger. *Time reversal of infinite dimensional diffusion processes*. Stoch. Proc. and Appl. 22, (1986), 59–78.

[Fuk] M. Fukushima. *Dirichlet forms and Markov processes*. Second Ed., North-Holland, (1988).

[GaG] F. Gamboa and E. Gassiat. *Bayesian methods for ill posed problems*. Preprint Orsay, (1994).

[IkW] N. Ikeda and S. Watanabe. *Stochastic differential equations and diffusion processes*. (1989), North Holland.

[Jac] J. Jacod. *Calcul stochastique et problèmes de martingales*. Lecture Notes in Mathematics 714, (1979), Springer Verlag.

[Kun] H. Kunita. *Stochastic differential equations and stochastic flow of diffeomorphisms*. Ecole d'été de probabilités de Saint-Flour. Lecture Notes in Mathematics 1907, (1984), Springer-Verlag.

[LeR] G. Leha and G. Ritter. *On solutions to stochastic differential equations with discontinuous drift in Hilbert spaces*. Math. Ann., Vol. 270, (1985), 109–123.

[Lio] P.L. Lions. *Generalized solutions of Hamilton-Jacobi equations*. Research Notes in Mathematics, 69. Pitman, Boston, (1982).

[MaR] Z. Ma and M. Röckner. *An introduction to the theory of (non symmetric) Dirichlet forms*. Springer, (1992).

[MeZ] P.A. Meyer et W.A. Zheng. *Construction de processus de Nelson réversibles.* Séminaire de Probabilités XIV, Lecture Notes in Mathematics 1123, (1985), 12–26.

[MNS] A. Millet, D. Nualart and M. Sanz. *Time reversal for infinite dimensional diffusions.* Prob. Th. Rel. Fields 82, (1989), 315–347.

[Sha] M.J. Sharpe. *general theory of Markov processes.* Academic Press, (1988).

[ShS] T. Shiga and A. Shimizu. *Infinite dimensional stochasticdifferential equations and their applications.* J. Math. Kyoto Univ. 20, (1980), 395–416.

[Son] S.Q. Song. *Habilitation.* Univ. Paris VI, (1993).

[Zhe] W.A. Zheng. *Tightness results for laws of diffusion processes. Application to stochastic mechanics.* Ann. Inst. Henri Poincaré, Vol. 21, No. 2, (1985), 103–124.

Sur les processus croissants de type injectif.

J. Azéma[1] T. Jeulin[2] F. Knight[3] G. Mokobodzki[4]
M.Yor[1]

Février 1996

[1] Laboratoire de Probabilités - Université Paris 6 et CNRS URA 224
4 place Jussieu - Tour 56 - 3ème étage - Couloir 56-66
75272 PARIS CEDEX 05.
[2] Université Paris 7 et CNRS URA 1321 - 2 place Jussieu
Tour 45 - 5ème étage - Couloir 45-55 - 75251 PARIS CEDEX 05.
[3] University of Illinois - Department of Mathematics - 273 Altgeld Hall
1409 West Green Street - URBANA, IL 61801 - U.S.A.
[4] Equipe d'Analyse, URA 754, Université Paris 6, 4 place Jussieu
Tour 46 - 4ème étage - 75272 PARIS CEDEX 05.

1 Introduction.

1.1 Généralités, motivations.

Soit $(\Omega, \mathcal{A}, \mathbb{P})$ un espace probabilisé complet et $\mathcal{G} = (\mathcal{G}_t)_{t\geq 0}$ une filtration sur $(\Omega, \mathcal{A}, \mathbb{P})$ vérifiant les conditions habituelles. On identifiera deux processus indistinguables ainsi qu'une martingale uniformément intégrable X avec sa variable terminale X_∞. Le point de départ de ce travail est le

Théorème 1 *Soit L une fin d'ensemble prévisible, A la projection duale prévisible du processus $1_{[L,\infty[}$. On suppose : $0 < L < \infty$ presque sûrement. Les quatre propriétés suivantes sont satisfaites :*
1) Pour toute martingale [continue à droite, limitée à gauche] uniformément intégrable X

$$X_{L-} = 0 \text{ si et seulement si } \mathbb{E}\left[X_\infty \mid \mathcal{G}_L^-\right] = 0 \qquad \dagger^1.$$

2) Pour tout processus prévisible Z tel que

$$\int_{]0,\infty[} |Z_s| \; dA_s < \infty \text{ presque sûrement,}$$

on a :

$$Z_L \overset{p.s.}{=} 0 \text{ si et seulement si } \int_{]0,\infty[} Z_s \, dA_s \overset{p.s.}{=} 0.$$

[1] $\mathcal{G}_L^-$ est la tribu $\sigma\{Z_L \mid Z \text{ prévisible}\}$, $\mathcal{G}_L$ est la tribu $\sigma\{Z_L \mid Z \text{ optionnel}\}$

3) Les variables $\{X_{L-} \mid X \in L^2(\mathcal{G}_\infty)\}$ *sont denses dans* $L^2\left(\mathcal{G}_L^-\right)$.
4) La famille des variables aléatoires

$$\left\{\int_{]0,\infty[} Z_s\, dA_s \mid Z \text{ prévisible et } Z_L \in L^2\left(\mathcal{G}_L^-\right)\right\}$$

est dense dans $L^2\left(\mathcal{G}_L^-\right)$.

Il découle de la propriété *2*) du théorème *1* que pour Z prévisible tel que $\int_{]0,\infty[} |Z_s|\, dA_s$ est presque sûrement fini†[2], l'égalité

$$(1) \qquad \int_{]0,\infty[} Z_s\, dA_s = 0 \text{ presque sûrement}$$

implique la propriété *a priori* plus forte :

$$(2) \qquad \int_{]0,t]} Z_s\, dA_s = 0 \text{ presque sûrement pour tout } t.$$

On dira d'un processus croissant (ou plus généralement à variation bornée) [prévisible] A pour lequel l'implication (1) $\Rightarrow$ (2) est satisfaite, qu'il est de type injectif.

Une grande partie de l'article est consacrée à l'étude de cette propriété d'injectivité. Elle est à rapprocher de la propriété d'injectivité de l'intégrale stochastique par rapport à une martingale locale $(M_t)_{t\geq 0}$, i.e. :

si Z est un processus prévisible, vérifiant

$$\mathbb{E}\left[\left(\int_{[0,\infty[} Z_s^2\, d[M,M]_s\right)^{\frac{1}{2}}\right] < \infty \text{ et } \int_{[0,\infty[} Z_s\, dM_s = 0 \text{ presque sûrement,}$$

alors :

$$\int_{[0,t]} Z_s\, dM_s = 0 \text{ presque sûrement pour tout } t.$$

On pourrait également rapprocher la propriété de densité *4*) du théorème *1* d'un travail important, très récent [DMSSS], où est discutée la densité dans $L^2(\mathcal{G}_T)$, pour T temps d'arrêt, des intégrales stochastiques $\int_{]0,T]} Z_s\, dX_s$, par rapport à une semimartingale (vectorielle) donnée.

1.2 Une caractérisation de l'injectivité.

Rappelons tout d'abord que le support gauche $\mathrm{Supp}^g(C)$ d'un processus à variation finie C (prolongé à $]-\infty, 0[$ par 0) est l'ensemble

$$\left\{\tau \in [0,\infty[\ ;\ \forall \varepsilon > 0,\ \int_{]\tau-\varepsilon,\tau]} |dC_s| > 0\right\}$$

---

[2] **L'intégrale** $\int_{]0,t]} Z_s\, dA_s$ **est aussi notée** $(Z \cdot A)_t$.

des points de croissance à gauche de $\int_{]0,.]} |dC_s|$. $\mathrm{Supp}^g(C)$ est fermé pour la topologie gauche (c'est le plus petit fermé gauche H tel que $1_{H^c} \cdot C = 0$) ; il est optionnel (resp. prévisible) si C est lui-même optionnel (resp. prévisible). Le support $\mathrm{Supp}(C)$ de C est l'ensemble

$$\left\{\tau \in [0,\infty[\ ;\ \forall \varepsilon > 0,\ \int_{]\tau-\varepsilon,\tau+\varepsilon]} |dC_s| > 0\right\}$$

des points de croissance de $\int_{]0,.]} |dC_s|$; il coïncide avec la fermeture (pour la topologie usuelle) de $\mathrm{Supp}^g(C)$; il est [seulement] optionnel si C est optionnel ou prévisible. Supposons que C soit à variation localement intégrable et notons $C^{(o)}$ (resp. $C^{(p)}$) sa projection duale optionnelle (resp. prévisible) ; on a :

$$\mathrm{Supp}^g(C) \subset \mathrm{Supp}^g(C^{(o)}) \subset \mathrm{Supp}^g(C^{(p)}).$$

Dans le cas continu, l'injectivité est une propriété du support gauche ; plus précisément on a le

Théorème 2 *Soit C un processus continu, à variation finie, prévisible, nul en 0. C a la propriété d'injectivité si et seulement si :*
pour tout temps d'arrêt S, l'ensemble

$$\mathrm{Supp}^g\,(C) \cap \,]S,\infty[$$

est évanescent ou n'a pas de section complète par un temps d'arrêt prévisible.

Une caractérisation complète de la propriété d'injectivité est donnée par le

Théorème 3 *Soit C un processus à variation finie, prévisible, nul en 0.*
C a la propriété d'injectivité si et seulement si il vérifie les deux conditions suivantes :

(α) *pour tout temps d'arrêt S, l'ensemble*

$$\mathrm{Supp}^g\,(C) \cap \,]S,\infty[$$

est évanescent ou n'a pas de section complète par un temps d'arrêt prévisible T tel que $\mathrm{Supp}^g\,(C) \cap \,]S,T[$ *ne soit pas évanescent ;*

(β) *pour tout temps d'arrêt prévisible S tel que $\Delta C_S \neq 0$ sur $\{S < \infty\}$,*

$$]S,\infty[\,\cap \{\Delta C \neq 0\}$$

est évanescent ou n'a pas de section complète par un temps d'arrêt prévisible.

1.3 Exemples

Outre les projections duales de fins d'ensembles prévisibles, des exemples concrets de processus de type injectif sont donnés par le résultat suivant :

Théorème 4 *Soit μ une mesure de Radon sur $\mathbb{R}$, et $(L_t^x)_{x\in\mathbb{R},t\geq 0}$ la famille bicontinue des temps locaux du mouvement brownien réel. Le processus*

$$V_t = \int_{\mathbb{R}} L^x_{t\wedge 1}\, d\mu(x)\ ;$$

a la propriété d'injectivité si, et seulement si, le support de μ est d'intérieur vide.

1.4 Plan de l'article.

Le reste de cet article est organisé comme suit :
- dans le paragraphe *2*, on donne une nouvelle démonstration de la propriété *1*) du théorème *1* ;
- dans le paragraphe *3*, on étudie des relations entre projections duales et propriété d'injectivité, ce qui nous permet, dans le paragraphe *4*, de démontrer les théorèmes *2* et *3* ;
- dans le paragraphe *5*, on donne plusieurs exemples, liés au mouvement brownien, de processus injectifs ou non-injectifs ; on y démontre en particulier le théorème *4* ;
- le paragraphe *6* est inspiré par la propriété de densité *4*) du théorème *1*. On y étudie des classes de variables aléatoires de $L^2(\mathcal{G}_{L-})$ se représentant, ou ne se représentant pas comme intégrales de la forme $\int_{]0,\infty[} Z_s\, dA_s$.
- Enfin, un appendice, composé de deux sections, apporte d'une part quelques compléments sur les fermés gauches, et, d'autre part quelques précisions sur les équivalences démontrées dans le paragraphe *3*.

2 Démonstration de la propriété 1) du théorème 1.

Une première démonstration est donnée en [AJKY]-théorème *2*, au prix d'un détour un peu pénible, qui utilise les résultats d'un article antérieur [AMY]. La démonstration directe donnée ici repose sur quelques lemmes élémentaires ayant leur intérêt propre.

Lemme 5 *Soit M une martingale locale, C un processus à variation finie, prévisible, nul en* 0. *Les conditions suivantes sont équivalentes :*
i) $M_- \cdot C = 0$ *;*
ii) MC *est une martingale locale ;*
iii) $\forall Z$ *prévisible (localement borné),* $M(Z \cdot C)$ *est une martingale locale.*

Démonstration. D'après la formule d'intégration par parties dûe à Yoeurp,

$$MC = M_- \cdot C + C_- \cdot M + [C, M] = M_- \cdot C + C \cdot M\ ;$$

MC est une semimartingale spéciale, dont la partie martingale locale est $C \cdot M$ et la partie à variation finie prévisible est $M_- \cdot C$.
i) et *ii*) sont donc équivalentes ; de façon évidente, *iii*) $\Rightarrow$ *ii*) $\Rightarrow$ *i*). Supposons d'autre part $M_- \cdot C = 0$; soit Z prévisible localement borné ; on a :

$$0 = Z \cdot (M_- \cdot C) = M_- \cdot (Z \cdot C)\ ;$$

l'implication *i*) $\Rightarrow$ *ii*), appliquée à $Z \cdot C$ à la place de C, donne *iii*) □

Lemme 6 *Soit C un processus prévisible à variation finie nul en* 0.
i) Soit $\mathcal{V} = \{H \cdot C \mid H \text{ prévisible localement borné}\}$ *;* $\mathcal{V}$ *est une algèbre, stable par composition par les fonctions* $f : \mathbb{R} \to \mathbb{R}$, *de classe* C^1, *avec* $f(0) = 0$.
ii) Soit L la fin du support de C et $\mathcal{E} = \sigma\{V_t \mid V \in \mathcal{V}, t \geq 0\}$ *;*

$$\{L > 0\} \in \mathcal{E},\ \mathcal{E}_{|\{L>0\}} = \mathcal{G}_{L-|\{L>0\}}\ ;\ \mathcal{E}_{|\{L=0\}} \text{ est triviale.}$$

Démonstration. *i*) Pour H, K prévisibles localement bornés,

$$(H \cdot C)_t \, (K \cdot C)_t = \int_{]0,t]} (H \cdot C)_{s-} K_s \, dC_s + \int_{]0,t]} (K \cdot C)_s \, H_s \, dC_s$$

et $K(H \cdot C)_- + (K \cdot C)H$ est prévisible localement borné.

Pour γ à variation finie[3], nul en 0, et f de classe C^1 avec $f(0) = 0$,

$$\begin{aligned} f(\gamma_t) &= \int_{]0,t]} f'(\gamma_s) \, d\gamma_s + \sum_{0<s\leq t} \left(f(\gamma_s) - f(\gamma_{s-}) - f'(\gamma_s) \Delta\gamma_s \right) \\ &= \int_{]0,t]} \left(f'(\gamma_s) + 1_{\{\Delta\gamma_s \neq 0\}} \left(\tfrac{f(\gamma_s) - f(\gamma_{s-})}{\gamma_s - \gamma_{s-}} - f'(\gamma_s) \right) \right) d\gamma_s. \end{aligned}$$

ii) Quitte à remplacer C par $\eta \cdot C$ où η est prévisible à valeurs dans $\{-1, 1\}$ et $\int_{]0,t]} \eta_s \, dC_s = \int_{]0,t]} |dC_s|$ pour tout t, on peut supposer que C est croissant (ce qui ne change pas L ...). C étant constant après L,

$$\int_{]0,\infty[} H_s \, dC_s = \int_{]0,L]} H_s \, dC_s$$

et la tribu $\mathcal{E}$ est contenue dans $\mathcal{G}_{L-}$;

$\{L > 0\} = \{C_\infty > 0\} \in \mathcal{E}$ et sur $\{L = 0\}$, toutes les variables de $\mathcal{V}$ sont identiquement nulles.

Soit $f_n(x) = \frac{2}{\pi} \text{Arctg}\,(nx)$, S temps d'arrêt, $a \in \mathbb{R}_+^*$, $H = 1_{]S,\infty[}$;

$$f_n \left(\int_{]0,a]} H_s \, dC_s \right) = f_n \left((C_a - C_S)_+ \right) \underset{n\to\infty}{\longrightarrow} 1_{\{C_a - C_S > 0\}} \; ;$$

en faisant tendre a vers l'infini, on obtient : $\{C_\infty > C_S\} \in \mathcal{E}$;

or $\{C_\infty > C_S\} = \{S < L\}$; la famille $\{\{S < L\} \mid S \text{ temps d'arrêt}\}$ engendrant $\mathcal{G}_{L-}$ sur $\{L > 0\}$, le lemme *6* est acquis □

Lemme 7 *Soit M une martingale uniformément intégrable et C un processus à variation finie, prévisible, nul en 0 ; soit L la fin du support [gauche] de C. Les propriétés suivantes sont équivalentes :*

i) MC est une martingale locale ;

ii) sur $\{L > 0\}$, $\mathbb{E}[M_\infty \mid \mathcal{G}_{L-}] = 0$.

[3] De façon plus générale, pour $n \in \mathbb{N}^*$, $F : \mathbb{R}^n \to \mathbb{R}$ localement lipschitzienne, nulle en 0, z_1, ..., z_n boréliennes [localement] bornées sur $\mathbb{R}_+$ et b fonction croissante continue à droite, nulle en 0, de mesure associée $\beta = db$,

$$t \to F \left(\int_{]0,t]} z_1(s) \, db_s, \ldots, \int_{]0,t]} z_n(s) \, db_s \right)$$

est à variation finie, continue à droite, nulle en 0, de mesure associée absolument continue par rapport à β et à densité localement bornée sur $\mathbb{R}_+$.

Si $V^{(1)}$, ..., $V^{(n)}$ sont dans $\mathcal{V}$, il en est donc de même de $F\left(V^{(1)}, \ldots, V^{(n)}\right)$; $\mathcal{V}$ est donc stable par composition par les fonctions localement lipschitziennes nulles en 0.

Démonstration. Plaçons-nous sous la condition *i)* ; d'après le lemme *5*, pour tout processus H prévisible localement borné, $M\,(H\cdot C)$ est une martingale locale. On reprend la démonstration du lemme *6* (avec les mêmes notations) en supposant (ce qui n'est pas une restriction) que C est croissant.
$M\,f_n\left((C_. - C_S)_+\right)$ est une martingale locale, uniformément intégrable, donc une martingale uniformément intégrable, nulle en 0, de variable terminale

$$M_\infty\, f_n\left((C_\infty - C_S)_+\right) \ ;$$

on a donc :

$$\mathbb{E}\left[M_\infty\, f_n\left((C_\infty - C_S)_+\right)\right] = 0$$

et, par convergence dominée :

$$0 = \mathbb{E}\,[M_\infty\, ;\, C_\infty - C_S > 0] = \mathbb{E}\,[M_\infty\, ;\, S < L] = \mathbb{E}\,[\mathbb{E}\,[M_\infty \mid \mathcal{G}_{L-}]\ ;\ S < L]\ ;$$

d'où *ii)*.

Inversement, sous *ii)*, limitons nous à nouveau au cas où C est croissant ; si H est prévisible borné, $a > 0$ et si R est un temps d'arrêt tel que sur $\{|M_0| \le a\}$, C_R et $M^*_{R-} = \sup_{s<R}|M_s|$ soient bornées, alors :

$$\mathbb{E}\left[\int_{]0,R]} H_s M_{s-}\, dC_s\, ;\, |M_0| \le a\right] = \mathbb{E}\left[M_\infty \int_{]0,R]} H_s\, dC_s\, ;\, |M_0| \le a\right]$$
$$= \mathbb{E}\left[\mathbb{E}\,[M_\infty \mid \mathcal{G}_{L-}] \int_{]0,R]} H_s\, dC_s\, ;\, |M_0| \le a\right] = 0.$$

On en déduit facilement $M_- \cdot C = 0$ et d'après le lemme *5*, la condition *i)* ci-dessus est satisfaite □

Lemme 8 *Soit Δ un processus à variation localement intégrable, D sa projection duale prévisible et M une martingale uniformément intégrable telle que $M_- \cdot \Delta = 0$. Soit λ la fin du support de D ; on a*

$$\mathbb{E}\,[M_\infty \mid \mathcal{G}_{\lambda-}] = 0 \text{ sur } \{\lambda > 0\}.$$

Démonstration. La projection duale prévisible de $M_- \cdot \Delta$ est $M_- \cdot D$; il suffit d'appliquer les lemmes *5* et *7* □

Fin de la démonstration du théorème 1-*1*).
Si L est une fin d'ensemble prévisible avec $0 < L < \infty$, la fin du support de A est L ; en outre, pour Z prévisible,

$$Z_L = 0 \text{ si et seulement si } Z \cdot A = 0.$$

Par suite, pour X martingale [continue à droite, limitée à gauche] uniformément intégrable,

$$X_{L-} = 0 \Leftrightarrow X_- \cdot A = 0 \overset{\text{lemme } 8}{\Leftrightarrow} \mathbb{E}\,[X_\infty \mid \mathcal{G}_{L-}] = 0\ \square$$

Remarques 9

1) Soit X une semi-martingale, C un processus à variation finie prévisible (nul en 0) et, pour $r \geq 0$, Λ_r la fin du support [gauche] de $C_{\cdot \wedge r}$:

$$\Lambda_r = \sup \{s \leq r \mid s \in \mathrm{Supp}^g(C)\}.$$

Les propriétés suivantes sont équivalentes :

i) $X_- \cdot C = 0$ (ou $X_- = 0$ sur $\mathrm{Supp}^g(C)$) ;

ii) $XC = C \cdot X$;

iii) pour tout K prévisible borné, $X\,(K \cdot C) = (K \cdot C) \cdot X$;

iv) pour tout K prévisible borné, $X_t\, K_{\Lambda_t} = \int_{[0,t]} K_{\Lambda_u}\, dX_u$.

L'équivalence de *i*) et *ii*) résulte de la formule d'intégration par parties :

$$XC = X_- \cdot C + C \cdot X.$$

Le passage à *iii*) se fait comme au lemme *5*. Sous *iii*), avec les notations de la démonstration du lemme *7*,

$$X_t\, f_n\left((C_t - C_S)_+\right) = \int_{[0,t]} f_n\left((C_u - C_S)_+\right)\, dX_u,$$

ce qui donne quand n tend vers l'infini :

$$X_t\, 1_{\{S<\Lambda_t\}} = \int_{[0,t]} 1_{\{S<\Lambda_u\}}\, dX_u\ ;$$

le passage à la forme générale de *iv*) s'obtient par classe monotone. Le retour à *i*) se fait en appliquant *iv*) à l'égalité $H = C = C_\Lambda$ □

2) Soit maintenant H un ensemble prévisible, fermé gauche ; et, pour $t > 0$,

$$\ell_t = \sup \{s < t \mid s \in H\},$$
$$\mathcal{L}_t = \int_{]0,t]} 1_H\,(s)\; ds + \sum\nolimits_{0<s\leq t} 1_{\{\ell_s < s \in H\}} \Delta \ell_s.$$

$\mathcal{L}$ est un processus croissant, prévisible, nul en 0 et tel que :

$$H = \mathrm{Supp}^g\,(\mathcal{L})\ :$$

Par suite, si la semi-martingale X vérifie $X_- = 0$ sur H, elle vérifie $X_- \cdot \mathcal{L} = 0$ et, d'après la remarque précédente : pour tout K prévisible borné,

$$X_t\, K_{\Lambda_t} = \int_{[0,t]} K_{\Lambda_u}\, dX_u.$$

On retrouve ainsi la formule de balayage gauche déjà donnée dans la proposition *3* de [AJKY]-(Appendice B).

3) Des compléments sur les fermés gauches sont donnés en appendice.

3 Projections duales et injectivité.

Nous allons montrer ci-dessous les propriétés *2* et *4* du théorème *1*. Il nous a toutefois semblé intéressant de travailler d'abord avec une variable aléatoire positive τ générale, avant de considérer le cas d'une fin d'ensemble prévisible.

Lemme 10 *Soit τ une variable aléatoire positive, β (resp. B) la projection duale optionnelle (resp. prévisible) du processus croissant $1_{\{0<\tau\leq\cdot\}}$.*

1) Pour H processus optionnel tel que†[4] $\int_{]0,\infty[} |H_s|\, d\beta_s < \infty$, *les propriétés suivantes sont équivalentes :*

i) $H_\tau = 0$ *sur* $\{0 < \tau < \infty\}$;
ii) $H \cdot \beta = 0$;
iii) $(H \cdot \beta)_\tau = 0$;
iii') $(H \cdot \beta)_\tau = 0$ *sur* $\{0 < \tau < \infty\}$;
iv) $(H \cdot \beta)_\tau + (H \cdot \beta)_{\tau-} = 0$;
iv') $(H \cdot \beta)_\tau + (H \cdot \beta)_{\tau-} = 0$ *sur* $\{0 < \tau < \infty\}$;
v) $H_\tau \left((H \cdot \beta)_\tau + (H \cdot \beta)_{\tau-}\right) \leq 0$ *sur* $\{0 < \tau < \infty\}$.

2) Pour K processus prévisible tel que†[5] $\int_{]0,\infty[} |K_s|\, dB_s < \infty$, *les propriétés suivantes sont équivalentes :*

i) $K_\tau = 0$ *sur* $\{0 < \tau < \infty\}$;
ii) $K \cdot B = 0$;
iii) $(K \cdot B)_\tau = 0$;
iii') $(K \cdot B)_\tau = 0$ *sur* $\{0 < \tau < \infty\}$;
iv) $(K \cdot B)_\tau + (K \cdot B)_{\tau-} = 0$;
iv') $(K \cdot B)_\tau + (K \cdot B)_{\tau-} = 0$ *sur* $\{0 < \tau < \infty\}$;
v) $K_\tau \left((K \cdot B)_\tau + (K \cdot B)_{\tau-}\right) \leq 0$ *sur* $\{0 < \tau < \infty\}$.

Démonstration. 1) Par définition de β, on a clairement *i*) $\Leftrightarrow$ *ii*) $\Rightarrow$ *iii*) $\Rightarrow$ *iii'*) ; on a en outre sur $\{0 < \tau < \infty\}$,

$$H_\tau (H \cdot \beta)_\tau = \tfrac{1}{2} H_\tau \left((H \cdot \beta)_\tau + (H \cdot \beta)_{\tau-}\right) + \tfrac{1}{2} H_\tau^2 (\Delta\beta_\tau)$$

si bien que *iii'*) $\Rightarrow$ *v*). Supposons maintenant *v*) satisfaite. Posons :

$$h = H_\tau \left((H \cdot \beta)_\tau + (H \cdot \beta)_{\tau-}\right) 1_{\{0<\tau<\infty\}} \text{ et } C = H \cdot \beta\,;$$

par hypothèse, on a : $h \leq 0$. De plus, si $C = H \cdot \beta$ on a :

$$C^2 = (C + C_-) \cdot C$$

et C^2 est la projection duale optionnelle du processus $h 1_{\{0<\tau\leq\cdot\}}$ qui est décroissant ; C^2 est donc décroissant, nul en 0, donc nul, ce qui équivaut à *ii*). Comme on a aussi *ii*) $\Rightarrow$ *iv*) $\Rightarrow$ *iv'*) $\Rightarrow$ *v*), le point *1*) est établi.

---

[4] Ceci nécessite $|H_\tau| < \infty$ sur $\{0 < \tau < \infty\}$.
[5] Ceci nécessite $|K_\tau| < \infty$ sur $\{0 < \tau < \infty\}$.

2) s'établit de façon analogue □

Si τ est la fin d'un ensemble optionnel (resp. prévisible), β (resp. B) est constant après τ. On peut ainsi énoncer les trois corollaires suivants (on notera que les corollaires *12* et *14* sont des redites des propriétés *2*) et *4*) du théorème *1*) :

Corollaire 11 *Soit L une fin d'ensemble optionnel et α la projection duale optionnelle de $1_{\{0<L\leq\cdot\}}$; pour H processus optionnel, tel que :*

$$\int_{]0,\infty[} |H_u|\, d\alpha_u < \infty,$$

il y a équivalence entre :

$$i)\ H_L = 0 \ sur\ \{0 < L < \infty\}\ ;\ ii)\ \int_{]0,\cdot]} H_u\, d\alpha_u = 0\ ;\ iii)\ \int_{]0,\infty[} H_u\, d\alpha_u = 0.$$

Corollaire 12 *Soit L une fin d'ensemble prévisible et A la projection duale prévisible de $1_{\{0<L\leq\cdot\}}$; pour K processus prévisible, tel que :*

$$\int_{]0,\infty[} |K_u|\, dA_u < \infty,$$

il y a équivalence entre :

$$i)\ K_L = 0 \ sur\ \{0 < L < \infty\}\ ;\ ii)\ \int_{]0,\cdot]} K_u\, dA_u = 0\ ;\ iii)\ \int_{]0,\infty[} K_u\, dA_u = 0.$$

Lemme 13 *Soit τ une variable aléatoire positive, β la projection duale optionnelle (resp. prévisible) de $1_{\{0<\tau\leq\}\cdot}$.*

1) Pour tout $a \in [0,1[$,

$$\mathbb{E}\left[e^{a\beta_\tau} \mid 0 < \tau < \infty\right] \leq \frac{1}{1-a} \ et\ \mathbb{E}\left[e^{a\beta_\infty}\right] \leq \frac{1}{1-a}$$

2) Pour tout processus optionnel (resp. prévisible) H, et tout $r \in [1,\infty[$,

$$\|(|H|\cdot\beta)_\infty\|_r \leq r\left\|H_\tau 1_{\{0<\tau<\infty\}}\right\|_r.$$

Démonstration (voir [DM]-chapitre *6* et plus particulièrement le théorème *105*). Traitons le cas optionnel ; la démonstration est analogue dans le cas prévisible.

1) Soit $c = \mathbb{P}[0 < \tau < \infty]$. On notera que $\Delta\beta = {}^{o}\left(1_{[\tau]\cap]0,\infty[}\right)$ est à valeurs dans $[0,1]$. Soit $T_n = \inf\{t \mid \beta_t \geq n\}$; comme β est majoré par $n+1$ sur $[0,T_n]$, pour tout $a \in [0,1[$,

$$\begin{aligned}
&\mathbb{E}\left[e^{a\beta_\tau}\,;\,0 < \tau < \infty,\ \tau \leq T_n\right] \leq c + \mathbb{E}\left[e^{a\beta_{T_n}} - 1\right]\\
&= c + \mathbb{E}\left[a\int_{]0,T_n]} e^{a\beta_s}\, d\beta_s + \sum\nolimits_{0<s\leq T_n} e^{a\beta_s}\left(1 - a\Delta\beta_s - e^{-a\Delta\beta_s}\right)\right]\\
&\leq c + a\mathbb{E}\left[\int_{]0,T_n]} e^{a\beta_s}\, d\beta_s\right] = c + a\mathbb{E}\left[e^{a\beta_\tau}\,;0 < \tau < \infty,\ \tau \leq T_n\right]
\end{aligned}$$

d'où :

$$\mathbb{E}\left[e^{a\beta_\tau} ; 0<\tau<\infty, \tau \leq T_n\right] \leq \frac{c}{1-a} \text{ et } \mathbb{E}\left[e^{a\beta_{T_n}}\right] \leq \frac{1}{1-a}$$

et, quand $n \to \infty$,

$$\mathbb{E}\left[\exp a\beta_\tau ; 0<\tau<\infty\right] \leq \frac{c}{1-a}, \ \mathbb{E}\left[\exp a\beta_\infty\right] \leq \frac{1}{1-a}.$$

2) De même, pour $r \geq 1$ et V processus croissant,

$$\begin{aligned} V_t^r &= r\int_{]0,t]} V_s^{r-1}\, dV_s + \sum\nolimits_{0<s\leq t}\left(V_s^r - V_{s-}^r - rV_s^{r-1}\Delta V_s\right) \\ &\leq r\int_{]0,t]} V_s^{r-1}\, dV_s. \end{aligned}$$

Ainsi, soit H un processus optionnel borné et $V = |H|\cdot\beta$. V_∞^r est intégrable et :

$$\mathbb{E}\left[V_\infty^r\right] \leq r\mathbb{E}\left[\int_{]0,\infty[} V_s^{r-1}\, dV_s\right] = r\,\mathbb{E}\left[V_\tau^{r-1}\left|H_\tau\right| ; 0<\tau<\infty\right].$$

Il suffit d'appliquer l'inégalité de Hölder pour obtenir :

$$\left\|\int_{]0,\infty[} |H_s|\, d\beta_s\right\|_r \leq r\left\|H_\tau 1_{\{0<\tau<\infty\}}\right\|_r,$$

inégalité se prolongeant, par limite monotone, à tout processus optionnel H □

Corollaire 14 *Soit τ une variable aléatoire positive, β (resp. B) la projection duale optionnelle (resp. prévisible) de $1_{\{0<\tau\leq .\}}$; à condition de se restreindre à $\{0<\tau<\infty\}$*

$$\left\{\int_{]0,\tau]} H_s\, d\beta_s \mid H \textit{ optionnel avec } \mathbb{E}\left[H_\tau^2 ; 0<\tau<\infty\right]<\infty\right\}$$

est dense dans $L^2(\mathcal{G}_\tau)$ lorsque τ est fin d'ensemble optionnel ;

$$\left\{\int_{]0,\tau]} K_s\, dB_s \mid K \textit{ prévisible avec } \mathbb{E}\left[K_\tau^2 ; 0<\tau<\infty\right]<\infty\right\}$$

est dense dans $L^2(\mathcal{G}_{\tau-})$ lorsque τ est fin d'ensemble prévisible.

Démonstration. Traitons seulement le cas optionnel.
Soit $\mathcal{W}$ la fermeture dans $L^2(\mathcal{G}_\tau)$ de

$$\left\{(H\cdot B)_\tau \mid H \text{ optionnel}, \mathbb{E}\left[H_\tau^2 1_{\{0<\tau<\infty\}}\right]<\infty\right\},$$

et $u \in L^2(\mathcal{G}_\tau)$ tel que $u1_{\{0<\tau<\infty\}}$ soit orthogonal à $\mathcal{W}$; soit U un processus optionnel tel que

$$u = U_\tau \text{ sur } \{0<\tau<\infty\}.$$

On a en particulier :

$$\begin{aligned} 0 &= 2\mathbb{E}\left[U_\tau (U\cdot B)_\tau ; 0<\tau<\infty\right] \\ &= \mathbb{E}\left[U_\tau\left((U\cdot B)_\tau + (U\cdot B)_{\tau-}\right) + U_\tau^2\Delta B_\tau ; 0<\tau<\infty\right] \\ &= \mathbb{E}\left[\left(\int_{]0,\infty[} U_s\, dB_s\right)^2\right] + \mathbb{E}\left[U_\tau^2\Delta B_\tau ; 0<\tau<\infty\right] ; \end{aligned}$$

ainsi, $\int_{]0,\infty[} U_s\, dB_s = 0$ et (corollaire *12*) $u1_{\{0<\tau<\infty\}} = 0$ □

4 Une caractérisation de l'injectivité.

Venons-en à une étude précise de la notion d'injectivité définie dans l'introduction†[6]. Commençons par les constatations suivantes, où C désigne un processus prévisible, à variation totale $\int_{]0,\infty[} |dC_s|$ finie presque sûrement, nul en 0 et ayant la propriété d'injectivité.

♯*1*) Pour Z prévisible tel que : $\forall t > 0$, $\int_{]0,t]} |Z_s|\, |dC_s| < \infty$ presque sûrement, $Z \cdot C$ a la propriété d'injectivité. En particulier,

$$C^d = \sum\nolimits_{0<s\leq .} \Delta C_s \text{ et } C^c = C - C^d$$

sont injectifs.

♯*2*) Soit Φ une fonction localement lipschitzienne sur $\mathbb{R}$, nulle en 0 ; on a :

$$\Phi(x) = \int_0^x \phi(u)\, du$$

où ϕ est borélienne localement bornée et

$$\Phi(C_t) = \int_{]0,t]} \left(1_{\{\Delta C_s = 0\}} \phi(C_s) + 1_{\{\Delta C_s \neq 0\}} \frac{\Phi(C_s) - \Phi(C_{s-})}{C_s - C_{s-}} \right) dC_s \, ;$$

comme

$$\int_{]0,\infty[} \left| 1_{\{\Delta C_s = 0\}} \phi(C_s) + 1_{\{\Delta C_s \neq 0\}} \tfrac{\Phi(C_s) - \Phi(C_{s-})}{C_s - C_{s-}} \right| |dC_s| < \infty \text{ p.s.},$$

$$\Phi(C_\infty) \overset{\text{p.s.}}{=} 0 \text{ implique } \Phi(C) = 0.$$

Ainsi soit $a \geq 0$, U, V prévisibles tels que :

$$\int_{]0,\infty[} (|U_s| + |V_s|)\, |dC_s| < \infty \, ;$$

prenant $\Phi(x) = (x - a)_+$ et remplaçant C par $(U - V) \cdot C$ dans ce qui précéde, on obtient :

$$(U \cdot C)_\infty \leq (V \cdot C)_\infty + a \text{ presque sûrement} \Rightarrow (U \cdot C) \leq (V \cdot C) + a.$$

♯*3*) Notons $\mathcal{P}(\mathcal{G})$ la tribu prévisible sur $\Omega \times \mathbb{R}_+$ et soit D un processus croissant, borné, prévisible, équivalent à C ; ν_D est la mesure sur $(\Omega \times \mathbb{R}_+, \mathcal{P}(\mathcal{G}))$ définie par :

$$\nu_D(U) = \mathbb{E}\left[\int_{]0,\infty[} 1_U(s)\, dD_s \right].$$

Alors,

$$\mathcal{M}_- = \{M_- \mid M \text{ martingale bornée}\}$$

[6]Vu le corollaire *11*, en remplaçant prévisible par optionnel, on peut légitimement introduire une notion analogue d'injectivité *optionnelle*. Nous n'avons pas cherché de caractérisation de l'injectivité optionnelle. Notons toutefois que, dans le cas continu, elle coïncide avec l'injectivité *prévisible* : si H est optionnel, de projection prévisible ${}^pH$, $\{{}^pH \neq H\}$ est à coupes (au plus) dénombrables, et n'est donc pas chargé par les processus à variation finie, *continus*.

est dense dans $L^2(\nu_D)$.

Soit en effet Z prévisible avec $\int Z^2 \, d\nu_D < \infty$. $\left(\int_{]0,\infty[} |Z_s| \, dD_s\right)^2$ est intégrable et comme

$$\mathbb{E}\left[M_\infty \int_{]0,\infty[} Z_s \, dD_s\right] = \mathbb{E}\left[\int_{]0,\infty[} M_{s-} Z_s \, dD_s\right],$$

Z est orthogonal dans $L^2(\nu_D)$ à $\mathcal{M}_-$ si et seulement si

$$\int_{]0,\infty[} Z_s \, dD_s = 0 \text{ presque sûrement ;}$$

D ayant la propriété d'injectivité, cette dernière condition impose $Z \cdot D = 0$ et donc :

$$\int Z^2 \, d\nu_D = 0.$$

Ce résultat, appliqué à la projection duale prévisible A de $1_{\{0<L\leq \cdot\}}$ où L est fin d'ensemble prévisible, donne le point *3*) du théorème *1* (et achève sa démonstration), puisque

$$\int Z \, d\nu_A = \mathbb{E}\left[Z_L \, ; \, 0 < L < \infty\right].$$

Proposition 15 *Soit C un processus prévisible, à variation finie, ayant la propriété d'injectivité et Z un processus prévisible tel que :*

$$\int_{]0,\infty[} |Z_s| \, |dC_s| < \infty.$$

1) Soit Γ le support de la loi de la variable aléatoire $(Z \cdot C)_\infty$; le processus $Z \cdot C$ est presque sûrement à valeurs dans $\Gamma \cup \{0\}$. Si C est continu, Γ est un intervalle contenant 0.

2) Soit T un temps d'arrêt et Γ_T le support de la loi de $(Z \cdot C)_\infty$ conditionnellement à $\mathcal{G}_T$; on a presque sûrement

$$T \leq t \Rightarrow (Z \cdot C)_t \in \Gamma_T \cup \{(Z \cdot C)_T\}.$$

Démonstration. *1*) Soit μ la loi de $(Z \cdot C)_\infty$;
soit J un intervalle ouvert, borné, contenu dans le complémentaire de $\Gamma \cup \{0\}$. Pour toute fonction f de classe C^1 à support dans J, $f\left((Z \cdot C)_\infty\right) = 0$ et (propriété $\sharp 2$) ci-dessus), $f\left((Z \cdot C)\right) = 0$, d'où le premier résultat. Si C est continu, supposons :

$$\text{Supp}\mu \cap]0,\infty[\neq \emptyset \text{ et } \exists 0 < a < b, \ a \notin \text{Supp}\mu, \ b \in \text{Supp}\mu \ ;$$

soit $\eta > 0$ tel que : $0 < a - \eta$ et $]a - \eta, a + \eta[\subseteq (\text{Supp}\mu)^c$; il suffit de choisir une fonction f de classe C^1 sur $\mathbb{R}$, à support dans $]a - \eta, a + \eta[$, avec $f(a) \neq 0$ pour contredire la propriété des valeurs intermédiaires vérifiée par la fonction continue $f(Z \cdot C)$.

2) s'obtient de façon analogue □

On a aussi :

Proposition 16 *Soit C et D des processus prévisibles à variation finie, nuls en 0, ayant la propriété d'injectivité. On suppose en outre D continu. Soit T un temps d'arrêt. Le processus Δ*

$$t \to \Delta_t = C_{t\wedge T} + 1_{\{T\leq t\}}\left(D_t - D_T\right)$$

a la propriété d'injectivité.

Démonstration. Soit Z prévisible avec

$$\int_{]0,T]} |Z_s|\,|dC_s| + \int_{]T,\infty[} |Z_s|\,|dD_s| < \infty \text{ et } \int_{]0,\infty[} Z_s d\Delta_s = 0 \text{ presque sûrement.}$$

On pose :

$$\xi = \int_{]0,T]} Z_s\,dC_s = -\int_{]T,\infty[} Z_s\,dD_s.$$

Pour tout $\varepsilon > 0$, $1_{\{|\xi|>\varepsilon\}}\frac{1}{\xi}\int_{]T,\infty[} Z_s\,dD_s = -1_{\{|\xi|>\varepsilon\}}$;

le processus $H = 1_{\{|\xi|>\varepsilon\}}\frac{1}{\xi}Z1_{]T,\infty[}$ est prévisible et $-1_{\{|\xi|>\varepsilon\}} = (H\cdot D)_\infty$;

D ayant la propriété d'injectivité, il résulte de la proposition *15-1*) que l'on a presque sûrement : $|\xi| \leq \varepsilon$; ainsi,

$$0 = \int_{]T,\infty[} Z_s\,dD_s = \int_{]0,T]} Z_s\,dC_s \text{ presque sûrement}$$

et, d'après l'injectivité de C et D,

$$\int_{]0,t\wedge T]} Z_s\,dC_s = 0,\ 1_{\{T\leq t\}}\int_{]T,t]} Z_s\,dD_s = 0 \ \square$$

Remarques 17

1) Si D n'est pas supposé continu, le résultat précédent n'est plus vrai :
soit T un temps d'arrêt fini, C un processus ayant la propriété d'injectivité, avec $\mathbb{P}[C_T \neq 0] \neq 0$; pour $\varepsilon > 0$, $T+\varepsilon$ est un temps d'arrêt prévisible et $D = -C_T 1_{[T+\varepsilon,\infty[}$ a aussi la propriété d'injectivité. Néanmoins le processus W défini par

$$t \to W_t = C_{t\wedge T} + 1_{\{T\leq t\}}\left(D_t - D_T\right)$$

vérifie

$$W \neq 0,\ \int_{]0,\infty[} |dW_s| < \infty \text{ et } W_\infty = 0.$$

2) Soit $(T_n)_{n\geq 1}$ la suite croissante des temps de sauts d'un $\mathcal{G}$-processus de Poisson N ; pour tout $n \geq 1$, $t \to \inf(t, T_n)$ a la propriété d'injectivité ; d'autre part, le processus déterministe $t \to t$ n'est bien sûr pas injectif ; la propriété d'injectivité ne se localise donc pas.

Proposition 18

Soit C un processus prévisible à variation finie nul en 0, S un temps d'arrêt avec $\mathbb{P}[S < \infty] > 0$. Les propriétés suivantes sont équivalentes :

i) Il existe un temps d'arrêt prévisible $T \geq S$ tel que :

$$S < T < \infty \text{ sur } \{S < \infty\} \text{ et } [T] \subseteq \mathrm{Supp}^g(C).$$

ii) Il existe un processus prévisible H tel que

$$\int_{]S,\infty[} |H_s|\, |dC_s| = 1 \text{ sur } \{S < \infty\}.$$

Démonstration. Sous la condition $i)$ on peut supposer C croissant ; soit (τ_n) une suite de temps d'arrêt minorés par S, annonçant T sur $\{S < \infty\}$;
sur $\{S < \infty\}$, pour tout n, $C_T - C_{\tau_n}$ est strictement positif ; soit donc (u_n) une suite de réels strictement positifs avec :

$$\forall n \in \mathbb{N},\ \mathbb{P}\left[C_T - C_{\tau_n} \leq u_n \mid S < \infty\right] \leq 2^{-n} \,;$$

d'après le lemme de Borel-Cantelli,

$$\limsup_n \tfrac{1}{u_n}\left(C_T - C_{\tau_n}\right) \geq 1 \text{ presque sûrement sur } \{S < \infty\} \;;$$

la suite de réels positifs $(c_n) = \left(\frac{1}{u_n}\right)$ vérifie donc

$$\{S < \infty\} \subseteq \left\{\textstyle\sum_n c_n \left(C_T - C_{\tau_n}\right) = \infty\right\}.$$

Soit

$$K = \textstyle\sum_{n \geq 1} c_n 1_{]\tau_n, T[} + 1_{\{\Delta C_T > 0\}} \dfrac{1}{\Delta C_T} 1_{[T]} \text{ et } \tau = \inf\{t > S \mid (K \cdot C)_t \geq 1\} \;;$$

τ est un temps d'arrêt prévisible ; sur $\{S < \infty\}$, on a aussi :

$$\begin{aligned} &\tau < \infty,\ (K \cdot C)_{\tau-} \leq 1, \\ &(K \cdot C)_\tau < \infty \text{ si } \tau < T \text{ ou } \tau = T \text{ et } \Delta C_T = 0\,; \end{aligned}$$

il suffit de prendre

$$H = K 1_{]S,\tau[} + 1_{\{\tau = T,\, \Delta C_T > 0\}} \left(\frac{1 - (K \cdot C)_{\tau-}}{\Delta C_\tau}\right) 1_{[\tau]}$$

pour obtenir $ii)$. Inversement si $ii)$ est vérifiée,

$$T = \inf\left\{t > S \mid \int_{]S,t]} |H_s|\, |dC_s| \geq \tfrac{1}{2}\right\}$$

est un temps d'arrêt prévisible, fini sur $\{S < \infty\}$.
$[T]$ est contenu dans $\mathrm{Supp}^g(C)$, d'où $i)$ □

Nous sommes maintenant en mesure d'établir le

Théorème 2 *Soit C un processus continu, prévisible, à variation finie, nul en 0. C n'est pas de type injectif si et seulement si il existe un temps d'arrêt S tel que l'ensemble*

$$]S,\infty[\cap \mathrm{Supp}^g(C)$$

n'est pas évanescent et admet une section complète par un temps d'arrêt prévisible.

Démonstration.
1) Si C n'a pas la propriété d'injectivité , il existe un processus prévisible Z avec

$$\int_{]0,\infty[} |Z_s|\,|dC_s| < \infty, \int_{]0,\infty[} Z_s\,dC_s = 0 \text{ et } D = Z\cdot C \neq 0\,;$$

d'après le théorème de section [prévisible], il existe un temps d'arrêt S [prévisible] tel que :

$$\mathbb{P}[S<\infty] > 0 \text{ et } D_S \neq 0 \text{ sur } \{S<\infty\}\,.$$

Sur $\{S<\infty\}$,

$$1 = \frac{-1}{D_S}\int_{]S,\infty[} Z_s\,dC_s \leq \frac{1}{|D_S|}\int_{]S,\infty[} |Z_s|\,|dC_s|\ ;$$

d'après la proposition *18*, il existe un temps d'arrêt prévisible T tel que

$$S<T<\infty \text{ sur } \{S<\infty\} \text{ et } [T] \subseteq \operatorname{Supp}^g(D) \subseteq \operatorname{Supp}^g(C)\,.$$

2) Inversement, supposons qu'il existe un temps d'arrêt S, tel que $]S,\infty[\cap \operatorname{Supp}^g(C)$ ne soit pas évanescent et qu'il en existe une section complète par un temps d'arrêt prévisible T ; d'après la proposition *18*, il existe un processus prévisible Z avec

$$\int_{]S,T]} |Z_s|\,|dC_s| < \infty, \int_{]S,T]} Z_s\,dC_s = 1 \text{ sur } \{S<\infty\}\ ;$$

d'après la proposition *15*, C n'est pas de type injectif □

Proposition 19

Soit C un processus prévisible à variation finie nul en 0, *S un temps d'arrêt avec* $\mathbb{P}[S<\infty]>0$. *S'il existe un temps d'arrêt prévisible $T\geq S$ tel que :*

$$S<T<\infty \textit{ sur } \{S<\infty\},\ [T]\subseteq \operatorname{Supp}^g(C)$$
$$\textit{et }]S,T[\cap \operatorname{Supp}^g(C) \textit{ non évanescent,}$$

il existe un processus prévisible Z tel que

$$\int_{]S,T]} |Z_s|\,|dC_s| < \infty, \int_{]S,T]} Z_s\,dC_s = 0 \textit{ et } \mathbb{P}\left[\int_{]S,T]} |Z_s|\,|dC_s| \neq 0\right] > 0$$

(en particulier, C n'est pas de type injectif).

Démonstration. Soit (τ_n) une suite de temps d'arrêt minorés par S, annonçant T sur $\{S<\infty\}$; dire que $]S,T[\cap \operatorname{Supp}^g(C)$ est non évanescent revient à dire :

$$\mathbb{P}\left[\int_{]S,T[} |dC_s| \neq 0\right] > 0.$$

En particulier, il existe $m\in\mathbb{N}$ et $\alpha>0$ vérifiant :

$$\mathbb{P}\left[\int_{]S,\tau_m]} |dC_s| > \alpha\right] > 0.$$

Comme dans la démonstration de la proposition *18*, on établit l'existence d'un processus prévisible J tel que

$$\int_{]\tau_m,T]} |J_s|\,|dC_s| = 1 \text{ sur } \{S < \infty\}\,.$$

Soit ξ le processus

$$\xi_t = \frac{1}{4\alpha}\left(\alpha \wedge \int_{]0,t]} 1_{\{S<s\leq\tau_m\}}\,|dC_s|\right) + \int_{]0,t]} 1_{\{\tau_m<s\leq T\}}\,|J_s|\,|dC_s|\ ;$$

on a $\xi_\infty \geq 1$ sur $\{S < \infty\}$ et $\mathbb{P}\left[\frac{1}{8} < \xi_{\tau_m} < 1\right] > 0$; si f est une fonction de classe C^1 sur $\mathbb{R}_+$ telle que $\{f \neq 0\}$ soit l'intervalle $\left]\frac{1}{8}, 1\right[$, le processus à variation bornée $f(\xi)$ est de la forme $Z\cdot C$ pour un processus prévisible Z, dont on vérifie immédiatement qu'il vérifie les conclusions énoncées □

Corollaire 20 *Soit C un processus prévisible à variation finie, nul en* 0 *; une condition nécessaire pour que C ait la propriété d'injectivité est que tout ouvert aléatoire prévisible contenu dans* Supp(C) *soit évanescent*[7].

Démonstration. On peut supposer C croissant ; soit $a > 0$ et U un ouvert aléatoire prévisible contenu dans Supp$(C) \cap [0,a]$; supposons U non évanescent. Il existe un temps d'arrêt prévisible S avec

$$\mathbb{P}[S < \infty] > 0 \text{ et } [S] \subseteq U\ ;$$

soit τ le temps d'arrêt $\tau = \inf\{t > S \mid t \notin U\}$; sur $\{S < \infty\}$, τ est fini, $\tau \notin U$ (τ est donc prévisible), $\tau \in$ Supp(C) et Supp$^g(C) \cap]S,\tau[=]S,\tau[$ est non évanescent. Il suffit d'appliquer la proposition *19* pour conclure □

Lemme 21 *Soit D un processus à variation finie, prévisible, nul en* 0*, tel que :*

$$\int_{]0,\infty[} |dD_s| < \infty,\ D_\infty = 0,\ \mathbb{P}\left[\int_{]0,\infty[} |dD_s| > 0\right] \neq 0$$
$$\text{et } \{\Delta D \neq 0\} \subseteq \{D = 0\}\,.$$

Il existe des temps d'arrêt S et T tels que :

$$\mathbb{P}[S < \infty] > 0,\ T \text{ est prévisible}\ ;$$
$$\text{sur } \{S < \infty\},\ S < T < \infty,\ T \in \text{Supp}^g(D),$$
$$D \text{ est continu sur }]S,T[,\ \text{et } \int_{]S,T[} |dD_s| > 0$$

[7] Cela ne signifie pas que Supp(C) soit d'intérieur vide : si T est le premier temps de saut d'un processus de Poisson, $t \to t\wedge T$ est prévisible, injectif, de support $[0,T]$.

Démonstration. Notons tout de suite que l'on a :

$$D_t^2 = 2\int_{]0,t]} D_{s-}dD_s + [D,D]_t = 2\int_{]0,t]} D_{s-}dD_s^c - [D,D]_t\,.$$

En particulier, D^c n'est pas nul (i.e. D n'est pas de saut pur). En outre, $D_t \neq 0$ implique : pour t fixé, D est continu en t.
Soit $a > 0$ avec $\{|D| > a\}$ non évanescent et

$$S = \inf\{t > 0 \mid |D_t| > a\}\,.$$

Plaçons nous dorénavant sur $\{S < \infty\}$ (qui est de probabilité non nulle). Par continuité à droite de D, $|D_S| \geq a$ tandis que $|D_{S-}| \leq a$; en fait, D est continu en S et $|D_S| = a$. Soit alors

$$T = \inf\left\{t > S \mid |D_t| \leq \tfrac{1}{2}a\right\}.$$

Comme $|D_\infty| = 0$, on a $S < T < \infty$ et $T \in \mathrm{Supp}^g(D)$;
D est continu sur $]S,T[$; $|D_T| = \frac{1}{2}|a|\,1_{\{\Delta D_T \neq 0\}}$; T est prévisible.
En outre, $\int_{]S,T]} |dD_s^c| \neq 0$:
en effet, par définition de S, $\forall\varepsilon > 0$, $\exists r \in\,]S, S+\varepsilon[$, $|D_r| > a$, soit :

$$\begin{aligned} 0 < (D_r^2 - D_S^2) &= 2\int_{]S,r]} D_{s-}dD_s^c - [D,D]_r + [D,D]_S \\ &= 2\int_{]S,r]} D_{s-}dD_s^c \text{ si } r < T \;\square \end{aligned}$$

Nous sommes maintenant en mesure d'établir le

Théorème 3 *Soit C un processus prévisible, à variation finie, nul en* 0. *Les conditions suivantes sont équivalentes :*

1) C n'est pas de type injectif ;

2) C vérifie l'une des deux propriétés :

($\neg\alpha$) il existe un temps d'arrêt S tel que l'ensemble

$$]S,\infty[\,\cap\,\mathrm{Supp}^g(C)$$

n'est pas évanescent et admet une section complète par un temps d'arrêt prévisible T tel que $]S,T[\,\cap\,\mathrm{Supp}^g(C)$ ne soit pas évanescent ;

($\neg\beta$) il existe un temps d'arrêt prévisible S tel que $\Delta C_S \neq 0$ sur $\{S < \infty\}$ et que l'ensemble

$$]S,\infty[\,\cap\,\{\Delta C \neq 0\}$$

n'est pas évanescent et a une section complète par un temps d'arrêt prévisible.

Démonstration. *1)* D'après la proposition *18*, si C vérifie ($\neg\alpha$), il n'est pas de type injectif. De même, si C vérifie ($\neg\beta$), il existe des temps d'arrêt prévisibles S et T avec

$$S < T < \infty,\ \Delta C_S \neq 0,\ \Delta C_T \neq 0 \text{ sur } \{S < \infty\}\ ;$$

soit Z le processus prévisible $Z = 1_{[S]} - \dfrac{\Delta C_S}{\Delta C_T} 1_{[T]}$; on a immédiatement :

$$\int_{]0,\infty[} |Z_s|\,|dC_s| = 2\,|\Delta C_S|\,, \quad \int_{]0,\infty[} Z_s\,dC_s = 0 \text{ et } \int_{]0,S]} |Z_s|\,|dC_s| = |\Delta C_S|\,,$$

et C ne vérifie pas la propriété d'injectivité.

2) Inversement, si C n'a pas la propriété d'injectivité, il existe un processus prévisible Z avec

$$\int_{]0,\infty[} |Z_s|\,|dC_s| < \infty, \quad \int_{]0,\infty[} Z_s\,dC_s = 0 \text{ et } D = Z \cdot C \neq 0.$$

Soit $D = Z \cdot C$; d'après le théorème de section [prévisible], il existe un temps d'arrêt S [prévisible] tel que :

$$\mathbb{P}[S < \infty] > 0 \text{ et } D_S \neq 0 \text{ sur } \{S < \infty\}\,.$$

Sur $\{S < \infty\}$,

$$1 = \frac{-1}{D_S} \int_{]S,\infty[} Z_s\,dC_s \leq \frac{1}{|D_S|} \int_{]S,\infty[} |Z_s|\,|dC_s|\,.$$

D'après la proposition *18*, il existe un temps d'arrêt prévisible T tel que

$$S < T < \infty \text{ sur } \{S < \infty\} \text{ et } [T] \subseteq \mathrm{Supp}^g(D) \subseteq \mathrm{Supp}^g(C)\ ;$$

▷ Si $]S,T[\cap \mathrm{Supp}^g(C)$ n'est pas évanescent, C vérifie la condition $(\neg\alpha)$.

▷ Sinon $]S,T[\cap \mathrm{Supp}^g(C)$ est évanescent, T est un temps de saut de D (et donc de C).

- Si $\{\Delta D \neq 0\} \subseteq \{D = 0\}$, il résulte du lemme *21* que C vérifie $(\neg\alpha)$.

- Sinon, $\{\Delta D \neq 0,\ D \neq 0\}$ est non évanescent et on peut choisir le temps d'arrêt S tel que

$$D_S \neq 0,\ \Delta D_S \neq 0 \text{ sur } \{S < \infty\}\,.$$

D (ou C) vérifie alors la condition $(\neg\beta)$ □

Remarques 22

Soit H un fermé gauche prévisible. H est le support gauche d'un processus croissant prévisible ne vérifiant pas la propriété d'injectivité si et seulement si il existe des temps d'arrêt prévisibles S et T avec $\mathbb{P}[S < \infty] > 0$ et, sur $\{S < \infty\}$,

$$S < T < \infty,\ S \in H,\ T \in H.$$

La condition est manifestement suffisante (prendre $1_{[S,\infty[} - 1_{[T,\infty[}$). Inversement, soit D un processus à variation finie, prévisible, nul en 0, tel que :

$$\int_{]0,\infty[} |dD_s| < \infty,\ D_\infty = 0,\ \mathbb{P}\left[\int_{]0,\infty[} |dD_s| > 0\right] \neq 0\ ;$$

$\{D \neq 0\} \cap \mathrm{Supp}^g(D)$ est non évanescent ; il existe donc un temps d'arrêt prévisible S avec

$$\mathbb{P}[S < \infty] > 0 \text{ et } D_S \neq 0,\ S \in \mathrm{Supp}^g(D) \text{ sur } \{S < \infty\}\ ;$$

la proposition *18* fournit T □

D'après le théorème *3*, si C est un processus croissant, prévisible, nul en 0, de type injectif, tout processus croissant *continu* γ tel que

$$\mathrm{Supp}^g(\gamma) \subseteq \mathrm{Supp}^g(C)$$

est encore de type injectif. On a l'amélioration suivante :

Théorème 23 *Soit Y un processus prévisible à variation finie et τ une fin d'ensemble prévisible ; soit B la projection duale prévisible de $1_{\{0<\tau\leq\cdot\}}$ et λ le début de* $\mathrm{Supp}^g(B)$ *; supposons que sur $\{0<\tau<\infty\}$,*

$$Y_\tau = 0 \text{ et } \mathrm{Supp}^g(Y) \cap]\lambda,\infty[\subseteq \mathrm{Supp}^g(B).$$

Alors, sur $\{0<\tau<\infty\}$, on a presque sûrement :

$$\forall t \geq \lambda,\ Y_t = 0.$$

En conséquence, si $0<\tau<\infty$ presque sûrement, tout processus prévisible à variation finie, dont le support est contenu dans $\mathrm{Supp}^g(B)$ *a la propriété d'injectivité.*

Démonstration. 1) $Y_\tau = 0$ sur $\{0<\tau<\infty\}$ équivaut à $Y \cdot B = 0$;
ainsi, pour Z prévisible, on a :

$$0 = (ZY)\cdot B = Y \times (Z\cdot B) - \Big((Z\cdot B)_- \cdot Y\Big)$$

et finalement,

$$\Big((Z\cdot B)_- \cdot Y\Big)_\tau = 0 \text{ sur } \{0<\tau<\infty\}.$$

Comme dans la démonstration du lemme *6*, on obtient aussi :

$$\forall Z \text{ prévisible}, \int_{]0,\tau]} 1_{\left\{(Z\cdot B)_{s-}>0\right\}}\, dY_s = 0 \text{ sur } \{0<\tau<\infty\}.$$

Comme $\mathrm{Supp}^g(Y) \subseteq]0,\tau]$, on a aussi, pour tout Z prévisible,

$$\int_{]0,\infty[} 1_{\left\{(Z\cdot B)_{s-}>0\right\}}\, dY_s = 0 \text{ sur } \{0<\tau<\infty\}.$$

2) Soit S un temps d'arrêt prévisible et $Z = 1_{[S]}$;

$$(Z\cdot B)_- = \Delta B_S 1_{]S,\infty[} \quad \text{et} \quad \Big\{(Z\cdot B)_- > 0\Big\} = \{\Delta B_S > 0\} \cap]S,\infty[\ ;$$

ainsi,

$$Y_S = 0 \text{ sur } \{\Delta B_S > 0,\ 0<\tau<\infty\}.$$

Soit M la martingale de variable terminale $M_\infty = 1_{0<\tau<\infty}$; le processus $Y 1_{\{\Delta B>0\}} M_-$, qui est la projection prévisible de $Y 1_{\{\Delta B>0\}} 1_{\{0<\tau<\infty\}}$, est donc évanescent ; en particulier sur $\{0<\tau<\infty\}$, puisque M_- ne s'annule pas, on a :

$$Y = 0 \text{ sur } \{\Delta B > 0\}.$$

3) Soit R un temps d'arrêt avec $R \geq \lambda$ et $H = 1_{]R,\infty[}$;

$$(H \cdot B)_{t-} = (B_{t-} - B_R)\, 1_{\{R<t\}} \;;$$

si $\delta_r = \inf\{t > r \mid B_t > B_r\}$, on a

$$\left\{(H \cdot B)_- > 0\right\} =]\delta_R, \infty[\;;$$

plaçons nous sur $\{0 < \tau < \infty\}$; par *1*), on a : $Y_{\delta_R} = 0$; de plus,

$$]R, \delta_R[\cap \mathrm{Supp}^g(B) = \emptyset \Rightarrow Y \text{ est constant sur } [R, \delta_R[\;;$$

enfin, soit $\delta_R \notin \mathrm{Supp}^g(B)$, ou δ_R est un temps de saut de B ;
compte tenu de *2*), dans les deux cas $Y = 0$ sur $[R, \delta_R]$ et

$$Y_R = 0 \text{ presque sûrement sur } \{0 < \tau < \infty\}.$$

4) Ainsi, par projection optionnelle, $Y 1_{[\lambda,\infty[} M = 0$. Sur $\{0 < \tau < \infty\}$, puisque M ne s'annule pas, on a $Y 1_{[\lambda,\infty[} = 0$ □

On a une réciproque partielle du corollaire *20* dans le cas saturé, propriété dont il n'est pas inutile de rappeler la définition (pour une étude approfondie, voir [AY1] ou [AMY]) :

Définition 24 *Un fermé optionnel M est saturé si : $\forall R$ temps d'arrêt,*

$$\textit{sur } \{R < \infty,\ R \notin M\},\ \mathbb{P}[M \cap]R, \infty[\neq \emptyset \mid \mathcal{G}_R] < 1.$$

Proposition 25 *Soit Γ un processus prévisible, à variation finie, nul en 0. On suppose que son support est saturé. Γ a la propriété d'injectivité si et seulement si les ouverts prévisibles contenus dans* Supp(Γ) *sont évanescents.*

Démonstration. D'après le corollaire *20*, il suffit d'établir que si Γ n'est pas de type injectif, $\overline{H} = \mathrm{Supp}(\Gamma)$ contient un ouvert prévisible, non évanescent. Or, si Γ n'est pas de type injectif, il existe un processus prévisible Z avec

$$\int_{]0,\infty[} |Z_s|\, |d\Gamma_s| < \infty,\ D = Z \cdot \Gamma \neq 0 \text{ et } D_0 = D_\infty = 0.$$

Si S est un temps d'arrêt prévisible tel que $\mathbb{P}[S < \infty] > 0$ et $D_S \neq 0$ sur $\{S < \infty\}$, il existe un temps d'arrêt prévisible T avec

$$S < T < \infty \text{ et } T \in \mathrm{Supp}^g(D) \subseteq \overline{H} \text{ sur } \{S < \infty\}.$$

$[S, T[\cap \overline{H}^c$ est évanescent ; sinon, il existerait un temps d'arrêt R avec

$$\mathbb{P}[R < \infty] > 0 \text{ et, sur } \{R < \infty\},\ S \leq R < T,\ R \notin \overline{H} \;;$$

on aurait ainsi :

$$\begin{aligned} \mathbb{P}[R < \infty] &= \mathbb{P}\left[S \leq R < T,\ R \notin \overline{H}\right] \\ &= \mathbb{P}\left[S \leq R < T,\ R \notin \overline{H},\ T \in H\right] \\ &\underset{\substack{\text{conditionnement} \\ \text{par rapport à } \mathcal{G}_R}}{<} \mathbb{P}[R < \infty]. \end{aligned}$$

Par suite,

$$\overline{H} \supseteq [S,T] \supseteq]S,T[,$$

qui est un ouvert prévisible non évanescent □

Par ailleurs, on a le résultat suivant qui complète la proposition *16* :

Proposition 26 *Soit L une fin d'ensemble prévisible, presque sûrement finie et telle que*

$$\forall R \text{ temps d'arrêt prévisible, } \mathbb{P}[L = R > 0] = 0.$$

Soit A la projection duale prévisible de $1_{\{0<L\leq \cdot\}}$ *(A est continu). Soit W un processus prévisible, à variation finie, nul en* 0, *et tel que*

$$\mathrm{Supp}^g(W) \subseteq]0, L].$$

Si W est de type injectif, W + A est aussi de type injectif.

Démonstration. Soit $Z = {}^o\left(1_{]0,L]}\right)$. Pour tout temps d'arrêt S, sur $\{S < \infty\}$ la loi de $A_\infty - A_S$ conditionnellement à $\mathcal{G}_S$ est

$$(1 - Z_S)\,\delta_0 + Z_S 1_{\{t>0\}} e^{-t} dt$$

(voir [A] ou [J]-proposition *3.28*). Supposons que $Y = W + A$ n'ait pas la propriété d'injectivité. Appliquons le théorème *3*. A étant continu, $\Delta Y = \Delta W$; si la condition $(\neg\beta)$ est vérifiée, W n'est pas injectif. Sinon la condition $(\neg\alpha)$ est vérifiée et il existe un temps d'arrêt S tel que $\mathrm{Supp}^g(Y) \cap]S, \infty[$ soit non évanescent et ait une section complète par un temps d'arrêt prévisible T avec

$$\mathrm{Supp}^g(Y) \cap]S,T[\text{ non évanescent.}$$

Sur $\{S < \infty\}$, on a donc :

▷ $S < T \leq L$ et $T \in \mathrm{Supp}^g(Y)$;

▷ $Z_T = 1$ et $A_\infty - A_T$ est indépendant de $\mathcal{G}_T$, de loi exponentielle de paramètre 1, i.e.

$$\forall p \geq 0,\ \mathbb{E}\left[e^{-p(A_\infty - A_T)} \mid \mathcal{G}_T\right] = \tfrac{1}{p+1}\ ;$$

▷ $Z_S = 1$ et $A_\infty - A_S$ est indépendant de $\mathcal{G}_S$, de loi exponentielle de paramètre 1, i.e.

$$\forall p \geq 0,\ \mathbb{E}\left[e^{-p(A_\infty - A_S)} \mid \mathcal{G}_S\right] = \tfrac{1}{p+1}.$$

Par suite, sur $\{S < \infty\}$, $\forall p \geq 0$,

$$\begin{aligned}\tfrac{1}{p+1} &= \mathbb{E}\left[e^{-p(A_\infty - A_S)} \mid \mathcal{G}_S\right] = \mathbb{E}\left[\mathbb{E}\left[e^{-p(A_\infty - A_T)} e^{-p(A_T - A_S)} \mid \mathcal{G}_T\right] \mid \mathcal{G}_S\right] \\ &= \tfrac{1}{p+1}\mathbb{E}\left[e^{-p(A_T - A_S)} \mid \mathcal{G}_S\right],\end{aligned}$$

soit :

$$\mathbb{P}[A_T - A_S = 0 \mid S < \infty] = 1,$$

si bien que $T \in \mathrm{Supp}^g(W)$ et

$$\mathrm{Supp}^g(W) \cap]S,T[= \mathrm{Supp}^g(Y) \cap]S,T[\text{ est non évanescent.}$$

Toujours d'après le théorème *3*, W n'a pas la propriété d'injectivité □

5 Exemples.

Nous donnons maintenant des exemples "concrets". Dans tout ce paragraphe X est un $\mathcal{G}$-mouvement brownien nul en 0 ; $(L_t^x)_{(t,x)\in\mathbb{R}_+\times\mathbb{R}}$ est la famille bicontinue de ses temps locaux ; pour $y \in \mathbb{R}$,

$$T_y = \inf\{t \mid X_t = y\}.$$

La projection duale prévisible du processus croissant $1_{[g,\infty[}$ où

$$g = \sup\{t < 1 \mid X_t = 0\},$$

est

$$A_t = \sqrt{\tfrac{2}{\pi}} \int_0^{t\wedge 1} \tfrac{1}{\sqrt{1-s}}\, dL_s^0.$$

Ainsi, $(A_t)_{t\geq 0}$ et par conséquent (par absolue continuité) $(L_{t\wedge 1}^0)_{t\geq 0}$ sont de type injectif. Plus généralement,

Proposition 27 *Soit $0 \leq a < b$; $C = L_{.\wedge a}^0$ et $D = 1_{[a,\infty[}\left(L_{.\wedge b}^{X_a} - L_a^{X_a}\right)$ ont la propriété d'injectivité, de même que $C + D$.*

Démonstration. Soit pour $0 \leq a < b$, $\gamma_{a,b} = \sup\{s \leq b \mid X_s = X_a\}$;
la projection duale prévisible de $1_{[\gamma_{a,b},\infty[}$ est

$$t \to 1_{\{a\leq t\}} \sqrt{\tfrac{2}{\pi}} \int_a^{t\wedge b} \tfrac{1}{\sqrt{b-s}}\, dL_s^{X_a} ;$$

les injectivités annoncées résultent de la proposition *16*. On notera que $C + D$ a pour support

$$\{t \in [0,a] \mid X_t = 0\} \cup \{t \in]a,b] \mid X_t = X_a\}$$

et que la connaissance de la fin du support de $C + D$ (soit $\gamma_{a,b}$) ne peut fournir de renseignements que sur $\{t \in]a,b] \mid X_t = X_a\}$ □

On peut se demander quelles sont les fonctionnelles additives continues, à variation bornée, du mouvement brownien qui, arrêtées en $t = 1$, sont de type injectif. On a la réponse suivante :

Théorème 4 *Soit μ une mesure de Radon sur $\mathbb{R}$ et*

$$V_t = \int_{\mathbb{R}} L_{t\wedge 1}^x \, d\mu(x) ;$$

V a la propriété d'injectivité si et seulement si le support de μ est d'intérieur vide.

Démonstration. Soit F le support de la mesure μ (supposée non nulle) ;

$$\mathrm{Supp}(V) = \{t \in [0,1],\ X_t \in F\} ;$$

$\mathrm{Supp}(V)$ est saturé : soit R un temps d'arrêt et $]u,v[$ une composante connexe de F^c. Sur l'ensemble $\{R < \infty,\ u < X_R < v\}$, on a :

$$\mathbb{P}[\exists g \in]R,1],\ X_g \in F \mid \mathcal{G}_R] \leq \mathbb{P}[\exists g \in]R,1],\ X_g \notin]u,v[\mid \mathcal{G}_R] < 1$$

si bien que :

$$\mathbb{P}\left[\exists g \in]R,1],\ X_g \in F \mid \mathcal{G}_R\right] < 1 \text{ sur } \{R < \infty,\ X_R \notin F\}.$$

Si $\mathcal{X}$ est la filtration (dûment complétée) engendrée par X, les tribus $\mathcal{X}$-prévisible et $\mathcal{X}$-optionnelle coïncident ; l'intérieur J de Supp (V) est donc $\mathcal{X}$-prévisible et par suite $\mathcal{G}$-prévisible ; d'après la proposition *25*, V a la propriété d'injectivité si et seulement si J est évanescent. Soit $\check{F}$ l'intérieur de F ; comme

$$J \supseteq \left\{t \in [0,1[,\ X_t \in \check{F}\right\},$$

si J est évanescent on a, par exemple, $\mathbb{P}\left[X_{\frac{1}{2}} \in \check{F}\right] = 0$, soit $\check{F} = \emptyset$.
Inversement, si J n'est pas évanescent, soit R un temps d'arrêt tel que :

$$\mathbb{P}[R < 1] > 0 \text{ et } R \in J \text{ sur } \{R < 1\} ;$$

soit $R' = \inf\{t > R \mid t \notin J\}$; on a presque sûrement sur $\{R < 1\}$,

$$R = \inf\{t > R \mid X_t > X_R\} = \inf\{t > R \mid X_t < X_R\} < R'$$

et, par continuité de X, F contient l'intervalle (non vide)

$$\left]\inf_{R \le t < R'} X_t, \sup_{R \le t < R'} X_t\right[\qquad \square$$

Pour $x \in]-\infty, 1[$, $\frac{1}{2(1-x)} L^x_{t\wedge T_1}$ est la projection duale prévisible de $1_{\{0<\gamma_x\le \cdot\}}$ où

$$\gamma_x = \sup\{t \le T_1 \mid X_t = x\}.$$

C'est donc un processus de type injectif, porté par l'ensemble fermé, non saturé $\{t \le T_1 \mid X_t = x\}$ (son saturé est $\{t \le T_1 \mid X_t \le x\}$).

Proposition 28 *Soit ν une mesure de Radon positive sur $]-\infty, 1[$ et*

$$K^\nu_t = \int L^x_{t\wedge T_1}\, d\nu(x).$$

1) Si ν est une mesure à support fini, K^ν est de type injectif.
2) S'il existe une suite (a_n) strictement croissante dans Supp(ν), K^ν n'est pas de type injectif.
3) Si Supp(ν) $= (b_n)_{n\in\overline{\mathbb{N}}}$ où (b_n) est une suite décroissante (strictement) dans $]-\infty, 1[$, K^ν a la propriété d'injectivité.

Démonstration. *1*) $a < b < 1 \Rightarrow \gamma_a \le \gamma_b$; on déduit de la proposition *26* que

$$t \to L^a_{t\wedge T_1} + L^b_{t\wedge T_1}$$

est de type injectif ; si ν est une mesure à support fini $a_0 < a_1 < \ldots < a_n < 1$, on montre par récurrence - puisque $\text{Supp}^g\left(\sum_{0\le j<n} L^{a_j}_{t\wedge T_1}\right) \subseteq [0, \gamma_{a_n}]$ - qu'il en est de même de K^ν.

2) Supposons qu'il existe une suite (a_n) strictement croissante dans Supp(ν) et soit $a_\infty = \sup_n a_n$; sur $\{T_{a_0} < T_1\}$

$$\forall n \in \mathbb{N},\ L^{a_n}_{T_{a_\infty}} - L^{a_n}_{T_{a_0}} > 0$$

et il existe une suite (u_n) de réels positifs avec $\sum_n u_n \left(L^{a_n}_{T_{a_\infty}} - L^{a_n}_{T_{a_0}}\right) = \infty$;

$$R = \inf\left\{s > T_{a_0} \mid \sum_{n\geq 0} u_n \left(L^{a_n}_t - L^{a_n}_{T_{a_0}}\right) \geq 1\right\}$$

est tel que le processus

$$1_{\{T_{a_0}<T_1\}} \sum_{n\geq 0} u_n \left(L^{a_n}_{t\wedge R} - L^{a_n}_{T_{a_0}}\right)$$

n'a pas la propriété d'injectivité. D'après le théorème *2*, K^ν n'a pas non plus la propriété d'injectivité.

3) Supposons enfin : Supp(ν) $= (b_n)_{n\in\overline{\mathbb{N}}}$ où (b_n) est une suite décroissante†[8] (strictement) dans $]-\infty, 1[$. Si K^ν n'était pas injectif, il existerait des temps d'arrêt S et T tels que $\mathbb{P}[S < \infty] > 0$ et,

$$\text{sur } \{S < \infty\},\ S < T < T_1,\ T \in \mathrm{Supp}^g(K^\nu).$$

Toujours sur $\{S < \infty\}$ on a

$$X_T \in \{b_n \mid n \in \mathbb{N}\} \text{ et } T < \gamma_{b_0} = \sup\{t < T_1 \mid X_t = b_0\} \ ;$$

la projection duale prévisible de $1_{\{\gamma_{b_0}\leq \cdot\}}$ est $\frac{1}{2(1-b_0)} L^{b_0}_{t\wedge T_1}$ et, comme dans la démonstration de la proposition *26*, on obtient :

$$]S,T] \cap \mathrm{Supp}^g\left(L^{b_0}\right) = \emptyset.$$

La condition : $T \in \mathrm{Supp}^g(K^\nu)$ a pour conséquence :

$$\mathbb{P}[S < \infty,\ X_T = b_0] = 0.$$

Par récurrence, on a : $\forall n,\ \mathbb{P}[S < \infty,\ X_T = b_n] = 0$ ...!
Ainsi, K^ν a la propriété d'injectivité □

Proposition 29 *Soit ν une mesure de Radon positive sur $\mathbb{R}$; on suppose qu'il existe deux suites (a_n) et (b_n) de réels de Supp(ν), (a_n) étant strictement croissante et (b_n) strictement décroissante, de limites respectives a_∞ et b_∞ vérifiant $b_\infty < 0 < a_\infty$.*

$$t \longrightarrow \int L^x_{t\wedge T_{a_\infty}\wedge T_{b_\infty}}\, d\nu(x)$$

ne vérifie pas la propriété d'injectivité.

[8] Le cas $\inf_n b_n = -\infty$ n'est pas exclu.

Démonstration. Soit en effet pour $y,\ x \in]b_\infty, a_\infty[$, avec $y < 0 < x$,

$$\gamma_{x,y}^{a_\infty,b_\infty} = \sup\{t \le T_{a_\infty} \wedge T_{b_\infty} \mid X_t \in \{x,y\}\} \ ;$$

la surmartingale d'équilibre associée à $\gamma_{x,y}^{a_\infty,b_\infty}$ est $\phi\left(X_{t\wedge T_{a_\infty}\wedge T_{b_\infty}}\right)$ où

$$\phi(u) = 1_{\{u\le y\}}\frac{u-b_\infty}{y-b_\infty} + 1_{\{y<u\le x\}} + 1_{\{x\le u\}}\frac{a_\infty - u}{a_\infty - x} \ ;$$

la projection duale prévisible de $1_{\{0<\gamma_{x,y}^{a_\infty,b_\infty}\le\cdot\}}$ est donc le processus :

$$t \to \frac{1}{2(y-b_\infty)}L^y_{t\wedge T_{a_\infty}\wedge T_{b_\infty}} + \frac{1}{2(a_\infty - x)}L^x_{t\wedge T_{a_\infty}\wedge T_{b_\infty}}.$$

En particulier, pour tout $n \in \mathbb{N}$ tel que $b_n < 0 < a_n$

$$\frac{1}{2(b_n - b_\infty)}L^{b_n}_{T_{a_\infty}\wedge T_{b_\infty}} + \frac{1}{2(a_\infty - a_n)}L^{a_n}_{T_{a_\infty}\wedge T_{b_\infty}}$$

suit une loi exponentielle de paramètre 1 et est presque sûrement strictement positive. Il existe donc des suites (u_n) et (v_n) de réels positifs avec

$$\sum\nolimits_n u_n L^{b_n}_{T_{a_\infty}\wedge T_{b_\infty}} + \sum\nolimits_n v_n L^{a_n}_{T_{a_\infty}\wedge T_{b_\infty}} = \infty.$$

Le temps d'arrêt R défini par

$$R = \inf\left\{t \mid \sum\nolimits_n u_n L^{b_n}_t + \sum\nolimits_n v_n L^{a_n}_t \ge 1\right\}$$

est majoré par $T_{a_\infty} \wedge T_{b_\infty}$ et

$$t \to \sum\nolimits_n u_n L^{b_n}_{t\wedge R} + \sum\nolimits_n v_n L^{a_n}_{t\wedge R}$$

n'est pas de type injectif. Le théorème *2* permet à nouveau de conclure □

Corollaire 30 *La somme de deux processus de type injectif n'est pas nécessairement un processus de type injectif.*

Démonstration. Avec les notations de la proposition *29*, le processus

$$t \to \sum\nolimits_n u_n L^{b_n}_{t\wedge R} + \sum\nolimits_n v_n L^{a_n}_{t\wedge R}$$

n'a pas la propriété d'injectivité, contrairement (appliquer la proposition *28-3*)) aux processus

$$t \to \sum\nolimits_n u_n L^{b_n}_{t\wedge R} \quad \text{et} \quad t \to \sum\nolimits_n v_n L^{a_n}_{t\wedge R} \quad \square$$

6 Représentations de variables aléatoires.

Revenons sur les propriétés de densité *3*) et *4*) du théorème *1* : dans tout le paragraphe, L est fin d'un ensemble prévisible, telle que $\mathbb{P}[0 < L < \infty] = 1$; A est la projection duale prévisible de $1_{\{0<L\leq\cdot\}}$. Comparons d'abord les deux sous-ensembles denses dans $L^2(\mathcal{G}_{L-})$

$$\left\{(U\cdot A)_\infty \mid U \text{ prévisible, } U_L \in L^2\right\} \text{ et } \mathcal{M}^2_{L-} = \left\{X_{L-} \mid X \in L^2(\mathcal{G}_\infty)\right\}.$$

Notons, pour $t \geq 0$,

$$\lambda_t = \sup\{s \leq t \mid s \in \mathrm{Supp}^g(A)\}$$

et désignons par Z^L la projection optionnelle de $1_{]0,L]}$; $M^L = Z^L - 1 + A$ est une martingale (de $\mathcal{BMO}(\mathcal{G})$).

Soit U un processus prévisible, borné ; A étant porté par $\left\{Z^L_- = 1\right\}$, d'après la formule de balayage (voir la remarque *9-2*)),

$$U_{\lambda_t}\left(1 - Z^L_t\right) = -\int_{]0,t]} U_{\lambda_s}\, dM^L_s + (U\cdot A)_t$$

$U_\lambda \cdot M^L$ est une martingale de variable terminale $U_L - (U\cdot A)_L$. En utilisant l'inégalité de Doob et le lemme *13*, on a, pour $r > 1$,

$$\left\|\sup_t\left|\left(U_\lambda\cdot M^L\right)_t\right|\right\|_r \leq \frac{r^2}{r-1}\|U_L\|_r$$

inégalité se prolongeant à U prévisible quelconque. Ainsi,

$$\left(1 - Z^L_{t-}\right)U_{\lambda_t} - \int_{]0,t[} U_s\, dA_s = -\left(U_\lambda\cdot M^L\right)_{t-}$$

et

$$(U\cdot A)_{L-} = \left(U_\lambda\cdot M^L\right)_{L-}.$$

$\left\{\int_{]0,L]} U_s\, dA^c_s \mid U \text{ prévisible avec } U_L \in L^2\right\}$ est donc contenu dans $\mathcal{M}^2_{L-}$.

La réciproque est en général fausse, comme le montre l'exemple suivant :
X est un mouvement brownien réel, Y un processus de Poisson indépendant de X. $\mathcal{G}$ est la filtration (dûment complétée) engendrée par le processus (X, Y) et

$$L = \inf\{t \mid Y_t = 1\}.$$

On a : $A_t = \inf(t, L)$. X_L n'est pas de la forme $\int_0^L U_s\, ds$ pour un processus $\mathcal{G}$-prévisible U avec $\int_0^L |U_s|\, ds < \infty$ (sinon X serait à variation finie ...).

Dans le cas général,

$$(U\cdot A)_\infty \in \mathcal{M}^2_{L-} \Leftrightarrow U_L\Delta A_L \in \mathcal{M}^2_{L-}.$$

Une condition équivalente est : $(U\Delta A)\cdot A = X_-\cdot A$ ou,

$$U\Delta A = X_- \text{ sur } \{\Delta A \neq 0\} \text{ et } X_- = 0 \text{ sur } \mathrm{Supp}^g(A^c)\ ;$$

en particulier, on doit avoir $U_L = 0$ sur $\{\Delta A_L \neq 0\}$ si L n'est pas isolé dans $\{\Delta A \neq 0\}$. Le lecteur se convaincra en utilisant l'exemple de Dellacherie [D] que toutes les situations sont possibles pour

$$\mathcal{M}^2_{L-} \cap \left\{\sum_{0<s} U_s \,\Delta A_s \mid U \text{ prévisible, } U_L \in L^2\right\}.$$

Pour C processus prévisible à variation finie (nul en 0), on cherche à étudier l'appartenance de certaines variables à l'ensemble

$$\mathcal{J}_C = \left\{(U \cdot C)_\infty \mid U \text{ prévisible, } \int_{]0,\infty[} |U_s| \, |dC_s| < \infty\right\}.$$

Supposons dorénavant A *continu* (en conséquence λ est continu à gauche) et apportons quelques précisions sur $\mathcal{J}_A$. D'après la proposition 15, les supports des lois des variables de $\mathcal{J}_A$ sont des intervalles contenant 0 ; il est donc facile d'exhiber des variables $\mathcal{G}_{L-}$ mesurables qui ne sont pas dans $\mathcal{J}_A$, par exemple $1_{\{A_\infty > 1\}}$ (on rappelle que A_∞ suit une loi exponentielle). Un exemple moins trivial est le suivant : soit ν une mesure bornée sur $(\mathbb{R}_+, \mathcal{R}_+)$, diffuse, étrangère à la mesure de Lebesgue ; le processus $N = \nu\,[\,[0, A]\,]$ est étranger à A, de type injectif ; ainsi $\mathcal{J}_N \cap \mathcal{J}_A$ est réduit à 0.

De façon plus précise, soit C un processus croissant, *continu*, prévisible, avec

$$\mathrm{Supp}^g\,(C) \subseteq \mathrm{Supp}^g\,(A) \ ;$$

soit h une fonction continue sur $\mathbb{R}$ telle que $h\,(C_\infty) \in \mathcal{J}_C$; soit Z un processus prévisible, avec $\int_0^\infty |Z_s| \, dC_s < \infty$, et $h\,(C_\infty) = (Z \cdot C)_\infty$; le fermé prévisible

$$\{t \mid h\,(C_t) = (Z \cdot C)_t\},$$

contenant $[L]$, contient aussi $\mathrm{Supp}\,(A)$ et $h\,(C) = (Z \cdot C)$ sur $\mathrm{Supp}\,(C)$. Ainsi $h\,(0) = 0$ et, avec $\tau_v = \inf\{t > 0 \mid C_t > v\}$, on a, sur $\{C_\infty > v\}$:

$$h\,(v) = h(C_{\tau_v}) = (Z \cdot C)_{\tau_v} = \int_0^v Z_{\tau_s} \, ds \ ;$$

le support de la loi de C_∞ est un intervalle I contenant 0 et la fonction h est donc absolument continue sur I.

Soit φ une fonction continue sur $\mathbb{R}_+$ telle que $\varphi\,(L)$ appartienne à $\mathcal{J}_A$. Il existe donc Z prévisible avec $\int_0^\infty |Z_s| \, dA_s < \infty$ et $\varphi\,(L) = (Z \cdot A)_\infty$; comme ci–dessus on a presque sûrement

$$\forall t \in \mathrm{Supp}\,(A)\,,\ (Z \cdot A)_t = \varphi\,(t) = \varphi\,(\lambda_{t+})\,,$$

si bien que $t \to \varphi\,(\lambda_{t+})$ est à variation finie, et est absolument continu par rapport à A (donc continu) ; en particulier,

$$\varphi\,(0) = 0 \text{ et } \sum_t |\varphi\,(\lambda_{t+}) - \varphi\,(\lambda_t)| = 0\ ;$$

Comme pour tout $t > 0$,

$$\lambda_{t+} > \lambda_t \Leftrightarrow \lambda_t < t \in \mathrm{Supp}\,(A)\,,$$

si Supp $(A) \neq [0, L]$ avec probabilité positive, $\varphi(L) \notin \mathcal{J}_A$ si φ est une fonction continue strictement croissante. Plaçons nous à nouveau dans le cadre brownien du paragraphe 5, et prenons

$$L = g_1 = \sup\{s \leq 1 \mid X_s = 0\}.$$

Alors, pour $t \in [0, 1]$, $\lambda_t = g_t = \sup\{s < t \mid X_s = 0\}$ suit la loi de l'arc-sinus sur $[0, t]$; si $t \to \varphi(g_{t+})$ est continue sur $[0, 1]$, on a :

$$\begin{aligned} 0 &= \mathbb{E}\left[\sum_{0<s<1} |\varphi(g_{s+}) - \varphi(g_s)|\right] = \mathbb{E}\left[\sum_{0<s<1} 1_{\{g_s<s\}} \frac{|\varphi(s) - \varphi(g_s)|}{(s - g_s)} \Delta g_s\right] \\ &= \mathbb{E}\left[\int_0^1 \frac{|\varphi(s) - \varphi(g_s)|}{2(s - g_s)} 1_{\{g_s<s\}}\, ds\right], \end{aligned}$$

la dernière égalité découlant de la propriété de martingale de $\left(g_{t+} - \frac{t}{2},\, t \geq 0\right)$ (pour un développement systématique du calcul stochastique relatif à la martingale d'Azéma, voir par exemple [AY2]).

Ainsi $\int_{0<y<u<1} |\varphi(u) - \varphi(y)|\, dudy = 0$ et φ est constante.

Finalement, si φ est continue sur $[0, 1]$, non identiquement nulle, $\varphi(g_1) \notin \mathcal{J}_A$.

Bibliographie.

[A] AZEMA J. : Quelques applications de la théorie générale des processus. Inventiones Math. 18,293-336,1972.

[AY1] AZEMA J., YOR M : Sur les zéros des martingales continues. Séminaire de Probabilités XXVI, Lect. Notes in Math.1526, 248-306, Springer 1992.

[AY2] AZEMA J., YOR M : Etude d'une martingale remarquable. Séminaire de Probabilités XXVI, Lect. Notes in Math.1526, 248-306, Springer 1992.

[AJKY] AZEMA J., JEULIN T., KNIGHT F.B., YOR M : Le théorème d'arrêt en une fin d'ensemble prévisible. Séminaire de Probabilités XXVII, Lect. Notes in Math.1557, 133-158, Springer 1993.

[AMY] AZEMA J., MEYER P.A., YOR M. : Martingales relatives. Séminaire de Probabilités XXIII, Lect. Notes in Math.1372, 88-130, Springer 1989.

[D] DELLACHERIE C. : Un exemple de la théorie générale des processus. Séminaire de Probabilités IV. Lect. Notes in Math. 124, 60-70, Springer 1970.

[DM] DELLACHERIE C., MEYER P.A. : Probabilités et potentiel. Chapitres V à VIII. Théorie des martingales. Hermann, 1980.

[DMM] DELLACHERIE C., MAISONNEUVE B., MEYER P.A. : Probabilités et potentiel. Chapitres XVII à XXIV. Processus de Markov (fin). Compléments de Calcul stochastique. Hermann, 1992.

[DMSSS] DELBAEN S., MONAT P., SCHACHERMAYER W., SCHWEIZER M., STRICKER C. : Weighted norm inequalities and closedness of a space of stochastic integrals. Preprint, 1996. A paraître dans Finance and Stochastics.

[J] JEULIN T. : Semi-martingales et grossissement d'une filtration. Lect. Notes in Math.833, Springer 1980.

7 Appendices.

Dans la section *7.1*, on rassemble des résultats sur les fermés gauches. Dans la section *7.2*, on présente des variantes des résultats du paragraphe *3*.

7.1 Compléments sur les fermés gauches.

Soit M un ensemble progressif. Avec la convention $\sup(\emptyset) = -\infty$, on définit sur $\mathbb{R}_+$ les processus croissants :

$$\begin{aligned} L_t^M &= \sup\{s < t \mid s \in M\}, \\ \widetilde{L}_t^M &= \sup\left(L_t^M, t1_M(t)\right), \\ \ell_t^M &= \sup\{s < t \mid M \cap [s,t] \text{ n'est pas dénombrable}\}. \end{aligned}$$

On a $\ell_t^M \leq L_t^M = \widetilde{L}_{t-}^M$.

▷ L^M est adapté, continu à gauche, donc prévisible et

$$\overline{M}^g = \left\{t \geq 0 \mid \widetilde{L}_t^M = t\right\},$$

l'adhérence de M pour la topologie gauche sur $\mathbb{R}_+$ est progressive ; si M est de plus optionnel (resp. prévisible), $\overline{M}^g$ est optionnel (resp. prévisible).

$$\overline{M} = \left\{t \geq 0 \mid L_{t+}^M = t\right\},$$

l'adhérence de M pour la topologie usuelle est optionnelle.

$$\overline{M} - \overline{M}^g = \left\{t \mid L_{t+}^M = t > \widetilde{L}_t^M\right\}$$

est à coupes [au plus] dénombrables (il est optionnel si M est optionnel).

▷ Soit $F \subseteq \mathbb{R}_+$ un ensemble fermé sans point isolé (i.e. un ensemble *parfait*). Comme conséquence du théorème de Baire, on a :

$$\forall x \in F,\ \forall U \text{ ouvert},\ x \in U \Rightarrow U \cap F \text{ est non dénombrable}$$

(tout point de F est *point de condensation* de F).
Soit $G \subseteq \mathbb{R}_+$ un ensemble fermé gauche, sans point isolé à gauche (i.e. un ensemble *parfait gauche*). $\overline{G}$ est un ensemble parfait. De plus si $x \in G$, pour tout $\varepsilon > 0$ $]x-\varepsilon, x[\cap G$ est non vide, $]x-\varepsilon, x[\cap \overline{G}$ n'est pas dénombrable, de même que $]x-\varepsilon, x] \cap G$ puisque $\overline{G} - G$ est au plus dénombrable. Tout point de G est *point de condensation à gauche de* G.

Lemme 31 *Soit H un sous-ensemble de $\mathbb{R}_+$, borélien, non dénombrable.*
i) H contient un sous-ensemble parfait.
ii) L'ensemble des points de condensation à gauche de H est non vide.

Démonstration.
Si $\mathcal{H}$ est la tribu borélienne de H, $(H, \mathcal{H})$ est isomorphe à $(\mathbb{R}_+, \mathcal{R}_+)$ (théorème de Kuratowski) et porte donc une probabilité diffuse ν. Il existe K compact avec

$$K \subseteq H \text{ et } \nu[K] > 0 ;$$

quitte à remplacer ν par $\frac{1}{\nu[K]}1_K.\nu$, on peut supposer ν portée par K ; le support de ν est parfait, contenu dans K. Soit, pour $x \in]0,1[$,

$$\tau_\nu(x) = \inf\{t > 0 \mid \nu[[0,t]] \geq x\} ;$$

$\tau_\nu(x)$ est un point de $\mathrm{Supp}^g(\nu)$. Si $t \in \mathrm{Supp}^g(\nu)$, $t = \tau_\nu(\nu[[0,t]])$ et

$$]t-\varepsilon, t[\supseteq \{\tau_\nu(y) \mid y \in]\nu[[0,t-\varepsilon]], \nu[[0,t]][\} \quad \square$$

$\triangleright$ ℓ^M est adapté (voir [D] VI-Théorème *20*) et continu à gauche : il suffit de montrer (l'autre cas est trivial) :

$$\ell_t^M = t \Rightarrow \ell_{t-}^M = t ;$$

or $\alpha = \ell_{t-}^M < t \Rightarrow \forall s \in]\alpha, t[$, $M \cap [\alpha, t]$ est dénombrable et $\ell_t^M \leq \alpha$.

Lemme 32 $\{t \mid \ell_t^M = t\}$ *est prévisible, fermé pour la topologie gauche, contenu dans* $\overline{M}^g$ *et sans point isolé à gauche ; lorsque* M *est fermé pour la topologie gauche, c'est le plus grand ensemble parfait gauche inclus dans* M.

Démonstration. Si $\ell_t^M = t > 0$,

$$\forall n \in \mathbb{N}^*,\ F_n = \left[t - \tfrac{1}{n}, t\right] \cap M \text{ est non dénombrable}$$

donc contient un point de condensation à gauche. Pour $H \subseteq M$, $\ell_t^H \leq \ell_t^M \leq t$ et si H est parfait gauche, $\ell_t^H = L_t^H$ $\square$

Lemme 33 $\{t \mid \ell_{t+}^M = t\}$ *est optionnel, fermé (pour la topologie usuelle) contenu dans* $\overline{M}$ *et parfait ; si* M *est fermé, c'est le plus grand ensemble parfait inclus dans* M.

Démonstration. On montre facilement que $\{t \mid \ell_{t+}^M = t\}$ est fermé.
Si $\ell_{t+}^M = t$, $\forall \varepsilon > 0$, $]t-\varepsilon, t+\varepsilon[\cap M$ est non dénombrable, donc contient un point de condensation [à gauche] $\square$

Supposons dorénavant que M est fermé pour la topologie gauche. On a :

$$\ell^{\overline{M}} = \ell^M.$$

Notons $P^g(M) = \{t \mid \ell_t^M = t\}$, $P(M) = \{t \mid \ell_{t+}^M = t\}$.
$P^g(M) = P^g(\overline{M})$ est le noyau parfait gauche de M, $P(M) = P(\overline{M})$ est le noyau parfait de $\overline{M}$. $\overline{M} = P(\overline{M}) + D$ où D est [au plus] dénombrable (sinon D contiendrait un parfait K, et $P(\overline{M}) \cup K$ serait encore un sous-ensemble parfait de $\overline{M}$, ce qui contredirait le caractère maximal de $P(\overline{M})$).

$$P(\overline{M}) - P^g(M) = \{t \mid \Delta\ell_t^M \neq 0\}$$

est à sections [au plus] dénombrables, de même que $\overline{M} - M$, $\overline{M} - P(\overline{M})$ et $M - P^g(M)$.
En particulier, $M - P^g(M)$ est une réunion dénombrable de graphes de temps d'arrêt prévisibles.

Proposition 34 *Si M est fermé gauche [prévisible], sans point isolé à gauche, M est le support gauche d'un processus croissant continu [prévisible].*

Démonstration.
On reprend [D-M]-Tome 1, p.258. La mesure construite est portée par M et charge tout intervalle ouvert I tel que $M \cap I$ est non dénombrable. On a donc

$$\mathrm{Supp}^g(\nu) \subseteq M \subseteq \overline{M} = \mathrm{Supp}(\nu).$$

$M - \mathrm{Supp}^g(\nu)$ est à sections dénombrables et s'écrit comme réunion dénombrable de graphes de variables aléatoires $(L_n)_{n\in\mathbb{N}^*}$; pour tout $m \in \mathbb{N}^*$, $\left]L_n - \frac{1}{m}, L_n\right] \cap M$ est non dénombrable, donc porte une probabilité diffuse $\rho_{n,m}$; L_n est dans le support gauche de la mesure diffuse $\sum_{m\in\mathbb{N}^*} 2^{-m}\rho_{n,m}$ et $\frac{1}{2}\left(\nu + \sum_{n,m\in\mathbb{N}^*} 2^{-(n+m)}\rho_{n,m}\right)$ a M pour support gauche ; si M est de plus prévisible, la projection duale prévisible de ν est un processus croissant continu adapté, dont le support gauche est M □

Références

[D] DELLACHERIE C. : Capacités et processus stochastiques. Springer, 1972.
[DM] DELLACHERIE C., MEYER P.A. : Probabilités et potentiel. Tome 1. Hermann, 1975.

7.2 Compléments au paragraphe 3.

On reprend les notations du paragraphe *3*.

1) Pour H optionnel avec $\mathbb{E}[H_\tau^2 ; 0<\tau<\infty] < \infty$, introduisons les conditions suivantes :

$$iii") \quad \mathbb{E}[H_\tau (H\cdot\beta)_\tau ; 0<\tau<\infty] = 0 \qquad \text{ou}$$

$$v') \quad \mathbb{E}\left[H_\tau \left((H\cdot\beta)_\tau + (H\cdot\beta)_{\tau-}\right) ; 0<\tau<\infty\right] = 0.$$

Comme $2\mathbb{E}[H_\tau(H\cdot\beta)_\tau ; 0<\tau<\infty]$

$$= \mathbb{E}\left[H_\tau\left((H\cdot\beta)_\tau + (H\cdot\beta)_{\tau-}\right) + H_\tau^2(\Delta\beta)_\tau ; 0<\tau<\infty\right]$$

$$= \mathbb{E}\left[(H\cdot\beta)_\infty^2\right] + \mathbb{E}[H_\tau^2(\Delta\beta)_\tau ; 0<\tau<\infty]$$

$$iii") \Rightarrow \begin{cases} v') & \text{et} \\ H_\tau(\Delta\beta)_\tau = 0 \text{ sur } \{0<\tau<\infty\} \end{cases} \quad \text{tandis que } v') \Leftrightarrow (H\cdot\beta)_\infty = 0.$$

Si τ est de plus fin d'ensemble optionnel, β est constant après τ et *v'*) équivaut donc à *iii'*) ; le lemme *10-1*) montre que *iii"*) ou *v'*) sont équivalentes à *1- i*), ..., *v*) si τ est fin d'ensemble optionnel.

2) Si K est prévisible, on a De même si τ est fin d'ensemble prévisible, les conditions *2-i*), ..., *v*) sont encore équivalentes (pour les processus prévisibles K vérifiant $\mathbb{E}[K_\tau^2 ; 0<\tau<\infty] < \infty$) aux conditions :

$$iii") \quad \mathbb{E}[K_\tau(K\cdot B)_\tau ; 0<\tau<\infty] = 0 \quad \text{ou}$$

$$v') \quad \mathbb{E}\left[K_\tau\left((K\cdot B)_\tau + (K\cdot B)_{\tau-}\right) ; 0<\tau<\infty\right] = 0.$$

3) Soit H processus optionnel tel que $\int_{]0,\infty[} |H_s|\, d\beta_s < \infty$;
soit en outre $r \in \mathbb{R}_+$, U optionnel borné avec $U \geq r$; on a :

$$U\,(H\cdot\beta) + (2r - U)\,(H\cdot\beta)_- = r\left((H\cdot\beta) + (H\cdot\beta)_-\right) + (U - r)\, H\Delta\beta\ ;$$

si $H_\tau\left(U_\tau\,(H\cdot\beta)_\tau + (2r - U_\tau)\,(H\cdot\beta)_{\tau-}\right) \leq 0$ sur $\{0 < \tau < \infty\}$, on a aussi

$$H_\tau\left((H\cdot\beta)_\tau + (H\cdot\beta)_{\tau-}\right) \leq 0 \text{ sur } \{0 < \tau < \infty\}\ ;$$

on a donc $H_\tau = 0$ sur $\{0 < \tau < \infty\}$ en vertu du lemme *10-1*).
3') De même, pour $r \in \mathbb{R}_+$, V prévisible borné avec $V \geq r$ et K prévisible avec $\int_{]0,\infty[} |K_s|\, dB_s < \infty$,

$$\begin{aligned} K_\tau\left(V_\tau\,(K\cdot B)_\tau + (2r - V_\tau)\,(K\cdot B)_{\tau-}\right) &\leq 0 \text{ sur } \{0 < \tau < \infty\} \\ &\Rightarrow K_\tau = 0 \text{ sur } \{0 < \tau < \infty\}. \end{aligned}$$

4) Soit α un processus optionnel, à variation localement intégrable (nul en 0) de projection duale prévisible A ; soit H prévisible, avec $\int_{]0,.]} |H_s|\,|d\alpha_s|$ localement intégrable ; $(H\cdot A)^2$ est la projection duale prévisible de $\int_{]0,.]} H_s\left[(H\cdot A)_s + (H\cdot A)_{s-}\right] d\alpha_s$.
Pour $r \in \mathbb{R}_+$, U prévisible borné avec $U \geq r$,

$$\begin{aligned} N = r\,(H\cdot A)^2 &+ \textstyle\sum_{0<s\leq .} (U_s - r)\, H_s^2\, (\Delta A_s)^2 \\ &- \int_{]0,.]} \left(U_s\,(H\cdot A)_s + (2r - U_s)\,(H\cdot A)_{s-}\right) H_s\, d\alpha_s \end{aligned}$$

est une martingale locale. Comme

$$\mathbb{E}\left[\left(\int_{]0,\infty[} |H_s|\,|dA_s|\right)^2\right] \leq 4\,\mathbb{E}\left[\left(\int_{]0,\infty[} |H_s|\,|d\alpha_s|\right)^2\right],$$

si $\mathbb{E}\left[\left(\int_{]0,\infty[} |H_s|\,|d\alpha_s|\right)^2\right]$ est fini, N est une martingale uniformément intégrable ; si de plus,

$$\int_{]0,\infty[} \left(U_s\,(H\cdot A)_s + (2r - U_s)\,(H\cdot A)_{s-}\right) H_s\, d\alpha_s = 0$$

N_∞ est positive et N est une martingale positive, nulle en 0, donc nulle, si bien que

$$r\,(H\cdot A)_\infty^2 + \textstyle\sum_{0<s} (U_s - r)\, H_s^2\, (\Delta A_s)^2 = 0\ ;$$

en particulier, $(H\cdot A)_\infty = 0$ et $(U - r)\, H\Delta A = 0$.
De même, si α est croissant et $H\left(U\,(H\cdot A) + (2r - U)\,(H\cdot A)_-\right) \leq 0$, on a $N = 0$ □

A characterisation of the closure of H^∞ in BMO

W. SCHACHERMAYER

Institut für Statistik der Universität Wien,
Brünnerstraße 72, A-1210 Wien, Austria.

ABSTRACT. We show that a continuous martingale $M \in BMO$ has a $\|\cdot\|_{BMO_2}$-distance to H^∞ less than $\varepsilon > 0$ iff M may be written as a finite sum $M = \sum_{n=0}^{N} {}^{T_n}M^{T_{n+1}}$ such that, for each $0 \leq n \leq N$, we have $\| {}^{T_n}M^{T_{n+1}} \|_{BMO_2} < \varepsilon$. In particular, we obtain a characterisation of the BMO-closure of H^∞.

This result was motivated by some problems posed in the survey of N. Kazamaki [K 94]. We also give answers to some other questions, pertaining to BMO-martingales, which have been raised by N. Kazamaki [K 94].

1. Introduction

The celebrated Garnett-Jones theorem — in its martingale version due to N. Varopoulos and M. Emery ([K 94], th. 2.8) — characterizes the BMO-distance of a continuous martingale M from L^∞ in terms of (the inverse of) the critical exponent $a(M)$, defined by

$$a(M) = \sup\{a \in \mathbb{R}_+ | \sup_T \|\mathbb{E}[\exp(a|M_\infty - M_T|)|\mathcal{F}_T]\|_\infty < \infty\},$$

where T runs through all stopping times.

In [K 94] N. Kazamaki proposed the critical exponent

$$b(M) = \sup\{b \in \mathbb{R}_+ | \sup_T \|\mathbb{E}[\exp(b(\langle M\rangle_\infty - \langle M\rangle_T))|\mathcal{F}_T]\|_\infty < \infty\},$$

and raised the question whether (the inverse of) $b(M)$ characterizes the BMO-distance of M to H^∞.

We shall give in section 3 an example of a continuous martingale M in BMO such that $b(M) = \infty$ while M is not in the BMO-closure of H^∞. In the present context H^∞ denotes the space of continuous martingales M on a given stochastic base $(\Omega, \mathcal{F}, (\mathcal{F}_t)_{t\in\mathbb{R}_+}, \mathbb{P})$ such that $\|M\|_{H^\infty} = \text{ess sup}\langle M\rangle_\infty^{\frac{1}{2}} < \infty$.

This example, which also answers negatively another question of [K 94], provides strong evidence that there is little hope to find a characterization of the BMO-closure of H^∞ analogous to the Garnett-Jones theorem in terms of some critical exponent.

1980 *Mathematics Subject Classification* (1991 *Revision*). Primary 60 G 48, 60 H 05.
Key words and phrases. Martingales, Bounded Mean Oscillation, H^∞ space.

But we can give a different kind of characterization of $\overline{H^\infty}^{\|\cdot\|_{BMO}}$ and, more precisely, of the BMO_2-distance of a continuous martingale to H^∞. Recall ([K 94], p.25) that, for a continuous local martingale M, the BMO_2-norm is defined as

$$\|M\|_{BMO_2} = \sup_T\{\|\mathbb{E}[\langle M\rangle_\infty - \langle M\rangle_T|\mathcal{F}_T]^{\frac{1}{2}}\|_\infty\},$$

where T runs through all stopping times. (For unexplained notation we refer to the end of the introduction and to [K 94]).

1.1 Theorem. *Let M be a continuous, real-valued martingale in $BMO, M_0 = 0$. For $\varepsilon > 0$, we can find a finite increasing sequence*

$$0 = T_0 \leq T_1 \leq \cdots \leq T_N \leq T_{N+1} = \infty$$

of stopping times such that

$$\|{}^{T_n}M^{T_{n+1}}\|_{BMO_2} < \varepsilon \qquad n = 0, \cdots, N$$

if and only if

$$d_{BMO_2}(M, H^\infty) < \varepsilon.$$

1.2 Corollary. *Under the assumptions of theorem 1.1 we have that $M \in \overline{H^\infty}^{\|\cdot\|_{BMO}}$ iff, for each $\varepsilon > 0$, there are stopping times $0 = T_0^\varepsilon \leq T_1^\varepsilon \leq \cdots T_{N(\varepsilon)}^\varepsilon \leq T_{N(\varepsilon)+1}^\varepsilon = \infty$ such that*

$$\|{}^{T_n^\varepsilon}M^{T_{n+1}^\varepsilon}\|_{BMO} < \varepsilon \qquad n = 0, \cdots, N(\varepsilon).$$

The corollary might be compared to the (trivial) statement, that M is in BMO iff for each $\varepsilon > 0$ we may decompose M into $M = \sum_{n=0}^{N(\varepsilon)} M_n$, such that each M_n satisfies $\|M_n\|_{BMO} < \varepsilon$. The flavor of the situation described by corollary 1.2 is that we require that the decomposition of M should be obtained from a partition of $\Omega \times \mathbb{R}_+$ into finitely many stochastic intervals.

We prove theorem 1.1 in section 2 below and in section 3 we construct the counter-example mentioned above. In fact, this example contains much of the motivation and intuition for theorem 1.1.

Let us also mention that the construction of this example is similar in spirit to example 3.12 in [DMSSS 95].

In section 4 we deal with two other problems on BMO-martingales raised in [K 94] and which are not related to H^∞. We show that, given a continuous martingale M and $1 < p < \infty$, then $p < a(M)$ implies that $\mathcal{E}(M)$ satisfies the reverse Hölder condition R_p (prop. 4.1). This answers positively the question raised in ([K 94], p.68)[1]. We also give a positive answer to the question raised in ([K 94], p. 63): if $\hat{\mathbb{P}}$ is a measure equivalent to $\mathbb{P}$ with continuous density process $\mathbb{E}[\frac{d\hat{\mathbb{P}}}{d\mathbb{P}}|\mathcal{F}_t]$, then the Girsanov-transformation induces an isomorphism between $BMO(\mathbb{P})$ and $BMO(\hat{\mathbb{P}})$

[1] See, however, the note added at the end of this paper and the subsequent paper by P. Grandits.

if and only if the density process is the exponential of a BMO-martingale (prop. 4.3).

This note is based on and motivated by the highly informative recent survey of N. Kazamaki [K 94], to which we refer for unexplained notation.

We also use the following standard notation. If M is a martingale and T a stopping time we denote by M^T the martingale "stopped at time T", i.e.,

$$M_t^T = M_{t\wedge T}$$

and by ${}^TM$ the martingale "started at time T", i.e.,

$${}^TM = M - M^T.$$

Throughout this note we shall assume that $M = (M_t)_{t\in\mathbb{R}_+}$ is a continuous real-valued martingale, $M_0 = 0$, based on a filtered probability space $(\Omega, \mathcal{F}, (\mathcal{F}_t)_{t\in\mathbb{R}_+}, \mathbb{P})$ satisfying the "usual conditions" of completeness and right continuity. We do not, however, assume any kind of left-continuity of the filtration $(\mathcal{F}_t)_{t\in\mathbb{R}_+}$.

2. The BMO-distance from H^∞

This section is devoted to the proof of theorem 1.1. We denote, for $1 \leq p < \infty$, by $d_p(M, H^\infty)$ the distance of the continuous BMO-martingale M to H^∞ with respect to the norm of $BMO_p(\mathbb{P})$. We start with the easy implication.

2.1 PROOF OF NECESSITY IN THEOREM 1.1. Let us assume $d_2(M, H^\infty) < \varepsilon$, so that $M = Y + Z$, where Y, Z are continuous martingales, $Y_0 = Z_0 = 0$, $Y \in H^\infty$ and $\|Z\|_{BMO_2} < \varepsilon$.

For $0 < \eta < \varepsilon - \|Z\|_{BMO_2}$ define the stopping times T_n inductively by $T_0 = 0$ and

$$T_n = \inf\{t > T_{n-1} \mid \langle Y\rangle_t - \langle Y\rangle_{T_{n-1}} \geq \eta^2\}.$$

It is obvious that after at most $\eta^{-2}\|Y\|^2_{H^\infty}$ steps we arrive at $T_n \equiv \infty$ and that $\|{}^{T_n}M^{T_{n+1}}\|_{BMO_2} \leq \|{}^{T_n}Y^{T_{n+1}}\|_{BMO_2} + \|{}^{T_n}Z^{T_{n+1}}\|_{BMO_2} < \varepsilon$. □

For the reverse implication we need a preparatory result.

2.2 Lemma. *Let T be a stopping time and X a continuous martingale in BMO which vanishes before T, i.e., $X = {}^TX$.*

For $C \in \mathbb{R}_+$ let

$$T_C = \inf\{t \mid \langle X\rangle_t \geq C\},$$

and define $Y = X^{T_C}$, $Z = {}^{T_C}X$ so that $X = Y + Z$. Then $Y \in H^\infty$ and Z satisfies

$$\mathbb{E}[\langle Z\rangle_\infty \mid \mathcal{F}_T] \leq \frac{\|X\|^4_{BMO_2}}{C} \qquad \text{(a.s.)}$$

PROOF. We only have to show the final inequality. Note that

$$\mathbb{E}[\langle Z\rangle_\infty \mid \mathcal{F}_{T_C}] \leq \mathbb{E}[\langle X\rangle_\infty - \langle X\rangle_{T_C} \mid \mathcal{F}_{T_C}] \leq \|X\|^2_{BMO_2} \qquad \text{(a.s.)}$$

and that

$$\{\mathbb{E}[\langle Z\rangle_\infty|\mathcal{F}_{T_C}]>0\} \subseteq \{T_C<\infty\}$$
$$\subseteq \{\langle X\rangle_{T_C}=C\}.$$

Whence

$$\mathbb{E}[\langle Z\rangle_\infty|\mathcal{F}_{T_C}] \le \|X\|^2_{BMO_2}\cdot\frac{\langle X\rangle_{T_C}}{C}$$
$$\le \frac{\|X\|^2_{BMO_2}}{C}\cdot\mathbb{E}[\langle X\rangle_\infty|\mathcal{F}_{T_C}]. \qquad \text{(a.s.)}$$

Taking conditional expectations and using $\mathbb{E}[\langle X\rangle_\infty|\mathcal{F}_T]\le\|X\|^2_{BMO_2}$ we get

$$\mathbb{E}[\langle Z\rangle_\infty|\mathcal{F}_T]\le\frac{\|X\|^4_{BMO_2}}{C}. \quad \square \qquad \text{(a.s.)}$$

2.3 PROOF OF SUFFICIENCY IN THEOREM 1.3. Suppose that there is a finite increasing sequence $0=T_0\le T_1\le\cdots\le T_N\le T_{N+1}=\infty$ of stopping times such that

$$\|{}^{T_n}M^{T_{n+1}}\|_{BMO_2}<\varepsilon \qquad n=0,\cdots,N.$$

We apply lemma 2.2 to each ${}^{T_n}M^{T_{n+1}}$, with $C > N\varepsilon^4/\eta$ where $\eta=\varepsilon^2-\max(\|{}^{T_n}M^{T_{n+1}}\|^2_{BMO_2})$, to find a decomposition

$${}^{T_n}M^{T_{n+1}}=Y_n+Z_n$$

with $Y_n\in H^\infty$ and

$$\mathbb{E}[\langle Z_n\rangle_\infty|\mathcal{F}_{T_n}]<\frac{\|{}^{T_n}M^{T_{n+1}}\|^4_{BMO_2}}{C}<\eta/N. \qquad (1)$$

Note that $Y_n={}^{T_n}Y^{T_{n+1}}$ and $Z_n={}^{T_n}Z^{T_{n+1}}$. Letting

$$Y=\sum_{n=0}^N Y_n \quad\text{and}\quad Z=\sum_{n=0}^N Z_n$$

we clearly have that $Y\in H^\infty$. The crucial point is to show that

$$\|Z\|_{BMO_2}<\varepsilon, \qquad (2)$$

which will finish the proof. To show (2) it suffices to show

$$\mathbb{E}[\langle Z\rangle_\infty-\langle Z\rangle_U|\mathcal{F}_U]<\varepsilon^2 \qquad (3)$$

for each stopping time U such that there is some $0\le n\le N$ for which we have

$$T_n\le U\le T_{n+1}.$$

We then may estimate

$$\mathbb{E}[\langle Z\rangle_\infty - \langle Z\rangle_U|\mathcal{F}_U] \leq \mathbb{E}[\langle Z\rangle_{T_{n+1}} - \langle Z\rangle_U|\mathcal{F}_U] + \sum_{j=n+1}^{N} \mathbb{E}[\langle Z\rangle_{T_{j+1}} - \langle Z\rangle_{T_j}|\mathcal{F}_U]$$

From (1) we infer that, for $j \geq n+1$,

$$\mathbb{E}[\langle Z\rangle_{T_{j+1}} - \langle Z\rangle_{T_j}|\mathcal{F}_U] = \mathbb{E}[\mathbb{E}[\langle Z\rangle_{T_{j+1}} - \langle Z\rangle_{T_j}|\mathcal{F}_{T_j}]|\mathcal{F}_U] \leq \eta/N,$$

which gives

$$\mathbb{E}[\langle Z\rangle_\infty - \langle Z\rangle_U|\mathcal{F}_U] \leq \|{}^{T_n}M^{T_{n+1}}\|^2_{BMO_2} + N(\eta/N) < \varepsilon^2,$$

showing (3) and finishing the proof. □

We end this section by indicating how to obtain a sequence $(T_n)_{n=0}^{N+1}$ of stopping times, satisfying the requirements of theorem 1.1, by backward induction.

2.4 Lemma. *For a martingale $M \in BMO$ and $\varepsilon > 0$ denote by $\mathcal{T}$ the family of all stopping times T such that*

$$\|{}^TM\|_{BMO_2} \leq \varepsilon$$

Then there exists a minimal element $\hat{T} \in \mathcal{T}$, in the sense that, for each $T \in \mathcal{T}$, we have $T \geq \hat{T}$ almost surely.

PROOF. First observe that $T_1, T_2 \in \mathcal{T}$ implies that $T_1 \wedge T_2 \in \mathcal{T}$. Indeed $\|{}^{T_1\wedge T_2}M\mathbb{1}_{\{T_1\leq T_2\}}\|_{BMO_2} = \|{}^{T_1}M\mathbb{1}_{\{T_1\leq T_2\}}\|_{BMO_2} \leq \varepsilon$ and similarly $\|{}^{T_1\wedge T_2}M\mathbb{1}_{\{T_2\leq T_1\}}\|_{BMO_2} \leq \varepsilon$. It follows from the definition of the norm $\|\cdot\|_{BMO_2}$ that this implies that $\|{}^{T_1\wedge T_2}M\|_{BMO_2} \leq \varepsilon$.

Now it is a standard exhaustion argument to show that there is a decreasing sequence $(T_j)_{j=1}^\infty$ in $\mathcal{T}$ such that, for every $C \in \mathbb{R}_+$ and $T \in \mathcal{T}$,

$$\lim_{j\to\infty} (\mathbb{P}\otimes\lambda)]\!]T\wedge C, C]\!]\backslash]\!]T_j\wedge C, C]\!] = 0$$

where λ denotes Lebesgue-measure on $\mathbb{R}_+$.

As we assumed that the filtration $(\mathcal{F}_t)_{t\in\mathbb{R}_+}$ is right continuous we get that

$$\hat{T} = \inf_j T_j$$

is a stopping time and obviously this is the desired minimal element. □

Lemma 2.4 may be used to determine whether $d_2(M, H^\infty) \leq \varepsilon_0$, for $\varepsilon_0 \geq 0$ and a given continuous martingale $M \in BMO$. For $\varepsilon > \varepsilon_0$ define ${}_1T$ as in lemma 2.4 to be the smallest stopping time such that $\|{}^{{}_1T}M\|_{BMO_2} \leq \varepsilon$. Then apply lemma 2.4 to $M^{{}_1T}$ to find a smallest stopping time ${}_2T$ such that $\|{}^{{}_2T}M^{{}_1T}\|_{BMO_2} \leq \varepsilon$. Continuing in an obvious way the process either arrives after finitely many steps at the stopping time zero or we have ${}_nT \not\equiv 0$, for each $n \in \mathbb{N}$. Obviously the first alternative holds true for each $\varepsilon > \varepsilon_0$, iff $d_2(M, H^\infty) \leq \varepsilon_0$.

Finally we remark that we have proved and stated the "isometric" theorem 1.1 in terms of the norm of BMO_2. If we define the norm $\|\cdot\|_{BMO_p}$, for $1 \leq p < \infty$, as the smallest constant C for which

$$\sup_T \mathbb{E}[(\langle M\rangle_\infty - \langle M\rangle_T)^{\frac{p}{2}}|\mathcal{F}_T]^{\frac{1}{p}} \leq C,$$

then an inspection of the above proofs shows that theorem 1.1 also holds true with BMO_2 replaced by BMO_p.

3. A martingale which is not in the BMO-closure of H^∞

In this section we give an example which will provide some motivation and intuition for theorem 1.1 above and also answer negatively two questions of N. Kazamaki ([K 94], p.48 and 70).

As in ([K 94], p.70) we define for an L^2-bounded martingale M the martingale

$$q(M) = \mathbb{E}[\langle M\rangle_\infty|\mathcal{F}_t] - \mathbb{E}[\langle M\rangle_\infty|\mathcal{F}_0]. \tag{1}$$

N. Kazamaki has asked, whether $q(M) \in \overline{L^\infty}^{\|\cdot\|_{BMO}}$ implies that $M \in \overline{H^\infty}^{\|\cdot\|_{BMO}}$; similarly, he raised the question whether $b(M) = \infty$ implies that $M \in \overline{H^\infty}^{\|\cdot\|_{BMO}}$. Both conjectures turn out to be wrong.

3.1 Example. *There is a continuous real-valued martingale M defined on the natural base $(\Omega, \mathcal{F}, (\mathcal{F}_t)_{t\in\mathbb{R}_+}, \mathbb{P})$ of a standard Brownian motion W with the following properties.*

(i) *M is not in $\overline{H^\infty}^{\|\cdot\|_{BMO}}$.*

(ii) *$a(M) = b(M) = a(q(M)) = b(q(M)) = \infty$. Whence M as well as $q(M)$ are in $\overline{L^\infty}^{\|\cdot\|_{BMO}}$ and $\mathcal{E}(M)$ as well as $\mathcal{E}(-M)$ satisfy (A_p), for each $1 < p < \infty$ ([K 94], th. 2.8 and 3.11).*

PROOF. We shall first define a martingale N and then find a martingale M such that we obtain $N = q(M)$ via (1) above.

Fix a sequence $(\alpha_n)_{n=0}^\infty$ tending sufficiently fast to zero. For example, we may choose $\alpha_n = 2^{-2^n}$.

Let W be a standard Brownian motion and define the martingale differences of N on the odd intervals $([2n, 2n+1])_{n=0}^\infty$ by

$$N_t - N_{2n} = (W_t - W_{2n})^{T_n} \qquad t \in [2n, 2n+1]$$

where the stopping time T_n is defined by

$$T_n = \inf\{t \geq 2n \,|\, W_t - W_{2n} = 1 \text{ or } -\alpha_n\}.$$

We finish the definition of N by letting $N_0 = 0$ and letting N be constant on the even intervals $([2n+1, 2n+2])_{n=0}^\infty$.

We now are ready to define the martingale M by specifying its martingale differences on the even intervals: for $n \geq 0$ let

$$M_t - M_{2n+1} = (N_{2n+1} - N_{2n} + \alpha_n)^{\frac{1}{2}}(W_t - W_{2n+1}) \qquad t \in [2n+1, 2n+2].$$

Defining again $M_0 = 0$ and letting M be constant on the odd intervals $([2n, 2n+1])_{n=0}^\infty$ we complete the definition of M.

First note that $q(M) = N$. Indeed,

$$\langle M\rangle_\infty = \sum_{n=0}^\infty (N_{2n+1} - N_{2n} + \alpha_n),$$

so that

$$\begin{aligned} q(M)_t &= \mathbb{E}[\langle M\rangle_\infty|\mathcal{F}_t] - \mathbb{E}[\langle M\rangle_\infty|\mathcal{F}_0] \\ &= \sum_{n=0}^{\infty}(N_{t\wedge(2n+1)} - N_{t\wedge 2n} + \alpha_n) - \sum_{n=0}^{\infty}\alpha_n \\ &= N_t. \end{aligned}$$

Let us now show that (i) and (ii) are satisfied.

(ii) We shall show that $b(M) = \infty$. Note that, for $b > 0$,

$$\begin{aligned} \mathbb{E}[\exp(b\langle M\rangle_\infty)] &= \mathbb{E}[\exp(b\sum_{n=0}^{\infty}(N_{2n+1} - N_{2n} + \alpha_n))] \\ &= \prod_{n=0}^{\infty}\mathbb{E}[\exp(b(N_{2n+1} - N_{2n} + \alpha_n))]. \end{aligned}$$

If $(\alpha_n)_{n=1}^\infty$ tends sufficiently fast to zero, e.g. $\alpha_n = 2^{-2^n}$, we obtain that this infinite product is finite for every $b \in \mathbb{R}_+$.

Similarly, for $k \geq 0$ and $t \in [2k, 2k+2]$ we get

$$\begin{aligned} &\mathbb{E}[\exp(b(\langle M\rangle_\infty - \langle M\rangle_t))|\mathcal{F}_t] \\ &\quad = \mathbb{E}[\exp(b(\langle M\rangle_\infty - \langle M\rangle_{2k+2}))]\cdot\mathbb{E}[\exp(b(\langle M\rangle_{2k+2} - \langle M\rangle_t))|\mathcal{F}_t] \\ &\quad \leq \prod_{n=k+1}^{\infty}\mathbb{E}[\exp(b(N_{2n+1} - N_{2n} + \alpha_n))]\cdot\exp(b), \end{aligned}$$

which clearly is uniformly bounded in t, for each $b > 0$. This readily shows that $b(M) = \infty$. (Note that it makes no difference whether we consider conditional expectations with respect to $\mathcal{F}_t$, for each $t \in \mathbb{R}_+$, or with respect to $\mathcal{F}_T$, for every stopping time T, in the above estimate).

The verifications of $a(M) = a(q(M)) = b(q(M)) = \infty$ are similar and left to the reader.

(i) We shall show that $d_2(M, H^\infty) \geq 1$. Assuming the contrary we could find, by theorem 1.1, a finite sequence $(T_n)_{n=0}^{N+1}, 0 = T_0 \leq T_1 \leq \cdots \leq T_{N+1} = \infty$ such that

$$\|{}^{T_n}M^{T_{n+1}}\|_{BMO_2} < 1 \qquad n = 0, \cdots, N.$$

We shall verify inductively that

$$\text{(2)} \qquad \mathbb{P}[T_n \leq 2n] > 0 \qquad n = 0, \cdots, N+1$$

which will give the desired contradiction.

The assertion is true for $n = 0$; let us assume it holds true for n and let

$$A_n = \{T_n \leq 2n\},$$

which is an element of $\mathcal{F}_{2n}$. The set

$$B_n = A_n \cap \{N_{2n+1} - N_{2n} = 1\}$$

is in $\mathcal{F}_{2n+1}$ and still has strictly positive measure.

Suppose now that $T_{n+1} \geq 2n + 2$ a.s., so that

$$^{T_n \vee (2n+1)}M^{T_{n+1} \wedge (2n+2)} \mathbb{1}_{B_n} = {}^{2n+1}M^{2n+2} \mathbb{1}_{B_n}$$

would be a martingale of BMO_2-norm less than 1. But this is absurd as

$$\| {}^{2n+1}M^{2n+2} \mathbb{1}_{B_n} \|_{BMO_2}^2 \geq \mathbb{P}[B_n]^{-1} \cdot \mathbb{E}[(\langle M \rangle_{2n+2} - \langle M \rangle_{2n+1}) \mathbb{1}_{B_n}] = 1,$$

a contradiction showing (2) and thus finishing the proof. □

3.2 REMARK.

(1) Let us note that in the above example we even have that

$$\sup_T \mathbb{E}[\exp((b(\langle M \rangle_\infty - \langle M \rangle_T)^{\frac{p}{2}}) | \mathcal{F}_T] < \infty,$$

for each $b > 0$ and $0 < p < \infty$. This indicates that there seems to be little hope to find a characterisation of $\overline{H^\infty}^{\|\cdot\|_{BMO}}$ similar to the Garnett-Jones theorem.

(2) It turns out, that $N = q(M)$ too is not in $\overline{H^\infty}^{\|\cdot\|_{BMO}}$. The proof is similar to the above proof that $M \notin \overline{H^\infty}^{\|\cdot\|_{BMO}}$.

One also can show that $q(q(M))$ satisfies $a(q(q(M))) = b(q(q(M))) = \infty$ and more generally, denoting by $N^{(k)}$ the k-th iteration $q(q(\cdots q(M) \cdots))$ then we have that $N^{(k)} \notin \overline{H^\infty}^{\|\cdot\|_{BMO}}$ while $a(N^{(k)}) = b(N^{(k)}) = \infty$.

Having made this observation it also becomes clear that we could have constructed the example of a martingale N as above without introducing M and without splitting $\mathbb{R}_+$ into odd and even intervals. But, for expository reasons, we preferred to present the example in terms of the "announcing" martingale N and the "running" martingale M.

4. Solution of two other questions of Kazamaki

4.1 Proposition. *Let M be a continuous real-valued martingale in BMO and define, as above,*

$$a(M) = \sup\{a \in \mathbb{R}_+ | \sup_T \| \mathbb{E}[\exp(a|M_\infty - M_T|) | \mathcal{F}_T] \|_\infty < \infty\}.$$

Then, for $1 < p < a(M)$, the exponential $\mathcal{E}(M)$ satisfies the reverse Hölder condition $(R_p(\mathbb{P}))$.

PROOF. Let $1 < a < a(M)$ and set $a = p$. We have to show that

$$\sup_T \|\mathbb{E}[\mathcal{E}(^T M)^p_\infty | \mathcal{F}_T]\|_\infty < \infty$$

where T runs through all stopping times. For T fixed, we get

$$\mathbb{E}[\mathcal{E}(^T M)^p_\infty | \mathcal{F}_T] = \mathbb{E}[(\exp(M_\infty - M_T - \frac{1}{2}(\langle M\rangle_\infty - \langle M\rangle_T)))^p | \mathcal{F}_T]$$

$$= \mathbb{E}[(\exp(M_\infty - M_T - \frac{1}{2}(\langle M\rangle_\infty - \langle M\rangle_T)))^p \cdot \mathbb{I}_{\{M_\infty \geq M_T\}} | \mathcal{F}_T]$$

$$+\mathbb{E}[(\exp(M_\infty - M_T - \frac{1}{2}(\langle M\rangle_\infty - \langle M\rangle_T)))^p \cdot \mathbb{I}_{\{M_\infty < M_T\}} | \mathcal{F}_T]$$

$$\leq \mathbb{E}[\exp(p|M_\infty - M_T|) | \mathcal{F}_T] + 1.$$

By assumption the last expression is uniformly bounded which readily proves that $\mathcal{E}(M)$ satisfies $R_p(\mathbb{P})$. □

4.2 Remark. *(1) The proposition answers the question raised in ([K 94], p.68), (see, however, the note added at the end of this paper and the subsequent paper by P. Grandits): By the Garnett-Jones theorem in its martingale version (N. Varopoulos and M. Emery, [K 94], th. 2.8) we get, for a continuous real-valued martingale $M \in BMO$, the implication $p < (4d_1(M, L^\infty))^{-1} \Rightarrow \mathcal{E}(M)$ satisfies $R_p(\mathbb{P})$.*

(2) There is no reverse to the proposition, i.e., a control on $R_p(\mathbb{P})$ for $\mathcal{E}(M)$ does not imply a control on $a(M)$.

To see this, simply remark that $M \in BMO$ implies that $R_p(\mathbb{P})$ holds true for some $p > 1$ while $a(M)$ may become arbitrarily close to zero.

We now turn to the conjecture raised in ([K 94], p.63) which will turn out to hold true.

Let M be a real-valued continuous local martingale, such that $\mathcal{E}(M)$ is uniformly integrable, and denote by $\hat{\mathbb{P}}$ the probability measure with density $\frac{d\hat{\mathbb{P}}}{d\mathbb{P}} = \mathcal{E}(M)_\infty$. To each continuous real-valued local $\mathbb{P}$-martingale X we associate the local $\hat{\mathbb{P}}$-martingale $\hat{X} = -X + \langle X, M\rangle$ and we denote this map by $\phi : \mathcal{L}(\mathbb{P}) \to \mathcal{L}(\hat{\mathbb{P}})$ (see [K 94], p.62).

4.3 Proposition. *If $M \notin BMO(\mathbb{P})$, then ϕ does not map $BMO(\mathbb{P})$ into $BMO(\hat{\mathbb{P}})$.*

PROOF. We shall use the norm $\|\cdot\|_{BMO_2}$ in the subsequent calculations. Fix a standard Brownian motion $W = (W_t)_{t\in\mathbb{R}_+}$.

Step 1: In order to make the idea of the proof transparent we first assume that M simply equals $W^{T_N} = (W_t^{T_N})_{t\in\mathbb{R}_+}$ where T_N denotes the stopping time

$$T_N = \inf\{t : \mathcal{E}(W)_t = 2^N\},$$

where $N \in \mathbb{N}$ will be specified below.

For $n = 0, \cdots, N$ denote

$$T_n = \inf\{t : \mathcal{E}(W)_t = 2^n\},$$

and note that $\mathbb{P}[T_n < \infty] = 2^{-n}$.

The measure $\hat{\mathbb{P}}$ then is given by $\frac{d\hat{\mathbb{P}}}{d\mathbb{P}} = \mathcal{E}(M)_\infty = 2^N \cdot \mathbb{I}_{\{T_N < \infty\}}$.

Define the $\mathbb{P}$-martingale $X^{(N)}$ by

$$X^{(N)} = \sum_{n=1}^{N-1} X^n, \qquad \text{where } X^n = {}^{T_{n-1}}W^{(T_{n-1}+1)\wedge T_n}.$$

Note that the $BMO_2(\mathbb{P})$-norm of $X^{(N)}$ is bounded by $\sqrt{2}$, for all $N \in \mathbb{N}$. Indeed, let us first calculate the $L^2(\mathbb{P})$ norm of $X^{(N)}$:

$$\begin{aligned}
\|X^{(N)}\|^2_{L^2(\mathbb{P})} &= \sum_{n=1}^{N-1} \mathbb{E}\left[(T_{n-1}+1) \wedge T_n - T_{n-1}\right] \\
&\leq \sum_{n=1}^{N-1} \mathbb{E}\left[(T_{n-1}+1) - T_{n-1}\right] \\
&= \sum_{n=1}^{N-1} 2^{-n+1} \leq 2.
\end{aligned}$$

In a completely analogous way we obtain, for every $0 \leq j \leq N-1$

$$\mathbb{E}\left[\langle X^{(N)}\rangle_\infty - \langle X^{(N)}\rangle_{T_j} | \mathcal{F}_{T_j}\right] \leq 2 \qquad \text{(a.s.,)}$$

and a moment's reflexion reveals that the above estimate also holds true if we replace T_j above by an arbitrary stopping time T, whence

$$\|X^{(N)}\|^2_{BMO_2(\mathbb{P})} \leq 2.$$

On the other hand, the $BMO(\hat{\mathbb{P}})$-norm of $\hat{X}^{(N)}$ tends to infinity as $N \to \infty$. Indeed

$$\begin{aligned}
\mathbb{E}_{\hat{\mathbb{P}}}[\langle \hat{X}^{(N)}\rangle_\infty] &= \mathbb{E}_{\hat{\mathbb{P}}}[\sum_{n=1}^{N-1} \langle X^n\rangle_{T_n} - \langle X^n\rangle_{T_{n-1}}] \\
&= \sum_{n=1}^{N-1} \mathbb{E}_{\hat{\mathbb{P}}}[\langle X^n\rangle_{T_n} - \langle X^n\rangle_{T_{n-1}}] \\
&= (N-1)\mathbb{E}_{\hat{\mathbb{P}}}[\langle X^1\rangle_{T_1} - \langle X^1\rangle_{T_0}],
\end{aligned}$$

the last equality being a consequence of the homogeneity of the definition of $X^{(N)}$. Indeed, under $\hat{\mathbb{P}}$, the distribution of the random variables $\langle X^n\rangle_{T_n} - \langle X^n\rangle_{T_{n-1}} = (T_{n-1}+1) \wedge T_n - T_{n-1}$ is identical for $n = 1, \ldots, N-1$.

Summing up what we have shown in step 1: If $M = W^{T_N}$ then there are martingales $X^{(N)}$ as above such that the ratio $\|X^{(N)}\|_{BMO_2(\hat{\mathbb{P}})}/\|X^{(N)}\|_{BMO_2(\mathbb{P})}$ tends to infinity as $N \to \infty$.

Step 2: Now suppose that $M = W^T$, i.e., Brownian motion stopped at some stopping time T. Recall that we also assume that $\mathcal{E}(M)$ is uniformly integrable. We shall show that, for every constant $C > 0$, there is $K > 0$, $\varepsilon > 0$ and $N \in \mathbb{N}$ such that the inequality

$$\mathbb{P}[T \geq K] \geq 1 - \varepsilon$$

implies that there is a martingale X of the form

$$X = \sum_{n=1}^{N-1} {}^{T_{n-1}\wedge T}W^{(T_{n-1}+1)\wedge T_n \wedge T}$$

such that

$$\|X\|^2_{BMO_2(\hat{\mathbb{P}})}/\|X\|^2_{BMO_2(\mathbb{P})} \geq C.$$

Indeed, define $(T_n)_{n=0}^N$ as in step 1, where we choose, with the notation of step 1, N sufficiently big so that

$$\mathbb{E}_{\mathbb{P}}[\langle X^{(N)}\rangle_\infty \cdot \mathcal{E}(W)_{T_N}]/\|X^{(N)}\|^2_{BMO_2(\mathbb{P})} \geq 2Cc^2,$$

where $c > 0$ is the bound on the $BMO(\mathbb{P})$-norm of $X^{(N)}$ obtained in step 1.

Then the martingale X defined above equals just $X^{(N)}$ stopped at time T. Clearly

$$\|X\|^2_{BMO_2(\mathbb{P})} \leq \|X^{(N)}\|^2_{BMO_2(\mathbb{P})},$$

the latter being bounded by the uniform constant c^2.

On the other hand,

$$\begin{aligned}\|X\|^2_{BMO_2(\hat{\mathbb{P}})} &\geq \mathbb{E}_{\hat{\mathbb{P}}}[\langle X\rangle_\infty] \\ &= \mathbb{E}_{\mathbb{P}}[\langle X\rangle_\infty \mathcal{E}(M)_T] \\ &= \mathbb{E}_{\mathbb{P}}[\langle X\rangle_{T\wedge T_N} \mathcal{E}(M)_{T\wedge T_N}].\end{aligned}$$

If $K \to \infty$ and $\varepsilon \to 0$, then this expression converges to $\mathbb{E}_{\mathbb{P}}[\langle X^{(N)}\rangle_{T_N} \mathcal{E}(W)_{T_N}]$ hence, for $K > 0$ sufficiently big and $\varepsilon > 0$ sufficiently small, we obtain

$$\|X\|^2_{BMO_2(\hat{\mathbb{P}})}/\|X\|^2_{BMO_2(\mathbb{P})} \geq C.$$

Step 3: We now pass to the general case. Let M be a continuous real-valued local martingale such that $\mathcal{E}(M)$ is uniformly integrable and such that $M \notin BMO(\mathbb{P})$. We shall show that, for every $C > 0$, there is a martingale X in $BMO(\mathbb{P})$, which is a stochastic integral on M, i.e., $X = H \cdot M$, where the predictable integrand H assumes only the values 0 and 1, such that

$$\|X\|^2_{BMO_2(\hat{\mathbb{P}})}/\|X\|^2_{BMO_2(\mathbb{P})} \geq C.$$

This will readily imply the assertion of the proposition (by the closed graph theorem).

Let $K = K(C) > 0$ and $\varepsilon = \varepsilon(C) > 0$ be the constants given by step 2. As $M \notin BMO(\mathbb{P})$ we may find a stopping time $U, \mathbb{P}[U < \infty] > 0$ such that

$$\mathbb{P}[\langle M\rangle_\infty - \langle M\rangle_U \geq K|\mathcal{F}_U] \geq 1-\varepsilon \qquad \text{a.s. on } \{U<\infty\}.$$

(see, e.g., [RY]).

Now we are exactly in the situation of step 2: Define the stopping times $(T_n)_{n=0}^N$, where the number $N = N(C)$ is given by step 2, by $T_0 = U$ and

$$T_n = \inf\{t|\mathcal{E}(^U M)_t \geq 2^n\},$$

where $^U M = M - M^U$ is the martingale M starting at U. Define the stopping times $(S_n)_{n=0}^{N-1}$ by

$$S_n = \inf\{t \geq T_n | \langle M\rangle_t - \langle M\rangle_{T_n} \geq 1\} \wedge T_{n+1}$$

and the martingale X by

$$X = \sum_{n=0}^{N-1} \mathbb{1}_{]T_n, S_n]} \cdot M.$$

The arguments of step 2 imply that

$$\mathbb{E}_{\hat{\mathbb{P}}}[\langle X\rangle_\infty - \langle X\rangle_U|\mathcal{F}_U]/\|X\|^2_{BMO_2(\mathbb{P})} \geq C \quad \text{a.s. on } \{U<\infty\}$$

and, in particular

$$\|X\|^2_{BMO_2(\hat{\mathbb{P}})}/\|X\|^2_{BMO_2(\mathbb{P})} \geq C \quad \square$$

4.4 Remark. *The condition that $\mathcal{E}(M)$ is uniformly integrable can be omitted if we are careful to give $\|\cdot\|_{BMO_2(\hat{\mathbb{P}})}$ a proper meaning. If we only assume that M is a real-valued continuous local martingale let $(T_n)_{n=1}^\infty$ be an increasing sequence of stopping times tending to infinity which localizes the local martingale $\mathcal{E}(M)$. Denote by $\hat{\mathbb{P}}_n$ the probability measure on $\mathcal{F}_{T_n}$ with density $\frac{d\hat{\mathbb{P}}_n}{d\mathbb{P}_n} = \mathcal{E}(M)_{T_n}$ and define, for a local martingale X, the sequence $c_n = \|X^{T_n}\|_{BMO_2(\hat{\mathbb{P}}_n)}$. Then $(c_n)_{n=1}^\infty$ is an increasing sequence in $[0,\infty]$ and if we replace $\|X\|^2_{BMO_2(\hat{\mathbb{P}})}$ by $\lim_{n\to\infty} c_n$ then the assertion of the proposition remains valid.*

NOTE ADDED IN PROOF. After this paper has been finished and accepted for publication I received some comments from N. Kazamaki and M. Kikuchi. They pointed out that there was a mis-understanding with respect to the question raised in ([K], p.68): we have shown in proposition 4.1 and remark 4.2 above that, letting

$$\hat{\Phi}(p) = (4p)^{-1},$$

we have

$$d_1(M, L^\infty) < \hat{\Phi}(p) \Rightarrow \mathcal{E}(M) \text{ satisfies } R_p(\mathbb{P}).$$

However, the proper understanding of the problem posed in ([K], p.68) pertains to the question, whether there exists a function $\Phi : (1,\infty) \to (0,\infty)$ satisfying $\lim_{p\to 1} \Phi(p) = \infty$ such that the above implication holds true with $\hat{\Phi}$ replaced by Φ. The result given in proposition 4.1 above therefore is not satisfactory, as $\hat{\Phi}$ has its singularity at $p = 0$ instead of $p = 1$.

The (properly understood) question of N. Kazamaki ([K], p.68) ultimately was solved negatively by P. Grandits and his counterexample is presented in the subsequent paper : On a conjecture of Kazamaki.

References

[DMSSS 94]. F. Delbaen, P. Monat, W. Schachermayer, M. Schweizer, C. Stricker, *Inégalités de normes avec Poids et Fermeture d'un Espace d'Intégrales Stochastiques*, CRAS, Paris **319**, **Série I** (1994), 1079 — 1081.

[DMSSS 95]. F. Delbaen, P. Monat, W. Schachermayer, M. Schweizer, C. Stricker, *Weighted Norm Inequalities and Closedness of a Space of Stochastic Integrals*, preprint, (1995), 45p.

[DM 79]. C. Doléans-Dade, P.A. Meyer, *Inégalités de normes avec poids*, Séminaire de Probabilités XIII, Springer Lecture Notes in Mathematics **721** (1979), 313 — 331.

[K 94]. N. Kazamaki, *Continuous Exponential Martingales and BMO*, Springer Lecture Notes in Mathematics **1579** (1994).

[RY 91]. D. Revuz, M. Yor, *Continuous Martingales and Brownian Motion*, Springer, Berlin-Heidelberg-New York, (1991).

INSTITUT FÜR STATISTIK DER UNIVERSITÄT WIEN, BRÜNNERSTRASSE 72, A-1210 WIEN, AUSTRIA.

E-mail: wschach@stat1.bwl.univie.ac.at

On a conjecture of Kazamaki

Peter Grandits*
Institut für Statistik
Universität Wien
Brünnerstraße 72,A-1210 Wien
Austria

1 Introduction

The aim of this paper is to answer a question posed by N. Kazamaki in ([1],p.68) :

Does there exist a continuous decreasing function $\Phi : (1,\infty) \to (0,\infty)$, which satisfies the implication

$$d_2(M, L_\infty) < \Phi(p) \Rightarrow \mathcal{E}(M) \text{ satisfies } (R_p) \qquad \forall p > 1$$

obeying

$$lim_{p\to 1}\Phi(p) = +\infty \qquad lim_{p\to +\infty}\Phi(p) = 0 \quad ?$$

Here d_2 denotes the distance induced by the BMO_2-norm, which is defined as $\|M\|^2_{BMO_2} = sup_T\{\|\mathbb{E}[\langle M\rangle_\infty - \langle M\rangle_T|\mathcal{F}_T]\|_\infty\}$, M is a continuous BMO-martingale, L_∞ stands for the space of uniformly bounded martingales and (R_p) means the validity of the reverse Hölder inequality:

$$\mathcal{E}(M) \text{ satisfies } (R_p) \Leftrightarrow \mathbb{E}[\mathcal{E}(M)^p_\infty|\mathcal{F}_T] \leq C_p\mathcal{E}(M)^p_T \qquad a.s.$$

for every stopping time T, with a constant C_p depending only on p.

There are two partial answers to this question. One has been given by W. Schachermayer in ([2], rem. 4.2). He explicitly constructs a function Φ, obeying all conditions except the left boundary condition $\Phi(1+) = \infty$. The other result, given by Kazamaki himself in ([1], Th. 3.9), is the following :

Let L^K_∞ denote the class of all martingales bounded by the positive constant K and let $1 < p < \infty$. If $d_2(M, L^K_\infty) < e^{-K}\Phi(p)$, then $\mathcal{E}(M)$ has (R_p), where Φ is a function fulfilling all conditions demanded above.

Despite these two positive results the conjecture of Kazamaki turns out to be wrong. This is shown by a counterexample in Section 2.

*Supported by "Fonds zur Förderung der wissenschaftlichen Forschung in Österreich",Project Nr. P10035

2 The Counterexample

In order to answer the question of Kazamaki negatively, it is sufficient to construct a family of BMO-martingales $M^{(b)}$ ($b \in I\!R_+$), such that

$$d_1(L_\infty, M^{(b)}) \leq C,$$

with a constant C *independent* of b, and

$$\mathcal{E}(M^{(b)}) \text{ does not satisfy } (R_{p(b)}) \text{ with } lim_{b\to\infty} p(b) = 1$$

hold. Note that d_1 is induced by the BMO_1−norm, which is equivalent to the BMO_2-norm.

The main tools for constructing our counterexample are two classical results. The first one is formulated e.g. in ([1], p. 11).

Lemma 2.1 *Let $a, b > 0$ and $\tau = inf\{t | B_t \notin (-a, b)\}$, where B denotes standard Brownian motion. Then we have*

$$I\!E[exp(\frac{1}{2}\theta^2\tau)] = \frac{cos(\frac{a-b}{2}\theta)}{cos(\frac{a+b}{2}\theta)} \qquad (0 \leq \theta < \frac{\pi}{a+b}).$$

The second one is the celebrated Garnett-Jones theorem - in its martingale version due to N. Varopoulos and M. Emery (c.f. [1] Theorem 2.8) - which characterizes the BMO-distance of a continuous martingale M from L_∞ in terms of the critical exponent a(M), defined by

$$a(M) = sup\{a \in I\!R_+ | sup_T \| I\!E[exp(a|M_\infty - M_T|)|\mathcal{F}_T]\|_\infty < \infty\},$$

where T runs through all stopping times.

Theorem 2.1 *For a continuous $M \in BMO$ we have*

$$\frac{1}{4d_1(M, L_\infty)} \leq a(M) \leq \frac{4}{d_1(M, L_\infty)}.$$

Now we give the example mentioned above.

Example:

Let B be a standard Brownian motion on the filtered probability space $(\Omega, \mathcal{F}, (\mathcal{F}_t), Q)$. For $b \in I\!R_+$ we define the stopping time $\tau^{(b)} = inf\{t : |B_t| = b\}$ and a stopped Brownian motion with drift as $M_t^{(b)} = -B_{t\wedge\tau^{(b)}} + t\wedge\tau^{(b)}$. Applying Girsanov's theorem yields that $M_t^{(b)}$ is a local P-martingale, if the density is given by $\frac{dP}{dQ} = exp(B_{\tau^{(b)}} - \frac{1}{2}\tau^{(b)})$. Further on, because $B^{\tau^{(b)}} \in L_\infty(Q)$ and therefore in $BMO(Q)$, we can infer from Theorem 3.6 in [1] that $M^{(b)} \in BMO(P)$.

The first step is to show : No matter how small (p-1) is, we can always find a constant b s.t. $M^{(b)}$ does not satisfy (R_p). It suffices to prove

Lemma 2.2 *If $M^{(b)}$ is the family of $BMO(P)$-martingales defined above, we have*

$$\|\mathcal{E}(M^{(b)})_\infty\|_{L^p(P)} = \infty \qquad for\ p \geq 1 + \frac{\pi^2}{4b^2}.$$

Proof :
For notational convenience we drop the superscript (b) in this proof.

A simple calculation gives

$$\begin{aligned}
I\!E_P[\mathcal{E}(M)^p_\infty] &= I\!E_Q[exp(B_\tau - \frac{1}{2}\tau)exp(pM_\infty - \frac{p}{2}\langle M\rangle_\infty)] \\
&= I\!E_Q[exp(B_\tau - \frac{1}{2}\tau)exp(-pB_\tau + p\tau - \frac{p}{2}\tau)] \\
&= I\!E_Q[exp(B_\tau(1-p))exp(\tau(\frac{p-1}{2})] \\
&\geq exp(-b|1-p|)I\!E_Q[exp(\tau(\frac{p-1}{2})].
\end{aligned}$$

The last expectation is $+\infty$ by Lemma 2.1 for $\frac{p-1}{2} \geq \frac{\pi^2}{8b^2}$, completing the proof. □

Remark : It is worth mentioning that, if we change the slope of the drift of the Brownian motion from 1 to k ($k > \frac{1}{2}$), analogous calculations yield the result

$$\|\mathcal{E}(M^{(b)})_\infty\|_{L^p(P)} = \infty \qquad \text{for } p \geq \frac{k^2}{2k-1} + O(\frac{1}{b^2}),$$

and we note that the first term attains its minimum for $k = 1$. For $0 < k < \frac{1}{2}$ we have $\|\mathcal{E}(M^{(b)})_\infty\|_{L^p(P)} < \infty$ for all $p > 1$. So the first part of our example works only for $k = 1$.

The second step is to show that the BMO_1-distance of $M^{(b)}$ to L_∞ is uniformly bounded, which is done by

Lemma 2.3 *Let $M^{(b)}$ be the family of BMO-martingales defined above. Then we have*

$$d_1(M^{(b)}, L_\infty) \leq 8 \qquad \forall b \in I\!R_+.$$

Proof: In order to apply the Garnett-Jones theorem, we have to calculate the critical exponent $a(M^{(b)})$. As above we drop the superscript (b) in the following computations. For an arbitrary stopping time T we get

$$\begin{aligned}
&I\!E_P[exp(\lambda|M_\infty - M_T|)|\mathcal{F}_T] = \\
&= I\!E_Q[exp(B_\tau - B_{\tau\wedge T} - \frac{1}{2}(\tau - \tau\wedge T))exp(\lambda| - B_\tau + B_{\tau\wedge T} + \tau - \tau\wedge T|\mathcal{F}_T] \\
&\leq e^{2b+2\lambda b} I\!E_Q[exp((\tau - \tau\wedge T)(\lambda - \frac{1}{2})|\mathcal{F}_T] < \infty \qquad \text{a.s.} \quad \text{for} \quad \lambda \leq \frac{1}{2}.
\end{aligned}$$

Therefore $a(M^{(b)}) \geq \frac{1}{2}$ holds, and the Garnett-Jones theorem yields

$$d_1(M^{(b)}, L_\infty) \leq \frac{4}{a(M^{(b)})} \leq 8,$$

finishing the proof. □

Lemma 2.2 and 2.3 together prove our assertion, formulated at the beginning of section 2.

Acknowledgement : I would like to thank W. Schachermayer for directing my attention to this problem and for many helpful discussions.

References

[1] N. Kazamaki, Continuous Exponential Martingales and BMO, Springer Lecture Notes in Mathematics 1579(1994).

[2] W. Schachermayer, A characterization of the closure of H^∞ in BMO, to appear in Seminaire de Probabilites XXX, Springer Lecture Notes in Mathematics.

[3] D. Revuz, M. Yor, Continuous Martingales and Brownian Motion, Springer, Berlin-Heidelberg-New York(1991).

Hirsch's Integral Test for the Iterated Brownian Motion

Jean BERTOIN[(1)] **and Zhan SHI**[(2)]

(1) *Laboratoire de Probabilités, Université Pierre et Marie Curie 4, Place Jussieu, F75252 Paris Cedex 05, France.*

(2) *LSTA, Université Pierre et Marie Curie 4, Place Jussieu, F75252 Paris Cedex 05, France.*

ABSTRACT. We present an analogue of Hirsch's integral test to decide whether a function belongs to the lower class of the supremum process of an iterated Brownian motion.

1. Introduction and main statement

Consider $B^+ = (B^+(t), t \geq 0)$, $B^- = (B^-(t), t \geq 0)$ and $B = (B_t, t \geq 0)$ three independent linear Brownian motions started from 0. The process $X = (X_t, t \geq 0)$ given by

$$X_t = \begin{cases} B^+(B_t) & \text{if } B_t \geq 0 \\ B^-(-B_t) & \text{if } B_t < 0 \end{cases}$$

is called an iterated Brownian motion. The study of its sample path behaviour has motivated numerous works in the recent years; see the bibliography. Many results in that field are analogues of well-known almost sure properties of the standard Brownian motion, which are originally due to Chung, Khintchine, Kolmogorov, Strassen ... The purpose of this note is to present such an analogue of Hirsch's integral test, that is to determine the lower functions of the supremum process of X,

$$\overline{X}_t = \sup\{X_s : 0 \leq s \leq t\} \qquad (t \geq 0).$$

In this direction, the lower functions of the increasing process

$$M_t = \sup\{X_s : 0 \leq s \leq t \text{ and } B_s \geq 0\} = \sup\{B^+(B_s \vee 0), 0 \leq s \leq t\}$$

have been characterized in Bertoin (1996) as follows: If $f : (0,\infty) \to (0,\infty)$ is an increasing function, then $\liminf_{t\to\infty} M_t/f(t) = 0$ or ∞ a.s. according as the integral $\int_1^\infty f(t)t^{-5/4}dt$ diverges or converges. More precisely, this follows readily from the observation that the right-continuous inverse of M is a stable subordinator of index 1/4 and an application of Khintchine's test for the upper functions of stable processes.

Plainly, the inequality $M \leq \overline{X}$ can then be used to deduce some information on $\overline{X}$; however this does not suffice to characterize the lower functions of $\overline{X}$.

Theorem. *Let $f : (0,\infty) \to (0,\infty)$ be an increasing function. Then*

$$\liminf_{t\to\infty} \overline{X}_t\, f(t)\, t^{-1/4} = 0 \text{ or } \infty \qquad \text{a.s.}$$

according as the integral

$$\int_1^\infty \frac{dt}{tf(t)^2}$$

diverges or converges.

This shows that the asymptotic behaviours of M and $\overline{X}$ differ; a feature that is perhaps a priori not obvious. For instance, one has

$$\liminf_{t\to\infty} M_t t^{-1/4} \log t = 0 \quad , \quad \liminf_{t\to\infty} \overline{X}_t t^{-1/4} \log t = \infty .$$

A related phenomenon in connection with Strassen's theorem has been pointed out recently by Csáki, Földes and Révész (1995).

The Theorem will be proven in the next section. Though we shall not give any precise statement, we also mention that it has a small time analogue.

2. Proof of the Theorem

To start with, we introduce some notation. We consider the supremum processes S^+, S^-, S and I, of B^+, B^-, B and $-B$, respectively. It is immediately noticed that

$$\overline{X}_t = S^+(S_t) \vee S^-(I_t) , \qquad \text{for all } t \geq 0 . \tag{1}$$

Lemma 1. *There is a constant $c > 0$ such that for every $a > 0$:*

$$\mathbb{P}\left(\overline{X}_1 < a\right) \leq ca^2 .$$

Proof. By (1) and the scaling property, we have

$$\begin{aligned} \mathbb{P}\left(\overline{X}_1 < a\right) &= \mathbb{P}\left(S^+(S_1) < a, S^-(I_1) < a\right) \\ &= \mathbb{P}\left(S_1^+ < a/\sqrt{S_1}, S_1^- < a/\sqrt{I_1}\right) \\ &\leq \frac{2a^2}{\pi} \mathbb{E}\left(1/\sqrt{S_1 I_1}\right) \end{aligned}$$

(because S_1^+ and S_1^- can be viewed as the absolute values of two independent normal variables). All that is needed now is to check that the expectation in the last displayed formula, is finite.

We present two approaches. First, the joint law of (S_1, I_1) is given on page 342 in Feller (1971), from which several lines of elementary computation enable us to conclude that $\mathbb{E}\left(1/\sqrt{S_1 I_1}\right) < \infty$. Alternatively, in order to avoid theta functions in the joint law of (S_1, I_1), we can instead use the following elegant formula (see Pitman and Yor (1993)):

$$\mathbb{P}\left(\sqrt{T}\, S_1 < x;\ \sqrt{T}\, I_1 < y\right) = 1 - \frac{\sinh x + \sinh y}{\sinh(x+y)}, \qquad x > 0,\ y > 0,$$

where T is an exponential variable with $\mathbb{E}(T) = 2$, independent of B. This yields

$$\begin{aligned} \mathbb{E}\Big(\frac{1}{\sqrt{T}}\Big)\, \mathbb{E}\Big(\frac{1}{\sqrt{S_1 I_1}}\Big) &= \mathbb{E}\Big(\frac{1}{(\sqrt{T}\, S_1)^{1/2}} \frac{1}{(\sqrt{T}\, I_1)^{1/2}}\Big) \\ &= \int_0^\infty dx \int_0^\infty dy\, \frac{1}{\sqrt{xy}} \frac{\partial^2}{\partial x\, \partial y}\Big(-\frac{\sinh x + \sinh y}{\sinh(x+y)}\Big), \end{aligned}$$

which is easily seen to be finite. ◇

We now prove the easy part of the Theorem:

Proof of the Theorem, first part. By Lemma 1 and the scaling property, we have for every integer n

$$\mathbb{P}\left(\overline{X}_{2^n} < \frac{2^{(n+1)/4}}{f(2^n)}\right) = \mathbb{P}\left(\overline{X}_1 < \frac{2^{1/4}}{f(2^n)}\right) \le cf(2^n)^{-2}.$$

If the integral in the Theorem converges, then so does the series $\sum f(2^n)^{-2}$. Hence

$$\overline{X}_{2^n} \ge \frac{2^{(n+1)/4}}{f(2^n)} \qquad \text{for every sufficiently large } n, \text{ a.s.}$$

and by a standard argument of monotonicity,

$$\liminf_{t\to\infty} \overline{X}_t\, f(t)\, t^{-1/4} \ge 1 \qquad \text{a.s.}$$

Because the integral in the test remains finite if we replace f by εf for any $\varepsilon > 0$, we conclude that the liminf above must be infinite. ◇

Next, we establish a zero-one law for the supremum of the iterated Brownian motion.

Lemma 2. *Let $g : [0,\infty) \to [0,\infty)$ be a measurable function. The event*

$$\{\overline{X}_t < g(t) \text{ infinitely often as } t \to \infty\}$$

has probability zero or one.

Proof. The argument relies on the Hewitt-Savage's zero-one law. For every integer n, let ${}^nB$ be the increment (process) of B on the time-interval $[n, n+1]$:

$${}^nB = (B_{n+t} - B_n, 0 \le t \le 1)\,.$$

The increments ${}^nB^+$ and ${}^nB^-$ are defined analogously. The random variables (with values in a space of paths) $({}^nB, {}^nB^+, {}^nB^-)$, $n \in \mathbb{N}$, are i.i.d. One can clearly recover B, B^+ and B^- from the sequence of their increments.

Consider a finite permutation Σ on $\mathbb{N}$, i.e. for some $N > 0$, one has $\Sigma(n) = n$ for all $n \ge N$. Denote by ${}^\Sigma B$ the Brownian motion obtained by the permutation of the increments of B, that is the increment of ${}^\Sigma B$ on the time-interval $[n, n+1]$ is ${}^{\Sigma(n)}B$. Define similarly ${}^\Sigma B^+$ and ${}^\Sigma B^-$ by the permutation of the increments of B^+ and B^-, respectively. Finally, denote by ${}^\Sigma X$ the resulting iterated Brownian motion.

By construction, we have

$$B_t = {}^\Sigma B_t \quad , \quad B_t^+ = {}^\Sigma B_t^+ \quad , \quad B_t^- = {}^\Sigma B_t^- \qquad \text{whenever } t \ge N+1\,.$$

Put

$$\mu = \sum_{n=0}^{N} \left(\max_{0\le t\le 1} |{}^nB_t^+| + \max_{0\le t\le 1} |{}^nB_t^-| \right),$$

so that we have a fortiori $B_t^{\pm} =^{\Sigma} B_t^{\pm}$ whenever $|B_t^{\pm}| \geq \mu$. As a consequence, we see that ${}^{\Sigma}X_t = X_t$ provided that $|X_t| \geq \mu$ and $t \geq N+1$. Because the increasing process $\overline{X}$ tends to ∞, we deduce that the asymptotic events $\{\overline{X}_t < g(t)$ infinitely often as $t \to \infty\}$ and $\{{}^{\Sigma}\overline{X}_t < g(t)$ infinitely often as $t \to \infty\}$ coincide, where ${}^{\Sigma}\overline{X}$ stands for the supremum process of ${}^{\Sigma}X$. In conclusion, the zero-one law of Hewitt-Savage applies. ◇

To establish the converse part of the Theorem, we denote by σ^+ and σ^- the right-continuous inverses of S^+ and S^-, respectively:

$$\sigma_t^{\pm} = \inf\{s : S_s^{\pm} > t\} \qquad (t \geq 0).$$

We also denote the inverse local time of B at level 0 by τ; so that σ^+, σ^- and τ are three independent stable subordinators with index 1/2. We consider the sequence of events

$$\begin{aligned} E_n = \Big\{ & 2^n < S_{\tau(2^n)} < \sigma^+\left(\frac{\tau(2^n)^{1/4}}{f(2^n)}\right) < S_{\tau(2^{n+1})} < 34 \cdot 2^n ; \\ & 2^n < I_{\tau(2^n)} < \sigma^-\left(\frac{\tau(2^n)^{1/4}}{f(2^n)}\right) < I_{\tau(2^{n+1})} < 34 \cdot 2^n ;\ 2^{2n} < \tau(2^n) < 2^{2n+1} \Big\}, \end{aligned}$$

where f is an increasing function. Aiming at applying a well-known extension of the Borel-Cantelli lemma, we first establish the following:

Lemma 3. *The series $\sum \mathbb{P}(E_n)$ diverges whenever $\int_1^\infty dt/tf(t)^2 = \infty$.*

Proof. By the scaling property, we can rewrite $\mathbb{P}(E_n)$ first as

$$\begin{aligned} \mathbb{P}\Big(& 1 < S_{\tau(1)} < \sigma^+\left(\frac{\tau(1)^{1/4}}{f(2^n)}\right) < S_{\tau(2)} < 34 ; \\ & 1 < I_{\tau(1)} < \sigma^-\left(\frac{\tau(1)^{1/4}}{f(2^n)}\right) < I_{\tau(2)} < 34 ;\ 1 < \tau(1) < 2 \Big) \end{aligned}$$

and then as

$$\begin{aligned} \mathbb{P}\Big(& 1 < S_{\tau(1)} ;\ S^+\left(S_{\tau(1)}\right) < \frac{\tau(1)^{1/4}}{f(2^n)} < S^+\left(S_{\tau(2)}\right) ;\ S_{\tau(2)} < 34 ; \\ & 1 < I_{\tau(1)} ;\ S^-\left(I_{\tau(1)}\right) < \frac{\tau(1)^{1/4}}{f(2^n)} < S^-\left(I_{\tau(2)}\right) ;\ I_{\tau(2)} < 34 ;\ 1 < \tau(1) < 2 \Big). \end{aligned}$$

The latter quantity is bounded from below by

$$\begin{aligned} \mathbb{P}\Big(& 1 < S_{\tau(1)} < 2 ;\ S^+(2) < \frac{1}{f(2^n)} ;\ S^+(33) > \frac{2}{f(2^n)} ;\ 33 < \sup_{\tau(1) \leq t \leq \tau(2)} B_t < 34 ; \\ & 1 < I_{\tau(1)} < 2 ;\ S^-(2) < \frac{1}{f(2^n)} ;\ S^-(33) > \frac{2}{f(2^n)} ;\ -34 < \inf_{\tau(1) \leq t \leq \tau(2)} B_t < -33 ; \\ & 1 < \tau(1) < 2 \Big). \end{aligned}$$

Applying the strong Markov property and using the independence of B, B^+ and B^-, this probability is given by the product

$$\mathbb{P}\left(S^+(2) < \frac{1}{f(2^n)}\,;\, S^+(33) > \frac{2}{f(2^n)}\right) \mathbb{P}\left(S^-(2) < \frac{1}{f(2^n)}\,;\, S^-(33) > \frac{2}{f(2^n)}\right)$$
$$\mathbb{P}\left(1 < S_{\tau(1)} < 2\,;\, 1 < I_{\tau(1)} < 2\,;\, 1 < \tau(1) < 2\right) \mathbb{P}\left(33 < S_{\tau(1)} < 34\,;\, 33 < I_{\tau(1)} < 34\right)$$
$$= C_1 \left[\mathbb{P}\left(S_2 < \frac{1}{f(2^n)}\,;\, S_{33} > \frac{2}{f(2^n)}\right)\right]^2 .$$

Thus, if $f(\infty) < \infty$, then the claim of Lemma 3 is clear. Otherwise, we have on the one hand for every sufficiently large n:

$$\mathbb{P}\left(S_2 < \frac{1}{f(2^n)}\right) \geq \frac{1}{2\sqrt{\pi} f(2^n)} . \tag{2}$$

On the other hand, an inequality observed by Csáki (1978) on page 210 yields

$$\mathbb{P}\left(S_2 < \frac{1}{f(2^n)}\,;\, S_{33} \leq \frac{2}{f(2^n)}\right) \leq \frac{1}{\sqrt{2\pi} f(2^n)^2} + \sqrt{\frac{8}{33\pi}}\frac{1}{f(2^n)} . \tag{3}$$

We deduce from (2) and (3) that

$$\mathbb{P}(E_n) \geq C_1 \left[\frac{1}{2\sqrt{\pi} f(2^n)} - \frac{1}{\sqrt{2\pi} f(2^n)^2} - \sqrt{\frac{8}{33\pi}}\frac{1}{f(2^n)}\right]^2 \geq \frac{C_2}{f(2^n)^2} . \tag{4}$$

The divergence of the integral $\int_1^\infty dt/tf(t)^2$ combined with the monotonicity of f thus ensures that $\sum \mathbb{P}(E_n) = \infty$. ◇

Lemma 4. *There is a finite constant C_3 such that*

$$\mathbb{P}(E_m \cap E_n) \leq C_3 \mathbb{P}(E_m)\mathbb{P}(E_n) \qquad \textit{provided that } |m - n| \geq 7.$$

Proof. Suppose that $m \leq n - 7$, so $2^n > 68 \cdot 2^m$. The probability $\mathbb{P}(E_m \cap E_n)$ is bounded from above by

$$\mathbb{P}\Bigg(E_m\,;\sigma^+\left(\frac{\tau(2^n)^{1/4}}{f(2^n)}\right) - \sigma^+\left(\frac{\tau(2^m)^{1/4}}{f(2^m)}\right) > S_{\tau(2^n)} - S_{\tau(2^{m+1})}\,;$$
$$\sigma^-\left(\frac{\tau(2^n)^{1/4}}{f(2^n)}\right) - \sigma^-\left(\frac{\tau(2^m)^{1/4}}{f(2^m)}\right) > I_{\tau(2^n)} - I_{\tau(2^{m+1})}\,;$$
$$S_{\tau(2^n)} > 2^n\,;\, S_{\tau(2^{m+1})} < 34 \cdot 2^m\,;\, I_{\tau(2^n)} > 2^n\,;\, I_{\tau(2^{m+1})} < 34 \cdot 2^m\,;$$
$$\tau(2^m) < 2^{2m+1}\,;\, 2^{2n} < \tau(2^n) < 2^{2n+1}\Bigg).$$

In turn, this is less than or equal to

$$\mathbb{P}\Bigg(E_m\,;\sigma^+\left(\frac{\tau(2^n)^{1/4}}{f(2^n)}\right) - \sigma^+\left(\frac{\tau(2^m)^{1/4}}{f(2^m)}\right) > \frac{1}{2}\sup_{\tau(2^m)\leq t\leq\tau(2^n)} B_t\,;$$
$$\sigma^-\left(\frac{\tau(2^n)^{1/4}}{f(2^n)}\right) - \sigma^-\left(\frac{\tau(2^m)^{1/4}}{f(2^m)}\right) > -\frac{1}{2}\inf_{\tau(2^m)\leq t\leq\tau(2^n)} B_t\,;$$
$$(2^n - 2^m)^2 < \tau(2^n) - \tau(2^m) < 2(2^n - 2^m)^2\Bigg).$$

The inequality

$$\frac{\tau(2^n)^{1/4}}{f(2^n)} - \frac{\tau(2^m)^{1/4}}{f(2^m)} \leq \frac{\tau(2^n)^{1/4} - \tau(2^m)^{1/4}}{f(2^n)} \leq \frac{(\tau(2^n) - \tau(2^m))^{1/4}}{f(2^n)}$$

and the fact that τ, σ^+ and σ^- have independent and homogeneous increments then entail:

$$\begin{aligned} I\!P(E_m \cap E_m) \leq I\!P(E_m)\, I\!P\Big(\sigma^+ \left(\frac{\tau(2^n - 2^m)^{1/4}}{f(2^n)}\right) &> \frac{1}{2} S_{\tau(2^n - 2^m)}\,; \\ \sigma^- \left(\frac{\tau(2^n - 2^m)^{1/4}}{f(2^n)}\right) &> \frac{1}{2} I_{\tau(2^n - 2^m)}\,; \\ (2^n - 2^m)^2 < \tau(2^n - 2^m) &< 2(2^n - 2^m)^2\Big). \end{aligned}$$

Then using the scaling property, we can bound the right-hand-side by

$$\begin{aligned} & I\!P(E_m) I\!P\left(\sigma^+ \left(\frac{\tau(1)^{1/4}}{f(2^n)}\right) > \frac{1}{2} S_{\tau(1)}\,;\, \sigma^- \left(\frac{\tau(1)^{1/4}}{f(2^n)}\right) > \frac{1}{2} I_{\tau(1)}\,;\, 1 < \tau(1) < 2\right) \\ \leq\, & I\!P(E_m) I\!P\left(\sigma^+ \left(\frac{2}{f(2^n)}\right) > \frac{1}{2} S_1\,;\, \sigma^- \left(\frac{2}{f(2^n)}\right) > \frac{1}{2} I_1\right) \\ =\, & I\!P(E_m) I\!P\left(S^+ \left(\frac{1}{2} S_1\right) < \frac{2}{f(2^n)}\,;\, S^- \left(\frac{1}{2} I_1\right) < \frac{2}{f(2^n)}\right) \\ \leq\, & \frac{8}{f(2^n)^2} I\!P(E_m) I\!E\left(1/\sqrt{S_1 I_1}\right) \end{aligned}$$

We have seen in the proof of Lemma 1 that $I\!E\left(1/\sqrt{S_1 I_1}\right) < \infty$, and Lemma 4 now follows from (4). $\diamond$

We are now able to complete the proof of the Theorem.

Proof of the Theorem, second part. Suppose that the integral in the Theorem diverges. By Lemmata 3 and 4 and an extension of the Borel-Cantelli lemma [see e.g. Spitzer (1964) on page 317], we know that $I\!P(\limsup_n E_n) > 0$. This implies that

$$I\!P\left(S^+ \left(S_{\tau(t)}\right) < \frac{\tau(t)^{1/4}}{f(t)}\,;\, S^+ \left(S_{\tau(t)}\right) < \frac{\tau(t)^{1/4}}{f(t)} \text{ i.o. as } t \to \infty\right) > 0.$$

Using (1) and the well-known fact that $\lim_{t\to\infty} \tau(t)/t^3 = 0$ a.s., we deduce that the probability of the event $\{\overline{X}_t < t^{1/4}/f(t^{1/3})$ infinitely often as $t \to \infty\}$ is positive, and hence must be one by virtue of Lemma 2. We thus have

$$\liminf_{t\to\infty} \overline{X}_t f(t^{1/3}) t^{-1/4} \leq 1 \qquad \text{a.s.}$$

The equivalence

$$\int_1^\infty \frac{dt}{tf(t)^2} = \infty \iff \int_1^\infty \frac{dt}{tf(t^3)^2} = \infty$$

shows that we have also

$$\liminf_{t\to\infty} \overline{X}_t f(t) t^{-1/4} \leq 1 \qquad \text{a.s.}$$

Finally, the integral test is unchanged when one replaces f by kf for any $k > 0$, and we conclude that the liminf above is zero a.s. ◇

BIBLIOGRAPHY

Bertoin, J. (1996), Iterated Brownian motion and stable(1/4) subordinator, *Statist. Probab. Letters.* (to appear).

Burdzy, K. (1993), Some path properties of iterated Brownian motion, in: E. Çinlar, K.L. Chung and M. Sharpe, eds, *Seminar on stochastic processes 1992* (Birkhäuser) pp. 67-87.

Burdzy, K. and Khoshnevisan, D. (1995), The level sets of iterated Brownian motion, *Séminaire de Probabilités* XXIX pp. 231-236, Lecture Notes in Math. 1613, Springer.

Csáki, E. (1978), On the lower limits of maxima and minima of Wiener process and partial sums, *Z. Wahrscheinlichkeitstheorie verw. Gebiete* 43, 205-221.

Csáki, E., Csörgő, M., Földes, A. and Révész, P. (1989), Brownian local time approximated by a Wiener sheet, *Ann. Probab.* 17, 516-537.

Csáki, E., Csörgő, M., Földes, A. and Révész, P. (1995), Global Strassen-type theorems for iterated Brownian motions, *Stochastic Process. Appl.* 59, 321-341.

Csáki, E., Földes, A. and Révész, P. (1995), Strassen theorems for a class of iterated processes, preprint.

Deheuvels, P. and Mason, D.M. (1992), A functional LIL approach to pointwise Bahadur-Kiefer theorems, in: R.M. Dudley, M.G. Hahn and J. Kuelbs, eds, *Probability in Banach spaces 8* (Birkhäuser) pp. 255-266.

Feller, W. E. (1971), *An introduction to probability theory and its applications*, 2nd edn, vol. 2. Wiley, New York.

Funaki, T. (1979), A probabilistic construction of the solution of some higher order parabolic differential equations, *Proc. Japan Acad.* 55, 176-179.

Hu, Y., Pierre Loti Viaud, D. and Shi, Z. (1995), Laws of the iterated logarithm for iterated Wiener processes, *J. Theoretic. Prob.* 8, 303-319.

Hu, Y. and Shi, Z. (1995), The Csörgő-Révész modulus of non-differentiability of iterated Brownian motion, *Stochastic Process. Appl.* 58, 267-279.

Khoshnevisan, D. and Lewis, T.M. (1996), The uniform modulus of iterated Brownian motion, *J. Theoretic. Prob.* (to appear).

Khoshnevisan, D. and Lewis, T.M. (1996), Chung's law of the iterated logarithm for iterated Brownian motion, *Ann. Inst. Henri Poincaré* (to appear)

Pitman, J.W. and Yor, M. (1993). Homogeneous functionals of Brownian motion (unpublished manuscript).

Shi, Z. (1995), Lower limits of iterated Wiener processes, *Statist. Probab. Letters.* 23, 259-270.

Spitzer, F. (1964). *Principles of random walks.* Van Nostrand, Princeton.

Rectifications à
"Semi-martingales banachiques, le théorème des trois opérateurs"
(Séminaire XXVIII, L.N.M. 1583, 1994, pages 1–20)

par L. Schwartz

Cet article contient un nombre regrettable d'erreurs, que je veux ici rectifier.

Coquilles.

Page 7, ligne 3, supprimer "suivant l'ordonné filtrant des parties finies de K".

Page 14, supprimer le ":" qui commence la ligne 5, et mettre en début de ligne le "(6.6)" qui termine la ligne, puis mettre en ligne 6 : "En prenant le sup, qui est le sup d'une suite croissante,".

Page 15, ligne 9, remplacer "prévisible directe" par "prévisible duale".

Page 15, ligne 3, remplacer la formule (6.10) par

$$m(\varphi) = \mathbf{E} \int_{]0,+\infty]} \varphi_s \, dW_s^{\tau_t}$$

Page 15, ligne 8, remplacer la formule (6.11) par

$$|m|(\varphi) = \mathbf{E} \int_{]0,+\infty]} \varphi_s \, |dW_s^{\tau_t}|_H$$

Page 15, ligne 8, remplacer la formule (6.14) par

$$^{\natural}m(\varphi) = \mathbf{E} \int_{]0,+\infty]} \varphi_s \theta_s \, {}^{\natural}|dW_s^{\tau_t}|_H = \mathbf{E} \int_{]0,+\infty]} \varphi_s \, d^{\natural}W_s^{\tau_t}$$

et supprimer (6.15).

Page 18, remarque du milieu, supprimer : "Ce n'est pas complètement ... pas un intégrateur".

Erreurs mathématiques.

Page 6, dans le Théorème I, on ne peut pas en général trouver d'espace tel que F_0 ; en effet la phrase des lignes 8–9 qui est après (2.10) (qui d'ailleurs n'est pas démontrée) est fausse. On doit donc supposer F séparable, et alors remplacer partout F_0 par F.

Page 7, ligne 21, il est faux que, quand η' tend vers η, $\langle X^{\cdot}_{t'}(\omega), \eta' \rangle$ converge vers $\langle X^{\cdot}_{t'}(\omega), \eta \rangle$ uniformément en t' ; ce serait vrai si η' convergeait fortement vers η, mais D' est seulement supposé $*$-faiblement dense et non fortement dense dans F' ; il faut donc supposer F réflexif, alors F' est $*$-fortement séparable. Alors on devra supposer partout D' dense dans F', et remplacer F_0'' par F. Finalement, dans le théorème I, on doit supposer F réflexif séparable et remplacer partout F_0 et F_0'' par F.

Théorème II, page 8. Supposer F réflexif séparable et remplacer partout F_0 et F_0'' par F.

Théorème III, page 9. Idem.

Théorème IV, page 11. Idem.

Théorème V, page 12. Supposer F réflexif séparable, et G réflexif.

Il semblerait a priori qu'il faille aussi supposer G séparable, mais c'est inutile puisque F est séparable, car l'image $v(F)$ l'est aussi, et on peut remplacer G par $G_0 = \overline{v(F)}$, réflexif séparable. On doit pour cela savoir que, si v est 0-radonifiante de F dans G, et si $v(F)$ est contenu dans G_0 sous-Banach de G, v est aussi 0-radonifiante de F dans G_0. Cela résulte du corollaire 3 du théorème 3 du chapitre II de la DEUXIÈME PARTIE, page 200, de RADON MEASURES ON ARBITRARY TOPOLOGICAL SPACES AND CYLINDRICAL MEASURES, publication du Tata Institute of Fundamental Research, Oxford University Press, 1973; on prend dans ce corollaire pour $\mathfrak{S}$ l'ensemble des faiblement compacts convexes de G_0, en se souvenant qu'une probabilité de Radon sur $\sigma(G_0, G_0')$, G_0 Banach, est une probabilité de Radon sur G_0.

TABLE GENERALE DES EXPOSES DU SEMINAIRE DE PROBABILITES (VOLUMES XXVI A XXX)

VOLUME XXVI : 1992 (L.N. n° 1526)

VOLUME XXVII : 1993 (L.N. n° 1557)

VOLUME XXVIII : 1994 (L.N. n° 1583)

VOLUME XXIX : 1995 (L.N. N° 1613)

VOLUME XXX : 1996 (L.N. N° 1626)

Vol. 1526: J. Azéma, P. A. Meyer, M. Yor (Eds.), Séminaire de Probabilités XXVI. X, 633 pages. 1992.

Vol. 1527: M. I. Freidlin, J.-F. Le Gall, Ecole d'Eté de Probabilités de Saint-Flour XX – 1990. Editor: P. L. Hennequin. VIII, 244 pages. 1992.

Vol. 1528: G. Isac, Complementarity Problems. VI, 297 pages. 1992.

Vol. 1529: J. van Neerven, The Adjoint of a Semigroup of Linear Operators. X, 195 pages. 1992.

Vol. 1530: J. G. Heywood, K. Masuda, R. Rautmann, S. A. Solonnikov (Eds.), The Navier-Stokes Equations II – Theory and Numerical Methods. IX, 322 pages. 1992.

Vol. 1531: M. Stoer, Design of Survivable Networks. IV, 206 pages. 1992.

Vol. 1532: J. F. Colombeau, Multiplication of Distributions. X, 184 pages. 1992.

Vol. 1533: P. Jipsen, H. Rose, Varieties of Lattices. X, 162 pages. 1992.

Vol. 1534: C. Greither, Cyclic Galois Extensions of Commutative Rings. X, 145 pages. 1992.

Vol. 1535: A. B. Evans, Orthomorphism Graphs of Groups. VIII, 114 pages. 1992.

Vol. 1536: M. K. Kwong, A. Zettl, Norm Inequalities for Derivatives and Differences. VII, 150 pages. 1992.

Vol. 1537: P. Fitzpatrick, M. Martelli, J. Mawhin, R. Nussbaum, Topological Methods for Ordinary Differential Equations. Montecatini Terme, 1991. Editors: M. Furi, P. Zecca. VII, 218 pages. 1993.

Vol. 1538: P.-A. Meyer, Quantum Probability for Probabilists. X, 287 pages. 1993.

Vol. 1539: M. Coornaert, A. Papadopoulos, Symbolic Dynamics and Hyperbolic Groups. VIII, 138 pages. 1993.

Vol. 1540: H. Komatsu (Ed.), Functional Analysis and Related Topics, 1991. Proceedings. XXI, 413 pages. 1993.

Vol. 1541: D. A. Dawson, B. Maisonneuve, J. Spencer, Ecole d' Eté de Probabilités de Saint-Flour XXI - 1991. Editor: P. L. Hennequin. VIII, 356 pages. 1993.

Vol. 1542: J.Fröhlich, Th.Kerler, Quantum Groups, Quantum Categories and Quantum Field Theory. VII, 431 pages. 1993.

Vol. 1543: A. L. Dontchev, T. Zolezzi, Well-Posed Optimization Problems. XII, 421 pages. 1993.

Vol. 1544: M.Schürmann, White Noise on Bialgebras. VII, 146 pages. 1993.

Vol. 1545: J. Morgan, K. O'Grady, Differential Topology of Complex Surfaces. VIII, 224 pages. 1993.

Vol. 1546: V. V. Kalashnikov, V. M. Zolotarev (Eds.), Stability Problems for Stochastic Models. Proceedings, 1991. VIII, 229 pages. 1993.

Vol. 1547: P. Harmand, D. Werner, W. Werner, M-ideals in Banach Spaces and Banach Algebras. VIII, 387 pages. 1993.

Vol. 1548: T. Urabe, Dynkin Graphs and Quadrilateral Singularities. VI, 233 pages. 1993.

Vol. 1549: G. Vainikko, Multidimensional Weakly Singular Integral Equations. XI, 159 pages. 1993.

Vol. 1550: A. A. Gonchar, E. B. Saff (Eds.), Methods of Approximation Theory in Complex Analysis and Mathematical Physics IV, 222 pages, 1993.

Vol. 1551: L. Arkeryd, P. L. Lions, P.A. Markowich, S.R. S. Varadhan. Nonequilibrium Problems in Many-Particle Systems. Montecatini, 1992. Editors: C. Cercignani, M. Pulvirenti. VII, 158 pages 1993.

Vol. 1552: J. Hilgert, K.-H. Neeb, Lie Semigroups and their Applications. XII, 315 pages. 1993.

Vol. 1553: J.-L- Colliot-Thélène, J. Kato, P. Vojta. Arithmetic Algebraic Geometry. Trento, 1991. Editor: E. Ballico. VII, 223 pages. 1993.

Vol. 1554: A. K. Lenstra, H. W. Lenstra, Jr. (Eds.), The Development of the Number Field Sieve. VIII, 131 pages. 1993.

Vol. 1555: O. Liess, Conical Refraction and Higher Microlocalization. X, 389 pages. 1993.

Vol. 1556: S. B. Kuksin, Nearly Integrable Infinite-Dimensional Hamiltonian Systems. XXVII, 101 pages. 1993.

Vol. 1557: J. Azéma, P. A. Meyer, M. Yor (Eds.), Séminaire de Probabilités XXVII. VI, 327 pages. 1993.

Vol. 1558: T. J. Bridges, J. E. Furter, Singularity Theory and Equivariant Symplectic Maps. VI, 226 pages. 1993.

Vol. 1559: V. G. Sprindžuk, Classical Diophantine Equations. XII, 228 pages. 1993.

Vol. 1560: T. Bartsch, Topological Methods for Variational Problems with Symmetries. X, 152 pages. 1993.

Vol. 1561: I. S. Molchanov, Limit Theorems for Unions of Random Closed Sets. X, 157 pages. 1993.

Vol. 1562: G. Harder, Eisensteinkohomologie und die Konstruktion gemischter Motive. XX, 184 pages. 1993.

Vol. 1563: E. Fabes, M. Fukushima, L. Gross, C. Kenig, M. Röckner, D. W. Stroock, Dirichlet Forms. Varenna, 1992. Editors: G. Dell'Antonio, U. Mosco. VII, 245 pages. 1993.

Vol. 1564: J. Jorgenson, S. Lang, Basic Analysis of Regularized Series and Products. IX, 122 pages. 1993.

Vol. 1565: L. Boutet de Monvel, C. De Concini, C. Procesi, P. Schapira, M. Vergne. D-modules, Representation Theory, and Quantum Groups. Venezia, 1992. Editors: G. Zampieri, A. D'Agnolo. VII, 217 pages. 1993.

Vol. 1566: B. Edixhoven, J.-H. Evertse (Eds.), Diophantine Approximation and Abelian Varieties. XIII, 127 pages. 1993.

Vol. 1567: R. L. Dobrushin, S. Kusuoka, Statistical Mechanics and Fractals. VII, 98 pages. 1993.

Vol. 1568: F. Weisz, Martingale Hardy Spaces and their Application in Fourier Analysis. VIII, 217 pages. 1994.

Vol. 1569: V. Totik, Weighted Approximation with Varying Weight. VI, 117 pages. 1994.

Vol. 1570: R. deLaubenfels, Existence Families, Functional Calculi and Evolution Equations. XV, 234 pages. 1994.

Vol. 1571: S. Yu. Pilyugin, The Space of Dynamical Systems with the C^0-Topology. X, 188 pages. 1994.

Vol. 1572: L. Göttsche, Hilbert Schemes of Zero-Dimensional Subschemes of Smooth Varieties. IX, 196 pages. 1994.

Vol. 1573: V. P. Havin, N. K. Nikolski (Eds.), Linear and Complex Analysis – Problem Book 3 – Part I. XXII, 489 pages. 1994.

Vol. 1574: V. P. Havin, N. K. Nikolski (Eds.), Linear and Complex Analysis – Problem Book 3 – Part II. XXII, 507 pages. 1994.

Vol. 1575: M. Mitrea, Clifford Wavelets, Singular Integrals, and Hardy Spaces. XI, 116 pages. 1994.

Vol. 1576: K. Kitahara, Spaces of Approximating Functions with Haar-Like Conditions. X, 110 pages. 1994.

Vol. 1577: N. Obata, White Noise Calculus and Fock Space. X, 183 pages. 1994.

Vol. 1578: J. Bernstein, V. Lunts, Equivariant Sheaves and Functors. V, 139 pages. 1994.

Vol. 1579: N. Kazamaki, Continuous Exponential Martingales and *BMO*. VII, 91 pages. 1994.

Vol. 1580: M. Milman, Extrapolation and Optimal Decompositions with Applications to Analysis. XI, 161 pages. 1994.

Vol. 1581: D. Bakry, R. D. Gill, S. A. Molchanov, Lectures on Probability Theory. Editor: P. Bernard. VIII, 420 pages. 1994.

Vol. 1582: W. Balser, From Divergent Power Series to Analytic Functions. X, 108 pages. 1994.

Vol. 1583: J. Azéma, P. A. Meyer, M. Yor (Eds.), Séminaire de Probabilités XXVIII. VI, 334 pages. 1994.

Vol. 1584: M. Brokate, N. Kenmochi, I. Müller, J. F. Rodriguez, C. Verdi, Phase Transitions and Hysteresis. Montecatini Terme, 1993. Editor: A. Visintin. VII. 291 pages. 1994.

Vol. 1585: G. Frey (Ed.), On Artin's Conjecture for Odd 2-dimensional Representations. VIII, 148 pages. 1994.

Vol. 1586: R. Nillsen, Difference Spaces and Invariant Linear Forms. XII, 186 pages. 1994.

Vol. 1587: N. Xi, Representations of Affine Hecke Algebras. VIII, 137 pages. 1994.

Vol. 1588: C. Scheiderer, Real and Étale Cohomology. XXIV, 273 pages. 1994.

Vol. 1589: J. Bellissard, M. Degli Esposti, G. Forni, S. Graffi, S. Isola, J. N. Mather, Transition to Chaos in Classical and Quantum Mechanics. Montecatini Terme, 1991. Editor: S. Graffi. VII, 192 pages. 1994.

Vol. 1590: P. M. Soardi, Potential Theory on Infinite Networks. VIII, 187 pages. 1994.

Vol. 1591: M. Abate, G. Patrizio, Finsler Metrics – A Global Approach. IX, 180 pages. 1994.

Vol. 1592: K. W. Breitung, Asymptotic Approximations for Probability Integrals. IX, 146 pages. 1994.

Vol. 1593: J. Jorgenson & S. Lang, D. Goldfeld, Explicit Formulas for Regularized Products and Series. VIII, 154 pages. 1994.

Vol. 1594: M. Green, J. Murre, C. Voisin, Algebraic Cycles and Hodge Theory. Torino, 1993. Editors: A. Albano, F. Bardelli. VII, 275 pages. 1994.

Vol. 1595: R.D.M. Accola, Topics in the Theory of Riemann Surfaces. IX, 105 pages. 1994.

Vol. 1596: L. Heindorf, L. B. Shapiro, Nearly Projective Boolean Algebras. X, 202 pages. 1994.

Vol. 1597: B. Herzog, Kodaira-Spencer Maps in Local Algebra. XVII, 176 pages. 1994.

Vol. 1598: J. Berndt, F. Tricerri, L. Vanhecke, Generalized Heisenberg Groups and Damek-Ricci Harmonic Spaces. VIII, 125 pages. 1995.

Vol. 1599: K. Johannson, Topology and Combinatorics of 3-Manifolds. XVIII, 446 pages. 1995.

Vol. 1600: W. Narkiewicz, Polynomial Mappings. VII, 130 pages. 1995.

Vol. 1601: A. Pott, Finite Geometry and Character Theory. VII, 181 pages. 1995.

Vol. 1602: J. Winkelmann, The Classification of Three-dimensional Homogeneous Complex Manifolds. XI, 230 pages. 1995.

Vol. 1603: V. Ene, Real Functions – Current Topics. XIII, 310 pages. 1995.

Vol. 1604: A. Huber, Mixed Motives and their Realization in Derived Categories. XV, 207 pages. 1995.

Vol. 1605: L. B. Wahlbin, Superconvergence in Galerkin Finite Element Methods. XI, 166 pages. 1995.

Vol. 1606: P.-D. Liu, M. Qian, Smooth Ergodic Theory of Random Dynamical Systems. XI, 221 pages. 1995.

Vol. 1607: G. Schwarz, Hodge Decomposition – A Method for Solving Boundary Value Problems. VII, 155 pages. 1995.

Vol. 1608: P. Biane, R. Durrett, Lectures on Probability Theory. VII, 210 pages. 1995.

Vol. 1609: L. Arnold, C. Jones, K. Mischaikow, G. Raugel, Dynamical Systems. Montecatini Terme, 1994. Editor: R. Johnson. VIII, 329 pages. 1995.

Vol. 1610: A. S. Üstünel, An Introduction to Analysis on Wiener Space. X, 95 pages. 1995.

Vol. 1611: N. Knarr, Translation Planes. VI, 112 pages. 1995.

Vol. 1612: W. Kühnel, Tight Polyhedral Submanifolds and Tight Triangulations. VII, 122 pages. 1995.

Vol. 1613: J. Azéma, M. Emery, P. A. Meyer, M. Yor (Eds.), Séminaire de Probabilités XXIX. VI, 326 pages. 1995.

Vol. 1614: A. Koshelev, Regularity Problem for Quasilinear Elliptic and Parabolic Systems. XXI, 255 pages. 1995.

Vol. 1615: D. B. Massey, Lê Cycles and Hypersurface Singularities. XI, 131 pages. 1995.

Vol. 1616: I. Moerdijk, Classifying Spaces and Classifying Topoi. VII, 94 pages. 1995.

Vol. 1617: V. Yurinsky, Sums and Gaussian Vectors. XI, 305 pages. 1995.

Vol. 1618: G. Pisier, Similarity Problems and Completely Bounded Maps. VII, 156 pages. 1996.

Vol. 1619: E. Landvogt, A Compactification of the Bruhat-Tits Building. VII, 152 pages. 1996.

Vol. 1620: R. Donagi, B. Dubrovin, E. Frenkel, E. Previato, Integrable Systems and Quantum Groups. VIII, 488 pages. 1996.

Vol. 1621: H. Bass, M. V. Otero-Espinar, D. N. Rockmore, C. P. L. Tresser, Cyclic Renormalization and Automorphism Groups of Rooted Trees. XXI, 136 pages. 1996.

Vol. 1622: E. D. Farjoun, Cellular Spaces, Null Spaces and Homotopy Localization. XIV, 199 pages. 1996.

Vol. 1623: H.P. Yap, Total Colourings of Graphs. VIII, 131 pages. 1996.

Vol. 1624: V. Brînzănescu, Holomorphic Vector Bundles over Compact Complex Surfaces. X, 170 pages. 1996

Vol. 1626: J. Azéma, M. Emery, M. Yor (Eds.), Séminaire de Probabilités XXX. VIII, 382 pages. 1996